Springer-Lehrbuch

Jens-Rainer Ohm • Hans Dieter Lüke

Signalübertragung

Grundlagen der digitalen und analogen Nachrichtenübertragungssysteme

12., aktualisierte Auflage

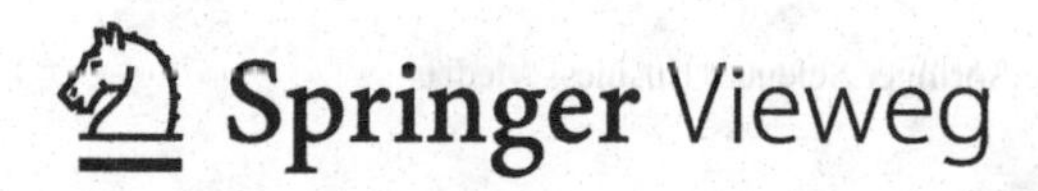

Jens-Rainer Ohm
RWTH Aachen
Aachen, Deutschland

Hans Dieter Lüke†
ehem. RWTH Aachen
Aachen, Deutschland

ISSN 0937-7433
Springer-Lehrbuch
ISBN 978-3-642-53900-8 ISBN 978-3-642-53901-5 (eBook)
DOI 10.1007/978-3-642-53901-5

Die Deutsche Nationalbibliothek verzeichnet diese Publikation in der Deutschen Nationalbibliografie; detaillierte bibliografische Daten sind im Internet über http://dnb.d-nb.de abrufbar.

Springer Vieweg

Gedruckt auf säurefreiem und chlorfrei gebleichtem Papier

Springer Berlin Heidelberg ist Teil der Fachverlagsgruppe Springer Science+Business Media
(www.springer.com)

Vorwort zur zwölften Auflage

Das Lehrbuch „Signalübertragung", begründet von meinem Amtsvorgänger auf dem Lehrstuhl für Nachrichtentechnik an der RWTH Aachen, Hans Dieter Lüke, liegt nunmehr in der zwölften Auflage vor. Wie schon in den vorangegangenen Überarbeitungen werden neuere technische Entwicklungen reflektiert, um ihren Zusammenhang mit dem Wesentlichen, den Grundkonzepten der Signal- und Nachrichtenübertragung von den theoretischen Grundlagen begreifbar zu machen und durch praktische Beispiele zu veranschaulichen. Grundsätzlich hat sich die mit der vorherigen Auflage erfolgte Aufteilung des Buches in die Abschnitte A: *Signale und Systeme* und B: *Informationsübertragung*, deren Inhalte mit der Neugestaltung meiner Vorlesungen im 4. bzw. 6. Semester der Bachelorstudiengänge korrespondieren, bewährt. Da sich an den Grundlagen des Teils A wenig geändert hat und die didaktische Abfolge allgemein gute Akzeptanz findet, wurden dort lediglich kleinere Korrekturen und Präzisierungen vorgenommen. In Teil B wurden insbesondere die Abschnitte zu OFDM und MIMO in größerem Umfang ergänzt, um die Anwendung dieser Techniken z. B. in den Mobilfunksystemen LTE und nachfolgenden Generationen noch besser begreifbar zu machen.

Besonders danken möchte ich den Hörern meiner Vorlesungen „Grundgebiete der Elektrotechnik 4: Signale und Systeme" und „Informationsübertragung" an der RWTH Aachen, von denen viele Anregungen kamen.

Lösungen zu den Übungsaufgaben sind für den Leser von der Website des Instituts für Nachrichtentechnik in der Rubrik **Publikationen→Bücher** abrufbar: **http://www.ient.rwth-aachen.de** . Für deren Aktualisierung möchte ich Herrn Dr.-Ing. Mathias Wien und Frau Marion Schiermeyer ebenfalls herzlich danken.

Aachen, Dezember 2014 *Jens-Rainer Ohm*

Vorwort zur siebten Auflage

Das nun in der 7. Auflage vorliegende Lehrbuch „Signalübertragung“ erscheint seit der 4. Auflage in der Reihe „Springer-Lehrbuch“.

Als Autor bin ich erfreut über die seit 1975 gleichbleibend freundliche Aufnahme des Buches auch durch die Fachwelt außerhalb der RWTH Aachen. Das Verdienst daran gebührt wesentlich meinen Hörern in Aachen und in Fortbildungsseminaren der Industrie, die mitgeholfen haben, den von mir angestrebten Pfad zwischen theoretischer Überfrachtung einerseits und zu starker Wichtung kurzfristig aktueller Techniken andererseits zu finden.

In mehreren Leserumfragen des Springer-Verlags wurde immer wieder gewünscht, dem Buch ausführlichere Lösungen der Übungsaufgaben beizugeben. Diesem Wunsch bin ich in der 6. Auflage gern nachgekommen. Die umfangreichen Vorbereitungen hierzu und einige Korrekturen in der Neuauflage hat Herr Dr.-Ing. Peter Seidler, Akademischer Direktor am Institut für Elektrische Nachrichtentechnik übernommen. Für seine engagierte und exakte Arbeit danke ich ihm sehr herzlich. Weiter danke ich Herrn Dr.-Ing. H. D. Schotten, der bei der Erweiterung des Abschnitts über Codemultiplexübertragung viele Hilfen gab und der die Zusatzübung 9.9 gestaltet hat.

Aachen, November 1998 *Hans Dieter Lüke*

Inhaltsverzeichnis

Teil A

Signale und Systeme

1. Determinierte Signale in linearen zeitinvarianten Systemen

Die Mehrzahl der in allen folgenden Kapiteln behandelten Themen lässt sich auf die Frage zurückführen, wie sich ein Signal bei der Übertragung über ein System verhält. Im ersten Kapitel wird dieses Problem unter zunächst stark idealisierten Bedingungen betrachtet. Einfache, in ihrem Verlauf vollständig bekannte Signale werden auf einfache Modellsysteme gegeben und der zeitliche Verlauf der Ausgangssignale wird ermittelt.

1.1 Elementarsignale

Ein *Signal* ist i. Allg. die Darstellung des Amplitudenverlaufs einer physikalischen Größe, wie z. B. einer elektrische Spannung, Feldstärke oder auch eines Schalldrucks, Helligkeitsverläufs, Lichtpegels usw. Häufig werden als Signale Zeitfunktionen solcher Größen benutzt, aber auch andere Abhängigkeiten, wie z.,B. Ortsabhängigkeiten bei Bildsignalen, sind möglich. Speziell in der Nachrichtentechnik hat das Signal als Träger einer dem Empfänger unbekannten Information zumeist Zufallscharakter. Aufbauelemente (Elementarkomponenten) solcher *Zufallssignale* sind aber häufig die *determinierten Signale*, deren Verlauf zumindest im Prinzip durch einen geschlossenen Ausdruck vollständig beschrieben werden kann. Von einem *Elementarsignal* spricht man, wenn diese Beschreibung eine besonders einfache Form hat. Elementarsignale können technisch oft recht einfach erzeugt werden und werden vielfach auch zur Ermittlung der Eigenschaften von Systemen verwendet.

Viele Elementarsignale lassen sich durch einen algebraischen Ausdruck beschreiben, wie beispielsweise das *Sinussignal*[1]

$$s(t) = \sin(2\pi t) \tag{1.1}$$

oder das *Gauß-Signal* (Abb. 1.1)

$$s(t) = \mathrm{e}^{-\pi t^2} \tag{1.2}$$

[1] Auf die Besonderheiten der hier gewählten normierten Darstellung wird auf der nächsten Seite noch näher eingegangen.

Andere wichtige Elementarsignale, wie z. B. ein Rechteckimpuls, müssen zunächst etwas mühsamer stückweise beschrieben werden. Um den formalen Umgang mit derartigen Signalen zu erleichtern, sind für eine Anzahl von Elementarsignalen Sonderzeichen gebräuchlich.[2] Einfachstes Beispiel ist die

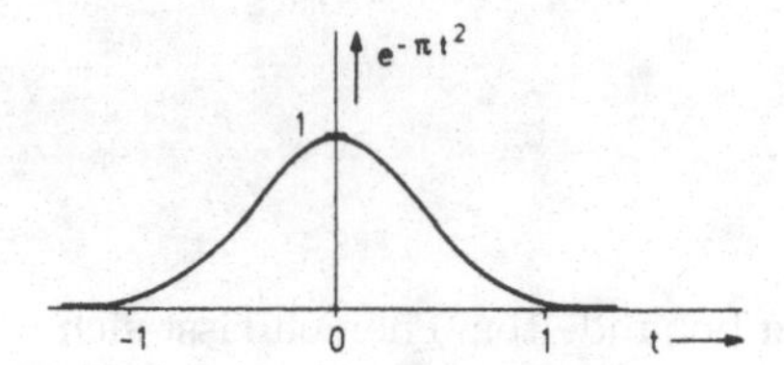

Abbildung 1.1. Gauß-Signal

Sprungfunktion mit der Bezeichnung $\varepsilon(t)$, definiert durch[3]

$$\varepsilon(t) = \begin{cases} 0 & \text{für } t < 0 \\ 1 & \text{für } t \geq 0 \,. \end{cases} \tag{1.3}$$

Die Sprungfunktion wird üblicherweise in der in Abb. 1.2 gezeigten Weise dargestellt.

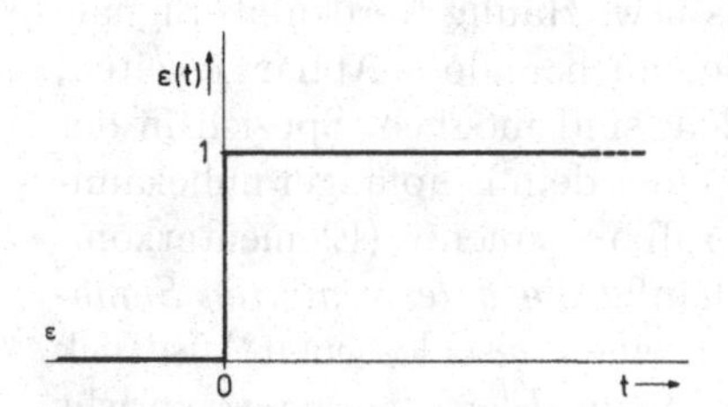

Abbildung 1.2. Sprungfunktion $\varepsilon(t)$

Anmerkung: Ein Beispiel für eine Sprungfunktion ist der Spannungsverlauf an einem Ohm'schen Widerstand, der zur Zeit $t = 0$ an eine Gleichspannungsquelle geschaltet wird.

[2] Sonderzeichen für Elementarsignale wurden insbesondere von Woodward (1964) und Bracewell (1965, 1986) in die Signaltheorie eingeführt.

[3] Abweichend von (1.3) kann auch $\varepsilon(0) = 1/2$ definiert werden. Die Differenz zwischen diesen verschieden definierten Sprungfunktionen ist eine sogenannte Nullfunktion mit verschwindender Energie - Nullfunktionen dürfen fast immer vernachlässigt werden. Eng verwandt mit der Sprungfunktion ist auch die *Vorzeichen-* oder *Signum-funktion* $\operatorname{sgn}(x) = 2\varepsilon(x) - 1$.

Für den *Rechteckimpuls* wird das Zeichen rect(t) vereinbart und in normierter Form definiert als[4]

$$\mathrm{rect}(t) = \begin{cases} 1 & \text{für } |t| \leq 1/2 \\ 0 & \text{für } |t| > 1/2\,. \end{cases} \tag{1.4}$$

Abb. 1.3 zeigt die rect-Funktion als Rechteckimpuls der Höhe und Dauer 1. Schließlich wird häufig der *Dreieckimpuls* (Abb. 1.4) verwendet, für den gelten

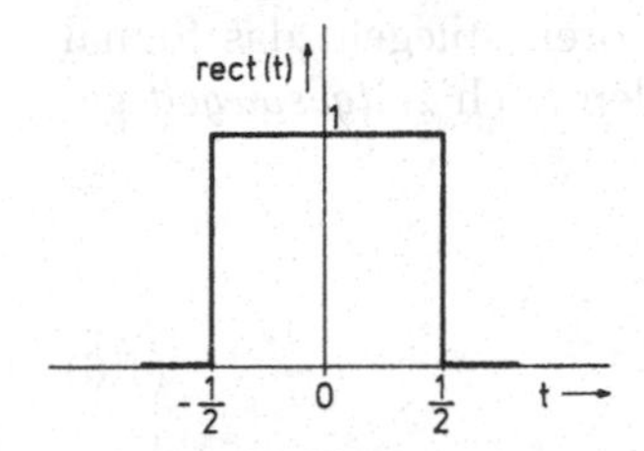

Abbildung 1.3. Rechteckimpuls rect(t)

soll

$$\Lambda(t) = \begin{cases} 1 - |t| & \text{für } |t| \leq 1 \\ 0 & \text{für } |t| > 1\,. \end{cases} \tag{1.5}$$

In der Signal- und Systemtheorie ist es üblich, mit dimensionslosen Größen zu

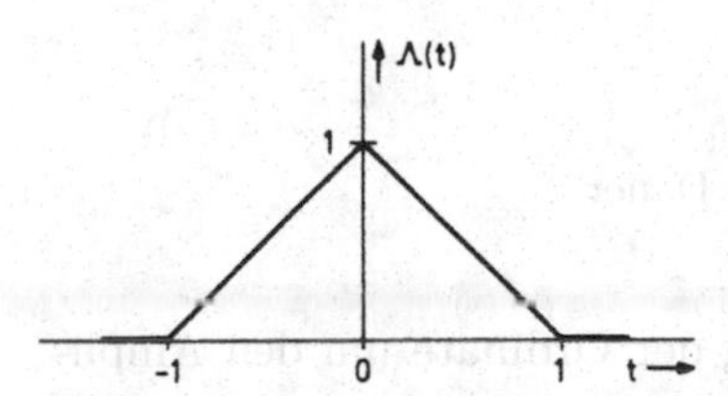

Abbildung 1.4. Dreieckimpuls $\Lambda(t)$

rechnen, also beispielsweise Zeitgrößen auf 1 s und Spannungsgrößen auf 1 V zu normieren. Dadurch werden Größengleichungen zu Zahlenwertgleichungen. Die Rechnung wird nicht nur einfacher, sondern kann auch verschiedene physikalische Sachverhalte, wie z. B. die Übertragung elektrischer und akustischer Signale, in übereinstimmender Form beschreiben. Die Möglichkeit der Dimensionskontrolle geht allerdings verloren.

[4] In Analogie zur Bemerkung in Fußnote 3 kann auch hier $\mathrm{rect}(\pm\frac{1}{2}) = \frac{1}{2}$ definiert werden.

In diesem Sinn ist auch die normierte Darstellung der bisher vorgestellten Elementarsignale zu verstehen. Aus diesen Signalen können zeitlich gedehnte und verschobene Signale durch einfache Koordinatentransformation der Zeitachse gebildet werden:

a) Eine zeitliche *Verschiebung* um t_0 nach rechts ergibt sich, wenn die Zeitkoordinate t durch $t - t_0$ ersetzt wird. Positive t_0 entsprechen also einer Verzögerung des Signals.
b) Eine zeitliche *Dehnung* um den Faktor T resultiert, wenn die Zeitkoordinate t durch t/T ersetzt wird. Dabei wird für $|T| > 1$ das Signal breiter, für $0 < |T| < 1$ schmaler. Negative Dehnfaktoren spiegeln das Signal zusätzlich an der Ordinate, solche Signale werden auch *zeitgespiegelt* genannt.

Beispiele: Das gedehnte Sinussignal (1.1) lautet

$$s(t) = \sin(2\pi t/T) = \sin(2\pi F t)\ . \tag{1.6}$$

Der Dehnfaktor T wird in diesem Beispiel Periodendauer, sein Reziprokwert $F = 1/T$ Frequenz genannt. Als zweites Beispiel sei der in Abb. 1.5 dargestellte Rechteckimpuls beschrieben. In der Kombination von Verschiebung

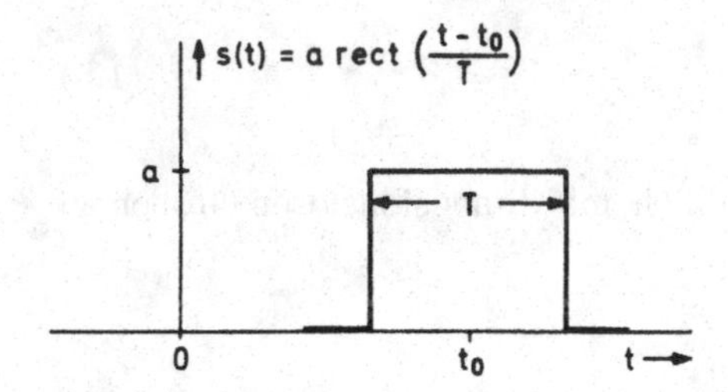

Abbildung 1.5. Verzögerter Rechteckimpuls der Dauer T

und Dehnung auf der Zeitachse und Dehnung der Ordinate um den Amplitudenfaktor a gilt für dieses Signal

$$s(t) = a\,\mathrm{rect}\left(\frac{t - t_0}{T}\right)\ . \tag{1.7}$$

Man überzeugt sich einfach von der Gültigkeit dieses Ausdrucks, wenn man das Argument $(t - t_0)/T$ für t in (1.4) einsetzt

$$a\,\mathrm{rect}\left(\frac{t - t_0}{T}\right) = \begin{cases} a & \text{für } |(t - t_0)/T| \leq 1/2 \\ 0 & \text{für } |(t - t_0)/T| > 1/2\ . \end{cases} \tag{1.8}$$

Die Sprungstellen dieser Funktion liegen genau bei $t_0 - T/2$ und $t_0 + T/2$.

Eine besondere Rolle spielt noch die komplexwertige, periodische Exponentialfunktion, wiederum mit einer Frequenz F oder Periodendauer $T = 1/F$

$$s(t) = \mathrm{e}^{\mathrm{j}2\pi Ft} = \cos(2\pi Ft) + \mathrm{j}\sin(2\pi Ft) \,. \tag{1.9}$$

Aus konjugiert-komplexen Paaren dieser Funktion können mittels der *Euler'schen Formeln* reine Kosinus- bzw. Sinusfunktionen gewonnen werden, welche gleichzeitig Real- bzw. Imaginärteil der komplexen Funktion darstellen:

$$\cos(2\pi Ft) = \frac{\mathrm{e}^{\mathrm{j}2\pi Ft} + \mathrm{e}^{-\mathrm{j}2\pi Ft}}{2} \;;\; \sin(2\pi Ft) = \frac{\mathrm{e}^{\mathrm{j}2\pi Ft} - \mathrm{e}^{-\mathrm{j}2\pi Ft}}{2\mathrm{j}} \,. \tag{1.10}$$

Die Zeitverschiebung eines Kosinussignals der Frequenz F um t_0 lässt sich auch als *Phasenverschiebung* mit $\varphi = -2\pi Ft_0$ ausdrücken:

$$\cos\left(2\pi F\left(t - t_0\right)\right) = \cos\left(2\pi Ft + \varphi\right) = \mathrm{Re}\left\{\mathrm{e}^{\mathrm{j}2\pi Ft_0}\mathrm{e}^{\mathrm{j}\varphi}\right\} \tag{1.11}$$

1.2 Analyse eines elektrischen Systems mittels Elementarfunktionen

Als einfaches Beispiel einer Systemanalyse mittels Elementarfunktionen wird der in Abb.1.6 dargestellte RC-Tiefpass verwendet. Es soll zunächst die Ausgangsspannung $u_2(t)$ ermittelt werden, wenn als Eingangsspannung $u_1(t)$ eine komplexe Exponentialfunktion (1.9) anliegt. Unter Anwendung der Kirchhoff'schen Knotenregel ergibt sich

$$C \cdot \frac{\mathrm{d}}{\mathrm{d}t}u_2(t) = \frac{1}{R}\left(u_1(t) - u_2(t)\right) \Rightarrow RC\frac{\mathrm{d}}{\mathrm{d}t}u_2(t) + u_2(t) = u_1(t) \,. \tag{1.12}$$

Es werde nun angenommen, dass das Ausgangssignal – da es sich um den

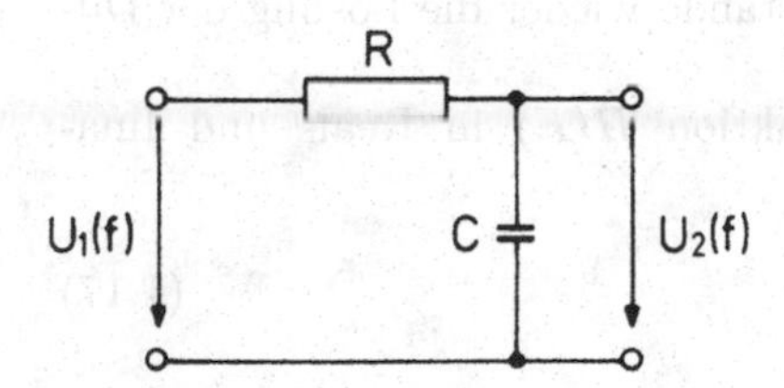

Abbildung 1.6. RC-Schaltung

eingeschwungenen Zustand handelt – denselben periodischen Verlauf wie das Eingangssignal, jedoch möglicherweise eine andere Amplitude besitzt, und zeitlich verschoben ist. Beides lässt sich so darstellen, dass die Ausgangsspannung eine mit einer komplexen, von der Frequenz F abhängigen Funktion $H(F)$ multiplizierte Modifikation des Eingangsspannung ist[5]:

[5] Dieser Zusammenhang wird in (3.1)-(3.3) noch näher untersucht

$$u_2(t) = H(F) \cdot u_1(t) = H(F) \cdot \mathrm{e}^{\mathrm{j}2\pi Ft}$$
$$\Rightarrow H(F) \cdot \mathrm{e}^{\mathrm{j}2\pi Ft}(1 + \mathrm{j}2\pi FRC) = \mathrm{e}^{\mathrm{j}2\pi Ft} \Rightarrow H(F) = \frac{1}{1 + \mathrm{j}2\pi FRC} \tag{1.13}$$

Auf Grund der zu hohen Frequenzen hin stärker werdenden Dämpfung ergibt sich ein *Tiefpasscharakter* der komplexen Funktion $H(F)$.

Zu dem gleichen Ergebnis gelangt man auch mit der Methode der *Wechselspannungsrechnung mit komplexen Effektivwertzeigern.* Der komplexe Effektivwertzeiger $\boldsymbol{U}(F)$ beschreibt eine reellwertige sinusoidale Spannung

$$u(t) = \mathrm{Re}\{\sqrt{2}\,|\boldsymbol{U}(F)|\,\mathrm{e}^{\mathrm{j}(2\pi Ft + \varphi(F))}\} = \sqrt{2}\,|\boldsymbol{U}(F)| \cos(2\pi Ft + \varphi(F))\,. \tag{1.14}$$

Die Berechnung von Betrag und Phase erfolgt wie weiter unten in (1.21) und (1.22) beschrieben. Die in Abb. 1.6 gezeigte RC-Schaltung teilt die komplexe Spannung $\boldsymbol{U}_1(F)$ im Verhältnis der Impedanzen. Damit ergibt sich die Ausgangsspannung

$$\boldsymbol{U}_2(F) = \frac{1/(\mathrm{j}\,2\pi FC)}{R + 1/(\mathrm{j}\,2\pi FC)} \boldsymbol{U}_1(F) = \frac{1}{1 + \mathrm{j}\,2\pi FRC} \boldsymbol{U}_1(F)\,. \tag{1.15}$$

Mit (1.13), (1.14) und (1.15) folgt als Übertragungsfunktion der RC-Schaltung dann wieder

$$\frac{\boldsymbol{U}_2(F)}{\boldsymbol{U}_1(F)} = H(F) = \frac{1}{1 + \mathrm{j}2\pi FRC}\,. \tag{1.16}$$

Mit der Methode der Wechselstromrechnung können also Übertragungsfunktionen und damit auch Impulsantworten von Systemen dieser Art in einfacher Weise berechnet werden; im Grunde steckt dahinter aber in Form der frequenzabhängigen komplexen Widerstände wieder die Lösung der Differentialgleichung (1.12).

Die Aufspaltung der Übertragungsfunktion $H(F)$ in Real- und Imaginärteil

$$H(F) = \mathrm{Re}\{H(F)\} + \mathrm{j}\,\mathrm{Im}\{H(F)\} \tag{1.17}$$

führt hier zu

$$\mathrm{Re}\{H(F)\} = \frac{1}{1 + (2\pi FRC)^2} \tag{1.18}$$

und

$$\mathrm{Im}\{H(F)\} = \frac{-2\pi FRC}{1 + (2\pi FRC)^2}\,. \tag{1.19}$$

In Abb. 1.7 sind der Real- und Imaginärteil von $H(F)$, aufgetragen über

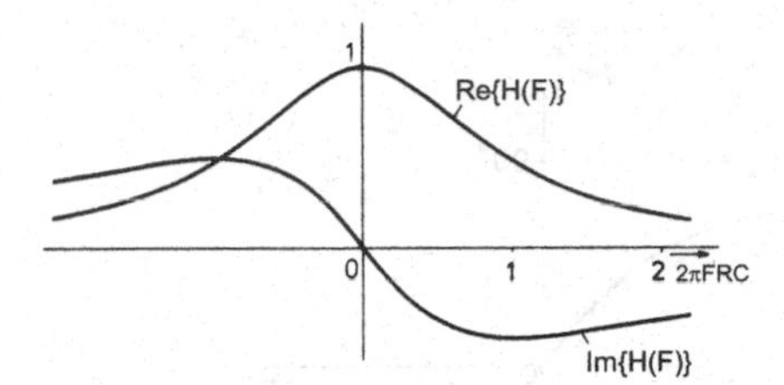

Abbildung 1.7. Real- und Imaginärteil von $H(F)$ als Funktion von $2\pi FRC$

$2\pi FRC$, wiedergegeben. Spaltet man $H(F)$ entsprechend

$$H(F) = |H(F)|\mathrm{e}^{\mathrm{j}\varphi(F)} \tag{1.20}$$

nach Betrag und Phase auf, so ergibt sich als Betrag der Übertragungsfunktion

$$|H(F)| = \sqrt{[\mathrm{Re}\{H(F)\}]^2 + [\mathrm{Im}\{H(F)\}]^2} = \sqrt{H(F) \cdot H^*(F)} \,. \tag{1.21}$$

Im Beispiel der RC-Schaltung wird also

$$|H(F)| = \frac{1}{\sqrt{1 + (2\pi FRC)^2}} \,. \tag{1.21a}$$

Für die Phase der Übertragungsfunktion gilt allgemein

$$\varphi(F) = \arctan\left(\frac{\mathrm{Im}\{H(F)\}}{\mathrm{Re}\{H(F)\}}\right) \pm \kappa(F) \cdot \pi + l \cdot 2\pi \text{ mit } l \text{ ganzzahlig}$$

$$\text{und } \kappa(F) = \begin{cases} 0 & \\ & \text{für} \\ 1 & \end{cases} \begin{matrix} \mathrm{Re}\{H(F)\} \geq 0 \\ \\ \mathrm{Re}\{H(F)\} < 0 \,, \end{matrix} \tag{1.22}$$

woboi arctan(·) den Hauptwert bezeichnet.[6] Damit ergibt sich für die Phasen-Übertragungsfunktion der RC-Schaltung

$$\varphi(F) = -\arctan(2\pi FRC) \,.$$

Der entsprechende Verlauf des Betrages bzw. des Phasenwinkels ist in Abb. 1.8 wiedergegeben. In der Analyse des Eingangs- und Ausgangssignalverhaltens

[6] Die arctan-Funktion ist mehrdeutig und liefert ein mit π periodisches Ergebnis. Der Hauptwert bezieht sich auf Winkel zwischen $\pm\frac{\pi}{2}$, d.h. den ersten und vierten Quadranten der komplexen Ebene. Die Funktion $k(F)$ ermöglicht es, auch Phasenwinkel zu bestimmen, die dem zweiten und dritten Quadranten zuzuordnen sind. Trotz dieser Maßnahme ist die Phase wegen $\tan(\alpha) = \tan(\alpha + l \cdot 2\pi)$ nicht eindeutig bestimmbar. Dies korrespondiert mit der Tatsache, dass die tatsächliche Zeitverzögerung zwischen Eingangs- und Ausgangssignal eines Systems bei periodischer Anregung nicht eindeutig gemessen werden kann (s. hierzu auch Abschn. 5.4.7).

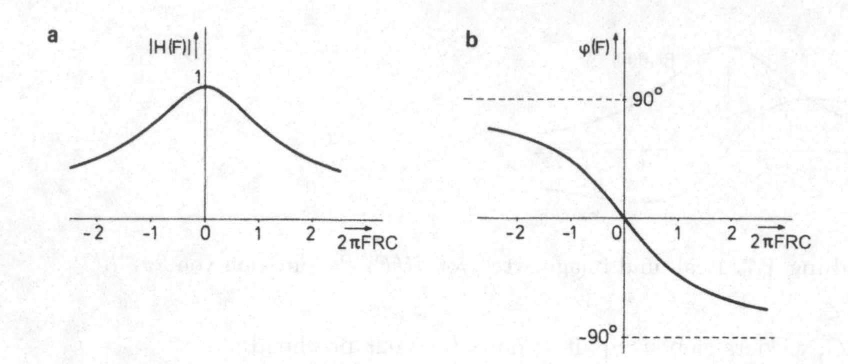

Abbildung 1.8. **(a)** Betrag und **(b)** Phasenwinkel von $H(F)$ als Funktion von $2\pi FRC$

elektrischer Systeme ist nicht nur der bisher behandelte Fall einer stationären Wechselspannungsanregung, sondern besonders auch die Reaktion bei der Ausführung von Schaltvorgängen interessant. Als Beispiel werde der Fall untersucht, dass eine Sprungfunktion $u_1(t) = \varepsilon(t)$ als Eingangsspannung anliegt, d.h. dass zum Zeitpunkt $t = 0$ eine Spannung der Amplitude 1 eingeschaltet wird. Es werde weiter angenommen, dass der Kondensator zunächst ungeladen sei, d.h. es sei $u_2(t) = 0$ für $t < 0$. Mit Anwendung der Kirchhoff'schen Maschenregel ergibt sich für $t \geq 0$:

$$u_1(t) = 1 = R \cdot i(t) + \frac{1}{C} \int_0^t i(\tau)\mathrm{d}\tau \,. \tag{1.23}$$

Hieraus ergibt sich durch Ableitung die Differentialgleichung

$$0 = R \cdot \frac{\mathrm{d}i(t)}{\mathrm{d}t} + \frac{1}{C} \cdot i(t) \Rightarrow \frac{\mathrm{d}i(t)}{i(t)} = -\frac{1}{RC}\,\mathrm{d}t \,. \tag{1.24}$$

Durch Integration wird (positiver Strom, daher Logarithmieren möglich)

$$\ln|i(t)| = -\frac{t}{RC} + K \Rightarrow \mathrm{e}^{\ln|i(t)|} = i(t) = \mathrm{e}^{-\frac{t}{RC}+K} = A \cdot \mathrm{e}^{-\frac{t}{RC}} \text{ mit } A = \mathrm{e}^K \,. \tag{1.25}$$

Die Konstanten A bzw. K ergeben sich wegen $\mathrm{e}^0 = 1$ zu

$$A = i(0) = \frac{1}{R} \,. \tag{1.26}$$

Durch nochmalige Anwendung der Maschenregel erhält man schließlich die Ausgangsspannung

$$u_2(t) = 1 - \mathrm{e}^{-\frac{t}{RC}} \,. \tag{1.27}$$

1.3 Zum Begriff des Systems

Ein nachrichtentechnisches Übertragungssystem ist i. Allg. ein recht kompliziertes Gebilde. Die Analyse der Eigenschaften des gesamten Übertragungssystems z. B. mittels eines entsprechenden Differentialgleichungsansatzes oder mit Hilfe der Wechselstromrechnung ist häufig unanschaulich und von der Berechnung her ausgesprochen mühsam. Man teilt daher das Übertragungssystem in einzelne einfache Teilsysteme auf, zu deren Beschreibung unter bestimmten idealisierenden Voraussetzungen nur noch die an ihren Ein- und Ausgängen beobachtbaren Vorgänge benötigt werden. Abb. 1.9 zeigt ein *RC*-Zweitor als Beispiel für ein derartiges Teilsystem. Die Ver-

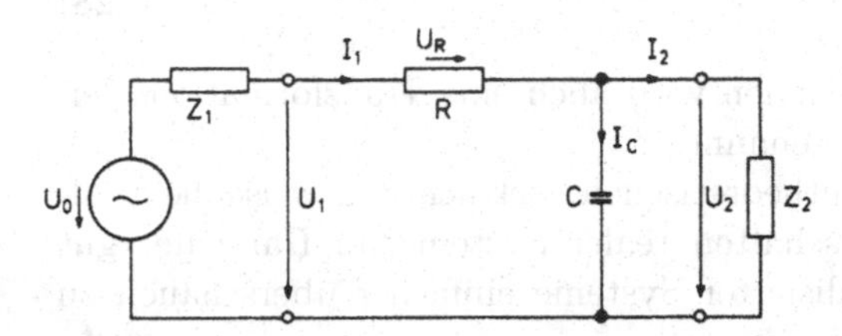

Abbildung 1.9. Beispiel zur Netzwerkanalyse

knüpfungen, die zwischen den einzelnen Spannungen und Strömen bestehen und die das Zweitor kennzeichnen, lassen sich mit Hilfe der Netzwerkanalyse, einem Zweig der *Netzwerktheorie*, berechnen, wobei üblicherweise entsprechend der Wechselstromrechnung sinusförmige Anregung angenommen wird. Der Ansatz durch komplexe Drehzeiger führt dann auch zur Lösung der Probleme der Leistungsanpassung, der Rückwirkungen bei Serien-, Ketten- oder Parallelschaltungen usw.

In einem weiteren Schritt zur Abstraktion beschreibt man das Zweitor schließlich nur noch durch die Angabe eines *Ausgangssignals* $g(t)$ als Reaktion auf das Anlegen eines bestimmten *Eingangssignals* $s(t)$.

Anmerkung: Als Beispiel zeigt Abb. 1.10 das Ausgangssignal des *RC*-Zweitors aus Abb. 1.9 bei einem rechteckförmigen Eingangssignal unter der speziellen Annahme, dass das Zweitor aus einer idealen Spannungsquelle gespeist wird und am Ausgang leerläuft[7].

Auf diesem Weg gelangt man schließlich zur eigentlichen *Systemtheorie*, bei der einem idealisierten Eingangssignal ein ebenfalls idealisiertes Ausgangssignal zugeordnet wird, ohne zunächst auf die physikalische Realisierbarkeit eines so beschriebenen Systems Rücksicht zu nehmen. Ein Sys-

[7] Das Eingangssignal lässt sich als $s(t) = \varepsilon(t) - \varepsilon(t-T)$ beschreiben. Damit kann das Ausgangssignal mit dem Ergebnis von (1.27) als $g(t) = u_2(t) - u_2(t-T)$ berechnet werden.

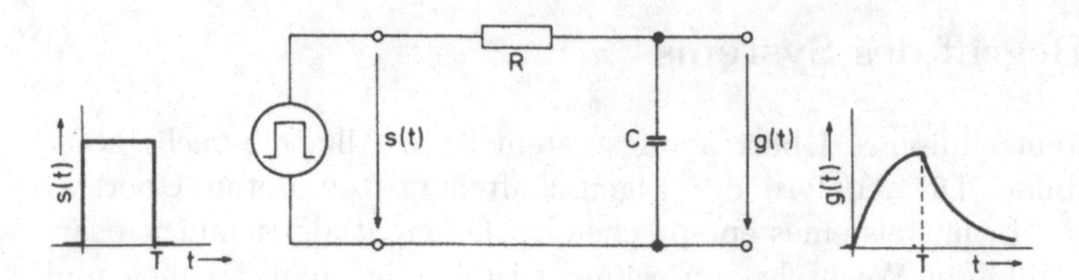

Abbildung 1.10. Beispiel zur systemtheoretischen Betrachtungsweise

tem wird also definiert durch die mathematisch eindeutige Zuordnung eines Ausgangssignals $g(t)$ zu einem beliebigen Eingangssignal $s(t)$[8]

$$g(t) = \mathrm{Tr}\{s(t)\} . \tag{1.28}$$

Eine solche Zuordnung von Funktionen wird auch eine Transformationsgleichung oder kurz *Transformation* genannt.

Die Bedeutung dieser systemtheoretischen Betrachtungsweise liegt also darin, die Vielfalt der Eigenschaften realer Systeme an Hand der gut übersehbaren Eigenschaften idealisierter Systeme einfacher überschauen zu können.

1.4 Lineare zeitinvariante Systeme

Unter den durch (1.28) beschriebenen Systemen sind die *linearen zeitinvarianten Systeme* besonders wichtig, da sie eine einfache Transformationsgleichung besitzen und sehr viele technische Systeme dieser Systemklasse angehören.

Lineare zeitinvariante Systeme, kurz auch LTI-Systeme[9] genannt, können ganz allgemein durch eine lineare Differentialgleichung mit konstanten Koeffizienten beschrieben werden. Die Eigenschaften dieser Systeme haben folgende Bedeutung:

a) *Linear* heißt ein System, wenn jede Linearkombination von Eingangssignalen $s_i(t)$ $(i = 1, 2, 3, \ldots)$ zu der entsprechenden Linearkombination vom Ausgangssignalen $g_i(t)$ führt. Es muss daher für beliebige Konstanten a_i der Superpositionssatz erfüllt sein

---

[8] Um mathematische Schwierigkeiten zu vermeiden, genügt es i. Allg., als Signale Zeitfunktionen anzunehmen, die wenigstens näherungsweise physikalisch realisierbar sind. Insbesondere müssen diese Funktionen für $t \to -\infty$ hinreichend schnell gegen Null gehen. Weiter wird stets angenommen, dass sich das System im Ruhezustand befindet, d. h. dass vor Anlegen des Eingangssignals alle Energiespeicher entladen sind, bzw. dass bei digitalen Systemen alle Signalspeicher den Wert Null haben.

[9] Englisch: **L**inear **T**ime-**I**nvariant systems.

$$\mathrm{Tr}\left\{\sum_i a_i s_i(t)\right\} = \sum_i a_i \,\mathrm{Tr}\{s_i(t)\} = \sum_i a_i g_i(t)\,. \tag{1.29}$$

Anmerkung: Schaltet man Zweitore oder gesteuerte Strom- oder Spannungsquellen, bei denen Spannungen und/oder Ströme entsprechend (1.29) linear miteinander verknüpft sind, in beliebiger Weise zu einem System zusammen, so ist auch dieses System linear.

b) *Zeitinvariant* heißt ein System, wenn für jede beliebige Zeitverschiebung um t_0 gilt

$$\mathrm{Tr}\{s(t-t_0)\} = g(t-t_0)\,. \tag{1.30}$$

Mit anderen Worten, die Form des Ausgangssignals muss von einer zeitlichen Verschiebung des Eingangssignals unabhängig sein.

Anmerkung: Zeitinvariant sind beispielsweise alle Systeme, die aus zeitunabhängigen Bauelementen bestehen und keine zeitlich veränderlichen Strom- und Spannungsquellen enthalten.

Als Beispiel für die Reaktion eines LTI-Systems ist in Abb. 1.11 die Antwort des *RC*-Zweitors auf einen doppelten Rechteckimpuls dargestellt. Das Ergebnis folgt bei bekannter Antwort auf den einfachen Rechteckimpuls (Abb. 1.10) sofort mit Hilfe der Überlagerungseigenschaft (1.29) und der Verschiebungseigenschaft (1.30).

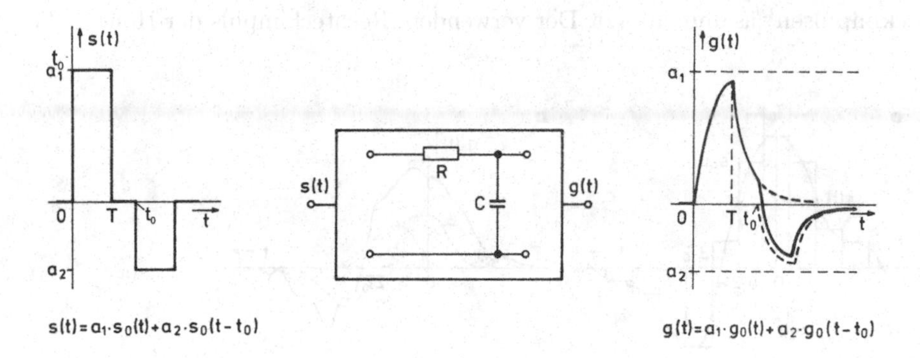

Abbildung 1.11. Beispiele für die Reaktion eines LTI-Systems

1.5 Das Faltungsintegral

Das Beispiel in Abb. 1.11 zeigt, wie bei LTI-Systemen die Übertragung eines zusammengesetzten Signals durch die bekannte Antwort auf ein Elementarsignal beschrieben werden kann. Durch Erweitern dieser Methode gelingt es, einen allgemeinen Ausdruck für die Transformationsgleichung von LTI-Systemen abzuleiten.

Ein LTI-System reagiere auf einen Rechteckimpuls $s_0(t)$ der Dauer T_0 und der Höhe $1/T_0$ mit dem Ausgangssignal $g_0(t)$ (Abb. 1.12). Bei dieser

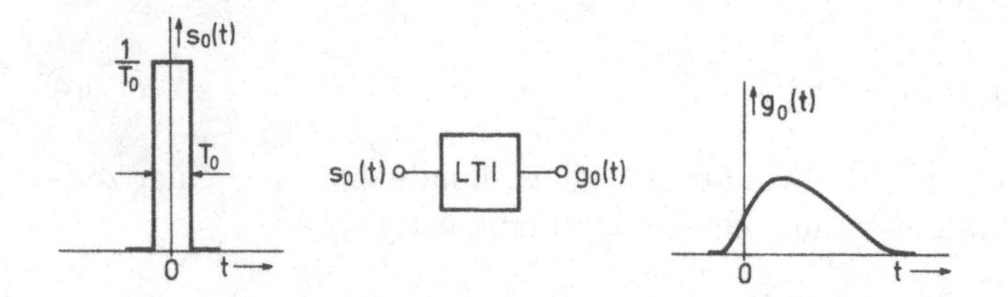

Abbildung 1.12. Reaktion $g_0(t)$ eines LTI-Systems auf einen Rechteckimpuls $s_0(t)$ der Fläche 1

Normierung auf konstante Fläche des Eingangssignals bleibt auch die Fläche des Ausgangssignals $g_0(t)$ für beliebige T_0 konstant (vgl. Aufgabe 1.16).

Von $s_0(t)$ ausgehend, kann man die Reaktion $g(t)$ dieses Systems auf ein beliebiges Eingangssignal $s(t)$ zunächst zwar nicht exakt, aber doch näherungsweise bestimmen. Man approximiert dazu das vorgegebene Eingangssignal $s(t)$ durch eine Treppenfunktion $s_a(t)$, die sich, wie Abb. 1.13a zeigt, aus entsprechend amplitudenbewerteten und zeitverschobenen Rechteckimpulsen zusammensetzt. Der verwendete Rechteckimpuls der Höhe $1/T_0$

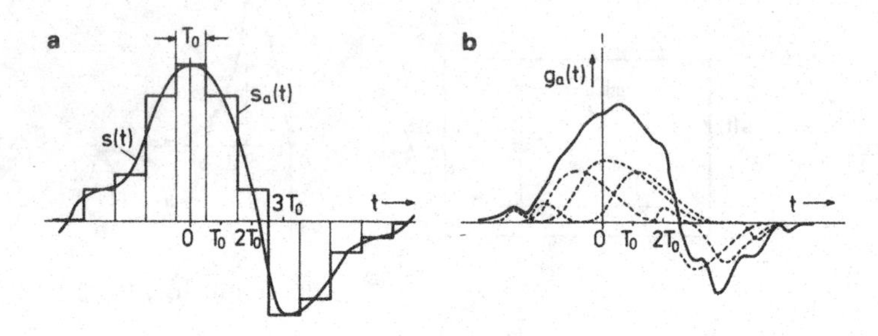

Abbildung 1.13a, b. Näherungsweise Bestimmung von $g(t)$ durch Einführen einer approximierenden Treppenfunktion $s_a(t)$

muss, wenn er zum Zeitpunkt nT_0 die Amplitude $s(nT_0)$ der zu approximierenden Funktion annehmen soll, mit $s(nT_0)T_0$ multipliziert werden. Damit ergibt sich als approximierende Treppenfunktion $s_\mathrm{a}(t)$

$$s(t) \approx s_\mathrm{a}(t) = \sum_{n=-\infty}^{\infty} s(nT_0)s_0(t - nT_0)T_0 \,. \tag{1.31}$$

Entsprechend (1.29) (Superpositionssatz) und (1.30) (Zeitinvarianz) reagiert das LTI-System auf $s_\mathrm{a}(t)$ mit (Abb. 1.13b)

$$g_\mathrm{a}(t) = \sum_{n=-\infty}^{\infty} s(nT_0)g_0(t - nT_0)T_0 \approx g(t) \,. \tag{1.32}$$

Es ist unmittelbar einzusehen, dass $s_\mathrm{a}(t)$ das Eingangssignal $s(t)$ um so genauer approximiert, je geringer die Dauer T_0 des Rechteckimpulses gewählt wird. Entsprechend wird sich bei Verkleinerung von T_0 auch das Ausgangssignal $g_\mathrm{a}(t)$ mehr und mehr der zu bestimmenden Reaktion $g(t)$ nähern. Die Besonderheiten des dazu erforderlichen Grenzüberganges $T_0 \to 0$ werden zunächst an Hand von Abb. 1.14 veranschaulicht. Je geringer die Dauer T_0

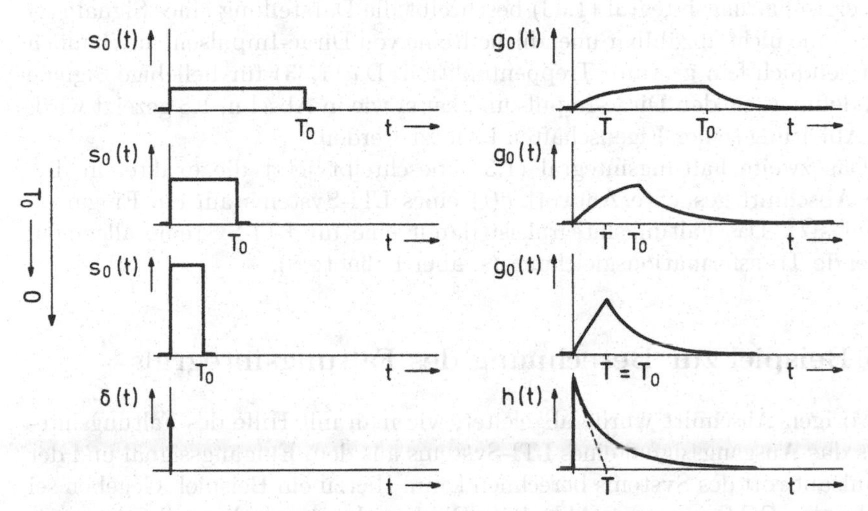

Abbildung 1.14. Reaktion $g_0(t)$ eines RC-Systems (Zeitkonstante $T = R \cdot C$) auf einen schmaler werdenden Rechteckimpuls $s_0(t)$ konstanter Fläche

des Eingangssignals bei konstant gehaltener Fläche wird, desto mehr nähert sich das Ausgangssignal einer Form an, die nur noch von den Eigenschaften des Übertragungssystems und nicht mehr von der Dauer des Eingangssignals abhängt. Im Grenzübergang $T_0 \to 0$ wird das Eingangssignal durch das mathematische Modell des *Dirac-Impulses* $\delta(t)$ beschrieben.[10] Das zugehörige

[10] Der Rechteckimpuls ist im RC-System schmal genug, wenn $T_0 \ll RC$ ist (vgl. Aufgabe 5.4). Eine nähere Diskussion der mathematischen Eigenschaften des Dirac-Impulses erfolgt in Abschn. 1.8.

Ausgangssignal wird als *Impulsantwort* $h(t)$ bezeichnet (s. untere Zeile in Abb. 1.14).

Führt man jetzt den Grenzübergang für (1.31) und (1.32) durch, dann gehen die Summen in Integrale über, und mit den nach dem Grenzübergang gültigen neuen Bezeichnungen

$$s_0(t) \to \delta(t) \qquad nT_0 \to \tau$$
$$g_0(t) \to h(t) \qquad T_0 \to \mathrm{d}\tau$$

ergeben sich die *Faltungsintegrale*

$$s(t) = \int_{-\infty}^{\infty} s(\tau)\delta(t-\tau)\mathrm{d}\tau\,, \tag{1.33}$$

$$g(t) = \int_{-\infty}^{\infty} s(\tau)h(t-\tau)\mathrm{d}\tau\,. \tag{1.34}$$

Das erste Faltungsintegral (1.33) beschreibt die Darstellung eines Signal $s(t)$ durch eine nicht abzählbar unendliche Reihe von Dirac-Impulsen, anschaulich als unendlich fein gestufte Treppenfunktion. Da (1.33) für beliebige Signale gilt, definiert sie den Dirac-Impuls und kann, wie in Abschn. 1.8 gezeigt wird, zur Ableitung seiner Eigenschaften benutzt werden.

Das zweite Faltungsintegral (1.34) beschreibt jetzt die exakte, in diesem Abschnitt gesuchte Antwort $g(t)$ eines LTI-Systems auf ein Eingangssignal $s(t)$. Das Faltungsintegral ist damit eine für LTI-Systeme allgemein geltende Transformationsgleichung (s. aber Fußnote 8).

1.6 Beispiel zur Berechnung des Faltungsintegrals

Im vorigen Abschnitt wurde abgeleitet, wie man mit Hilfe des Faltungsintegrals das Ausgangssignal eines LTI-Systems aus dem Eingangssignal und der Impulsantwort des Systems berechnen kann. Hierzu ein Beispiel. Gegeben sei wieder das RC-System aus Abb. 1.10. Die Impulsantwort dieses Systems hat, wie weiter unten noch gezeigt wird, die Form eines abfallenden Exponentialimpulses der Fläche 1

$$h(t) = \frac{1}{T}\varepsilon(t)\mathrm{e}^{-t/T} \quad \text{mit} \quad T = RC\,. \tag{1.35}$$

Durch $h(t)$ ist das RC-System vollständig beschrieben. Gesucht sei die Reaktion des RC-Systems auf einen Rechteckimpuls der Dauer T_0 und der Amplitude a. Ausgehend vom Faltungsintegral (1.34) ist zu beachten, dass als Integrationsvariable die Zeit τ läuft, während die Zeit t einen festen Parameter darstellt. Zur Berechnung des Faltungsintegrals sind daher die Funktionen $s(\tau)$ und $h(t-\tau)$ über der Zeit τ darzustellen. Der Verlauf von $s(\tau)$

bzw. $h(\tau)$ über τ folgt unmittelbar aus dem Verlauf von $s(t)$ bzw. $h(t)$ über t und ist in Abb. 1.15a wiedergegeben. Den Verlauf der zeitgespiegelten Im-

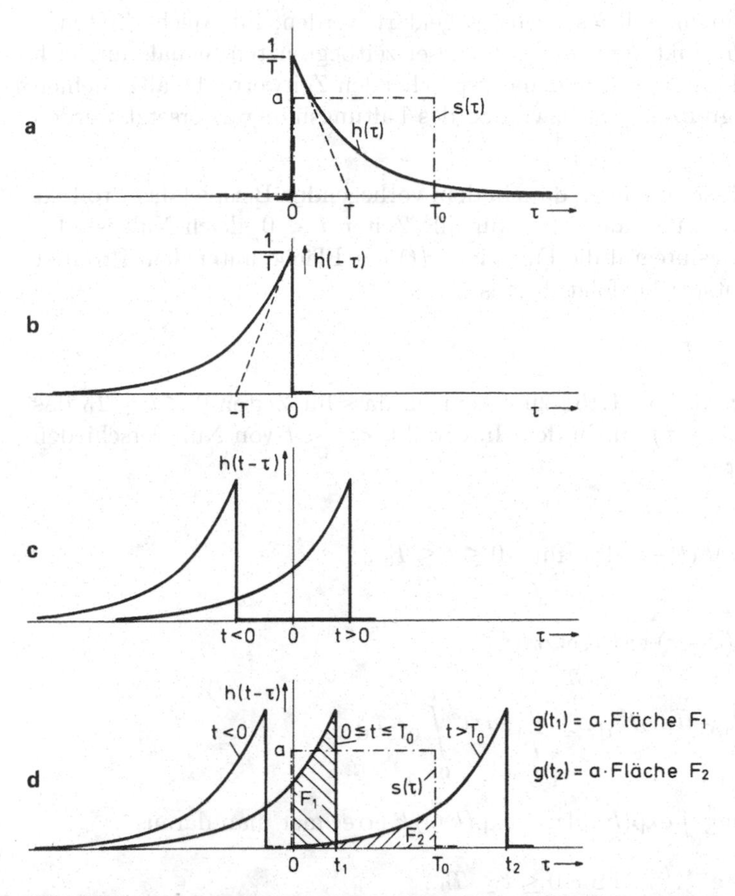

Abbildung 1.15a–d. Beispiel zur Berechnung des Faltungsintegrals

pulsantwort $h(t-\tau)$ über τ kann man sich über den folgenden Zwischenschritt veranschaulichen:

- Zunächst wird die Funktion $h(t-\tau)$ für den Spezialfall $t = 0$, also die Funktion $h(-\tau)$ über τ dargestellt. Man gewinnt $h(-\tau)$, indem man den Verlauf von $h(\tau)$ an der Ordinate spiegelt.[11] Abb. 1.15b zeigt den Verlauf von $h(-\tau)$.
- Den Verlauf von $h(t-\tau)$ über τ für positive Zeiten erhält man jetzt aus $h(-\tau)$ durch Verschieben der Kurve $h(-\tau)$ um die entsprechende Zeit t

[11] Diese Spiegelung oder *Faltung* (englisch: convolution) der Funktion $h(\tau)$ begründet die Namensgebung Faltungsintegral für (1.34).

nach rechts, während für negative Zeiten $h(-\tau)$ entsprechend nach links verschoben werden muss (Abb. 1.15c).

- Nachdem nun festliegt, wie $s(\tau)$, $h(t-\tau)$ und damit auch ihr Produkt über τ verlaufen, soll als nächstes geklärt werden, für welche Zeiten τ und t das Produkt $s(\tau) \cdot h(t-\tau)$ dieser zeitbegrenzten Signale ungleich Null ist und durch welche dementsprechenden Zeitwerte die allgemeinen Integrationsgrenzen $-\infty$ bzw. $+\infty$ des Faltungsintegrals ersetzt werden können.

Abb. 1.15d lässt erkennen, dass in dem vorliegenden Beispiel das Produkt $s(\tau) \cdot h(t-\tau)$ als Funktion von τ für alle Zeiten $t < 0$ gleich Null ist. Da nach dem Faltungsintegral die Funktion $g(t)$ der Fläche unter dem Produkt $s(\tau) \cdot h(t-\tau)$ entspricht, folgt daraus

$$g(t) = 0 \quad \text{für} \quad t < 0\,.$$

Weiter ist an Hand Abb. 1.15d zu erkennen, dass für Zeiten $0 < t \leq T_0$ das Produkt $s(\tau) \cdot h(t-\tau)$ nur in dem Intervall $0 < \tau < t$ von Null verschieden ist. Es gilt daher

$$g(t) = \int_0^t s(\tau)h(t-\tau)\mathrm{d}\tau \quad \text{für} \quad 0 \leq t \leq T_0\,,$$

oder $s(\tau)$ und $h(t-\tau)$ eingesetzt

$$g(t) = \int_0^t a\frac{1}{T}\mathrm{e}^{-(t-\tau)/T}\mathrm{d}\tau = \frac{a}{T}\mathrm{e}^{-t/T}\int_0^t \mathrm{e}^{\tau/T}\mathrm{d}\tau\,.$$

Mit der Beziehung $\int \exp(kx)\mathrm{d}x = \exp(kx)/k$ errechnet man daraus

$$g(t) = a(1-\mathrm{e}^{-t/T}) \quad \text{für} \quad 0 \leq t \leq T_0\,.$$

Für Zeiten $t > T_0$ ist das Produkt $s(\tau) \cdot h(t-\tau)$ nur in dem festen Intervall $0 < \tau < T_0$ von Null verschieden. Daher gilt hier

$$g(t) = \int_0^{T_0} s(\tau)h(t-\tau)\mathrm{d}\tau \quad \text{für} \quad t > T_0\,.$$

Wiederum $s(\tau)$ und $h(t-\tau)$ entsprechend eingesetzt, erhält man nach Ausrechnung

$$g(t) = a(\mathrm{e}^{T_0/T}-1)\mathrm{e}^{-t/T} \quad \text{für} \quad t > T_0\,.$$

Die gesuchte, auf die Konstante a bezogene Reaktion $g(t)$ des Systems ist in Abb. 1.16 wiedergegeben (vgl. auch wieder Abb. 1.14).

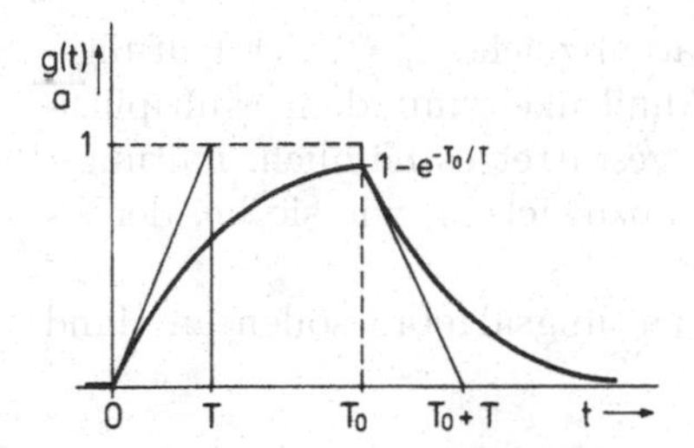

Abbildung 1.16. Reaktion $g(t)$ eines RC-Systems der Zeitkonstante $T = RC$ auf einen Rechteckimpuls der Dauer T_0

1.7 Faltungsalgebra

Das Faltungsintegral (1.34), das die zwischen der Reaktion $g(t)$ eines LTI-Systems, seiner Impulsanwort $h(t)$ und dem Eingangssignal $s(t)$ bestehenden Verknüpfungen beschreibt, kann man in symbolischer Schreibweise abkürzend durch das folgende, sogenannte *Faltungsprodukt*[12] darstellen

$$g(t) = s(t) * h(t) . \tag{1.36}$$

Dieser Gleichung entspricht das in Abb. 1.17 gezeigte Blockschaltbild des LTI-Systems. Ebenso lässt sich das den Dirac-Impuls definierende Faltungsinte-

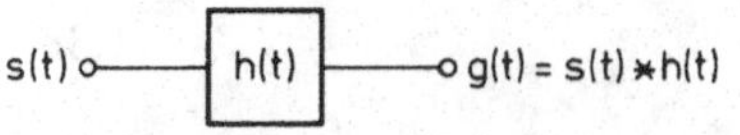

s(t) — h(t) — g(t) = s(t) ∗ h(t)

Abbildung 1.17. Allgemeine Darstellung eines durch seine Impulsantwort $h(t)$ charakterisierten LTI-Systems

gral (1.33) durch das entsprechende Faltungsprodukt ausdrücken

$$s(t) = s(t) * \delta(t) . \tag{1.37}$$

Man kann (1.37) durch ein LTI-System veranschaulichen, dessen Impulsantwort wieder ein Dirac-Impuls $\delta(t)$ ist (Abb. 1.18). Wird ein solches System

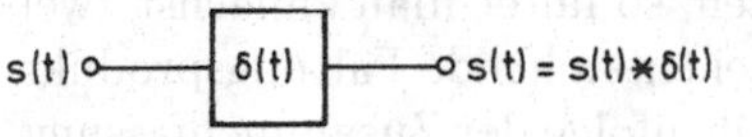

s(t) — δ(t) — s(t) = s(t) ∗ δ(t)

Abbildung 1.18. Beispiel für ein ideal verzerrungsfreies System

mit einem Eingangssignal $s(t)$ angeregt, erscheint an seinem Ausgang wieder $s(t)$. Man nennt ein System mit einer derartigen Eigenschaft ein *ideal verzerrungsfreies* System.

[12] Lies: $s(t)$ gefaltet mit $h(t)$.

Das in (1.36) und (1.37) benutzte Operationszeichen „$*$", der Faltungsstern, weist nicht ohne Grund eine große Ähnlichkeit mit dem Multiplikationszeichen auf. Wie im Folgenden gezeigt, gestattet es nämlich, Faltungsoperationen nach ähnlichen Rechengesetzen abzuwickeln, wie sie bei der algebraischen Multiplikation verwendet werden.
Die wichtigsten Regeln der entsprechenden Faltungsalgebra sollen an Hand einiger Beispiele betrachtet werden:

a) Der Dirac-Impuls kann als das *Einselement* der Faltungsalgebra bezeichnet werden. Dies zeigt unmittelbar die Gleichung (1.37), die der Multiplikation mit Eins entspricht.
b) Die Faktoren eines Faltungsproduktes dürfen vertauscht werden: *Kommutativgesetz* der Faltung.

   Anmerkung: Der Beweis hierfür gelingt mit Hilfe des Faltungsintegrals (1.34). Substituiert man in (1.34) τ durch $(t-\theta)$, so erhält man

$$g(t) = \int_{+\infty}^{-\infty} s(t-\theta)h(\theta)(-\mathrm{d}\theta) = \int_{-\infty}^{+\infty} h(\theta)s(t-\theta)\mathrm{d}\theta \,.$$

   Es gilt also

$$g(t) = s(t) * h(t) = h(t) * s(t) \,. \tag{1.38}$$

   Abb. 1.19 gibt ein Beispiel hierzu. Die Antwort eines LTI-Systems mit der

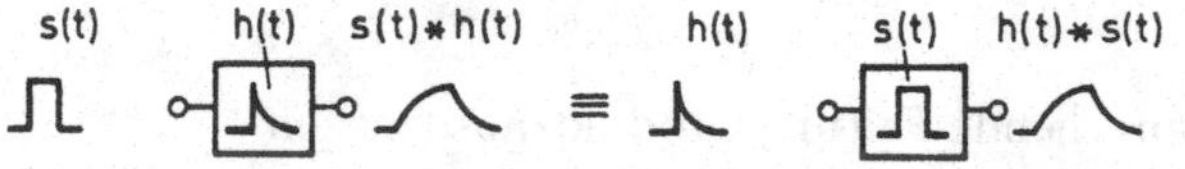

Abbildung 1.19. Beispiel zum Kommutativgesetz der Faltung

   Impulsantwort $h(t)$ auf ein Signal $s(t)$ ist also immer identisch mit der Antwort eines Systems mit der Impulsantwort $s(t)$ auf das Signal $h(t)$.
c) Sind drei Funktionen miteinander zu falten, so faltet man zunächst zwei von ihnen miteinander und dann das dabei entstehende Faltungsprodukt mit der dritten Funktion. Dabei ist die Reihenfolge der Zusammenfassung ohne Einfluss auf das Ergebnis: *Assoziativgesetz* der Faltung.[13]

[13] S. Aufgabe 1.18. Bezüglich der Kombination mit Addition/Subtraktion gelten für die Faltung dieselben Regeln wie bei Multiplikation („Sternrechnung vor Strichrechnung"). Man beachte allerdings, dass für die Bildung des Faltungsproduktes in Kombination mit anderen Rechenoperationen (z. B. Multiplikation zeitabhängiger Signale) keine verbindliche Reihenfolge vereinbart ist. Daher müssen in solchen Fällen stets Klammern gesetzt werden.

$$\begin{aligned} f(t) * s(t) * h(t) &= [f(t) * s(t)] * h(t) \\ &= f(t) * [s(t) * h(t)]. \end{aligned} \tag{1.39}$$

Abb. 1.20 zeigt wiederum ein entsprechendes Systembeispiel.

Abbildung 1.20. Beispiel zum Assoziativgesetz der Faltung

d) Das Faltungsprodukt einer Funktion $f(t)$ mit der Summe der Funktionen $s(t)$ und $h(t)$ ist gleich der Summe der beiden Faltungsprodukte $f(t) * s(t)$ und $f(t) * h(t)$: *Distributivgesetz* der Faltung zur Addition[13].

$$f(t) * [s(t) + h(t)] = [f(t) * s(t)] + [f(t) * h(t)]\,. \tag{1.40}$$

Abb. 1.21 gibt diesen Zusammenhang wieder.

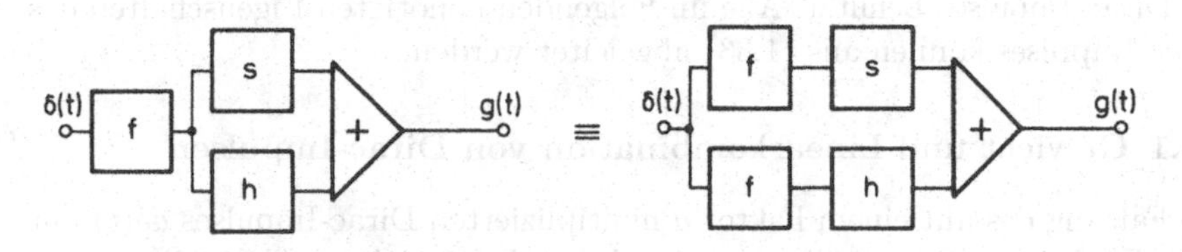

Abbildung 1.21. Beispiel zum Distributivgesetz der Faltung

e) Die Faltung eines komplexen Signals $s(t)$ mit einer komplexen Impulsantwort $h(t)$ folgt ebenfalls den Regeln der komplexen Multiplikation. Es ergibt sich das ebenfalls komplexe Ausgangssignal

$$\begin{aligned} g(t) = s(t) * h(t) = &\underbrace{[\mathrm{Re}\{s(t)\} * \mathrm{Re}\{h(t)\} - \mathrm{Im}\{s(t)\} * \mathrm{Im}\{h(t)\}]}_{\mathrm{Re}\{g(t)\}} \\ &+ \mathrm{j}\underbrace{[\mathrm{Re}\{s(t)\} * \mathrm{Im}\{h(t)\} + \mathrm{Im}\{s(t)\} * \mathrm{Re}\{h(t)\}]}_{\mathrm{Im}\{g(t)\}}\,. \end{aligned} \tag{1.41}$$

1.8 Dirac-Impuls

In Abschn. 1.5 war gezeigt worden, wie eine beliebige Signalfunktion $s(t)$ näherungsweise als Summe von Rechteckimpulsen dargestellt werden kann.

Es war plausibel einzusehen, dass die Approximation um so besser ist, je schmaler die einzelnen Rechteckimpulse werden. Der Grenzübergang, formal durchgeführt, ergab dann die Darstellung des Signals $s(t)$ durch eine nicht abzählbar unendliche Reihe von Dirac-Impulsen in Form des Faltungsintegrals (1.33)

$$s(t) = \int_{-\infty}^{+\infty} s(\tau)\delta(t-\tau)\mathrm{d}\tau \, .$$

Für messtechnische Zwecke kann der so eingeführte Dirac-Impuls $\delta(t)$ als genügend kurzer Rechteckimpuls hoher Amplitude befriedigend gedeutet werden. Mathematisch ist dagegen Vorsicht geboten, da ein Grenzübergang der Form

$$\lim_{T_0 \to 0} \frac{1}{T_0} \operatorname{rect}\left(\frac{t}{T_0}\right)$$

nicht als Funktion, sondern nur als sog. *Distribution* existiert.[14]

Da der Dirac-Impuls in seinen Anwendungen als Signal immer in Integralausdrücken der Form (1.33) erscheint, wird dieses Integral zur Definition des Dirac-Impulses benutzt. Alle im Folgenden benötigten Eigenschaften des Dirac-Impulses können aus (1.33) abgeleitet werden.

1.8.1 Gewicht und Linearkombination von Dirac-Impulsen

Die Faltung des mit einem Faktor a multiplizierten Dirac-Impulses $a\delta(t)$ mit einer Funktion $s(t)$ ergibt entsprechend dem Faltungsintegral (1.33)

$$\begin{aligned} [a\delta(t)] * s(t) &= \int_{-\infty}^{\infty} s(\tau) a\delta(t-\tau)\mathrm{d}\tau \\ &= a \int_{-\infty}^{\infty} s(\tau)\delta(t-\tau)\mathrm{d}\tau = as(t) \, . \end{aligned} \tag{1.42}$$

Ein hierdurch definierter Faktor vor einem Dirac-Impuls wird als Gewicht des Dirac-Impulses bezeichnet (Aufgabe 1.14). Symbolisch wird ein Dirac-Impuls mit dem Gewicht a wie in Abb. 1.22 dargestellt. In gleicher Weise gilt für die

[14] Mathematisch gehört der durch diesen Grenzübergang oder das Faltungsintegral (1.33) definierte Dirac-Impuls zu den sog. verallgemeinerten Funktionen oder *Distributionen*, die alle durch ähnliche Integralausdrücke definiert werden. Die exakte Impulsantwort eines linearen Netzwerkes wurde erstmals 1855 von William Thomson, dem späteren Lord Kelvin (1824–1907), in seiner Theorie des Seekabels berechnet (Anhang zum Literaturverzeichnis). Der engl. Physiker Paul A.M. Dirac (1902–1984) führte den „Dirac-Impuls“ 1927 in die Quantentheorie ein. Die Theorie der Distributionen (Lighthill, 1966; Babovsky, 1987) wurde 1952 von Laurent Schwartz veröffentlicht.

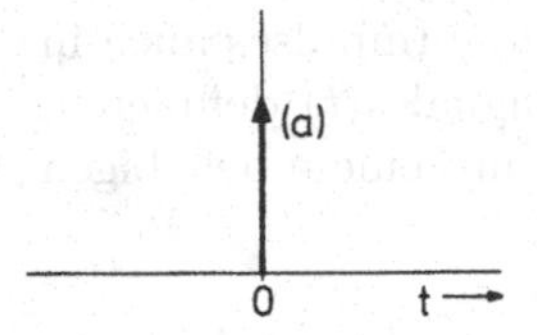

Abbildung 1.22. Dirac-Impuls mit dem Gewicht a

Faltung einer Linearkombination von Dirac-Impulsen mit einer Funktion $s(t)$

$$[a_1\delta(t) + a_2\delta(t)] * s(t) = (a_1 + a_2)s(t) .$$

Damit lässt sich eine Linearkombination von Dirac-Impulsen auch schreiben als

$$a_1\delta(t) + a_2\delta(t) = (a_1 + a_2)\delta(t) .$$

1.8.2 Siebeigenschaft des Dirac-Impulses

Mit Hilfe des kommutativen Gesetzes der Faltungsalgebra (1.38) kann (1.33) umgeschrieben werden, es gilt mit (1.37)

$$s(t) = s(t) * \delta(t) = \delta(t) * s(t)$$

und damit auch als andere Form der Definitionsgleichung

$$s(t) = \int_{-\infty}^{\infty} \delta(\tau)s(t-\tau)\mathrm{d}\tau . \tag{1.43}$$

Die beiden Faltungsintegrale (1.33) und (1.43) machen die Interpretation des Dirac-Impulses als sogenanntes *Zeitsieb* deutlich. Als Ergebnis der Integration erscheint ein diskreter Wert der Funktion $s(\tau)$ mit dem Argument τ_0, für das das Argument des Dirac-Impulses Null ist: In (1.33) ist dies der Fall für $\tau_0 = t$, also erscheint als Ergebnis $s(\tau_0) = s(t)$; ebenso wird in (1.43) das Argument des Dirac-Impulses Null für $\tau_0 = 0$, damit ergibt sich hier ebenfalls $s(t - \tau_0) = s(t)$.[15]

Im Sonderfall $t = 0$ folgt aus (1.33) und (1.43)

$$\int_{-\infty}^{\infty} \delta(\tau)s(-\tau)\mathrm{d}\tau = \int_{-\infty}^{\infty} \delta(-\tau)s(\tau)\mathrm{d}\tau = s(0) . \tag{1.44}$$

Es wird also hier der Wert der Funktion $s(\tau)$ an der Stelle $\tau = 0$ „herausgesiebt“.

[15] Diese Auswertung des Faltungsintegrals setzt voraus, dass das Signal $s(t)$ an der herausgesiebten Stelle stetig ist.

Verallgemeinert lässt sich die Siebeigenschaft des Dirac-Impulses auch in Form eines Produktes des Dirac-Impulses mit einem Signal $s(t)$ definieren. Hierzu wird zunächst das Faltungsprodukt von $s(t)\cdot\delta(t)$ mit einem beliebigen Signal $g(t)$ gebildet, also

$$\begin{aligned}[s(t)\delta(t)] * g(t) &= \int_{-\infty}^{\infty} [s(\tau)\delta(\tau)]g(t-\tau)\mathrm{d}\tau \\ &= \int_{-\infty}^{\infty} \delta(\tau)[s(\tau)g(t-\tau)]\mathrm{d}\tau = s(0)g(t) \,,\end{aligned}$$

wobei das letzte Integral wieder mit Hilfe der Siebeigenschaft berechnet werden kann. Mit (1.37) lässt sich dieses Ergebnis auch als Faltungsprodukt in der Form schreiben

$$s(0)g(t) = [s(0)\delta(t)] * g(t) \,.$$

Durch Vergleich mit dem oben angesetzten Faltungsprodukt folgt dann als Ergebnis

$$s(t)\delta(t) = s(0)\delta(t) \,, \tag{1.45}$$

oder allgemeiner

$$s(t)\delta(t-T) = s(T)\delta(t-T) \,.$$

Mit Hilfe dieses Zusammenhangs kann beispielsweise die Darstellung eines kontinuierlichen Signals durch diskrete Werte, wie sie in Kap. 4 bei der Behandlung der Abtasttheoreme benutzt wird, sehr einfach beschrieben werden.

Die bei den Herleitungen zu (1.42) und (1.45) benutzte Methode, Eigenschaften des Dirac-Impulses über einen Ansatz in Form eines Faltungsintegrals zu beschreiben, wird im Folgenden weiter ausgebaut, um wichtige Aussagen über Dehnung, Verschiebung und Integration des Dirac-Impulses zu erhalten. So folgt z.B. für den Sonderfall eines konstanten Signals $s(t) = s(t-\tau) = a$ die Fläche unter dem Dirac-Impuls :

$$\int_{-\infty}^{+\infty} a\delta(t)\mathrm{d}\tau = a\underbrace{\int_{-\infty}^{+\infty} \delta(t)\mathrm{d}\tau}_{=1} = a \,.$$

Es ist aber zu beachten, dass viele Operationen, wie z. B. die Quadrierung, für Dirac-Impulse nicht definiert sind.

1.8.3 Dirac-Impuls mit Dehnungsfaktor

Zur Ableitung der Eigenschaften des „gedehnten“ Dirac-Impulses $\delta(bt)$ wird wieder ein Faltungsprodukt mit einem beliebigen Signal $s(t)$ gebildet

$$\delta(bt) * s(t) = \int_{-\infty}^{+\infty} \delta(b\tau)s(t-\tau)\mathrm{d}\tau \,. \tag{1.46}$$

Die Substitution $b\tau = \theta$ ergibt für positive b

$$\delta(bt) * s(t) = \frac{1}{b}\int_{-\infty}^{\infty} \delta(\theta)s\left(t - \frac{\theta}{b}\right)\mathrm{d}\theta = \frac{1}{b}s(t) \,,$$

wie mit der Siebeigenschaft folgt. In gleicher Weise ergibt sich für negative b unter Berücksichtigung der durch die Substitution umgekehrten Integrationsrichtung

$$\delta(bt) * s(t) = -\frac{1}{b}s(t) \,.$$

Da der vor diesen Ausdrücken stehende Faktor für positive b den positiven Wert $1/b$ aufweist und für negative b ebenfalls den positiven Wert $-1/b$ hat, kann man für positive und negative b allgemein schreiben

$$\delta(bt) * s(t) = \frac{1}{|b|}s(t) \,. \tag{1.47}$$

Für die rechte Seite von (1.47) kann auch geschrieben werden

$$\frac{1}{|b|}s(t) = \left[\frac{1}{|b|}\delta(t)\right] * s(t) \,,$$

damit folgt für den gedehnten Dirac-Impuls

$$\delta(bt) = \frac{1}{|b|}\delta(t) \,. \tag{1.48}$$

Setzt man in dieser Gleichung $b = -1$, dann ergibt sich auch die Symmetrie des Dirac-Impulses

$$\delta(-t) = \delta(t) \,. \tag{1.49}$$

1.8.4 Verschiebung des Dirac-Impulses

Faltet man die Signalfunktion $s(t)$ mit dem um t_0 verschobenen Dirac-Impuls, erhält man, wiederum ausgehend von der Definitionsgleichung (1.43) und mit Hilfe der Zeitsiebeigenschaft

$$\delta(t-t_0) * s(t) = \int_{-\infty}^{\infty} \delta(\tau - t_0) s(t-\tau) \mathrm{d}\tau = s(t-t_0) \; . \tag{1.50}$$

Fasst man $s(t-t_0)$ als Ausgangssignal eines LTI-Systems auf, dann stellt (1.50) die Beschreibungsgleichung für ein LTI-System dar, für dessen Impulsantwort $h(t)$ gilt

$$h(t) = \delta(t-t_0) \; . \tag{1.51}$$

LTI-Systeme mit einer solchen Impulsantwort werden ideale *Laufzeitglieder*[16] genannt, da an ihrem Ausgang gemäß (1.50) beliebige Eingangssignale um die Zeit t_0 verzögert erscheinen (Abb. 1.23).

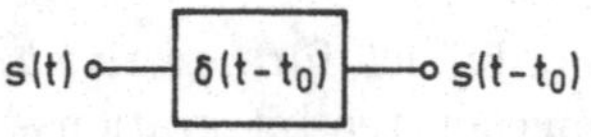

s(t) δ(t-t0) s(t-t0)

Abbildung 1.23. Ideales Laufzeitglied

1.8.5 Integration des Dirac-Impulses

Die Eigenschaften eines Integrals über den Dirac-Impuls können an Hand des Faltungsproduktes $\varepsilon(t) * \delta(t)$ erklärt werden. Es gilt

$$\varepsilon(t) = \delta(t) * \varepsilon(t) = \int_{-\infty}^{\infty} \delta(\tau) \varepsilon(t-\tau) \mathrm{d}\tau \; . \tag{1.52}$$

Da die Sprungfunktion $\varepsilon(t-\tau)$ für $\tau \leq t$ den Wert 1 und für $\tau > t$ den Wert 0 aufweist, kann das Faltungsintegral (1.52) vereinfacht geschrieben werden als

$$\varepsilon(t) = \int_{-\infty}^{t} \delta(\tau) \mathrm{d}\tau \; . \tag{1.53}$$

Die Sprungfunktion ergibt sich in diesem Sinn aus der Integration des Dirac-Impulses mit der Zeit t als Obergrenze, auch *laufende Integration* genannt. In Umkehrung von (1.53) kann man schreiben[17]

$$\frac{\mathrm{d}}{\mathrm{d}t} \varepsilon(t) = \delta(t) \; . \tag{1.54}$$

[16] Auch Verzögerungsglieder, in der Regelungstechnik Totzeitglieder.

[17] Der Differentiator ist ein bzgl. der Faltung *inverses System* zum Integrator, dies setzt Signale $s(t)$ gemäß Fußnote 8 voraus (Aufgabe 1.15). Inverse Systeme sind nur selten exakt realisierbar; technische Näherungen werden als *Entzerrer* bezeichnet.

Durch Einführen des Dirac-Impulses lassen sich also auch Funktionen mit Sprungstellen differenzieren, hierfür ist die Bezeichnung *verallgemeinerte Differentiation* gebräuchlich.

1.9 Integration und Differentiation von Signalen

Der folgende Abschnitt baut den zwischen Dirac-Impuls und Sprungfunktion gefundenen Zusammenhang weiter aus und veranschaulicht die Ergebnisse an Hand von Systembeispielen. Ersetzt man in (1.52) $\delta(t)$ durch $s(t)$, so erhält man in gleicher Rechnung (vgl. Aufgabe 1.3)

$$s(t) * \varepsilon(t) = \int_{-\infty}^{t} s(\tau)\mathrm{d}\tau \, . \tag{1.55}$$

Interpretiert man $\varepsilon(t)$ als Impulsantwort eines LTI-Systems, dann erscheint am Ausgang das laufende Integral des Eingangssignals, ein solches System nennt man *Integrator* (Abb. 1.24). Mit Hilfe des kommutativen Gesetzes der

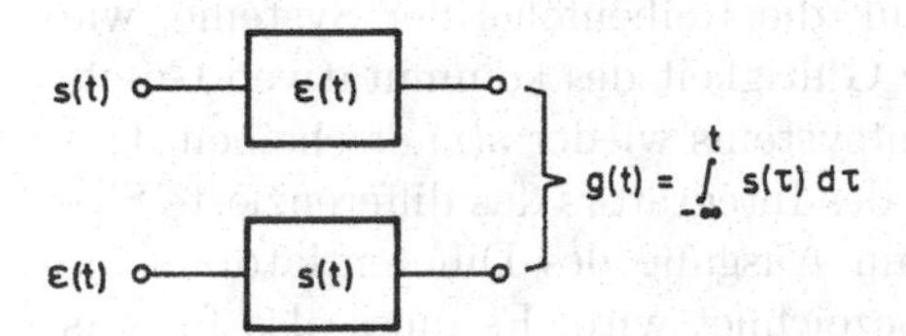

Abbildung 1.24. Systembeispiele zu (1.55) und (1.56)

Faltungsalgebra lässt sich (1.55) umschreiben zu

$$\varepsilon(t) * s(t) = \int_{-\infty}^{t} s(\tau)\mathrm{d}\tau \, . \tag{1.56}$$

Das heißt, die Antwort eines Systems mit Impulsantwort $s(t)$ auf einen Sprung $\varepsilon(t)$, die sogenannte *Sprungantwort*, ergibt sich als laufendes Integral der Impulsantwort $s(t)$.

Als Gegenstück zum Integrator, dessen Impulsantwort die Sprungfunktion ist, kann man auch ein LTI-System definieren, dessen Sprungantwort der Dirac-Impuls ist. In Übereinstimmung mit (1.54) wird dieses System *Differentiator* genannt. Die Kettenschaltung beider Systeme ergibt ein ideal verzerrungsfreies System mit der Impulsantwort $\delta(t)$, wie aus Abb. 1.25 sofort verständlich wird. Offen blieb bisher noch die Frage nach der Impulsantwort des Differentiators. Auch dieses Problem soll mit Hilfe eines Systembeispiels behandelt werden: Die Zusammenschaltung des Systems aus Abb. 1.25

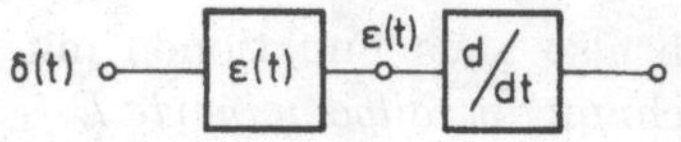

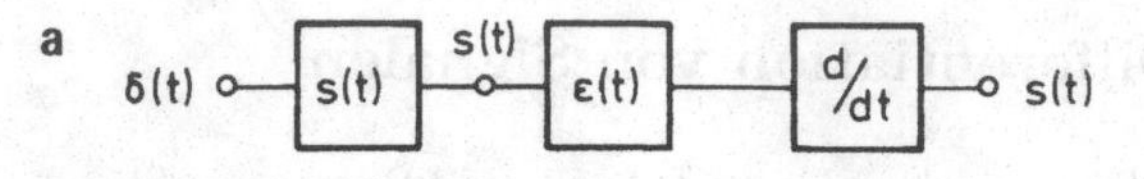

Abbildung 1.25. Kettenschaltung von Integrator und Differentiator als ideal verzerrungsfreies System

Abbildung 1.26a–c. Kettenschaltung des Systems $s(t)$ mit Integrator und Differentiator

mit einem beliebigen System $s(t)$ muss als Impulsantwort wieder $s(t)$ ergeben (Abb. 1.26a). Vertauscht man nun die Reihenfolge der Systeme, wie Abb. 1.26b zeigt, dann muss wegen der Gültigkeit des kommutativen Gesetzes der Faltung am Ausgang des Gesamtsystems wieder $s(t)$ erscheinen. Das ist aber nur möglich, wenn am Eingang des Integrators das differenzierte Signal $s'(t)$ liegt. Weiter erscheint jetzt am Ausgang des Differentiators seine gesuchte Impulsantwort, die als $\delta'(t)$ bezeichnet wird. Es muss also für das mittlere System in Abb. 1.26b gelten

$$\delta'(t) * s(t) = s'(t) . \tag{1.57}$$

Gleichung (1.57) ist in gleicher Weise Definitionsgleichung für $\delta'(t)$, wie es (1.37) oder (1.33) für $\delta(t)$ war. Die Impulsantwort des Differentiators ist demnach ebenfalls eine verallgemeinerte Funktion oder Distribution, sie wird *Doppelimpuls* oder *Dirac-Impuls 2. Ordnung* genannt.

Anmerkung: Angenähert kann der Doppelimpuls durch einen genügend schmalen Doppelrechteckimpuls mit Höhen $1/T_0^2$ dargestellt werden, wie er zusammen mit dem grafischen Symbol für den Doppelimpuls in Abb. 1.27 dargestellt ist.

Sprungfunktion, Dirac-Impuls und Doppelimpuls werden zusammen mit weiteren Signalen, die durch n-faches Integrieren oder Differenzieren aus dem Dirac-Impuls ableitbar sind, mit dem Namen *singuläre Signale* bezeichnet (Aufgabe 1.10).

Eine weitere Umstellung der Systeme zeigt Abb. 1.26c. Am Ausgang des Systems $s(t)$ erscheint die Sprungantwort $g(t)$ nach (1.56). Durch Differen-

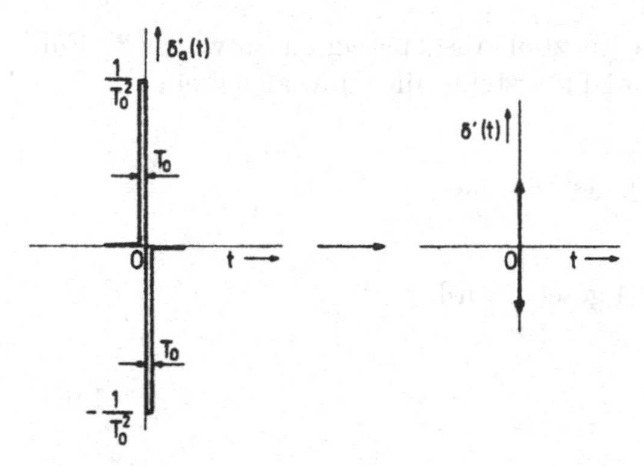

Abbildung 1.27. Doppelrechteckfunktion als Approximation des Doppelimpulses und grafische Darstellung von $\delta'(t)$

tiation der Sprungantwort ergibt sich wieder die Impulsantwort $s(t)$. Diese Methode ist besonders zur messtechnischen Bestimmung der Impulsantwort geeignet, da sich ein Spannungssprung als Testfunktion gut und genau erzeugen lässt. So ergibt sich beispielsweise durch Differentiation von (1.27) die Impulsantwort des RC-Tiefpasses (1.35):

$$\begin{aligned} h(t) &= \frac{\mathrm{d}}{\mathrm{d}t}\left[1-\mathrm{e}^{-\frac{t}{RC}}\right]\varepsilon(t) = -\frac{1}{RC}\left(-\mathrm{e}^{-\frac{t}{RC}}\right)\varepsilon(t) + \left[1-\mathrm{e}^{-\frac{t}{RC}}\right]\delta(t) \\ &= \frac{1}{RC}\mathrm{e}^{-\frac{t}{RC}}\varepsilon(t)\,. \end{aligned} \tag{1.58}$$

1.10 Kausale und stabile Systeme

Ein System ist *kausal*, wenn das Ausgangssignal nicht vor Beginn des Eingangssignals erscheint. Dieser Bedingung, die alle physikalisch realisierbaren Systeme erfüllen müssen, entspricht bei quellenfreien LTI-Systemen eine Impulsantwort mit der Eigenschaft

$$h(t) = 0 \quad \text{für} \quad t < 0\,. \tag{1.59}$$

In der Systemtheorie wird aus Gründen der unbeschränkten mathematischen Behandlung auch gern mit nichtkausalen Systemen gerechnet. Da bei der dimensionslosen Betrachtung kein konzeptioneller Unterschied zwischen Signalen und Impulsantworten besteht, nennt man dann auch beliebige Signale mit der Eigenschaft $s(t) = 0$ für $t < 0$ kausale Signale.

Ein System wird *stabil* genannt, genauer amplitudenstabil, wenn es auf ein amplitudenbegrenztes Eingangssignal

$$|s(t)| \le A \qquad \begin{array}{l}\text{für alle } t\\ A \text{ reell, positiv und endlich}\end{array} \tag{1.60}$$

mit einem ebenfalls amplitudenbegrenzten Ausgangssignal antwortet.[18] Für das Ausgangssignal eines kausalen LTI-Systems gilt dann allgemein

$$|g(t)| = |h(t) * s(t)| \leq \int_0^\infty |h(\tau)| \cdot |s(t-\tau)| \mathrm{d}\tau$$

und wenn im Extremfall $|s(t)| = A$ gesetzt wird

$$|g(t)| \leq A \int_0^\infty |h(\tau)| \mathrm{d}\tau \,. \tag{1.61}$$

Ein amplitudenstabiles kausales LTI-System muss also eine absolut integrierbare Impulsantwort besitzen, d.h.

$$\int_0^\infty |h(\tau)| \mathrm{d}\tau < \infty \,. \tag{1.62}$$

Damit ist beispielsweise das RC-System amplitudenstabil, der ideale Integrator dagegen nicht. Andere Stabilitätsbegriffe beschreiben z. B. energie- oder leistungsstabile Systeme (Marko, 1995).

1.11 Zusammenfassung

In diesem Kapitel wurden erste Aussagen über Definition und Eigenschaften von Signalen und Systemen zur Nachrichtenübertragung gemacht. Es zeigte sich, dass die Signalübertragung über lineare, zeitinvariante Systeme mit dem Faltungsintegral berechnet werden kann. Die Eigenschaften eines LTI-Systems werden vollständig durch die Antwort auf einen Dirac-Impuls beschrieben. Der Dirac-Impuls wurde als verallgemeinerte Funktion vorgestellt und seine wichtigsten Eigenschaften und seine Verwandschaft mit anderen Elementarsignalen abgeleitet. Der Umgang mit dem Faltungsintegral konnte dabei durch eine Faltungsalgebra und veranschaulichende Systembeispiele stark vereinfacht werden.

1.12 Aufgaben

1.1 Ein kausales LTI-System antwortet auf einen Rechteckimpuls $s(t) = \mathrm{rect}(t)$ mit $g(t) = \Lambda(2t)$.

[18] Engl.: BIBO-Eigenschaft (bounded input – bounded output)

a) Wie ist die Antwort auf $s_1(t) = \mathrm{rect}[(t-1)/2]$?
b) Wie lautet die Sprungantwort?
c) Wie lautet die Impulsantwort?

1.2 Sind folgende Systeme $g(t) = \mathrm{Tr}\{s(t)\}$ linear? Sind sie zeitinvariant?

a) $g(t) = (\mathrm{d}/\mathrm{d}t)s(t)$
b) $g(t) = s^2(t)$
c) $g(t) = s(-t)$
d) $g(t) = s(t) + 1$
e) $g(t) = s(t) \cdot m(t)$ [$m(t)$ beliebige, von $s(t)$ unabhängige Funktion]

1.3 Gegeben ist ein System „Integrator" mit der Transformationsgleichung

$$g(t) = \int_{-\infty}^{t} s(\tau)\mathrm{d}\tau\,.$$

a) Ist der Integrator ein LTI-System?
b) Wie lautet die Impulsantwort $h(t)$ des Integrators?
Hinweis: Welche Form muss $h(t)$ annehmen, damit für alle t gilt

$$\int_{-\infty}^{\infty} s(\tau)h(t-\tau)\mathrm{d}\tau = g(t) = \int_{-\infty}^{t} s(\tau)\mathrm{d}\tau\ ?$$

c) Geben Sie eine Schaltung unter Verwendung eines Integrators und eines Laufzeitgliedes an, die die Impulsantwort $h_1(t) = \mathrm{rect}(t/T - 1/2)$ hat. Wie lautet die Transformationsgleichung $g(t) = \mathrm{Tr}\{s(t)\}$ dieses sog. „Kurzzeitintegrators"? Skizzieren Sie seine Sprungantwort.

1.4 Zwei *RC*-Systeme mit den Impulsantworten nach (1.35) sind rückwirkungsfrei in Kette geschaltet, wie lautet die Impulsantwort?

1.5 Falten Sie $s(t) = \mathrm{rect}(t)$ ein-, zwei- und dreimal mit $\mathrm{rect}(t)$, und skizzieren Sie den Verlauf der Faltungsprodukte (vgl. Anhang 3.13.2).

1.6 Technisch reale Rechteckimpulse mit endlicher Flankensteilheit können beispielsweise beschrieben werden durch

a) $s(t) = \mathrm{rect}(t) * \mathrm{rect}(t/T)$ oder
b) $s(t) = \mathrm{rect}(t) * \Lambda(t/T)$.

In beiden Fällen soll $s(t)$ für $|T| < 1/2$ berechnet und skizziert werden. Wie hängen Gesamtdauer und Dauer der Anstiegsflanke von T ab?

1.7 Skizzieren Sie die folgenden Signale

a) $\mathrm{rect}(t) \cdot \cos(t)$
b) $\mathrm{rect}(t) \cdot \cos(\pi t)$
c) $\mathrm{rect}(t) \cdot \sin(10\pi t)$
d) $\varepsilon(t/T) \cdot \sin(t)$
e) $\Lambda(2t) \cdot \cos(10\pi t)$
f) $\Lambda(t) * \Lambda(t)$
g) $\varepsilon(t) * \mathrm{rect}(t)$
h) $\varepsilon(t) * \varepsilon(t)$
i) $\int\limits_{-\infty}^{t} \varepsilon(\tau)\mathrm{d}\tau$
j) $\varepsilon(-t)$
k) $\varepsilon(1-t)$
l) $\varepsilon(1-t^2)$
m) $\frac{\mathrm{d}}{\mathrm{d}t}\Lambda(t)$

1.8 Skizzieren Sie $s([t+b]/a)$ für einige Kombinationen von $a = \pm 2$ und $b = \pm 1$ oder 0 am Beispiel des Signal $s(t) = \varepsilon(t)\exp(-t)$.

1.9 Beweisen Sie $s'(t) * h(t) = h'(t) * s(t)$.
Hinweis: Die differenzierten Zeitfunktionen können mit (1.57) als Faltungsprodukte geschrieben werden.

1.10 Falten Sie $\varepsilon(t)$ n-fach mit sich selbst und das Ergebnis mit $\delta'(t)$. Skizzieren Sie diese sog. singulären Signalfunktionen für $n = 1, 2, 3$.
Hinweis: Reihenfolge der Faltungen beliebig.

1.11 Berechnen und skizzieren Sie die Antwort eines Integrators und eines Differentiators auf die Signale

$$s_1(t) = a\,\mathrm{rect}(t/T + 1/2) \quad \text{und} \quad s_2(t) = a\Lambda(t/T + 1/2)\,.$$

1.12 Ein Signal in Form einer Treppenkurve der Stufenbreite T (Abb. 1.13) wird zur Glättung über einen Kurzzeitintegrator mit der Impulsantwort $h(t) = \mathrm{rect}(t/T)$ gegeben. Zeigen Sie, dass das geglättete Signal ein Polygonzug ist (Skizze).

1.13 Berechnen Sie

$$\int\limits_{-\infty}^{\infty} s(t)\delta(bt - t_0)\mathrm{d}t\,.$$

1.14 Wie groß ist die „Fläche" des Dirac-Impulses mit dem Gewicht a, also

$$\int\limits_{-\infty}^{\infty} a\delta(t)\mathrm{d}t\,?$$

1.15 Zeigen Sie die Gültigkeit der Umformung

$$\int\limits_{-\infty}^{t} \left[\frac{\mathrm{d}}{\mathrm{d}\tau}s(\tau)\right]\mathrm{d}\tau = \frac{\mathrm{d}}{\mathrm{d}t}\left[\int\limits_{-\infty}^{t} s(\tau)\mathrm{d}\tau\right] = s(t)$$

a) für $s(t) = \mathrm{rect}(t)$,
b) mit Hilfe eines Systembeispiels. [Zu beachten ist, dass diese Umformung nur für Funktionen erlaubt ist, für die $\int_{-\infty}^{t} s(\tau)\mathrm{d}t$ existiert (vgl. Fußnote 8).]

1.16 Zwei beliebige Signale $s(t)$ mit der Fläche A_s und $g(t)$ mit der Fläche A_g werden gefaltet. Zeigen Sie, dass das Faltungsprodukt die Fläche $A_s \cdot A_g$ hat.

1.17 Ein idealer Integrator der Impulsantwort $\varepsilon(t)$ soll durch ein RC-Glied mit der Impulsantwort (1.35) angenähert werden. Wie groß muss die Zeitkonstante $R \cdot C$ gewählt werden, damit in der Schaltung des Kurzzeitintegrators nach Aufgabe 1.3c die Impulsantwort um max. 1% von der idealen Rechteckform abweicht? Skizzieren Sie die reale Impulsantwort.

1.18 Beweisen Sie das Distributivgesetz (zur Addition) und das Assoziativgesetz der Faltung.

1.19 Ein „überschwingfreies" System hat eine monoton steigende Sprungantwort. Zeigen Sie, dass seine Impulsantwort keine negativen Amplitudenwerte besitzt.

1.20 Welches amplitudenbegrenzte Signal $s(t)$ mit $|s(t)| \leq 1$ erzeugt am Ausgang eines stabilen, kausalen LTI-Systems der Impulsantwort $h(t)$ zur Zeit $t = 0$ die maximal mögliche Amplitude?

1.21 Zeigen Sie, dass die Faltung zweier skalierter Signale lautet

$$\left[a_1 s_1\left(\frac{t-t_1}{T}\right)\right] * \left[a_2 s_2\left(\frac{t-t_2}{T}\right)\right] = a_1 a_2 |T| g\left(\frac{t-t_1-t_2}{T}\right),$$

wobei $s_1(t) * s_2(t) = g(t)$ ist.
Hinweis: Das Ergebnis ist einfacher im Frequenzbereich zu finden (Kap. 3).

1.22 Ersetzt man in Abb. 1.11 die Kapazität C durch eine Induktivität L, dann besitzt dieses RL-System die Impulsantwort

$$h(t) = \delta(t) - \frac{1}{T}\varepsilon(t)\mathrm{e}^{-t/T} \quad \text{mit} \quad T = L/R\,.$$

1. Berechnen Sie die Antwort des RL-Systems auf einem Rechteckimpuls der Dauer T_0.
2. Wie lautet die Sprungantwort?

1.23 Bestimmen Sie durch Lösen von Differentialgleichungen jeweils die Sprungantwort und daraus durch Ableiten die Impulsantwort für den RC-Tiefpass und den RL-Hochpass.

2. Laplace-Transformation

2.1 Eigenfunktionen von LTI-Systemen

In Abschn. 1.5 war gezeigt worden, dass ein LTI-System, dessen Impulsantwort $h(t)$ ist, auf das Eingangssignal $s(t)$ mit

$$s(t) * h(t) = g(t)$$

antwortet. Es gibt nun Funktionen $s_{\mathrm{E}}(t)$, für die bei Übertragung über beliebige LTI-Systeme gilt

$$s_{\mathrm{E}}(t) * h(t) = H \cdot s_{\mathrm{E}}(t) \,. \tag{2.1}$$

Solche Funktionen werden also bei der Übertragung über LTI-Systeme nicht in ihrer Form geändert, sondern nur mit einem vom System abhängigen komplexwertigen Amplitudenfaktor H multipliziert; sie sind wegen dieses sehr einfachen Zusammenhangs zur Beschreibung von Signalen und LTI-Systemen besonders geeignet. Ein Grundtyp derartiger Funktionen, die in der Theorie der linearen Differentialgleichungen *Eigenfunktionen* genannt werden, lautet

$$s_{\mathrm{E}}(t) = \mathrm{e}^{pt} \;\text{ mit }\; p = \sigma + \mathrm{j}2\pi f \Rightarrow s_{\mathrm{E}}(t) = \mathrm{e}^{\sigma t}[\cos(2\pi f t) + \mathrm{j}\sin(2\pi f t)] \,. \tag{2.2}$$

Setzt man diese spezielle Eigenfunktion in (2.1) ein, so ergibt das für beliebige komplexe Werte p

$$h(t) * \mathrm{e}^{pt} = \int_{-\infty}^{+\infty} h(\tau)\mathrm{e}^{p(t-\tau)}\mathrm{d}\tau = \mathrm{e}^{pt} \underbrace{\int_{-\infty}^{+\infty} h(\tau)\,\mathrm{e}^{-p\tau}\mathrm{d}\tau}_{H(p)} \,. \tag{2.3}$$

Vergleicht man (2.3) mit (2.1), so zeigt sich, dass $s_{\mathrm{E}}(t)$ die durch (2.1) gegebene Bedingung erfüllt, solange das $H(p)$ definierende Integral existiert. Ein weiteres Resultat der Rechnung ist die Formel zur Berechnung des Eigenwertes $H(p)$ als Funktion des Parameters p aus der Impulsantwort des Systems; der Ausdruck

$$H(p) = \int_{-\infty}^{+\infty} h(t)\,\mathrm{e}^{-pt}\mathrm{d}t \tag{2.4}$$

wird in der Systemtheorie *Laplace-Übertragungsfunktion* genannt.

Schaltet man zwei LTI-Systeme, deren Impulsantworten $h_1(t)$ bzw. $h_2(t)$ sind, rückwirkungsfrei in Kette, so ergibt sich entsprechend (2.1) als Reaktion auf die Eigenfunktion $s_\mathrm{E}(t)$

$$\begin{aligned}[s_\mathrm{E}(t) * h_1(t)] * h_2(t) &= [H_1(p) \cdot s_\mathrm{E}(t)] * h_2(t) \\ &= H_1(p) \cdot H_2(p) \cdot s_\mathrm{E}(t)\,. \end{aligned} \tag{2.5}$$

An Stelle des Faltungsproduktes von Impulsantworten genügt es also bei Anregung mit $s_\mathrm{E}(t)$, das Produkt der Übertragungsfunktionen zu bilden. Dieses einfache Berechnungsverfahren ist allerdings zunächst auf die Übertragung von Signalen in Form der Eigenfunktionen beschränkt. Die Anwendung auf beliebige Signale ist jedoch ebenfalls möglich, sofern das (2.4) entsprechende Integral konvergiert. Die hier beschriebene Ausführung entspricht der *zweiseitigen Laplace-Transformierten*:

$$S(p) = \mathcal{L}_2\{s(t)\} = \int_{-\infty}^{+\infty} s(t)\,\mathrm{e}^{-pt}\mathrm{d}t\,. \tag{2.6}$$

Für Signale, die nicht vor $t = 0$ beginnen, genügt auch die *einseitige Laplace-Transformation*

$$S(p) = \mathcal{L}_1\{s(t)\} = \int_{0}^{+\infty} s(t)\,\mathrm{e}^{-pt}\mathrm{d}t\,, \tag{2.7}$$

die in der Praxis der Analyse kausaler Signale und Systeme häufig angewandt wird. Bezüglich der grundlegenden Eigenschaften besteht kein konzeptioneller Unterschied zwischen einseitiger und zweiseitiger Transformation. Eine weitere einseitige Transformation lässt sich für linksseitige („antikausale“) Signale definieren, die lediglich für $t < 0$ Werte ungleich Null besitzen. Wie in einigen der folgenden Beispiele deutlich wird, kann es ohnehin notwendig sein, Signale in linksseitige und rechtsseitige Teilkomponenten zu zerlegen und diese getrennt der Laplace-Transformation zu unterziehen.

2.2 Beispiele zur Laplace-Transformation

Beispiel 1: Transformation eines kausalen (rechtsseitigen) Exponentialimpulses (z. B. Impulsantwort des RC-Tiefpasses)

$$s_1(t) = \mathrm{e}^{-bt} \cdot \varepsilon(t)$$

$$S_1(p) = \int\limits_0^{+\infty} \mathrm{e}^{-bt}\,\mathrm{e}^{-pt}\mathrm{d}t = \frac{1}{b+p} \quad \text{für } \sigma = \mathrm{Re}\{p\} > -\mathrm{Re}\{b\}\,. \tag{2.8}$$

Die Bedingung, unter der das Integral lösbar ist, $\mathrm{Re}\{p\} > -\mathrm{Re}\{b\}$, definiert gleichzeitig den *Konvergenzbereich* dieser Laplace-Transformation.

Beispiel 2: Transformation eines antikausalen (linksseitigen) Exponentialimpulses

$$s_2(t) = \mathrm{e}^{-bt} \cdot \varepsilon(-t)$$

$$S_2(p) = \int\limits_{-\infty}^{0} \mathrm{e}^{-bt}\,\mathrm{e}^{-pt}\mathrm{d}t = -\frac{1}{b+p} \quad \text{für } \sigma = \mathrm{Re}\{p\} < -\mathrm{Re}\{b\}\,. \tag{2.9}$$

Hier konvergiert die Integration nun unter der Bedingung $\mathrm{Re}\{p\} < -\mathrm{Re}\{b\}$.

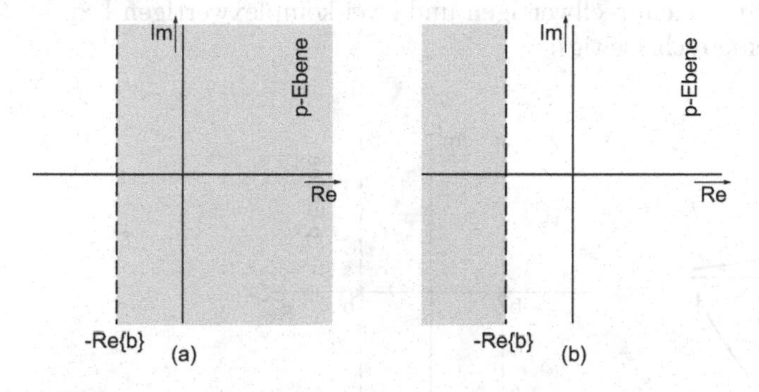

Abbildung 2.1. Konvergenzbereich in der p-Ebene für den rechtseitigen **(a)** und linksseitigen **(b)** Exponentialimpuls

Die Konvergenzbereiche in der komplexen p-Ebene sind für beide Beispiele in Abb. 2.1 dargestellt. Die komplexe Position $p = -b$ liegt irgendwo auf der gestrichelten Linie $-\mathrm{Re}(b)$, die die Grenze des Konvergenzbereichs darstellt.

Beispiel 3: Transformation des zweiseitigen Exponentialimpulses

$$s_3(t) = \mathrm{e}^{-b|t|}\,. \tag{2.10}$$

Mit den Ergebnissen aus Beispiel 1 sowie Beispiel 2 in etwas modifizierter Form,

$$s_2(t) = \mathrm{e}^{bt} \cdot \varepsilon(-t) \rightarrow S_2(p) = \frac{-1}{-b+p} \quad \text{für } \sigma = \mathrm{Re}\{p\} < \mathrm{Re}\{b\}\,, \tag{2.11}$$

folgt

$$
\begin{aligned}
& s_3(t) = s_1(t) + s_2(t) \\
\Rightarrow\ & S_3(p) = S_1(p) + S_2(p) = \frac{1}{b+p} - \frac{1}{p-b} = \frac{2b}{b^2 - p^2} \\
& \quad \text{für } -\operatorname{Re}\{b\} < \operatorname{Re}\{p\} < \operatorname{Re}\{b\}\,. \qquad (2.12)
\end{aligned}
$$

Der Konvergenzbereich ist nun also nach links und rechts begrenzt, eine Laplace-Transformierte existiert nur, wenn $\operatorname{Re}\{b\} > 0$. Der Grenzfall der Konvergenz ist erreicht, wenn das Nennerpolynom $b^2 - p^2$ den Wert Null annimmt; dies ist für $p = \pm b$ der Fall. Diese Positionen der Singularitäten der Laplace-Transformierten werden als „Polstellen" bezeichnet. Abb. 2.2a zeigt den zweiseitigen Exponentialimpuls für die Fälle reellwertiger $b > 0$ und $b < 0$. Im letzteren Fall wächst das Signal für $|t| \to \infty$ über alle Grenzen, d.h. es existiert kein gemeinsamer Konvergenzbereich und daher keine geschlossene Lösung der gesamten Laplace-Transformierten. Die Lage des Konvergenzbereiches und der Polstellen für $b > 0$ ist in Abb. 2.2b dargestellt.

Beispiel 4: Summe aus einem reellwertigen und zwei komplexwertigen Exponentialimpulsen (beide rechtsseitig):

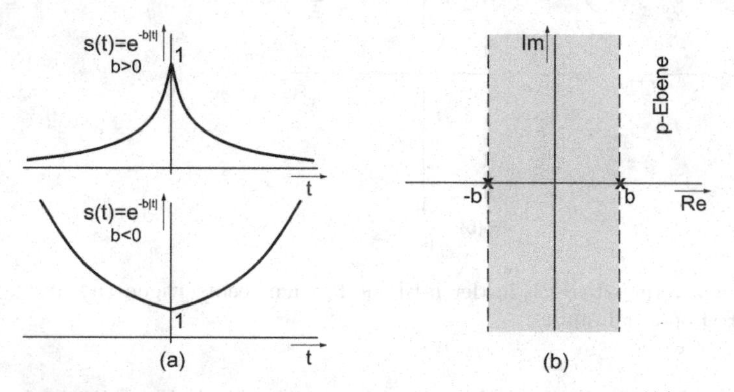

Abbildung 2.2. **(a)** Zweiseitiger Exponentialimpuls $e^{-b|t|}$ hier mit reellwertigen $b > 0$ (oben) und $b < 0$ (unten) **(b)** Lage des Konvergenzbereichs in der p-Ebene für $b > 0$

$$
\begin{aligned}
s(t) &= \mathrm{e}^{-2t} \cdot \varepsilon(t) + \mathrm{e}^{-t} \cdot \cos(3t) \cdot \varepsilon(t) \\
&= \mathrm{e}^{-2t} \cdot \varepsilon(t) + \mathrm{e}^{-t} \cdot \frac{1}{2} \left[\mathrm{e}^{\mathrm{j}3t} + \mathrm{e}^{-\mathrm{j}3t}\right] \cdot \varepsilon(t) \\
S(p) &= \int_0^\infty \mathrm{e}^{-2t} \cdot \mathrm{e}^{-pt} \mathrm{d}t + \tfrac{1}{2} \int_0^\infty \mathrm{e}^{-(1-3\mathrm{j})t} \cdot \mathrm{e}^{-pt} \mathrm{d}t + \tfrac{1}{2} \int_0^\infty \mathrm{e}^{-(1+3\mathrm{j})t} \cdot \mathrm{e}^{-pt} \mathrm{d}t \\
&= \underbrace{\frac{1}{p+2}}_{\text{wenn } \mathrm{Re}\{p\} > -2} + \underbrace{\frac{1/2}{p+(1-3\mathrm{j})}}_{\text{wenn } \mathrm{Re}\{p\} > -1} + \underbrace{\frac{1/2}{p+(1+3\mathrm{j})}}_{\text{wenn } \mathrm{Re}\{p\} > -1} .
\end{aligned}
\tag{2.13}
$$

Auf Grund der strengeren Konvergenzbedingung für die beiden rechten Integrale ergibt sich als gesamte Bedingung für den Konvergenzbereich in der p-Ebene für $\mathrm{Re}\{p\} > -1$. Das Gesamtergebnis lässt sich wie folgt auf einen gemeinsamen Nenner bringen:

$$
s(t) = \mathrm{e}^{-2t} \cdot \varepsilon(t) + \mathrm{e}^{-t} \cdot \cos(3t) \cdot \varepsilon(t) \Rightarrow S(p) = \frac{2p^2 + 5p + 12}{(p^2 + 2p + 10)(p + 2)} .
\tag{2.14}
$$

Hiermit ergeben sich Polstellenlagen (Nullstellen des Nennerpolynoms) bei $p_{\mathrm{P}_1} = -2$ sowie $p_{\mathrm{P}_{2,3}} = -1 \pm 3\mathrm{j}$. Darüber hinaus lässt sich aber feststellen, dass an den Positionen $p_{\mathrm{N}_{1,2}} = -\frac{5}{4} \pm \frac{\sqrt{71}}{4}\mathrm{j}$ das Zählerpolynom Null wird. Da dann auch $S(p) = 0$ ist, werden diese Positionen als *Nullstellen* der Laplace-Transformierten bezeichnet. Üblicherweise werden bei einer grafischen Darstellung die Polstellen durch Kreuze (**x**) und die Nullstellen durch Kreise (**o**) illustriert. Diese sind für das angegebene Beispiel ebenso wie der Konvergenzbereich in Abb. 2.3 dargestellt.

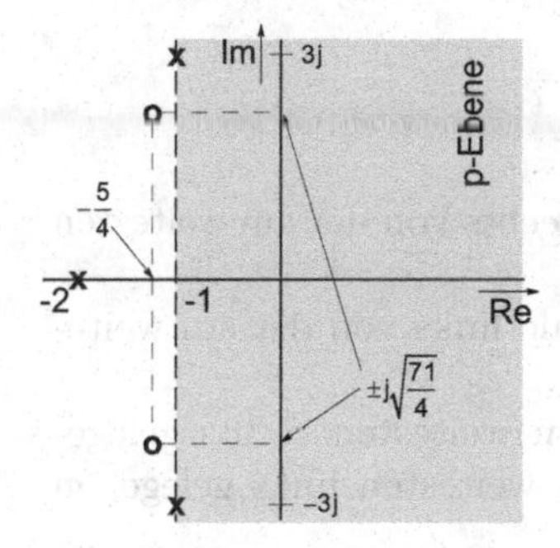

Abbildung 2.3. Lage des Konvergenzbereichs in der p-Ebene sowie Pol- und Nullstellenlagen für das Signal (2.13), $H_0 = 2$

2.3 Pole und Nullstellen in der komplexen p-Ebene

Die Darstellung durch Pol- und Nullstellenlagen, welche die Zähler- und Nennerpolynome der Laplace-Transformierten bestimmen, ist eine alternative und ebenso eindeutige Beschreibung. Sofern Q Nullstellen p_{N_q} und R Polstellen p_{P_r} bekannt sind, lässt sich die Laplace-Transformierte sofort beschreiben als[1]

$$H(p) = H_0 \frac{\prod_{q=1}^{Q} (p - p_{\mathrm{N},q})}{\prod_{r=1}^{R} (p - p_{\mathrm{P},r})} . \tag{2.15}$$

Aus der Existenz von Pol- und Nullstellen lässt sich unmittelbar auf vorhandene Eigenfunktionen in einem Signal (bzw. in der Impulsantwort eines Systems) schließen. Auf Grund des Vorhandenseins einer Nullstelle an der Position p_N kann im Signal keinerlei Komponente $\mathrm{e}^{p_\mathrm{N} t}\varepsilon(\pm t)$ existieren. Bei einer Polstelle an der Position $p_\mathrm{P} = \sigma_\mathrm{P} + \mathrm{j}2\pi f_\mathrm{P}$ existiert hingegen mindestens eine Eigenfunktion $\mathrm{e}^{p_\mathrm{P} t}\varepsilon(\pm t)$. Hierbei stellt

- die Projektion der Pollage auf die imaginäre Achse den periodischen Anteil $\mathrm{e}^{\mathrm{j}2\pi f_\mathrm{P} t}\varepsilon(\pm t)$,
- die Projektion der Pollage auf die reelle Achse den aperiodischen Anteil $\mathrm{e}^{\sigma_\mathrm{P} t}\varepsilon(\pm t)$

dar. Man beachte allerdings, dass zur exakten Charakterisierung der Signaleigenschaften noch die Kenntnis über die Lage des Konvergenzbereichs hinzukommen muss, um zu wissen, ob es sich um ein Signal handelt, das ausschließlich aus linksseitigen [mit $\varepsilon(-t)$], aus rechtsseitigen [mit $\varepsilon(+t)$] oder aus beiden Arten von Eigenfunktionen zusammengesetzt ist; letzteres wäre ein *zweiseitiges Signal* wie in (2.12).

Der Konvergenzbereich liegt

- im Falle rein rechtsseitiger (kausaler) Signale rechts von der am weitesten rechts gelegenen Polstelle;
- im Falle rein linksseitiger (antikausaler) Signale links von der am weitesten links gelegenen Polstelle.
- im Falle zweiseitiger Signale zwischen der am weitesten rechts gelegenen Polstelle einer rechtsseitigen und der am weitesten links gelegenen Polstelle einer linksseitigen Eigenfunktion.

[1] H_0 ist ein linearer Verstärkungsfaktor, der zusätzlich zu den Pol- und Nullstellenlagen erforderlich ist, um die Laplace-Übertragungsfunktion zu charakterisieren bzw. hieraus die tatsächliche Amplitude der Filterimpulsantwort zu rekonstruieren zu können.

Sofern keine analytisch berechenbaren Polstellen im Endlichen existieren, überdeckt der Konvergenzbereich die gesamte p-Ebene. Dies ist z. B. generell bei Signalen endlicher Dauer der Fall. Bei Signalen mit endlicher Fläche aller aperiodischen Eigenfunktionsanteile $e^{\sigma_P t}$ müssen die zugehörigen Polstellen bei $\sigma_P < 0$ (für rechtsseitige Eigenfunktionen) bzw. $\sigma_P > 0$ (für linksseitige Eigenfunktionen) liegen. Der Konvergenzbereich selbst darf niemals eine Polstelle enthalten, da die innerhalb desselben berechenbare Laplace-Transformierte einen endlichen Wert annehmen muss. Er ist immer geschlossen, die Grenzen verlaufen parallel zur imaginären Achse (ggf. im Unendlichen), da die aperiodische Komponente die Konvergenz nicht beeinflusst. Sofern der Konvergenzbereich die imaginäre Achse einschließt, existiert auch eine Fourier-Transformierte (Kapitel 3).

Hierzu ein Beispiel der Laplace-Transformierten eines Signals, welches aus einer Überlagerung zweier Exponentialimpulse besteht:

$$S(p) = \frac{1}{(p+1)(p+2)} = \frac{1}{(p+1)} - \frac{1}{(p+2)} . \tag{2.16}$$

Offenbar befinden sich die Polstellen bei $p_{P_1} = -1$ und $p_{P_2} = -2$ (Abb. 2.4a). Mögliche Signale, die alle dieselbe Laplace-Transformierte besitzen, lauten wie folgt:

a) Das Signal ist rechtsseitig (kausal): Der Konvergenzbereich liegt rechts des rechten Pols, d. h. bei $\mathrm{Re}\{p\} > -1$ (Abb. 2.4b). Das Signal ist dann mit (2.8) $s(t) = \left(e^{-t} - e^{-2t}\right) \cdot \varepsilon(t)$.
b) Das Signal ist linksseitig (antikausal): Der Konvergenzbereich liegt links des linken Pols, d. h. bei $\mathrm{Re}\{p\} < -2$ (Abb. 2.4c). Das Signal ist dann mit (2.9) $s(t) = -\left(e^{-t} - e^{-2t}\right) \cdot \varepsilon(-t)$.
c) Das Signal ist zweiseitig: Der Konvergenzbereich liegt zwischen den beiden Polen, d. h. bei $-2 < \mathrm{Re}\{p\} < -1$ (Abb. 2.4d). Das Signal ist dann mit (2.8) und (2.9) $s(t) = -e^{-t} \cdot \varepsilon(-t) - e^{-2t} \cdot \varepsilon(t)$.

Man beachte, dass nur im Fall a) die imaginäre Achse im Konvergenzbereich liegt. Häufig wird sich der Konvergenzbereich durch eine Verknüpfung mehrerer Signale ändern. So ist beispielsweise bei der Superposition von Signalen der Konvergenzbereich nach der Überlagerung die Schnittmenge aus den ursprünglichen Konvergenzbereichen. Eine ausführliche Darstellung in Zusammenhang mit den Abbildungstheoremen der Laplace-Transformation wird am Ende dieses Kapitels in Tabelle 2.1 gegeben. Dabei sind die wichtigsten Theoreme der Laplace-Transformation ähnlich denen der Fourier-Transformation, welche noch in Kap. 3 ausführlicher hergeleitet werden. Es sei hier insbesondere auf die für die Systemanalyse wichtigen Eigenschaften der *Faltung* im Zeitbereich und *Multiplikation* im Laplace-Abbildungsbereich (vgl. (2.5))

$$\mathcal{L}\{s(t) * h(t)\} = S(p) \cdot H(p) \tag{2.17}$$

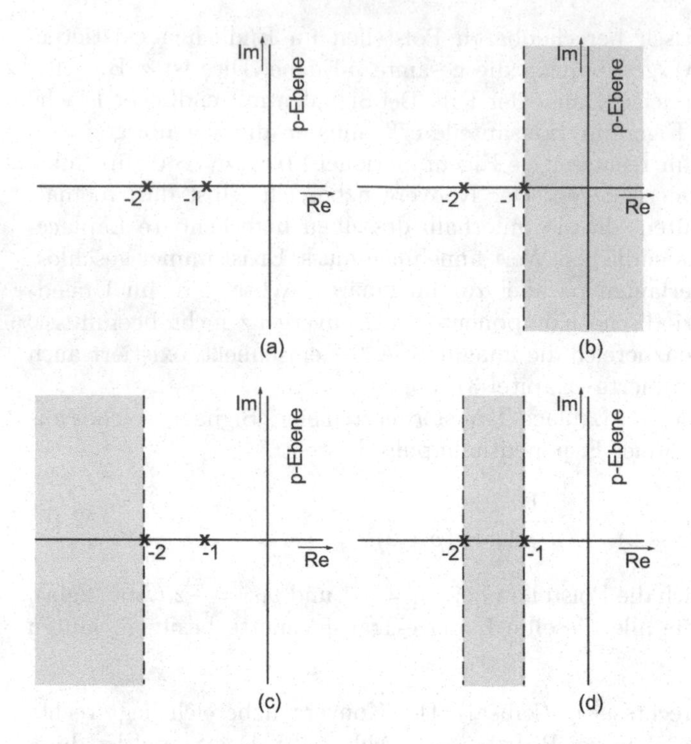

Abbildung 2.4. **(a)** Lage der Polstellen für die Laplace-Repräsentation (2.16) sowie Lage der Konvergenzbereiche für Fälle eines **(b)** rechtsseitigen Signals **(c)** linksseitigen Signals **(d)** zweiseitigen Signals

(bei welcher der Konvergenzbereich sich aus der Schnittmenge der beiden einzelnen Konvergenzbereiche bildet), der *Differentiation*

$$\mathcal{L}\left\{\frac{\mathrm{d}}{\mathrm{d}t}s(t) = s(t) * \delta'(t)\right\} = p \cdot S(p) \quad \Rightarrow \quad \mathcal{L}\left\{\delta'(t)\right\} = p \tag{2.18}$$

(bei welcher der Konvergenzbereich unverändert bleibt) und der *Integration*

$$\mathcal{L}\left\{\int_{-\infty}^{t} s(\tau)\mathrm{d}\tau = s(t) * \varepsilon(t)\right\} = \frac{1}{p}S(p) \quad \Rightarrow \quad \mathcal{L}\left\{\varepsilon(t)\right\} = \frac{1}{p}, \mathrm{Re}\left\{p\right\} > 0 \tag{2.19}$$

(bei welcher der Konvergenzbereich nur die bei $\mathrm{Re}\{p\} > 0$ liegende Region des ursprünglichen Konvergenzbereichs umfasst) hingewiesen. Weiter folgt mit (2.17) und (1.34):

$$s(t) = s(t) * \delta(t) \quad \Rightarrow \quad \mathcal{L}\{\delta(t)\} = 1 \tag{2.20}$$

2.4 Lösung von Differentialgleichungen mittels $\mathcal{L}$-Transformation

Generell lassen sich strom- oder spannungsbezogene Differentialgleichungen beliebiger Ordnungen in folgender Weise (hier für Spannungssignale an Ein- und Ausgängen) ausdrücken[2]:

$$\sum_{r=0}^{R} \alpha_r \frac{\mathrm{d}^r u_2(t)}{\mathrm{d}t^r} = \sum_{q=0}^{Q} \beta_q \frac{\mathrm{d}^q u_1(t)}{\mathrm{d}t^q} . \tag{2.21}$$

Hierbei stehen die Ausgangsspannung sowie sämtliche aus ihr zu bestimmenden Ableitungen auf der linken Seite, die Eingangsspannung sowie sämtliche aus ihr zu bestimmenden Ableitungen auf der rechten Seite. Es ergibt sich unter Anwendung (2.18) die Laplace-Transformierte

$$\left(\sum_{r=0}^{R} \alpha_r p^r\right) U_2(p) = \left(\sum_{q=0}^{Q} \beta_q p^q\right) U_1(p) , \tag{2.22}$$

und weiter die Laplace-Übertragungsfunktion (Laplace-Transformierte der Impulsantwort)

$$\mathcal{L}\{h(t)\} = H(p) = \frac{U_2(p)}{U_1(p)} = \frac{\sum_{q=0}^{Q} \beta_q p^q}{\sum_{r=0}^{R} \alpha_r p^r} . \tag{2.23}$$

Hieraus ergeben sich deren Nullstellen als die Q Lösungen des Gleichungssystems

$$\sum_{q=0}^{Q} \beta_q p^q = 0 , \tag{2.24}$$

sowie deren Polstellen als die R Lösungen von

$$\sum_{r=0}^{R} \alpha_r p^r = 0 . \tag{2.25}$$

Als Beispiel werde das in Abb. 2.5 gezeigte RLC-System betrachtet. Man erhält nach Anwendung der Kirchhoff'schen Maschenregel sowie der Beziehung $i(t) = C\frac{\mathrm{d}u_2(t)}{\mathrm{d}t}$:

[2] In aller Regel wird hier entweder $\alpha_0 = 1$ oder $\beta_0 = 1$ gesetzt; die Wahl des jeweils anderen Wertes $\alpha_0 \neq 1$ oder $\beta_0 \neq 1$ beeinflusst dann den linearen Verstärkungsfaktor des Systems.

$$R \cdot i(t) + L \cdot \frac{\mathrm{d}i(t)}{\mathrm{d}t} + u_2(t) = LC\frac{\mathrm{d}^2 u_2(t)}{\mathrm{d}t^2} + RC\frac{\mathrm{d}u_2(t)}{\mathrm{d}t} + u_2(t) = u_1(t)\,. \tag{2.26}$$

Durch Anwendung von (2.21)-(2.25) auf (2.26) erhält man

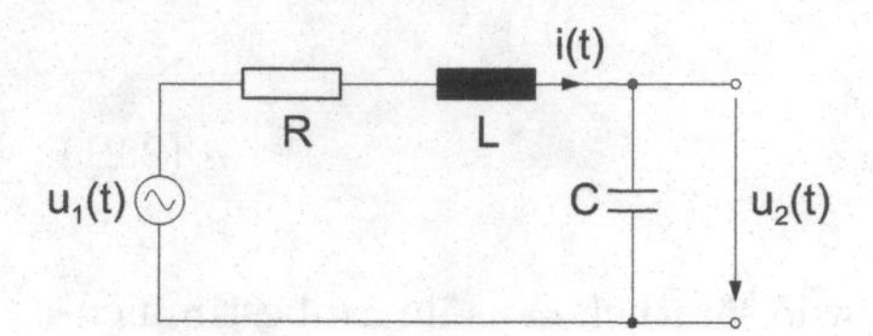

Abbildung 2.5. *RLC*-System mit stationärer Wechselspannungs-Anregung

$$\begin{aligned} &LC \cdot p^2 \cdot U_2(p) + RC \cdot p \cdot U_2(p) + U_2(p) = U_1(p) \\ &\Rightarrow H(p) = \frac{U_2(p)}{U_1(p)} = \frac{1}{LCp^2 + RCp + 1} = \frac{1/LC}{p^2 + (R/L)\,p + 1/LC} \end{aligned} \tag{2.27}$$

mit Polstellen bei

$$p_{\mathrm{P}_{1,2}} = -\underbrace{\frac{R}{2L}}_{a} \pm \underbrace{\sqrt{\frac{R^2}{4L^2} - \frac{1}{LC}}}_{b}\,. \tag{2.28}$$

Die Positionen der Polstellen sind für die Fälle $\frac{R^2}{4L^2} < \frac{1}{LC}$ und $\frac{R^2}{4L^2} > \frac{1}{LC}$ in Abb. 2.6 dargestellt. Hierbei wird folgender alternativer Ausdruck verwendet:

$$p_{\mathrm{P}_{1,2}} = -\underbrace{\xi\omega_0}_{a} \pm \underbrace{\omega_0\sqrt{\xi^2 - 1}}_{b} \text{ mit } \omega_0 = \frac{1}{\sqrt{LC}} \text{ und } \xi = \frac{R}{2}\sqrt{\frac{C}{L}}\,. \tag{2.29}$$

Das Zeitbereichs-Verhalten bei stationären oder instationären Vorgängen kann nun generell durch inverse Laplace-Transformation (s. Abschn. 3.11) ermittelt werden. Im vorliegenden Kapitel soll zunächst nur der Fall betrachtet werden, dass die Laplace-Transformierte aus Zähler- und Nennerpolynomen endlichen Grades (d.h. endliche Anzahl von Pol- und Nullstellen) darstellbar ist. Die Verknüpfung einer Systemantwort mit einem Eingangssignal (z.B. Sprungfunktion zur Ermittlung von Einschaltvorgängen) kann dabei als weitere Randbedingung dienen und durch einfache Multiplikation der Laplace-Transformierten von Signal und Filterimpulsantwort berücksichtigt werden. Die Bestimmung der zugehörigen Zeitbereichsfunktion wird besonders einfach, wenn aus der üblichen Polynomform (2.15) durch Partialbruchzerlegung Einzelterme der Form $\frac{A_r}{p - p_{\mathrm{P}_r}}$ generiert werden können, die dann jeweils für eine kausale Exponentialfunktion $A_r \mathrm{e}^{p_{\mathrm{P}_r} t}\varepsilon(t)$ im Zeitbereich stehen:

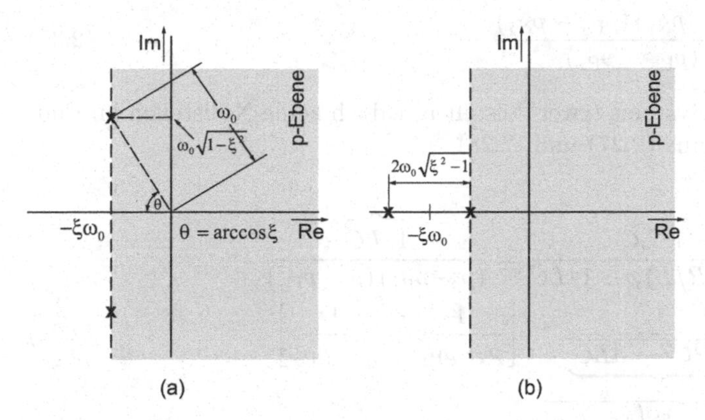

Abbildung 2.6. Laplace-Transformierte der Impulsantwort des *RLC*-Systems, $H_0 = 1/\sqrt{LC}$. Polpositionen in der p-Ebene für die Fälle **(a)** $\frac{R^2}{4L^2} < \frac{1}{LC}$ **(b)** $\frac{R^2}{4L^2} > \frac{1}{LC}$

$$H(p) = H_0 \frac{\prod\limits_{q=1}^{Q}(p - p_{\mathrm{N}_q})}{\prod\limits_{r=1}^{R}(p - p_{\mathrm{P}_r})} = A_0 + \sum_{r=1}^{R} \frac{A_r}{p - p_{\mathrm{P}_r}}, \tag{2.30}$$

mit folgender Berechnung der Vorfaktoren:

$$A_0 = \lim_{p\to\infty} H(p) \quad ; \quad A_r = \lim_{p\to p_{\mathrm{P},r}} \left[H(p)\,(p - p_{\mathrm{P}_r})\right]. \tag{2.31}$$

Am Beispiel eines Systems mit 2 Pol- und 2 Nullstellen ergibt sich folgender Lösungsansatz:

$$H(p) = H_0 \frac{(p - p_{\mathrm{N}_1})\,(p - p_{\mathrm{N}_2})}{(p - p_{\mathrm{P}_1})\,(p - p_{\mathrm{P}_2})} = A_0 + \frac{A_1}{p - p_{\mathrm{P}_1}} + \frac{A_2}{p - p_{\mathrm{P}_2}}. \tag{2.32}$$

In einem ersten Schritt erhält man hier mit (2.31) $A_0 = H_0$. Danach werden sukzessive beide Seiten des Gleichungssystems (2.32) mit den einzelnen Termen $(p - p_{\mathrm{P}_r})$ multipliziert, z.B. im ersten Schritt

$$H_0 \frac{(p - p_{\mathrm{N}_1})\,(p - p_{\mathrm{N}_2})}{(p - p_{\mathrm{P}_2})} = A_0\,(p - p_{\mathrm{P}_1}) + A_1 + \frac{A_2\,(p - p_{\mathrm{P}_1})}{p - p_{\mathrm{P}_2}}. \tag{2.33}$$

Die Grenzwertbildung $p \to p_{\mathrm{P}_1}$ ergibt

$$A_1 = H_0 \frac{(p_{\mathrm{P}_1} - p_{\mathrm{N}_1})\,(p_{\mathrm{P}_1} - p_{\mathrm{N}_2})}{(p_{\mathrm{P}_1} - p_{\mathrm{P}_2})}. \tag{2.34}$$

In vollkommen entsprechender Weise erhält man

$$A_2 = H_0 \frac{(p_{\mathrm{P}_2} - p_{\mathrm{N}_1})(p_{\mathrm{P}_2} - p_{\mathrm{N}_2})}{(p_{\mathrm{P}_2} - p_{\mathrm{P}_1})} . \tag{2.35}$$

Im Falle des RLC-Systems (zwei Polstellen, jedoch keine Nullstellen im Endlichen) ergibt sich aus (2.27) und (2.28)

$$\begin{aligned} H(p) &= \frac{1/LC}{p^2 + (R/L)\,p + 1/LC} = \frac{\overbrace{1/LC}^{H_0}}{(p - p_{\mathrm{P}_1})(p - p_{\mathrm{P}_2})} \\ &= \underbrace{\frac{1}{\sqrt{R^2C^2 - 4LC}}}_{A_1 = -A_2 = \frac{1}{LC(p_{\mathrm{P}_1} - p_{\mathrm{P}_2})}} \cdot \left[\frac{1}{p - p_{\mathrm{P}_1}} - \frac{1}{p - p_{\mathrm{P}_2}} \right] . \end{aligned} \tag{2.36}$$

Hieraus folgt mit (2.8)

$$h(t) = \frac{1}{\sqrt{R^2C^2 - 4LC}} \left[\mathrm{e}^{p_{\mathrm{P}_1} t} - \mathrm{e}^{p_{\mathrm{P}_2} t} \right] \cdot \varepsilon(t) , \tag{2.37}$$

bzw. mit Faktoren a und b wie in (2.28)

$$h(t) = \frac{1}{bLC} \mathrm{e}^{-at} \left(\frac{\mathrm{e}^{bt} - \mathrm{e}^{-bt}}{2} \right) \cdot \varepsilon(t) . \tag{2.38}$$

Es sind nun die folgenden 3 Fälle zu unterscheiden [Fall b) ist Grenzfall zwischen a) und c)]:

a) b reell, $\frac{1}{LC} < \frac{R^2}{4L^2}$:

$$h(t) = \frac{1}{bLC} \mathrm{e}^{-at} \sinh(bt) \cdot \varepsilon(t) . \tag{2.39}$$

b) $b = 0$: $\frac{1}{LC} = \frac{R^2}{4L^2}$. Damit erhält $h(t)$ einen Ausdruck der Form „0/0", welcher sich durch Anwendung der l'Hospital-Regel wie folgt lösen lässt:

$$\begin{aligned} h(t) &= \frac{1}{LC} \mathrm{e}^{-at} \left. \frac{\frac{\mathrm{d}}{\mathrm{d}b} \sinh bt}{\frac{\mathrm{d}}{\mathrm{d}b}(b)} \right|_{b=0} \cdot \varepsilon(t) \\ &= \frac{1}{LC} \mathrm{e}^{-at} t \cosh bt \Big|_{b=0} \cdot \varepsilon(t) = \frac{1}{LC} t \mathrm{e}^{-at} \cdot \varepsilon(t) . \end{aligned} \tag{2.40}$$

c) $b = \mathrm{j}\beta$ imaginär, $\frac{1}{LC} > \frac{R^2}{4L^2}$:

$$h(t) = \frac{1}{bLC} \mathrm{e}^{-at} \mathrm{j} \sin(\beta t) \cdot \varepsilon(t) = \frac{1}{\beta LC} \mathrm{e}^{-at} \sin(\beta t) \cdot \varepsilon(t) . \tag{2.41}$$

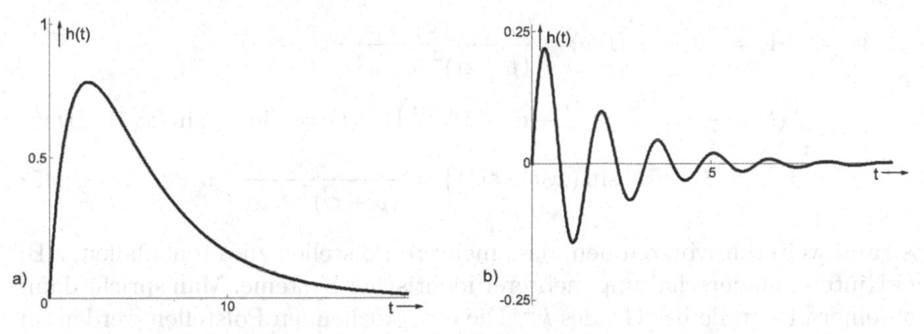

Abbildung 2.7. Impulsantwort des RLC-Systems.
(a) ohne periodische Komponente, $a = 2, b = \frac{1}{4}, L = 1, \frac{R^2}{4L^2} \geq \frac{1}{LC}$
(b) mit periodischer Komponente, $a = 2, b = 4\mathrm{j}, L = 1, \frac{R^2}{4L^2} < \frac{1}{LC}$

Die Impulsantworten für die Fälle a/b und c sind in Abb. 2.7 dargestellt. Wenn die Polstellen auf der reellen Achse liegen, ist keine periodische Komponente in der Impulsantwort enthalten (obige Fälle a und b). Wenn periodische Komponenten vorhanden sind, d. h. für $\frac{1}{LC} > \frac{R^2}{4L^2}$, Abb. 2.7b, müsste den einzelnen Polstellen nach der Partialbruchzerlegung eine komplexe Eigenfunktion als Zeitfunktion zugeordnet sein. Sofern aber die Impulsantwort insgesamt reellwertig ist, muss hierzu eine weitere konjugiert-komplexe Eigenfunktion mit gleichem Amplitudenbetrag existieren. In solchen Fällen kann es sinnvoll sein, bereits während der Partialbruchzerlegung Paare konjugiert-komplexer Polstellen zusammenzuhalten und die gemeinsame reelle Zeitfunktion zu ermitteln. Es sei z.B.

$$H(p) = \frac{A_1}{p - p_\mathrm{P}} + \frac{A_2}{p - p_\mathrm{P}^*} \quad \text{mit } p_\mathrm{P} = -\alpha - j\omega_0 \,, \tag{2.42}$$

d. h. nach Ermittlung des gemeinsamen Nenners

$$H(p) = \frac{A_1 \left(p + \alpha - j\omega_0\right) + A_2 \left(p + \alpha + j\omega_0\right)}{\left(p + \alpha\right)^2 + \omega_0{}^2} \,. \tag{2.43}$$

Es werden nun speziell die folgenden Fälle rechtsseitiger Zeitfunktionen betrachtet:

$$A_1 = A_2 = \frac{1}{2}\colon \quad H(p) = \frac{p + \alpha}{\left(p + \alpha\right)^2 + \omega_0{}^2}$$

$$h(t) = \frac{1}{2}\left(\mathrm{e}^{(-\alpha - j\omega_0)t} + \mathrm{e}^{(-\alpha + j\omega_0)t}\right) \cdot \varepsilon(t) = \mathrm{e}^{-\alpha t} \cos\left(\omega_0 t\right) \cdot \varepsilon(t)$$

$$\Rightarrow \mathcal{L}\left\{\mathrm{e}^{-\alpha t} \cos\left(\omega_0 t\right) \cdot \varepsilon(t)\right\} = \frac{p + \alpha}{\left(p + \alpha\right)^2 + \omega_0{}^2} \,, \tag{2.44}$$

$$A_1 = -A_2 = -\frac{1}{2}: \quad H(p) = \frac{-\mathrm{j}\omega_0}{(p+\alpha)^2 + {\omega_0}^2}$$

$$h(t) = \frac{1}{2}\left(\mathrm{e}^{(-\alpha-\mathrm{j}\omega_0)t} - \mathrm{e}^{(-\alpha+\mathrm{j}\omega_0)t}\right) \cdot \varepsilon(t) = -\mathrm{j}\mathrm{e}^{-\alpha t}\sin(\omega_0 t)\cdot\varepsilon(t)$$

$$\Rightarrow \mathcal{L}\left\{\mathrm{e}^{-\alpha t}\sin(\omega_0 t)\cdot\varepsilon(t)\right\} = \frac{\omega_0}{(p+\alpha)^2 + {\omega_0}^2}\,. \tag{2.45}$$

Es kann weiterhin vorkommen, dass mehrere Polstellen zusammenfallen, z.B. bei Hintereinanderschaltung mehrerer identischer Systeme. Man spricht dann von einer „Polstelle des Grades k“. Die entsprechenden Polstellen werden im Pol-Nullstellendiagramm mit der Wertigkeit in Klammern (k) markiert. So träte beispielsweise in Abb. 2.6 für $\frac{1}{LC} = \frac{R^2}{4L^2}$ eine doppelte Polstelle ($k = 2$) auf der reellen Achse bei $p = -a$ auf. Unter der Annahme, dass der i-te Pol den Grad k besitzt, ist der Ansatz (2.30) wie folgt zu modifizieren:

$$H(p) = H_0 \frac{(p - p_{\mathrm{N}_1})(p - p_{\mathrm{N}_2})\cdots(p - p_{\mathrm{N}_Q})}{(p - p_{\mathrm{P}_1})\cdots(p - p_{\mathrm{P}_i})^k\cdots(p - p_{\mathrm{P}_{R-k+1}})}$$

$$= A_0 + \frac{A_1}{p - p_{\mathrm{P}_1}} + \ldots + \sum_{j=1}^{k}\frac{A_{i,j}}{(p - p_{\mathrm{P}_i})^j} + \ldots + \frac{A_{R-k+1}}{p - p_{\mathrm{P}_{R-k+1}}}\,. \tag{2.46}$$

Sinngemäß gilt dasselbe, wenn die mehrfache Berücksichtigung eines Pols an mehreren Stellen erforderlich ist. Dann werden nach wie vor neben A_0 eine Anzahl von P weiteren Partialbruchkoeffizienten bestimmt, was zunächst für die einfachen Polstellen wie in (2.31) dargelegt erfolgt. Die Bestimmung der insgesamt k Zerlegungskoeffizienten an der mehrfachen Polstellenposition kann dann z.B. nach der folgenden Formel erfolgen:

$$A_{i,j} = \frac{1}{(k-j)!}\lim_{p\to p_{\mathrm{P}_i}}\frac{\mathrm{d}^{(k-j)}}{\mathrm{d}p^{(k-j)}}\left[H(p)(p - p_{\mathrm{P}_i})^k\right]\,. \tag{2.47}$$

2.5 Stabilitätsanalyse von Systemen

Häufig wird die Laplace-Transformation auch zur Stabilitätsanalyse von Systemen angewandt. Hierzu muss gemäß (1.62) die Impulsantwort absolut integrierbar sein, was im Prinzip der Forderung entspricht, dass die Laplace-Transformierte ausschließlich auf Komponenten im Signal schließen lässt, die für $t \to \pm\infty$ nicht über alle Grenzen wachsen. Dies führt auf die einfachen Regeln, dass

- alle Polstellen, die zu einer rechtsseitigen (kausalen) Eigenfunktion in der Impulsantwort gehören, sich in der linken Hälfte der p-Ebene befinden müssen, d.h. bei $\sigma_{\mathrm{P}} < 0$, und somit die zugehörige Zeitfunktion $\mathrm{e}^{\sigma_{\mathrm{P}}t}\varepsilon(t)$ für $t \to +\infty$ abklingt;

– alle Polstellen, die zu einer linksseitigen (antikausalen) Eigenfunktion in der Impulsantwort gehören, sich in der rechten Hälfte der p-Ebene befinden müssen, d.h. bei $\sigma_\mathrm{P} > 0$, und somit die zugehörige Zeitfunktion $\mathrm{e}^{\sigma_\mathrm{P} t}\varepsilon(-t)$ für $t \to -\infty$ abklingt.

Da der Konvergenzbereich rechtsseitiger Signale rechts der rechtesten Polstelle(n), derjenige linksseitiger Signale links der linkesten Polstelle(n) liegen muss, lässt sich insgesamt schließen, dass die Laplace-Übertragungsfunktion eines stabilen Systems einen Konvergenzbereich besitzen muss, der die imaginäre Achse der p-Ebene einschließt.

Beispiel 1: Kausaler Exponentialimpuls mit Polstelle bei $p = 2$:

$$h(t) = \mathrm{e}^{2t}\varepsilon(t) \Rightarrow H(p) = \frac{1}{p-2}, \text{ wenn } \mathrm{Re}\{p\} > 2\,. \tag{2.48}$$

Dieses System ist instabil, die Impulsantwort wächst für $t \to +\infty$ über alle Grenzen.

Beispiel 2: System 2. Ordnung (2 Pole), instabil mit $\xi \leq 0$:

$$\begin{aligned} h(t) &= A \cdot \left[\mathrm{e}^{p_{\mathrm{P}_1} t} - \mathrm{e}^{p_{\mathrm{P}_2} t}\right] \cdot \varepsilon(t) \\ &\quad \text{mit } A = \frac{\omega_0}{2\sqrt{\xi^2 - 1}},\; p_{\mathrm{P}_{1,2}} = -\underbrace{\xi\omega_0}_{a} \pm \underbrace{\omega_0\sqrt{\xi^2 - 1}}_{b}\,, \end{aligned} \tag{2.49}$$

$$\begin{aligned} H(p) &= \frac{\omega_0^2}{(p - p_{\mathrm{P}_1})(p - p_{\mathrm{P}_2})} \\ &\quad \text{mit } \mathrm{Re}\{p\} > \begin{cases} -\xi\omega_0 + \omega_0\sqrt{\xi^2 - 1}, & \text{wenn } |\xi| \geq 1 \\ -\xi\omega_0, & \text{wenn } |\xi| \leq 1\,. \end{cases} \end{aligned} \tag{2.50}$$

Die Polpositionen und die Lage des Konvergenzbereichs sind in Abb. 2.6 dargestellt. Formal entspricht dies exakt dem oben besprochenen RLC-System mit der Parametrierung

$$\omega_0 = \frac{1}{\sqrt{LC}} \quad ; \quad \xi = \frac{R}{2}\sqrt{\frac{C}{L}}\,. \tag{2.51}$$

2.6 Systemanalyse und -synthese mittels $\mathcal{L}$-Transformation

Wichtige Vorgänge an vielen technischen oder natürlichen Systemen (z. B. elektrotechnisch, mechanisch, akustisch) lassen sich durch lineare Differentialgleichungen beschreiben oder zumindest approximieren und damit im Sinne der Systemtheorie als Eingangs-/Ausgangsbeziehungen von LTI-Systemen darstellen. In Hinsicht auf eine weitere Abstraktion des Systemverhaltens, die sich besonders anschaulich in der Abbildung auf die Laplace-Transformierte deuten lässt, soll nun eine Blockdiagramm-Repräsentation eingeführt werden, die direkte Systemrealisierungen nach bestimmten Vorgaben ermöglicht. Betrachtet wird zunächst ein System, das aus einer hin- und rückgekoppelten Verbindung zweier LTI-Systeme besteht (Abb. 2.8) mit der Gleichung des Ausgangssignals

$$G(p) = H_1(p) \cdot [S(p) - H_2(p) \cdot G(p)] \; , \tag{2.52}$$

woraus als Gesamt-Übertragungsfunktion des Systems folgt

$$H(p) = \frac{G(p)}{S(p)} = \frac{H_1(p)}{1 + H_1(p) \cdot H_2(p)} = \frac{1}{1/H_1(p) + H_2(p)} \; . \tag{2.53}$$

Man betrachte nun die bekannte Laplace-Systemfunktion (2.8) $H(p) = \frac{1}{p+b}$,

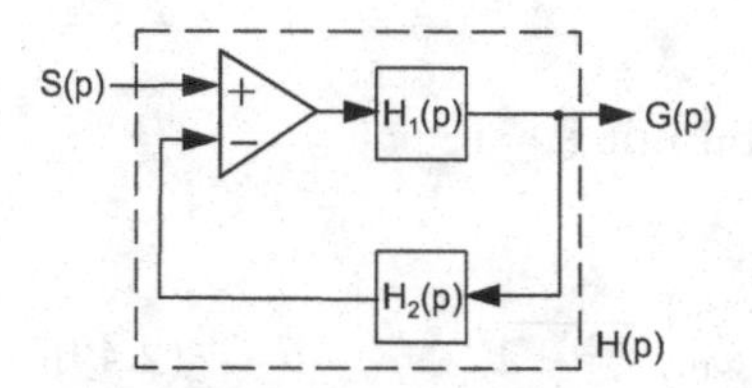

Abbildung 2.8. Hin- und rückgekoppelte Verbindung zweier LTI-Systeme

welche bei einem kausalen System mit $\alpha_0 = b$ und $\alpha_1 = \beta_0 = 1$ gemäß (2.22)-(2.24) auf folgende Differentialgleichung bezogen ist:

$$\frac{\mathrm{d}g(t)}{\mathrm{d}t} + b \cdot g(t) = s(t) \; . \tag{2.54}$$

Ein Vergleich mit (2.53) zeigt, dass sich dieses System ohne Weiteres als Verbindung entsprechender hin- und rückgekoppelter Systeme mit $H_1(p) = 1/p$ (Integrator) und $H_2(p) = b$ (Proportionalelement) interpretieren lässt (s. Abb. 2.9a). Alternativ wäre auch eine Wahl $H_1(p) = \frac{1}{b}$ (Proportionalelement) und $H_2(p) = p$ (Differentiator) möglich (Abb. 2.9b). Als weiteres Beispiel diene ein System zweiter Ordnung mit der Laplace-Übertragungsfunktion (2.36) in verschiedenen Darstellungsformen

$$H(p) = \underbrace{\frac{1}{p^2 + (a+b)\,p + ab}}_{\text{Polynomform}} = \underbrace{\frac{1}{(p+a)} \cdot \frac{1}{(p+b)}}_{\text{Produktform}} = \underbrace{\frac{1}{b-a}\left[\frac{1}{p+a} - \frac{1}{p+b}\right]}_{\text{Parallelform}} \tag{2.55}$$

welche gemäß (2.22)-(2.24) mit der folgenden Differentialgleichung zweiter Ordnung äquivalent ist:

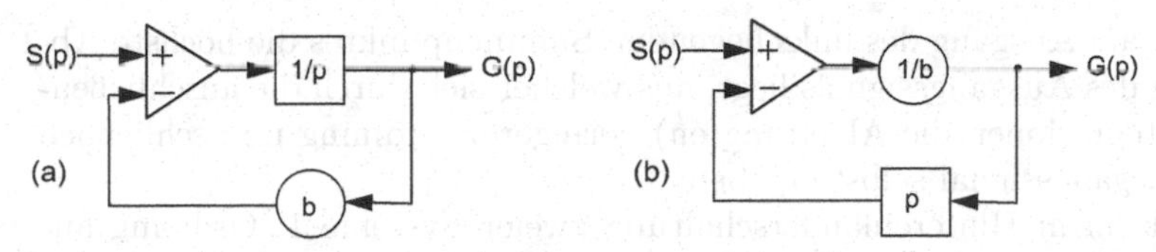

Abbildung 2.9. Realisierung eines Systems mit rechtsseitigem Exponentialimpuls als Impulsantwort durch rückgekoppelte Verbindung **(a)** eines Integrators und eines Proportionalelements **(b)** eines Proportionalelements und eines Differentiators

$$\frac{\mathrm{d}^2 g(t)}{\mathrm{d}t^2} + (a+b)\,\frac{\mathrm{d}g(t)}{\mathrm{d}t} + ab \cdot g(t) = s(t)\,. \tag{2.56}$$

Hieraus ist es nun möglich, mehrere vollkommen äquivalente Blockdia-

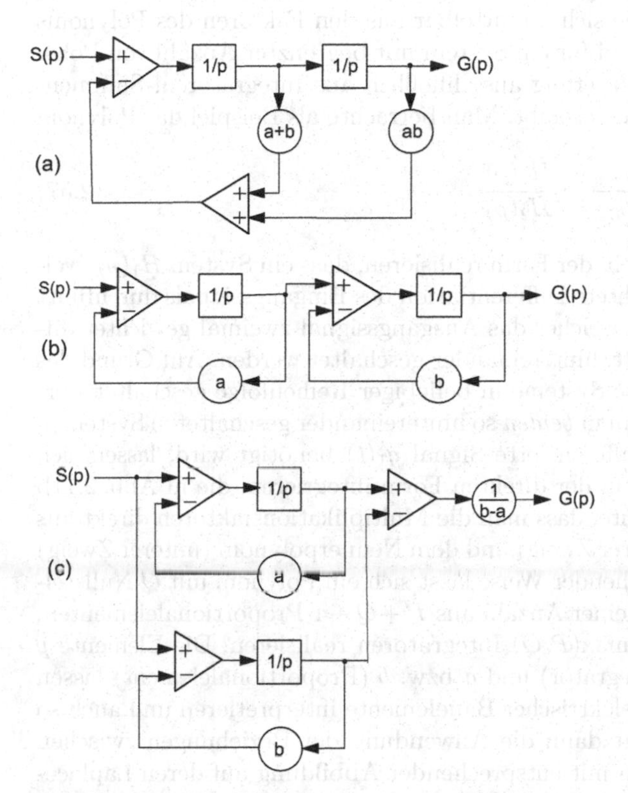

Abbildung 2.10. Blockdiagramm eines LTI-Systems 2. Ordnung **(a)** in direkter Darstellung **(b)** in Kaskadendarstellung **(c)** in Paralleldarstellung

grammformen des Systems darzustellen (vgl. Abb. 2.10):

a) Polynomform: Bei direkter Abbildung des Nennerpolynoms aus (2.55) bzw. der Differentialgleichung (2.56) ergibt sich eine Systemrealisierung, bei der am Ausgang des links liegenden Summenpunktes die höchste Ableitung des Ausgangssignals liegt, aus welcher sich durch die anschließenden Integrationen die Ableitung(en) geringerer Ordnung und schließlich das Ausgangssignal selbst ergeben;

b) Produktform: Hintereinanderschaltung zweier Systeme 1. Ordnung aus Abb. 2.9a mit den Übertragungsfunktionen $H_{\mathrm{A}}(p) = 1/(p+a)$ und $H_{\mathrm{B}}(p) = 1/(p+b)$, so dass $H(p) = H_{\mathrm{A}}(p) \cdot H_{\mathrm{B}}(p)$;

c) Parallelform: Mittels Partialbruchzerlegung wird es möglich, das System als eine Parallelschaltung von Systemen 1. Ordnung $H_{\mathrm{A}}(p) = 1/(p+a)$ und $H_{\mathrm{B}}(p) = 1/(p+b)$ mit entsprechenden zusätzlichen Verstärkungsfaktoren $A = 1/(b-a) = -B$ zu interpretieren, so dass $H(p) = A \cdot H_{\mathrm{A}}(p) + B \cdot H_{\mathrm{B}}(p)$.

Als letztes soll noch die Implementierung einer verallgemeinerten „direkten Form“ gezeigt werden, die sich unmittelbar aus den Faktoren des Polynoms $H(p)$ konstruieren lässt und für ein System mit begrenzter Anzahl von Polen und Nullstellen eine Realisierung ausschließlich aus Integratoren, Summen- und Proportionalelementen erlaubt. Man betrachte als Beispiel das Polynom

$$H(p) = \frac{a_2 p^2 + a_1 p + a_0}{p^2 + b_1 p + b_0} = \frac{H_1(p)}{H_2(p)} . \tag{2.57}$$

Dieses lässt sich zunächst in der Form realisieren, dass ein System $H_1(p)$, welches eine zweifache gewichtete Differentiation des Eingangssignals durchführt und ein System $1/H_2(p)$, welches das Ausgangssignal zweimal gewichtet differenziert und rückkoppelt, hintereinander geschaltet werden. Auf Grund des LTI-Prinzips können diese Systeme in beliebiger Reihenfolge geschaltet werden (s. Abb. 2.11a). Da nun in *beiden* so hintereinander geschalteten Systemen das ein- bzw. zweifach differenzierte Signal $g_1(t)$ benötigt wird, lassen sich die beiden Systeme auch in der direkten Form integrieren, die in Abb. 2.11b dargestellt ist. Man beachte, dass man die Multiplikationsfaktoren direkt aus dem Zählerpolynom (oberer Zweig) und dem Nennerpolynom (unterer Zweig) ablesen kann. In entsprechender Weise lässt sich ein Polynom mit Q Nullstellen und P Polstellen mit einer Anzahl aus $P+Q+1$ Proportionalelementen, $P+Q$ Summierern und $\max(P,Q)$ Integratoren realisieren. Die Elemente p (Differentiator), $1/p$ (Integrator) und a bzw. b (Proportionalelement) lassen sich z. B. als Wirkungen elektrischer Bauelemente interpretieren und auch so realisieren. Hierbei erfolgt dann die Anwendung der Beziehungen zwischen Strömen und Spannungen mit entsprechender Abbildung auf deren Laplace-Transformierte. So gilt beispielsweise an einem Ohm'schen Widerstand auf Grund der Linearitätseigenschaft

$$u(t) = R \cdot i(t) \Rightarrow U(p) = R \cdot I(p) \tag{2.58}$$

An einer Kapazität gilt die Integrationseigenschaft der Spannung bezüglich des Stromes

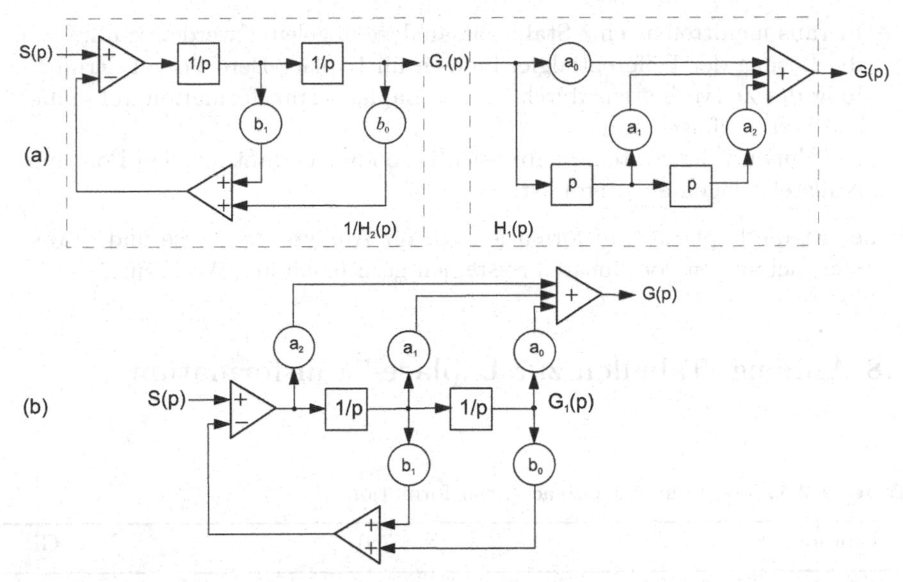

Abbildung 2.11. **(a)** Hintereinanderschaltung der Systeme $1/H_2(p)$ und $H_1(p)$ **(b)** „Direkte Form"-Realisierung von $H(p) = H_1(p)/H_2(p)$ ohne Verwendung von Differentiatoren

$$u(t) = \frac{1}{C}\int i(t)\mathrm{d}t \Rightarrow U(p) = \frac{1}{p}\cdot\frac{I(p)}{C} \tag{2.59}$$

und an einer Induktivität umgekehrt die Differentiationseigenschaft

$$u(t) = L\frac{\mathrm{d}i(t)}{\mathrm{d}t} \Rightarrow U(p) = p\cdot L\cdot I(p) \tag{2.60}$$

Mit diesen Eigenschaften können dann entsprechende Integrations-, Differentiations- und Proportional-Elemente realisiert werden.[3] Somit eröffnet sich die Möglichkeit zum systematischen Entwurf und der systematischen schaltungstechnischen Realisierung von LTI-Systemen.

2.7 Zusammenfassung

Es wurde gezeigt, dass für Signale und Systeme mit durch rationale Polynome beschriebenen Laplace-Transformierten (z. B. RLC-Systeme)

- die Lagen der Pol- und Nullstellen sowie der Konvergenzbereich in der p-Ebene vollständig die Systemeigenschaften charakterisieren;

[3] Möglich ist auch der Einsatz aktiver elektronischer Schaltungen, z. B. von Operationsverstärkern, die dann auch Verstärkungen mit Proportionalfaktoren größer 1 oder direkte Spannungs-Spannungs-Abbildungen erlauben. Diese weisen allerdings bei Übersteuerung nichtlineares Systemverhalten auf.

- hieraus unmittelbar eine Stabilitätsanalyse abgeleitet werden kann;
- die Lösung der Differentialgleichungen im Laplace-Bereich, ggf. Ermittlung des Zeitverhaltens durch inverse Laplace-Transformation auf einfache Weise erfolgen kann;
- der Entwurf der Systeme selbst sich besonders elegant aus den Pol- und Nullstellenlagen ableiten lässt.

Daher ist die Laplace-Transformation ein für Analyse, Synthese und Stabilitätsbetrachtungen von linearen Systemen gern benutztes Werkzeug.

2.8 Anhang: Tabellen zur Laplace-Transformation

Tabelle 2.1. Theoreme der Laplace-Transformation

Theorem	$s(t)$	$S(p)$	Gl.
$\mathcal{L}$-Transformation	$s(t)$	$\int_{-\infty}^{+\infty} s(t)\mathrm{e}^{-pt}\mathrm{d}t$	(2.6)
inverse $\mathcal{L}$ – Transformation	$\frac{1}{2\pi\mathrm{j}} \int_{\sigma_0-\infty}^{\sigma_0+\infty} S(p)\mathrm{e}^{pt}\mathrm{d}p$	$S(p)$ mit beliebigem σ_0 im Konvergenzbereich	(3.122)
Superposition	$\sum_i a_i s_i(t)$	$\sum_i a_i S_i(p)$	Aufg. 2.3
Verschiebung in t[a]	$s(t-t_0)$	$S(p)\mathrm{e}^{-pt_0}$	Aufg. 2.5
Verschiebung in p	$s(t)\cdot \mathrm{e}^{p_0 t}$	$S(p-p_0)$	Aufg. 2.5
Konjugation	$s^*(t)$	$S^*(p^*)$	
Zeitspiegelung[b]	$s(-t)$	$S(-p)$	
Zeitdehnung[c]	$s\left(\frac{t}{T}\right)$	$\lvert T\rvert\, S(pT)$	Aufg. 2.6
Faltung	$g(t) = s(t) * h(t)$	$G(p) = S(p)\cdot H(p)$	(2.17)
Differentiation	$\frac{\mathrm{d}^n}{\mathrm{d}t^n} s(t)$	$p^n \cdot S(p)$	(2.18)
Integration	$\int_{-\infty}^{t} s(\tau)\mathrm{d}\tau$	$\frac{1}{p}S(p)$	(2.19)

[a] Bei einseitiger $\mathcal{L}$-Transformation nur $t_0 > 0$ oder $s(t) = 0$ für $t < t_0$.

[b] Bei einseitiger $\mathcal{L}$-Transformation nicht anwendbar.

[c] $T \neq 0$; bei einseitiger $\mathcal{L}$-Transformation nur für $T > 0$ anwendbar.

Tabelle 2.2. Elementare Laplace-Transformationspaare

$s(t)$	$S(p)$	Konvergenzbereich	Gl.
$\delta(t)$	1	alle p	(2.20)
$\delta(t-t_0)$	e^{-pt_0}	alle p	Aufg. 2.5
$\varepsilon(t)$	$\frac{1}{p}$	$\mathrm{Re}\{p\} > 0$	(2.8)
$-\varepsilon(-t)$	$\frac{1}{p}$	$\mathrm{Re}\{p\} < 0$	(2.9)
$\frac{t^{n-1}}{(n-1)!}\varepsilon(t) = \underbrace{\varepsilon(t) * \ldots * \varepsilon(t)}_{n \text{ Funktionen}}$	$\frac{1}{p^n}$	$\mathrm{Re}\{p\} > 0$	
$\mathrm{e}^{-\alpha t}\varepsilon(t)$	$\frac{1}{p+\alpha}$	$\mathrm{Re}\{p\} > -\mathrm{Re}\{\alpha\}$ (α reell oder komplex)	(2.8)
$-\mathrm{e}^{-\alpha t}\varepsilon(-t)$	$\frac{1}{p+\alpha}$	$\mathrm{Re}\{p\} < -\mathrm{Re}\{\alpha\}$ (α reell oder komplex)	(2.9)
$\mathrm{e}^{-\alpha t}\cos\omega_0 t \cdot \varepsilon(t)$	$\frac{p+\alpha}{(p+\alpha)^2+\omega_0{}^2}$	$\mathrm{Re}\{p\} > -\alpha$ (α reell)	(2.44)
$\mathrm{e}^{-\alpha t}\sin\omega_0 t \cdot \varepsilon(t)$	$\frac{\omega_0}{(p+\alpha)^2+\omega_0{}^2}$	$\mathrm{Re}\{p\} > -\alpha$ (α reell)	(2.45)

2.9 Aufgaben

2.1 Berechnen Sie die Laplace-Transformierten der Signale $\varepsilon(t)\exp(-t/T)$ und $\mathrm{rect}(t/T - 1/2)$ sowie ihres Faltungsproduktes.

2.2 Berechnen Sie die Laplace-Transformierten $S(p)$, sofern sie existieren. Ermitteln Sie den Konvergenzbereich der Laplace-Transformierten, indem Sie jeweils die Bedingung für p bestimmen, so dass (2.6) konvergiert.

a) $s(t) = \sin(t) \cdot \varepsilon(t)$
b) $s(t) = \sin(t)$
c) $s(t) = \mathrm{e}^{2t} \cdot \varepsilon(t - T)$
d) $s(t) = t \cdot \mathrm{e}^{2t}\,\varepsilon(t)$
e) $s(t) = \sinh(2t) \cdot \varepsilon(-t)$

2.3 Beweisen Sie die Linearität der Laplace-Transformation

$$s(t) = a_1 s_1(t) + a_2 s_2(t) \Rightarrow S(p) = a_1 S_1(p) + a_2 S_2(p)$$

Geben Sie den Konvergenzbereich $\mathcal{R}$ von $S(p)$ an, wenn $\mathcal{R}_1$ bzw. $\mathcal{R}_2$ die Konvergenzbereiche bzgl. $S_1(p)$ und $S_2(p)$ sind.

2.4 Es seien $S_1(p) = \frac{2p+3}{p^2+3p+2}$ und $S_2(p) = \frac{3p+1}{p^2+4p+3}$ die Laplace-Transformierten zweier rechtsseitiger Signale.

a) Berechnen Sie die Pole von $S_1(p)$ und geben Sie den Konvergenzbereich an.

b) Berechnen Sie die Pole von $S_2(p)$ und geben Sie den Konvergenzbereich an.
c) Berechnen Sie die Pole und Nullstellen von $S_1(p) + S_2(p)$ und geben Sie den Konvergenzbereich an.

2.5 Beweisen Sie den Verschiebungssatz $s\,(t - t_0) \Rightarrow S\,(p)\,\mathrm{e}^{-p\,t_0}$ und den Modulationssatz $s\,(t) \cdot \mathrm{e}^{p_0\,t} \Rightarrow S\,(p - p_0)$ für die zweiseitige Laplace-Transformation. Wie ändert sich der Konvergenzbereich?

2.6 Beweisen Sie die Zeitdehnung $s\left(\frac{t}{T}\right) \Rightarrow |T|\, S\,(pT)$. Wie ändert sich der Konvergenzbereich?

2.7 Berechnen sie das Zeitsignal $s(t)$ zu $S\,(p) = \frac{2-2p}{(p+1)(p+2)(p+5)}$, wobei der Konvergenzbereich $\mathrm{Re}\,\{p\} > -1$ ist, mit Hilfe der Partialbruchzerlegung (2.31).

2.8 Berechnen Sie das Zeitsignal $s(t)$ zu $S\,(p) = \frac{2p-1}{(p+1)^3(p+4)}$, Konvergenzbereich $\mathrm{Re}\,\{p\} > -1$, mit Hilfe der Partialbruchzerlegung (2.46) (mehrfache Polstelle).

2.9 Eine sinusförmige Wechselspannungsquelle $u_1\,(t) = A \sin\,(2\pi f_0 t)$ wird zum Zeitpunkt $t = 0$ auf einen RL-Hochpass mit Zeitkonstante $T = \frac{L}{R}$ geschaltet.

a) Geben Sie die Laplace-Übertragungsfunktion $H(p)$ des Systems an.
b) Bestimmen Sie die Laplace-Transformierte $U_1(p)$ der Anregungsfunktion $u_1(t)$ für $t > 0$.
c) Berechnen Sie die Laplace-Transformierte $U_2(p)$ der Ausgangsspannung $u_2(t)$.
d) Berechnen Sie damit den Spannungsverlauf $u_2(t)$ am Ausgang.

2.10 Man betrachte das RLC-System aus Abb. 2.5 bzw. sein Pol-/Nullstellendiagramm Abb. 2.6.

a) Zeigen Sie, dass das System für positive Werte R, L und C immer stabil ist.
b) Geben Sie Beziehungen zwischen R, L und C an, so dass sich ein Butterworth-Tiefpassfilter der Grenzfrequenz f_g ergibt.

2.11 Zeigen Sie, dass sich ein System mit der Laplace-Übertragungsfunktion

$$H(p) = \frac{p+a}{p+b}$$

ohne Differentiator realisieren lässt.

3. Fourier-Beschreibung von Signalen und Systemen

Das folgende Kapitel beschäftigt sich weiter mit dem Problem der Signalübertragung über LTI-Systeme, benutzt aber einen anderen Weg. In den vorigen Kapiteln erforderte die Berechnung der Signalübertragung zunächst die Lösung eines Faltungsproduktes bzw. von Differentialgleichungen, die sich bei Abbildung auf die Laplace-Ebene in sehr effizienter Form durch algebraische Produkte (Multiplikation) lösen ließen. Keine der genannten Methoden ist der anderen prinzipiell überlegen, es hängt vielmehr von dem jeweiligen Problem ab, ob z.B. die Lösung des Faltungsintegrals oder der bei der Transformation auftauchenden Integrale einfacher ist. Im Folgenden wird ein ähnlicher Ansatz verwendet, bei dem das Signal der Fourier-Transformation unterzogen wird, die im Grunde einen Sonderfall der Laplace-Transformation darstellt. Sie erlaubt jedoch zusätzlich eine sehr anschauliche Deutung in Form eines Frequenzverhaltens von Signalen und Systemen.

3.1 Periodische Eigenfunktionen

Eigenfunktionen werden bei der Übertragung über LTI-Systeme nicht in ihrer Form geändert, sondern nur mit einem vom System abhängigen komplexwertigen Amplitudenfaktor H multipliziert. Der Grundtyp derartiger Eigenfunktionen lautete gemäß (2.2) $s_{\mathrm{E}}(t) = \mathrm{e}^{pt}$ mit $p = \sigma + j2\pi f$. Für den Spezialfall einer rein imaginären Variablen p wird

$$s_{\mathrm{E}}(t) = \mathrm{e}^{\mathrm{j}\,2\pi ft} = \cos(2\pi ft) + \mathrm{j}\sin(2\pi ft) \tag{3.1}$$

Dieser Funktionstyp spielt die zentrale Rolle bei der Fourier-Analyse, die eine Beziehung zwischen Zeit- und Frequenzbereichsdarstellungen herstellt. Zunächst wird gezeigt, dass sich beliebige periodische Signale durch eine Reihe solcher Funktionen darstellen lassen, später erfolgt eine Erweiterung auf aperiodische Signale. In Analogie zu (2.3) wird insbesondere

$$\mathrm{e}^{\mathrm{j}\,2\pi ft} * h(t) = H(f) \cdot \mathrm{e}^{\mathrm{j}\,2\pi ft} \tag{3.2}$$

mit

$$H(f) = \int_{-\infty}^{\infty} h(t) \cdot \mathrm{e}^{-\mathrm{j}\,2\pi ft} \mathrm{d}t\,. \tag{3.3}$$

Bei Hintereinanderschaltung von LTI-Systemen mit Impulsantworten $h_1(t)$ und $h_2(t)$ gilt entsprechend (2.5) wiederum die Abbildung des Faltungsproduktes $h_1(t) * h_2(t)$ auf das algebraische Produkt $H_1(f) \cdot H_2(f)$:

$$s_{\mathrm{E}}(t) * h_1(t) * h_2(t) = H_1(f) \cdot H_2(f) \cdot s_{\mathrm{E}}(t)\,. \tag{3.4}$$

3.2 Fourier-Reihenanalyse

Gegeben sei ein Signal, welches sich als gewichtete Überlagerung einer endlichen oder unendlichen Anzahl von komplexwertigen periodischen Eigenfunktionen mit Frequenzen f_k und Amplituden $S_{\mathrm{p}}(k)$ beschreiben lässt,

$$s_{\mathrm{p}}(t) = \sum_k S_{\mathrm{p}}(k)\,\mathrm{e}^{\mathrm{j}\,2\pi f_k t}\,. \tag{3.5}$$

Wird dieses Signal auf den Eingang eines LTI-Systems gegeben, ergibt sich das Ausgangssignal

$$g_{\mathrm{p}}(t) = \sum_k S_{\mathrm{p}}(k) H(f_k) \mathrm{e}^{\mathrm{j}\,2\pi f_k t}\,. \tag{3.6}$$

Es wird nun der spezielle Fall angenommen, dass die einzelnen überlagerten Eigenfunktionen mit $f_k = kF$ harmonisch aufeinander bezogen sind und sich alle auf eine gemeinsame Grundfrequenz F bzw. gemeinsame Periodendauer $T = 1/F$ beziehen lassen. Es gilt dann:

$$\mathrm{e}^{\mathrm{j}\,2\pi kFt} = \mathrm{e}^{\mathrm{j}\,2\pi k \frac{t}{T}} = \mathrm{e}^{\mathrm{j}\,2\pi k \frac{t+nT}{T}} \ \text{mit } k, n \in \mathbb{Z} \Rightarrow s_{\mathrm{p}}(t) = s_{\mathrm{p}}(t + nT)\,. \tag{3.7}$$

Das Ergebnis der Überlagerung $s_{\mathrm{p}}(t)$ ist ebenfalls mit T periodisch. Die Koeffizienten $S_{\mathrm{p}}(k)$ können das periodische Signal $s_{\mathrm{p}}(t)$ eindeutig beschreiben bzw. als Amplitudengewichte bei dessen systematischer Rekonstruktion aus den Funktionen $\mathrm{e}^{\mathrm{j}2\pi kFt}$ verwendet werden:

$$s_{\mathrm{p}}(t) = \sum_{k=-\infty}^{\infty} S_{\mathrm{p}}(k) \mathrm{e}^{\mathrm{j}\,2\pi kFt} = \sum_{k=-\infty}^{\infty} S_{\mathrm{p}}(k) \mathrm{e}^{\mathrm{j}\,2\pi k \frac{t}{T}}\,. \tag{3.8}$$

Es soll nun untersucht werden, unter welchen Bedingungen das periodische Signal reellwertig wird. Wegen $s_{\mathrm{p}}(t) = s_{\mathrm{p}}^*(t)$ bei reellwertigen Signalen gilt

$$s_{\mathrm{p}}(t) = s_{\mathrm{p}}^*(t) = \sum_{k=-\infty}^{\infty} S_{\mathrm{p}}^*(k) \mathrm{e}^{-\mathrm{j}\,2\pi kFt} = \sum_{k=-\infty}^{\infty} S_{\mathrm{p}}^*(-k) \mathrm{e}^{\mathrm{j}\,2\pi kFt}\,. \tag{3.9}$$

Ein Vergleich mit (3.8) zeigt, dass diese Bedingung erfüllt ist, wenn $S_{\mathrm{p}}(-k) = S_{\mathrm{p}}^*(k)$; lediglich der Koeffizient $S_{\mathrm{p}}(0)$ muss noch reellwertig sein. Man erhält dann für reellwertige $s_{\mathrm{p}}(t)$

$$s_p(t) = S_p(0) + \sum_{k=1}^{\infty} \left[S_p(k) e^{j\,2\pi kFt} + S_p^*(k) e^{-j\,2\pi kFt} \right], \tag{3.10}$$

und mit der Rechenregel für komplexe Zahlen $z + z^* = 2\mathrm{Re}\{z\}$ folgt

$$s_p(t) = S_p(0) + 2 \sum_{k=1}^{\infty} \mathrm{Re}\left\{ S_p(k) \cdot e^{j\,2\pi kFt} \right\}. \tag{3.11}$$

Der komplexe Koeffizient $S_p(k)$ wird nun in Polarkoordinaten durch einen Amplitudenbetrag $|S_p(k)|$ und eine Winkellage (Phase) $\varphi_p(k)$ ausgedrückt,

$$\begin{aligned} S_p(k) = |S_p(k)|\, e^{j\varphi_p(k)} &\text{ mit } |S_p(k)| = \sqrt{(\mathrm{Re}\{S_p(k)\})^2 + (\mathrm{Im}\{S_p(k)\})^2} \\ \text{und } \varphi_p(k) &= \arctan \frac{\mathrm{Im}\{S_p(k)\}}{\mathrm{Re}\{S_p(k)\}} \pm \kappa(k) \cdot \pi + l \cdot 2\pi,\ l \text{ ganzzahlig} \\ \text{sowie } \kappa(k) &= \begin{cases} 0, \mathrm{Re}\{S_p(k)\} \geq 0 \\ 1, \mathrm{Re}\{S_p(k)\} < 0. \end{cases} \end{aligned} \tag{3.12}$$

Damit ergibt sich[1]

$$\begin{aligned} s_p(t) &= S_p(0) + 2 \sum_{k=1}^{\infty} \mathrm{Re}\left\{ |S_p(k)| \cdot e^{j(2\pi kFt + \varphi_p(k))} \right\} \\ &= S_p(0) + 2 \sum_{k=1}^{\infty} |S_p(k)| \cdot \cos(2\pi kFt + \varphi_p(k)). \end{aligned} \tag{3.13}$$

Das reellwertige Signal wird hier also als eine Superposition von Kosinusschwingungen interpretiert, deren jede durch den Amplitudenbetrag $|S_p(k)|$, die Frequenz $f_k = k/T = kF$ sowie die Phasenverschiebung $\varphi_p(k)$ charakterisiert ist. Man beachte allerdings, dass sich $\varphi_p(k)$ nicht unmittelbar in eine Zeitverzögerung umdeuten lässt, da sich derselbe Funktionsverlauf für jede Phase $k + n \cdot 2\pi$ ergeben würde, was sich u.a. auch in der Mehrdeutigkeit der arctan-Funktion zeigt. Alternativ kann eine Deutung der komplexen Koeffizienten $S_p(k)$ in kartesischen Koordinaten, d.h. getrennt nach Real- und Imaginärteil erfolgen[2]:

[1] Man beachte, dass der Koeffizient $S_p(0)$ (Gleichanteil) bei reellwertigen Signalen ebenfalls reellwertig ist. Sofern er jedoch negativ ist, muss ihm formal eine Phase $\varphi_p(0) = \pm\pi$ zugeordnet werden, da $|S_p(0)|$ nach (3.12) immer nur den positivwertigen Betrag darstellen kann. Im Sinne einer einfacheren Beschreibung wird in den folgenden Formeln daher der ggf. vorzeichenbehaftete Ausdruck $S_p(0)$ gewählt.

[2] In der Literatur ist in diesem Zusammenhang auch die Bezeichnung $a_k = \mathrm{Re}\{S_p(k)\}$ und $b_k = \mathrm{Im}\{S_p(k)\}$ oder $b_k = -\mathrm{Im}\{S_p(k)\}$ gebräuchlich.

$$
\begin{aligned}
s_{\mathrm{p}}(t) &= S_{\mathrm{p}}(0) + \sum_{k=1}^{\infty}\left[S_{\mathrm{p}}(k)\mathrm{e}^{\mathrm{j}\,2\pi kFt} + S_{\mathrm{p}}^{*}(k)\mathrm{e}^{-\mathrm{j}\,2\pi kFt}\right] \\
&= S_{\mathrm{p}}(0) + 2\sum_{k=1}^{\infty}\left[\mathrm{Re}\left\{S_{\mathrm{p}}(k)\right\}\cos\left(2\pi kFt\right) - \mathrm{Im}\left\{S_{\mathrm{p}}(k)\right\}\sin\left(2\pi kFt\right)\right].
\end{aligned}
\tag{3.14}
$$

Die Interpretation ist hier eine gemischte Überlagerung aus Kosinus- und Sinusfunktionen, wobei die Amplituden der ersteren durch den Realteil, die Amplituden der letzteren durch den Imaginärteil von $S_{\mathrm{p}}(k)$ repräsentiert sind. Der Wert $S_{\mathrm{p}}(0)$ bewirkt die Addition einer zeitunabhängigen Konstanten und repräsentiert den Gleichanteil des Signals. Es sei nun die Aufgabe gestellt, aus einem gegebenen beliebigen, aber mit T periodischen Signal $s_{\mathrm{p}}(t)$ die Koeffizienten $S_{\mathrm{p}}(k)$ so zu bestimmen, dass sich dieses Signal wie oben beschrieben aus den Koeffizienten rekonstruieren lässt. Eine Multiplikation beider Seiten der Synthesegleichung (3.5) mit einer beliebigen Eigenfunktion sowie anschließende Integration über eine Periode ergibt

$$
s_{\mathrm{p}}(t)\cdot\mathrm{e}^{-\mathrm{j}\,2\pi nFt} = \sum_{k=-\infty}^{\infty} S_{\mathrm{p}}(k)\mathrm{e}^{\mathrm{j}\,2\pi kFt}\cdot\mathrm{e}^{-\mathrm{j}\,2\pi nFt}\,,
\tag{3.15}
$$

$$
\begin{aligned}
\Rightarrow \int_0^T s_{\mathrm{p}}(t)\cdot\mathrm{e}^{-\mathrm{j}\,2\pi nFt}\mathrm{d}t &= \int_0^T \sum_{k=-\infty}^{\infty} S_{\mathrm{p}}(k)\mathrm{e}^{\mathrm{j}\,2\pi kFt}\cdot\mathrm{e}^{-\mathrm{j}\,2\pi nFt}\mathrm{d}t \\
&= \sum_{k=-\infty}^{\infty} S_{\mathrm{p}}(k)\int_0^T \mathrm{e}^{\mathrm{j}\,2\pi(k-n)Ft}\mathrm{d}t\,.
\end{aligned}
\tag{3.16}
$$

Für das auf der rechten Seite stehende Integral gilt für den Fall $k = n$

$$
\int_0^T \mathrm{e}^{\mathrm{j}\,2\pi(k-n)Ft}\mathrm{d}t = \int_0^T 1\mathrm{d}t = T\,,
\tag{3.17}
$$

und für den Fall $k \neq n$

$$
\int_0^T \mathrm{e}^{\mathrm{j}\,2\pi(k-n)Ft}\mathrm{d}t = \frac{\mathrm{e}^{\mathrm{j}\,2\pi(k-n)FT}-1}{\mathrm{j}\,2\pi(k-n)F} = 0\,,
\tag{3.18}
$$

insgesamt also

$$
\int_0^T \mathrm{e}^{\mathrm{j}\,2\pi(k-n)Ft}\mathrm{d}t = \begin{cases} T, k = n \\ 0, k \neq n. \end{cases}
\tag{3.19}
$$

Da das links in (3.16) stehende Integral alle Werte $k \neq n$ aus der Summe aus der rechten Seite „ausblendet", folgt

$$S_\mathrm{p}(k) = \frac{1}{T} \int_0^T s_\mathrm{p}(t) \cdot \mathrm{e}^{-\mathrm{j}\,2\pi k F t} \mathrm{d}t \,. \tag{3.20}$$

Die Werte $S_\mathrm{p}(k)$ werden als die *Fourier-Reihe* eines mit T periodischen Signals, die Beziehung (3.20) als die *Fourier-Reihenanalyse* und die bereits oben gegebene Beziehung

$$s_\mathrm{p}(t) = \sum_{k=-\infty}^{\infty} S_\mathrm{p}(k) \mathrm{e}^{\mathrm{j}\,2\pi k F t} \text{ mit } F = \frac{1}{T} \tag{3.21}$$

als *Fourier-Reihenentwicklung* oder *Fourier-Reihensynthese* dieses Signals bezeichnet. Man beachte, dass auf Grund der Periodizität des Signals die Integration bei der Analyse über einen beliebigen Abschnitt der Dauer T erfolgen kann, d.h. allgemeiner für beliebige t_1

$$S_\mathrm{p}(k) = \frac{1}{T} \int_{t_1}^{t_1+T} s_\mathrm{p}(t) \cdot \mathrm{e}^{-\mathrm{j}\,2\pi k F t} \mathrm{d}t \,. \tag{3.22}$$

Beispiel einer endlichen Fourier-Reihe: Ein Signal sei charakterisiert als die Überlagerung einer Konstanten mit drei Sinusoiden verschiedener Phasenlagen:

$$\begin{aligned} s_\mathrm{p}(t) &= 1 + \sin(2\pi F t) + 2\cos(2\pi F t) + \cos(4\pi F t + \pi/4) \\ &= 1 + \frac{1}{2\mathrm{j}}\left(\mathrm{e}^{\mathrm{j}\,2\pi F t} - \mathrm{e}^{-\mathrm{j}\,2\pi F t}\right) + \left(\mathrm{e}^{\mathrm{j}\,2\pi F t} + \mathrm{e}^{-\mathrm{j}\,2\pi F t}\right) \\ &\quad + \frac{1}{2}\left(\mathrm{e}^{\mathrm{j}(4\pi F t + \pi/4)} + \mathrm{e}^{-\mathrm{j}(4\pi F t + \pi/4)}\right) \\ &= 1 + \left(1 + \frac{1}{2\mathrm{j}}\right)\mathrm{e}^{\mathrm{j}\,2\pi F t} + \left(1 - \frac{1}{2\mathrm{j}}\right)\mathrm{e}^{-\mathrm{j}\,2\pi F t} \\ &\quad + \frac{\mathrm{e}^{\mathrm{j}\pi/4}}{2}\mathrm{e}^{\mathrm{j}4\pi F t} + \frac{\mathrm{e}^{-\mathrm{j}\pi/4}}{2}\mathrm{e}^{-\mathrm{j}4\pi F t} \,. \end{aligned} \tag{3.23}$$

Durch die hier erfolgte geschickte Zerlegung in harmonische Exponentialfunktionen folgen ohne weitere Berechnung die Koeffizienten der Fourier-Reihe:

$$\begin{aligned} &S_\mathrm{p}(0) = 1\,; S_\mathrm{p}(1) = 1 - \frac{1}{2}\mathrm{j}\,; S_\mathrm{p}(-1) = 1 + \frac{1}{2}\mathrm{j} \\ &S_\mathrm{p}(2) = \frac{\sqrt{2}}{4}(1+\mathrm{j})\,; S_\mathrm{p}(-2) = \frac{\sqrt{2}}{4}(1-\mathrm{j})\,; S_\mathrm{p}(k) = 0, |k| > 2\,. \end{aligned} \tag{3.24}$$

Beispiel einer unendlichen Fourier-Reihe: Periodische Rechteckfunktion (s. Abb. 3.1)

$$s_{\mathrm{p}}(t) = \mathrm{rect}\left(\frac{t}{T_1}\right) * \sum_{n=-\infty}^{\infty} \delta(t - nT) \quad \text{mit } T_1 \leq T \,. \tag{3.25}$$

Die Lösung erfolgt hier separat für den Koeffizienten $S_{\mathrm{p}}(0)$:

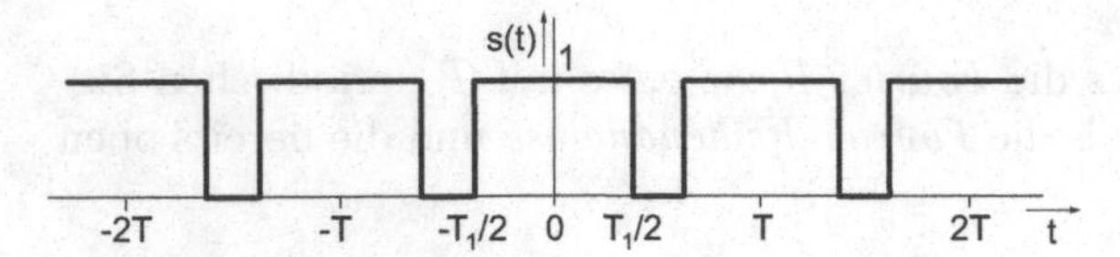

Abbildung 3.1. Periodische Rechteckfunktion

$$S_{\mathrm{p}}(0) = \frac{1}{T} \int_{-T_1/2}^{T_1/2} 1 \mathrm{d}t = \frac{T_1}{T} \,, \tag{3.26}$$

sowie die übrigen Koeffizienten[3]

$$\begin{aligned} S_{\mathrm{p}}(k) &= \frac{1}{T} \int_{-T_1/2}^{T_1/2} \mathrm{e}^{-\mathrm{j}\,2\pi k F t} \mathrm{d}t \\ &= \frac{\mathrm{e}^{\mathrm{j}\,\pi k F T_1} - \mathrm{e}^{-\mathrm{j}\,\pi k F T_1}}{2\mathrm{j}\pi k F T} = \frac{\sin\left(k\pi \frac{T_1}{T}\right)}{k\pi} \text{ mit } k \neq 0 \,. \end{aligned} \tag{3.27}$$

Speziell für den Fall $T_1 = T/2$ ergibt sich z. B.

$$S_{\mathrm{p}}(k) = \frac{\sin(k\pi/2)}{k\pi}, k \neq 0 \,. \tag{3.28}$$

Beispiele dieser Fourier-Reihe für verschiedene Werte von T_1 sind in Abb. 3.2 dargestellt.

Für die Leistung eines periodischen Signals $s_{\mathrm{p}}(t)$ ergibt sich:

[3] Die Lösung für $S_{\mathrm{p}}(0)$ lässt sich auch aus der allgemeinen Lösung entwickeln, wenn bei der Division „0/0" entweder der l'Hospital-Satz oder die Regel $\sin x \approx x$ für $x \to 0$ angewandt wird; $\sin x/x$ wird später als „si-Funktion" definiert, s. (3.77)

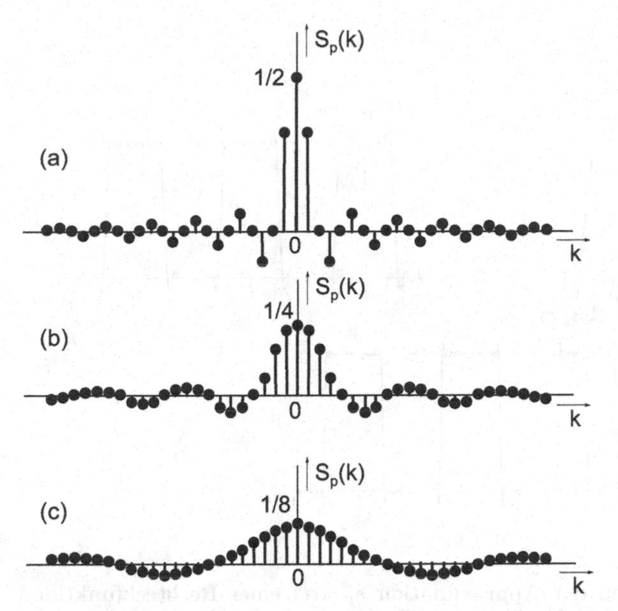

Abbildung 3.2. Fourier-Reihenkoeffizienten der periodischen Rechteckfunktion mit
(a) $T = 2T_1$ **(b)** $T = 4T_1$ **(c)** $T = 8T_1$

$$
\begin{aligned}
L_s &= \frac{1}{T}\int_0^T |s_\mathrm{p}(t)|^2 \mathrm{d}t = \frac{1}{T}\int_0^T s_\mathrm{p}(t)\cdot s_\mathrm{p}^*(t)\,\mathrm{d}t \\
&= \frac{1}{T}\int_0^T \left[\sum_{k=-\infty}^{\infty} S_\mathrm{p}(k)\mathrm{e}^{\mathrm{j}\,2\pi kFt}\cdot \sum_{l=-\infty}^{\infty} S_\mathrm{p}^*(l)\mathrm{e}^{-\mathrm{j}\,2\pi lFt}\right]\mathrm{d}t \\
&= \frac{1}{T}\sum_{k=-\infty}^{\infty}\sum_{l=-\infty}^{\infty} S_\mathrm{p}(k)S_\mathrm{p}^*(l)\cdot \underbrace{\int_0^T \mathrm{e}^{\mathrm{j}\,2\pi(k-l)Ft}\mathrm{d}t}_{=T \text{ für } k=l;\ =0 \text{ sonst}} = \sum_{k=-\infty}^{\infty} |S_\mathrm{p}(k)|^2\,.
\end{aligned}
\tag{3.29}
$$

Die Leistung des periodischen Signals kann also alternativ durch Summation der Betragsquadrate aus den Fourier-Reihenkoeffizienten bestimmt werden. Dieser Zusammenhang wird als das *Parseval-Theorem* bezeichnet (vgl. Kap. 6). Es sei nun die Frage gestellt, welcher Fehler entsteht, wenn nicht die unendliche Reihe der Koeffizienten zur Rekonstruktion verwendet wird, sondern zusätzlich zum Koeffizienten $S_\mathrm{p}(0)$ lediglich N weitere (speziell bei reellen Signalen dann konjugiert-komplexe) Koeffizientenpaare. Es ergeben sich das approximierte Signal

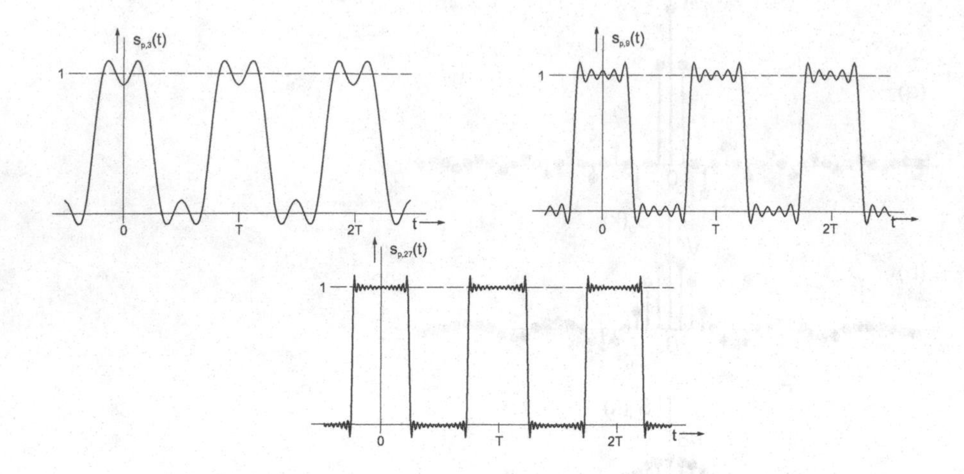

Abbildung 3.3. Illustration der Approximation $s_{\mathrm{p},N}(t)$ einer Rechteckfunktion durch zunehmende Anzahl $N = 3; 9; 27$ von Fourier-Reihenkoeffizienten-Paaren, sowie Auftreten des Gibbs-Phänomens

$$s_{\mathrm{p},N}(t) = \sum_{k=-N}^{N} S_{\mathrm{p}}(k)\mathrm{e}^{\mathrm{j}\,2\pi kFt} \tag{3.30}$$

und das Fehlersignal (Differenzsignal)

$$e_{\mathrm{p},N}(t) = s_{\mathrm{p}}(t) - s_{\mathrm{p},N}(t) = \sum_{k=-\infty}^{-N-1} S_{\mathrm{p}}(k)\mathrm{e}^{\mathrm{j}\,2\pi kFt} + \sum_{k=N+1}^{\infty} S_{\mathrm{p}}(k)\mathrm{e}^{\mathrm{j}\,2\pi kFt}\ . \tag{3.31}$$

Letzteres besitzt eine Fehlerleistung

$$L_{e_{\mathrm{p},N}} = \frac{1}{T}\int_{0}^{T} |e_{\mathrm{p},N}(t)|^2 \mathrm{d}t\ . \tag{3.32}$$

Sofern das periodische Signal eine endliche Leistung besitzt, ist auch garantiert, dass die Fourier-Reihenentwicklung konvergiert:

$$\frac{1}{T}\int_{T} |s_{\mathrm{p}}(t)|^2 \mathrm{d}t < \infty \Rightarrow \sum_{k=-\infty}^{\infty} |S_{\mathrm{p}}(k)| < \infty\ . \tag{3.33}$$

In diesem Fall konvergiert die Leistung des Approximationsfehlers mit wachsendem N beliebig nahe gegen Null, da auf jeden Fall aus der unendlichen Reihe das Signal rekonstruiert werden kann:

$$e_{\mathrm{p},\infty}(t) = \lim_{N\to\infty} e_{\mathrm{p},N}(t) \Rightarrow L_{e_{\mathrm{p},\infty}} = \frac{1}{T}\int_T |e_{\mathrm{p},\infty}(t)|^2 \mathrm{d}t = 0\,. \tag{3.34}$$

Dies impliziert allerdings nicht, dass auch die tatsächliche maximale Abweichung, d.h die Maximalamplitude des Signals $e_{\mathrm{p},N}(t)$ für sehr große N immer kleiner wird. Vielmehr lässt sich beobachten, dass an den Stellen von Diskontinuitäten des Signals bei einer Rekonstruktion aus einer begrenzten Fourier-Reihe Schwingungen entstehen, die zwar in der Dauer mit wachsendem N immer kürzer werden, jedoch in der Maximalamplitude konstant bleiben. Dieses Verhalten ist aus der Literatur als das *Gibbs-Phänomen* bekannt; es ist für den Fall der Rekonstruktion eines periodischen Rechtecksignals aus einer begrenzten Fourier-Reihe in Abb. 3.3 dargestellt. Eine weitere Interpretation in Hinblick auf das Schwingungsverhalten bei Anwendung einer harten Frequenzbandbegrenzung an diskontinuierlichen Signalen erfolgt in Abschn. 5.2.1.

Die Fourier-Reihenanalyse soll nun angewandt werden, um die Übertragung eines periodischen Signals in einem LTI-System zu untersuchen, d.h. es soll ein periodisches Signal eingespeist und das Ausgangssignal ermittelt werden. Da sich das Eingangssignal durch eine Superposition harmonischer Eigenfunktionen darstellen lässt, welche durch das System nicht in der Frequenz verändert werden können, folgt im Falle $H(\frac{1}{T}) \neq 0$, dass auch das Ausgangssignal mit demselben T periodisch sein muss:

$$s_{\mathrm{p}}(t) = \sum_{k=-\infty}^{\infty} S_{\mathrm{p}}(k)\mathrm{e}^{\mathrm{j}\,2\pi kFt} \Rightarrow g_{\mathrm{p}}(t) = s_{\mathrm{p}}(t) * h(t) = \sum_{k=-\infty}^{\infty} \underbrace{G_{\mathrm{p}}(k)\mathrm{e}^{\mathrm{j}\,2\pi kFt}}_{g_{\mathrm{p},k}(t)}$$

$$g_{\mathrm{p},k}(t) = \mathrm{e}^{\mathrm{j}\,2\pi kFt}\int_{-\infty}^{\infty} h(\tau)S_{\mathrm{p}}(k)\mathrm{e}^{-\mathrm{j}\,2\pi kF\tau}\mathrm{d}\tau = \mathrm{e}^{\mathrm{j}\,2\pi kFt}S_{\mathrm{p}}(k)H(kF)$$

$$\Rightarrow g_{\mathrm{p}}(t) = \sum_{k=-\infty}^{\infty} \underbrace{S_{\mathrm{p}}(k)H(kF)}_{G_{\mathrm{p}}(k)}\,\mathrm{e}^{\mathrm{j}\,2\pi kFt}\,. \tag{3.35}$$

Der jeweilige Fourier-Reihenkoeffizient des Ausgangssignals $G_{\mathrm{p}}(k)$ ergibt sich also durch Multiplikation des Eingangssignal-Koeffizienten $S_{\mathrm{p}}(k)$ mit dem Wert der Fourier-Übertragungsfunktion bei der zugehörigen Frequenz kF. Es folgt implizit, dass ein $G_{\mathrm{p}}(k)$ Null sein muss, wenn entweder $S_{\mathrm{p}}(k)$ oder $H(kF)$ den Wert Null besitzen.

3.3 Das Fourier-Integral

Die durch (2.4) gegebene Beziehung zwischen dem zeitlichen Verlauf der Impulsantwort $h(t)$ eines Systems und der Übertragungsfunktion $H(f)$ stellt eine Transformationsgleichung dar, die *Fourier-Transformation*[4] genannt wird.

Die Fourier-Reihenentwicklung ist in der bisherigen Herleitung auf periodische Signale eingeschränkt; es wäre daher wünschenswert, die Methode der Fourier-Analyse auf beliebige aperiodische Signale auszudehnen. Dies soll nun erfolgen, indem eine einzelne Periode eines periodischen Signals $s_{\mathrm{p}}(t)$ als *aperiodisches Signal* $s(t)$ gedeutet wird, welches außerhalb dieser Periode die Amplitude Null besitze (s. Abb. 3.4). Prinzipiell lassen sich dann die Fourier-

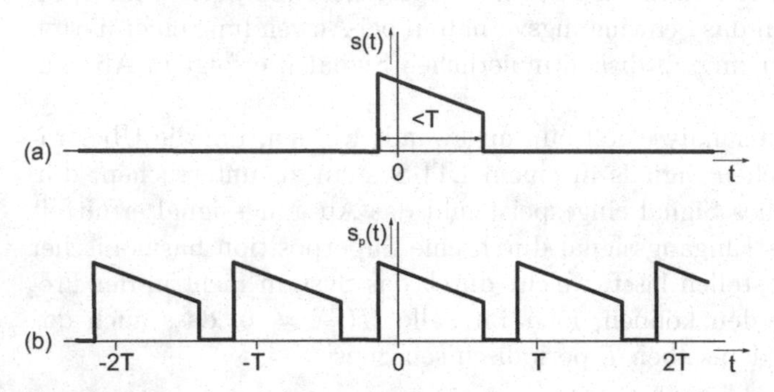

Abbildung 3.4. **(a)** Endliches aperiodisches Signal **(b)** sein periodisches Äquivalent

Reihenkoeffizienten durch begrenzte Zeitanalyse sowohl aus $s_{\mathrm{p}}(t)$ als auch aus $s(t)$ bestimmen, wobei aber bei Bestimmung aus letzterem auch eine unendlich ausgedehnte Integration möglich ist:

$$s_{\mathrm{p}}(t) = \sum_{k=-\infty}^{\infty} S_{\mathrm{p}}(k) \mathrm{e}^{\mathrm{j}\,2\pi kFt}$$

$$\Rightarrow S_{\mathrm{p}}(k) = \frac{1}{T} \int_{T} s_{\mathrm{p}}(t) \cdot \mathrm{e}^{-\mathrm{j}\,2\pi kFt} \mathrm{d}t = \frac{1}{T} \int_{-\infty}^{\infty} s(t) \cdot \mathrm{e}^{-\mathrm{j}\,2\pi kFt} \mathrm{d}t \,. \tag{3.36}$$

Formal besitzt das Integral auf der rechten Seite eine große Ähnlichkeit mit der Berechnung der bereits eingeführten Fourier-Übertragungsfunktion (3.3). Man definiert daher als Verallgemeinerung zunächst diese Formel für beliebige Signale,

[4] Jean Baptiste Joseph Fourier (1768–1830), franz. Physiker.

$$S(f) = \int_{-\infty}^{\infty} s(t) \cdot \mathrm{e}^{-\mathrm{j}\,2\pi f t} \mathrm{d}t \Rightarrow S_\mathrm{p}(k) = \frac{1}{T} S(kF)$$

$$\Rightarrow s_\mathrm{p}(t) = \sum_{k=-\infty}^{\infty} S_\mathrm{p}(k) \mathrm{e}^{\mathrm{j}\,2\pi k F t} = \sum_{k=-\infty}^{\infty} S(kF) \mathrm{e}^{\mathrm{j}\,2\pi k F t} F \,. \tag{3.37}$$

Es wird dann der Grenzübergang für $T \to \infty$ durchgeführt, so dass die Grundfrequenz F gegen Null strebt, und die harmonischen Frequenzen beliebig dicht gepackt (d.h. auf einer quasi kontinuierlichen Frequenzachse) nebeneinander liegen. Damit wird dann auch eine Analyse unendlich ausgedehnter aperiodischer Signale möglich, und es ergibt sich (s. Abb. 3.5)

$$T \to \infty \quad \Rightarrow s_\mathrm{p}(t) \to s(t) \;\; ; F \to \mathrm{d}f \;\; ; kF \to f$$

$$\Rightarrow s(t) = \lim_{T \to \infty} \sum_{k=-\infty}^{\infty} S(kF) \mathrm{e}^{\mathrm{j}\,2\pi k F t} F = \int_{-\infty}^{\infty} S(f) \mathrm{e}^{\mathrm{j}\,2\pi f t} \mathrm{d}f \,. \tag{3.38}$$

Damit lassen sich die beiden Fourier-Transformationsgleichungen (Abbildung

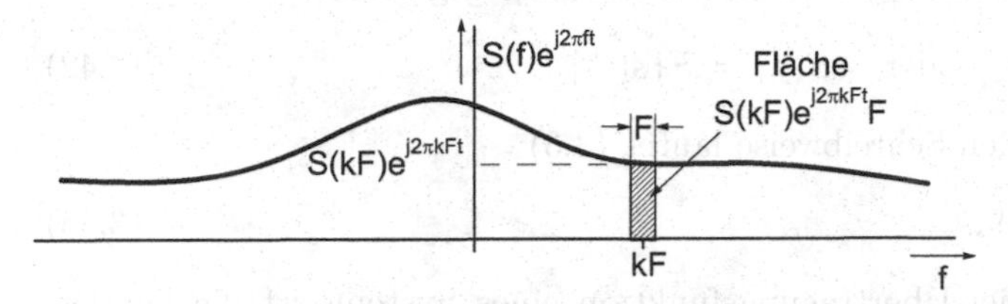

Abbildung 3.5. Grafische Interpretation des Grenzüberganges (3.38)

eines Signals auf sein Fourier-Spektrum und umgekehrt) wie folgt beschreiben:

$$S(f) = \int_{-\infty}^{\infty} s(t) \cdot \mathrm{e}^{-\mathrm{j}\,2\pi f t} \mathrm{d}t \,, \tag{3.39}$$

$$s(t) = \int_{-\infty}^{\infty} S(f) \mathrm{e}^{\mathrm{j}\,2\pi f t} \mathrm{d}f \,. \tag{3.40}$$

Die inverse Fourier-Transformation (3.40) stellt das Signal $s(t)$ als nicht abzählbar unendliche Reihe komplexer periodischer Exponentialfunktionen dar, ebenso wie das Faltungsintegral (1.33) ein Signal als nicht abzählbar unendliche Reihe von Dirac-Impulsen darstellte. Die Fourier-Transformierte des Signals wird auch Fourier-Spektrum genannt. Da $S(f)$ nach (3.39) die Dimension „Amplitude · Zeit“ oder gleichbedeutend „Amplitude / Frequenz“

hat, spricht man genauer vom Amplitudendichtespektrum. Zur Berechnung der Antwort eines LTI-Systems mit der Übertragungsfunktion $H(f)$ auf ein Signal mit dem Fourier-Spektrum $S(f)$ genügt es also gemäß (2.5), $S(f)$ und $H(f)$ für jede Frequenz f miteinander zu multiplizieren, um das Fourier-Spektrum $G(f)$ des Ausgangssignals zu erhalten. Es gilt damit alternativ zum Faltungsprodukt

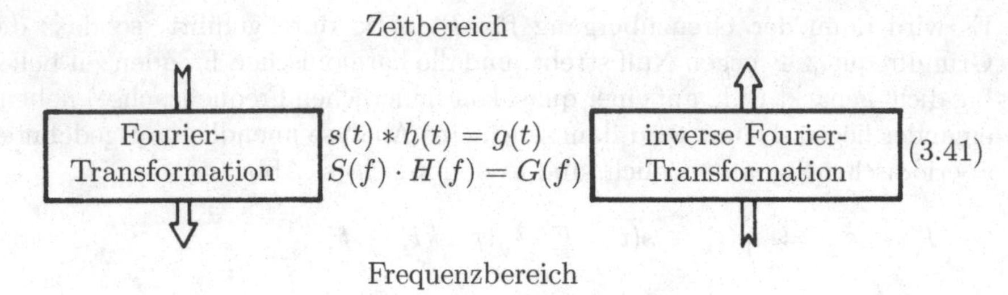

Damit bestehen zwei Möglichkeiten, die Eigenschaften eines Systems oder eines Signals zu beschreiben, nämlich entweder direkt im *Zeitbereich*, oder im *Frequenzbereich* durch die zugeordneten Fourier-Transformierten.

In einer abkürzenden symbolischen Schreibweise stellt man die Fourier-Transformierte eines Signals dem Signal wie folgt gegenüber:

$$S(f) \bullet\!\!-\!\!\circ\; s(t) \quad \text{oder} \quad S(f) = \mathcal{F}\{s(t)\}\,. \tag{3.42}$$

In dieser symbolischen Schreibweise lautet (3.3)

$$h(t) \circ\!\!-\!\!\bullet\; H(f)\,, \tag{3.43}$$

das heißt, die Fourier-Übertragungsfunktion eines Systems ist die Fourier-Transformierte seiner Impulsantwort.

Entsprechend lässt sich für (3.41) schreiben

$$s(t) * h(t) \circ\!\!-\!\!\bullet\; S(f) \cdot H(f)\,. \tag{3.44}$$

Kurz ausgedrückt: Das Faltungsprodukt im Zeitbereich wird in das algebraische Produkt im Frequenzbereich transformiert. Wendet man in diesem Sinn die Fourier-Transformation auf die Sätze der Faltungsalgebra in Abschn. 1.7 an, dann wird sofort einsichtig, warum die Faltungsalgebra viele Eigenschaften der normalen Algebra zeigt. Speziell folgt aus der Transformation von (1.37)

$$s(t) = s(t) * \delta(t) \circ\!\!-\!\!\bullet\; S(f) = S(f) \cdot \mathcal{F}\{\delta(t)\}$$

sofort

$$\mathcal{F}\{\delta(t)\} = 1 \quad \text{oder} \quad \delta(t) \circ\!\!-\!\!\bullet\; 1. \tag{3.45}$$

Der Dirac-Impuls, das Einselement der Faltungsalgebra, wird also in die Konstante Eins, das Einselement der Multiplikation, transformiert. Fasst man $\delta(t)$ gemäß Abschn. 1.7 als Impulsantwort eines ideal verzerrungsfreien Systems auf, dann bedeutet (3.45) in Verbindung mit (3.43) auch, dass die Übertragungsfunktion dieses Systems für alle Frequenzen eine Konstante $H(f) = 1$ ist. Somit ist der Dirac-Impuls als Eingangssignal an einem LTI-System ein ideales Testsignal, da er alle nur möglichen Frequenzkomponenten (periodische Eigenfunktionen) mit gleichen Amplituden und zudem ohne Phasenverschiebung enthält.

3.4 Beispiel Fourier-Transformation des Exponentialimpulses

Die in Abb. 3.6 gezeigte RC-Schaltung reagiert bei Anregung durch einen Dirac-Impuls $\delta(t)$ mit dem Exponentialimpuls $h(t)$. Der Zeitverlauf dieses

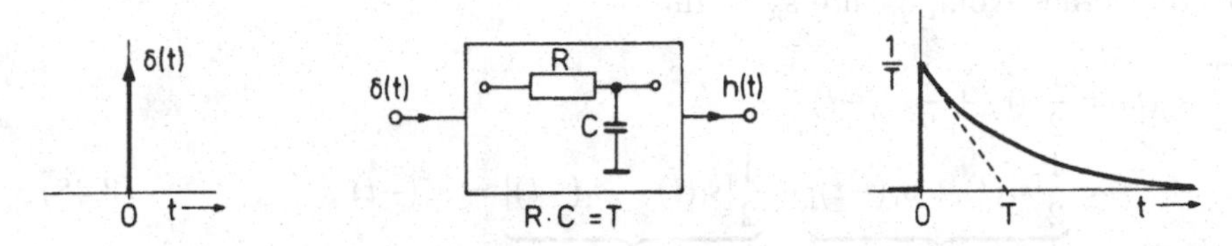

Abbildung 3.6. Das RC-System und seine Impulsantwort $h(t)$

Exponentialimpulses wurde in (1.35) durch $h(t) = (1/T)\varepsilon(t)\exp(-t/T)$ mit $T = RC$ beschrieben. Da $h(t)$ kausal ist, kann beim Einsetzen von $h(t)$ in das Fourier-Integral (2.4) die untere Grenze dieses Integrals zu Null gesetzt werden. Es ergibt sich

$$\begin{aligned} H(f) &= \frac{1}{T}\int_0^\infty e^{-t/T}e^{-j2\pi ft}dt = \frac{1}{T}\int_0^\infty e^{-(1/T+j2\pi f)t}dt \\ &= \frac{-1}{1+j2\pi Tf}\left[e^{-(1/T+j2\pi f)t}\right]_0^\infty . \end{aligned}$$

Einsetzen der Grenzen führt zu

$$H(f) = \frac{1}{1+j2\pi Tf} . \tag{3.46}$$

Dieses entspricht vollständig dem Ergebnis aus Abschn. 1.2, welches mit Hilfe der Lösung von Differentialgleichungen bzw. der komplexen Wechselstromrechnung erzielt wurde.

3.5 Symmetrien im Signal und im Fourier-Spektrum

Betrachtet man (1.18), die den Realteil von $H(f)$ als Funktion der Frequenz wiedergibt, sowie die den Imaginärteil beschreibende Gleichung (1.19), so stellt man fest, dass die Übertragungsfunktion eine konjugiert-komplexe Symmetrie um $f = 0$ aufweist, d.h. $H(-f) = H^*(f)$. Dieses Ergebnis gilt für reelle Zeitfunktionen ganz allgemein, wie im Folgenden noch gezeigt wird. Zunächst wird eine komplexe Funktion $\varphi(x)$ als „gerade" definiert, wenn sie die Bedingung $\varphi(x) = \varphi^*(-x)$ erfüllt; eine Funktion heißt „ungerade", wenn $\varphi(x) = -\varphi^*(-x)$ gilt. Im Sinne dieser Definition ist also $H(f)$ aus (1.18) und (1.19) eine gerade Funktion.

Jede komplexe Zeitfunktion $s(t) = s_\mathrm{r}(t) + \mathrm{j}s_\mathrm{i}(t)$ kann nun ebenfalls eindeutig in eine gerade und eine ungerade Komponente zerlegt werden:

$$s(t) = s_\mathrm{g}(t) + s_\mathrm{u}(t) . \tag{3.47}$$

Für die gerade Komponente $s_\mathrm{g}(t)$ gilt

$$\begin{aligned} s_\mathrm{g}(t) &= \frac{1}{2}s(t) + \frac{1}{2}s^*(-t) \\ &= \underbrace{\frac{1}{2}[s_\mathrm{r}(t) + s_\mathrm{r}(-t)]}_{s_\mathrm{gr}(t)} + \underbrace{\frac{\mathrm{j}}{2}[s_\mathrm{i}(t) - s_\mathrm{i}(-t)]}_{\mathrm{j}s_\mathrm{gi}(t)} = s_\mathrm{g}^*(-t) , \end{aligned} \tag{3.48}$$

und die ungerade Komponente $s_\mathrm{u}(t)$ ergibt sich als

$$\begin{aligned} s_\mathrm{u}(t) &= \frac{1}{2}s(t) - \frac{1}{2}s^*(-t) \\ &= \underbrace{\frac{1}{2}[s_\mathrm{r}(t) - s_\mathrm{r}(-t)]}_{s_\mathrm{ur}(t)} + \underbrace{\frac{\mathrm{j}}{2}[s_\mathrm{i}(t) + s_\mathrm{i}(-t)]}_{\mathrm{j}s_\mathrm{ui}(t)} = -s_\mathrm{u}^*(-t) . \end{aligned} \tag{3.49}$$

Die gerade Komponente besitzt also einen um $t = 0$ symmetrisch gespiegelten Realteil $s_\mathrm{gr}(t)$ sowie einen antisymmetrisch gespiegelten Imaginärteil $s_\mathrm{gi}(t)$, bei der ungeraden Komponente ist es genau umgekehrt. In Abb. 3.7 ist eine entsprechende Aufspaltung des betrachteten reellwertigen, kausalen Exponentialimpulses veranschaulicht[5]. Abb. 3.8 zeigt die Aufspaltung eines komplexwertigen Signals. Gleichung (3.47), in die Fourier-Transformation (3.40) eingesetzt, ergibt nach Anwendung der Euler'schen Beziehung

$$S(f) = \int_{-\infty}^{+\infty} [s_\mathrm{g}(t) + s_\mathrm{u}(t)][\cos(2\pi ft) - \mathrm{j}\sin(2\pi ft)]\mathrm{d}t , \tag{3.50}$$

[5] Für reellwertige Signale vereinfachen sich die Definitionen zu $s_\mathrm{g}(t) = \frac{1}{2}[s(t) + s(-t)]$ und $s_\mathrm{u}(t) = \frac{1}{2}[s(t) - s(-t)]$.

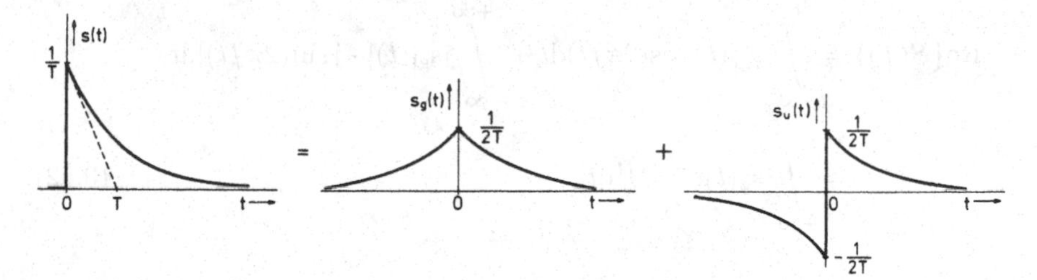

Abbildung 3.7. Aufspaltung eines Exponentialimpulses in seine geraden und ungeraden Komponenten

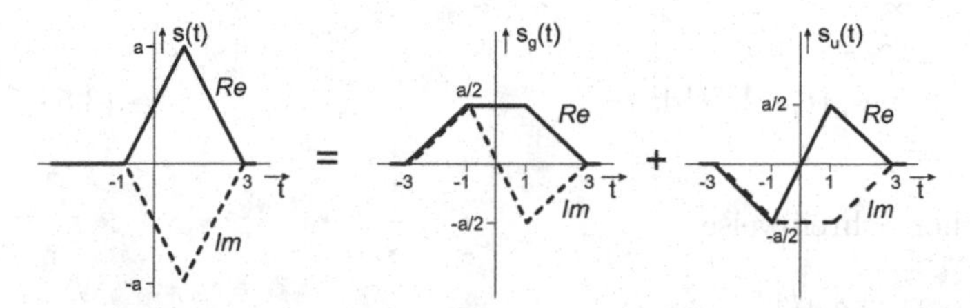

Abbildung 3.8. Aufspaltung eines komplexwertigen Signals $s(t) = a\Lambda(\frac{t-1}{2}) - aj\Lambda(\frac{t-1}{2})$ in seine geraden und ungeraden Komponenten

und nach Ausmultiplizieren des Integranden

$$
\begin{aligned}
S(f) = & \int_{-\infty}^{+\infty} s_{\mathrm{gr}}(t)\cos(2\pi f t)\mathrm{d}t + \int_{-\infty}^{+\infty} s_{\mathrm{gi}}(t)\sin(2\pi f t)\mathrm{d}t \\
& + \mathrm{j}\int_{-\infty}^{+\infty} s_{\mathrm{gi}}(t)\cos(2\pi f t)\mathrm{d}t - \mathrm{j}\int_{-\infty}^{+\infty} s_{\mathrm{gr}}(t)\sin(2\pi f t)\mathrm{d}t \\
& + \int_{-\infty}^{+\infty} s_{\mathrm{ur}}(t)\cos(2\pi f t)\mathrm{d}t + \int_{-\infty}^{+\infty} s_{\mathrm{ui}}(t)\sin(2\pi f t)\mathrm{d}t \\
& + \mathrm{j}\int_{-\infty}^{+\infty} s_{\mathrm{ui}}(t)\cos(2\pi f t)\mathrm{d}t - \mathrm{j}\int_{-\infty}^{+\infty} s_{\mathrm{ur}}(t)\sin(2\pi f t)\mathrm{d}t\,.
\end{aligned} \tag{3.51}
$$

Da alle Integranden in der zweiten und dritten Zeile dieser Gleichung antisymmetrisch gespiegelt um $t = 0$ sind, ist der Wert dieser vier Integrale Null. Bei getrennter Betrachtung der Real- und Imaginärteile des Spektrums (erste bzw. vierte Zeile) folgt hieraus

$$\mathrm{Re}\{S(f)\} = \int_{-\infty}^{+\infty} s_{\mathrm{gr}}(t)\cos(2\pi ft)\mathrm{d}t + \int_{-\infty}^{+\infty} \mathrm{j}s_{\mathrm{gi}}(t)[-\mathrm{j}\sin(2\pi ft)]\mathrm{d}t$$
$$= \int_{-\infty}^{+\infty} s_{\mathrm{g}}(t)\mathrm{e}^{-\mathrm{j}2\pi ft}\mathrm{d}t\,, \tag{3.52}$$

$$\mathrm{Im}\{S(f)\} = -\mathrm{j}\int_{-\infty}^{+\infty} \mathrm{j}s_{\mathrm{ui}}(t)\cos(2\pi ft)\mathrm{d}t \;-\mathrm{j}\int_{-\infty}^{+\infty} s_{\mathrm{ur}}(t)[-\mathrm{j}\sin(2\pi ft)]\mathrm{d}t$$
$$= -\mathrm{j}\int_{-\infty}^{+\infty} s_{\mathrm{u}}(t)\mathrm{e}^{-\mathrm{j}2\pi ft}\mathrm{d}t\,, \tag{3.53}$$

oder in symbolischer Schreibweise

$$\begin{array}{cccc} s(t) = & s_{\mathrm{g}}(t) & + s_{\mathrm{u}}(t) & \\ \circ\!\!-\!\!\bullet & \circ\!\!-\!\!\bullet & \circ\!\!-\!\!\bullet & \\ S(f) = & \mathrm{Re}\{S(f)\} & + \mathrm{j}\,\mathrm{Im}\{S(f)\}\,. & \end{array} \tag{3.54}$$

Speziell für reellwertige Signale vereinfacht sich diese Beziehung wie folgt:

$$S(f) = \underbrace{\int_{-\infty}^{+\infty} s_{\mathrm{g}}(t)\cos(2\pi ft)\mathrm{d}t}_{\mathrm{Re}\{S(f)\}} + \mathrm{j}\underbrace{\left[-\int_{-\infty}^{+\infty} s_{\mathrm{u}}(t)\sin(2\pi ft)\mathrm{d}t\right]}_{\mathrm{Im}\{S(f)\}}. \tag{3.55}$$

Der Gleichung (3.55) ist wegen $\cos(-x) = \cos(x)$ zu entnehmen, dass die Realteilfunktion $\mathrm{Re}\{S(f)\}$ eines reellwertigen Signals eine um $f = 0$ spiegelsymmetrische Funktion ist. Die Imaginärteilfunktion $\mathrm{Im}\{S(f)\}$ ist hingegen wegen $\sin(-x) = -\sin(x)$ antisymmetrisch gespiegelt um $f = 0$, so dass für reellwertige Signale das Spektrum $S(-f) = S^*(f)$ eine im Sinne der oben gegebenen Definitionen gerade komplexe Funktion ist. Bei Betrags-/Phasendarstellung des Spektrums ist die Betragsfunktion $|S(f)|$ der Fourier-Transformierten eines reellwertigen Signals $s(t)$ eine um $f = 0$ spiegelsymmetrische Funktion, während die Phasenfunktion $\varphi(f)$ antisymmetrisch gespiegelt um $f = 0$ ist. Die Fourier-Transformierte einer reellen *und* geraden Zeitfunktion ist eine reelle, um $f = 0$ symmetrische Funktion (s. hierzu Abb. 3.9), während die Fourier-Transformierte einer reellen, ungeraden Zeitfunktion rein imaginär und um $f = 0$ antisymmetrisch ist.

Schließlich sei noch auf die nun evidente Dualität der Zeit- und Frequenzbereichsbeziehungen hinwiesen: Eine in einem der beiden Bereiche gerade Funktion wird im jeweils anderen Bereich reellwertig; eine in einem der beiden

Bereiche ungerade Funktion wird im jeweils anderen Bereich imaginärwertig. Demnach wird z.B. ein rein imaginärwertiges Signal eine spektrale Symmetrie $S(-f) = -S^*(f)$ besitzen (s. Aufgabe 3.22c).

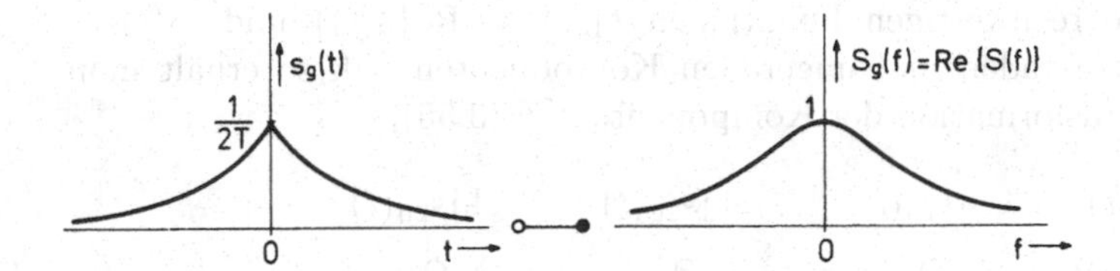

Abbildung 3.9. Beispiel für eine gerade Zeitfunktion und ihre Fourier-Transformierte. [Die Funktion $s_g(t)$ stellt hier die gerade Komponente des Exponentialimpulses dar]

3.6 Theoreme zur Fourier-Transformation

In diesem Abschnitt werden in Ergänzung zu den bereits vorgestellten Beziehungen, die zwischen dem Signal $s(t)$ und seiner Fourier-Transformierten bestehen, weitere wichtige Theoreme abgeleitet, die den Umgang mit der Fourier-Transformation vereinfachen.

3.6.1 Superpositionssatz

Für eine Summe von Zeitfunktionen gilt

$$a_1 s_1(t) + a_2 s_2(t) \circ\!\!-\!\!\bullet \int_{-\infty}^{+\infty} [a_1 s_1(t) + a_2 s_2(t)] \mathrm{e}^{-\mathrm{j}2\pi f t} \mathrm{d}t \, .$$

Hieraus folgt

$$a_1 s_1(t) + a_2 s_2(t) \circ\!\!-\!\!\bullet\; a_1 S_1(f) + a_2 S_2(f)$$

oder allgemein

$$\sum_i a_i s_i(t) \circ\!\!-\!\!\bullet \sum_i a_i S_i(f) \, . \qquad (3.56)$$

Dieser *Superpositionssatz* besagt, dass die Fourier-Transformierte einer Summe von Zeitfunktionen gleich der Summe der Fourier-Transformierten der einzelnen Zeitfunktionen ist.

Als Beispiel für die Anwendung des Superpositionssatzes soll im Folgenden die Fourier-Transformierte des konjugiert komplexen Signals $s^*(t)$ bestimmt werden. Gegeben sei eine komplexe Zeitfunktion $s(t)$ mit

$$s(t) = s_1(t) + \mathrm{j}s_2(t)\,.$$

Spaltet man die reellwertigen Funktionen $s_1(t) = \mathrm{Re}\{s(t)\}$ und $s_2(t) = \mathrm{Im}\{s(t)\}$ in ihre geraden und ungeraden Komponenten auf, so erhält man nach Fourier-Transformation der Komponenten [s. (3.55)]

$$\begin{array}{cccccc} s(t) = & s_{1\mathrm{g}}(t) & +s_{1\mathrm{u}}(t) & +\mathrm{j}s_{2\mathrm{g}}(t) & +\mathrm{j}s_{2\mathrm{u}}(t) & \\ \circ\!\!-\!\!\bullet & \circ\!\!-\!\!\bullet & \circ\!\!-\!\!\bullet & \circ\!\!-\!\!\bullet & \circ\!\!-\!\!\bullet & \\ S(f) = & \mathrm{Re}\{S_1(f)\} & +\mathrm{j}\,\mathrm{Im}\{S_1(f)\} & +\mathrm{j}\,\mathrm{Re}\{S_2(f)\} & -\,\mathrm{Im}\{S_2(f)\}\,. & \end{array} \tag{3.57}$$

Da $\mathrm{Re}\{S_1(f)\}$ und $\mathrm{Re}\{S_2(f)\}$ nach (3.55) um $f = 0$ spiegelsymmetrische, $\mathrm{Im}\{S_1(f)\}$ und $\mathrm{Im}\{S_2(f)\}$ dagegen um $f = 0$ antisymmetrisch gespiegelte Funktionen darstellen, gilt für $S(-f)$[6]

$$S(-f) = \mathrm{Re}\{S_1(f)\} - \mathrm{j}\,\mathrm{Im}\{S_1(f)\} + \mathrm{j}\,\mathrm{Re}\{S_2(f)\} + \mathrm{Im}\{S_2(f)\}\,.$$

Bildet man $S^*(-f)$, so ergibt das

$$S^*(-f) = \mathrm{Re}\{S_1(f)\} + \mathrm{j}\,\mathrm{Im}\{S_1(f)\} - \mathrm{j}\,\mathrm{Re}\{S_2(f)\} + \mathrm{Im}\{S_2(f)\}. \tag{3.58}$$

Für $s^*(t)$ gilt

$$\begin{array}{cccccc} s^*(t) = & s_{1\mathrm{g}}(t) & +s_{1\mathrm{u}}(t) & -\mathrm{j}s_{2\mathrm{g}}(t) & -\mathrm{j}s_{2\mathrm{u}}(t) & \\ \circ\!\!-\!\!\bullet & \circ\!\!-\!\!\bullet & \circ\!\!-\!\!\bullet & \circ\!\!-\!\!\bullet & \circ\!\!-\!\!\bullet & \\ \mathcal{F}\{s^*(t)\} = & \mathrm{Re}\{S_1(f)\} & +\mathrm{j}\,\mathrm{Im}\{S_1(f)\} & -\mathrm{j}\,\mathrm{Re}\{S_2(f)\} & +\,\mathrm{Im}\{S_2(f)\}\,. & \end{array} \tag{3.59}$$

Der Vergleich von (3.59) mit (3.58) ergibt schließlich

$$s^*(t) \circ\!\!-\!\!\bullet\; S^*(-f)\,. \tag{3.60}$$

3.6.2 Ähnlichkeitssatz

Wichtig für die Behandlung aller Aufgaben, bei denen eine Zeitnormierung der Signale vorgenommen werden muss, ist der Zusammenhang, der zwischen dem gedehnten Signal $s(bt)$ und der Fourier-Transformierten von $s(t)$ besteht. Der Ansatz

[6] In den folgenden Beziehungen wird auch deutlich, dass die Real- und Imaginärteile der Spektren komplexwertiger Signale allgemein keine Wertesymmetrien zwischen positiven und negativen Frequenzachsen aufweisen.

$$s(bt) \circ\!\!-\!\!\bullet \int_{-\infty}^{+\infty} s(bt)\mathrm{e}^{-\mathrm{j}\,2\pi ft}\mathrm{d}t \tag{3.61}$$

führt nach der Substitution $bt = \theta$ für zunächst positive b zu

$$s(bt) \circ\!\!-\!\!\bullet \frac{1}{b}\int_{-\infty}^{+\infty} s(\theta)\mathrm{e}^{-\mathrm{j}\,2\pi\theta f/b}\mathrm{d}\theta = \frac{1}{b}S\left(\frac{f}{b}\right).$$

Für negative b gilt

$$s(bt) \circ\!\!-\!\!\bullet -\frac{1}{b}\int_{-\infty}^{+\infty} s(\theta)\mathrm{e}^{-\mathrm{j}\,2\pi\theta f/b}\mathrm{d}\theta = -\frac{1}{b}S\left(\frac{f}{b}\right).$$

Hieraus folgt zusammengefasst für positive und negative, reelle $b \neq 0$ der *Ähnlichkeitssatz*

$$s(bt) \circ\!\!-\!\!\bullet \frac{1}{|b|}S\left(\frac{f}{b}\right). \tag{3.62}$$

Mit $b = -1$ ergibt sich für die Fourier-Transformierte zeitgespiegelter Signale die Beziehung

$$s(-t) \circ\!\!-\!\!\bullet S(-f)$$

oder speziell bei reellen Signalen (Aufgabe 3.17)

$$s(-t) \circ\!\!-\!\!\bullet S^*(f)\,. \tag{3.63}$$

Verändert man in (3.62) den Dehnungsfaktor b, so werden die Zeitfunktionen bzw. die Real- und Imaginärteilfunktionen der zugeordneten Fourier-Transformierten bzgl. der Zeit bzw. Frequenz gestaucht oder gedehnt. Ist der Parameter $|b|$ beispielsweise größer als 1, so wird die Zeitfunktion $s(t)$ gestaucht, die Realteil-, Imaginärteil-, Betrags- und Phasenwinkelfunktionen dagegen erscheinen gegenüber $S(f)$ gedehnt. Je kürzer also ein Signal im Zeitbereich ist, desto breiter ist das Fourier-Spektrum dieses Signals. In direktem Zusammenhang hiermit steht das sogenannte „Zeitgesetz der Nachrichtentechnik". Dieses besagt, dass bei gegebenem Nachrichtenkanal das Produkt aus der Übertragungsbandbreite und der Zeit, die für die Übertragung einer Nachrichtenmenge aufzuwenden ist, konstant ist (s. auch Abschn. 5.2).

3.6.3 Verschiebungssatz

Wird ein Signal $s(t)$ auf der Zeitachse um eine feste Zeit t_0 verzögert, so gilt

$$s(t-t_0) \circ\!\!-\!\!\bullet \int_{-\infty}^{+\infty} s(t-t_0)\mathrm{e}^{-\mathrm{j}\,2\pi ft}\mathrm{d}t\,.$$

Die Substitution $t - t_0 = \theta$ ergibt

$$s(t-t_0) \circ\!\!-\!\!\bullet \int_{-\infty}^{+\infty} s(\theta)\mathrm{e}^{-\mathrm{j}\,2\pi f(t_0+\theta)}\mathrm{d}\theta = \mathrm{e}^{-\mathrm{j}\,2\pi ft_0}\int_{-\infty}^{+\infty} s(\theta)\mathrm{e}^{-\mathrm{j}\,2\pi f\theta}\mathrm{d}\theta\,.$$

Damit gilt

$$s(t-t_0) \circ\!\!-\!\!\bullet S(f)\mathrm{e}^{-\mathrm{j}\,2\pi ft_0}\,. \tag{3.64}$$

Der Ausdruck $\exp(-\mathrm{j}\,2\pi ft_0)$ wird *Verschiebungsfaktor* genannt. Mit (1.51) lässt sich der Verschiebungsfaktor auch als Übertragungsfunktion eines idealen Laufzeitgliedes deuten, d.h. wegen $s(t-t_0) = s(t) * \delta(t-t_0)$ folgt unter Berücksichtigung von (3.44) die verallgemeinerte Form von (3.45)

$$\delta(t-t_0) \circ\!\!-\!\!\bullet \mathrm{e}^{-\mathrm{j}\,2\pi ft_0}\,. \tag{3.65}$$

Gleichung (3.64) zeigt, dass eine Verzögerung des Signals $s(t)$ nur zum Phasenspektrum die Größe $-2\pi ft_0$ addiert, während das Betragsspektrum unverändert bleibt. Diese Invarianz des Betragsspektrums gegenüber einer zeitlichen Verschiebung des Signals ist eine sehr wichtige und vorteilhafte Eigenschaft der Fourier-Transformation.

3.6.4 Differentiation

Das inverse Fourier-Integral (3.40) lautet

$$s(t) = \int_{-\infty}^{+\infty} S(f)\mathrm{e}^{\mathrm{j}2\pi ft}\mathrm{d}f\,.$$

Die Ableitung nach der Zeit t ergibt (Aufgabe 1.15)

$$\frac{\mathrm{d}}{\mathrm{d}t}s(t) = \int_{-\infty}^{+\infty} \frac{\partial}{\partial t}[S(f)\mathrm{e}^{\mathrm{j}\,2\pi ft}]\mathrm{d}f = \int_{-\infty}^{+\infty} S(f)\mathrm{j}2\pi f\mathrm{e}^{\mathrm{j}2\pi ft}\mathrm{d}f\,.$$

Hieraus folgt als *Differentiationstheorem*

$$\frac{\mathrm{d}}{\mathrm{d}t}s(t) \circ\!\!-\!\!\bullet \mathrm{j}2\pi fS(f) \tag{3.66}$$

oder verallgemeinert auf die n-fache Ableitung

$$\frac{\mathrm{d}^n}{\mathrm{d}t^n}s(t) \circ\!\!-\!\!\bullet (\mathrm{j}2\pi f)^n S(f) \tag{3.67}$$

3.6.5 Symmetrie der Fourier-Transformation

Das Fourier-Integral (3.39)

$$S(f) = \int_{-\infty}^{+\infty} s(t)\mathrm{e}^{-\mathrm{j}2\pi ft}\mathrm{d}t$$

unterscheidet sich im Aufbau vom inversen Fourier-Integral (3.40)

$$s(t) = \int_{-\infty}^{+\infty} S(f)\mathrm{e}^{\mathrm{j}2\pi ft}\mathrm{d}f$$

nur durch das Vorzeichen des Exponenten. Substituiert man in (3.39) t durch $-t$, so ergibt das

$$s(-t) = \int_{-\infty}^{+\infty} S(f)\mathrm{e}^{-\mathrm{j}2\pi ft}\mathrm{d}f\,. \tag{3.68}$$

Vertauscht man in dieser Gleichung noch formal die Variable f mit der Variablen t, so führt das zu

$$s(-f) = \int_{-\infty}^{+\infty} S(t)\mathrm{e}^{-\mathrm{j}2\pi ft}\mathrm{d}t\,. \tag{3.69}$$

Die sich aus dem Vergleich des Fourier-Integrals (3.40) mit (3.69) ergebenden Symmetriebeziehungen lassen sich wie folgt darstellen

$$s(t) \circ\!\!-\!\!\bullet\; S(f) \Leftrightarrow S(t) \circ\!\!-\!\!\bullet\; s(-f)\,. \tag{3.70}$$

Wird also das ursprüngliche Spektrum $S(f)$ des Signals $s(t)$ als neue Zeitfunktion $S(t)$ aufgefasst, so hat dessen Fourier-Transformierte die gespiegelte Form $s(-f)$ des ursprünglichen Signals. Zu beachten ist, dass nur bei $s(-f) = s^*(f)$ die Zeitfunktion $S(t)$ reell ist. Sofern wiederum $S^*(t) = S(-t)$, wird $s(f)$ reell.

Sind beide Funktionen reell, so sind sie auch spiegelsymmetrisch um $t = 0$ bzw. $f = 0$ und werden identisch mit ihren dann ebenfalls reellwertigen geraden Komponenten. Es gilt dann also

$$s(t) = \mathrm{Re}\{s_\mathrm{g}(t)\} \circ\!\!-\!\!\bullet\; S(f) = \mathrm{Re}\{S_\mathrm{g}(f)\}\,. \tag{3.71}$$

In Abb. 3.10 ist dieser Zusammenhang an Hand des Beispiels aus Abb. 3.9 veranschaulicht (vgl. Aufgabe 3.8). Die Beziehung (3.66) gibt an, wie sich die Fourier-Transformierte ändert, wenn das Signal $s(t)$ differenziert wird.

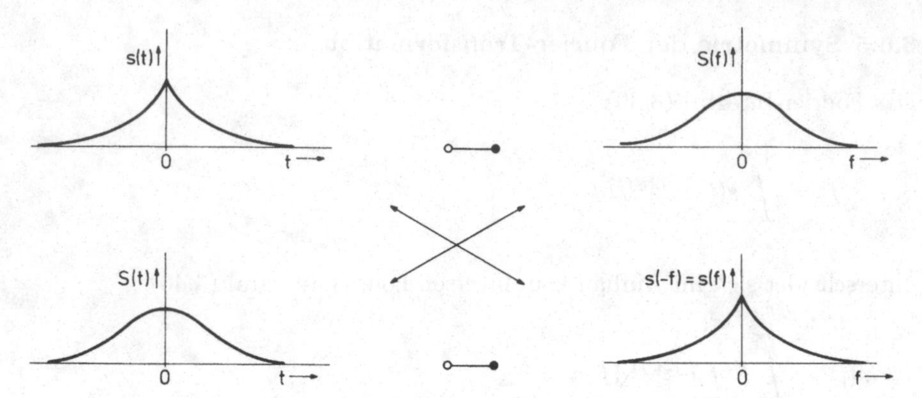

Abbildung 3.10. Der Zusammenhang zwischen $s(t)$, $S(f)$, $S(t)$ und $s(-f)$ für den Fall, dass $s(t)$ eine gerade, reelle Funktion ist

Wendet man nun die Operation der Differentiation im Frequenz- statt im Zeitbereich an, so ergibt sich mit (3.70) unter Beachtung des Vorzeichenwechsels

$$-\mathrm{j}2\pi t \cdot s(t) \circ\!\!-\!\!\bullet \frac{\mathrm{d}}{\mathrm{d}f} S(f). \tag{3.72}$$

Ein weiteres Beispiel ist der (Zeit-)Verschiebungssatz (3.64). Wendet man stattdessen die Verschiebung im Frequenzbereich um F an, so ergibt sich im Zeitbereich eine Multiplikation (Modulation) mit einer komplexen, periodischen Exponentialfunktion,

$$\mathrm{e}^{\mathrm{j}2\pi F t} \cdot s(t) \circ\!\!-\!\!\bullet S(f-F). \tag{3.73}$$

Hinweis: Durch die in (3.72) und (3.73) beschriebenen Operationen können auch ursprünglich reellwertige Zeitsignale $s(t)$ komplexwertig werden. Dies lässt sich dadurch erklären, dass nach der Anwendung der zugehörigen Operationen im Frequenzbereich die Beziehung der konjugiert-komplexen Spiegelung des Spektrums nicht mehr gilt.

3.6.6 Faltung und Multiplikation

Nach (3.41) wird das Faltungsprodukt zweier Zeitfunktionen $s_1(t)$ und $s_2(t)$ in das algebraische Produkt der beiden zugeordneten Fourier-Transformierten $S_1(f)$ und $S_2(f)$ transformiert. Es gilt

$$s_1(t) * s_2(t) \circ\!\!-\!\!\bullet S_1(f) S_2(f) \,.$$

Nach der Symmetriebeziehung (3.70) gilt damit auch[7]

[7] Die Gleichheit auf der rechten Seite von (3.74) folgt, weil bei der Lösung des Faltungsintegrals in der Flächenbildung des Produktes $S_1(\theta)S_2(f-\theta)$ die Integrationsrichtung unerheblich ist.

$$S_1(t)S_2(t) \circ\!\!-\!\!\bullet\ s_1(-f) * s_2(-f) = s_1(f) * s_2(f)\,. \tag{3.74}$$

Da $S_1(t) \circ\!\!-\!\!\bullet\ s_1(f)$ und $S_2(t) \circ\!\!-\!\!\bullet\ s_2(f)$ beliebige Paare von Zeit- und Frequenzfunktionen darstellen, können noch ihre Benennungen vertauscht werden, es gilt also ganz allgemein

$$s_1(t)s_2(t) \circ\!\!-\!\!\bullet\ S_1(f) * S_2(f)\,. \tag{3.75}$$

Diese Beziehung wird *Multiplikationstheorem* oder Modulationstheorem genannt. Der Multiplikation im Zeitbereich entspricht also die Faltung im Frequenzbereich.

Anmerkung: Die in diesem Kapitel bisher abgeleiteten Theoreme der Fourier-Transformation sind in einer Tabelle (Abschn. 3.13.3) zusammengefasst.

3.7 Beispiele zur Anwendung der Theoreme

3.7.1 Die Fourier-Transformierte des Rechteckimpulses

Einsetzen von $s(t) = \mathrm{rect}(t)$ in das Fourier-Integral (3.40) ergibt

$$\begin{aligned} S(f) &= \int_{-\infty}^{+\infty} \mathrm{rect}(t)\mathrm{e}^{-\mathrm{j}2\pi ft}\mathrm{d}t = \int_{-1/2}^{+1/2} \mathrm{e}^{-\mathrm{j}2\pi ft}\mathrm{d}t \\ &= \frac{1}{-\mathrm{j}2\pi f}\left(\mathrm{e}^{-\mathrm{j}\pi f} - \mathrm{e}^{\mathrm{j}\pi f}\right) \end{aligned}$$

Mit der Umformung

$$\sin(x) = \frac{\mathrm{e}^{\mathrm{j}x} - \mathrm{e}^{-\mathrm{j}x}}{2\mathrm{j}} \tag{3.76}$$

folgt[8]

$$S(f) = \frac{\sin(\pi f)}{\pi f} \equiv \mathrm{si}(\pi f)$$

oder in Kurzschreibweise

$$\mathrm{rect}(t) \circ\!\!-\!\!\bullet\ \mathrm{si}(\pi f)\,. \tag{3.77}$$

Mit dem Ähnlichkeitstheorem (3.62) folgt hieraus weiter für einen gedehnten Rechteckimpuls der Breite T

[8] Für die im Folgenden häufig benutzte Funktion $\sin(x)/x$ ist die Abkürzung $\mathrm{si}(x)$ gebräuchlich. Die si-Funktion ist auch als Spaltfunktion bekannt, da in optischen Systemen und Antennensystemen ein Spalt als räumliche rect-Funktion beschrieben werden kann (Bracewell, 1986). Gebräuchlich ist auch $\mathrm{sinc}(x) \equiv \mathrm{si}(\pi x)$.

$$\operatorname{rect}\left(\frac{t}{T}\right) \circ\!\!-\!\!\bullet |T|\operatorname{si}(\pi T f) . \tag{3.78}$$

Der Rechteckimpuls $\operatorname{rect}(t/T)$ und sein Spektrum sind in Abb. 3.11 wiedergegeben. Wendet man auf (3.77) das Symmetrietheorem (3.70) an, so ergibt

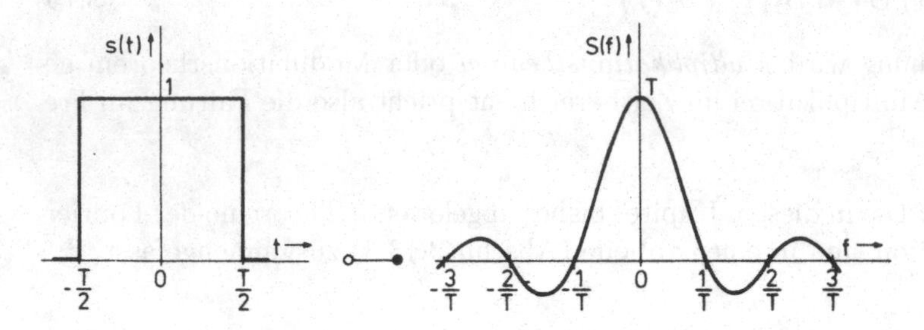

Abbildung 3.11. Rechteckimpuls $s(t) = \operatorname{rect}(t/T)$ und Fourier-Transformierte

das

$$\operatorname{si}(\pi t) \circ\!\!-\!\!\bullet \operatorname{rect}(-f) = \operatorname{rect}(f). \tag{3.79}$$

Mit dem Ähnlichkeitstheorem (3.62) folgt

$$\operatorname{si}\left(\pi\frac{t}{T}\right) \circ\!\!-\!\!\bullet |T| \operatorname{rect}(Tf) . \tag{3.80}$$

Abb. 3.12 zeigt die Funktion $s(t) = \operatorname{si}(\pi t/T)$ und ihre Fourier-Transformierte. Die Ergebnisse dieses Abschnitts lassen sich auch als Systembeispiele auffas-

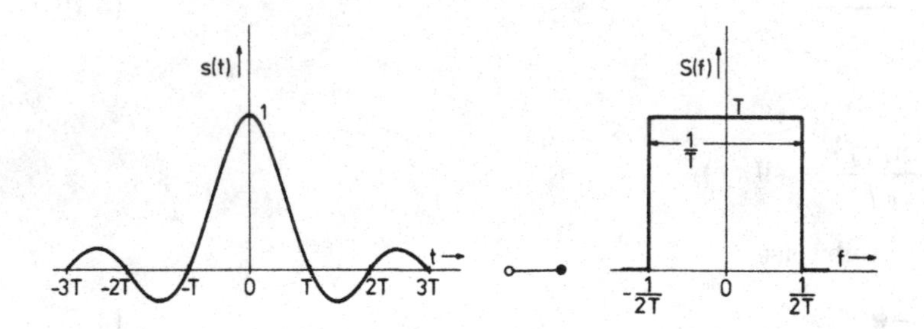

Abbildung 3.12. Funktion $s(t) = \operatorname{si}(\pi t/T)$ und Fourier-Transformierte

sen. Dann beschreibt Abb. 3.11 Impulsantwort und Übertragungsfunktion eines Kurzzeitintegrators, Abb. 3.12 die entsprechenden Funktionen eines idealen Tiefpassfilters der Grenzfrequenz $1/(2T)$.

3.7.2 Die Fourier-Transformierte des Dreieckimpulses

Faltet man die Funktion rect(t) mit sich selbst, so ist das Ergebnis der in Abb. 3.13 gezeigte Dreieckimpuls $\Lambda(t)$ (Aufgabe 1.5). Mit dem Faltungstheo-

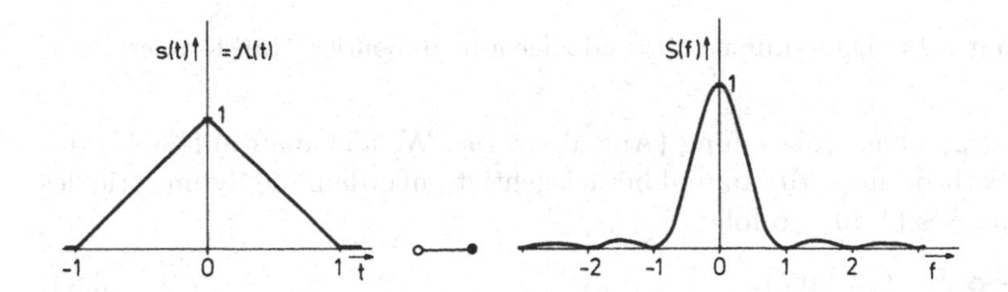

Abbildung 3.13. Dreieckimpuls $\Lambda(t)$ und Fourier-Transformierte

rem (3.44) folgt dann

$$\Lambda(t) = \mathrm{rect}(t) * \mathrm{rect}(t) \circ\!\!-\!\!\bullet\ \mathrm{si}^2(\pi f)\,. \tag{3.81}$$

Die Fourier-Transformierte $S(f)$ des Dreieckimpulses ist in Abb. 3.13 wiedergegeben.

3.7.3 Berechnung des Faltungsproduktes der si-Funktion mit sich selbst

Nach dem Faltungstheorem (3.44) gilt

$$\mathrm{si}(\pi t) * \mathrm{si}(\pi t) \circ\!\!-\!\!\bullet\ \mathrm{rect}(f) \cdot \mathrm{rect}(f) = \mathrm{rect}(f)\ \bullet\!\!-\!\!\circ\ \mathrm{si}(\pi t) \tag{3.82a}$$

oder mit dem Ähnlichkeitssatz (3.62) allgemeiner

$$\mathrm{si}\left(\pi\frac{t}{T}\right) * \mathrm{si}\left(\pi\frac{t}{T}\right) = |T|\mathrm{si}\left(\pi\frac{t}{T}\right)\,. \tag{3.82b}$$

Diese Zusammenhänge zeigen die besondere Eigenschaft der si-Funktion, sich bei Faltung mit sich selbst wieder zu reproduzieren.

3.8 Transformation singulärer Signalfunktionen

3.8.1 Transformation von Dirac-Impulsen

Die Fourier-Transformation des Dirac-Impulses war bereits in Abschn. 3.3 abgeleitet worden (s. auch Abschn. 3.11). Es gilt nach (3.45) $\delta(t)\ \circ\!\!-\!\!\bullet\ 1$. Die Abb. 3.14 zeigt den Dirac-Impuls $\delta(t)$ und sein Fourier-Spektrum in der

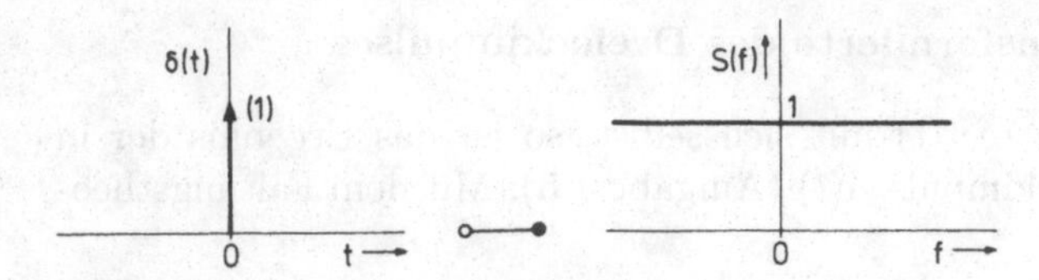

Abbildung 3.14. Dirac-Impuls $\delta(t)$ und zugeordnete Fourier-Transformierte

üblichen grafischen Darstellung (Aufgabe 3.19). Wendet man auf (3.45) das Symmetrietheorem (3.70) an und berücksichtigt außerdem die Symmetrie des Dirac-Impulses (1.49), so folgt

$$1 \circ\!\!-\!\!\bullet \; \delta(-f) = \delta(f) \,, \tag{3.83}$$

bzw. allgemeiner

$$c \circ\!\!-\!\!\bullet \; c \cdot \delta(f) \,. \tag{3.84}$$

Dieses Ergebnis besagt, dass das Fourier-Spektrum eines Gleichvorgangs $s(t) = c$ ein mit c gewichteter Dirac-Impuls im Frequenzbereich bei $f = 0$ ist. Auf Grund des Superpositionssatzes ist damit die Zerlegung eines Signals $s(t)$ in einen Gleichanteil c und einen Wechselanteil $s_1(t)$ möglich:[9]

$$s(t) = c + s_1(t) \circ\!\!-\!\!\bullet \; S(f) = c\delta(f) + S_1(f) \,. \tag{3.85}$$

Ausgehend von der Transformation des Dirac-Impulses lassen sich auch die wichtigen Transformationsbeziehungen für cos- und sin-Signale gewinnen.

Für das Spektrum des zeitverschobenen Dirac-Impulses gilt mit (3.65)

$$\delta(t + T) \circ\!\!-\!\!\bullet \; \mathrm{e}^{\mathrm{j}2\pi Tf} = \cos(2\pi Tf) + \mathrm{j}\sin(2\pi Tf) \,. \tag{3.86}$$

Spaltet man $\delta(t+T)$, wie in Abb. 3.15 gezeigt, in gerade und ungerade Komponenten auf, ergibt sich für die gerade Komponente mit (3.54)

$$\frac{1}{2}\delta(t - T) + \frac{1}{2}\delta(t + T) \circ\!\!-\!\!\bullet \; \cos(2\pi Tf)$$

und für die ungerade Komponente

$$-\frac{1}{2}\delta(t - T) + \frac{1}{2}\delta(t + T) \circ\!\!-\!\!\bullet \; \mathrm{j}\sin(2\pi Tf) \,. \tag{3.87}$$

Diese Dirac-Impulspaare haben also periodische, cos- bzw. sin-förmig verlaufende Spektren. Wendet man auf (3.86) das Symmetrietheorem (3.70) an, so

---

[9] In diesem Sinne gleichanteilbehaftet können nur unendlich ausgedehnte Signale sein; der Gleichanteil ergibt sich dann formal als Mittelwert

$$c = \lim_{T\to\infty} \frac{1}{2T} \int_{-T}^{T} s(t)\mathrm{d}t \,.$$

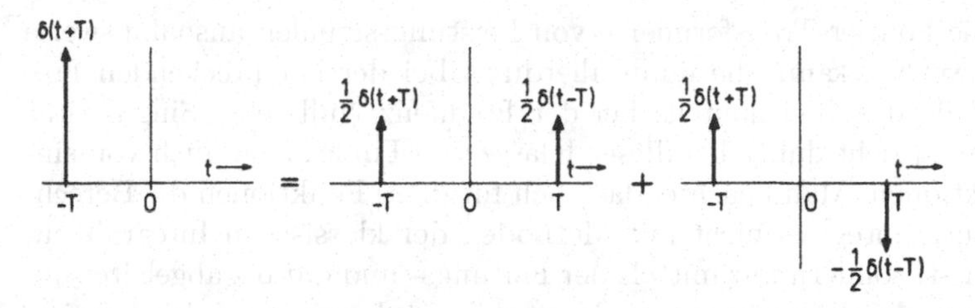

Abbildung 3.15. Aufspaltung des Dirac-Impulses $\delta(t+T)$ in eine gerade und ungerade Komponente

erhält man[10]

$$\mathrm{e}^{-\mathrm{j}2\pi Ft} \circ\!\!-\!\!\bullet\ \delta(f+F) \text{ bzw. } \mathrm{e}^{\mathrm{j}2\pi Ft} \circ\!\!-\!\!\bullet\ \delta(f-F)\,. \tag{3.88}$$

Nach Anwendung der Euler'schen Formeln ergeben sich dann die Transformationsbeziehungen für Kosinus- bzw. Sinussignale

$$\begin{aligned} \cos(2\pi Ft) &\circ\!\!-\!\!\bullet\ \frac{1}{2}\delta(f+F) + \frac{1}{2}\delta(f-F) \\ \sin(2\pi Ft) &\circ\!\!-\!\!\bullet\ \frac{\mathrm{j}}{2}\delta(f+F) - \frac{\mathrm{j}}{2}\delta(f-F)\,. \end{aligned} \tag{3.89}$$

In Abb. 3.16 ist als Beispiel die cos-Funktion und ihre Fourier-Transformierte dargestellt. Als weiterer Spezialfall ergibt sich aus (3.88) für $F=0$ wieder die

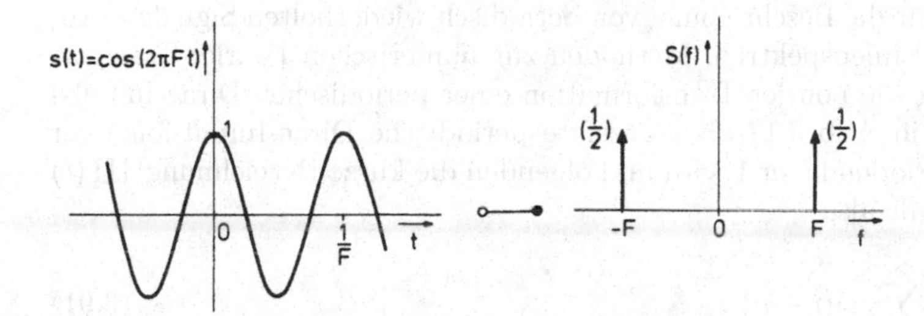

Abbildung 3.16. Die cos-Funktion und ihre Fourier-Transformierte

Beziehung (3.84). Im Sinne von (3.85) gleichanteilbehaftet können allerdings nur unendlich ausgedehnte Signale sein, die nicht gegen Null konvergieren; dies sind also grundsätzlich Leistungssignale (vgl. Kap. 6). Zur selben Klasse von Signalen gehören auch die Sinus- und Kosinusfunktionen, die ebenfalls keine endliche Energie besitzen. Man sieht jedoch, dass mittels eines Dirac-Impulses, der den unendlichen Energiegehalt bei einer speziellen Frequenz F

[10] Da der Dehnfaktor T nach dem Variablentausch t mit f jetzt die Bedeutung einer Frequenz hat, wird er in F umbenannt.

ausdrückt, die Fourier-Transformierte von Leistungssignalen ausnahmsweise beschrieben werden kann, die dann allerdings bei der entsprechenden Frequenz (im Falle des Gleichanteils bei der Frequenz Null) eine Singularität aufweist. Man spricht daher bei dieser Klasse von Funktionen auch von singulären Funktionen. Man beachte, dass sich für diese Funktionen die Berechnung des Fourierintegrals nicht mit Methoden der klassischen Integralrechnung lösen lässt, sondern nur mittels der Faltungs- und daraus abgeleitet der Siebeigenschaft des Dirac-Impulses. Weiterhin ist bereits aus der Fourier-Reihenanalyse bekannt, dass sich beliebige periodische Funktionen als eine Überlagerung komplexer periodischer Exponentialfunktionen mit gemeinsamer Grundfrequenz und bestimmter Phasenlage deuten lassen. Auch diese werden nun als eine Superposition einer endlichen oder unendlichen Reihe von Dirac-Impulsen beschreibbar. Tatsächlich lässt sich hiermit der Zusammenhang zwischen der Fourier-Reihenentwicklung eines periodischen Signals und der Fourier-Transformation desselben Signals im Sinne des Fourier-Integrals beschreiben. Mit (3.5), (3.56) und (3.88) folgt:

$$s_{\mathrm{p}}(t) = \sum_{k=-\infty}^{\infty} S_{\mathrm{p}}(k) \mathrm{e}^{\mathrm{j}2\pi kFt} \circ\!\!-\!\!\bullet\; S_{\mathrm{p}}(f) = \sum_{k=-\infty}^{\infty} S_{\mathrm{p}}(k) \delta\left(f - kF\right) \quad (3.90)$$

Die Koeffizienten der Fourier-Reihe gewichten also Dirac-Impulse, welche sich an den diskreten Positionen der harmonischen Frequenzen kF befinden.

3.8.2 Transformation der Dirac-Impulsfolge

Grundlegend für die Beschreibung von periodisch wiederholten Signalen, Abtastsystemen, Linienspektren, Methoden zur numerischen Fourier-Transformation u. ä. ist die Fourier-Transformation einer periodischen Dirac-Impulsfolge. Für die in Abb. 3.17 oben gezeigte periodische Dirac-Impulsfolge der normierten Periodendauer 1 wird im Folgenden die kurze Bezeichnung $Ш(t)$ benutzt[11], es gilt also

$$Ш(t) = \sum_{n=-\infty}^{\infty} \delta(t-n) \, . \quad (3.91)$$

Die Fourier-Transformation von $Ш(t)$ ergibt mit Superpositions- und Verschiebungstheorem

$$Ш(t) = \sum_{n=-\infty}^{\infty} \delta(t-n) \circ\!\!-\!\!\bullet \sum_{n=-\infty}^{\infty} \mathrm{e}^{-\mathrm{j}\,2\pi nf} \, . \quad (3.92)$$

Fasst man die Dirac-Impulse der Ш-Funktion paarweise zusammen, so folgt

[11] Als anschauliches Symbol von Bracewell (1965, 1986) eingeführt, Ш kann als russischer Buchstabe „scha“ ausgesprochen werden.

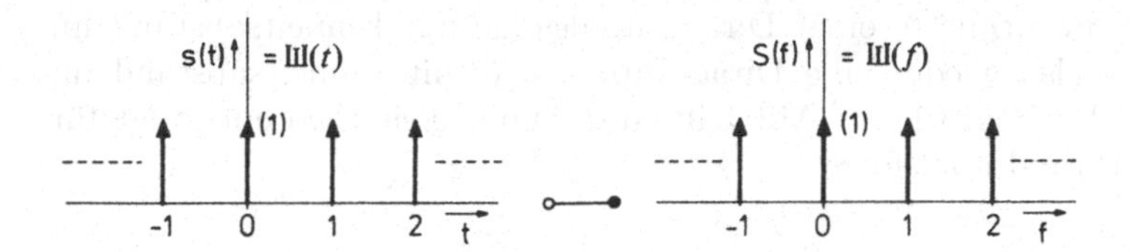

Abbildung 3.17. Äquidistante Dirac-Impulsfolge Ш (t) und zugeordnete Fourier-Transformierte

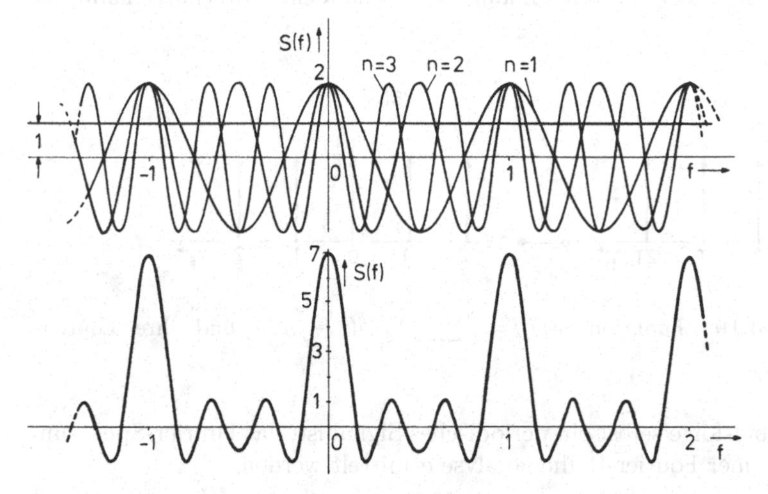

Abbildung 3.18. Approximation der Dirac-Impulsfolge $\sum_{n=-\infty}^{\infty} \delta(f-n)$ durch die Teilsumme $S(f) = 1 + \sum_{n=1}^{3} \cos(2\pi n f)$

mit (3.87) sofort auch folgende Form des Spektrums

$$\text{Ш}\,(t) \circ\!\!-\!\!\bullet\; 1 + 2\sum_{n=1}^{\infty} \cos(2\pi n f)\,. \tag{3.93}$$

In Abb. 3.18 sind oben die ersten vier Terme dieses Ausdrucks dargestellt. Ihre unten in der Abb. wiedergegebene Summe deutet bereits das Ergebnis an: Das Fourier-Spektrum ist wieder eine äquidistante Dirac-Impulsfolge. Mit der Ableitung in Anhang 3.13 gilt

$$1 + 2\sum_{n=1}^{\infty} \cos(2\pi n f) = \sum_{n=-\infty}^{\infty} \delta(f-n)\,. \tag{3.94}$$

Damit erhält man als Ergebnis

$$\text{Ш}\,(t) = \sum_{n=-\infty}^{\infty} \delta(t-n) \circ\!\!-\!\!\bullet\; \text{Ш}\,(f) = \sum_{k=-\infty}^{\infty} \delta(f-k)\,. \tag{3.95}$$

Die Fourier-Transformierte einer Dirac-Impulsfolge mit Einheitsabstand im Zeitbereich ist also wieder eine Dirac-Impulsfolge mit Einheitsabstand im Frequenzbereich (Abb. 3.17).[12] Mit Hilfe des Ähnlichkeitstheorems folgt für die gedehnte Dirac-Impulsfolge

$$\sum_{n=-\infty}^{\infty} \delta(t-nT) \circ\!\!-\!\!\bullet \frac{1}{|T|} \sum_{k=-\infty}^{\infty} \delta\left(f-\frac{k}{T}\right) . \tag{3.96}$$

In Abb. 3.19 ist dieser Zusammenhang veranschaulicht. Alternativ kann, da

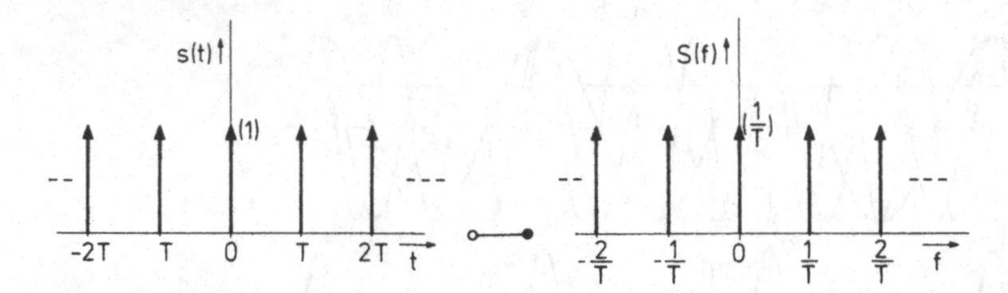

Abbildung 3.19. Funktion $s(t) = \sum_{n=-\infty}^{\infty} \delta(t-nT)$ und ihre Fourier-Transformierte

die Dirac-Impulsfolge selbst ein periodisches Signal ist, das Fourier-Spektrum auch mittels einer Fourier-Reihenanalyse ermittelt werden:

$$s_{\mathrm{p}}(t) = \sum_{k=-\infty}^{\infty} \delta(t-kT) \Rightarrow S_{\mathrm{p}}(k) = \frac{1}{T} \int\limits_{-T/2}^{T/2} \delta(t) \mathrm{e}^{-\mathrm{j}2\pi kFt} \mathrm{d}t = \frac{1}{|T|} . \tag{3.97}$$

Mit (3.90) folgt wieder

$$S_{\mathrm{p}}(f) = \frac{1}{|T|} \sum_{k=-\infty}^{\infty} \delta\left(f-kF\right) = \frac{1}{|T|} \sum_{k=-\infty}^{\infty} \delta\left(f-\frac{k}{T}\right) . \tag{3.98}$$

3.8.3 Transformation der Sprungfunktion

Es soll nun das Spektrum $S_\varepsilon(f)$ der Sprungfunktion $\varepsilon(t)$ mit Hilfe des Differentiationstheorems abgeleitet werden. Es gilt nach (1.54)

$$\frac{\mathrm{d}}{\mathrm{d}t}\varepsilon(t) = \delta(t) .$$

[12] Funktionen mit dieser Eigenschaft $s(t) \circ\!\!-\!\!\bullet s(f)$ werden „selbstreziprok bzgl. der Fourier-Transformation" genannt. Selbstreziprok sind z. B. auch der Gauß-Impuls nach (1.2) (Aufgabe 3.10), sowie allgemeiner Funktionen, die nach dem Verfahren in Aufgabe 3.25 gebildet werden können.

Allgemein gilt diese Beziehung auch noch, wenn zu $\varepsilon(t)$ ein beliebiger Gleichanteil b addiert wird, also

$$\frac{\mathrm{d}}{\mathrm{d}t}\left[\varepsilon(t)+b\right]=\delta(t)\,. \tag{3.99}$$

Transformiert man (1.54) mit Hilfe des Differentiationstheorems (3.66) in den Frequenzbereich, dann gilt mit $\varepsilon(t) \circ\!\!-\!\!\bullet\, S_\varepsilon(f)$ und $\delta(t) \circ\!\!-\!\!\bullet\, 1$:

$$\mathrm{j}\,2\pi f\cdot S_\varepsilon(f)=1\,.$$

Im allgemeinen Fall ist aber $S_\varepsilon(f)\neq(\mathrm{j}2\pi f)^{-1}$, da ja ein in $\varepsilon(t)$ enthaltener Gleichanteil auf Grund der Differentiation verloren gegangen sein kann. Es muss daher allgemein gelten

$$S_\varepsilon(f)=\frac{1}{\mathrm{j}\,2\pi f}+c\delta(f)\,.$$

Zur Bestimmung des Faktors c wird das Ergebnis in (3.54) benutzt, nach dem der Realteil des Spektrums die Fourier-Transformierte der geraden Komponente des Signals ist; also muss gelten

$$c\delta(f)\,\bullet\!\!-\!\!\circ\,\frac{1}{2}\varepsilon(t)+\frac{1}{2}\varepsilon(-t)=\frac{1}{2}\,.$$

Damit ist $c=1/2$ und als Fourier-Transformierte der Sprungfunktion ergibt sich

$$S_\varepsilon(f)=\frac{1}{2}\delta(f)-\mathrm{j}\frac{1}{2\pi f}\,. \tag{3.100}$$

Abb. 3.20 zeigt den Verlauf des Real- und Imaginärteils der Fourier-Transformierten von $\varepsilon(t)$, sie stellt damit ebenfalls die Übertragungsfunktion des idealen Integrators dar. Als Anwendungsbeispiel soll das Spektrum des in

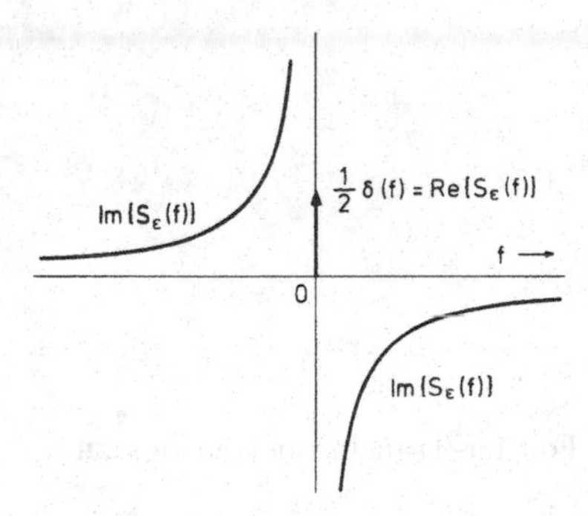

Abbildung 3.20. Real- und Imaginärteil von $S_\varepsilon(f)$

Abb. 3.21 dargestellten eingeschalteten cos-Signals berechnet werden. Aus der

folgenden Produktdarstellung für das Signal $s(t)$ ergibt sich mit dem Multiplikationstheorem und der Fourier-Transformierten der cos-Funktion (3.89)

$$\begin{array}{ccccc} s(t) = & \varepsilon(t) & \cdot & \cos(2\pi Ft) \\ \circ\!\!-\!\!\bullet & \circ\!\!-\!\!\bullet & & \circ\!\!-\!\!\bullet \\ S(f) = & \left[\frac{1}{2}\delta(f) - \mathrm{j}\frac{1}{2\pi f}\right] & * & \left[\frac{1}{2}\delta(f+F) + \frac{1}{2}\delta(f-F)\right] . \end{array}$$

Mit dem Distributivgesetz der Faltungsalgebra und (1.50) wird

$$S(f) = \frac{1}{4}\left[\delta(f+F) + \delta(f-F)\right] - \mathrm{j}\frac{1}{4\pi}\left[\frac{1}{f+F} + \frac{1}{f-F}\right] . \tag{3.101}$$

Den Verlauf dieses Spektrums nach Real- und Imaginärteil zeigt Abb. 3.22.

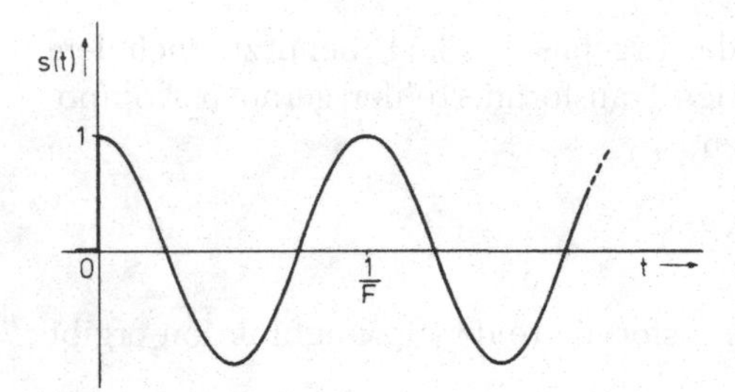

Abbildung 3.21. Zum Zeitpunkt $t = 0$ eingeschaltete cos-Funktion $s(t)$

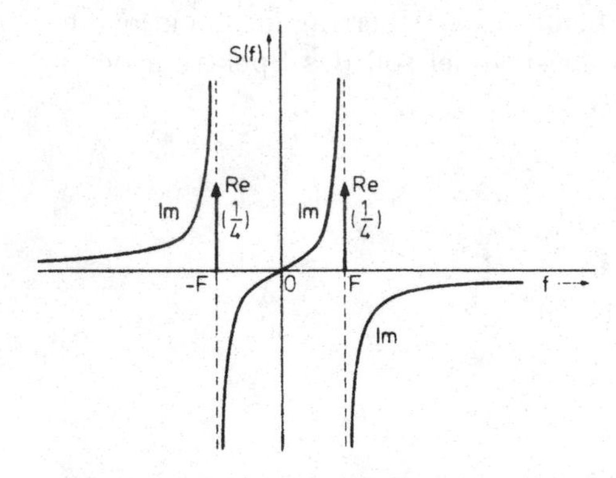

Abbildung 3.22. Real- und Imaginärteil der Fourier-Transformierten des zum Zeitpunkt $t = 0$ beginnenden cos-Signals $s(t)$

Als weiteres Anwendungsbeispiel kann das Integrationstheorem der Fourier-Transformation abgeleitet werden. Nach (1.55) ist

$$\int_{-\infty}^{t} s(\tau)\mathrm{d}\tau = s(t) * \varepsilon(t) \; .$$

Die Fourier-Transformation ergibt mit (3.100)

$$s(t) * \varepsilon(t) \circ\!\!-\!\!\bullet\; S(f)\left[\frac{1}{2}\delta(f) - \mathrm{j}\frac{1}{2\pi f}\right] .$$

Mit der Siebeigenschaft des Dirac-Impulses nach (1.45) lautet das Integrationstheorem dann[13]

$$\int_{-\infty}^{t} s(\tau)\mathrm{d}\tau \circ\!\!-\!\!\bullet\; \frac{1}{2}S(0)\delta(f) + \frac{S(f)}{\mathrm{j}\,2\pi f} \; . \tag{3.102}$$

Mit der Sprungfunktion eng verwandt ist die Vorzeichen- oder Signum-Funktion

$$\operatorname{sgn}(t) = 2\varepsilon(t) - 1 = \begin{cases} 1 & t > 0 \\ 0 \quad \text{für} & t = 0 \\ -1 & t < 0 \end{cases} . \tag{3.103}$$

Sie besitzt das Spektrum (s. Aufgabe 3.28)

$$\operatorname{sgn}(t) \circ\!\!-\!\!\bullet\; -\mathrm{j}\frac{1}{\pi f} . \tag{3.104}$$

3.9 Hilbert-Transformation

Für rechtsseitige (kausale) Signale mit $s(t) = 0$ für $t < 0$ lassen sich folgende Beziehungen zwischen den geraden und ungeraden Komponenten bzw. deren Fourier-Transformierten herleiten[14]:

$$\begin{array}{ccccc} s_{\mathrm{g}}(t) & = & s_{\mathrm{u}}(t) & \cdot & \operatorname{sgn}(t) \\ \updownarrow & & \updownarrow & & \updownarrow \\ \operatorname{Re}\{S(f)\} & = & \mathrm{j}\operatorname{Im}\{S(f)\} & * & \left(-\mathrm{j}\frac{1}{\pi f}\right) \end{array}$$

[13] Dieses ist nur anwendbar bei Signalen, die keinen Gleichanteil besitzen, d.h. $S(f)$ darf selbst keine Komponente $c\delta(f)$ enthalten.

[14] Man beachte allerdings, dass $s_{\mathrm{g}}(0)$ hier wegen $s_{\mathrm{u}}(0) = \operatorname{sgn}(0) = 0$ undefiniert bleibt.

$$\begin{array}{ccccc} s_{\mathrm{u}}(t) & = & s_{\mathrm{g}}(t) & \cdot & \mathrm{sgn}(t) \\ \circ\!\!-\!\!\bullet & & \circ\!\!-\!\!\bullet & & \circ\!\!-\!\!\bullet \\ \mathrm{j}\,\mathrm{Im}\{S(f)\} & = & \mathrm{Re}\{S(f)\} & * & \left(-\mathrm{j}\frac{1}{\pi f}\right) . \end{array}$$

Hiermit erhält man die Beziehungen der *Hilbert-Transformation* zwischen Real- und Imaginärteil des Fourier-Spektrums eines kausalen Signals[15]

$$\mathrm{Re}\{S(f)\} = \mathrm{Im}\{S(f)\} * \frac{1}{\pi f}\ ;\ \mathrm{Im}\{S(f)\} = -\,\mathrm{Re}\{S(f)\} * \frac{1}{\pi f}\,. \tag{3.105}$$

Es wird deutlich, dass bei Beschränkung der Funktion $s(t)$ auf den positiven bzw. negativen Teil der Zeitachse die Kenntnis entweder der reellen oder der imaginären Komponente ihrer komplexwertigen Fourier-Transformierten $S(f)$ ausreichend ist; die jeweils andere Komponente lässt sich dann mittels der Hilbert-Transformation analytisch bestimmen.

Auf Grund des Symmetrietheorems (3.70) ergibt sich mit (3.100) zu einer Sprungfunktion im Frequenzbereich das folgende komplexwertige Zeitbereichssignal:

$$\varepsilon(f) \;\bullet\!\!-\!\!\circ\; s_\varepsilon(t) = \frac{1}{2}\delta(t) + \mathrm{j}\frac{1}{2\pi t}\,. \tag{3.106}$$

Die Funktion $\varepsilon(f)$ kann nun verwendet werden, um ein ausschließlich aus positiven (rechtsseitigen) Frequenzanteilen bestehendes Fourier-Spektrum eines Signals $s(t)$ zu erzeugen:

$$S_+(f) = S(f) \cdot \varepsilon(f)\,.$$

Durch Anwendung der inversen Fourier-Transformation erhält man das zugehörige Zeitsignal $s_+(t)$, welches als *analytische Komponente* des Signals $s(t)$ bezeichnet wird:

$$\begin{array}{ccccc} S_+(f) & = & S(f) & \cdot & \varepsilon(f) \\ \bullet\!\!-\!\!\circ & & \bullet\!\!-\!\!\circ & & \bullet\!\!-\!\!\circ \\ s_+(t) & = & s(t) & * & \left[\frac{1}{2}\delta(t) + \mathrm{j}\frac{1}{2\pi t}\right] . \end{array}$$

Bei Ausführung der Faltung ergibt sich

$$s_+(t) = \frac{1}{2}s(t) + \frac{\mathrm{j}}{2}s(t) * \frac{1}{\pi t}\,. \tag{3.107}$$

Für den speziellen Fall eines reellwertigen Signals $s(t)$ folgt

$$s(t) = 2\,\mathrm{Re}\{s_+(t)\} \tag{3.108}$$

[15] Für linksseitige (antikausale) Signale gelten dieselben Beziehungen jeweils mit umgekehrten Vorzeichen.

und weiter in Analogie zu (3.105)

$$\operatorname{Im}\{s_+(t)\} = \operatorname{Re}\{s_+(t)\} * \frac{1}{\pi t} \; ; \; \operatorname{Re}\{s_+(t)\} = -\operatorname{Im}\{s_+(t)\} * \frac{1}{\pi t} \, . \tag{3.109}$$

Real- und Imaginärteil der analytischen Komponente sind also wiederum Hilbert-Transformierte zueinander[16].

Das linksseitige Spektrum $S_-(f)$ sei ausschließlich für negative Werte in f von Null verschieden, und ergibt nach Ausführung der inversen Fourier-Transformation die komplementäre analytische Komponente $s_-(t)$. Auch hier sind Real- und Imaginärteil mittels der Hilbert-Transformation aufeinander bezogen, jedoch sind gegenüber den beiden Beziehungen in (3.109) die Vorzeichen umzukehren (vgl. Tab. 3.4). Auf Grund des Superpositionssatzes (3.56) folgt weiter

$$S(f) = S_+(f) + S_-(f) \;\bullet\!\!-\!\!\circ\; s(t) = s_+(t) + s_-(t) \, . \tag{3.110}$$

Wegen der Spektraleigenschaft $S(-f) = S^*(f)$ und daher $S_-(f) = S_+^*(-f)$ folgt mit (3.60) speziell für reellwertige Signale

$$s_-(t) = s_+^*(t) = \frac{1}{2}s(t) - \frac{\mathrm{j}}{2}\, s(t) * \frac{1}{\pi t} \, . \tag{3.111}$$

Einsetzen von (3.111) in (3.110) zeigt, dass sich die Imaginärteile der beiden analytischen Komponenten gegenseitig kompensieren. Für komplexwertige Signale gilt (3.110) ebenfalls, jedoch sind wegen $S(-f) \neq S^*(f)$ die rechts- und linksseitigen Spektren $S_+(f)$ und $S_-(f)$ nicht konjugiert-symmetrisch zueinander, sondern linear unabhängig. Damit wird dann auch $s_-(t)$ unabhängig von $s_+(t)$.

Mit (3.106) und der Beziehung $\varepsilon(f) = \frac{1}{2}\operatorname{sgn}(f) + \frac{1}{2}$ folgt auch die Fourier-Übertragungsfunktion des Hilbert-Transformators, der ein LTI-System mit konstantem Betragsspektrum darstellt:

$$\frac{1}{\pi t} \;\circ\!\!-\!\!\bullet\; -\mathrm{j}\operatorname{sgn}(f) \, . \tag{3.112}$$

Als Beispiel sei hier die Wirkung auf ein Kosinussignal beliebiger Frequenz F dargestellt, aus dem am Ausgang des Hilbert-Transformators ein Sinussignal derselben Frequenz entsteht:

$$\begin{aligned} \cos(2\pi F t) * \frac{1}{\pi t} \;\circ\!\!-\!\!\bullet\; & \frac{1}{2}\left[\delta(f+F) + \delta(f-F)\right] \cdot \left[-\mathrm{j}\operatorname{sgn}(f)\right] \\ & = \frac{\mathrm{j}}{2}\left[\delta(f+F) - \delta(f-F)\right] \;\bullet\!\!-\!\!\circ\; \sin(2\pi F t) \, . \end{aligned}$$

[16] (3.109) gilt allgemein auch für komplexwertige Signale $s(t)$, denn deren rechtsseitiges Spektrum $S_+(f)$ ist von demjenigen eines reellwertigen Signals nicht unterscheidbar (s. Aufg. 3.22).

3.10 Kurzzeit-Fourier-Transformation

Bei den bisherigen Betrachtungen zur Fourier-Transformation wurde stets angenommen, dass sich die Integration über einen unendlich langen Zeitraum erstreckt. Sofern das Signal jedoch eine endliche Dauer besaß, genügte wiederum die Integration über einen endlichen Zeitraum. Speziell bei der Messung von Spektraleigenschaften eines Signals wird es jedoch häufig vorkommen, dass aus einem länger andauernden Signal nur kurze Ausschnitte für die Analyse zur Verfügung stehen. Im einfachsten Fall kann dies charakterisiert werden durch Multiplikation des (unendlich ausgedehnten) Signals $s(\tau)$ mit einer um den Messzeitpunkt t zentrierten Rechteckfunktion der Breite T_0

$$s^{\mathrm{T}}(\tau,t) = s(\tau)\,\mathrm{rect}\left(\frac{\tau - t}{T_0}\right) , \tag{3.113}$$

dessen Fourier-Transformierte formal lautet

$$S^{\mathrm{T}}(f,t) = S(f) * \left[T_0 \mathrm{si}(\pi T_0 f)\mathrm{e}^{-\mathrm{j}2\pi t f}\right] . \tag{3.114}$$

Diese Funktion weist eine Abhängigkeit von f *und* t auf. In (3.114) wirkt sich allerdings die Faltung mit der si-Funktion ungünstig aus, da sie gegebenenfalls – insbesondere bei starken spektralen Amplitudenvariationen und Diskontinuitäten in $S(f)$ – zu unerwünschten Abweichungen des gemessenen Spektrums $S^{\mathrm{T}}(f,t)$ vom tatsächlichen Signalspektrum führen kann. Dem kann teilweise durch Ersetzen der den Signalausschnitt ausblendenden Funktion $\mathrm{rect}(\tau)$ in (3.113) durch andere „Fensterfunktionen“ $w(\tau)$ entgegengewirkt werden. Besonders geeignet sind Funktionen, deren Fourier-Transformierte geringe Welligkeit aufweisen[17]. Ein Beispiel ist die „raised cosine“-Fensterfunktion, ebenfalls mit Breite T_0 (vgl. Aufgabe 3.15)

$$w(\tau) = \frac{1}{2}\left[1 + \cos\left(\frac{2\pi\tau}{T_0}\right)\right]\mathrm{rect}\left(\frac{\tau}{T_0}\right) = \cos^2\left(\frac{\pi\tau}{T_0}\right)\mathrm{rect}\left(\frac{\tau}{T_0}\right) . \tag{3.115}$$

Als *Kurzzeit-Fourier-Transformierte* (engl. *Short Time Fourier Transform, STFT*) wird nun allgemein das zeitabhängige Spektrum eines Signals bezeichnet, welches unter einer beliebigen um t zentrierten Fensterfunktion berechnet wird:

$$S^{\mathrm{T}}(f,t) = \int_{-\infty}^{\infty} \underbrace{s(\tau)w(\tau - t)}_{s^{\mathrm{T}}(\tau,t)}\mathrm{e}^{-\mathrm{j}2\pi f\tau}\mathrm{d}\tau .$$

Sofern die Fensterfunktion $w(\tau)$ auf einen Bereich $-T_0/2 \leq t \leq T_0/2$ zeitbegrenzt ist, gilt weiter

---

[17] Ein ähnliches Problem hinsichtlich der Approximation idealer Tiefpasssysteme durch Systeme mit endlicher Impulsantwort wird in Abschn. 5.2.2 beschrieben.

$$S^{\mathrm{T}}(f,t) = \int\limits_{t-T_0/2}^{t+T_0/2} s(\tau)w(\tau - t)\mathrm{e}^{-\mathrm{j}2\pi f\tau}\mathrm{d}\tau \,.$$

Erfüllt außerdem die mit Abständen T wiederholte Überlagerung der Fensterfunktion die Bedingung[18]

$$\sum_{n=-\infty}^{\infty} w(\tau - nT) = c \,, \tag{3.116}$$

so ist es möglich, das unendliche Signal als Superposition von gefensterten Signalausschnitten gemäß (3.113) zu beschreiben:

$$s(\tau) = \frac{1}{c} \sum_{n=-\infty}^{\infty} s^{\mathrm{T}}(\tau, nT) \,.$$

Da die einzelnen Ausschnittsignale $s^{\mathrm{T}}(\tau, nT)$ mittels der inversen Fourier-Transformation aus den zugeordneten Kurzzeitspektren $S^{\mathrm{T}}(f, nT)$ rekonstruierbar sind, andererseits aber auch das gesamte Signal aus seinem Spektrum $S(f)$ gewonnen werden kann, folgt

$$s(\tau) = \frac{1}{c} \sum_{n=-\infty}^{\infty} \int\limits_{-\infty}^{\infty} S^{\mathrm{T}}(f, nT)\mathrm{e}^{\mathrm{j}2\pi f\tau}\mathrm{d}f = \int\limits_{-\infty}^{\infty} S(f)\mathrm{e}^{\mathrm{j}2\pi f\tau}\mathrm{d}f \,. \tag{3.117}$$

Durch Vertauschen von Integral und Summe in (3.117) ergibt sich, dass unter der Voraussetzung (3.116) das Fourier-Spektrum aus einer unendlichen Reihe von Kurzzeit-Fourier-Spektren bestimmt werden kann:

$$S(f) = \frac{1}{c} \sum_{n=-\infty}^{\infty} S^{\mathrm{T}}(f, nT) \,. \tag{3.118}$$

3.11 Fourier- und Laplace-Transformation

Für die Existenz einer Fourier-Transformierten sind notwendige Bedingungen nicht bekannt. Hinreichend im klassischen Sinn sind die Dirichlet'schen Bedingungen (Papoulis, 1962), insbesondere die Bedingung der absoluten Integrierbarkeit

$$\int\limits_{-\infty}^{\infty} |s(t)|\mathrm{d}t < \infty \,. \tag{3.119}$$

[18] Dies ist z.B. für das Rechteckfenster gemäß (3.113) bei $T_0 = T$, sowie für das Raised-Cosine-Fenster (3.115) bei $T_0 = 2T$ erfüllt. Das Verhältnis T_0/T wird auch als Rolloff-Faktor des Fensters bezeichnet.

Diese Eigenschaft wird beispielsweise von vielen Energiesignalen (Abschn. 6.1) oder von den Impulsantworten stabiler Systeme erfüllt. Lässt man aber, wie in den vorhergehenden Abschnitten gezeigt, Polstellen, Dirac-Impulse und Dirac-Impulse höherer Ordnung im Spektralbereich zu, dann können die Existenzbedingungen der Fourier-Transformation bereits auf einige Signale erweitert werden, die keine endliche Energie besitzen, insbesondere periodische Signale und Signale, die einen Gleichanteil besitzen.

Bei der in (2.6) beschriebenen Laplace-Transformation konnte die Konvergenz im Sinn von (3.119) für eine größere Klasse von Signalfunktionen durch eine zusätzliche exponentielle Wichtung mit $\mathrm{e}^{-\sigma t}$ erreicht werden. So ergibt die Fourier-Transformierte mit dieser Wichtung dann die Laplace-Transformation:

$$\mathrm{e}^{-\sigma t} \cdot s(t) \circ\!\!-\!\!\bullet\; S(p) = \int_{-\infty}^{\infty} \left[s(t)\mathrm{e}^{-\sigma t}\right] \mathrm{e}^{-\mathrm{j}2\pi f t} \mathrm{d}t$$
$$= \int_{-\infty}^{\infty} s(t)\mathrm{e}^{-pt} \mathrm{d}t = \mathcal{L}\left\{s(t)\right\} \qquad (3.120)$$

Damit analysiert die Laplace-Transformation ein Signal in Hinblick auf

- das Vorhandensein bestimmter Frequenzanteile (endliche oder unendliche Anzahl sinusoidaler Komponenten mit Frequenzen f, wie bei Fourier-Transformation);
- exponentiell ansteigendes oder abfallendes Verhalten (mit dem Term $\mathrm{e}^{-\sigma t}$).

Für die zweidimensional (reell + imaginär) parametrierte Laplace-Abbildung wäre die bei der Fourier-Transformation gebräuchliche Ordinaten/Abszissen-Darstellung nicht mehr ausreichend. Vielmehr müssen in der komplexen Ebene zwei Achsen $\sigma = \mathrm{Re}\{p\}$ und $\mathrm{j}2\pi f = \mathrm{jIm}\{p\}$ gezeichnet werden. Das Laplace-Spektrum lässt sich damit in der komplexen p-Ebene so interpretieren, dass über jeder Parallelen zur imaginären Achse an einer Position σ das Fourier-Spektrum des mit $\mathrm{e}^{\sigma t}$ gewichteten Signals $s(t)$ aufgetragen ist.

Der allgemein streifenförmige Bereich parallel zur imaginären Achse, in dem diese exponentiell gewichteten Fourier-Spektren im klassischen Sinn konvergieren, also mit (3.119)

$$\int_{-\infty}^{\infty} \left|s(t)\mathrm{e}^{-pt}\right| \mathrm{d}t < \infty \qquad (3.121)$$

bildet den Konvergenzbereich der Laplace-Transformation. Wenn der Konvergenzbereich die imaginäre Achse bei $\sigma = 0$ enthält, dann sind Fourier-Transformierte und Laplace-Transformierte durch die einfache Substitution $p = \mathrm{j}2\pi f$ in beiden Richtungen miteinander verknüpft. Dies ist bei allen absolut integrierbaren Signalen erfüllt und entsprechend bei den Übertragungsfunktionen stabiler LTI-Systeme.

Sofern ausschließlich kausale Signale betrachtet werden, wie bei der einseitigen Laplace-Transformation, ist die Abbildung von Pol-/Nullstellenlagen auf das Signal bereits eindeutig. Da die Laplace-Transformation nun auch als generalisierter Fall der Fourier-Transformation betrachtet werden kann, muss – bei bekanntem Konvergenzbereich, innerhalb dessen eine Laplace-Transformierte existiert – auch allgemein eine Rekonstruktion des Signals aus derselben möglich sein. Hierzu werde weiterhin angenommen, dass die Laplace-Transformierte der Fourier-Transformierten eines exponentiell gewichteten Signals entspricht, und zwar für irgendeinen Wert σ innerhalb des Konvergenzbereichs:

$$S(\sigma + \mathrm{j}2\pi f) = \mathcal{F}\left\{s(t) \cdot \mathrm{e}^{-\sigma t}\right\} = \int\limits_{-\infty}^{\infty} s(t) \cdot \mathrm{e}^{-\sigma t} \cdot \mathrm{e}^{-\mathrm{j}2\pi f t} \mathrm{d}t\,.$$

Hiermit ergibt sich die inverse Laplace-Transformation:

$$\begin{aligned}
s(t) \cdot \mathrm{e}^{-\sigma t} &= \mathcal{F}^{-1}\left\{S(\sigma + \mathrm{j}2\pi f)\right\} = \int\limits_{-\infty}^{\infty} S(\sigma + \mathrm{j}2\pi f) \cdot \mathrm{e}^{\mathrm{j}2\pi f t} \mathrm{d}f \\
\Rightarrow s(t) &= \int\limits_{-\infty}^{\infty} S(\sigma + \mathrm{j}2\pi f) \cdot \mathrm{e}^{(\sigma + \mathrm{j}2\pi f)t} \mathrm{d}f \\
&= \frac{1}{\mathrm{j}2\pi} \int\limits_{\sigma - \mathrm{j}\infty}^{\sigma + \mathrm{j}\infty} S(p) \cdot \mathrm{e}^{pt} \mathrm{d}p \quad \text{mit } \frac{\mathrm{d}p}{\mathrm{d}f} = \mathrm{j}2\pi f \Rightarrow \mathrm{d}f = \frac{\mathrm{d}p}{\mathrm{j}2\pi}
\end{aligned} \tag{3.122}$$

Unter weiterreichenden Annahmen genügt als hinreichende Existenzbedingung des resultierenden Fourier-Integrals sogar die Integrierbarkeit des mit einer zweiseitigen Exponentialfunktion gewichteten Betrages der Zeitfunktion (Lighthill, 1966; Marko, 1995; Babovsky 1987), also

$$\int\limits_{-\infty}^{\infty} |s(t)| \mathrm{e}^{-c|t|} \mathrm{d}t < \infty \quad \text{für beliebige reelle} \quad c > 0\,. \tag{3.123}$$

Damit sind beispielsweise zweiseitige Signale $s(t) = at^n$, die mit einer beliebigen Potenz von t, aber nicht exponentiell anwachsen, innerhalb eines gegebenen Konvergenzbereichs transformierbar.

Da die Fourier-Transformierte als Funktion einer einzigen reellen Veränderlichen, der Frequenz, zur Beschreibung des Frequenzverhaltens in der Signalübertragung in der Regel ausreichend, darüber hinaus physikalisch anschaulicher und auch einfach messbar ist, wird sie in den folgenden Kapiteln fast ausschließlich benutzt.

3.12 Zusammenfassung

In diesem Kapitel wurde die Fourier-Transformation als Hilfsmethode zur Berechnung von Faltungsprodukten an periodischen Eigenfunktionen durch Multiplikation mit dem Eigenwert $H(f)$ •—○ $h(t)$ eingeführt. Es wurde gezeigt, dass die Synthese beliebiger periodischer Signale mittels der Fourier-Reihenentwicklung erfolgen kann, dann wurde die Verallgemeinerung für aperiodische Signale im Sinne der inversen Fourier-Transformation betrachtet. Die hierdurch definierte eindeutige Abbildung von Funktionen aus dem Zeit- in den Frequenzbereich und umgekehrt bietet vielfältige Möglichkeiten. Bildet man beispielsweise durch Transformation der Impulsanwort die Fourier-Übertragungsfunktion eines Systems und aus einem Signal sein Fourier-Spektrum, so ergibt das Produkt dieser beiden Frequenzfunktionen das Spektrum des Ausgangssignals. Das Ausgangssignal selbst kann dann durch inverse Fourier-Transformation wieder zurückgewonnen werden.

Die mathematischen Vorteile dieses Verfahrens haben dazu geführt, dass die Behandlung von Systemaufgaben im Frequenzbereich ein Eigenleben entwickelt hat. Häufig beschreibt man Signale und Systeme nur durch ihre Fourier-Transformierten und fragt erst an zweiter Stelle nach ihrer Form im Zeitbereich.

Der praktische Umgang mit der Methode der Fourier-Transformation wird sehr erleichtert durch die Kenntnis der Spektren einiger elementarer Funktionen und die Kenntnis einiger Theoreme über elementare Operationen mit Signalen und ihren Spektren. Die Theoreme und einige Transformationspaare sind daher am Schluss dieses Kapitels in mehreren Tabellen zusammengefasst dargestellt. Starker Wert wurde auch der Bedeutung verallgemeinerter Funktionen im Zeit- und Frequenzbereich beigelegt, durch deren Einführung viele Schwierigkeiten der klassischen Theorie der Fourier-Transformation entfallen.

In allen folgenden Kapiteln wird das Werkzeug „Fourier-Transformation" ausgiebig angewandt. Besonders deutlich werden die Vorteile dieser Methode bei der folgenden Behandlung der Abtasttheoreme.

3.13 Anhang

3.13.1 Transformation der Dirac-Impulsfolge

Die Fourier-Transformierte der periodischen Dirac-Impulsfolge lautet nach (3.92)

$$\text{III}(t) = \sum_{n=-\infty}^{\infty} \delta(t-n) \circ\!\!-\!\!\bullet\; S(f) = \sum_{n=-\infty}^{\infty} \mathrm{e}^{-\mathrm{j}\,2\pi n f}\,,$$

oder als Grenzübergang geschrieben

$$S(f) = \lim_{M\to\infty} S_M(f) = \lim_{M\to\infty} \sum_{n=-M}^{M} \mathrm{e}^{-\mathrm{j}\,2\pi nf} \,. \tag{3.124}$$

Eine dieser Teilsummen $S_M(f)$ zeigt Abb. 3.18 (für $M = 3$). Mit der Summenformel für die geometrische Reihe

$$\sum_{n=-M}^{M} q^n = \frac{q^{-M} - q^{M+1}}{1-q} = \frac{q^{-(M+1/2)} - q^{M+1/2}}{q^{-1/2} - q^{1/2}} \tag{3.125}$$

(wobei der rechte Ausdruck mit $q^{-1/2}$ erweitert wurde), erhält man für die Teilsumme in (3.124)

$$\begin{aligned} S_M(f) &= \frac{\exp[\mathrm{j}\,2\pi f(M+1/2)] - \exp[-\mathrm{j}\,2\pi f(M+1/2)]}{\exp(\mathrm{j}\,2\pi f/2) - \exp(-\mathrm{j}\,2\pi f/2)} \\ &= \frac{\sin[2\pi f(M+1/2)]}{\sin(\pi f)} = \frac{2(M+1/2)\mathrm{si}[2\pi f(M+1/2)]}{\mathrm{si}(\pi f)} \,. \end{aligned} \tag{3.126}$$

Da nach (3.93) das Spektrum $S(f)$ und auch alle Teilsummen $S_M(f)$ periodisch mit der Periode 1 sind, genügt es, den Grenzübergang (3.124) im Intervall $|f| < 1/2$ auszuführen. Die Teilsummen (3.126) lauten dann nach Begrenzung mit $\mathrm{rect}(f)$

$$S_M(f)_{\mathrm{rect}} = \frac{\mathrm{rect}(f)}{\mathrm{si}(\pi f)} \cdot 2(M+1/2)\mathrm{si}[2\pi f(M+1/2)] \quad \text{für } |f| < 1/2 \,. \tag{3.127}$$

Die „Fensterfunktion“ $\mathrm{rect}(f)/\mathrm{si}(\pi f)$ enthält im Intervall $|f| < 1/2$ keine Polstellen, sie darf daher bei Einsetzen von (3.127) in (3.124) vor den Grenzübergang gezogen werden. Also ist

$$S(f)_{\mathrm{rect}} = \frac{\mathrm{rect}(f)}{\mathrm{si}(\pi f)} \left\{ \lim_{M\to\infty} 2(M+1/2)\mathrm{si}[2\pi f(M+1/2)] \right\} \quad \text{für } |f| < 1/2 \,. \tag{3.128}$$

Der Grenzübergang wird nun im Zeitbereich betrachtet, mit (3.78) ist

$$2(M+1/2)\mathrm{si}[2\pi f(M+1/2)] \bullet\!\!-\!\!\circ \ \mathrm{rect}\left[\frac{t}{2(M+1/2)}\right] .$$

Im Zeitbereich erhält man im Grenzübergang

$$\lim_{M\to\infty} \mathrm{rect}\left[\frac{t}{2(M+1/2)}\right] = 1 \,,$$

also einen Rechteckimpuls der Höhe 1 mit über alle Grenzen wachsender Breite. Im Frequenzbereich entspricht dieser Konstanten aber nach (3.83) der Dirac-Impuls $\delta(f)$. Damit folgt über die Siebeigenschaft (1.45) aus (3.128)

$$S(f)_{\mathrm{rect}} = \frac{\mathrm{rect}(f)}{\mathrm{si}(\pi f)}\delta(f) = \delta(f) \quad \text{für } |f| < 1/2\,.$$

Schließlich ergibt sich über den gesamten Frequenzbereich durch periodische Wiederholung

$$S(f) = \sum_{n=-\infty}^{\infty} \delta(f-n) = Ш(f)$$

und damit (3.95)

$$Ш(t) \;\circ\!\!-\!\!\bullet\; Ш(f)\,.$$

3.13.2 Mehrfache Faltung des Rechteckimpulses

Betrachtet wird das M-fache Faltungsprodukt

$$s_M(t) = \mathrm{rect}(t) * \mathrm{rect}(t) * \mathrm{rect}(t) * \ldots\,, \tag{3.129}$$

im Frequenzbereich ist dann mit dem Faltungstheorem (3.44) (Abb. 3.23)

$$S_M(f) = [\mathrm{si}(\pi f)]^M\,. \tag{3.130}$$

Mit Entwicklung der sin-Funktion in eine Taylor-Reihe um $f = 0$

$$\sin x = x - x^3/3! + x^5/5! - \ldots$$

und Logarithmieren ergibt sich aus (3.130) für M gerade

$$\ln S_M(f) = M \ln\left(\frac{\sin \pi f}{\pi f}\right) = M \ln\left(1 - \frac{(\pi f)^2}{6} + \frac{(\pi f)^4}{120} - \ldots\right)\,.$$

Beschränkt man sich für $|f| \ll 1$ auf die ersten beiden Glieder und benutzt weiter die Näherung

$$\ln(1+w) \approx w \quad \text{für } w \ll 1$$

so erhält man

$$\ln S_M(f) \approx -M(\pi f)^2/6$$

oder nach Entlogarithmieren

$$S_M(f) \approx \exp\left[-M(\pi f)^2/6\right] \quad \text{für } |f| \ll 1\,. \tag{3.131}$$

Die inverse Fourier-Transformation von $S_M(f)$ zurück in den Zeitbereich ist nur für große M erlaubt, da sie sich über den gesamten Frequenzbereich

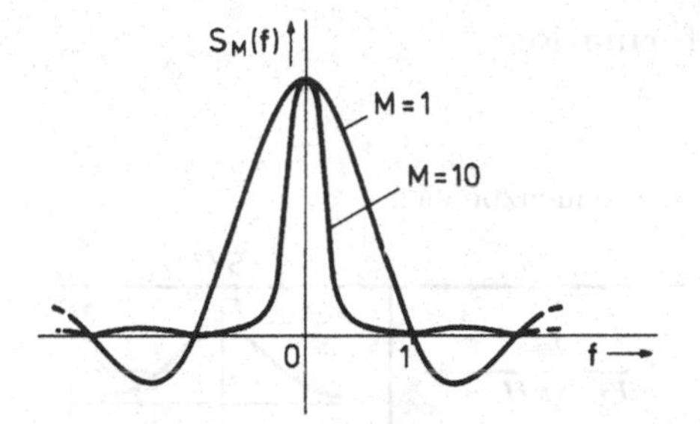

Abbildung 3.23. Spektrum des M-fach gefalteten Rechteckimpulses

erstrecken muss und die Näherung gemäß Abb. 3.23 nur im Fall großer M die wesentlichen Anteile von $S_M(f)$ beschreibt. Dies führt zu

$$s_M(t) \approx \sqrt{\frac{6}{M\pi}} \mathrm{e}^{-6t^2/M} \quad \text{für große } M \,. \tag{3.132}$$

Die mehrfache Faltung des Rechteckimpulses mit sich selbst tendiert also gegen einen Gauß-Impuls (Aufgabe 1.5). Ein praktisches Beispiel ist die Impulsantwort einer Kette von Kurzzeitintegratoren. Dieses Ergebnis gilt recht allgemein für die mehrfache Faltung positivwertiger Impulse beschränkter Fläche und spielt verallgemeinert als „zentraler Grenzwertsatz" in der Statistik eine wichtige Rolle (Abschn. 7.4). (Allgemeine und exaktere Ableitung: Davenport und Root, 1968.)

3.13.3 Tabellen zur Fourier-Transformation

Tabelle 3.1. Signalfunktionen im Zeit- und Frequenzbereich

$s(t)$	$S(f)$
$\frac{1}{T}\varepsilon(t)e^{-t/T}$ $(T>0)$ Exponentialimpuls	$\frac{1}{1+j2\pi Tf}$
$\frac{1}{2T}e^{-\lvert t\rvert/T}$ $(T>0)$ Doppelexponentialimpuls	$\frac{1}{1+(2\pi Tf)^2}$
$\frac{1}{2T}\operatorname{sgn}(t)e^{-\lvert t\rvert/T}$ $(T>0)$	$-j\frac{2\pi Tf}{1+(2\pi Tf)^2}$
$\mathrm{rect}(t)$ Rechteckimpuls	$\mathrm{si}(\pi f)$
$\mathrm{si}(\pi t)$ si-Funktion	$\mathrm{rect}(f)$
$\delta(t)$ Dirac-Impuls	1
1 Gleichstrom	$\delta(f)$
$Ш(t)$ Dirac-Impulsfolge	$Ш(f)$
$e^{-\pi t^2}$ Gauß-Impuls	$e^{-\pi f^2}$
$2\cos(2\pi Ft)$ cos-Funktion	$\delta(f+F)+\delta(f-F)$
$\varepsilon(t)$ Sprungfunktion	$\frac{1}{2}\delta(f)-j\frac{1}{2\pi f}$
$4\varepsilon(t)\cdot\cos(2\pi Ft)$ geschaltete cos-Funktion	$\delta(f+F)+\delta(f-F)-\frac{j}{\pi}\frac{2f}{f^2-F^2}$

Tabelle 3.2. Theoreme der Fourier-Transformation

Theorem	$s(t)$ ○—●	$S(f)$	Gl.
$\mathcal{F}$-Transformation	$s(t)$	$\int_{-\infty}^{+\infty} s(t)\mathrm{e}^{-\mathrm{j}\,2\pi ft}\mathrm{d}t$	(3.40)
inverse $\mathcal{F}$-Transformation	$\int_{-\infty}^{+\infty} S(f)\mathrm{e}^{\mathrm{j}\,2\pi ft}\mathrm{d}f$	$S(f)$	(3.41)
Zeitspiegelung	$s(-t)$	$S(-f)$	(3.63)
Konjugation	$s^*(t)$	$S^*(-f)$	(3.60)
Symmetrie	$S(t)$	$s(-f)$	(3.70)
Faltung	$s(t) * h(t)$	$S(f) \cdot H(f)$	(3.44)
Multiplikation	$s(t) \cdot h(t)$	$S(f) * H(f)$	(3.75)
Superposition	$a_1 s(t) + a_2 h(t)$	$a_1 S(f) + a_2 H(f)$	(3.56)
Ähnlichkeit	$s(bt),\ b \neq 0$	$\frac{1}{\lvert b\rvert} S\left(\frac{f}{b}\right)$	(3.62)
Verschiebung	$s(t - t_0)$	$S(f)\mathrm{e}^{-\mathrm{j}\,2\pi ft_0}$	(3.64)
Differentiation	$\frac{\mathrm{d}^n}{\mathrm{d}t^n} s(t)$	$(\mathrm{j}\,2\pi f)^n \cdot S(f)$	(3.67)
Integration	$\int_{-\infty}^{t} s(\tau)\mathrm{d}\tau$	$\frac{S(f)}{\mathrm{j}\,2\pi f} + \frac{1}{2} S(0)\delta(f)$	(3.102)
Frequenzverschiebung	$s(t)\mathrm{e}^{\mathrm{j}\,2\pi Ft}$	$S(f - F)$	(Aufgabe 3.9)
Fläche	$\int_{-\infty}^{\infty} s(t)\mathrm{d}t = S(0)$	$\int_{-\infty}^{\infty} S(f)\mathrm{d}f = s(0)$	(Aufgabe 3.26)
Parseval'sches Theorem	$\int_{-\infty}^{\infty} \lvert s(t)\rvert^2\mathrm{d}t$	$\int_{-\infty}^{\infty} \lvert S(f)\rvert^2\mathrm{d}f$	((6.22) u. Aufg. 3.20)

Tabelle 3.3. Theoreme der Fourier-Reihenentwicklung mit $F = \frac{1}{T}$

Theorem	$s_\mathrm{p}(t) = s_\mathrm{p}(t + T)$	$S_\mathrm{p}(k)$	Gl.
Transformation	$\sum_{k=-\infty}^{\infty} S_\mathrm{p}(k)\mathrm{e}^{\mathrm{j}2\pi kFt}$	$\frac{1}{T}\int_{t_1}^{t_1+T} s_\mathrm{p}(t)\mathrm{e}^{-\mathrm{j}2\pi kFt}\mathrm{d}t$	(3.5)/(3.22)
Faltung	$g_\mathrm{p}(t) = s_\mathrm{p}(t) * h(t)$	$G_\mathrm{p}(k) = S_\mathrm{p}(k)H(kF)$	(3.35)
Multiplikation	$s_\mathrm{p}(t) \cdot f_\mathrm{p}(t)$	$\sum_{m=-\infty}^{\infty} S_\mathrm{p}(m)F_\mathrm{p}(k - m)$	
Verschiebung	$s_\mathrm{p}(t)\mathrm{e}^{\mathrm{j}2\pi mFt}$	$S_\mathrm{p}(k - m)$	
Parseval'sches Theorem	$L_s = \frac{1}{T}\int_{t_1}^{t_1+T} \lvert s_\mathrm{p}(t)\rvert^2\mathrm{d}t =$	$\sum_{k=-\infty}^{\infty} \lvert S_\mathrm{p}(k)\rvert^2$	(3.29)

(m, k ganzzahlig)

Tabelle 3.4. Komponentenzerlegungen von Zeitfunktionen

gerade/ungerade		
$s(t) = s_{\mathrm{g}}(t) + s_{\mathrm{u}}(t)$	$S(f) = \mathrm{Re}\{S(f)\} + \mathrm{j}\,\mathrm{Im}\{S(f)\}$	(3.54)
$s_{\mathrm{g}}(t) = \frac{1}{2}s(t) + \frac{1}{2}s^*(-t)$	$\mathrm{Re}\{S(f)\}$	(3.48)
$s_{\mathrm{u}}(t) = \frac{1}{2}s(t) - \frac{1}{2}s^*(-t)$	$\mathrm{j}\,\mathrm{Im}\{S(f)\}$	(3.49)
reell/imaginär		
$s(t) = \mathrm{Re}\{s(t)\} + \mathrm{j}\,\mathrm{Im}\{s(t)\}$	$S(f) = S_{\mathrm{g}}(f) + S_{\mathrm{u}}(f)$	
$\mathrm{Re}\{s(t)\}$	$S_{\mathrm{g}}(f) = \frac{1}{2}S(f) + \frac{1}{2}S^*(-f)$	(3.55)
$\mathrm{j}\,\mathrm{Im}\{s(t)\}$	$S_{\mathrm{u}}(f) = \frac{1}{2}S(f) - \frac{1}{2}S^*(-f)$	Aufg. 3.22c
analytisch +/−		
$s(t) = s_+(t) + s_-(t)$	$S(f) = S_+(f) + S_-(f)$	(3.110)
$s_+(t) = \frac{1}{2}s(t) + \frac{\mathrm{j}}{2}s(t) * \frac{1}{\pi t}$	$S_+(f) = S(f) \cdot \varepsilon(f)$	(3.107)
$s_-(t) = \frac{1}{2}s(t) - \frac{\mathrm{j}}{2}s(t) * \frac{1}{\pi t}$	$S_-(f) = S(f) \cdot \varepsilon(-f)$	(3.107) u. Aufg. 3.22
$\mathrm{Re}\{s_+(t)\} = -\,\mathrm{Im}\{s_+(t)\} * \frac{1}{\pi t}$	$\mathrm{Im}\{s_+(t)\} = \mathrm{Re}\{s_+(t)\} * \frac{1}{\pi t}$	(3.109) u. Aufg. 3.22
$\mathrm{Re}\{s_-(t)\} = \mathrm{Im}\{s_-(t)\} * \frac{1}{\pi t}$	$\mathrm{Im}\{s_-(t)\} = -\,\mathrm{Re}\{s_-(t)\} * \frac{1}{\pi t}$	
kausal/antikausal		
$s(t) = s_{\mathrm{k}}(t) + s_{\mathrm{k-}}(t)$	$S(f) = S_{\mathrm{k}}(f) + S_{\mathrm{k-}}(f)$	vgl. (3.105)
$s_{\mathrm{k}}(t) = s(t) \cdot \varepsilon(t)$	$S_{\mathrm{k}}(f) = \frac{1}{2}S(f) - \frac{\mathrm{j}}{2}S(f) * \frac{1}{\pi f}$	
$s_{\mathrm{k-}}(t) = s(t) \cdot \varepsilon(-t)$	$S_{\mathrm{k-}}(f) = \frac{1}{2}S(f) + \frac{\mathrm{j}}{2}S(f) * \frac{1}{\pi f}$	
$\mathrm{Re}\{S_{\mathrm{k}}(f)\} = \mathrm{Im}\{S_{\mathrm{k}}(f)\} * \frac{1}{\pi f}$	$\mathrm{Im}\{S_{\mathrm{k}}(f)\} = -\,\mathrm{Re}\{S_{\mathrm{k}}(f)\} * \frac{1}{\pi f}$	
$\mathrm{Re}\{S_{\mathrm{k-}}(f)\} = -\,\mathrm{Im}\{S_{\mathrm{k-}}(f)\} * \frac{1}{\pi f}$	$\mathrm{Im}\{S_{\mathrm{k-}}(f)\} = \mathrm{Re}\{S_{\mathrm{k-}}(f)\} * \frac{1}{\pi f}$	

3.14 Aufgaben

3.1 Die in Abb. 3.24 dargestellten, mit T periodischen Funktionen $s(t)$ sollen durch die reelle Fourier-Reihe (3.14) beschrieben werden, wobei $a_k = \mathrm{Re}\{S_{\mathrm{p}}(k)\}$ und $b_k = \mathrm{Im}\{S_{\mathrm{p}}(k)\}$ definiert seien.

a) Berechnen Sie die a_k und b_k für $s(t)$ in Abb. 3.24a. Beweisen Sie, dass im Fall gerader reellwertiger Funktionen, also für $s(-t) = s(t)$, die Koeffizienten b_k generell verschwinden.
b) Skizzieren Sie zu Abb. 3.24a die um $\frac{T}{2}$ verschobene Funktion $s_1(t) = s(t - T/2)$. Berechnen Sie mit Hilfe des Verschiebesatzes deren komplexe Fourier-Reihenkoeffizienten $S_{1,\mathrm{p}}(k)$ und skizzieren Sie das Ergebnis nach

Betrag und Phase. Ermitteln Sie aus den $S_{\mathrm{p}}(k)$ die Koeffizienten $a_{1,k}$ und $b_{1,k}$ und skizzieren Sie diese ebenfalls.

c) Wie b), jedoch für die um $\frac{T}{4}$ verschobene Funktion $s_2(t) = s(t - T/4)$.

d) Berechnen Sie die a_k und b_k für $s(t)$ in Abb. 3.24b (Sägezahnfunktion). Beweisen Sie dann, dass im Fall reeller ungerader Funktionen, also für $s(-t) = -s(t)$, die Koeffizienten $a_k = \mathrm{Re}\{S_{\mathrm{p}}(k)\}$ generell verschwinden.

e) Berechnen Sie die a_k und b_k für $s(t)$ in Abb. 3.24c. Beweisen Sie dann, dass für $s(t + T/2) = -s(t)$, alle geraden Koeffizienten der Fourier-Reihe verschwinden.

f) Bestimmen Sie den Gleichanteil $S_{\mathrm{p}}(0)$ von $s(t)$ in Abb. 3.24d. Ermitteln und vergleichen Sie die Symmetrien der Funktionen $s(t)$ und $(s(t) - S_{\mathrm{p}}(0))$. Berechnen Sie dann auf Basis der ermittelten Symmetrien die Fourier-Reihenkoeffizienten von $s(t)$.

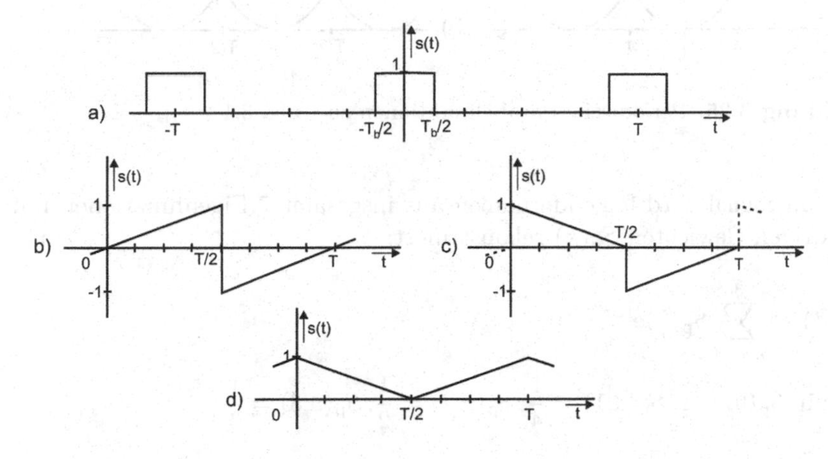

Abbildung 3.24. Periodische Funktionen zu Aufg. 3.1

3.2 Die in Abb. 3.25a dargestellte, mit $T = 2\pi$ periodische Funktion besteht stückweise aus Parabeln. Im Intervall $-\pi \leq t \leq \pi$ gilt: $s(t) = t^2$. Für die Funktion $s(t)$ ist die folgende Reihenentwicklung bekannt:

$$s(t) = A - 4\left(\frac{\cos t}{1^2} - \frac{\cos 2t}{2^2} + \frac{\cos 3t}{3^2} - \ldots\ldots\right)$$

Die Größe A stellt den Gleichanteil von $s(t)$ dar. Es soll nun das in Abb. Abb. 3.25b dargestellte, in seinem zeitlichen Verlauf der Funktion $s(t)$ ähnliche Spannungssignal $u(t)$ betrachtet werden.

a) Durch welche Parabel wird $u(t)$ im Intervall $-T/2 \leq 1 \leq T/2$ beschrieben?

b) Wie groß ist der Gleichanteil $\bar{u} = c_0$ von $u(t)$?
c) Bestimmen Sie durch geeignete Substitution anhand der Reihenentwicklung von $s(t)$ eine Fourier-Reihe für $u(t)$.
d) Geben Sie die Fourier-Reihenkoeffizienten $a_k = \mathrm{Re}\{S_\mathrm{p}(k)\}$ und $b_k = \mathrm{Im}\{S_\mathrm{p}(k)\}$ von $u(t)$ an.
e) Bestimmen Sie aus den a_k und b_k die komplexen Fourier-Reihenkoeffizienten $S_\mathrm{p}(k)$.
f) Berechnen Sie aus den komplexen Fourier-Koeffizienten $S_\mathrm{p}(k)$ den (Wechselanteil-) Effektivwert U_eff von $u(t)$ [*Hinweis:* $\sum\limits_{n=1}^{\infty} \frac{1}{n^4} = \frac{\pi^4}{90}$].

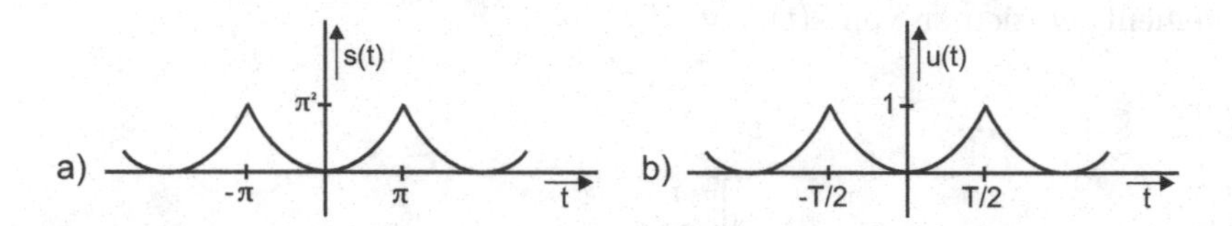

Abbildung 3.25. Periodische Parabelfunktionen zu Aufg. 3.1

3.3 Ein Signal wird folgendermaßen aus insgesamt 7 Eigenfunktionen mit zugehörigen Gewichten $S_\mathrm{p}(k)$ rekonstruiert:

$$s(t) = \sum_{k=-3}^{3} S_\mathrm{p}(k) \mathrm{e}^{\mathrm{j}\,2\pi k t}$$

$$\text{mit } S_\mathrm{p}(0) = 1; S_\mathrm{p}(\pm 1) = \frac{1}{4}; S_\mathrm{p}(\pm 2) = \frac{1}{2}; S_\mathrm{p}(\pm 3) = \frac{1}{3}\,.$$

a) Bestimmen und skizzieren Sie den Zeitverlauf als Überlagerung von Kosinusfunktionen.
b) Bestimmen und skizzieren Sie den Zeitverlauf am Ausgang eines *RC*-Tiefpasses, wenn das Signal am Eingang eingespeist wird.

3.4 Versuchen Sie, die Faltungsprodukte

$$\mathrm{rect}(t) * \mathrm{rect}(t) \quad \text{und} \quad \mathrm{si}(\pi t) * \mathrm{si}(\pi t)$$

sowohl direkt im Zeitbereich als auch mit Hilfe des Faltungstheorems der Fourier-Transformation zu lösen, und vergleichen Sie die Schwierigkeit der Lösungswege.

3.5 Skizzieren Sie Realteil, Betrag und Phase des Spektrums des Signals $\mathrm{rect}(t - t_0)$ für $t_0 = 0$ und $t_0 = 0{,}1$.

3.6 Wie lautet die Fourier-Transformierte des Signals

$$a \cdot s\left(\frac{t-t_0}{T}\right) ?$$

3.7 Berechnen Sie die Fourier-Transformierten $S_{\mathrm{D}}(f)$ der Doppelsignale $s_{\mathrm{D}}(t) = s(t+t_0) \pm s(t-t_0)$, und skizzieren Sie $S_{\mathrm{D}}(f)$ für $s(t) = \mathrm{rect}(t)$ und $t_0 = 1/2$.

3.8 Bilden Sie die Fourier-Transformierte $S_{\mathrm{u}}(f)$ der ungeraden Komponente des Exponentialimpulses $s(t) = (1/T)\varepsilon(t)\exp(-t/T)$. Skizzieren Sie $S_{\mathrm{u}}(t)$ und bilden seine Fourier-Transformierte mit Hilfe des Symmetrietheorems (Skizze entsprechend Abb. 3.10).

3.9 Beweisen Sie die Gültigkeit des Verschiebungstheorems im Frequenzbereich

$$S(f-F) \bullet\!\!-\!\!\circ\ s(t)\mathrm{e}^{\mathrm{j}\,2\pi Ft} .$$

3.10 Transformieren Sie den Gauß-Impuls nach (1.2).
Hinweis: Benutzen Sie (3.55) und das bestimmte Integral

$$\int_0^\infty \exp(-a^2x^2)\cos(bx)\mathrm{d}x = \frac{\sqrt{\pi}}{2a}\exp(-b^2/4a^2) \quad (\text{für } a > 0) .$$

3.11 Berechnen Sie das n-fache Faltungsprodukt des Gauß-Impulses (1.2) mit sich selbst.

3.12 Eine reale Sprungfunktion mit endlicher Anstiegszeit $t_a = 1\,\mu s$ werde durch das Faltungsprodukt $\varepsilon(t) * \mathrm{rect}(t/T)$ beschrieben. Skizzieren Sie das Spektrum.

3.13 Transformieren Sie $s(t) = \varepsilon(t)\exp(-t/T)\cos(2\pi Ft)$.

3.14 Berechnen und skizzieren Sie die Fourier-Transformierte der endlichen Dirac-Impulsfolge für $K = 1$ und $K = 10$

$$s(t) = \sum_{n=-K}^{K} \delta(t-nT) .$$

Hinweis: Schreiben Sie $s(t)$ als Produkt von $\text{Ш}(t)$ mit einer rect-Funktion geeigneter Dauer.

3.15 Berechnen und skizzieren Sie die Fourier-Transformierte des „raised cosine"-Impulses $\frac{1}{2}\,\mathrm{rect}\left(\frac{t}{T}\right)\left[1+\cos\left(2\pi\frac{t}{T}\right)\right] = \mathrm{rect}\left(\frac{t}{T}\right)\cos^2\left(\pi\frac{t}{T}\right)$.

3.16 Ein Mittelwellensender überträgt einen Tonfrequenzimpuls in der Form

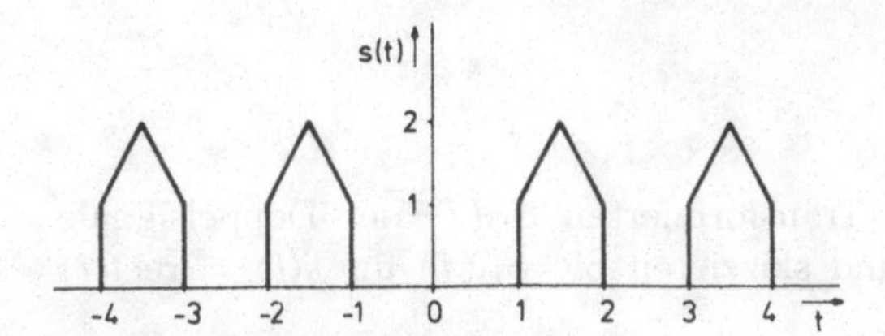

Abbildung 3.26. Zu Aufgabe 3.18

$$s(t) = \mathrm{rect}(f_1 t)\{[1 + 0,5\cos(2\pi f_2 t)]\cos(2\pi f_3 t)\}$$

mit $f_1 = 1\,\mathrm{Hz}$, $f_2 = 10^3\,\mathrm{Hz}$ und $f_3 = 10^6\,\mathrm{Hz}$. Skizzieren Sie $s(t)$ und $|S(f)|$ so, dass der Einfluss der Dehnfaktoren 10^3 und 10^6 deutlich wird.

3.17 Zeigen Sie, dass für die Spektren reeller Signale $S(-f) = S^*(f)$ gilt.

3.18 Transformieren Sie die in Abb. 3.26 dargestellte, aus vier Impulsen bestehende Zeitfunktion.

3.19 Berechnen Sie die Fourier-Transformierte des Dirac-Impulses mit (3.40).

3.20 Beweisen Sie die Gültigkeit des Parseval'schen Theorems für reellwertige Signale in der Form

$$\int_{-\infty}^{\infty} s_1(t)s_2(t)\mathrm{d}t = \int_{-\infty}^{\infty} S_1(f)S_2^*(f)\mathrm{d}f \quad (s_{1,2}(t) \text{ reell})$$

Hinweis: In $S_1(f) * S_2(f) = \int_{-\infty}^{\infty} s_1(t)s_2(t)\mathrm{e}^{-\mathrm{j}\,2\pi ft}\mathrm{d}t$ (warum?) $f = 0$ einsetzen.

3.21 Ein physikalisch realisierbarer Spektralanalysator bildet als Betrag des „Kurzzeitspektrums"

$$|S_T(f)| = |\int_0^T s(t)\mathrm{e}^{-\mathrm{j}\,2\pi ft}\mathrm{d}t|\ .$$

a) Berechnen und skizzieren Sie das Kurzzeitspektrum der Signale $s_1(t) = a\cos(2\pi Ft)$ und $s_2(t) = a\sin(2\pi Ft)$ für $T = 1/F$, $100/F$.
b) Entwerfen Sie eine mögliche Schaltung zur Bildung von $|S_T(f)|$.

3.22 Zeigen Sie

a) dass bei Zerlegung *komplexwertiger* Signale in gerade und ungerade Komponenten gemäß der Definition in (3.48) und (3.49) folgende Zusammenhänge bestehen:

$$s_\mathrm{g}(t) \circ\!\!-\!\!\bullet \mathrm{Re}\{S(f)\} \quad \text{und} \quad s_\mathrm{u}(t) \circ\!\!-\!\!\bullet \mathrm{j\,Im}\{S(f)\}\ .$$

b) dass bei den analytischen Komponenten komplexwertiger Signale Real- und Imaginärteile über die Hilbert-Transformation miteinander verknüpft sind.
c) dass bei einem Spektrum $S(f) = -S^*(-f)$ das Signal rein imaginärwertig ist.

3.23 Man kann zeigen, dass das Betragsspektrum des Signals $s(t)$ beschränkt ist durch (Burdic, 1968)

$$|S(f)| \leq \frac{1}{|(2\pi f)^n|} \int_{-\infty}^{\infty} \left| \frac{\mathrm{d}^n}{\mathrm{d}t^n} s(t) \right| \mathrm{d}t \,.$$

a) Berechnen Sie die Schranken, die sich mit $n = 0$ und $n = 1$ für das Signal $s(t) = \mathrm{rect}(t)$ ergeben, und skizzieren Sie ihren Verlauf zusammen mit $|S(f)|$.
b) Die Differentiation kann i. Allg. so lange fortgesetzt werden, bis zum ersten Male Dirac-Impulse in $(\mathrm{d}^n/\mathrm{d}t^n)s(t)$ auftreten. Berechnen Sie entsprechend die Schranken für $s(t) = \Lambda(t)$.

3.24 Der Ausdruck (3.40) für die inverse Fourier-Transformation kann für kontinuierliche Frequenzfunktionen wie folgt bewiesen werden (Papoulis, 1962): Nach Einsetzen von (2.4) in (3.40) muss gelten

$$h(t) \stackrel{!}{=} \int_{-\infty}^{\infty} \left[\int_{-\infty}^{\infty} h(\theta) \mathrm{e}^{-\mathrm{j}\,2\pi f t} \mathrm{d}\theta \right] \mathrm{e}^{\mathrm{j}\,2\pi f t} \mathrm{d}f \,.$$

Vertauschen der Integrationsreihenfolge ergibt

$$= \int_{-\infty}^{\infty} h(\theta) \left(\int_{-\infty}^{\infty} \mathrm{e}^{\mathrm{j}\,2\pi f (t-\theta)} \mathrm{d}f \right) \mathrm{d}\theta$$

$$= \int_{-\infty}^{\infty} h(\theta)\delta(t-\theta)\mathrm{d}\theta = h(t) \,, \quad \textit{was zu beweisen war.}$$

Vollziehen Sie diesen Beweis mit den Ergebnissen der Kapitel 1 und 3 nach.

3.25 Zeigen Sie, dass man aus jeder geraden, reellen Funktion $s(t)$ mit dem Spektrum $S(f)$ eine selbstreziproke Funktion $s(t) + S(t)$ bilden kann (Fußnote 12). Skizzieren Sie die so aus $s(t) = \mathrm{rect}(t/10)$ gebildete selbstreziproke Funktion und ihr Spektrum.

3.26 Zeigen Sie, dass für die Flächen eines Signals bzw. eines Spektrums gilt

$$\int_{-\infty}^{\infty} s(t)\mathrm{d}t = S(0)\,, \qquad \int_{-\infty}^{\infty} S(f)\mathrm{d}f = s(0)\,.$$

3.27 Lösen Sie Aufgabe 1.21 im Frequenzbereich.

3.28 Bestimmen Sie das Spektrum der Signum-Funktion $s(t) = \mathrm{sgn}(\mathrm{t})$.

3.29 Berechnen und skizzieren Sie die Übertragungsfunktion des RL-Systems aus Aufgabe 1.22.

3.30 Welche Eigenschaften (Realteil, Imaginärteil, Symmetrie) besitzen die Signale mit Fourier-Spektren $S_1(f) = S_1(-f)$ und $S_2(f) = -S_2(-f)$ für die Fälle

a) dass die Realteile der Spektren Null sind;
b) dass die Imaginärteile der Spektren Null sind;
c) dass sowohl Real- als auch Imaginärteile der Spektren ungleich Null sind?

Es gelte weiter für die analytischen Komponenten der beiden Signale $s_{1,+}(t) = s_{2,+}(t)$. Wie unterscheiden sich die Signale dann hinsichtlich ihrer komplementären analytischen Komponenten $s_{1,-}(t)$ bzw. $s_{2,-}(t)$? Welcher Zusammenhang besteht zwischen $s_{1,+}(t)$ und $s_{1,-}(t)$?

3.31 Ist ein Signal kausal, für das folgende Beziehungen zwischen Real- und Imaginärteil gelten:

$$\mathrm{Re}\{S(f)\} = -\,\mathrm{Im}\{S(f)\} * \frac{1}{\pi f}\,; \qquad \mathrm{Im}\{S(f)\} = \mathrm{Re}\{S(f)\} * \frac{1}{\pi f}\,?$$

3.32 Bestimmen Sie Real- und Imaginärteile der analytischen Komponenten $s_+(t)$ für die Signale

a) $s(t) = \mathrm{rect}(t)$;
b) $s(t) = \mathrm{si}(\pi t)$.

4. Diskrete Signale und Systeme

In der Nachrichtentechnik wie auch in vielen anderen Disziplinen sind Methoden der numerischen Verarbeitung von Signalen von großer Bedeutung. Diese Methoden setzen voraus, dass ein Signal in Form einer endlichen oder auch abzählbar unendlichen Folge von Zahlen mit endlicher Stellenzahl beschrieben werden kann. Die Angabe, in welchem Maß ein Signal diese Forderung erfüllt, ist ein wichtiges Klassifizierungsmerkmal.

Ein Signal kann sowohl in Bezug auf seinen Wertebereich als auch in Bezug auf seinen Definitionsbereich auf der Zeitachse kontinuierlich ($\hat{=}$ nicht abzählbar) oder diskret ($\hat{=}$ abzählbar) sein. Entsprechend wird ein Signal *wertkontinuierlich* genannt, wenn es beliebige Werte[1] annehmen kann. Im anderen Fall ist das Signal *wertdiskret.* Sind beispielsweise nur zwei Werte möglich, dann wird ein solches wertdiskretes Signal *zweiwertig* oder *binär* genannt.

In gleicher Weise ist ein Signal *zeitkontinuierlich*, wenn die Kenntnis seines Wertes zu jedem beliebigen Zeitpunkt erforderlich ist. Bei einem *zeitdiskreten* Signal ist diese Kenntnis nur zu bestimmten Zeitpunkten notwendig. Entsprechend sind z. B. Bildsignale, die über einer Ortskoordinate definiert sind, ortskontinuierlich oder ortsdiskret.

Anmerkung: Gebräuchlich sind in diesem Zusammenhang auch die Bezeichnungen analoges und digitales Signal. Ein *analoges Signal* bildet einen wert- und zeitkontinuierlichen Vorgang kontinuierlich ab, häufig wird diese Bezeichnung aber auch zur Bezeichnung eines beliebigen wert- und zeitkontinuierlichen Signals gebraucht. Ein *digitales Signal* bildet die Zeichen eines endlichen Zeichenvorrates auf einen stellenwertigen Code ab, bezeichnet aber auch allgemein ein beliebiges wert- und zeitdiskretes Signal.

Beispiele für die verschiedenen Möglichkeiten, Signale in dieser Art zu klassifizieren, zeigt Abb. 4.1. Die Umwandlung eines zeitkontinuierlichen in ein zeitdiskretes Signal erfolgt durch *Abtastung*, die Umwandlung eines wert-

[1] Häufig wird unter dem Wert eines Signals die Signalamplitude in dem betrachteten Zeitpunkt verstanden. Allgemeiner kann aber auch ein anderer relevanter Signalparameter als Wert definiert werden, beispielsweise ein Effektivwert oder eine Augenblicksfrequenz (Abschn. 10.2). Siehe auch DIN 40 146 „Begriffe der Nachrichtenübertragung" (s. Anhang zum Literaturverzeichnis).

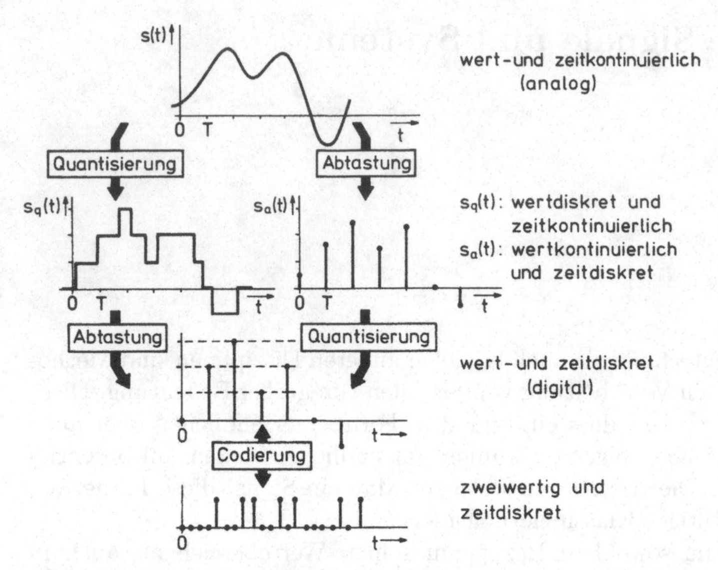

Abbildung 4.1. Klassifizierung von Signalen

kontinuierlichen in ein wertdiskretes Signal durch *Quantisierung* und schließlich die Umwandlung eines wert- und zeitdiskreten Signals in ein anderes digitales, hier binäres Signal durch *Codierung.* Diese Umwandlungsmöglichkeiten sind ebenfalls in Abb. 4.1 dargestellt. Quantisierung und Abtastung sind normalerweise nicht ohne Fehler möglich. Während der Quantisierungsvorgang erst in den Kap. 7 und 8 betrachtet wird, beschäftigt sich das folgende Kapitel zunächst mit dem Problem der Abtastung. In Form eines *Abtasttheorems* werden Bedingungen angegeben, unter denen bestimmte zeitkontinuierliche Signale ohne Fehler in zeitdiskrete Signale und umgekehrt abgebildet werden können. Ein zweites Abtasttheorem macht die entsprechende Aussage für Frequenzfunktionen. Aufbauend auf den Abtasttheoremen können dann grundlegende Verfahren der Übertragung zeitdiskreter Signale über zeitdiskrete (digitale) Systeme abgeleitet werden.

4.1 Abtastung im Zeitbereich

Ausgangspunkt der Überlegungen ist eine reale Abtast- oder Torschaltung, deren Arbeitsweise in Abb. 4.2 dargestellt ist. Dieses Abtastsystem kann ein mechanischer oder elektronischer Schalter sein, der zu äquidistanten Zeitpunkten nT für eine Zeit T_0 geschlossen wird und in diesen Zeitabschnitten das Signal $s(t)$ mit dem Ausgang verbindet. Das entstehende *abgetastete Signal* hat die Form

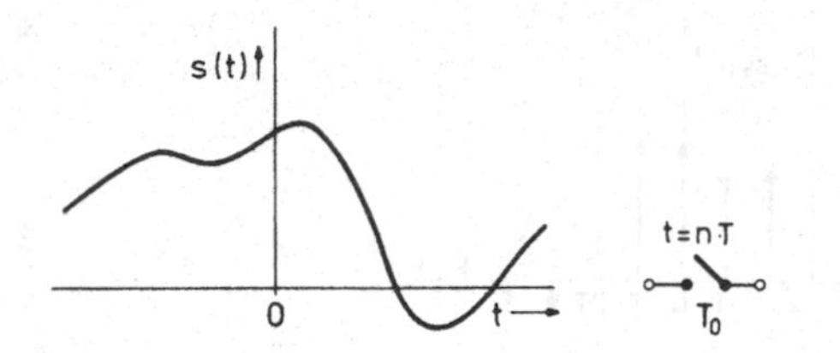

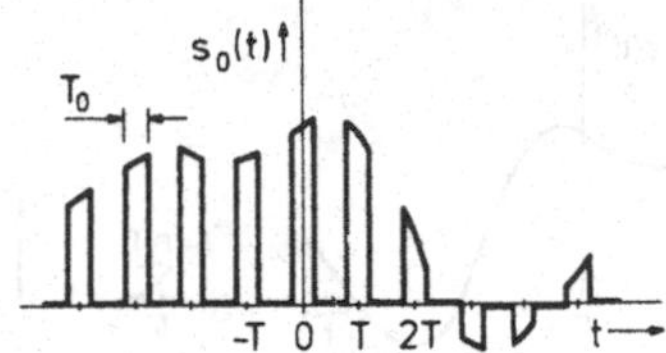

Abbildung 4.2. Signal $s(t)$ und Ausgangssignal $s_0(t)$ des Abtasters

$$s_0(t) = s(t) \sum_{n=-\infty}^{\infty} \operatorname{rect}\left(\frac{t-nT}{T_0}\right),$$

oder, als Faltungsprodukt geschrieben

$$s_0(t) = s(t) \left[\operatorname{rect}\left(\frac{t}{T_0}\right) * \sum_{n=-\infty}^{\infty} \delta(t-nT)\right]. \tag{4.1}$$

Zu einer zeitdiskreten Darstellung des Signals gelangt man durch Verkürzen der Abtastzeit T_0, bis im Grenzfall nur noch die Funktionswerte $s(nT)$ zu den Zeitpunkten nT im abgetasteten Signal enthalten sind.

Ein derartiger *idealer Abtaster* wird so beschrieben, dass in (4.1) der Abtastimpuls $\operatorname{rect}(t/T_0)$ durch einen Dirac-Impuls ersetzt wird. Damit ergibt sich für ein ideal abgetastetes Signal $s_{\mathrm{a}}(t)$ aus (4.1)

$$s_{\mathrm{a}}(t) = s(t) \sum_{n=-\infty}^{\infty} \delta(t-nT). \tag{4.2}$$

Mit Berücksichtigung der Siebeigenschaft des Dirac-Impulses (1.45) lässt sich dafür auch schreiben

$$s_{\mathrm{a}}(t) = \sum_{n=-\infty}^{\infty} s(nT)\delta(t-nT)\,; \tag{4.3}$$

dieses Ausgangssignal eines idealen Abtastsystems ist in Abb. 4.3 dargestellt. Der *ideale Abtaster* erzeugt also aus der zeitkontinuierlichen Zeitfunktion $s(t)$ eine zeitdiskrete äquidistante Dirac-Impulsfolge der *Abtastperiode* T. Die einzelnen Dirac-Impulse sind mit den Funktionswerten oder *Abtastwerten* $s(nT)$ bewertet. Der Übergang von der so definierten idealen Abtastung auf eine reale Abtastung ist recht einfach (s. hierzu Aufgabe 4.3).

Einen tieferen Einblick in die Eigenschaften des abgetasteten Signals gewinnt man durch Bildung der Fourier-Transformierten. Mit (3.96) folgt die Fourier-Transformierte von (4.2)

[2] Ideale Abtaster mit gewichteten Dirac-Impulsen als Ausgangssignal werden im Folgenden zur Unterscheidung von normalen Schaltern durch ein δ gekennzeichnet.

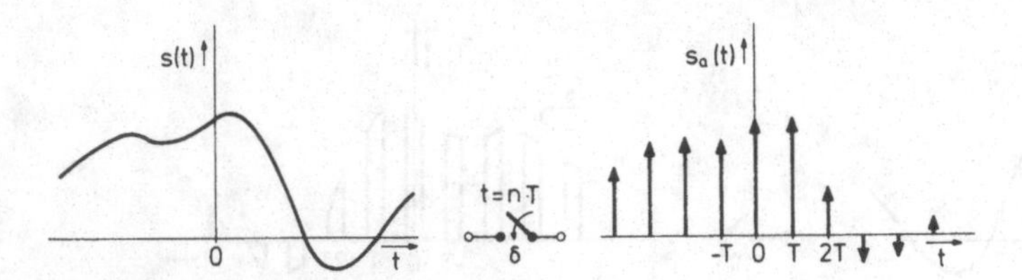

Abbildung 4.3. Ausgangssignal $s_{\mathrm{a}}(t)$ eines idealen Abtasters[2]

$$
\begin{aligned}
s_{\mathrm{a}}(t) &= s(t) \cdot \sum_{n=-\infty}^{\infty} \delta(t-nT) \\
&\circ\!\!-\!\!\bullet \qquad\qquad\qquad\qquad \text{für } T>0 \\
S_{\mathrm{a}}(f) &= S(f) * \frac{1}{T} \sum_{k=-\infty}^{\infty} \delta\left(f-\tfrac{k}{T}\right) = \frac{1}{T} \sum_{k=-\infty}^{\infty} S\left(f-\frac{k}{T}\right) .
\end{aligned}
\tag{4.4}
$$

Die Fourier-Transformierte $S_{\mathrm{a}}(f)$ des abgetasteten Signals ergibt sich also als Faltungsprodukt des Signalspektrums $S(f)$ mit der um den Faktor T gestauchten Dirac-Impulsfolge im Frequenzbereich, das Signalspektrum wird periodisch mit $1/T$ wiederholt. Dabei wird die Amplitude der periodisch fortgesetzten Spektren auf den Faktor $1/T$ skaliert. Abb. 4.4 zeigt diesen Zusammenhang für ein *Tiefpasssignal* mit der Grenzfrequenz f_{g}, d. h. ein Signal, dessen Spektrum für $|f| \geq f_{\mathrm{g}}$ verschwindet. Wird nun ein derartiges

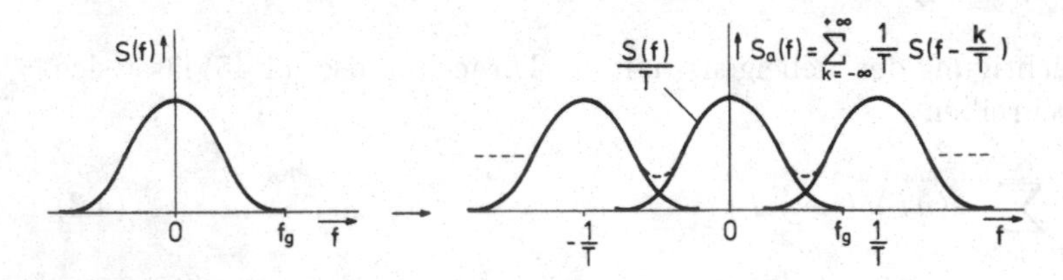

Abbildung 4.4. Periodisch wiederholte Komponenten der Fourier-Transformierten des abgetasteten Signals $s_{\mathrm{a}}(t)$

Tiefpasssignal mit einer Abtastperiode

$$
T \leq \frac{1}{2f_{\mathrm{g}}} \tag{4.5}
$$

abgetastet, dann überlappen sich die periodisch wiederholten Spektralanteile in $S_{\mathrm{a}}(f)$ nicht mehr und $S(f)$ kann mit einem idealen Tiefpass aus $S_{\mathrm{a}}(f)$

fehlerfrei wiedergewonnen werden[3] (s. aber Aufgabe 4.10). Dieser Grundgedanke des Abtasttheorems ist in Abb. 4.5 verdeutlicht. Der zur Rekonstruk-

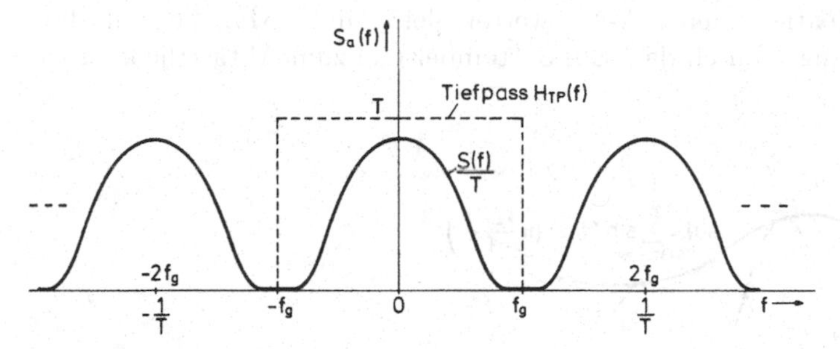

Abbildung 4.5. Die Rückgewinnung von $S(f)$ aus $S_\mathrm{a}(f)$ mit einem idealen Tiefpass der Grenzfrequenz f_g

tion notwendige Tiefpass muss also im Bereich $|f| < f_\mathrm{g}$ eine konstante reelle Übertragungsfunktion haben und darf die außerhalb dieses Bereiches liegenden Anteile von $S_\mathrm{a}(f)$ nicht mehr passieren lassen. Ein solcher *idealer Tiefpass* hat die Übertragungsfunktion

$$H_\mathrm{TP}(f) = \mathrm{rect}\left(\frac{f}{2f_\mathrm{g}}\right) . \tag{4.6}$$

Für die Rückgewinnung des abgetasteten Signals gilt dann gemäß Abb. 4.5 im Frequenz- und entsprechend im Zeitbereich

$$\begin{aligned} S(f) &= S_\mathrm{a}(f) \cdot T\,\mathrm{rect}\left(\tfrac{f}{2f_\mathrm{g}}\right) \\ &\quad \bullet\!\!-\!\!\circ \\ s(t) &= s_\mathrm{a}(t) * [2f_\mathrm{g}T\mathrm{si}(\pi 2 f_\mathrm{g} t)] \end{aligned} \tag{4.7}$$

[für die Transformation in den Zeitbereich werden das Faltungstheorem und (3.80) benutzt].

Hat man mit der größtmöglichen Abtastperiode $T = 1/(2f_\mathrm{g})$ abgetastet, dann ergibt sich mit (4.3)

$$\begin{aligned} s(t) &= \left[\sum_{n=-\infty}^{\infty} s(nT)\delta(t-nT)\right] * \mathrm{si}\left(\pi\frac{t}{T}\right) \\ &= \sum_{n=-\infty}^{\infty} s(nT)\mathrm{si}\left(\pi\frac{t-nT}{T}\right) . \end{aligned} \tag{4.8}$$

[3] Ein idealer Tiefpass ist ein System, dessen Übertragungsfunktion in einem begrenzten Frequenzintervall $|f| < f_\mathrm{g}$ die Spektralanteile eines Signals unverändert lässt, außerhalb dieses Intervalls jedoch zu Null setzt (Abschn. 3.7.1 und 5.2.1).

Diese Form des *Abtasttheorems* zeigt, dass jedes Tiefpasssignal der Grenzfrequenz f_g fehlerfrei als Reihe von äquidistanten si-Funktionen dargestellt werden kann, wobei deren Amplitudenkoeffizienten direkt den in Abständen von $T = 1/(2f_g)$ entnommenen Abtastwerten gleich sind.[4] Abb. 4.6 stellt diesen Zusammenhang grafisch dar. Ein Systembeispiel zum Abtasttheorem ist

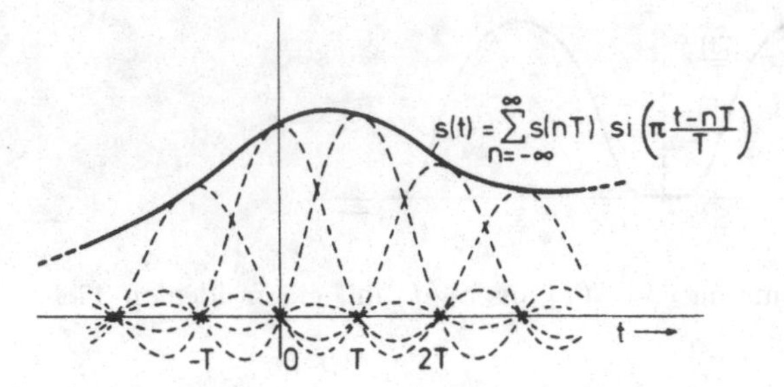

Abbildung 4.6. Signal $s(t)$ als Überlagerung verschobener si-Funktionen mit Abständen $T = 1/(2f_g)$

in Abb. 4.7 dargestellt. Das linke System besteht aus der Kettenschaltung eines beliebigen Tiefpasses (TP) der Übertragungsfunktion $H(f) = 0$ für $|f| \geq f_g$, einem idealen Abtaster der Abtastzeit $T \leq 1/(2f_g)$ und einem idealen Tiefpass der Grenzfrequenz f_g nach (4.6) mit einem Verstärkungsfaktor T. Dieses System hat dieselben Übertragungseigenschaften wie der Tiefpass TP der Übertragungsfunktion $H(f)$ allein. Beide Systeme können also beliebig ausgetauscht werden; hiervon wird in den folgenden Kapiteln noch mehrfach Gebrauch gemacht. Bei Abtastung mit $T = 1/(2f_g)$ nennt man die *Abtastrate* $r = 1/T = 2f_g$ auch *Nyquist-Rate* (Aufgabe 4.10). Abtastung mit einer höheren Abtastrate $1/T > 2f_g$ ist zulässig. Im Gegensatz zu dieser *Überabtastung* ist bei einer *Unterabtastung* mit einer Abtastrate $1/T < 2f_g$ durch Überlappen der periodisch wiederholten Signalspektren keine fehlerfreie Rückgewinnung des Signals möglich, sondern das interpolierte Signal ist verzerrt (Aufgabe 4.9). Die Verläufe der Spektren $S_a(f)$, wie sie aus (4.4) sofort folgen, sind bei Über- und Unterabtastung in Abb. 4.8 gegenübergestellt. Die Überlappung der periodisch wiederholten Anteile von $S_a(f)$ bei Unterab-

[4] Der Grundgedanke des Abtasttheorems (Sampling Theorem) lässt sich bis auf J. L. Lagrange (1736–1813) zurückführen. Lagrange zeigte, dass zur Darstellung einer periodischen Funktion durch eine trigonometrische Reihe mit je n cos- und sin-Gliedern die Kenntnis von $2n$ äquidistanten Funktionswerten einer Periode genügt.

In der (4.8) entsprechenden Form der sogenannten Kardinalserie wurde das Abtasttheorem von E. T. Whittaker (1915) angegeben. In der Nachrichtentechnik wurde es in größerer Breite erst durch Claude E. Shannon (1948) bekannt, es wird deshalb auch Shannons Abtasttheorem genannt. Weitere in diesem Zusammenhang zu nennende Namen sind V. A. Kotelnikov (1933) und H. Raabe (1939), s. Anhang zum Literaturverzeichnis.

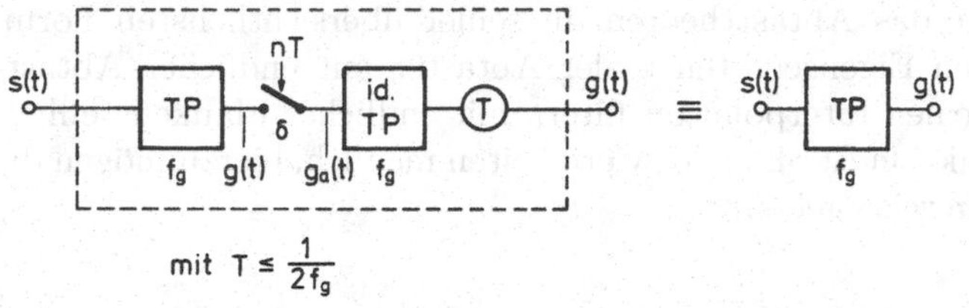

mit $T \leq \frac{1}{2f_g}$

Abbildung 4.7. Äquivalente Systeme, die durch Messungen ihrer Übertragungseigenschaften nicht unterschieden werden können (s. Aufgabe 4.2)

tastung führt nach der Interpolation zu („Aliasing")-Verzerrungen (Auftreten von „fremden" Frequenzanteilen), wie sie bei LTI-Systemen nicht auftreten könnten [5]. Die hier diskutierte Darstellung der idealisierten Abtastung mit

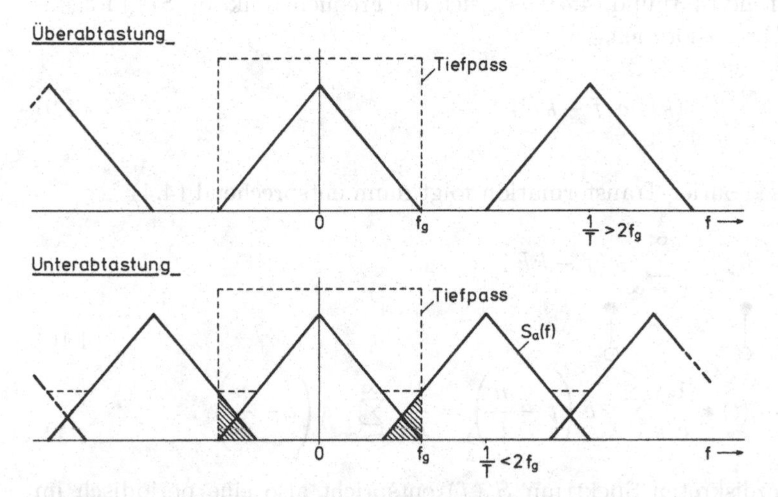

Abbildung 4.8. Spektren der abgetasteten Signale bei Über- und Unterabtastung.

[5] LTI-Systeme bilden jede Eigenfunktion $e^{j2\pi ft}$ exakt auf eine Ausgangs-Eigenfunktion derselben Frequenz ab. Auftreten anderer Frequenzen im Ausgangssignal eines Systems weist entweder auf nichtlineares oder zeitvariantes Verhalten (oder beides) hin. Derartige Verzerrungen können für Eingangssignale mit bestimmten Eigenschaften (in der Regel band- und amplitudenbegrenzt) wieder beseitigt werden, z.B. durch Anwendung einer inversen nichtlinearen Funktion (s. Abschn. 7.7.1), durch Übertragung über ein weiteres LTI- oder zeitvariantes System. Die Beseitigung der Verzerrung ist allerdings in der Regel nicht möglich, wenn sie zu einer mehrdeutigen Amplitudenabbildung führte (z.B. Amplituden-Clipping, Gleichrichtung, Quantisierung), oder wenn es zu mehrdeutigen Frequenzabbildungen (z.B. bei spektralen Überlappungen) gekommen war. Üblicherweise muss das Auftreten solcher Verzerrungen nicht über die gesamte Frequenzbandbreite und den gesamten Amplitudenbereich, sondern lediglich im *Nutzfrequenz-* und *Nutzamplitudenbereich* des Signals vermieden werden.

Dirac-Impulsen zeigt das Abtasttheorem in seiner übersichtlichsten Form. Der Übergang zu den Eigenschaften realer Abtaster mit endlicher Abtastdauer wie auch zu realen Interpolationsfiltern mit endlicher Flankensteilheit der Übertragungsfunktion ist ohne Schwierigkeiten möglich, hierzu mögen die Aufgaben 4.2-4.5 Hinweise geben.

4.2 Abtastung im Frequenzbereich

In ähnlicher Weise wie eine Zeitfunktion $s(t)$ lässt sich auch eine Frequenzfunktion $S(f)$ durch frequenzdiskrete Werte darstellen. Die Formulierung eines Abtasttheorems im Frequenzbereich führt dabei auf Grund des Symmetrietheorems der Fourier-Transformation auf ganz ähnlich aufgebaute Ausdrücke wie im vorhergehenden Abschnitt.

Entsprechend (4.3) und (4.4) lässt sich der Frequenzfunktion $S(f)$ folgende diskrete Form zuordnen.

$$S_{\mathrm{p}}(f) = \sum_{k=-\infty}^{\infty} S(kF)\delta(f - kF) . \tag{4.9}$$

Durch inverse Fourier-Transformation folgt dann entsprechend (4.4)

$$\begin{aligned} S_{\mathrm{p}}(f) &= S(f) \cdot \sum_{k=-\infty}^{\infty} \delta(f - kF) \\ &\bullet\!\!-\!\!\circ \\ s_{\mathrm{p}}(t) &= s(t) * \frac{1}{F} \sum_{n=-\infty}^{\infty} \delta\left(t - \frac{n}{F}\right) = \frac{1}{F} \sum_{n=-\infty}^{\infty} s\left(t - \frac{n}{F}\right) . \end{aligned} \tag{4.10}$$

Dem frequenzdiskreten Spektrum $S_{\mathrm{p}}(f)$ entspricht also eine periodisch im Abstand $1/F$ wiederholte Zeitfunktion. Abb. 4.9 zeigt diesen Zusammenhang. Ist die zeitliche Dauer des Signals $s(t)$ kleiner als $1/F$, dann überlappen sich die periodisch wiederholten Kopien von $s_{\mathrm{p}}(t)$ nicht gegenseitig, und $s(t)$ kann aus $s_{\mathrm{p}}(t)$ durch Ausblenden mit einem einmalig für die Zeitdauer $1/F$ durchschaltenden Schalter (Torschaltung) sowie Multiplikation mit F fehlerfrei zurückgewonnen werden. Dieser Fall ist in Abb. 4.9 dargestellt. Völlig entsprechend zu (4.7) lässt sich dieser Ausblendvorgang im Zeit- und Frequenzbereich schreiben als

$$\begin{aligned} s(t) &= s_{\mathrm{p}}(t) \cdot F \operatorname{rect}(Ft) \\ &\circ\!\!-\!\!\bullet \\ S(f) &= S_{\mathrm{p}}(f) * \operatorname{si}\left(\pi \frac{f}{F}\right) . \end{aligned} \tag{4.11}$$

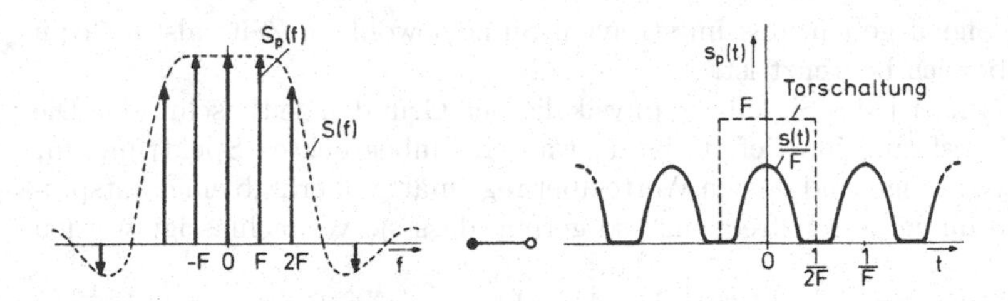

Abbildung 4.9. Periodische Wiederholung der Zeitfunktion $s(t)$ durch äquidistante Abtastung von $S(f)$ für den Fall, dass die Dauer von $s(t)$ kleiner als $1/F$ ist

Mit (4.9) ergibt dieses Faltungsprodukt dann

$$S(f) = \sum_{k=-\infty}^{\infty} S(kF)\text{si}\left(\pi\frac{f-kF}{F}\right) . \tag{4.12}$$

Abb. 4.10 zeigt die Fourier-Transformierte $S(f)$ entsprechend (4.12) als Summe von si-Funktionen mit den Amplituden $S(kF)$. Hieraus folgt zunächst die

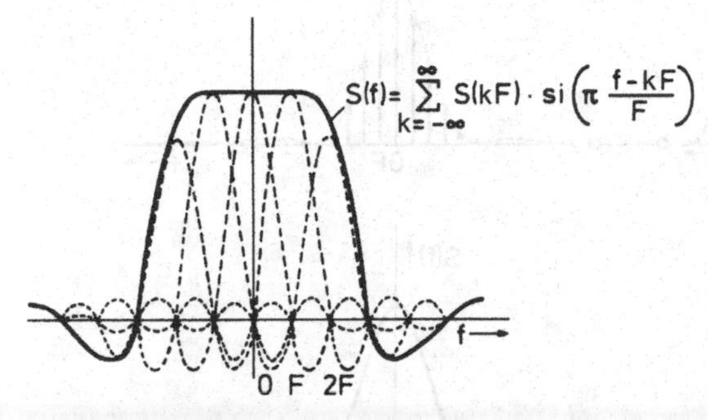

Abbildung 4.10. Fourier-Spektrum $S(f)$ eines zeitbegrenzten Signals als Summe von si-Funktionen

wichtige Aussage, dass bei endlichen Signalen das Wissen über diskrete Werte des Spektrums vollkommen ausreichend für eine Rekonstruktion ist.

Da die si-Funktion unendlich ausgedehnt ist und man außerdem zeigen kann, dass eine beliebige Summe von si-Funktionen in der Form (4.12) nur an einzelnen Punkten verschwinden kann[6], folgt aus dieser Darstellung auch, dass jedes zeitbegrenzte Signal ein unendlich ausgedehntes Spektrum besitzt. In gleicher Weise folgt aus (4.8), dass ein Tiefpasssignal, also ein frequenzbandbeschränktes Signal, zeitlich unendlich ausgedehnt sein muss. Es kann

[6] Temes (1973), ausgenommen ist der triviale Fall, dass die Summe überall identisch Null ist.

also kein Signal geben, das im strengen Sinne sowohl im Zeit- als auch im Frequenzbereich begrenzt ist.

Praktisch ist jedes Signal aus physikalischen Gründen zeitbeschränkt. Die Fourier-Transformation liefert dann zwar ein unbegrenztes Spektrum, für praktische Belange sind dessen Werte aber regelmäßig oberhalb einer entsprechend gewählten „Grenzfrequenz“ so gering, dass sie vernachlässigt werden dürfen.

Das Gleichungspaar (4.10), das die Abtastung im Frequenzbereich beschreibt, enthält schließlich noch eine weitere Aussage:

Die Fourier-Transformierte $S_{\mathrm{p}}(f)$ einer periodischen Zeitfunktion $s_{\mathrm{p}}(t)$ besteht aus einer äquidistanten Folge von Dirac-Impulsen. Die einzelnen Dirac-Impulse oder Linien $\delta(f-kF)$ dieses *Linienspektrums* treten im Abstand F auf und sind mit $S_{\mathrm{p}}(k) = FS(kF)$ bewertet, wobei $S(f)$ die Fourier-Transformierte der bei $n = 0$ liegenden Periode von $s_{\mathrm{p}}(t)$ ist.[7] Dieser Zusammenhang ist in Abb. 4.11 verdeutlicht und führt nochmals auf den bereits in (3.37) gezeigten Zusammenhang zwischen dem Fourier-Spektrum eines endlichen Signals und der Fourier-Reihe seines periodischen Äquivalents.

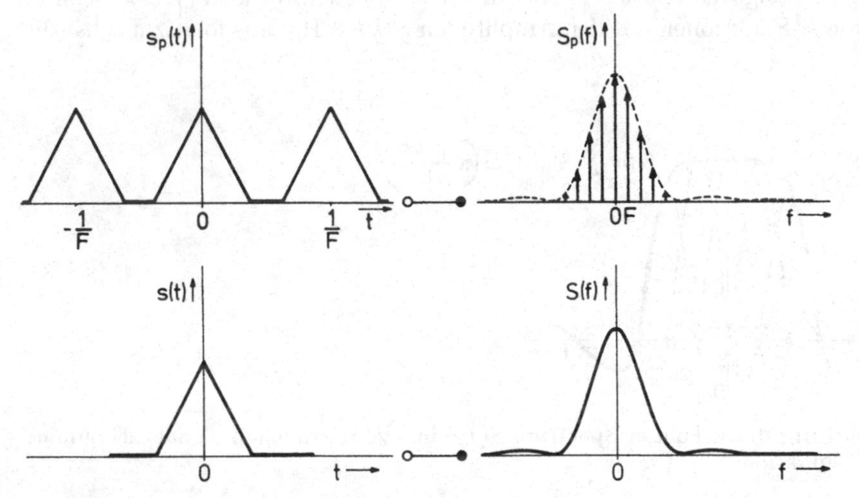

Abbildung 4.11. Zusammenhang zwischen den Spektren eines einmaligen Signals und seiner periodischen Wiederholung

[7] Diese Aussage gilt auch, wenn $s(t)$ breiter als $1/F$ ist, die periodisch wiederholten Teilsignale sich also überlappen. Nur ist dann eine Darstellung in Form von (4.10) nicht mehr in beiden Richtungen eindeutig.

4.3 Zeitdiskrete Signale und Systeme

4.3.1 Diskrete Faltung

Nach Aussage des in Abschn. 4.1 abgeleiteten Abtasttheorems kann ein frequenzbeschränktes Signal vollständig durch seine Abtastwerte beschrieben werden. Diese Beschreibung lässt sich in einfacher Weise auch auf das Verhalten solcher Signale bei der Übertragung über frequenzbeschränkte LTI-Systeme erweitern (Abb. 4.12). Es stellt sich die Frage, wie $g_{\mathrm{a}}(t)$ direkt

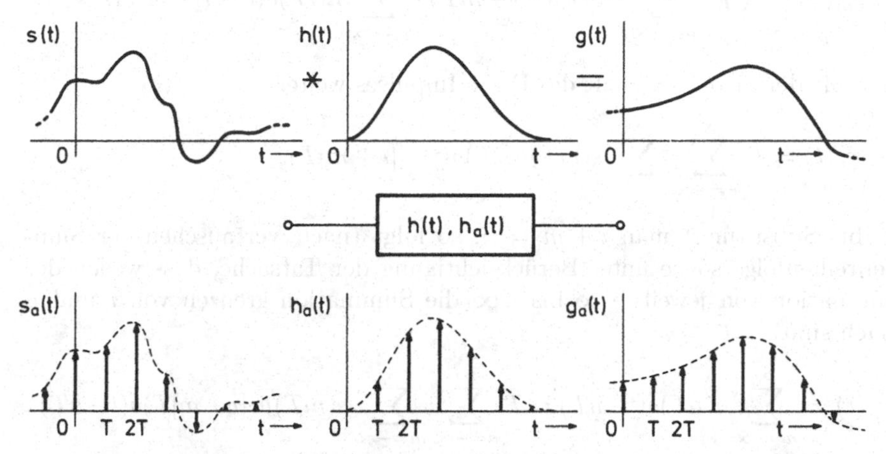

Abbildung 4.12. Übertragung eines Tiefpasssignals $s(t)$ über ein Tiefpasssystem $h(t)$. Im unteren Teil die bei Berücksichtigung des Abtasttheorems gewonnenen abgetasteten Signale $s_{\mathrm{a}}(t)$, $h_{\mathrm{a}}(t)$ und $g_{\mathrm{a}}(t)$

aus $s_{\mathrm{a}}(t)$ und $h_{\mathrm{a}}(t)$ berechnet werden kann. Diese Frage beschreibt eine Grundaufgabe sowohl der zeitdiskreten (digitalen) Simulation dieser Übertragungsaufgabe als auch der Signalübertragung und Signalfilterung selbst mit zeitdiskreten (z. B. digitalen) Systemen. Aus $g(t) = s(t) * h(t)$ folgt bei Abtastung mit der Nyquist-Rate nach (4.8)

$$\left[\sum_{n=-\infty}^{\infty} g(nT)\delta(t-nT)\right] * \mathrm{si}\left(\frac{\pi t}{T}\right)$$

$$= \left[\sum_{n=-\infty}^{\infty} s(nT)\delta(t-nT)\right] * \mathrm{si}\left(\frac{\pi t}{T}\right) * \left[\sum_{n=-\infty}^{\infty} h(nT)\delta(t-nT)\right] * \mathrm{si}\left(\frac{\pi t}{T}\right). \tag{4.13}$$

Die Faltung der beiden unteren si-Funktionen ergibt nach (3.82) wieder eine si-Funktion mit der Amplitude T, demgemäß muss für die Abtastfolgen allein gelten (mit $T > 0$)

$$g_{\mathrm{a}}(t) = \sum_{n=-\infty}^{\infty} g(nT)\delta(t-nT)$$
$$= \left[T \sum_{n=-\infty}^{\infty} s(nT)\delta(t-nT)\right] * \left[\sum_{n=-\infty}^{\infty} h(nT)\delta(t-nT)\right],$$

woraus sich nach Ausschreiben des Faltungsintegrals (sowie Umbenennung der Summationsvariablen)

$$g_{\mathrm{a}}(t) = T \int_{-\infty}^{\infty} \sum_{m=-\infty}^{\infty} s(mT)\delta(\tau - mT) \cdot \sum_{i=-\infty}^{\infty} h(iT)\delta(t-\tau-iT)\mathrm{d}\tau\,,$$

und mit der Siebeigenschaft des Dirac-Impulses weiter

$$g_{\mathrm{a}}(t) = T \sum_{m=-\infty}^{\infty} \sum_{i=-\infty}^{\infty} s(mT)h(iT)\delta(t-[i+m]T)$$

ergibt. Substituiert man $i + m = n$, so folgt (nach Vertauschen der Summenreihenfolge sowie unter Berücksichtigung der Tatsache, dass wegen der Summation von jeweils $-\infty$ bis $+\infty$ die Summationsgrenzen von i und n gleich sind)

$$g_{\mathrm{a}}(t) = \sum_{n=-\infty}^{\infty} g(nT)\delta(t-nT) = T \sum_{n=-\infty}^{\infty} \sum_{m=-\infty}^{\infty} s(mT)h([n-m]T)\delta(t-nT)\,.$$

Also gilt allein für die Abtastwertfolgen

$$g(nT) = T \sum_{m=-\infty}^{\infty} s(mT)h([n-m]T)\,. \tag{4.14}$$

Diese Verknüpfung von Abtastwertfolgen wird *diskrete Faltung* genannt, sie löst also die in Abb. 4.12 gestellte Grundaufgabe der zeitdiskreten Signalübertragung. Der Abtastzeitparameter T ist bei der Gewinnung wie auch bei der Interpolation der Abtastwertfolgen wichtig. Betrachtet man jedoch (4.14) als Rechenvorschrift der digitalen Signalverarbeitung, dann kann normalerweise $T = 1$ gesetzt werden. Bei der Interpolation zum Ausgangssignal $g(t)$ kann T wieder entsprechend berücksichtigt werden. Es ist daher üblich, die diskrete Faltung mit $T = 1$ zu schreiben als

$$g(n) = \sum_{m=-\infty}^{\infty} s(m)h(n-m)\,. \tag{4.15}$$

Dieser Ausdruck wird ebenfalls mit dem Faltungssymbol abkürzend $g(n) = s(n) * h(n)$ bezeichnet. Wegen ihrer Ableitung als Sonderfall der allgemeinen Faltung ist auch die diskrete Faltung assoziativ, kommutativ und distributiv zur Addition.

Hier und im Folgenden muss dabei immer sorgfältig unterschieden werden zwischen dem abgetasteten Signal $s_a(t)$ und der Folge der Abtastwerte $s(nT)$. Unter einem zeitdiskreten Signal soll daher hier ausschließlich die Folge $s(nT)$ bzw. $s(n)$ verstanden werden. Abgetastete Signale $s_a(t)$ sind als z.B. gewichtete Dirac-Impulsfolgen eine besondere Klasse zeitkontinuierlicher Signale und können nur über zeitkontinuierliche LTI-Systeme übertragen werden (einschließlich solcher Systeme, bei denen die Impulsantwort ebenfalls aus einer gewichteten Folge von Dirac-Impulsen besteht). Zeitdiskrete Signale $s(n)$ sind dagegen reine Zahlenwertfolgen, eine analoge Filterung dieser Folgen ist nicht definiert. Nach entsprechender Quantisierung können diese Zahlenwertfolgen als digitale Signale in digitalen Schaltungen und Prozessoren verarbeitet werden.[8]

4.3.2 Zeitdiskrete Elementarsignale

Entsprechend den zeitkontinuierlichen Elementarsignalen in Abschn. 1.1 ist es sinnvoll, auch zeitdiskrete Elementarsignale festzulegen.

Der *Einheitsimpuls* $\delta(n)$[9] wird als Einselement der diskreten Faltung definiert

$$s(n) = \delta(n) * s(n) = \sum_{m=-\infty}^{\infty} s(m)\delta(n-m)\,. \tag{4.16}$$

Daraus folgt (Abb. 4.13a)

$$\delta(n) = \begin{cases} 1 & \text{für} \quad n = 0 \\ 0 & \text{für} \quad n \neq 0\,. \end{cases} \tag{4.17}$$

Der Einheitsimpuls $\delta(n)$ benötigt also im Gegensatz zum Dirac-Impuls $\delta(t)$ keine besondere mathematische Definition, er ist ein normales zeitdiskretes Signal, keine Distribution. Der *Einheitssprung* $\varepsilon(n)$ (Abb. 4.13b) ergibt sich analog zu (1.53) als laufende Summe (Akkumulation) über den Einheitsimpuls

$$\varepsilon(n) = \sum_{m=-\infty}^{n} \delta(m) \tag{4.18}$$

zu

---

[8] Diese *digitale Signalverarbeitung* wird heute in nachrichtentechnischen Systemen in großem Maßstab angewandt. Insbesondere lassen sich hiermit flexibel adaptierbare Systeme (z.B. zur Anpassung an Kanaleigenschaften) und Systeme mit einer hohen Präzision und Stabilität realisieren, die mittels analoger Schaltungstechnik nicht verwirklicht werden könnten.

[9] $\delta(n)$ wird auch als Delta-Impuls oder Kronecker-Delta bezeichnet.

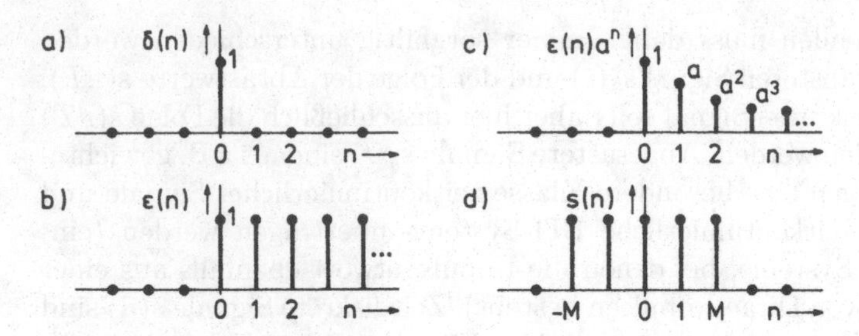

Abbildung 4.13. Zeitdiskrete Elementarsignale

$$\varepsilon(n) = \begin{cases} 0 & \text{für} \quad n < 0 \\ 1 & \text{für} \quad n \geq 0\,. \end{cases} \tag{4.19}$$

Der einseitige zeitdiskrete Exponentialimpuls lautet damit (Abb. 4.13c)

$$s(n) = \varepsilon(n)a^n\,. \tag{4.20}$$

Ein zeitdiskreter Rechteckimpuls, bestehend aus $2M + 1$ Abtastwerten der Amplitude 1 mit gerader Symmetrie um $n = 0$ (Abb. 4.13d), lässt sich bilden durch[10]

$$s(n) = \varepsilon(n + M) - \varepsilon(n - M - 1)\,. \tag{4.21}$$

Ein Beispiel für ein komplexwertiges zeitdiskretes Signal ist die Folge

$$s(n) = \mathrm{e}^{\mathrm{j}2\pi Fn} = \cos(2\pi Fn) + \mathrm{j}\sin(2\pi Fn)\,. \tag{4.22}$$

4.3.3 Lineare verschiebungsinvariante Systeme

Ein zeitdiskretes System oder Abtastsystem wird definiert durch die eindeutige Zuordnung eines zeitdiskreten Ausgangssignals $g(n)$ zu einem beliebigen Eingangssignal $s(n)$. Unter diesen Systemen zeichnen sich wieder *lineare verschiebungsinvariante Systeme* durch eine einfache Transformationsgleichung $g(n) = \mathrm{Tr}\{s(n)\}$ aus.

Ein zeitdiskretes System heißt linear, wenn für beliebige Signale $s_i(n)$ und beliebige Konstanten a_i gilt (vgl. (1.29))

$$\mathrm{Tr}\left\{\sum_i a_i s_i(n)\right\} = \sum_i a_i \mathrm{Tr}\{s_i(n)\} = \sum_i a_i g_i(n)\,. \tag{4.23}$$

[10] Als Fourier-Spektrum der so definierten zeitdiskreten Rechteckfunktion ergibt sich $S_a(f) = \sin\left[\pi f(2M + 1)\right] / \sin(\pi f)$. Dies entspricht einer mit der Abtastrate periodischen Überlagerung von si-Funktionen mit dem Wert $2M + 1$ für $f = 0$ (vgl. auch Aufgabe 4.16b).

Weiter heißt ein zeitdiskretes System verschiebungsinvariant, wenn für beliebige ganzzahlige m gilt (vgl. (1.30))

$$\mathrm{Tr}\{s(n-m)\} = g(n-m)\,. \tag{4.24}$$

Damit ergibt sich für die gesuchte Transformationsgleichung mit Hilfe von (4.16) und (4.23) zunächst

$$\begin{aligned} g(n) = \mathrm{Tr}\{s(n)\} &= \mathrm{Tr}\left\{\sum_{m=-\infty}^{\infty} s(m)\delta(n-m)\right\} \\ &= \sum_{m=-\infty}^{\infty} s(m)\mathrm{Tr}\{\delta(n-m)\}\,. \end{aligned}$$

Definiert man nun als Impulsantwort des zeitdiskreten Systems die Antwort auf den Einheitsimpuls

$$h(n) = \mathrm{Tr}\{\delta(n)\}\,, \tag{4.25}$$

dann erhält man mit (4.24) schließlich

$$g(n) = \sum_{m=-\infty}^{\infty} s(m)h(n-m) = s(n) * h(n). \tag{4.26}$$

Die Transformationsvorschrift eines zeitdiskreten, linearen, verschiebungsinvarianten Systems[11] entspricht also dem Algorithmus (4.15) der diskreten Faltung.

Im Falle der zeitkontinuierlichen Systeme erfolgt häufig eine Analyse mit Hilfe von Differentialgleichungen, wobei sich die Ordnung der Gleichungssysteme z. B. bei elektrischen Schaltungen unmittelbar aus der Anzahl der differenzierenden bzw. integrierenden „Speicherelemente", d.h. der Kapazitäten und Induktivitäten ergab. Das diskrete Äquivalent zur Ableitung ergibt sich durch die Bildung der Differenz zweier benachbarter Abtastwerte[12],

$$g(n) = s(n) - s(n-1) = s(n) * \underbrace{[\delta(n) - \delta(n-1)]}_{h(n)} \tag{4.27}$$

Die rechts gezeigte Impulsantwort $h(n)$ stellt dabei die bestmögliche zeitdiskrete Approximation des Doppelimpulses (1.57) dar. In ähnlicher Weise ist das diskrete Äquivalent zur Integration die *laufende Akkumulation* des Signals[13],

[11] Englisch: (**L**inear **S**hift-**I**nvariant system). Für LSI-Systeme gilt Fußnote 8 aus Kap. 1 entsprechend.

[12] Bei Berücksichtigung des Abtastabstandes entspricht dies einer linearen Approximation der Steigung $\frac{\mathrm{d}s(t)}{\mathrm{d}t} \approx \frac{1}{T}[s(nT) - s(nT-T)]$.

[13] Bei Multiplikation mit T ergibt dies die Fläche unter dem Signal $s_{\mathrm{a}}(t)$ aus Abb. 1.13a, was dem Prinzip einer numerischen Integration entspricht.

$$g(n) = \sum_{m=-\infty}^{n} s(m) = s(n) * \varepsilon(n), \tag{4.28}$$

womit die diskrete Sprungfunktion, als Impulsantwort eines Systems betrachtet, diese Aufgabe übernimmt. Ebenso wie Integration und Differentiation zueinander inverse Operationen sind, heben sich diskrete Differenzenbildung und Akkumulation gegenseitig auf:

$$[\delta(n) - \delta(n-1)] * \varepsilon(n) = \varepsilon(n) - \varepsilon(n-1) = \delta(n). \tag{4.29}$$

Die Arbeitsweise von LSI-Systemen lässt sich tatsächlich durch *Differenzengleichungen* interpretieren. Diese stellen ein äquivalentes Prinzip dar wie die Differentialgleichungen für den Fall der zeitkontinuierlichen LTI-Systeme. Eine allgemeine Form lautet wie folgt:

$$g(n) - \sum_{p=1}^{P} b_p g(n-p) = a_0 s(n) + \sum_{q=1}^{Q} a_q s(n-q). \tag{4.30}$$

Hierbei entspricht die linke Seite der Gleichung einer Differenzenbildung bis zur Ordnung P des Ausgangssignals, während die rechte Seite als gewichtete Kurzzeit-Akkumulation über eine Anzahl von $Q+1$ Signalwerten des Eingangssignals interpretiert werden kann. Durch Umstellung ergibt sich

$$g(n) = \underbrace{\sum_{q=0}^{Q} a_q \cdot s(n-q)}_{\text{FIR-Teil}} + \underbrace{\sum_{p=1}^{P} b_p \cdot g(n-p)}_{\text{IIR-Teil}}. \tag{4.31}$$

Diese System-Übertragungsgleichung lässt sich direkt in Blockschaltbilder zeitdiskreter Filter abbilden (vgl. Abb. 4.14). Hierbei entspricht der obere Teil (**FIR** = **F**inite **I**mpulse **R**esponse) einer linearen Überlagerung des aktuellen sowie Q vorangegangener Eingangs-Signalwerte, und der untere Teil (**IIR** = **I**nfinite **I**mpulse **R**esponse) einer Rückkopplung von P zuvor berechneten Ausgangswerten $g(n-p), p > 0$. Die Bezeichnung „FIR" drückt aus, dass bei Anregung des ersten Teilsystems mit einem Einheitsimpuls die Wirkung im Ausgangssignal spätestens nach Q weiteren Zeittakten beendet ist. Hingegen kann sich durch die Rückkopplung aus dem „IIR"-Teil im Prinzip eine unendlich lange Impulsantwort ergeben. In den Blockdiagrammen stellen die mit $T = 1$ bezeichneten Glieder jeweils Verzögerungsglieder um einen Abtasttakt (d.h. Abtastwertspeicher) dar.

4.3.4 Beispiel zur diskreten Faltung

Betrachtet werde das einfache rekursive (rückgekoppelte) System in Abb. 4.15. Eingangs- und Ausgangssignal sind bei diesem System verknüpft durch

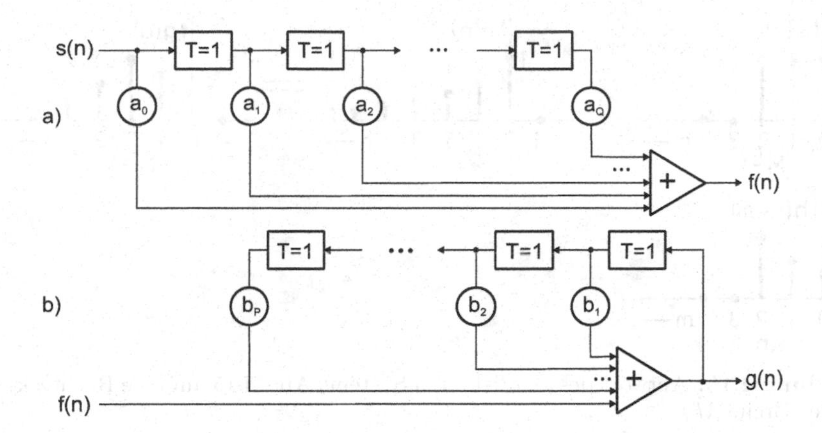

Abbildung 4.14. Strukturen zeitdiskreter Filter: **(a)** nichtrekursives FIR-Filter **(b)** rekursives IIR-Filter

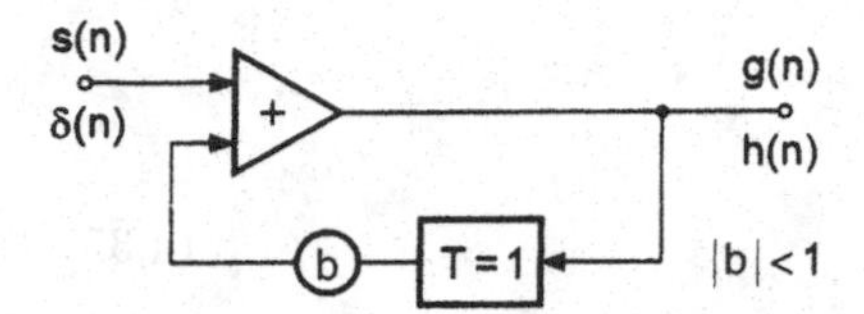

Abbildung 4.15. Rekursives, zeitdiskretes LSI-System

$$g(n) = s(n) + bg(n-1) . \tag{4.32}$$

Damit lautet die Impulsantwort

$$\begin{aligned} h(n) &= \delta(n) + bh(n-1) = \delta(n) + b\delta(n-1) + b^2\delta(n-2) + \ldots \\ &= \sum_{k=0}^{\infty} b^k \delta(n-k) = \varepsilon(n) b^n . \end{aligned} \tag{4.33}$$

Das System ist also kausal. Es ist weiter für $|b| < 1$ amplitudenstabil (Aufgabe 4.14) und hat dann eine exponentiell abklingende Impulsantwort (Abb. 4.16). Mit Hilfe der diskreten Faltung wird jetzt die Antwort auf ein zeitdiskretes Rechtecksignal der Länge M, $s(n) = \varepsilon(n) - \varepsilon(n-M)$ berechnet. Zunächst gilt im Bereich $0 \le n < M$ mit (4.33) und der diskreten Faltung (4.15)

$$g(n) = \sum_{m=-\infty}^{\infty} s(m)h(n-m) = \sum_{m=0}^{n} b^{n-m}$$

und als Summe dieser exponentiellen Reihe[14]

[14] Reihenentwicklung: $\sum_{k=0}^{n} q^k = \frac{1-q^{n+1}}{1-q} \quad (q \neq 1)$, vgl. auch (3.125)

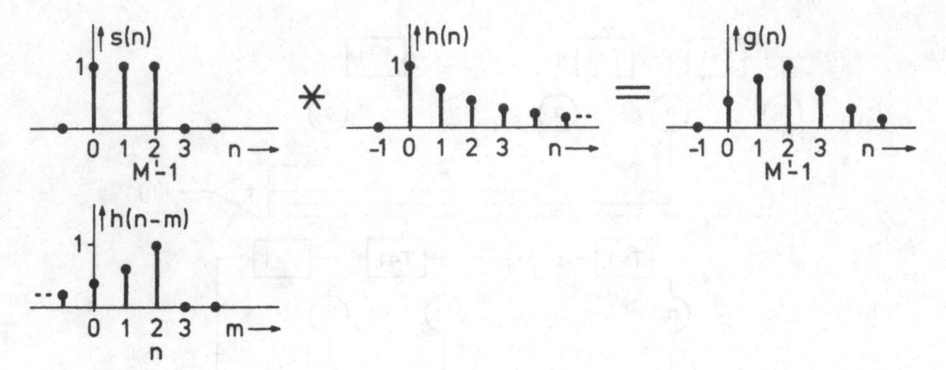

Abbildung 4.16. Antwort des zeitdiskreten Systems Abb. 4.15 auf eine Rechteckfolge der Breite $M = 3$

$$g(n) = \frac{1 - b^{n+1}}{1 - b} . \tag{4.34}$$

Entsprechend wird im Bereich $n \geq M$

$$g(n) = \sum_{m=0}^{M-1} b^{n-m} = \frac{b^{n-M+1} - b^{n+1}}{1 - b} . \tag{4.35}$$

Für $n < 0$ schließlich ist $g(n) = 0$. Dieses Ergebnis ist in Abb. 4.16 rechts dargestellt; man beachte die sehr ähnliche Systemantwort des RC-Tiefpasses auf einen Rechteckimpuls in Abb. 1.16.

4.3.5 Fourier-Transformation zeitdiskreter Signale

Für die Beschreibung der Beziehungen zwischen zeitdiskreten Signalen und Systemen hat die Fourier-Transformation die gleiche Bedeutung wie im zeitkontinuierlichen Fall.

Die Fourier-Transformierte abgetasteter Signale war in Abschn. 4.1 betrachtet worden. Nach (4.3) und (4.4) gilt

$$s_{\mathrm{a}}(t) = \sum_{n=-\infty}^{\infty} s(nT)\delta(t - nT)$$

$$\circ\!\!-\!\!\bullet \tag{4.36}$$

$$S_{\mathrm{a}}(f) = \frac{1}{T} \sum_{k=-\infty}^{\infty} S\left(f - \frac{k}{T}\right) .$$

Das Fourier-Spektrum $S_a(f)$ kann auch in direkter Weise aus den Abtastwerten berechnet werden. Setzt man (4.36) in das Fourier-Integral (3.40) ein, so folgt

$$S_\mathrm{a}(f) = \int\limits_{-\infty}^{\infty} \sum_{n=-\infty}^{\infty} s(nT)\delta(t-nT)\mathrm{e}^{-\mathrm{j}2\pi ft}\mathrm{d}t\,,$$

und mit der Siebeigenschaft des Dirac-Impulses (1.43) ist

$$S_\mathrm{a}(f) = \sum_{n=-\infty}^{\infty} s(nT)\mathrm{e}^{-\mathrm{j}2\pi nTf}\,. \tag{4.37}$$

In Abb. 4.17 ist der Zusammenhang (4.36) zwischen abgetastetem Signal und dem zugeordneten periodischen Spektrum am Beispiel eines Dreieckimpulses dargestellt.[15] Wie (4.37) zeigt, ist das periodische Spektrum $S_\mathrm{a}(f)$ nur

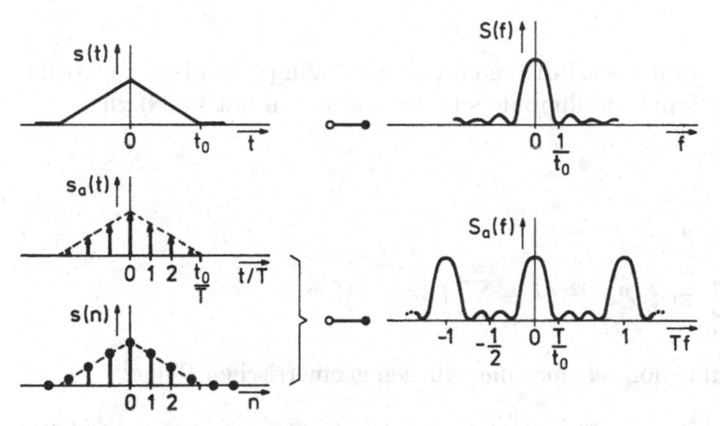

Abbildung 4.17. Fourier-Transformation abgetasteter Signale $s_\mathrm{a}(t)$ und zeitdiskreter Signale $s(n)$

noch von den Abtastwerten $s(nT)$ abhängig, es kann daher formal auch dem zeitdiskreten Signal $s(nT)$ zugeordnet werden. Setzt man wieder in (4.37) vereinfachend $T = 1$, dann kann das Spektrum des zeitdiskreten Signals $s(n)$ über die Fourier-Summe definiert werden:

$$S_\mathrm{a}(f) = \sum_{n=-\infty}^{\infty} s(n)\mathrm{e}^{-\mathrm{j}2\pi nf}\,. \tag{4.38}$$

Die normierte Frequenz $f = 1$ entspricht hier also der Abtastrate $1/T$. Aus diesem mit der Periode 1 periodischen, frequenzkontinuierlichen Spektrum

[15] Man beachte allerdings, dass das Spektrum des zeitkontinuierlichen Dreieckimpulses unendlich ausgedehnt ist, so dass hier eine Verletzung des Abtasttheorems stattfindet. Der zeitdiskrete Dreieckimpuls mit ungeradzahliger Länge N ergibt sich auch durch Faltung zweier zeitdiskreter Rechteckimpulse mit jeweiligen Längen $\frac{N-1}{2}+1$. Das Spektrum des zeitdiskreten Dreieckimpulses ergibt sich dann durch Quadrierung der in Fußnote 10 angegebenen Funktion.

lässt sich $s(n)$ durch eine inverse Fourier-Transformation über eine Periode wieder zurückgewinnen, man vergleiche die Symmetrie mit (3.20):

$$s(n) = \int_{-1/2}^{1/2} S_{\mathrm{a}}(f) \mathrm{e}^{\mathrm{j}2\pi nf} \mathrm{d}f \,. \tag{4.39}$$

Fasst man $s(n)$ als Impulsantwort eines zeitdiskreten Systems auf, dann definiert (4.38) dessen periodische Übertragungsfunktion. Die durch (4.38) und (4.39) definierte Fourier-Transformation zeitdiskreter Signale ist aber nur ein Sonderfall der normalen Fourier-Transformation. Insbesondere gelten daher auch alle in Kap. 3 abgeleiteten Theoreme völlig entsprechend. In Tabelle 4.1 (Abschn. 4.5) sind diese Theoreme in ihrer hier geltenden, speziellen Form zusammengestellt.

Beispiel 1 – Spektrum des zeitdiskreten Exponentialimpulses: Das Spektrum des zeitdiskreten Exponentialimpulses (4.20) ergibt sich mit (4.38) zu

$$s(n) = \varepsilon(n) b^n$$

$$\circ\!\!-\!\!\bullet$$

$$S_{\mathrm{a}}(f) = \sum_{n=-\infty}^{\infty} \varepsilon(n) b^n \mathrm{e}^{-\mathrm{j}2\pi nf} = \sum_{n=0}^{\infty} \left(b\mathrm{e}^{-\mathrm{j}2\pi f}\right)^n$$

und mit der Summenformel einer unendlichen geometrischen Reihe[16]

$$S_{\mathrm{a}}(f) = \frac{1}{1 - b\mathrm{e}^{-\mathrm{j}2\pi f}} \quad \text{für} \quad |b| < 1 \,. \tag{4.40}$$

Den Betrag dieser Frequenzfunktion zeigt Abb. 4.18 für $a = 1/2$.

Beispiel 2 – Übertragungsaufgabe: In gleicher Rechnung erhält man die Übertragungsfunktion $H_{\mathrm{a}}(f)$ des rekursiven Systems nach Abb. 4.15 durch Fourier-Transformation von (4.33) mit (4.38) zu

$$H_{\mathrm{a}}(f) = \sum_{n=-\infty}^{\infty} h(n) \mathrm{e}^{-\mathrm{j}2\pi nf} = \frac{1}{1 - b\mathrm{e}^{-\mathrm{j}2\pi f}} \quad \text{für} \quad |b| < 1 \,. \tag{4.41}$$

Abb. 4.18 zeigt diese ebenfalls periodische Übertragungsfunktion.[17] Die Übertragung eines zeitdiskreten Signals über ein zeitdiskretes System ist dann

[16] $\sum_{k=0}^{\infty} q^k = \frac{1}{1-q}$ für $|q| < 1$ als Sonderfall der in Fußnote 14 angegebenen Beziehung: Für $|q| \geq 1$ konvergiert die unendliche Summe nicht.

[17] Man beachte, dass der zeitkontinuierliche Exponentialimpuls ein unendlich ausgedehntes Spektrum besitzt, und bei seiner Abtastung das Abtasttheorem verletzt wird. Das periodische Spektrum des zeitdiskreten Exponentialimpulses lässt sich daher auch als Überlagerung des Spektrums des zeitkontinuierlichen Impulses mit seinen periodischen Kopien deuten.

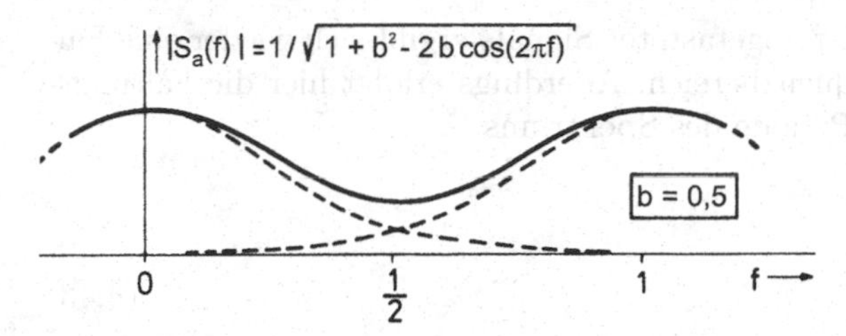

Abbildung 4.18. Spektrum des zeitdiskreten Exponentialimpulses bzw. Übertragungsfunktion des rekursiven Systems Abb. 4.15 (gestrichelt das Betragsspektrum des zeitkontinuierlichen Exponentialimpulses aus Abb. 1.8 bei gleicher Zeitkonstante)

entsprechend zum zeitkontinuierlichen Fall (3.41) gegeben durch (Tabelle 4.1)

$$\begin{aligned} g(n) &= s(n) * h(n) \\ &\circ\!\!-\!\!\bullet \\ G_\mathrm{a}(f) &= S_\mathrm{a}(f) \cdot H_\mathrm{a}(f)\,. \end{aligned} \tag{4.42}$$

Die Übertragung einer zeitdiskreten si-Funktion über das rekursive System wird damit im Zeit- und Frequenzbereich durch Abb. 4.19 dargestellt. Vertauscht man in Abb. 4.19 die Rollen von $s(n)$ und $h(n)$, dann wird ent-

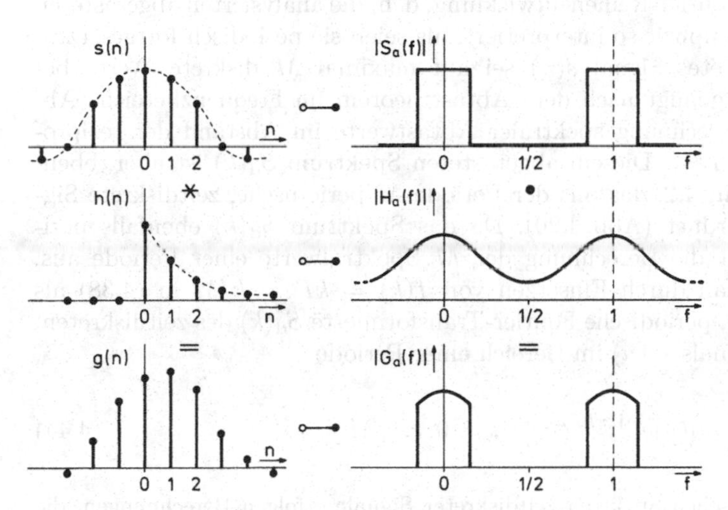

Abbildung 4.19. Übertragung der zeitdiskreten si-Funktion über das zeitdiskrete rekursive System nach Abb. 4.15 (rechts: Betragsspektren)

sprechend die Übertragung des zeitdiskreten Exponentialimpulses über einen idealen, zeitdiskreten Tiefpass (s. Abschn. 5.3) beschrieben.

Bei Multiplikation zweier abgetasteter Signale ergibt sich wieder eine Faltung der Spektren im Frequenzbereich. Allerdings erfolgt hier die Faltungsintegration nur über eine Periode des Spektrums:[18]

$$
\begin{aligned}
g(n) &= s(n) \cdot h(n) \\
&\circ\!\!-\!\!\bullet \\
G_{\mathrm{a}}(f) &= \int_{-1/2}^{1/2} S_{\mathrm{a}}(\theta) H_{\mathrm{a}}(f-\theta) \mathrm{d}\theta = [S_{\mathrm{a}}(f) \cdot \mathrm{rect}(f)] * H_{\mathrm{a}}(f) \,.
\end{aligned} \tag{4.43}
$$

4.3.6 Die diskrete Fourier-Transformation

Die Fourier-Transformation zeitdiskreter Signale $s(n)$ ergibt ein frequenzkontinuierliches Spektrum $S_{\mathrm{a}}(f)$. Dieses Spektrum kann bei einer numerischen Berechnung aber nur für endlich viele diskrete Frequenzen berechnet werden. Konsequenterweise wurde daher in der numerischen Mathematik bereits von Runge[19] die *diskrete Fourier-Transformation* (DFT) eingeführt, die von vornherein einem zeitdiskreten Signal ein frequenzdiskretes Spektrum zuordnet. Diese DFT ist in der Signalverarbeitung besonders bedeutungsvoll geworden, weil für ihre Berechnung in Form der „schnellen Fourier-Transformation“[20] sehr effiziente Algorithmen zur Verfügung stehen. Die diskrete Fourier-Transformation kombiniert die Abtastung im Zeit- und im Frequenzbereich. Im Grunde genommen ist die DFT aber das zeitdiskrete Äquivalent zur Fourier-Reihenentwicklung, d. h. die analysierten abgetasteten Signale werden implizit so interpretiert, als seien sie periodisch fortgesetzt.

Ein zeitdiskretes Signal $s(n)$ sei auf maximal M diskrete Werte beschränkt. Dann genügt nach dem Abtasttheorem im Frequenzbereich (Abschn. 4.2) die Berechnung spektraler Abtastwerte im Abstand der reziproken Dauer $F = 1/M$. Diesem abgetasteten Spektrum $S_{\mathrm{d}}(k)$ ist aber, ebenfalls nach Abschn. 4.2, das mit der Periode M periodische, zeitdiskrete Signal $s_{\mathrm{d}}(n)$ zugeordnet (Abb. 4.20). Da das Spektrum $S_{\mathrm{d}}(k)$ ebenfalls periodisch ist, reicht die Berechnung der M Spektralwerte einer Periode aus. Damit erhält man durch Einsetzen von $f(k) = kF = k/M$ in (4.38) als frequenzdiskrete, periodische Fourier-Transformierte $S_{\mathrm{d}}(k)$ des zeitdiskreten, periodischen Signals $s_{\mathrm{d}}(n)$ im Bereich einer Periode

$$
S_{\mathrm{d}}(k) = \sum_{n=0}^{M-1} s_{\mathrm{d}}(n) \mathrm{e}^{-\mathrm{j}2\pi kFn} \qquad k = 0, \ldots, M-1 \,. \tag{4.44}
$$

---

[18] In den periodischen Spektren zeitdiskreter Signale erfolgen Berechnungen, die eine Integration erfordern, grundsätzlich nur über eine Periode. Dies gilt insbesondere auch für Berechnungen der Energie oder der Leistung im Spektralbereich, vgl. z.B. (6.38) und (7.122).

[19] Carl D.T. Runge (1856–1927), dt. Mathematiker.

[20] Fast Fourier Transform FFT (z.B. Oppenheim und Schafer, 1995; Brigham, 1995); s. folg. Abschn.

In Abb. 4.20 sind diese Zusammenhänge für das Beispiel eines zeitdiskreten Dreieckimpulses dargestellt. Der Frequenzabstand $F = 1/M$ entspricht der Grundfrequenz bei der Fourier-Reihenanalyse, wobei M wieder die Periodendauer in Anzahl von Abtastwerten ist. Der Ausdruck für die inverse DFT

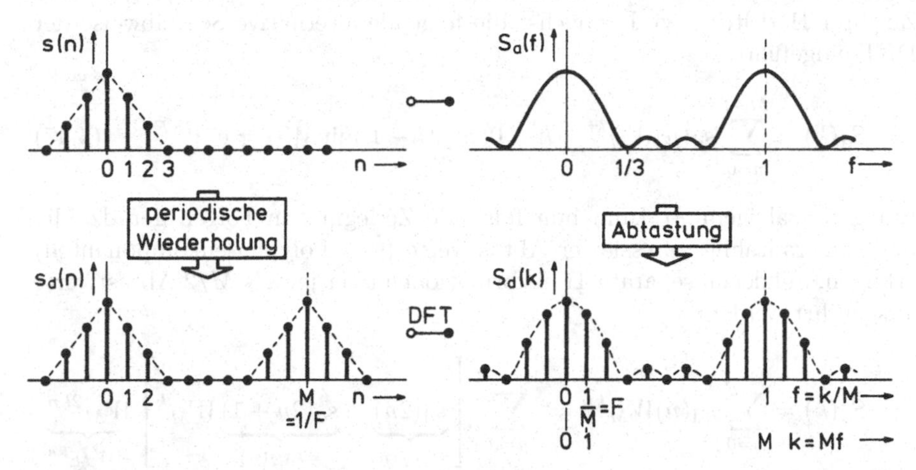

Abbildung 4.20. Zusammenhänge zwischen dem zeitbegrenzten, zeitdiskreten Signal $s(n)$ und seinem Spektrum $S_\mathrm{a}(f)$ sowie dem periodischen, zeitdiskreten Signal $s_\mathrm{d}(n)$ und der DFT $S_\mathrm{d}(k)$

lautet, vgl. (3.5)

$$s_\mathrm{d}(n) = \frac{1}{M} \sum_{k=0}^{M-1} S_\mathrm{d}(k) \mathrm{e}^{\mathrm{j}2\pi kFn} \qquad n = 0, \ldots, M-1\,. \tag{4.45}$$

Durch die beiden Runge-Formeln (4.44) und (4.45) werden also den M Zahlenwerten einer Periode der diskreten Zeitfunktion $s_\mathrm{d}(n)$ die ebenfalls M (i. Allg. komplexen) Zahlenwerte[21] einer Periode der diskreten Frequenzfunktion $S_\mathrm{d}(k)$ zugeordnet.

Auch die so definierte diskrete Fourier-Transformation ist also nur ein Sonderfall der allgemeinen Fourier-Transformation, eben für diskrete *und* periodische Funktionen. Alle Theoreme gelten auch hier entsprechend. So lautet beispielsweise das Verschiebungstheorem

$$s_\mathrm{d}(n-m) \circ\!\!-\!\!\bullet\ S_\mathrm{d}(k) \mathrm{e}^{-\mathrm{j}2\pi mkF}\,. \tag{4.46}$$

Weitere Theoreme der DFT sind in Tabelle 4.2 (Abschn. 4.5) zusammengestellt.

[21] Für reellwertige Signale gilt in Analogie zu (3.63) die Beziehung konjugiert komplexer Spektralwerte $S_d(-k) = S_d^*(k)$ bzw. weiter unter Berücksichtigung der Periodizität $S_d(M-k) = S_d^*(k)$.

4.3.7 Schnelle Fourier-Transformation und schnelle Faltung

Die DFT ist in der Signalverarbeitung besonders bedeutungsvoll geworden, weil für ihre Berechnung in Form der schnellen Fourier-Transformation (Fast Fourier Transform, FFT) sehr effiziente Algorithmen zur Verfügung stehen. Zu ihrer Herleitung wird zunächst die folgende alternative Schreibweise der DFT eingeführt:

$$S_\mathrm{d}(k) = \sum_{n=0}^{M-1} s_\mathrm{d}(n) {W_M}^{kn} \quad k = 0, ..., M-1 \text{ mit } W_M = \mathrm{e}^{-\mathrm{j}2\pi F} \tag{4.47}$$

Bei geradzahligem M kann nun folgende Zerlegung in Folgen geradzahlig und ungeradzahlig adressierter Abtastwerte (sog. Polyphasenkomponenten) erfolgen, auf denen separate Transformationen über jeweils $M/2$ Abtastwerte ausgeführt werden:

$$\begin{aligned} S_\mathrm{d}(k) &= \sum_{n=0}^{M-1} s_\mathrm{d}(n) {W_M}^{kn} = \sum_{n=0}^{M/2-1} \left[\underbrace{s_\mathrm{d}(2n)}_{=s_{\mathrm{d},1}(n)} + \underbrace{s_\mathrm{d}(2n+1)}_{=s_{\mathrm{d},2}(n)} {W_M}^k \right] \underbrace{{W_M}^{2kn}}_{={W_{\frac{M}{2}}}^{kn}} \\ &= \underbrace{\sum_{n=0}^{M/2-1} s_{\mathrm{d},1}(n) {W_{\frac{M}{2}}}^{kn}}_{S_{\mathrm{d},1}(k)} + {W_M}^k \underbrace{\sum_{n=0}^{M/2-1} s_{\mathrm{d},2}(n) {W_{\frac{M}{2}}}^{kn}}_{S_{\mathrm{d},2}(k)} \end{aligned} \tag{4.48}$$

Für die Ausführung in zwei Teil-Transformationen sind nun statt M^2 Multiplikationen nur noch $2(M/2)^2 + M$ Multiplikationen (einschließlich der Multiplikation des rechten Terms mit W_M^k) notwendig. Dies ergibt sich aus der Tatsache, dass die DFT-Spektralwerte $S_{\mathrm{d},1}(k)$ und $S_{\mathrm{d},2}(k)$ mit $M/2$ periodisch sind, und daher bei der Generierung der Werte für $S_\mathrm{d}(k), k = M/2...M-1$ nicht nochmals berechnet werden müssen; lediglich der rechte Term in folgender Gleichung muss für diese Fälle mit einem anderen Faktor W_M^k multipliziert werden:

$$S_\mathrm{d}(k) = \sum_{n=0}^{M-1} s_\mathrm{d}(n) {W_M}^{kn} = S_{\mathrm{d},1}(k) + {W_M}^k S_{\mathrm{d},2}(k) \quad k = 0, ..., M-1 \tag{4.49}$$

Ist nun nach der Aufteilung in geradzahlige und ungeradzahlige Abtastwerte $M/2$ immer noch eine gerade Zahl, so kann dasselbe Prinzip nochmals auf die beiden Polyphasenfolgen angewandt werden. Sofern das ursprüngliche M eine Zweierpotenz ist, kann der ganze Vorgang insgesamt sogar $N = \mathrm{lb(M)}$ mal wiederholt werden. Die Einsparungen im 1., 2., 3. Schritt usw. ergeben sich wie folgt:

$$\text{1. Schritt: } \overbrace{2\left(\frac{M}{2}\right)^2}^{\text{statt}M^2} + M = \frac{M^2}{2} + M$$

$$\text{2. Schritt: } 2\overbrace{\left[2\left(\frac{M}{4}\right)^2 + \frac{M}{2}\right]}^{\text{statt}\left(\frac{M}{2}\right)^2} + M = \frac{M^2}{4} + 2M$$

$$\text{3. Schritt: } 2\left(2\overbrace{\left[2\left(\frac{M}{8}\right)^2 + \frac{M}{4}\right]}^{\text{statt}\left(\frac{M}{4}\right)^2} + M/2\right) + M = \frac{M^2}{8} + 3M$$

$$N\text{. Schritt: } \frac{M^2}{2^N} + NM = \frac{M^2}{M} + M \cdot \text{lb}(M) \approx M \cdot \text{lb}(M)$$

Es wird offensichtlich, dass die Anzahl der Multiplikationen nicht mehr quadratisch mit der Blocklänge M der FFT steigt, sondern linear-logarithmisch, wodurch insbesondere bei großen M die Einsparung gegenüber der direkten DFT-Ausführung erheblich ist. Für die Anwendung der DFT besonders wich-

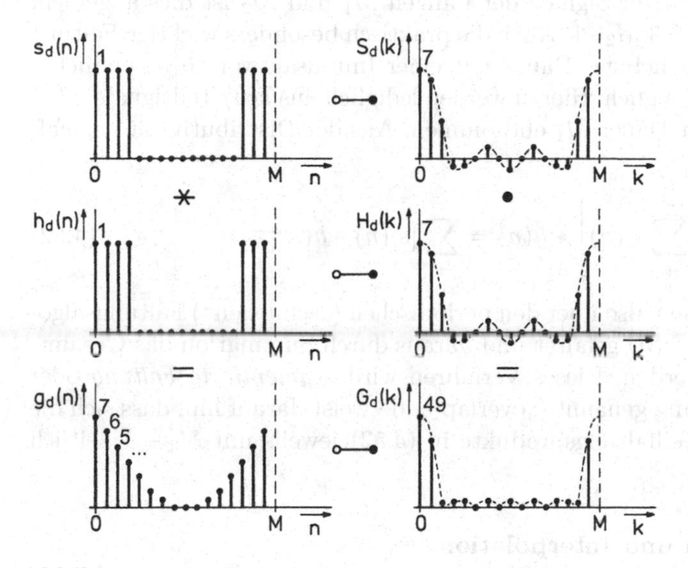

Abbildung 4.21. Periodische Faltung und DFT

tig ist das Faltungstheorem. Faltet man zwei auf die maximale Dauer M zeitbegrenzte, diskrete Signale $s(n)$ und $h(n)$ miteinander und wiederholt dann dieses Faltungsprodukt $g(n)$ mit der Periode M, dann lässt sich das entstehende Signal $g_\text{d}(n)$ auch aus den periodisch wiederholten Signalen $s_\text{d}(n)$

und $h_\mathrm{d}(n)$ direkt über die folgende Beziehung berechnen (Aufgabe 4.23); $g_d(n)$ weist dann dieselbe Periodizität mit M auf:[22]

$$g_\mathrm{d}(n) = \sum_{m=0}^{M-1} s_\mathrm{d}(m) h_\mathrm{d}(n-m) \quad \text{für} \quad n = 0, \ldots, M-1 \,. \tag{4.50}$$

Dieser Zusammenhang wird *periodische Faltung* genannt (Abb. 4.21). Das Faltungstheorem der DFT lautet damit

$$g_\mathrm{d}(n) = s_\mathrm{d}(n) * h_\mathrm{d}(n) \circ\!\!-\!\!\bullet \; G_\mathrm{d}(k) = S_\mathrm{d}(k) \cdot H_\mathrm{d}(k) \,. \tag{4.51}$$

Berechnet man die in (4.51) erforderlichen Fourier-Transformationen und inversen Fourier-Transformationen mit der „schnellen" Fourier-Transformation, dann lässt sich diese Operation durch Multiplikation im Frequenzbereich mit geringerem Aufwand berechnen als bei direkter Bestimmung der Faltungssumme im Zeitbereich („schnelle Faltung").

Der Hauptanwendungsbereich der periodischen Faltung ist die numerische Berechnung des Faltungsproduktes nichtperiodischer, zeitbegrenzter Signale. Wie Abb. 4.21 oben deutlich macht, muss hierzu durch Einfügen von Nullen die DFT-Blocklänge M so gewählt werden, dass sich die periodisch wiederholten Faltungsprodukte $g(n)$ in $g_\mathrm{d}(n)$ nicht mehr überlappen. Bei Faltung zweier zeitlich begrenzter Signale der Längen M_1 und M_2 ist dies allgemein erfüllt, wenn $M \geq M_1 + M_2 - 1$. Auch die praktisch besonders wichtige Faltung eines Signals $s(n)$ beliebiger Dauer mit einer Impulsantwort $h(n)$ endlicher Dauer M_2 ist dann möglich. Hierzu werden lediglich aus $s(n)$ Teilsignale $s_i(n)$ mit jeweils endlicher Dauer M_1 entnommen. Aus der Distributivität der Faltung folgt

$$s(n) * h(n) = \left[\sum_i s_i(n) \right] * h(n) = \sum_i \left[s_i(n) * h(n) \right] . \tag{4.52}$$

Die Teilsignale können also über den periodischen („schnellen") Faltungsalgorithmus einzeln mit $h(n)$ gefaltet und daraus durch Summation das Gesamtergebnis gebildet werden. Dieses Verfahren wird *segmentierte Faltung* oder „overlap-add"-Faltung genannt („overlap-add" weist darauf hin, dass sich die aufzuaddierenden Teilfaltungsprodukte in (4.52) jeweils um $M_2 - 1$ zeitlich überlappen).

4.3.8 Dezimation und Interpolation

Die Vorgänge einer Stauchung oder Dehnung der diskreten Zeitachse n wurden bisher nicht betrachtet, da diese notwendigerweise mit einer *Abtastraten-*

[22] Das entstehende Signal $g_d(n)$ ist also eine mit M periodische Überlagerung von Kopien des Signals $g(n)$, welches aber normalerweise länger als M ist. Um dasselbe Ergebnis wie bei direkter Berechnung der Faltungssumme (4.15) zu erhalten, ist das weiter unten beschriebene Einfügen von Nullwerten erforderlich.

konversion verbunden sein müssen. Die bisherigen Betrachtungen zur Abtastung zeitkontinuierlicher Signale lassen sich jedoch ohne weiteres auf den Fall einer *Nachabtastung* (Herabtastung, Dezimation) zeitdiskreter Signale verallgemeinern. Die Erzeugung eines um den Faktor c heruntergetasteten Signals $s_{\mathrm{u}}(n)$ aus einem Signal $s(n)$ erfolgt prinzipiell durch Eliminieren von Abtastwerten. Dies kann in einem ersten Schritt, d.h. zunächst ohne Veränderung der Abtastrate, als Multiplikation (Modulation) des Signals mit einer c-periodischen Folge von Einheitsimpulsen beschrieben werden:

$$s_{c\downarrow}(n) = s(n) \cdot \sum_{m=-\infty}^{\infty} \delta(n - mc). \tag{4.53}$$

Bei anschließendem Ersatz durch

$$s_{\mathrm{u}}(n) = s(nc) = s_{c\downarrow}(nc)\,, \tag{4.54}$$

wird nur jeder c-te Wert von $s(n)$ dargestellt. Die Signale $s(n)$, $s_{c\downarrow}(n)$ und $s_{\mathrm{u}}(n)$ sind für den Fall $c = 2$ in Abb. 4.22 links gezeigt. Das Fourier-Spektrum der diskreten Einheitsimpulsfolge ist in Analogie zu (3.96) eine Folge von Dirac-Impulsen im Frequenzbereich mit Abstand $\frac{1}{c}$,

$$\sum_{m=-\infty}^{\infty} \delta(n - mc) \circ\!\!-\!\!\bullet \frac{1}{|c|} \sum_{k=-\infty}^{\infty} \delta\left(f - \frac{k}{c}\right). \tag{4.55}$$

Mit (4.43) ergibt sich dann das Spektrum des mit $f = \frac{1}{c}$ diskret nachabgeta-

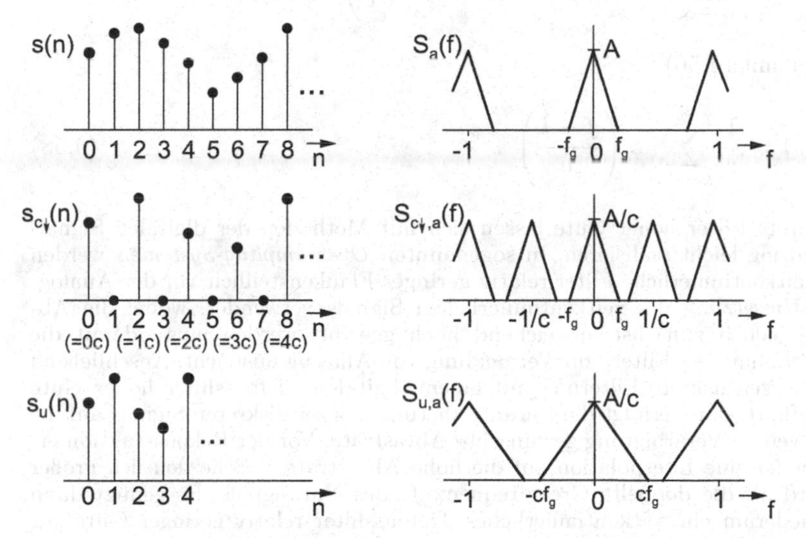

Abbildung 4.22. Signale $s(n)$, $s_{c\downarrow}(n)$, $s_{\mathrm{u}}(n)$ und ihre Spektren, Beispiel einer Herabtastung mit $c = 2$

steten Signals $s_{c\downarrow}(n)$ mit dem auf die Abtastrate $f=1$ bezogenen Spektrum $S_a(f)$ des Signals $s(n)$ wie folgt:

$$
\begin{aligned}
S_{c\downarrow,\mathrm{a}}(f) &= S_\mathrm{a}(f) * \frac{1}{|c|}\sum_{k=0}^{c-1}\delta(f-\frac{k}{c}) \\
&= \frac{1}{|c|}\sum_{k=0}^{c-1} S_\mathrm{a}\left(f-\frac{k}{c}\right) = \frac{1}{|c|}\sum_{k=-\infty}^{\infty} S\left(f-\frac{k}{c}\right) . \qquad (4.56)
\end{aligned}
$$

Ein Vergleich von (4.56) mit (4.36) zeigt, dass das Spektrum von $s_{c\downarrow}(n)$ demjenigen nach Abtastung des ursprünglichen Signals mit einer Abtastrate $\frac{1}{c}$ vollkommen entspricht. Sofern das Signal bereits auf $f_\mathrm{g}=\frac{1}{2c}$ bandbegrenzt war, entsteht hierbei kein Aliasing. Vor der Nachabtastung eines diskreten Signals kann aber, soweit erforderlich, eine weitergehende Bandbegrenzung auch mittels eines zeitdiskreten Filters realisiert werden.[23]

Bei Normierung auf die Abtastperiode ($T=1$) konnte gemäß (4.38) eine direkte Berechnung des periodischen Fourier-Spektrums aus dem Signal $s(n)$ erfolgen. Dies gilt auch für die Signale $s_\mathrm{u}(n)$ bzw. $s_{c\downarrow}(n)$:

$$
S_{\mathrm{u,a}}(f) = \sum_{n=-\infty}^{\infty} s_\mathrm{u}(n)\mathrm{e}^{-\mathrm{j}2\pi nf} = \sum_{n=-\infty}^{\infty} s_{c\downarrow}(cn)\mathrm{e}^{-\mathrm{j}2\pi nf} .
$$

Da $s_{c\downarrow}(m)=0$ für alle $m\neq cn$, folgt

$$
S_{\mathrm{u,a}}(f) = \sum_{m=-\infty}^{\infty} s_{c\downarrow}(m)\mathrm{e}^{-\mathrm{j}2\pi m\frac{f}{c}} = S_{c\downarrow,\mathrm{a}}\left(\frac{f}{c}\right) , \qquad (4.57)
$$

und weiter mit (4.56)

$$
S_{\mathrm{u,a}}(f) = \frac{1}{|c|}\sum_{k=-\infty}^{\infty} S\left(\frac{f-k}{c}\right) . \qquad (4.58)
$$

[23] Zeitdiskrete Filter hoher Güte lassen sich mit Methoden der digitalen Signalverarbeitung leicht realisieren. In sogenannten *Oversampling-Systemen* werden daher zeitkontinuierliche Filter relativ geringer Flankensteilheit vor der Analog-Digital-Umsetzung des zeitkontinuierlichen Signals verwendet, wobei die Abtastrate jedoch zunächst ausreichend hoch gewählt werden muss, damit die Sperrdämpfung des Filters zur Vermeidung von Aliasing ausreicht. Anschließend wird eine zeitdiskrete Filterung mit einem digitalen Tiefpassfilter hoher Güte durchgeführt, dann erfolgt die Heruntertastung des zeitdiskreten Signals auf die für die weitere Verarbeitung gewünschte Abtastrate. Vor der Rekonstruktion erfolgt wieder eine Interpolation auf die hohe Abtastrate, welche deutlich größer sein wird als die doppelte Grenzfrequenz f_g des Nutzsignals. Es genügt dann aber wiederum ein zeitkontinuierliches Tiefpassfilter relativ geringer Güte zur weitgehend aliasfreien Rekonstruktion eines zeitkontinuierlichen Signals bei der Digital-Analog-Umsetzung (s. Aufgabe 5.25).

Beim Übergang zum Signal $s_\mathrm{u}(n)$ wird eine Normierung auf die neue, um den Faktor c verringerte Abtastrate vorgenommen, das Spektrum $S_{\mathrm{u,a}}(f)$ erscheint daher gegenüber $S_{c\downarrow,\mathrm{a}}(f)$ um den Faktor c gedehnt, während $s_\mathrm{u}(n)$ gegenüber $s(n)$ um denselben Faktor gestaucht wird. $S_{\mathrm{u,a}}(f)$ ist jedoch gegenüber $S_{c\downarrow,\mathrm{a}}(f)$ nicht in der Amplitude skaliert.[24] Abb. 4.22 stellt die Spektren $S_\mathrm{a}(f)$, $S_{c\downarrow,\mathrm{a}}(f)$ und $S_{\mathrm{u,a}}(f)$ rechts neben den jeweiligen Signalen dar. Das zur Dezimation (Herabtastung) inverse Prinzip ist die *Hochtastung* eines

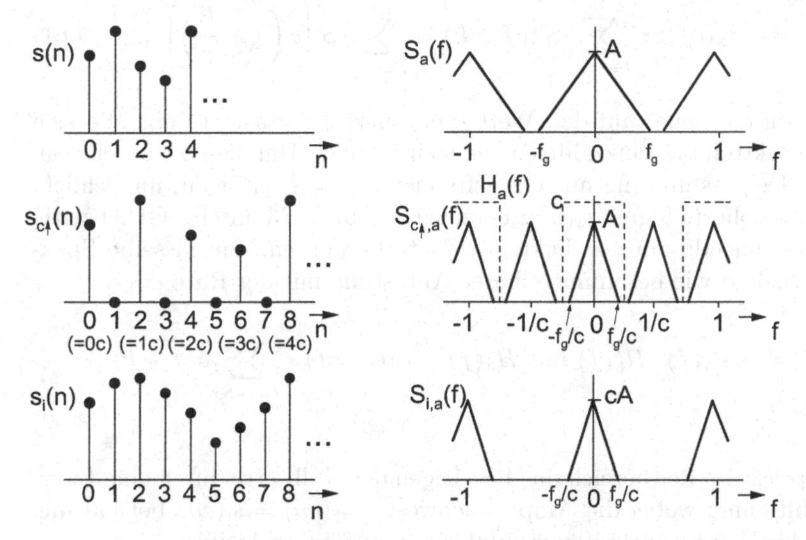

Abbildung 4.23. Signale $s(n)$, $s_{c\uparrow}(n)$, $s_\mathrm{i}(n)$ und ihre Spektren, Beispiel einer Hochtastung mit $c = 2$

abgetasteten Signals um den Faktor c, bei der die Vergrößerung der Anzahl von Abtastwerten zunächst durch Einfügen von $c-1$ Nullwerten zwischen den vorhandenen Werten erfolgt (Abb. 4.23):

$$s_{c\uparrow}(n) = \begin{cases} s\left(\frac{n}{c}\right) & \text{für} \quad m = \frac{n}{c} \text{ ganzzahlig} \\ 0 & \text{sonst.} \end{cases} \tag{4.59}$$

Es ergibt sich ein Spektrum $S_{c\uparrow,\mathrm{a}}(f)$, welches gegenüber dem ursprünglichen Spektrum $S_\mathrm{a}(f)$ um den Faktor c gestaucht erscheint, jedoch nicht in der Amplitude skaliert ist (Abb. 4.23 Mitte):

[24] Betrachtet man bzgl. der idealen Abtastung in (4.3) das Signal $s_{c\downarrow}(nT) \cdot \delta(t - nT)$ auf der zeitkontinuierlichen Achse, besteht keinerlei Unterschied zum Signal $s(ncT) \cdot \delta(t - ncT)$. Daher tritt hier nicht nochmals die Amplitudenskalierung nach dem Ähnlichkeitssatz (3.62) ein, die bereits beim Übergang von $s(n)$ zu $s_{c\downarrow}(n)$ (4.56) stattgefunden hatte.

$$S_{c\uparrow,\mathrm{a}}(f) = \sum_{n=-\infty}^{\infty} s_{c\uparrow}(n)\mathrm{e}^{-\mathrm{j}2\pi nf} , \tag{4.60}$$

und weiter mit (4.59)

$$\begin{aligned} S_{c\uparrow,\mathrm{a}}(f) &= \sum_{m=-\infty}^{\infty} s_{c\uparrow}(mc)\mathrm{e}^{-\mathrm{j}2\pi mcf} = \sum_{m=-\infty}^{\infty} s(m)\mathrm{e}^{-\mathrm{j}2\pi mcf} \\ &= S_\mathrm{a}(cf) = \sum_{k=-\infty}^{\infty} S(cf-k) = \sum_{k=-\infty}^{\infty} S\left[c\left(f-\frac{k}{c}\right)\right] . \end{aligned} \tag{4.61}$$

Bezogen auf die neue (auf den Wert c normierte) Abtastrate ergeben sich $c-1$ Aliasspektren bei ganzzahligen Vielfachen von $\frac{1}{c}$. Um diese zu beseitigen, muss eine Tiefpassfilterung mit Grenzfrequenz $f_\mathrm{g} = \frac{1}{2c}$ erfolgen, um schließlich das interpolierte Signal $s_\mathrm{i}(n)$ zu erzeugen (Abb. 4.23 unten). Gleichzeitig muss die Amplitude um den Faktor c verstärkt werden, um dasselbe Spektrum zu erhalten wie bei unmittelbarer Abtastung mit der Rate c:

$$S_{\mathrm{i,a}}(f) = S_{c\uparrow,\mathrm{a}}(f) \cdot H_\mathrm{a}(f) \text{ mit } H_\mathrm{a}(f) = c\,\mathrm{rect}(cf) * \sum_{k=-\infty}^{\infty} \delta(f-k) . \tag{4.62}$$

Dem entspricht im Zeitbereich das Beseitigen der Nullwerte durch eine Interpolationsfilterung, wobei die Amplitudenwerte $s_{c\uparrow}(cn) = s_\mathrm{i}(cn)$ bei Faltung mit der folgenden zeitdiskreten si-Funktion unverändert bleiben:

$$h_\mathrm{a}(t) = \mathrm{si}\left(\frac{\pi t}{c}\right) \cdot \sum_{n=-\infty}^{\infty} \delta(t-n) = \sum_{n=-\infty}^{\infty} \mathrm{si}\left(\frac{\pi n}{c}\right) \cdot \delta(t-n) . \tag{4.63}$$

Damit ergibt sich das gestauchte Spektrum des hochgetasteten Signals $s_\mathrm{i}(n)$

$$S_{\mathrm{i,a}}(f) = |c| \sum_{k=-\infty}^{\infty} S\left[(f-k)c\right] = |c|\, S(cf) * \sum_{k=-\infty}^{\infty} \delta(f-k) , \tag{4.64}$$

bzw. nach inverser Fourier-Transformation das interpolierte Signal im Zeitbereich in der Darstellungsweise der idealen Abtastung

$$s_{\mathrm{i,a}}(t) = s(t) \cdot \sum_{n=-\infty}^{\infty} \delta\left(t-\frac{n}{c}\right) \quad \text{bzw. } s_\mathrm{i}(n) = s\left(\frac{n}{c}\right) . \tag{4.65}$$

Die beschriebenen Operationen der Herabtastung und Hochtastung sind Grundoperationen zur Konversion von Abtastraten zeitdiskreter Signale. Jedoch gestatten sie zunächst nur eine Herab- bzw. Hochtastung der Rate um ganzzahlige Faktoren. Durch Kombination beider Operationen lassen sich

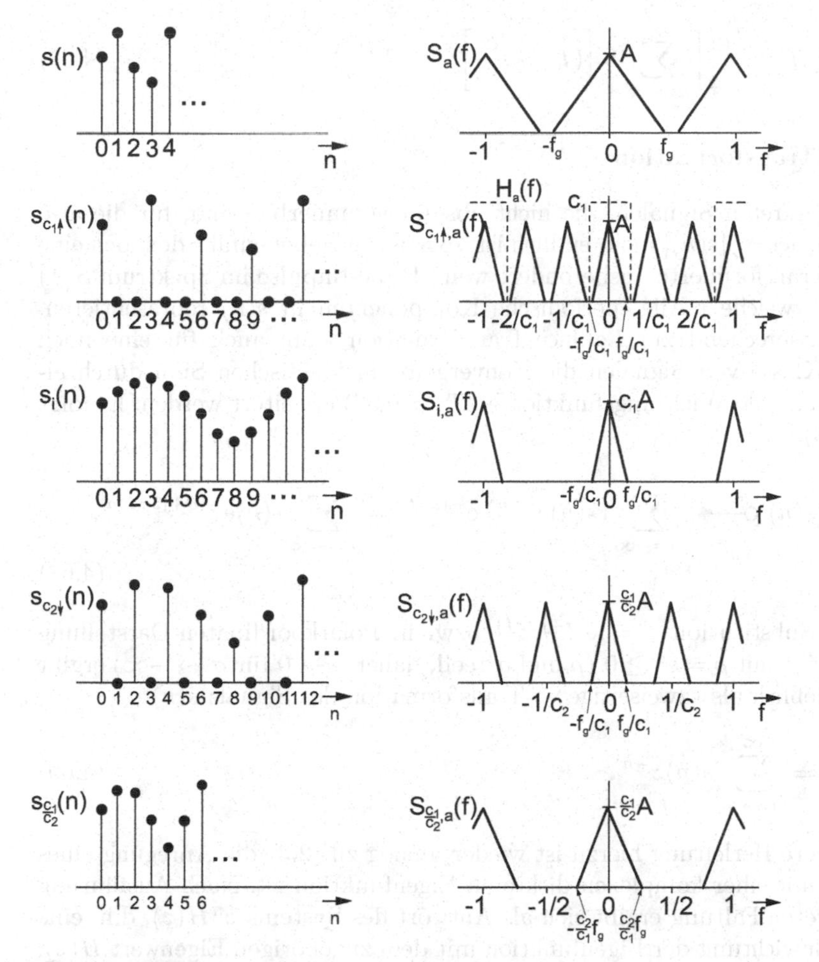

Abbildung 4.24. Hochtastung eines Signals um den Faktor 3/2 durch Interpolation um Faktor $c_1 = 3$, gefolgt von Dezimation um Faktor $c_2 = 2$

aber auch Abtastratenkonversionen um beliebige rationale Faktoren $\frac{c_1}{c_2}$ erreichen. Hierzu sei als Beispiel in Abb. 4.24 die Konversion der Abtastrate um den Faktor $\frac{3}{2}$ betrachtet, was einer Modifikation der Abtastabstände auf $T = \frac{2}{3}$ entspricht. Der erste Schritt ist eine Hochtastung um den Faktor $c_1 = 3$, gefolgt von einer diskreten Tiefpassfilterung der Grenzfrequenz $f_g = \frac{1}{2c_1}$ zur Beseitigung der Aliasspektren. Eine anschließende Herabtastung um den Faktor $c_2 = 2$ bringt schließlich das gewünschte Ergebnis. Das konvertierte Signal und sein Spektrum lassen sich dann beschreiben durch

$$s_{\frac{c_1}{c_2}}(n) = s\left(n\frac{c_2}{c_1}\right) \tag{4.66}$$

bzw.

$$S_{\frac{c_1}{c_2},\mathrm{a}}(f) = \left|\frac{c_1}{c_2}\right| \sum_{k=-\infty}^{\infty} S\left[(f-k)\frac{c_1}{c_2}\right] . \tag{4.67}$$

4.3.9 z-Transformation

Bei zeitdiskreten Signalen, die nicht absolut summierbar sind, für die also der Ausdruck $\sum |s(n)|$ nicht endlich ist, existiert gegebenenfalls dennoch eine Fourier-Transformierte, insbesondere wenn Dirac-Impulse im Spektrum $S(f)$ auftreten, welche i. Allg. periodische Komponenten in $s(n)$ repräsentieren. Völlig entsprechend zur Laplace-Transformation kann auch für eine noch größere Klasse von Signalen die Konvergenz im klassischen Sinn durch eine exponentielle Wichtungsfunktion $\mathrm{e}^{-\sigma n}$ (σ reell) erweitert werden. Es folgt mit (4.38)

$$\mathrm{e}^{-\sigma n}s(n) \circ\!\!-\!\!\bullet \sum_{n=-\infty}^{\infty} \left(s(n)\mathrm{e}^{-\sigma n}\right)\mathrm{e}^{-\mathrm{j}2\pi f n} = \sum_{n=-\infty}^{\infty} s(n)\mathrm{e}^{-(\sigma+\mathrm{j}2\pi f)n} . \tag{4.68}$$

Mit der Substitution $z = \mathrm{e}^{(\sigma+\mathrm{j}\,2\pi f)}$ bzw. in Polarkoordinaten-Darstellung $z = \rho \cdot \mathrm{e}^{\mathrm{j}\,2\pi f}$ mit $\rho = \mathrm{e}^{\sigma} \geq 0$ (ρ und σ reell, daher $\rho \to 0$ für $\sigma \to -\infty$) ergibt sich schließlich als „zweiseitige" z-Transformation des Signals $s(n)$:

$$S(z) = \sum_{n=-\infty}^{\infty} s(n)z^{-n} . \tag{4.69}$$

Eine andere Herleitung hierzu ist wieder analog zu (2.3) die Anregung eines Systems mit einer komplexen diskreten Eigenfunktion z^n. Nach Ausführung der diskreten Faltung ergibt sich als Antwort des Systems $z^n H(z)$, d.h. eine lineare Gewichtung der Eigenfunktion mit dem zugehörigen Eigenwert $H(z)$:

$$\begin{aligned} s_{\mathrm{E}}(n) = z^n \Rightarrow g(n) &= \sum_{k=-\infty}^{\infty} h(k) \cdot s_{\mathrm{E}}(n-k) = \sum_{k=-\infty}^{\infty} h(k) \cdot z^{n-k} \\ &= z^n \cdot \underbrace{\sum_{k=-\infty}^{\infty} h(k) \cdot z^{-k}}_{H(z)} = z^n \cdot H(z) . \end{aligned} \tag{4.70}$$

Als Spezialfall für $\sigma = 0$ wird die Eigenfunktion $s_{\mathrm{E}}(n) = \mathrm{e}^{\mathrm{j}\,2\pi f n}$ und $H(z)$ wird identisch mit der periodischen Fourier-Übertragungsfunktion $H_{\mathrm{a}}(f)$. Die Verallgemeinerung für beliebige Signale $s(n)$ erfolgt wie bei der Fourier-Transformation und ergibt die Beziehung (4.69).

Für kausale Signale beschreibt (4.69) auch die „einseitige" z-Transformation. Dann errechnet sich beispielsweise die z-Transformierte des einseitigen zeitdiskreten Exponentialimpulses $s(n) = \varepsilon(n)b^n$ zu

$$S(z) = \sum_{n=0}^{\infty} b^n z^{-n} = \sum_{n=0}^{\infty} \left(bz^{-1}\right)^n , \tag{4.71}$$

und mit dem Summenausdruck für die geometrische Reihe (s. Fußnote 16) ergibt sich ein konvergierendes Ergebnis unter der Bedingung $|bz^{-1}| < 1$,

$$S(z) = \frac{1}{1 - bz^{-1}} = \frac{z}{z - b} \text{ für } |z| > |b| . \tag{4.72}$$

In entsprechender Weise lässt sich bei einem nur für negative n existierenden zeitdiskreten Exponentialimpuls $s(n) = \varepsilon(-n-1)b^n$ unter der Bedingung $|b^{-1}z| < 1$ bestimmen:

$$\begin{aligned} S(z) &= \sum_{n=-\infty}^{-1} b^n \cdot z^{-n} = \sum_{n=1}^{\infty} b^{-n} z^n = \sum_{n=0}^{\infty} \left(b^{-1} \cdot z\right)^n - 1 \\ &= \frac{1}{1 - b^{-1}z} - 1 = \frac{-1}{1 - bz^{-1}} = -\frac{z}{z - b} \text{ für } |z| < |b| . \end{aligned} \tag{4.73}$$

Die z-Transformierte lässt sich wegen $z = \rho e^{j 2\pi f}$ in der komplexen z-Ebene so interpretieren, dass über jedem Kreis mit konstantem Radius $|z| = e^{\sigma} = \rho$ eine Periode des Fourier-Spektrums $S_{\mathrm{a}}(f)$ des jeweiligen gewichteten, zeitdiskreten Signals $s(n)e^{-\sigma n} = s(n)\rho^{-n}$ aufgetragen ist (Abb. 4.25). Der allgemein

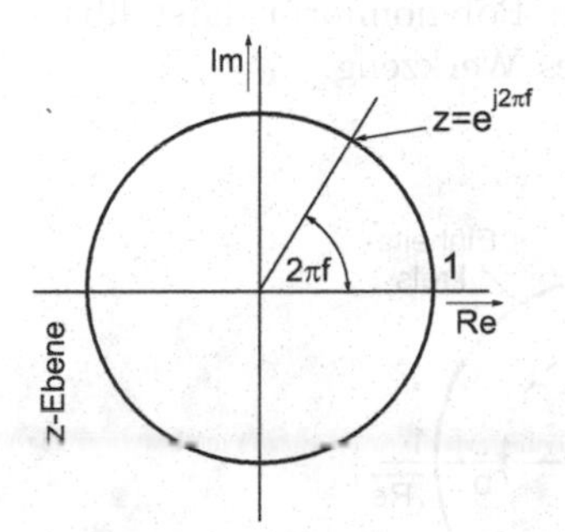

Abbildung 4.25. Grafische Darstellung der komplexen z-Ebene. Die z-Transformierte wird identisch mit der Fourier-Transformierten für Werte auf dem Einheitskreis $z = e^{j 2\pi f}$

kreisringförmige Bereich, in dem diese Fourier-Spektren im klassischen Sinn konvergieren, also

$$\sum_{n=-\infty}^{\infty} \left|s(n)\rho^{-n}\right| < \infty \tag{4.74}$$

bildet den Konvergenzbereich der z-Transformation. Im Beispiel des rechtsseitigen (kausalen) Signals (4.72) liegt dieser Bereich außerhalb des Kreises

$|z| = |b|$, dieses Gebiet ist also der Konvergenzbereich der z-Transformierten dieses Exponentialimpulses. Im Beispiel des linksseitigen (antikausalen) Signals (4.73) ist dagegen der Bereich innerhalb des Kreises $|z| = |b|$ der Konvergenzbereich. Die Konvergenzbereiche beider Beispiele sind in Abb. 4.26 grau schraffiert dargestellt. Wenn der Konvergenzbereich den Einheitskreis $|z| = 1$ einschließt, dann existiert auch eine Fourier-Transformierte $S_{\mathrm{a}}(f)$, welche mit der z-Transformierten durch die einfache Substitution $z = \mathrm{e}^{\mathrm{j}\,2\pi f}$ verknüpft ist. Dieses ist bei absolut summierbaren Signalen immer gegeben. Im Beispiel des einseitigen Exponentialimpulses lässt sich also für $|b| < 1$ sofort $S(z)$ nach (4.69) in $S_{\mathrm{a}}(f)$ nach (4.38) überführen und umgekehrt.

Dieser Zusammenhang macht auch deutlich, dass die grundlegenden Theoreme der Fourier-Transformation für die z-Transformation entsprechend gelten müssen. Besonders wichtig ist das Faltungstheorem mit der (4.42) entsprechenden Aussage

$$g(n) = s(n) * h(n) \overset{z}{\leftrightarrow} G(z) = S(z) \cdot H(z) \,. \tag{4.75}$$

Die z-Transformierte (4.72) beschreibt also auch die Übertragungsfunktion H(z) des rekursiven Systems nach Abb. 4.15 mit

$$h(n) = \varepsilon(n) b^n \overset{z}{\leftrightarrow} H(z) = \frac{1}{1 - bz^{-1}} \text{ für } |z| > |b| \,. \tag{4.76}$$

In der Anwendung ist die z-Transformation besonders bei der Analyse und Synthese von zeitdiskreten Systemen mit in Polynomform darstellbarer Übertragungsfunktion $H(z)$ ein sehr nützliches Werkzeug.

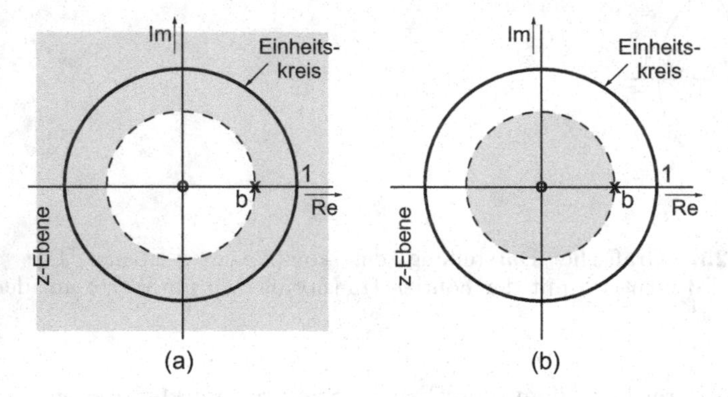

Abbildung 4.26. Pol-/Nullstellendiagramme und Konvergenzbereiche in der z-Ebene **(a)** für das rechtsseitige Exponentialsignal (4.72) mit $0 < b < 1$ **(b)** für das linksseitige Exponentialsignal (4.73) mit $0 < b < 1$

Beispiel 1: Reellwertige Exponentialfunktion mit überlagertem diskretem Sinusoid

$$s(n) = \left(\frac{1}{3}\right)^n \cdot \sin\left(\frac{\pi n}{4}\right) \cdot \varepsilon(n) = \frac{1}{2\mathrm{j}} \cdot \left[\left(\frac{1}{3}\mathrm{e}^{\mathrm{j}\frac{\pi}{4}}\right)^n - \left(\frac{1}{3}\mathrm{e}^{-\mathrm{j}\frac{\pi}{4}}\right)^n\right] \cdot \varepsilon(n)\,. \tag{4.77}$$

Die z-Transformierte ergibt sich wie folgt:

$$\begin{aligned}
S(z) &= \frac{1}{2\mathrm{j}} \sum_{n=-\infty}^{\infty} \left[\left(\frac{1}{3}\mathrm{e}^{\mathrm{j}\frac{\pi}{4}}\right)^n - \left(\frac{1}{3}\mathrm{e}^{-\mathrm{j}\frac{\pi}{4}}\right)^n\right] \cdot \varepsilon(n) \cdot z^{-n} \\
&= \frac{1}{2\mathrm{j}} \sum_{n=0}^{\infty} \left[\underbrace{\left(\frac{1}{3}\mathrm{e}^{\mathrm{j}\frac{\pi}{4}} z^{-1}\right)}_{a}{}^{n}\right] - \frac{1}{2\mathrm{j}} \sum_{n=0}^{\infty} \left[\underbrace{\left(\frac{1}{3}\mathrm{e}^{-\mathrm{j}\frac{\pi}{4}} z^{-1}\right)}_{b}{}^{n}\right] \\
&= \frac{1}{2\mathrm{j}} \cdot \frac{1}{\underbrace{1 - \frac{1}{3}\mathrm{e}^{\mathrm{j}\frac{\pi}{4}} z^{-1}}_{a}} - \frac{1}{2\mathrm{j}} \cdot \frac{1}{\underbrace{1 - \frac{1}{3}\mathrm{e}^{-\mathrm{j}\frac{\pi}{4}} z^{-1}}_{b}} \\
&= \frac{1}{3\sqrt{2}} \cdot \frac{z}{\left(z - \frac{1}{3}\mathrm{e}^{\mathrm{j}\frac{\pi}{4}}\right)\left(z - \frac{1}{3}\mathrm{e}^{-\mathrm{j}\frac{\pi}{4}}\right)}\,.
\end{aligned} \tag{4.78}$$

Die Lösung der Summe existiert, wenn $|a| < 1$ und $|b| < 1$, d. h. der Konvergenzbereich ist $|z| > 1/3$.

Es ist wie bei der Laplace-Transformation vorteilhaft, die z-Transformierte wie in der hier gezeigten Form als Quotient aus einem Zähler- und einem Nenner-Polynom darzustellen. Derartige Polynome sind durch ihre Nullwert-Lösungen eindeutig beschrieben. Da die Nullwert-Lösungen des Zählerpolynoms dann gleichzeitig die Fälle darstellen, bei denen die z-Transformierte insgesamt Null ist, werden sie auch einfach als Nullstellen bezeichnet. Die Nullwert-Lösungen des Nennerpolynoms führen dagegen zu einer unendlichen z-Transformierten und werden daher als Polstellen charakterisiert. Im vorliegenden Beispiel besitzt die z-Transformierte eine Nullstelle bei $z_{\mathrm{N}} = 0$ und zwei konjugiert-komplexe Polstellen bei $z_{\mathrm{P}_{1,2}} = \frac{1}{3}\mathrm{e}^{\pm\mathrm{j}\frac{\pi}{4}}$.

Man kann also beobachten, dass $H(z)$ bis auf einen Faktor bereits vollständig durch die Lage der Pole und Nullstellen der Übertragungsfunktion beschrieben ist. Die Lage der Nullstelle und der beiden Polstellen ist in Abb. 4.27 gezeigt.

Üblicherweise werden wieder wie bei der Laplace-Transformation Nullstellen in einem solchen Diagramm in der komplexen z-Ebene durch einen Kreis „**o**“, die Polstellen durch ein Kreuz „**x**“ markiert. Man bemerkt sofort, dass der Absolutbetrag (Radialabstand vom Ursprung) der Pole exakt der Konvergenzbedingung entspricht, dass also der Konvergenzbereich hier außerhalb eines Kreises liegt, der durch den Polradius definiert ist. Dies wird auch sofort anschaulich, weil

– ein Pol als Unendlichkeitsstelle niemals zum Konvergenzbereich gehören kann;

– der Konvergenzbereich stets eine einzige geschlossene Fläche bildet.

Hieraus lässt sich weiter der Schluss ziehen, dass der Konvergenzbereich der z-Transformierten bei rechtsseitigen (kausalen) Signalen stets außerhalb des Kreises liegt, der durch den größten Polradius gegeben ist.

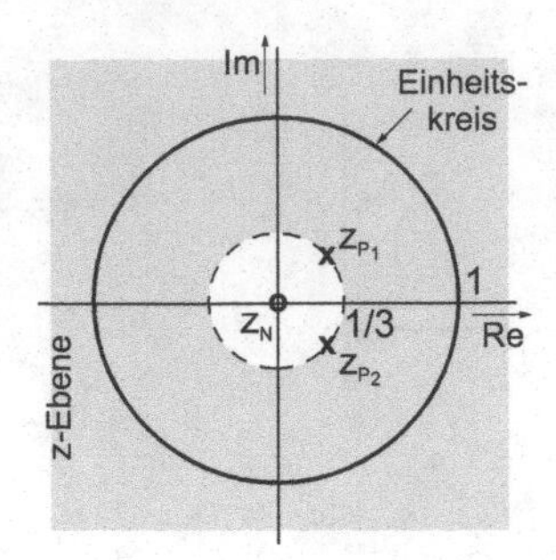

Abbildung 4.27. Pol-/Nullstellendiagramm und Konvergenzbereiche in der z-Ebene für das Beispiel (4.78), $H_0 = (3\sqrt{2})^{-1}$

Beispiel 2: z-Transformierte eines endlichen Signals. Gegeben sei das endliche Exponentialsignal

$$s(n) = \begin{cases} a^n & \text{für } 0 \le n \le M-1 \\ 0 & \text{sonst}. \end{cases} \tag{4.79}$$

Hieraus ergibt sich die z-Transformierte

$$\begin{aligned} S(z) &= \sum_{n=0}^{M-1} a^n z^{-n} = \sum_{n=0}^{M-1} \left(az^{-1}\right)^n = \frac{1-\left(az^{-1}\right)^M}{1-az^{-1}} \\ &= \frac{1}{z^{M-1}} \cdot \frac{z^M - a^M}{z-a} = \frac{\prod\limits_{k=1}^{M-1} z - a\mathrm{e}^{\mathrm{j}\frac{2\pi k}{M}}}{z^{M-1}} \cdot \frac{z-a}{z-a}\,. \end{aligned} \tag{4.80}$$

Die Lage der Pol- und Nullstellen ist in Abb. 4.28 dargestellt. Aus der Umformung ergibt sich, dass das Zählerpolynom M Nullstellen z_N bei

$$z_{\mathrm{N},k} = a\mathrm{e}^{\mathrm{j}\frac{2\pi k}{M}}\,; k = 0, 1, \ldots, M-1 \tag{4.81}$$

besitzt. Ferner treten $M-1$ Polstellen bei $z = 0$ sowie eine Polstelle bei $z = a$ auf. Man beachte allerdings, dass bei $z = a$ ebenfalls eine Nullstelle liegt, welche die letztere Polstelle aufhebt, denn die Polynomanteile $z - a$ im Zähler und Nenner können gegeneinander gekürzt werden. Im Endeffekt bleibt also der $(M-1)$-fache Pol bei $z = 0$ sowie $M-1$ Nullstellen, welche im

Winkelabstand von $2\pi k/M$ auf einem Kreis mit Radius a um den Ursprung der z-Ebene liegen. Nach den oben genannten Regeln umfasst damit der Konvergenzbereich die gesamte z-Ebene mit Ausnahme des Punktes $z = 0$. Diese Aussage lässt sich ohne weiteres auf jedes begrenzte Signal erweitern[25].

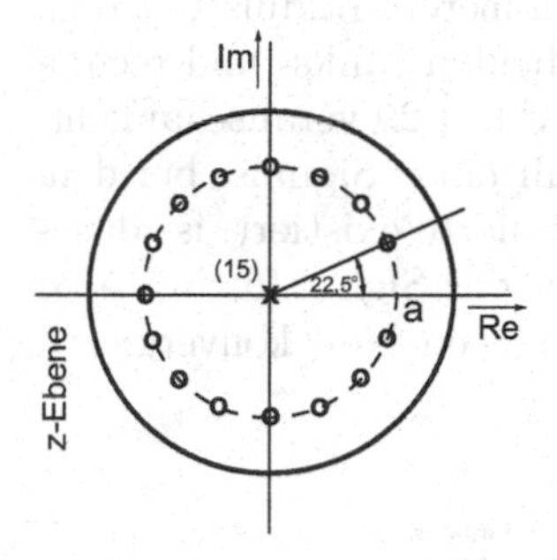

Abbildung 4.28. Pol-/Nullstellendiagramm für das Beispiel (4.80) mit $M = 16$ und $0 < a < 1$. Der Konvergenzbereich umfasst die gesamte z-Ebene außer $z = 0$

Beispiel 3: z-Transformierte eines zweiseitigen Signals. Gegeben sei die zweiseitige Exponentialfunktion

$$s(n) = b^{|n|} = b^n \cdot \varepsilon(n) + b^{-n} \cdot \varepsilon(-n-1)\,. \tag{4.82}$$

Auf Grund der Linearitätsbedingung (Superpositionsprinzip) lässt sich dies als Überlagerung eines linksseitigen (antikausalen) und eines rechtsseitigen (kausalen) Exponentialimpulses deuten, womit sich die z-Transformierte durch einfache Addition der Komponenten aus (4.72) und (4.73) ergibt:

$$b^n \cdot \varepsilon(n) \overset{z}{\leftrightarrow} \frac{1}{1-bz^{-1}}, |z| > b \text{ und } b^{-n} \cdot \varepsilon(-n-1) \overset{z}{\leftrightarrow} \frac{-1}{1-b^{-1}z^{-1}}, |z| < \frac{1}{b} \tag{4.83}$$

und somit

$$s(n) \overset{z}{\leftrightarrow} S(z) = \frac{1}{1-bz^{-1}} - \frac{1}{1-b^{-1}z^{-1}}, b < |z| < \frac{1}{b}\,. \tag{4.84}$$

Eine weitere Umformung ergibt

$$S(z) = \frac{b^2-1}{b} \cdot \frac{z}{(z-b)\cdot(z-b^{-1})}, b < |z| < \frac{1}{b}, \tag{4.85}$$

[25] Die Aussage, dass alle Pole bei $z = 0$ liegen, gilt allerdings wieder nur für begrenzte rechtsseitige (kausale) Signale. Bei linksseitigen (antikausalen) begrenzten Signalen liegen alle Pole im Unendlichen, so dass konzeptionell wiederum der Konvergenzbereich praktisch die gesamte z-Ebene erfasst.

womit sich neben der Nullstelle bei $z = 0$ zwei Polstellen bei $z = b$ und $z = 1/b$ ergeben. Allerdings lässt sich hier eindeutig der Pol bei $z = b$ der kausalen Komponente, der Pol bei $z = \frac{1}{b}$ der antikausalen Komponente zuordnen. Insgesamt kann ein Konvergenzbereich nur existieren, wenn $|b| < 1$, weil nur dann die Bedingung $b < |z| < 1/b$ erfüllbar ist. Der Konvergenzbereich ergibt sich als Ring mit innerem Radius b und äußerem Radius $1/b$, d. h. als Schnittmenge der Konvergenzbereiche aus den beiden (links- und rechtsseitigen) Einzelsignalen. Diese Konstruktion ist in Abb. 4.29 veranschaulicht; das Signal selbst ist in Abb. 4.30a gezeigt. Der Fall eines Signals, bei dem kein Konvergenzbereich und somit keine z-Transformierte existiert, ist dagegen in Abb. 4.30b dargestellt. Mit $b > 1$ wächst hier das Signal für $|n| \to \infty$ über alle Grenzen, während es für den Fall $b < 1$ gegen Null konvergiert.

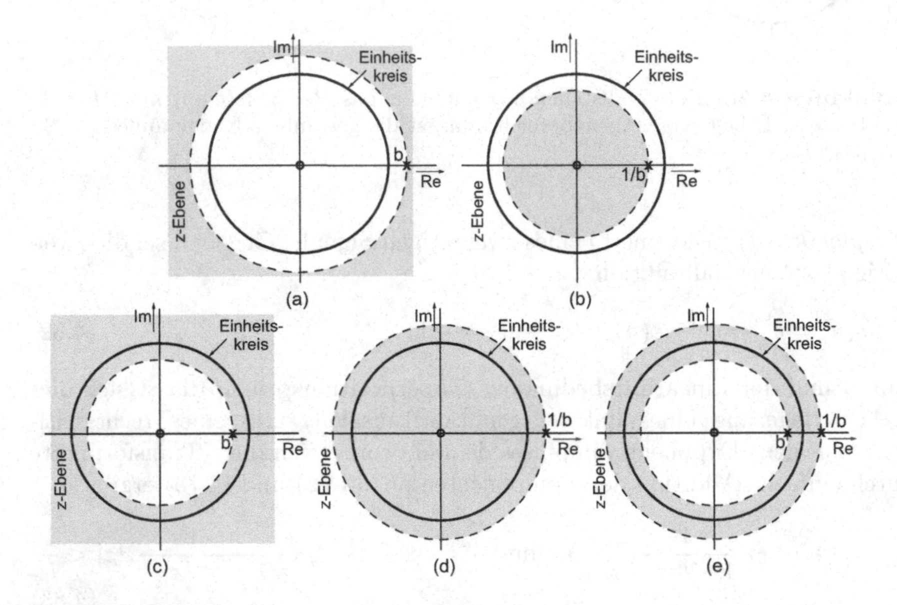

Abbildung 4.29. Pol-/Nullstellendiagramme und Konvergenzbereiche für verschiedene Exponentialsignale:
(a) Rechtsseitiges Signal (4.72) mit $b > 1$ **(b)** Linksseitiges Signal (4.73) mit $b > 1$ **(c)** Rechtsseitiges Signal (4.72) mit $0 < b < 1$ **(d)** Linksseitiges Signal (4.73) mit $0 < b < 1$ **(e)** Zweiseitiges Signal (4.82) mit $0 < b < 1$

Aus dem Gesagten wird deutlich, dass die Kenntnis der z-Transformierten oder der Pol- und Nullstellenlagen allein nicht ausreichend ist, um die volle Kenntnis über das Signal zu erhalten; vielmehr ist zusätzlich die Information über die Lage des Konvergenzbereichs notwendig. Prinzipiell könnte ein und dieselbe z-Transformierte sich auf ein linksseitiges, ein rechtsseitiges oder

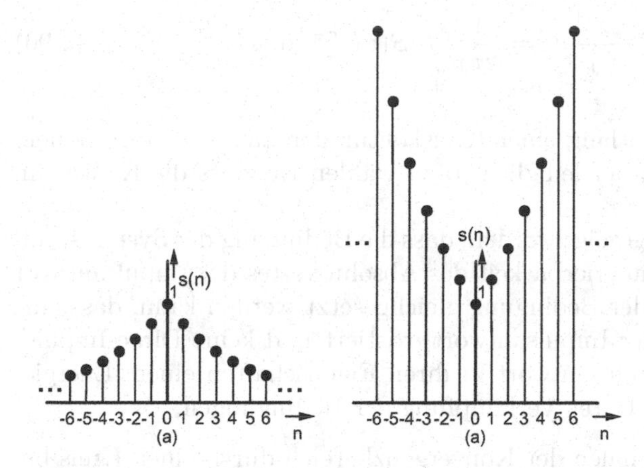

Abbildung 4.30. Zweiseitiges Exponentialsignal $s(n) = b^{|n|}$ für die Fälle **(a)** $b = 0{,}8$ und **(b)** $b = 1{,}25$

auch ein zweiseitiges Signal beziehen[26]. Diese Information ist daher notwendig, wenn das Signal aus der z-Transformierten rekonstruiert werden soll. Ausgangspunkt der folgenden Betrachtungen ist wieder die Tatsache, dass die z-Transformierte mit der Fourier-Transformierten eines exponentiell gewichteten Signals identisch ist:

$$S(z) = S\left(\rho \mathrm{e}^{\mathrm{j}2\pi f}\right) = \mathcal{F}\left\{s(n)\rho^{-n}\right\} \tag{4.86}$$

Damit ist auf jeden Fall das exponentiell gewichtete Signal durch inverse Fourier-Transformation rekonstruierbar, sofern seine Fourier-Transformierte existiert, d.h. sofern der Wert ρ so gewählt wird, dass man sich im Konvergenzbereich der z-Transformation befindet. Es ergibt sich

$$s(n)\rho^{-n} = \mathcal{F}^{-1}\left\{S\left(\rho \mathrm{e}^{\mathrm{j}2\pi f}\right)\right\} \Rightarrow s(n) = \rho^n \mathcal{F}^{-1}\left\{S\left(\rho \mathrm{e}^{\mathrm{j}2\pi f}\right)\right\}. \tag{4.87}$$

Mit der Formel für inverse Fourier-Transformation (4.39) ergibt sich

$$s(n) = \int_{-1/2}^{1/2} S\left(\rho \mathrm{e}^{\mathrm{j}2\pi f}\right) \cdot \left(\rho \mathrm{e}^{\mathrm{j}2\pi f}\right)^n \mathrm{d}f\,, \tag{4.88}$$

und weiter mit den Beziehungen

$$z = \rho \mathrm{e}^{\mathrm{j}2\pi f} \Rightarrow \frac{\mathrm{d}z}{\mathrm{d}f} = \mathrm{j}2\pi\rho \mathrm{e}^{\mathrm{j}2\pi f} = \mathrm{j}2\pi z \Rightarrow \mathrm{d}f = \frac{1}{\mathrm{j}2\pi} z^{-1}\mathrm{d}z \tag{4.89}$$

erhält man die geschlossene Konturintegration

[26] vgl. einen entsprechenden Fall für die Laplace-Transformation zeitkontinuierlicher Signale in Abb. 2.4, sowie Aufgabe 4.26.

$$s(n)=\frac{1}{2\pi}\oint\limits_{2\pi\rho}S(z)z^{n}\cdot\frac{z^{-1}}{\mathrm{j}}\mathrm{d}z=\frac{1}{2\pi\mathrm{j}}\oint\limits_{2\pi\rho}S(z)z^{n-1}\mathrm{d}z\,. \tag{4.90}$$

Die Integration erfolgt entlang einer Kreiskontur der Länge $2\pi\rho$ mit einem beliebigen Kreisradius ρ, der lediglich so zu wählen ist, dass die Kontur im Konvergenzbereich liegt.

Es war bereits früher gezeigt worden, dass die Bedingung der Systemstabilität über die absolute Integrierbarkeit des Absolutwertes der Impulsantwort (1.62)[27] im Prinzip mit der Bedingung gleichgesetzt werden kann, dass eine Fourier-Transformierte der Impulsantwort existiert und keine Dirac-Impulse enthält, dass also die Impulsantwort in ihren Eigenschaften einem Energiesignal gleichzusetzen ist. Unter Verknüpfung der Bedingungen,

- dass bei kausalen Signalen der Konvergenzbereich durch einen Kreis beschrieben wird, dessen Radius dem größten Radialabstand der Pole entspricht und
- dass eine Fouriertransformierte existiert, sofern der Einheitskreis in der komplexen Ebene zum Konvergenzbereich gehört,

lässt sich die einfache Regel ableiten, dass ein zeitdiskretes lineares kausales System stabil ist, wenn alle seine Pole innerhalb des Einheitskreises der z-Ebene liegen. Dies ist besonders hilfreich, weil sich bei den üblichen diskreten kausalen Filterstrukturen gemäß Abb. 4.14 die z-Transformierte nahezu direkt aus der Differenzengleichung der Form (4.31) bestimmen lässt, und somit die Frage nach der Systemstabilität unmittelbar beantwortet werden kann.

In Differenzengleichungen spielen Zeitverschiebungen eine entscheidende Rolle. Für ein um n_0 Abtastwerte verzögertes Signal $s(n-n_0)$ ergibt sich

$$\sum_{n=-\infty}^{\infty}s(n-n_0)z^{-n}=\sum_{m=-\infty}^{\infty}s(m)z^{-m+n_0}=z^{-n_0}S(z)\,. \tag{4.91}$$

Beispiel: FIR/IIR-System erster Ordnung. Dieses ist charakterisiert durch die Systemgleichung, welche der Faltungsbeziehung $g(n)=s(n)*h(n)$ entspricht

$$g(n)=a_0s(n)+a_1s(n-1)+b_1g(n-1)\,, \tag{4.92}$$

bzw. die Differenzengleichung

$$g(n)-b_1g(n-1)=a_0s(n)+a_1s(n-1)\,. \tag{4.93}$$

Deren z-Transformierte ist

[27] Bei diskreten Signalen gilt entsprechend die Bedingung einer absoluten Summierbarkeit $\sum|h(n)|<\infty$.

$$G(z) - b_1 G(z) \cdot z^{-1} = a_0 S(z) + a_1 S(z) \cdot z^{-1}, \tag{4.94}$$

woraus sich mit $G(z) = S(z) \cdot H(z)$ die z-Übertragungsfunktion des Systems ergibt:

$$G(z) \cdot \left(1 - b_1 z^{-1}\right) = S(z) \cdot \left(a_0 + a_1 z^{-1}\right)$$
$$\Rightarrow H(z) = \frac{G(z)}{S(z)} = \frac{a_0 + a_1 z^{-1}}{1 - b_1 z^{-1}}. \tag{4.95}$$

Für ein Filter mit $Q + 1$ Koeffizienten des FIR-Anteils und P Koeffizienten des IIR-Anteils lautet entsprechend die Systemgleichung bezüglich der Verknüpfung von Eingangs- und Ausgangssignal

$$g(n) = \sum_{q=0}^{Q} a_q \cdot s(n-q) + \sum_{p=1}^{P} b_q \cdot g(n-p), \tag{4.96}$$

bzw. die Differenzengleichung

$$g(n) - \sum_{p=1}^{P} b_p \cdot g(n-p) = \sum_{q=0}^{Q} a_q \cdot s(n-q). \tag{4.97}$$

Durch separate Anwendung der z-Transformation auf die Summen der linken und rechten Seite (die beide garantiert konvergieren, da die Reihen endlich sind) ergibt sich

$$\sum_{q=0}^{Q} a_q \cdot s(n-q) \overset{z}{\leftrightarrow} S(z) \cdot A(z) \text{ mit } A(z) = \sum_{q=0}^{Q} a_q \cdot z^{-q}$$
$$\sum_{p=1}^{P} b_q \cdot g(n-p) \overset{z}{\leftrightarrow} G(z) \cdot B(z) \text{ mit } B(z) = \sum_{p=1}^{P} b_p \cdot z^{-p}, \tag{4.98}$$

und folglich

$$G(z) \cdot [1 - B(z)] = S(z) \cdot A(z)$$
$$\Rightarrow H(z) = \frac{G(z)}{S(z)} = \frac{A(z)}{1 - B(z)} = \frac{\sum_{q=0}^{Q} a_q \cdot z^{-q}}{1 - \sum_{p=1}^{P} b_p \cdot z^{-p}}. \tag{4.99}$$

Somit lassen sich die Filterkoeffizienten des FIR-Anteils unmittelbar auf die Koeffizienten des Zählerpolynoms, die Filterkoeffizienten des IIR-Anteils auf die Koeffizienten des Nennerpolynoms der z-Übertragungsfunktion abbilden. Damit erlaubt die z-Transformation eine elegante Analyse von Differenzengleichungen bzw. der Eigenschaften von zeitdiskreten Filtern. Letzten Endes liegt dem wieder die Beschreibung der Faltung im Zeitbereich durch eine Multiplikation in der komplexen z-Ebene zugrunde. Ähnlich wie bei der „direkten Form"-Implementierung einer Laplace-Übertragungsfunktion (Abb. 2.11) ist hier nun eine direkte Abbildung der z-Übertragungsfunktion auf eine FIR/IIR-Filterstruktur möglich.

4.4 Zusammenfassung

Die Aussage der Abtasttheoreme lässt sich auf zwei Fourier-Transformationspaare zurückführen, die in normierter Form lauten

$$s(t) \cdot \text{III}(t) \circ\!\!-\!\!\bullet\; S(f) * \text{III}(f)$$

$$s(t) * \text{III}(t) \circ\!\!-\!\!\bullet\; S(f) \cdot \text{III}(f)\,.$$

Diese Transformationen enthalten die zur Beschreibung von Signalen wichtigen Aussagen:

ein abgetastetes Signal besitzt ein periodisches Spektrum und
ein periodisches Signal besitzt ein Linienspektrum.

Sind die durch Faltung mit der Dirac-Impulsfolge $\text{III}(x)$ entstandenen periodischen Frequenz- oder Zeitfunktionen überlappungsfrei, dann lässt sich die durch Fourier-Transformation zugeordnete abgetastete Funktion wieder fehlerfrei interpolieren. Das ist der Inhalt der beiden besprochenen Abtasttheoreme. Die theoretischen und praktischen Anwendungen der hier abgeleiteten Beziehungen zwischen kontinuierlichen und diskreten Signalen waren dann Grundlage für eine Betrachtung der Probleme, die bei der Übertragung zeitdiskreter Signale über zeitdiskrete (digitale) Systeme auftauchen. Insbesondere wurden hieraus die Beziehungen zur diskreten Faltung sowie zur Fourier-Transformation zeitdiskreter Signale abgeleitet, einschließlich der für die digitale Signalverarbeitung wichtigen Diskreten Fourier-Transformation, die das zeitdiskrete Äquivalent zur Fourier-Reihenentwicklung periodischer Signale darstellt. Schließlich wurde gezeigt, dass weitere Abtastungen sowie Abtastratenkonversionen auch auf bereits abgetastete Signale anwendbar sind und mit Mitteln der digitalen Signalverarbeitung realisiert werden können. Schließlich wurde ausführlich die z-Transformation behandelt, die in der Analyse und Synthese zeitdiskreter Systeme eine ähnlich bedeutende Rolle spielt wie die Laplace-Transformation bezüglich zeitkontinuierlicher Systeme.

4.5 Anhang: Tabellen zu Transformationen

Tabelle 4.1. Theoreme der Fourier-Transformation diskreter Signale

Theorem	$s(n)$ $\circ\!\!-\!\!\bullet$	$S_a(f)$	Gl.
Transformation	$s(n)$	$\sum_{n=-\infty}^{\infty} s(n)\mathrm{e}^{-\mathrm{j}2\pi nf}$	(4.38)
inverse Transformation	$\int_{-1/2}^{1/2} S_a(f)\mathrm{e}^{\mathrm{j}2\pi nf}\mathrm{d}f$	$S_a(f)$ (Periode 1)	(4.39)
Zerlegung von $s(n)$	$\begin{cases} s_g(n) \\ s_u(n) \end{cases}$	$\mathrm{Re}\{S_a(f)\}$ $\mathrm{j}\,\mathrm{Im}\{S_a(f)\}$	
Zeitumkehr	$s(-n)$	$S_a(-f)$	
Konjugation	$s^*(n)$	$S_a^*(-f)$	
Faltung	$s(n) * g(n)$	$S_a(f) \cdot G_a(f)$	(4.42)
Multiplikation	$s(n) \cdot g(n)$	$S_a(f) * [G_a(f) \cdot \mathrm{rect}(f)]$ (period. Faltung)	(4.43)
Superposition	$a_1 s(n) + a_2 g(n)$	$a_1 S_a(f) + a_2 G_a(f)$	
Herabtastung	$s_u(n) = s(nc)$	$\frac{1}{c}\sum_{k=0}^{c-1} S_a\left(f - \frac{k}{c}\right)$ (c pos., ganz)	(4.56)
Hochtastung	$s_{c\uparrow}(n) = \begin{cases} s(n/c), & n/c \text{ ganz} \\ 0, & \text{sonst} \end{cases}$	$S_a(cf)$ (c pos., ganz)	(4.59)
Verschiebung	$s(n-m)$	$S_a(f)\mathrm{e}^{-\mathrm{j}2\pi mf}$	Aufgabe 4.17
Modulation	$s(n)\mathrm{e}^{\mathrm{j}2\pi nF}$	$S_a(f-F)$	
Differenzenbildung	$s(n) - s(n-1)$	$(1 - \mathrm{e}^{-\mathrm{j}2\pi f})S_a(f)$	
Akkumulation	$\sum_{m=-\infty}^{n} s(m)$	$\frac{S_a(f)}{1 - \mathrm{e}^{-\mathrm{j}2\pi f}} + \frac{S_a(0)}{2}Ш(f)$	Aufgabe 4.18
Fläche	$\sum_{n=-\infty}^{\infty} s(n)$	$S_a(0)$	
	$s(0)$	$\int_{-1/2}^{1/2} S_a(f)\mathrm{d}f$	
Parseval'sches Theorem	$E = \sum_{n=-\infty}^{\infty} \lvert s(n)\rvert^2 =$	$\int_{-1/2}^{1/2} \lvert S_a(f)\rvert^2\mathrm{d}f$	(6.38)

(n, m ganzzahlig)

Tabelle 4.2. Theoreme der diskreten Fourier-Transformation (DFT) mit $F = \frac{1}{M}$

Theorem	$s_\mathrm{d}(n), n = 0 \ldots M-1$	$S_\mathrm{d}(k), k = 0 \ldots M-1$	Gl.
Transformation	$s_\mathrm{d}(n) = s_\mathrm{d}(n+M)$	$\sum\limits_{n=0}^{M-1} s_\mathrm{d}(n)\mathrm{e}^{-\mathrm{j}2\pi kFn}$	(4.44)
inverse Transformation	$\frac{1}{M}\sum\limits_{k=0}^{M-1} S_\mathrm{d}(k)\mathrm{e}^{\mathrm{j}2\pi kFn}$	$S_\mathrm{d}(k) = S_\mathrm{d}(k+M)$	(4.45)
Zerlegung von $s_\mathrm{d}(n)$	$\begin{cases} s_{\mathrm{d,g}}(n) \\ s_{\mathrm{d,u}}(n) \end{cases}$	$\mathrm{Re}\{S_\mathrm{d}(k)\}$ $\mathrm{j}\,\mathrm{Im}\{S_\mathrm{d}(k)\}$	
Zeitumkehr	$s_\mathrm{d}(-n) = s_\mathrm{d}(N-n)$	$S_\mathrm{d}(-k) = S_\mathrm{d}(N-k)$	
Konjugation	$s_\mathrm{d}^*(n)$	$S_\mathrm{d}^*(-k)$	
Symmetrie	$S_\mathrm{d}(n)$	$M s_\mathrm{d}(-k)$	
periodische Faltung	$\sum\limits_{m=0}^{M-1} s_\mathrm{d}(m)h_\mathrm{d}(n-m)$	$S_\mathrm{d}(k)H_\mathrm{d}(k)$	(4.51) (4.50)
Multiplikation	$s_\mathrm{d}(n) \cdot f_\mathrm{d}(n)$	$\frac{1}{M}\sum\limits_{m=0}^{M-1} S_\mathrm{d}(m)F_\mathrm{d}(k-m)$ (periodische Faltung)	
Superposition	$a_1 s_\mathrm{d}(n) + a_2 f_\mathrm{d}(n)$	$a_1 S_\mathrm{d}(k) + a_2 F_\mathrm{d}(k)$	
periodische Verschiebung	$s_\mathrm{d}(n-m)$ $s_\mathrm{d}(n)\mathrm{e}^{\mathrm{j}2\pi mnF}$	$S_\mathrm{d}(k)\mathrm{e}^{-\mathrm{j}2\pi mkF}$ $S_\mathrm{d}(k-m)$	(4.46)
Fläche	$\sum\limits_{n=0}^{M-1} s_\mathrm{d}(n)$	$S_\mathrm{d}(0)$	
	$s_\mathrm{d}(0)$	$\frac{1}{M}\sum\limits_{k=0}^{M-1} S_\mathrm{d}(k)$	
Parseval'sches Theorem	$\sum\limits_{n=0}^{M-1} \lvert s_\mathrm{d}(n)\rvert^2 \quad =$	$\frac{1}{M}\sum\limits_{k=0}^{M-1} \lvert S_\mathrm{d}(k)\rvert^2$	

(n, m, k ganzzahlig)

Tabelle 4.3. Theoreme der z-Transformation

Theorem	$s(n)$	$S(z)$	Gl.
z-Transformation	$\frac{1}{2\pi \mathrm{j}} \oint_{2\pi\rho} S(z) z^{n-1} \mathrm{d}z$	$\sum_{n=-\infty}^{\infty} s(n) z^{-n}$	(4.69)/(4.90)
Zeitverschiebung	$s(n-n_0)$	$S(z) \cdot z^{-n_0}$	(4.91)
Superposition	$a_1 s_1(n) + a_2 s_2(n)$	$a_1 S_1(z) + a_2 S_2(z)$	
Faltung	$s(n) * h(n)$	$S(z) \cdot H(z)$	(4.95)
Frequenzverschiebung	$s(n) \cdot \mathrm{e}^{\mathrm{j}2\pi F n}$	$S\left(z \cdot \mathrm{e}^{-\mathrm{j}2\pi F}\right)$	Aufgabe 4.31a
konjugiertes Signal	$s^*(n)$	$S^*(z^*)$	Aufgabe 4.31b
Zeitumkehr	$s(-n)$	$S(z^{-1})$	Aufgabe 4.31c
Differenzenbildung	$s(n) - s(n-1)$	$(1-z^{-1}) S(z)$	Aufgabe 4.30a
Akkumulation	$\sum_{m=-\infty}^{n} s(m)$	$\frac{S(z)}{1-z^{-1}}$	Aufgabe 4.30b

Tabelle 4.4. Transformationspaare der Fourier-Transformation zeitdiskreter Signale

$s(n)$	$S_{\mathrm{a}}(f)$
$\delta(n)$	1
$\varepsilon(n)$	$\frac{1}{1-\mathrm{e}^{-\mathrm{j}2\pi f}} + \frac{1}{2} \sum_{k=-\infty}^{\infty} \delta(f-k)$
$\sum_{k=-\infty}^{\infty} \delta(n-kN)$	$\frac{1}{N} \sum_{k=-\infty}^{\infty} \delta\left(f - \frac{k}{N}\right)$
$b^n \varepsilon(n) \quad [\lvert b \rvert < 1]$	$\frac{1}{1-b\mathrm{e}^{-\mathrm{j}2\pi f}}$
$\lvert b \rvert^n \quad [\lvert b \rvert < 1]$	$\frac{(1-b)^2}{1-2b\cos(2\pi f)+b^2}$
$\mathrm{e}^{\mathrm{j}2\pi F n}$	$\sum_{l=-\infty}^{\infty} \delta(f-F-l)$
$\cos(2\pi F n)$	$\frac{1}{2} \sum_{l=-\infty}^{\infty} \left[\delta(f-F-l) + \delta(f+F-l)\right]$
$\sin(2\pi F n)$	$\frac{1}{2\mathrm{j}} \sum_{l=-\infty}^{\infty} \left[\delta(f-F-l) - \delta(f+F-l)\right]$

Anmerkung: Durch Einsetzen $z = \mathrm{e}^{\mathrm{j}2\pi f}$ können aus Tab. 4.5 – sofern der Konvergenzbereich den Einheitskreis enthält – auch weitere Transformationspaare der Fourier-Transformation zeitdiskreter Signale ermittelt werden.

Tabelle 4.5. Transformationspaare der z-Transformation

$s(n)$	$S(z)$	Konvergenzbereich
$\delta(n)$	1	alle z
$\varepsilon(n)$	$\frac{1}{1-z^{-1}}$	$\lvert z\rvert > 1$
$-\varepsilon(-n-1)$	$\frac{1}{1-z^{-1}}$	$\lvert z\rvert < 1$
$\delta(n-n_0)$	z^{-n_0}	alle z
$b^n\varepsilon(n)$	$\frac{1}{1-bz^{-1}}$	$\lvert z\rvert > \lvert b\rvert$
$-b^n\varepsilon(-n-1)$	$\frac{1}{1-bz^{-1}}$	$\lvert z\rvert < \lvert b\rvert$
$nb^n\varepsilon(n)$	$\frac{bz^{-1}}{(1-bz^{-1})^2}$	$\lvert z\rvert > \lvert b\rvert$
$b^n\cos(2\pi Fn)\,\varepsilon(n)$	$\frac{1-b\cos(2\pi F)z^{-1}}{1-2b\cos(2\pi F)z^{-1}+b^2z^{-2}}$	$\lvert z\rvert > \lvert b\rvert$
$b^n\sin(2\pi Fn)\,\varepsilon(n)$	$\frac{b\sin(2\pi F)z^{-1}}{1-2b\cos(2\pi F)z^{-1}+b^2z^{-2}}$	$\lvert z\rvert > \lvert b\rvert$

4.6 Aufgaben

4.1 Ist das ideale Abtastsystem nach (4.2) linear? Ist es zeitinvariant?

4.2 Ein Fernsprechsignal kann als Tiefpasssignal der Grenzfrequenz $f_g = 4\,\text{kHz}$ aufgefasst werden.

a) Wie groß ist die Nyquist-Rate bei Abtastung?
b) Das abgetastete Signal soll durch einen (realitätsnäheren) Tiefpass endlicher Flankensteilheit zurückgewonnen werden (Abb. 4.31). Wie groß sind Abtastrate und f_1 mindestens zu wählen, damit eine fehlerfreie Interpolation möglich ist?

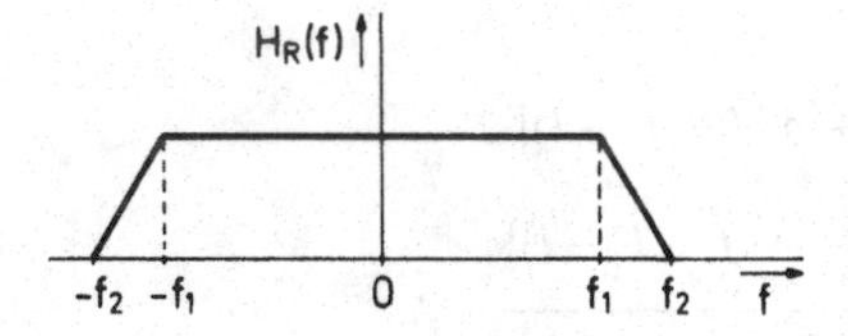

Abbildung 4.31. Tiefpass zu Aufgabe 4.2

4.3 Ein reales Abtastsystem benutzt Abtastimpulse endlicher Breite t_0. Beschreiben Sie den Abtastvorgang im Zeit- und Frequenzbereich [entsprechend (4.4)]. Diskutieren Sie mit Hilfe einer Skizze des Spektrums des abgetasteten Signals, ob das Signal fehlerfrei zurückgewonnen werden kann. Nehmen Sie hierzu die beiden Abtastmodelle in Abb. 4.32 an.

4.4 Das Signal $s(t) = \text{si}(\pi t)$ wird

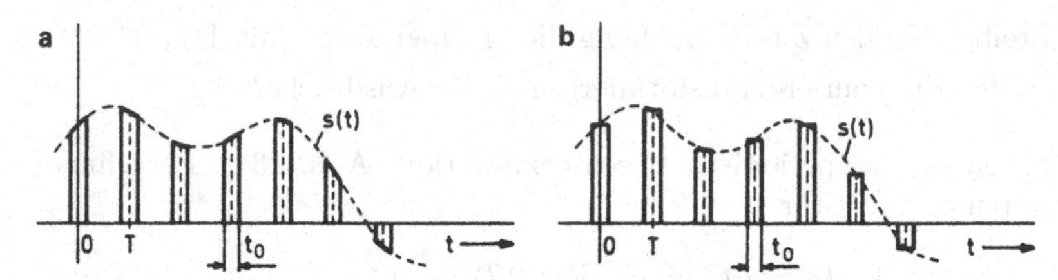

Abbildung 4.32. (a) Modell 1 (lineare Torschaltung); (b) Modell 2 (Abtast-Halteschaltung)

a) mit der Nyquist-Rate $1/T$ und
b) der doppelten Nyquist-Rate abgetastet.

Skizzieren Sie den Interpolationsvorgang qualitativ (wie Abb. 4.6). Wie verändert sich die Skizze bei Abtastung des verschobenen Signals $s(t - 0{,}2)$?

4.5 Ein Tiefpasssignal der Grenzfrequenz f_g wird mit der Rate $1/T = 2f_g$ abgetastet und in Form einer Treppenkurve $s_{\text{Tre}}(t)$ näherungsweise rekonstruiert (Abb. 4.33a).

a) Beschreiben Sie die Treppenkurve $s_{\text{Tre}}(t)$ im Zeit- und Frequenzbereich (Aufgabe 4.3).
b) Geben Sie die Übertragungsfunktion eines Filters an, mit dem $s(t)$ aus $s_{\text{Tre}}(t)$ ohne Berücksichtigung einer Verzögerung fehlerfrei rekonstruiert werden kann.
c) Zeigen Sie, dass ein derartiger Entzerrer durch eine wie in Abb. 4.33b gezeigte Schaltung realisiert werden kann. Wie lautet $H_{\text{R}}(f)$?

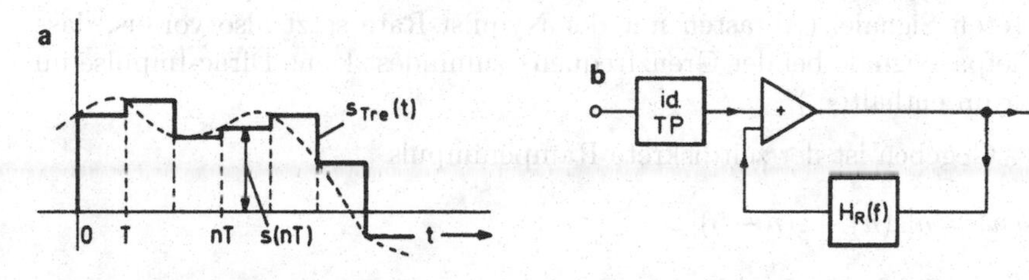

Abbildung 4.33a, b. Zu Aufgabe 4.5

4.6 Wiederholen und Abtasten einer Funktion werden häufig mit den von Woodward (1964) eingeführten Operatoren rep und comb beschrieben:

$$\text{rep}_T s(t) = \sum_{n=-\infty}^{\infty} s(t - nT)$$

$$\text{comb}_T s(t) = \sum_{n=-\infty}^{\infty} s(nT)\delta(t - nT)$$

a) Beschreiben Sie den Zusammenhang dieser Operatoren mit $\text{III}(t)$.
b) Wie lauten die Fourier-Transformierten dieser Ausdrücke?

4.7 Gegeben ist eine periodische Rechteckfunktion (Abb. 4.34). Berechnen und skizzieren Sie $S(f)$ für

a) $T_2 = 6T_1$, b) $T_2 = 4T_1$, c) $T_2 = 2T_1$.

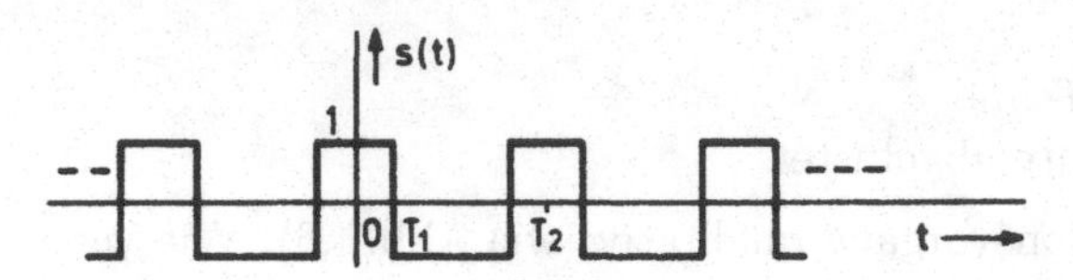

Abbildung 4.34. Zu Aufgabe 4.7

4.8 Ein Signal, dessen Spektrum nur in einem Bereich $f_0 < |f| < 2f_0$ von Null verschieden ist, wird mit der Rate $2f_0$ abgetastet. Wie kann dieses „Bandpasssignal" aus den Abtastwerten fehlerfrei zurückgewonnen werden?

4.9 Das Signal $\cos(2\pi Ft)$ wird mit der Abtastrate 1 abgetastet und in einem idealen Tiefpass der Grenzfrequenz $f_{\rm g} = 1/2$ interpoliert. Zeigen Sie, dass am Ausgang wieder ein cos-förmiges Signal erscheint, und tragen Sie dessen Frequenz $F_{\rm a}$ als Funktion von F auf (Aliasing).

4.10 Ein cos- und ein sin-Signal der Frequenz $f_{\rm g}$ werden mit der Nyquist-Rate $r = 2f_{\rm g}$ abgetastet. Skizzieren Sie Abtastwerte und Spektren der abgetasteten Signale. (Abtasten mit der Nyquist-Rate setzt also voraus, dass die Tiefpasssignale bei der Grenzfrequenz zumindest keine Dirac-Impulse im Spektrum enthalten.)

4.11 Gegeben ist der zeitdiskrete Rampenimpuls

$$s(n) = n[\varepsilon(n) - \varepsilon(n-5)] .$$

Skizzieren Sie damit die folgenden Signale:

a) $s(n)$
b) $s(n+2)$
c) $s(-n)$
d) $s(1-n)$
e) $2s(n)\varepsilon(n-2)$
f) $s(2n)$
g) $s^2(n)$
h) $s(n) + s(-n+9)$
i) $\sum_{m=-\infty}^{n} s(m)$
j) $s(n) \cdot \delta(n-2)$
k) gerader und ungerader Anteil $s_{\rm g}(n)$, $s_{\rm u}(n)$.

4.12 Falten Sie den Rampenimpuls $s(n)$ aus Aufgabe 4.11 mit sich selbst.

Hinweis: Skizzieren Sie den zeitgespiegelten Impuls $s(-n)$ (oder seine Zahlenwerte) auf einen Papierstreifen und verschieben Sie ihn unterhalb einer Skizze von $s(n)$ (Abb. 4.16).

4.13 Skizzieren Sie mit Hilfe der „Papierstreifenfaltung“ aus Aufgabe 4.12 für den Rampenimpuls aus Aufgabe 4.11 das Faltungsprodukt $s(n) * s(-n)$.

4.14 Zeigen Sie (entsprechend dem Vorgehen in Abschn. 1.10), dass ein kausales, zeitdiskretes LSI-System der Impulsantwort $h(n)$ amplitudenstabil ist für

$$\sum_{n=0}^{\infty} |h(n)| < \infty.$$

Welche der folgenden Systeme sind amplitudenstabil?

a) $h(n) = \varepsilon(n)\cos(\pi n)$
b) $h(n) = \varepsilon(n)a^n$
c) $h(n) = \varepsilon(n)\,\mathrm{si}[\pi(n-5)/2]$.

4.15 Ein Filter soll über eine Zahlenfolge $s(n)$ folgenden gleitenden Mittelwert bilden

$$g(n) = \frac{1}{3}[s(n) + s(n-1) + s(n-2)] .$$

a) Ist das Filter ein LSI-System?
b) Wie lautet seine Impulsantwort $h(n)$?
c) Ist das Filter kausal und amplitudenstabil?
d) Berechnen Sie den gleitenden Mittelwert über die zeitbegrenzte Folge $\{\ldots, 0, 0, 2, 1, 5, -1, 0, 0, \ldots\}$
e) Leiten Sie ein faltungsinverses Filter der Impulsantwort $h^{(-1)}(n)$ ab, so dass gilt

$$h(n) * h^{(-1)}(n) = \delta(n) .$$

(*Hinweis:* Papierstreifenmethode nach Aufgabe 4.12 benutzen.)

f) Zeigen Sie mit Hilfe der Papierstreifenmethode, dass aus den gleitenden Mittelwerten nach (d) die ursprüngliche Folge durch Faltung mit $h^{(-1)}(n)$ zurückgewonnen werden kann.
g) Ist das faltungsinverse Filter amplitudenstabil?
h) Wie lautet das faltungsinverse Filter zu $h(n) = \delta(n) + \delta(n-1)$?

4.16 Berechnen und skizzieren Sie die Fourier-Transformierten folgender zeitdiskreter Signale

a) $s(n) = 4\cos(\pi n/4)$

b) $s(n) = \begin{cases} 1 & \\ & \text{für} \\ 0 & \end{cases} \begin{matrix} |n| \leq M \\ \\ |n| > M \end{matrix}$

c) $s(n) = b^{|n|}$ mit $|b| < 1$
Hinweis: $s(-n) \circ\!\!-\!\!\bullet\, S_\mathrm{a}(-f)$

d) $s(n) = \mathrm{si}^2(\pi n/4)$.

4.17 Berechnen Sie die Fourier-Transformierte des zeitdiskreten Signals $\delta(n-m)$. Zeigen Sie damit die Gültigkeit des Verschiebungstheorems

$$s(n-m) \circ\!\!-\!\!\bullet\, \mathrm{e}^{-\mathrm{j}2\pi m f} S_\mathrm{a}(f) \, .$$

4.18 Das Summationstheorem der Fourier-Transformation diskreter Signale lautet (Oppenheim und Willsky, 1989)

$$\sum_{m=-\infty}^{n} s(m) \circ\!\!-\!\!\bullet\, \frac{S_\mathrm{a}(f)}{1-\exp(-\mathrm{j}2\pi f)} + \frac{1}{2} S_\mathrm{a}(0) \,\text{Ш}\,(f) \, .$$

Berechnen und skizzieren Sie das Spektrum der zeitdiskreten Sprungfunktion $\varepsilon(n)$.

4.19 Zerlegen Sie das diskrete System aus Abb. 4.35 in einen rein rekursiven und einen nichtrekursiven Teil. Berechnen Sie dann Impulsantwort und Betrag der Übertragungsfunktion (für $b_1 = b_2$).

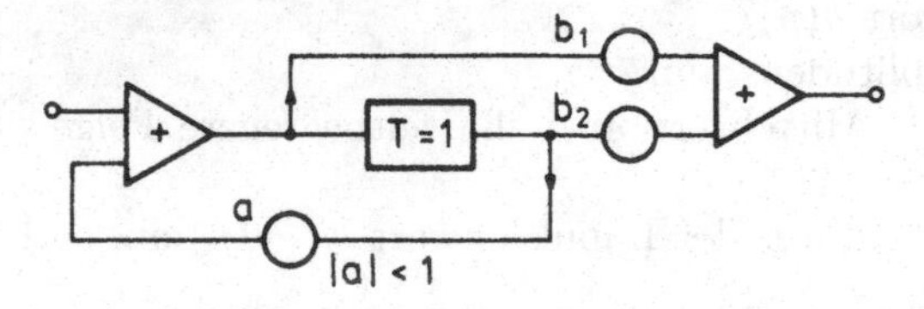

Abbildung 4.35. Filter zu Aufgabe 4.19

4.20 Skizzieren Sie $s(n) = \varepsilon(n)b^n$ und sein Spektrum für $b = -1/2$. Vergleichen Sie das Ergebnis mit den Abb. 4.13 und 4.18.

4.21 Berechnen Sie die diskrete Fourier-Transformierte (DFT) der zeitdiskreten Signale (angegeben für $0 \leq n < M$)

a) $s_\mathrm{d}(n) = \delta(n)$

b) $s_\mathrm{d}(n) = \delta(n) - a\delta(n-m) \qquad$ für $\quad |m| < M$.

4.22 Betrachtet wird das Signal $s(t) = \mathrm{rect}(t/16)\cos(2\pi f_0 t)$ mit $f_{01} = 8/32$ und $f_{02} = 9/32$.

a) Skizzieren Sie $s(t)$ und $S(f)$ für beide f_0.
b) Skizzieren Sie das mit der Periode 16 periodisch wiederholte Signal $s_\mathrm{p}(t)$ und sein Spektrum für beide f_0.
c) Tasten Sie $s_\mathrm{p}(t)$ mit der Rate $r = 1$ ab und skizzieren Sie mit den Ergebnissen aus (b) das periodische, diskrete Signal $s_\mathrm{d}(n)$ und sein Spektrum $S_\mathrm{d}(k)$.

Hinweis: Das Ergebnis zeigt, dass die DFT sin-förmiger Signale nur dann eine scharfe Spektrallinie liefert, wenn die Periode der Transformation ein ganzzahliges Vielfaches der Signalperiode ist. Der Verschmierungseffekt wird im englischen „leakage“ genannt.

4.23 Zur Ableitung der periodischen Faltung (4.50) wird das Faltungsprodukt $g(n) = s(n) * h(n)$ betrachtet. Durch periodische Wiederholung von $g(n)$ mit der Periode M erhält man für Signale im Bereich $0 \leq n < M$

$$\begin{aligned} g_\mathrm{d}(n) &= [s(n) * h(n)] * \sum_{m=-\infty}^{\infty} \delta(n - Mm) \\ &= s(n) * \underbrace{\left[h(n) * \sum_{m=-\infty}^{\infty} \delta(n - Mm) \right]} \\ &= s(n) \qquad * \qquad h_\mathrm{d}(n) \\ &= \sum_{m=0}^{M-1} s(m) h_\mathrm{d}(n-m) \,, \end{aligned}$$

damit ergibt sich die periodische Faltung auch zu

$$g_\mathrm{d}(n) = \sum_{m=0}^{M-1} s_\mathrm{d}(m) h_\mathrm{d}(n-m) \qquad \text{für} \quad n = 0, \ldots, M-1 \,.$$

Vollziehen Sie diese Ableitung am Beispiel der zeitdiskreten Rechtecksignale aus Abb. 4.21 nach (Skizzen!).

4.24 Ein LSI-System wird durch folgende Differenzengleichung beschrieben: $g\,(n) - 2g\,(n-1) = s\,(n) + 2s\,(n-2)$.

a) Skizzieren Sie die Struktur des diskreten Filters.
b) Bestimmen Sie die Impulsantwort $h(n)$.
c) Bestimmen Sie durch Anwendung der z-Transformation die Übertragungsfunktion $H(z)$.
d) Begründen Sie an Hand der Lage der Pole und Nullstellen in der z-Ebene, ob das System stabil und kausal ist.

4.25 Gegeben ist ein zeitdiskreter Rechteckimpuls $s\,(n) = \delta\,(n+1) + \delta\,(n) + \delta\,(n-1)$.

a) Bestimmen Sie seine Fourier-Transformation $S_{\mathrm{a}}(f)$. Skizzieren Sie $S_{\mathrm{a}}(f)$ und geben Sie die Lage der Nullstellen in der ersten Periode $|f| < \frac{1}{2}$ an.
b) Berechnen Sie die z-Transformation $S(z)$ und skizzieren Sie die Pole und Nullstellen in der komplexen z-Ebene.
c) Verifizieren Sie $S_{\mathrm{a}}(f)$, indem Sie $S\left(z = \mathrm{e}^{\mathrm{j}2\pi f}\right)$ bilden. Vergleichen Sie die Lage der Nullstellen von $S(z)$ mit den Nullstellen von $S_{\mathrm{a}}(f)$.

4.26 Gegeben ist die z-Transformierte $S(z) = \frac{3-\frac{5}{6}z^{-1}}{\left(1-\frac{1}{4}z^{-1}\right)\left(1-\frac{1}{3}z^{-1}\right)}$, mit Konvergenzbereich $|z| > \frac{1}{3}$.

a) Bestimmen Sie über eine Partialbruchzerlegung und mit Tabellenbenutzung $s(n)$.
b) Der Konvergenzbereich sei nun $\frac{1}{4} < |z| < \frac{1}{3}$. Bestimmen Sie $s(n)$.
c) Der Konvergenzbereich sei nun $|z| < \frac{1}{4}$. Bestimmen Sie $s(n)$.
d) Geben Sie für den Konvergenzbereich $|z| > \frac{1}{3}$ eine Schaltung zur Erzeugung von $s(n)$ aus einem Einheitsimpuls $\delta(n)$ an.

4.27 Bestimmen Sie die Übertragungsfunktionen $H(z)$ der in Abb. 4.36 dargestellten Systeme jeweils als Funktion von $H_1(z)$ und $H_2(z)$.

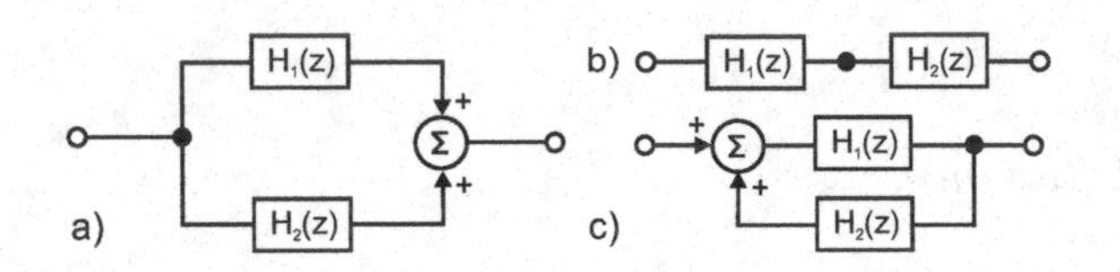

Abbildung 4.36. System zu Aufg. 4.27

4.28 Ein IIR-Filter ist gegeben in Abb. 4.37.

a) Bestimmen Sie seine Übertragungsfunktion $H(z) = \frac{G(z)}{S(z)}$.
b) Skizzieren Sie das Pol-Nullstellendiagramm in der z-Ebene und kennzeichnen Sie den Konvergenzbereich.
c) Bestimmen Sie $h(n)$ nach Partialbruchzerlegung von $H(z)$ mittels Anwendung der Tabelle 6.2.

4.29 Gegeben sind $h_1(n)$ und $h_3(n)$ wie in Abb. 4.38 dargestellt. Gesucht wird $h_2(n)$, für das gilt: $h_3(n) = h_1(n) * h_2(n)$.

a) Bestimmen Sie zunächst $H_1(z)$ mit Angabe des Konvergenzbereichs.
b) Skizzieren Sie das Pol-Nullstellen-Diagramm und kennzeichnen Sie den Konvergenzbereich.
c) Bestimmen Sie $h_2(n)$ durch Ausnutzung der Faltungseigenschaft der z-Transformation. Welchen Konvergenzbereich hat $H_2(z)$?

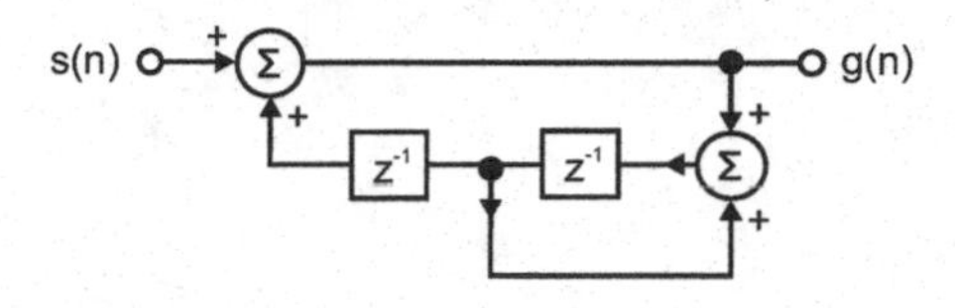

Abbildung 4.37. IIR-Filter zu Aufg. 4.28

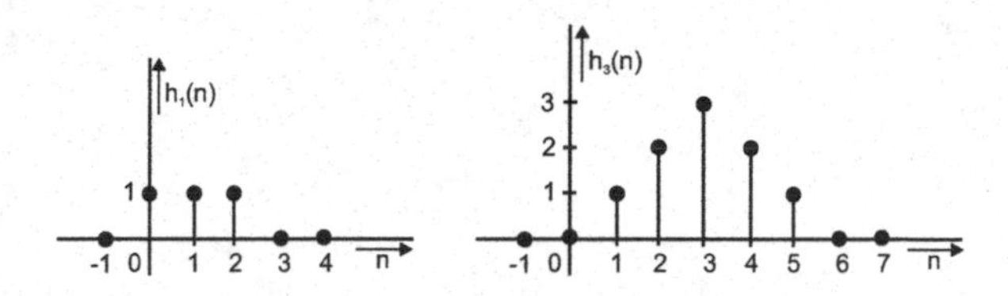

Abbildung 4.38. Signale zu Aufg. 4.29

4.30 Bestimmen Sie die Übertragungsfunktionen von LSI-Systemen, die folgende Operationen ausführen:

a) Differenzenbildung $g(n) = s(n) - s(n-1)$

b) Akkumulation $g(n) = \sum\limits_{m=-\infty}^{n} s(m)$

4.31 Beweisen Sie die folgenden Beziehungen der z-Transformation:

a) Frequenzverschiebung (Modulation) $s(n) \cdot \mathrm{e}^{\mathrm{j}2\pi Fn} \overset{z}{\leftrightarrow} S\left(z \cdot \mathrm{e}^{-\mathrm{j}2\pi F}\right)$

b) Konjugation $s^*(n) \overset{z}{\leftrightarrow} S^*(z^*)$

c) Zeitumkehr $s(-n) \overset{z}{\leftrightarrow} S(z^{-1})$

5. Systemtheorie der Tiefpass- und Bandpasssysteme

In der *Systemtheorie* werden die Eigenschaften idealisierter LTI-Systeme mit dem Ziel betrachtet, die Vielfalt der Eigenschaften realer Systeme besser überschauen zu können. Küpfmüller, der diese Methode in die Nachrichtentechnik eingeführt hat, schreibt hierzu „es werden willkürlich bestimmte Wechselstromeigenschaften der Übertragungssysteme angenommen; es wird dann gefragt, wie sich ein so gekennzeichnetes System bei der Übertragung von Nachrichten verhält“ (Küpfmüller, 1949).[1]

Im Folgenden werden als die wichtigsten idealisierten LTI-Systeme das verzerrungsfreie System, der Tiefpass und der Bandpass vorgestellt und in ihren Eigenschaften im Zeit- und Frequenzbereich diskutiert. Ebenso werden idealisierte zeitdiskrete (digitale) Systeme behandelt.

5.1 Das verzerrungsfreie System

Ein System wird dann ein *verzerrungsfreies System* genannt, wenn das Eingangssignal $s(t)$ und das Ausgangssignal $g(t)$ der Gleichung

$$g(t) = h_0 s(t - t_0) = s(t) * [h_0 \delta(t - t_0)], \quad h_0, t_0 \text{ reell konstant} \tag{5.1}$$

genügen, wenn also das Eingangssignal, abgesehen von einem Amplitudenfaktor h_0 und einer Zeitverschiebung t_0, formgetreu zum Ausgang des Systems übertragen wird (Abb. 5.1). Danach gilt für die Impulsantwort $h(t)$ sowie für

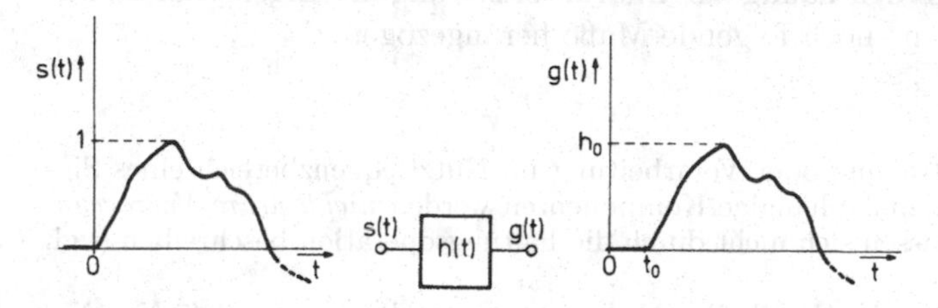

Abbildung 5.1. Ein- und Ausgangssignal eines verzerrungsfreien Systems

[1] Karl Küpfmüller (1897–1977), dt. Ingenieur.

die Übertragungsfunktion $H(f)$ eines verzerrungsfreien Systems

$$h(t) = h_0\delta(t - t_0)$$

$$\circ\!\!-\!\!\bullet \tag{5.2}$$

$$H(f) = h_0 \mathrm{e}^{-\mathrm{j}2\pi t_0 f} \ .$$

Betrag $|H(f)| = h_0$ und Phase $\varphi(f) = -2\pi t_0 f$ der Übertragungsfunktion des verzerrungsfreien Systems sind in Abb. 5.2 wiedergegeben. LTI-Systeme,

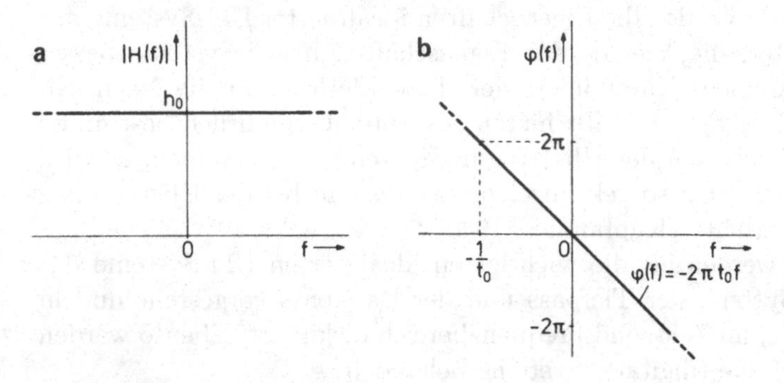

Abbildung 5.2. Übertragungsfunktion eines verzerrungsfreien Systems nach **a** Betrag und **b** Phase

deren Übertragungseigenschaften von diesen idealen Eigenschaften eines verzerrungsfreien Systems abweichen, übertragen Signale nicht formgetreu, es entstehen *lineare Verzerrungen*. Diese sind über die Faltungsgleichung beschrieben, und können ausschließlich in einer Änderung von Betrag und Phase der Frequenzkomponenten des Eingangssignals resultieren.[2]

Ein System mit der Eigenschaft $|H(f)| = \text{const.}$ bei beliebigem Phasenverlauf wird *Allpass* genannt.

Anmerkung: Neben Betrag und Phase oder Real- und Imaginärteil der Übertragungsfunktion werden häufig zur Charakterisierung der Eigenschaften allgemeiner LTI-Systeme noch folgende Maße herangezogen:

a) *Dämpfungsmaß*[3]

[2] Andere, bei Übertragung oder Verarbeitung im Nutzfrequenzbereich eines Signals entstehende signalabhängige Komponenten werden *nichtlineare Verzerrungen* genannt. Sie lassen sich nicht durch die Faltungsoperation beschreiben (vgl. Kap. 4 Fußnote 5).

[3] Die Pseudoeinheiten dB (Dezibel) und das nur noch selten verwendete Np (Neper) kennzeichnen die Basis 10 bzw. e des benutzten Logarithmus (DIN 5493 s. Anhang zum Literaturverzeichnis: DIN Taschenbuch 22). Die Einheit B ist nach Alexander Graham Bell benannt.

$$a(f) = -20 \lg |H(f)| \quad \text{dB} \qquad \text{bzw.} \tag{5.3}$$
$$a(f) = -\ln |H(f)| \quad \text{Np} , \tag{5.4}$$

b) *Dämpfungswinkel*

$$b(f) = -\varphi(f) , \tag{5.5}$$

c) *Phasenlaufzeit*

$$t_\text{p}(f) = -\frac{\varphi(f)}{2\pi f} , \tag{5.6}$$

d) *Gruppenlaufzeit*

$$t_\text{g}(f) = -\frac{1}{2\pi}\frac{\mathrm{d}\varphi(f)}{\mathrm{d}f} . \tag{5.7}$$

Demnach hat also ein verzerrungsfreies System ein über f konstantes Dämpfungsmaß sowie eine konstante Phasen- und Gruppenlaufzeit ($t_0 = t_\text{p} = t_\text{g}$). Die Begriffe Gruppen- und Phasenlaufzeit und die Bedingung für verzerrungsfreie Übertragung werden in Abschn. 5.4.7 eingehend diskutiert.

5.2 Tiefpasssysteme

5.2.1 Der ideale Tiefpass

a) Übertragungsfunktion und Impulsantwort. Der ideale Tiefpass besitzt eine Übertragungsfunktion, die für Frequenzen unterhalb einer *Grenzfrequenz* f_g die Bedingung für ein verzerrungsfreies System erfüllt. Dieser Bereich heißt *Durchlassbereich.* Oberhalb der Grenzfrequenz erstreckt sich der *Sperrbereich,* in dem die Übertragungsfunktion zu Null wird.

Die Übertragungsfunktion des idealen Tiefpasses lautet also, wenn die Verzögerungszeit des idealisierten Systems als Null angenommen wird,

$$H(f) = \text{rect}\left(\frac{f}{2f_\text{g}}\right)$$
$$\bullet\!\!-\!\!\circ \tag{5.8}$$
$$h(t) = 2f_\text{g}\,\text{si}(\pi 2 f_\text{g} t).$$

Die Übertragungsfunktion und die durch Fourier-Transformation mit (3.79) gewonnene Impulsantwort sind in Abb. 5.3 aufgetragen. Der Verlauf der Im-

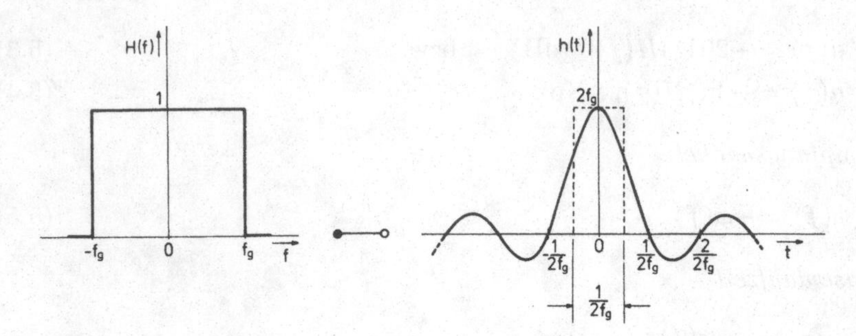

Abbildung 5.3. Übertragungsfunktion und Impulsantwort des idealen Tiefpasses der Grenzfrequenz f_g

pulsantwort zeigt, dass der ideale Tiefpass kein kausales System ist: Die Antwort auf den bei $t = 0$ erregenden Dirac-Impuls ist bereits für negative Zeiten vorhanden.[4]

Trotzdem lassen sich im Sinn der Systemtheorie gerade an diesem idealisierten Tiefpass mehrere wichtige und auch für reale Tiefpasssysteme gültige Beziehungen zwischen dem Verhalten im Zeit- und Frequenzbereich übersichtlich ableiten. Hierzu werden zunächst die Dauer und das Überschwingen der Impulsantwort betrachtet.

Die Impulsantwort $h(t)$ ist gegenüber dem erregenden Dirac-Impuls verbreitert. Als ihre *Signaldauer* t_m wird die Breite eines Rechtecks definiert, dessen Höhe der maximalen Höhe h_max von $h(t)$ entspricht und dessen Fläche gleich der unter $h(t)$ liegenden Fläche ist (in Abb. 5.3 rechter Teil gestrichelt eingetragen).

Es gilt (Aufgabe 3.26)

$$t_\mathrm{m} = \frac{1}{h_\mathrm{max}} \int_{-\infty}^{+\infty} h(t)\mathrm{d}t = H(0)/h_\mathrm{max} \,. \tag{5.9}$$

Damit ergibt sich für den idealen Tiefpass (Abb. 5.3)

$$t_\mathrm{m} = \frac{1}{2f_\mathrm{g}} \,. \tag{5.10}$$

Die Signaldauer t_m der Impulsantwort $h(t)$ eines idealen Tiefpasses ist also umgekehrt proportional der Bandbreite des Tiefpasses. Es gilt hier

$$f_\mathrm{g} \cdot t_\mathrm{m} = \frac{1}{2} \,. \tag{5.11}$$

Dieser Zusammenhang gilt in der Form

[4] Wie sich Kausalität als Mindestforderung physikalischer Realisierbarkeit auf die Übertragungsfunktion auswirkt, wird in Abschn. 5.2.1c an einem Beispiel behandelt.

$$f_g \cdot t_m = \text{const.} \tag{5.12}$$

allgemein für beliebige Tiefpasssysteme (abgekürzt TP-Systeme), wobei die Konstante, das sogenannte *Zeit-Bandbreite-Produkt*, je nach Tiefpasssystem und spezieller Definition der Signaldauer und Bandbreite verschiedene Werte annehmen kann (Aufgabe 7.23).

Gleichung (5.12), die auch mit „Unschärferelation oder Zeitgesetz der Nachrichtentechnik" bezeichnet wird, drückt aus, dass die Dauer und die Bandbreite einer Zeitfunktion nicht gleichzeitig beliebig klein werden können: Will man eine geringe Impulsdauer erhalten, so ist das nur durch eine Vergrößerung der Bandbreite zu erreichen. Umgekehrt führt eine Verringerung der Bandbreite zu einer Verlängerung des Ausgangsimpulses, ein Sachverhalt, der bereits aus dem Ähnlichkeitstheorem (3.62)

$$s(bt) \circ\!\!-\!\!\bullet \frac{1}{|b|} S\left(\frac{f}{b}\right)$$

und aus der Diskussion der Abtasttheoreme bekannt ist. Als Maß für das *Überschwingen* der Impulsantwort kann das Verhältnis der Amplitude a_1 des dem Betrage nach größten Nebenmaximums von $h(t)$ zur Amplitude a_0 des Hauptmaximums definiert werden (Abb. 5.4). Für den idealen Tiefpass folgt aus den Eigenschaften der si-Funktion $\ddot{u} = |a_1/a_0| = 21,72\%$.[5] Das Überschwingen $\ddot{u}$ des idealen Tiefpasses ist also unabhängig von der Grenzfrequenz.

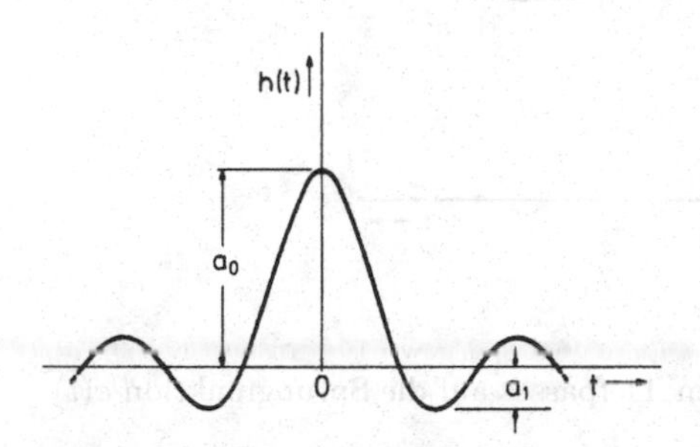

Abbildung 5.4. Überschwingen der Impulsantwort $h(t)$ eines idealen Tiefpasses

b) Sprungantwort des idealen Tiefpasses. Entsprechend (1.56) gilt für die Sprungantwort $h_\varepsilon(t)$ des betrachteten idealen Tiefpasses

$$h_\varepsilon(t) = \int_{-\infty}^{t} h(\tau)\mathrm{d}\tau = \int_{-\infty}^{t} 2f_g \,\mathrm{si}(2\pi f_g \tau)\mathrm{d}\tau$$
$$= 2f_g \left[\int_{-\infty}^{0} \mathrm{si}(2\pi f_g \tau)\mathrm{d}\tau + \int_{0}^{t} \mathrm{si}(2\pi f_g \tau)\mathrm{d}\tau\right] .$$

[5] S. Diagramme im Anhang zu diesem Kapitel.

Hieraus ergibt sich durch Einführen der *Integralsinusfunktion* Si(x)

$$\mathrm{Si}(x) = \int_0^x \mathrm{si}(\xi)\mathrm{d}\xi \tag{5.13}$$

mit den Eigenschaften

$$\mathrm{Si}(-x) = -\,\mathrm{Si}(x)$$

und

$$\mathrm{Si}(\infty) = \pi/2$$

als Ergebnis

$$h_\varepsilon(t) = 2f_\mathrm{g}\left[\frac{1}{4f_\mathrm{g}} + \frac{1}{2\pi f_\mathrm{g}}\mathrm{Si}(2\pi f_\mathrm{g}t)\right] = \frac{1}{2} + \frac{1}{\pi}\mathrm{Si}(2\pi f_\mathrm{g}t)\,. \tag{5.14}$$

Abb. 5.5 zeigt den Verlauf von $h_\varepsilon(t)$ (s. Fußnote 5). Für $t \to \infty$ verläuft diese Sprungantwort asymptotisch gegen $h_\varepsilon(\infty) = 1$. Ebenso wie für die Impuls-

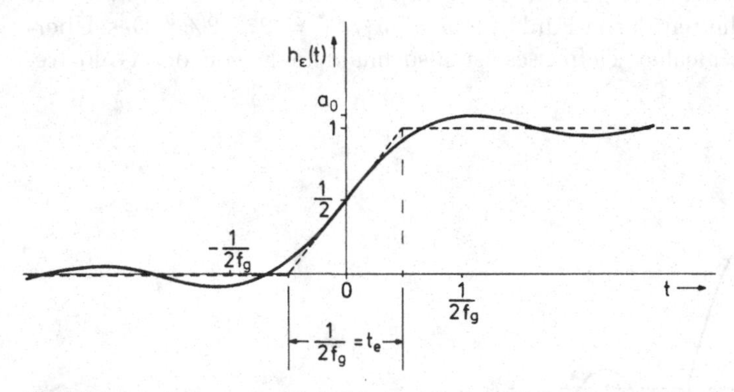

Abbildung 5.5. Antwort $h_\varepsilon(t)$ des idealen Tiefpasses auf die Sprungfunktion $\varepsilon(t)$

antwort können auch für die Sprungantwort $h_\varepsilon(t)$ entsprechende Kennwerte angegeben werden: Die *Einschwingzeit* t_e wird definiert als Anstiegszeit der in Abb. 5.5 gestrichelt eingetragenen begrenzten Rampenfunktion, deren Steigung gleich der maximalen Steigung von $h_\varepsilon(t)$ ist und deren Höhe den Wert $h_\varepsilon(\infty)$ aufweist. Diese Definition, angewandt auf die Sprungantwort $h_\varepsilon(t)$ des idealen Tiefpasses, ergibt mit (5.14)

$$\max\left[\frac{\mathrm{d}}{\mathrm{d}t}h_\varepsilon(t)\right] = \max[h(t)] = h(0) = 2f_\mathrm{g}. \tag{5.15}$$

Mit (5.13) und (5.14) ist

$$h_\varepsilon(\infty) = 1\,. \tag{5.16}$$

Damit beträgt die Anstiegszeit der begrenzten Rampenfunktion und die Einschwingzeit des idealen Tiefpasssystems

$$t_\mathrm{e} = \frac{h_\varepsilon(\infty)}{\max\left[\frac{\mathrm{d}}{\mathrm{d}t}h_\varepsilon(t)\right]} = \frac{1}{2f_\mathrm{g}}\,. \tag{5.17}$$

Der Vergleich mit (5.10) zeigt, dass beim idealen Tiefpass die Signaldauer t_m der Impulsantwort $h(t)$ mit der Einschwingzeit t_e der Sprungantwort $h_\varepsilon(t)$ übereinstimmt $t_\mathrm{m} = t_\mathrm{e} = 1/(2f_\mathrm{g})$. Als Maß $\ddot{u}_\varepsilon$ für das Überschwingen der Sprungantwort von Tiefpasssystemen wird das Verhältnis der Abweichung des Maximums a_0 von $h_\varepsilon(t)$ zur Höhe $h_\varepsilon(\infty)$ definiert, es ist (s. Fußnote 5)

$$\ddot{u}_\varepsilon = \left|\frac{a_0 - h_\varepsilon(\infty)}{h_\varepsilon(\infty)}\right| \approx 8{,}95\%\,.$$

Bemerkenswert ist, dass beim idealen Tiefpass die Größe $\ddot{u}_\varepsilon$ wiederum unabhängig von der endlichen Bandbreite des Tiefpasses und nur eine Eigenschaft der Integralsinusfunktion ist. Der Vergleich zwischen den Abb. 5.5 und 5.6 lässt erkennen, dass durch eine Vergrößerung der Grenzfrequenz f_g eines idealen Tiefpasses zwar die Einschwingzeit t_e verkleinert werden kann, der Wert $\ddot{u}_\varepsilon$ des Überschwingens jedoch nicht zu beeinflussen ist.[6] Im Grenz-

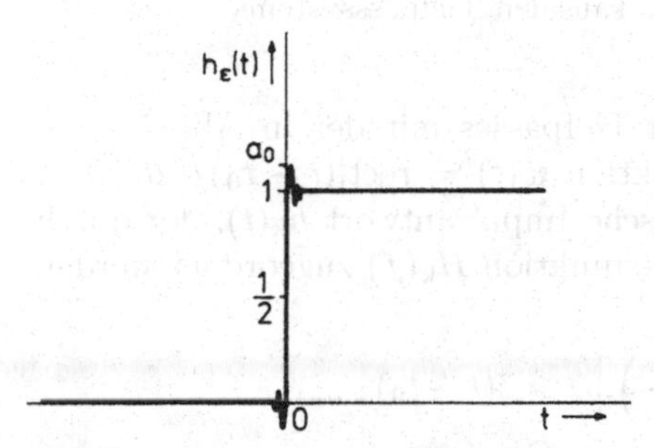

Abbildung 5.6. Sprungantwort $h_\varepsilon(t)$ eines idealen Tiefpasses mit relativ großer Grenzfrequenz f_g bei gleichem Zeitmaßstab wie in Abb. 5.5

[6] Diese Konstanz des Überschwingens ist analog dem Gibbs'schen Phänomen (vgl. Abb. 3.3). Es wurde an einem mechanischen Fourier-Synthetisator entdeckt und zunächst für einen Gerätefehler gehalten, dann aber 1899 von dem amer. Physiker J. W. Gibbs theoretisch geklärt. Es tritt grundsätzlich auf, wenn eine Zeitfunktion, die eine Diskontinuität (Amplitudensprung) enthält, durch ein bandbegrenztes Spektrum approximiert werden soll. Entsprechend der Symmetrie von Zeit- und Frequenzbeziehungen treten aber auch - wie im Folgenden behandelt - Überschwinger an den Frequenzbandgrenzen auf, wenn eine begrenzte Zeitfunktion zur Approximation der Impulsantwort eines idealen Filters verwendet wird.

fall $f_g \to \infty$ ist die Differenz zwischen $h_\varepsilon(t)$ und $\varepsilon(t)$ eine Nullfunktion (Fußnote 3 in Kap. 1).

c) Approximation des idealen Tiefpasses durch kausale LTI-Systeme. Der Verlauf sowohl der Impulsantwort $h(t)$ als auch der Sprungantwort $h_\varepsilon(t)$ eines idealen Tiefpasses zeigt, dass $h(t)$ und $h_\varepsilon(t)$ für negative t nicht verschwinden und daher die Impuls- bzw. Sprungantwort eines nichtkausalen und also auch nicht realisierbaren LTI-Systems darstellen.

Man kann aber ein kausales LTI-System angeben, dessen Impulsantwort, abgesehen von einer konstanten zeitlichen Verschiebung t_0, zumindest näherungsweise mit der Impulsantwort des idealen Tiefpasses übereinstimmt. Hierzu verschiebt man, wie das in Abb. 5.7 dargestellt ist, die Impulsantwort des idealen Tiefpasses um eine Zeit t_0, so dass die im Bereich $t < 0$ liegenden Anteile der verschobenen Impulsantwort nach Maßgabe einer vorgegebenen Fehlerschranke vernachlässigbar sind. Multipliziert man die um t_0

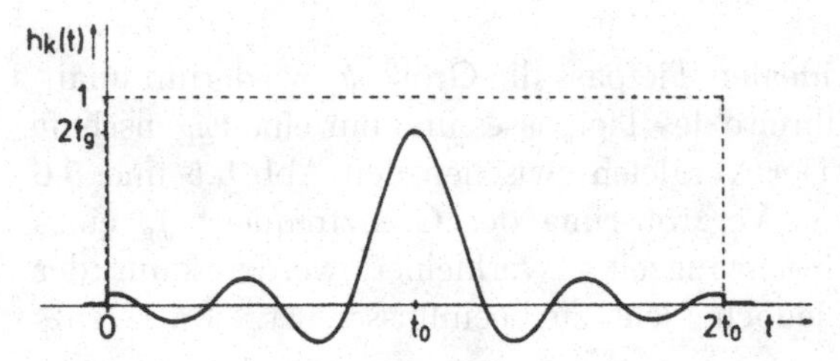

Abbildung 5.7. Impulsantwort $h_k(t)$ eines kausalen Tiefpasssystems

verschobene Impulsantwort des idealen Tiefpasses mit der in Abb. 5.7 gestrichelten rechteckförmigen Fensterfunktion $w(t) = \mathrm{rect}[(t - t_0)/(2t_0)]$, so erhält man die kausale, zu t_0 symmetrische Impulsantwort $h_k(t)$, der durch Fourier-Transformation die Übertragungsfunktion $H_k(f)$ zugeordnet werden kann.

$$\begin{aligned} h_k(t) &= \left[\quad 2f_g \,\mathrm{si}(2\pi f_g t) \cdot \quad \mathrm{rect}\left(\tfrac{t}{2t_0}\right) \right] \quad * \,\delta(t - t_0) \\ &\qquad\qquad\qquad \circ\!\!-\!\!\bullet \\ H_k(f) &= \left[\quad \mathrm{rect}\left(\tfrac{f}{2f_g}\right) \quad * \quad 2t_0 \,\mathrm{si}(2\pi t_0 f) \right] \cdot \mathrm{e}^{-\mathrm{j}2\pi t_0 f} \,. \end{aligned} \tag{5.18}$$

Es zeigt sich, dass die eigentlich gewünschte Übertragungsfunktion $\mathrm{rect}[f/(2f_g)]$ mit einer si-Funktion gefaltet wird. Spaltet man die Rechteckfunktion in zwei Sprungfunktionen auf, dann zeigt sich, dass $H_k(f)$ aus der Überlagerung zweier im Frequenzbereich bei $\pm f_g$ in ungerader Symmetrie angeordneter Si-Funktionen (5.13) besteht.

In Abb. 5.8 sind der prinzipielle Verlauf des Betrages von $H_k(f)$, des Dämpfungsmaßes $a(f)$ nach (5.3) sowie des Phasenwinkels $\varphi(f)$ wiedergegeben. Der Phasenwinkel hat also hier einen linearen Verlauf, es treten kei-

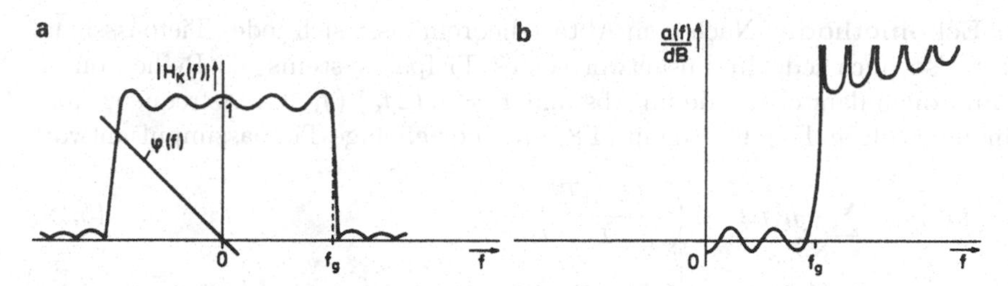

Abbildung 5.8. **a** Betrag, Phasenwinkel und **b** Dämpfungsmaß der kausalen Übertragungsfunktion $H_k(f)$

ne Phasenverzerrungen auf. Bedingung hierfür ist, dass die Übertragungsfunktion $H_k(f)$, abgesehen vom Verschiebungsfaktor $\exp(-j2\pi t_0 f)$, eine verschwindende Phasenfunktion $\varphi(f) = 0$ besitzt. Dies ist nach (1.22) erfüllt, wenn $H_k(f)$ (ohne den Verschiebungsfaktor) rein reell ist. Im Zeitbereich bedeutet dies allgemein, dass die Impulsantwort *linearphasiger Systeme* zu einem Verschiebungszeitpunkt t_0 symmetrisch verlaufen muss.

Dieses Beispiel veranschaulicht weiter die Aussage aus Abschn. 4.2, nach der ein Signal nicht im Zeit- *und* Frequenzbereich begrenzt sein kann. Die Fourier-Transformierte des jetzt zeitbegrenzten Signals $h_k(t)$ ist unendlich ausgedehnt. Die Übertragungsfunktion $H_k(f)$ kann nur an einzelnen Punkten der Frequenzachse verschwinden, entsprechend können im Dämpfungsverlauf diskrete Polstellen auftreten.[7]

Darüber hinaus ist zu bemerken, dass auch Real- und Imaginärteil der Übertragungsfunktion kausaler Systeme wegen der Beziehung über die Hilbert-Transformation (3.105) nicht mehr unabhängig voneinander festgelegt werden können.

5.2.2 Tiefpasssysteme mit nichtidealer Übertragungsfunktion

Wie das Beispiel im vorangegangenen Abschn. 5.2.1c zeigt, muss die Übertragungsfunktion realer Tiefpässe von der Rechteckform des idealen Tiefpasses abweichen. Eine andere Form der Übertragungsfunktion kann für bestimmte Anwendungsfälle sogar durchaus erwünscht sein, beispielsweise um das recht starke Überschwingen der Impulsantwort des idealisierten Tiefpasses zu vermindern. In diesem Abschnitt wird die Echomethode als ein bekanntes Verfahren der Systemtheorie vorgestellt, mit dem von der Rechteckform abweichende Tiefpassübertragungsfunktionen im Frequenz- und Zeitbereich übersichtlich dargestellt und näherungsweise auch realisiert werden können.

[7] In allgemeiner Form ist diese Aussage in der Paley-Wiener-Beziehung für die Amplitudenübertragungsfunktionen physikalisch realisierbarer Filter enthalten (Papoulis, 1962).

a) Echomethode. Nach dem Abtasttheorem lässt sich jedes Tiefpasssignal und also auch jede Impulsantwort eines Tiefpasssystems als Reihe von si-Funktionen darstellen, die im Abstand $T = 1/(2f_g)$ (f_g: Grenzfrequenz) aufeinander folgen. Es gilt also mit (4.8) für eine beliebige Tiefpassimpulsantwort

$$h(t) = \sum_{n=-\infty}^{\infty} h(nT)\,\mathrm{si}\left(\pi\frac{t-nT}{T}\right) . \tag{5.19}$$

Abb. 5.9 stellt als Beispiel fünf si-Funktionen als Komponenten einer geraden Impulsantwort dar (vgl. Abb. 4.6). Diese Darstellung zeigt, dass die Impul-

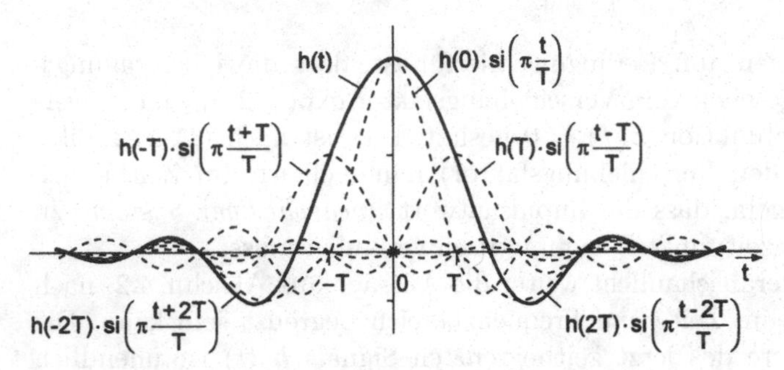

Abbildung 5.9. Komponenten der Tiefpassimpulsantwort $h(t)$ nach (5.19)

santwort eines allgemeinen Tiefpasssystems im Vergleich mit der Impulsantwort des idealen Tiefpasses durch zusätzlich auftretende vor- und nacheilende si-Funktionen gekennzeichnet ist, die in diesem Zusammenhang auch *Echos* genannt werden. Die Zusammenhänge zwischen den Abtastwerten oder *Echoamplituden* $h(nT)$ und der Übertragungsfunktion $H(f)$ des Tiefpasssystems können nach diesen Vorbemerkungen in einfacher Weise aufgestellt werden. Durch Fourier-Transformation von $h(t)$ aus (5.19) folgt

$$\begin{aligned} h(t) &= \sum_{n=-\infty}^{\infty} h(nT)\,\mathrm{si}\left(\pi\frac{t-nT}{T}\right) \\ &= \mathrm{si}\left(\pi\frac{t}{T}\right) * \sum_{n=-\infty}^{\infty} h(nT)\delta(t-nT) \end{aligned}$$

$$\circ\!\!-\!\!\bullet$$

$$H(f) = T\,\mathrm{rect}(Tf) \cdot \sum_{n=-\infty}^{\infty} h(nT)\mathrm{e}^{-\mathrm{j}2\pi nTf} . \tag{5.20}$$

Ist umgekehrt $H(f)$ gegeben, so ergibt die inverse Fourier-Transformation die Echoamplituden $h(nT)$: Da $H(f)$ auf den Bereich $|f| \leq f_g$ begrenzt ist, gilt mit der inversen Fourier-Transformation (3.40)

$$h(t) = \int_{-f_g}^{f_g} H(f) e^{j2\pi f t} df ,$$

und da zur Berechnung der Echoamplituden $h(nT)$ dieses Integral nur an den Stellen $t = nT$ ausgewertet werden muss (vgl. (4.39))

$$h(nT) = \int_{-f_g}^{f_g} H(f) e^{j2\pi nTf} df . \tag{5.21}$$

Ist im Sonderfall die Impulsantwort reell und gerade, also $h(-nT) = h(nT)$ und damit die Übertragungsfunktion reell und gerade, dann ergibt (5.20) mit der Euler'schen Beziehung $\exp(jx) + \exp(-jx) = 2\cos(x)$

$$H(f) = T \operatorname{rect}(Tf)[h(0) + 2\sum_{n=1}^{\infty} h(nT)\cos(2\pi nTf)] \tag{5.22}$$

und (5.21) entsprechend[8]

$$h(nT) = 2\int_{0}^{f_g} H(f)\cos(2\pi nTf) df . \tag{5.23}$$

Im Folgenden werden die Möglichkeiten der Echomethode an drei Beispielen näher erläutert.

b) Pulsformfilter. Als Pulsformfilter soll hier ein Tiefpasssystem bezeichnet werden, dessen Impulsantwort bei gegebener Bandbreite möglichst schmal ist und ohne stärkeres Überschwingen abfällt. Impulse dieser Form werden beispielsweise in der Übertragungstechnik benötigt, wo es gilt, über einen Tiefpasskanal gegebener Bandbreite eine Folge von Impulsen in geringem Abstand, aber ohne gegenseitige Überlappung zu übertragen (Kap. 8). Die Echomethode ist ein einfaches, übersichtliches Hilfsmittel zur Konstruktion geeigneter Übertragungsfunktionen. Abb. 5.10 zeigt ein mögliches Verfahren, bei dem das starke Überschwingen der Impulsantwort $h_0(t)$ des idealen Tiefpasses durch Addition von zwei Echos $h_{-1}(t)$ und $h_1(t)$, die symmetrisch zu $h_0(t)$ im Abstand T liegen, beträchtlich vermindert werden kann. Entsprechend (5.19) lautet die Impulsantwort des Pulsformfilters also

$$\begin{aligned} h(t) &= h_0(t) + h_{-1}(t) + h_1(t) \\ &= \operatorname{si}\left(\pi\frac{t}{T}\right) + a\operatorname{si}\left(\pi\frac{t+T}{T}\right) + a\operatorname{si}\left(\pi\frac{t-T}{T}\right) . \end{aligned} \tag{5.24}$$

Zur möglichst guten Kompensation des Überschwingens werden jetzt die Echoamplituden a so bestimmt, dass zum Zeitpunkt $t = 2T$ die Steigung

[8] Nach dieser Beziehung können die Echoamplituden auch als Koeffizienten einer Fourier-Reihenentwicklung der Übertragungsfunktion $H(f)$ im Bereich $|f| \leq f_g$ interpretiert werden (Abschn. 4.2).

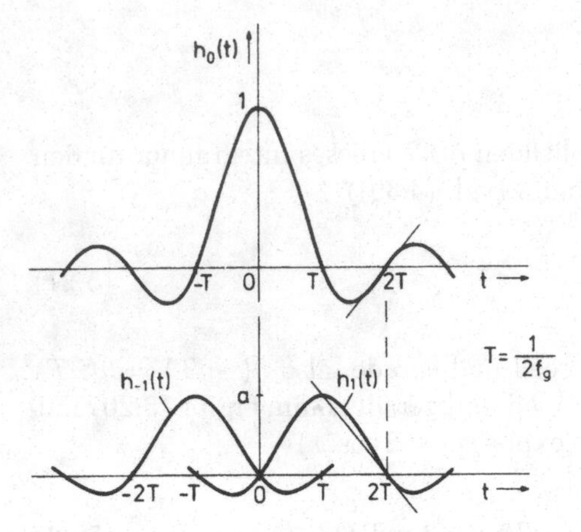

Abbildung 5.10. Kompensation des Überschwingens der Impulsantwort eines idealen Tiefpasses durch Überlagerung je einer zusätzlichen vor- und nacheilenden si-Funktion

des nacheilenden Echos $h_1(t)$ entgegengesetzt zur Steigung der Hauptkomponente $h_0(t)$ ist und dass entsprechend zum Zeitpunkt $t = -2T$ die Steigungen von $h_{-1}(t)$ und $h_0(t)$ entgegengesetzt gleich sind. Als Ergebnis folgt $a = 1/2$ (Aufgabe 5.10). Die Übertragungsfunktion des Pulsformfilters ist dann mit (5.22)

$$H(f) = T\,\mathrm{rect}(Tf)[1 + \cos(2\pi Tf)]\,. \tag{5.25}$$

Impulsantwort und Übertragungsfunktion dieses sogenannten *„cosine rolloff"-Filters* sind in Abb. 5.11 dargestellt. Das Überschwingen der Impulsant-

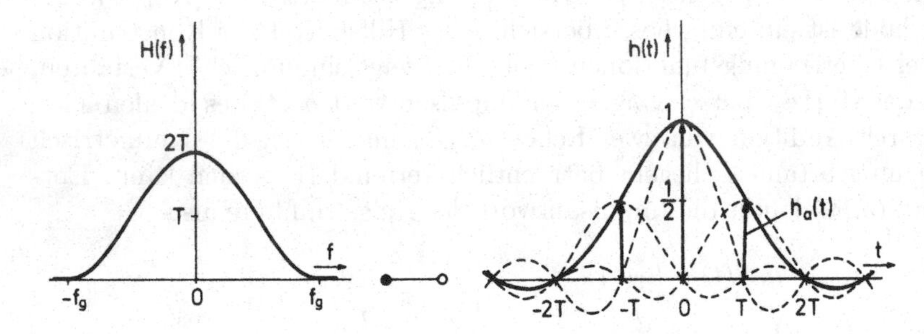

Abbildung 5.11. „Cosine rolloff"-Übertragungsfunktion $H(f)$ und zugehörige Impulsantwort $h(t)$

wort dieses Filters ist mit ü = 2% wesentlich geringer als das Überschwingen ü = 21,7% des idealen Tiefpasses. Abb. 5.11 lässt aber auch erkennen, dass durch das Kompensationsverfahren die mittlere Breite von $h(t)$, verglichen mit der Signaldauer der Impulsantwort eines idealen Tiefpasses, vergrößert wird. Dieses Ergebnis gilt auch in der Umkehrung: Vergrößert man durch Vorzeichenumkehr der Echos in (5.24) das Überschwingen, so wird die Signaldauer der Impulsantwort vermindert. Diese beiden Fälle werden in Abb. 5.12 für die verringerten Echoamplituden von $a = \pm 1/4$ noch einmal miteinander und mit dem idealen Tiefpass verglichen. Das Verhalten dieser Tiefpasssysteme

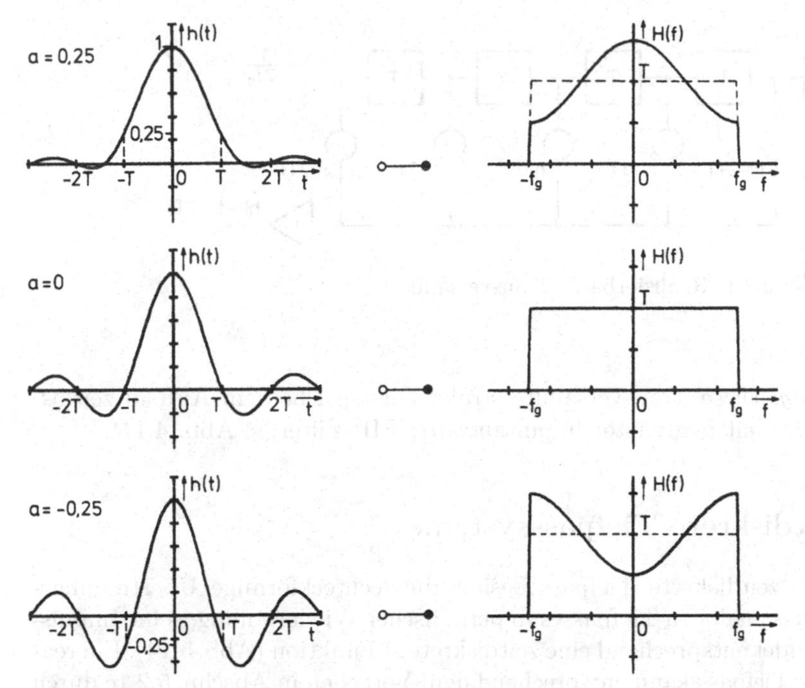

Abbildung 5.12. Vergleich von Tiefpasssystemen mit der Impulsantwort nach (5.24) für unterschiedliche Echoamplituden a

zeigt einen für alle Tiefpässe mit linearer Phase gültigen Zusammenhang:[9]

a) Ein zur Grenzfrequenz hin abfallender Betrag der Übertragungsfunktion vermindert das Überschwingen und vergrößert die Signaldauer der Impulsantwort sowie die Einschwingzeit.

b) Ein zur Grenzfrequenz hin ansteigender Betrag der Übertragungsfunktion vergrößert das Überschwingen und vermindert die Signaldauer der Impulsantwort sowie die Einschwingzeit.

c) Transversalfilter. Prinzipiell kann eine Tiefpassimpulsantwort nach der Echo- oder Pulsformmethode durch die in Abb. 5.13 dargestellte Struktur

[9] Vergleiche Aufgabe 5.8. In ähnlicher Weise können auch Tiefpasssysteme mit Phasenverzerrungen diskutiert werden, indem man unsymmetrische Echopaare zufügt (Aufgabe 5.9).

verwirklicht werden. Diese Schaltung besteht aus einem Tiefpass, an dessen Ausgang Laufzeitglieder mit den Verzögerungszeiten T liegen. Die an den Ausgängen der Laufzeitglieder erscheinenden verzögerten Impulsantworten $h_{\mathrm{TP}}[(t-nT)/T]$ werden mit den konstanten Echoamplituden $h(nT)$ multipliziert und zu $h(t)$ aufsummiert. Eine derartige Schaltung wird *Transversalfilter* genannt. Um nichtkausale Verzögerungsglieder zu vermeiden, wird eine gemeinsame Grundverzögerung des gesamten Systems eingeführt.

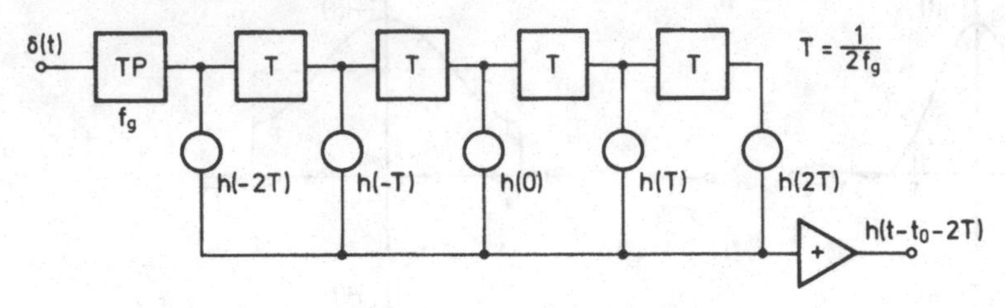

Abbildung 5.13. Realisierbares Transversalfilter

Anmerkung: Diese Transversalfilterstruktur entspricht dem Aufbau zeitdiskreter Filter mit begrenzter Impulsantwort (FIR-Filter, s. Abb. 4.14).

5.3 Zeitdiskrete Tiefpasssysteme

Der ideale zeitdiskrete Tiefpass besitzt die rechteckförmige Übertragungsfunktion des analogen Tiefpasses in periodischer Wiederholung, seine Impulsantwort bildet entsprechend eine zeitdiskrete si-Funktion (Abb. 5.14). Ein realisierbarer Tiefpass kann entsprechend dem Vorgehen in Abschn. 5.2.1c durch Verschieben und Wichten der Impulsantwort mit einer zeitbegrenzten Fensterfunktion $w(n)$ synthetisiert werden. Die eigentliche Realisierung erfolgt dann wieder durch ein FIR-Filter.

Bei rechteckförmiger Fensterfunktion erhält man die in Abb. 5.15 gezeigten Filterfunktionen $h_{\mathrm{k}}(n)$ und $H_{\mathrm{ak}}(f)$, die den Funktionen in Abb. 5.7 und 5.8 entsprechen. Bei dieser rechteckförmigen Fensterfunktion setzt sich die Übertragungsfunktion entsprechend (5.18) aus einer unendlichen Reihe von jeweils bei $f = k \pm f_g$ positionierten, symmetrischen Paaren von Si-Funktionen zusammen. Aus dem starken Überschwingen der Si-Funktion von etwa 9% folgt eine minimale Sperrdämpfung des Filters von nur $-20 \lg 0{,}09 \approx 21\,\mathrm{dB}$. Durch weniger steilflankig verlaufende Fensterfunktionen kann das Überschwingen vermindert werden. Dies geht allerdings auf Kosten der Flankensteilheit der Übertragungsfunktion. Geeignete Fensterfunktionen sind in der Regel symmetrisch, so dass sich die zumeist erwünschten symmetrischen Impulsantworten linearphasiger Filter (Abschn. 5.2.1c) ergeben. Zwei Fensterfunktionen sind zusammen mit den Dämpfungsverläufen der zugehörigen

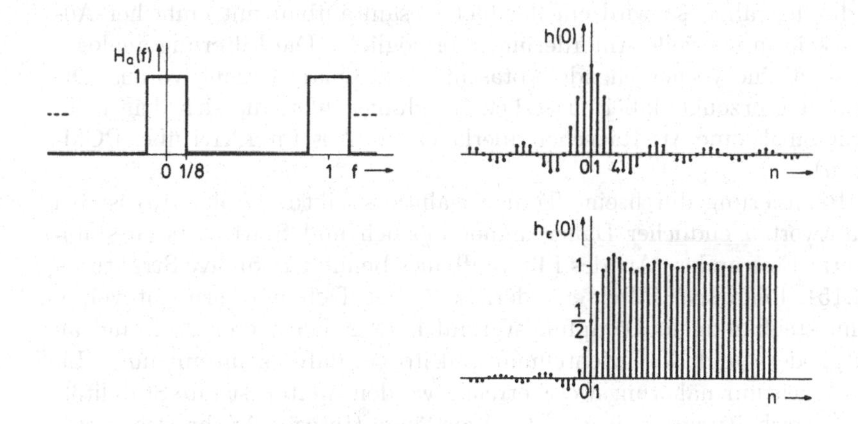

Abbildung 5.14. Übertragungsfunktion, Impuls- und Sprungantwort des idealen zeitdiskreten Tiefpasses (vgl. Abb. 4.19)

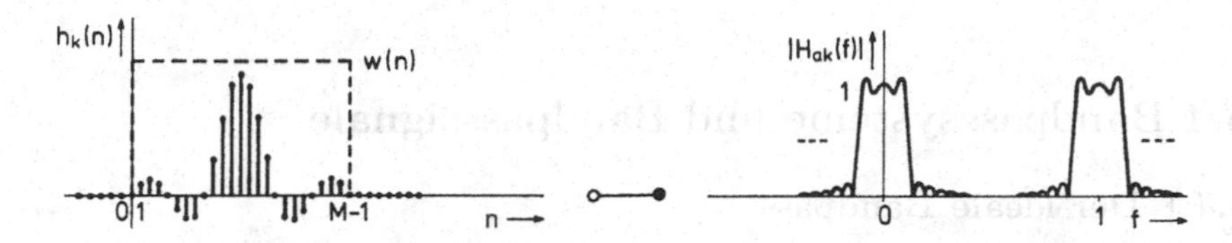

Abbildung 5.15. Impulsantwort und Übertragungsfunktion des kausalen, linearphasigen, diskreten Tiefpasses bei rechteckförmiger Fensterfunktion $w(n)$

Tiefpässe in Abb. 5.16 dargestellt. Die so gefundenen Filterverläufe können

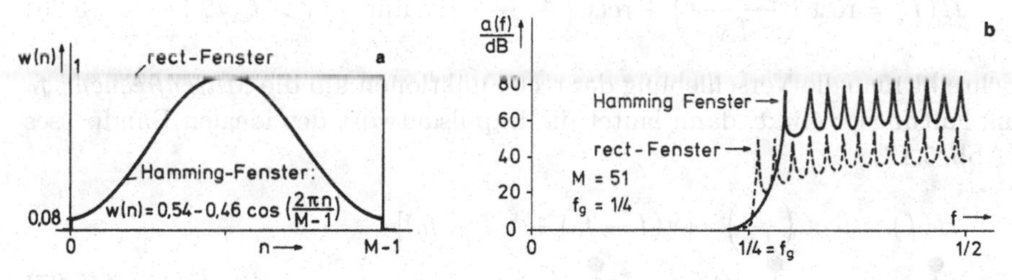

Abbildung 5.16. **a** Fensterfunktionen und **b** Dämpfungsverläufe von Tiefpassfiltern

direkt durch zeitdiskrete Transversalfilterstrukturen (entsprechend Abb. 5.13) realisiert werden. Diese werden meist in rein digitaler Technik aufgebaut. Die Laufzeitelemente können dann z. B. durch Schieberegister oder Speicher mit wahlfreiem Zugriff (RAM) realisiert werden. Werden die Berechnungen auf Prozessoren (Universelle Mikroprozessoren oder spezielle Signalprozessoren) durchgeführt, so wird ein flexibler Gesamtaufbau mit einfacher Adaptierbarkeit an spezielle Anforderungen ermöglicht. Die Filterung analoger Signale setzt eine vorhergehende Abtastung und Quantisierung voraus. Die Quantisierung erzeugt dabei zusätzlich Rundungsfehler, die sich dem gefilterten Signal als eine Art Rauschen überlagern (s. Abschn. 12.1.1 über PCM-Verfahren).

Die Realisierung durch eine Transversalfilterstruktur (Abb. 5.13) ist bei Impulsantworten endlicher Dauer immer möglich und führt stets zu stabilen Filtern. Eine andere Art des Filteraufbaues benutzt rekursive Strukturen (Abb. 4.15). Rekursive Filter erfordern z. B. bei Tiefpassfiltern mit vorgegebenem, steilflankigem Dämpfungsverlauf i. Allg. geringeren Aufwand an Laufzeitgliedern und Koeffizientenmultiplikatoren, dafür kann mit ihnen Linearphasigkeit nur näherungsweise erreicht werden, weiter ist ihre Stabilität, z. B. bei Verarbeitung mit begrenzter Wortlänge (Integer-Arithmetik) unter Umständen problematisch. Für eine genauere Behandlung dieser Filtertypen und passender Entwurfsverfahren muss hier auf die Literatur verwiesen werden (Oppenheim und Schafer, 1995; Hamming, 1988; Lacroix, 1996).

5.4 Bandpasssysteme und Bandpasssignale

5.4.1 Der ideale Bandpass

Der ideale Bandpass erfüllt die Bedingungen eines verzerrungsfreien Systems nur innerhalb eines endlichen Durchlassbereiches der Bandbreite f_Δ, der die Frequenz Null nicht enthält. Außerhalb dieses Durchlassbereiches wird die Übertragungsfunktion zu Null. Als Übertragungsfunktion wird entsprechend Abb. 5.17 definiert

$$H(f) = \mathrm{rect}\left(\frac{f+f_0}{f_\Delta}\right) + \mathrm{rect}\left(\frac{f-f_0}{f_\Delta}\right) \quad \text{mit} \quad f_0 > f_\Delta/2\,. \tag{5.26}$$

Schreibt man die Verschiebung der rect-Funktionen um die *Mittenfrequenz* f_0 als Faltungsprodukt, dann lautet die Impulsantwort des idealen Bandpasses (Abb. 5.17)

$$\begin{array}{lll} H(f) = \mathrm{rect}\left(\frac{f}{f_\Delta}\right) & * & [\delta\,(f-f_0) + \delta(f+f_0)] \\ \bullet\!\!-\!\!\circ & & \bullet\!\!-\!\!\circ \\ h(t) \;\; = f_\Delta\,\mathrm{si}(\pi f_\Delta t) & \cdot & 2\cos(2\pi f_0 t)\,. \end{array} \tag{5.27}$$

In der Schreibweise (5.27) kann ein idealer Bandpass also im Frequenzbereich durch Verschieben der Übertragungsfunktion eines idealen Tiefpasses der Grenzfrequenz $f_\Delta/2$ um die Mittenfrequenz f_0 in positiver und negativer Richtung auf der Frequenzachse dargestellt werden. Entsprechend ist die Impulsantwort das Produkt der Impulsantwort des idealen Tiefpasses mit einer cos-Funktion der Frequenz f_0 und der Amplitude 2. Diese Möglichkeit, ein Bandpasssystem durch ein sogenanntes *äquivalentes Tiefpasssystem* zu beschreiben, wird im folgenden Abschnitt auf den allgemeinen Fall erweitert. Der Umgang mit Bandpasssignalen und Bandpasssystemen kann dadurch erheblich vereinfacht werden. An das allgemeine Bandpasssystem wird dabei im Folgenden nur die Bedingung $H(0) = 0$ gestellt, ansonsten kann die Übertragungsfunktion einen beliebigen Verlauf annehmen.

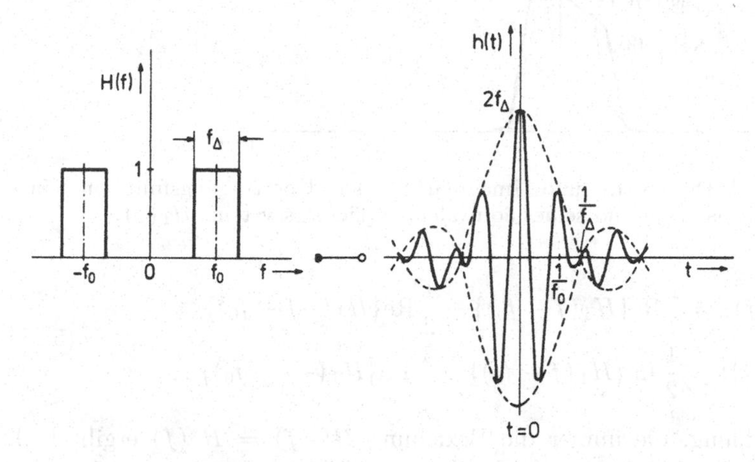

Abbildung 5.17. Übertragungsfunktion $H(f)$ und Impulsantwort $h(t)$ eines idealen Bandpasses

5.4.2 Bandpasssystem und äquivalentes Tiefpasssystem

Gegeben sei ein beliebiges Bandpasssystem $H(f)$ mit reeller Impulsantwort $h(t)$. Nach Abschn. 3.5 muss also $\text{Re}\{H(f)\}$ eine um $f = 0$ symmetrische, und $\text{Im}\{H(f)\}$ eine um $f = 0$ antisymmetrische Funktion der Frequenz sein, wie es in Abb. 5.18 oben dargestellt ist. Entsprechend der Darstellung des idealen Bandpasses kann nun auch die Übertragungsfunktion des beliebigen Bandpasssystems $H(f)$ durch die Übertragungsfunktion $H_\text{T}(f)$ eines äquivalenten Tiefpasses zusammen mit einer Frequenz f_0 beschrieben werden. Hierzu wird zunächst die Übertragungsfunktion $H(f)$ auf positive Frequenzen begrenzt, mit dem Faktor 2 multipliziert und zur Bildung von $H_\text{T}(f)$ um eine geeignete Frequenz, die im Folgenden *Trägerfrequenz* f_0 genannt wird, in Richtung negativer Frequenzen verschoben.

Wie das in Abb. 5.18 dargestellte Beispiel zeigt, gilt dann für die Übertragungsfunktion $H(f)$ des Bandpasssystems, getrennt für Real- und Imaginärteil geschrieben,

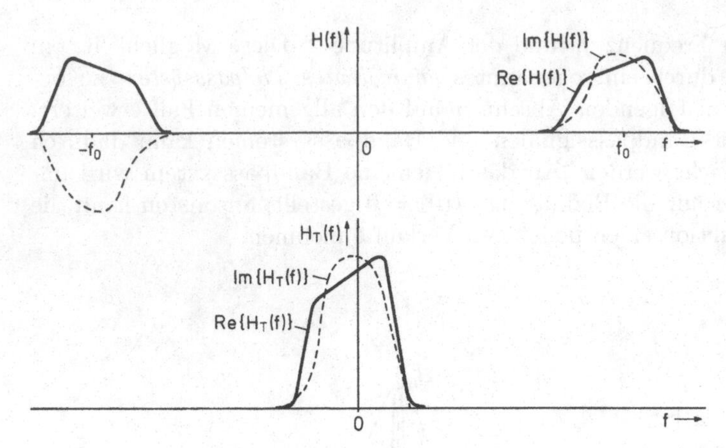

Abbildung 5.18. Real- und Imaginärteil der Übertragungsfunktion eines Bandpasssystems $H(f)$ und seines äquivalenten Tiefpasssystems $H_{\mathrm{T}}(f)$

$$\begin{aligned}\mathrm{Re}\{H(f)\} &= \frac{1}{2}\,\mathrm{Re}\{H_{\mathrm{T}}(f-f_0)\} + \frac{1}{2}\,\mathrm{Re}\{H_{\mathrm{T}}(-f-f_0)\} \\ \mathrm{Im}\{H(f)\} &= \frac{1}{2}\,\mathrm{Im}\{H_{\mathrm{T}}(f-f_0)\} - \frac{1}{2}\,\mathrm{Im}\{H_{\mathrm{T}}(-f-f_0)\}\,.\end{aligned} \tag{5.28}$$

Diese Zuordnung, die immer die Beziehung $H(-f) = H^*(f)$ ergibt [vgl. (3.55)], lässt sich in komplexer Schreibweise zusammenfassen zu

$$H(f) = \frac{1}{2}H_{\mathrm{T}}(f-f_0) + \frac{1}{2}H_{\mathrm{T}}^*(-f-f_0)\,. \tag{5.29}$$

Bei dieser Darstellung eines allgemeinen Bandpasssystems überlappen sich laut Ableitung die beiden Summanden in (5.29) im Frequenzbereich nicht gegenseitig. Aus dem gleichen Grund erfüllt die Übertragungsfunktion des äquivalenten Tiefpasses stets die Bedingung

$$H_{\mathrm{T}}(f) = 0 \qquad \text{für} \qquad f \leq -f_0\,. \tag{5.30}$$

Im Gegensatz zu den bisher vorgestellten LTI-Systemen mit reellwertiger Impulsantwort, bei denen stets $H(-f) = H^*(f)$ galt, ist bei dem hier im Allgemeinfall vorliegenden, sogenannten *unsymmetrischen Bandpasssystem* diese Bedingung für sein äquivalentes Tiefpasssystem $H_{\mathrm{T}}(f)$ nicht mehr erfüllt. Nach (3.57) bedeutet dies, dass die Impulsantwort $h_{\mathrm{T}}(t)$ ○—● $H_{\mathrm{T}}(f)$ des äquivalenten Tiefpasses nicht reell, sondern komplex ist.

Es sei noch einmal deutlich darauf hingewiesen, dass einem gegebenen Bandpasssystem mit reeller Impulsantwort beliebig viele äquivalente Tiefpasssysteme mit unterschiedlichen Übertragungsfunktionen $H_{\mathrm{T}}(f)$ bzw. Impulsantworten $h_{\mathrm{T}}(t)$ zugeordnet werden können, da die Zuordnung von $H(f)$ zu $H_{\mathrm{T}}(f)$ abhängig von der (gerade bei fehlender Symmetrie oft willkürlich gewählten) Trägerfrequenz f_0 ist. Dies kann man sich an Hand der Abb. 5.18

veranschaulichen. Die in dem Bild dargestellte Übertragungsfunktion $H(f)$ geht aus der gezeigten Tiefpassübertragungsfunktion $H_T(f)$ hervor, wenn man in (5.29) den im Bild gezeigten Wert für f_0 einsetzt. Die gleiche Übertragungsfunktion $H(f)$ erhält man aber auch, wenn man $\mathrm{Re}\{H_T(f)\}$ und $\mathrm{Im}\{H_T(f)\}$ auf der Frequenzachse um Δf so nach rechts verschiebt, dass eine neue Tiefpassübertragungsfunktion $H_T(f-\Delta f)$ entsteht, und dann in (5.29) für f_0 den neuen Wert $f_0 - \Delta f$ einsetzt (Aufgabe 5.12). Im Normalfall wird man aber ein f_0 innerhalb des Durchlassbereiches des Bandpasssystems wählen, da sonst $H_T(f)$ keine Tiefpassfunktion mehr ist.

Es gibt Bandpasssysteme, für die innerhalb des Durchlassbereiches ein solches f_0 existiert, dass die diesem f_0 zugeordneten äquivalenten Tiefpasssysteme reelle Impulsantworten haben, dass also $H_T(-f) = H_T^*(f)$ gilt. Derartige Systeme werden *symmetrische Bandpasssysteme* genannt[10].

Anmerkung: Ein Beispiel für ein symmetrisches Bandpasssystem ist der in Abschn. 5.4.1 behandelte ideale Bandpass: Setzt man die Mittenfrequenz des idealen Bandpasses gleich der Trägerfrequenz, wie das in Abb. 5.19 dargestellt ist, dann gilt für das damit festgelegte äquivalente Tiefpasssystem

$$\begin{array}{ll} H_T(f) = 2\,\mathrm{rect}\left(\dfrac{f}{f_\Delta}\right) & \text{gerade und reell} \\ \quad\bullet\!\!-\!\!\circ & \\ h_T(t) = 2f_\Delta\,\mathrm{si}(\pi f_\Delta t) & \text{reell und gerade}\,. \end{array} \tag{5.31}$$

Man beachte aber, dass dieser Fall sehr speziell ist, da auch bei symmetrischen Bandpasssystemen typischerweise ein Imaginärteil des Spektrums existiert.

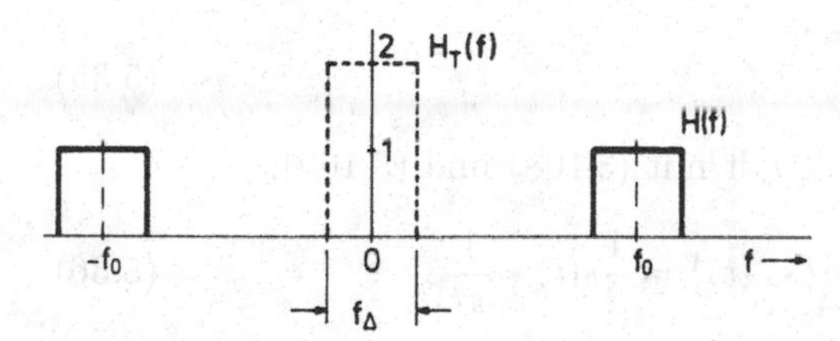

Abbildung 5.19. Übertragungsfunktion $H(f)$ des idealen Bandpasses und Übertragungsfunktion $H_T(f)$ des über die Mittenfrequenz f_0 zugeordneten äquivalenten Tiefpasses

[10] Entsprechend wird $h_T(t)$ rein imaginär, wenn $H_T(-f) = -H_T^*(f)$ (vgl. Tab. 3.4). Auch Systeme mit dieser Eigenschaft werden im Folgenden als „symmetrisch" bezeichnet.

5.4.3 Komplexe Signaldarstellung

Durch inverse Fourier-Transformation mit Hilfe der Theoreme aus Tabelle 3.2

$$s^*(t) \circ\!\!-\!\!\bullet\, S^*(-f) \qquad \text{und} \qquad s(t)\mathrm{e}^{\mathrm{j}2\pi Ft} \circ\!\!-\!\!\bullet\, S(f-F)$$

folgt als Impulsantwort des Bandpasssystems nach (5.29)

$$h(t) = \frac{1}{2}h_{\mathrm{T}}(t)\mathrm{e}^{\mathrm{j}2\pi f_0 t} + \frac{1}{2}[h_{\mathrm{T}}(t)\mathrm{e}^{\mathrm{j}2\pi f_0 t}]^* .$$

Umgeformt mit der für komplexe Zahlen gültigen Eigenschaft $z+z^* = \mathrm{Re}\{2z\}$ ergibt sich

$$h(t) = \mathrm{Re}\{h_{\mathrm{T}}(t)\mathrm{e}^{\mathrm{j}2\pi f_0 t}\} . \tag{5.32}$$

Die Impulsantwort eines Bandpasssystems wird also in dieser *komplexen Signaldarstellung* durch die Impulsantwort des äquivalenten Tiefpasssystems und die Trägerfrequenz f_0 beschrieben.

Diese Art der Darstellung lässt sich auf beliebige *Bandpasssignale* $s(t)$ anwenden, es lässt sich also schreiben

$$s(t) = \mathrm{Re}\{s_{\mathrm{T}}(t)\mathrm{e}^{\mathrm{j}2\pi f_0 t}\} . \tag{5.33}$$

Man nennt $s_{\mathrm{T}}(t)$ dann auch die *komplexe Hüllkurve* und $\exp(\mathrm{j}2\pi f_0 t)$ den *komplexen Träger* des Bandpassignals. Ihr Produkt wird als *analytische Komponente* $s_+(t)$ des Bandpasssignals bezeichnet (vgl. Abschn. 3.9)[11]

$$s_+(t) = \frac{1}{2}s_{\mathrm{T}}(t)\mathrm{e}^{\mathrm{j}2\pi f_0 t} . \tag{5.34}$$

Nun kann auch die Bestimmung von $s_{\mathrm{T}}(t)$ aus der analytischen Komponente des Bandpasssignals erfolgen:

$$s_{\mathrm{T}}(t) = 2s_+(t)\mathrm{e}^{-\mathrm{j}2\pi f_0 t} , \tag{5.35}$$

und speziell für reellwertige Signale gilt mit (3.108) und (3.109):

$$\mathrm{Re}\{s_+(t)\} = \frac{1}{2}s(t) ; \qquad \mathrm{Im}\{s_+(t)\} = \frac{1}{2}s(t) * \frac{1}{\pi t} . \tag{5.36}$$

Damit können Real- und Imaginärteil des äquivalenten Tiefpasssignals zu einem reellwertigen Bandpassignal wie folgt erzeugt werden:

[11] Komplementär zu $s_+(t)$ wird hier die konjugiert-komplexe analytische Komponente $s_-(t) = \frac{1}{2}s_{\mathrm{T}}^*(t)\mathrm{e}^{-\mathrm{j}2\pi f_0 t}$ definiert. Das reellwertige Bandpassignal ergibt sich dann auch über (3.110); das Spektrum $\frac{1}{2}S_{\mathrm{T}}(f-f_0) = S_+(f) \bullet\!\!-\!\!\circ\, s_+(t)$ ist rechtsseitig, d. h. $\neq 0$ bei positiven f, wohingegen $\frac{1}{2}S_{\mathrm{T}}^*(-f-f_0) = S_-(f) \bullet\!\!-\!\!\circ\, s_-(t)$ ausschließlich bei negativen Frequenzen $\neq 0$ wird. Dies gilt allerdings nur, sofern die Bedingung entsprechend (5.30) eingehalten wird, da ansonsten $S_{\mathrm{T}}(f-f_0)$ und $S_{\mathrm{T}}^*(-f-f_0)$ nicht überlappungsfrei sind.

$$s_{\mathrm{Tr}}(t) = \underbrace{s(t)\cos(2\pi f_0 t)}_{s_1(t)} + \underbrace{\left[s(t) * \frac{1}{\pi t}\right]\sin(2\pi f_0 t)}_{\hat{s}_1(t)}$$

$$s_{\mathrm{Ti}}(t) = \underbrace{\left[s(t) * \frac{1}{\pi t}\right]\cos(2\pi f_0 t)}_{\hat{s}_2(t)} \underbrace{-s(t)\sin(2\pi f_0 t)}_{s_2(t)} . \qquad (5.37)$$

Die Aufspaltung der komplexen Hüllkurve $s_{\mathrm{T}}(t)$ in Real- und Imaginärteil führt zu

$$s_{\mathrm{T}}(t) = s_{\mathrm{Tr}}(t) + \mathrm{j}s_{\mathrm{Ti}}(t) . \qquad (5.38)$$

In (5.33) eingesetzt, ergibt sich

$$s(t) = s_{\mathrm{Tr}}(t)\cos(2\pi f_0 t) - s_{\mathrm{Ti}}(t)\sin(2\pi f_0 t) . \qquad (5.39)$$

Realteil $s_{\mathrm{Tr}}(t)$ und Imaginärteil $s_{\mathrm{Ti}}(t)$ von $s_{\mathrm{T}}(t)$ werden *Quadraturkomponenten*[12] von $s_{\mathrm{T}}(t)$ genannt; die Wurzel aus der Summe ihrer Quadrate ergibt den Betrag $|s_{\mathrm{T}}(t)|$ der komplexen Hüllkurve

$$|s_{\mathrm{T}}(t)| = +\sqrt{s_{\mathrm{Tr}}^2(t) + s_{\mathrm{Ti}}^2(t)} . \qquad (5.40)$$

Die komplexe Hüllkurve $s_{\mathrm{T}}(t)$, nach Aufspaltung in Betrag und Phase

$$s_{\mathrm{T}}(t) = |s_{\mathrm{T}}(t)|\mathrm{e}^{\mathrm{j}\theta_{\mathrm{T}}(t)} \qquad (5.41)$$

in (5.33) eingesetzt, führt zu einer weiteren Möglichkeit der Beschreibung von $s(t)$. Es gilt

$$s(t) = |s_{\mathrm{T}}(t)|\cos[2\pi f_0 t + \theta_{\mathrm{T}}(t)] , \qquad (5.42)$$

Daher wird der Betrag $|s_{\mathrm{T}}(t)|$ auch die *Einhüllende* des Bandpassignals genannt. Gleichung (5.42) zeigt nämlich, dass sich das allgemeine Bandpasssignal $s(t)$ als ein cos-Signal darstellen lässt, dessen Amplitude und Phase Funktionen der Zeit sind („amplituden- und winkelmoduliertes cos-Signal").

Ist im Sonderfall des symmetrischen Bandpasses die Hüllkurve reell, dann vereinfacht sich (5.39) zu

$$s(t) = s_{\mathrm{T}}(t)\cos(2\pi f_0 t) . \qquad (5.43)$$

Das symmetrische Bandpasssignal mit $S_{\mathrm{T}}(-f) = S_{\mathrm{T}}^*(f)$ ist also ein amplitudenmoduliertes reines Kosinus-Signal. Entsprechend ergibt sich für den Fall $S_{\mathrm{T}}(-f) = -S_{\mathrm{T}}^*(f)$ ein amplitudenmoduliertes Sinus-Signal $s(t) = -s_{\mathrm{T}}(t)\sin(2\pi f_0 t)$.

Anmerkung: Die reelle äquivalente Tiefpassimpulsantwort des idealen Bandpasses nach (5.31), in (5.43) eingesetzt, ergibt die Impulsantwort des idealen Bandpasses (5.27).

[12] Es ist auch gebräuchlich, die Bezeichnung Quadraturkomponente nur für $s_{\mathrm{Ti}}(t)$ zu verwenden, $s_{\mathrm{Tr}}(t)$ wird dann Inphase- oder Kophasal-Komponente genannt.

5.4.4 Übertragung von Bandpasssignalen über Bandpasssysteme

Liegt am Eingang eines Bandpasssystems mit der Impulsantwort $h(t)$ ein Bandpasssignal $s(t)$, dann lässt sich das Ausgangssignal $g(t)$ zunächst ganz allgemein als Faltungsprodukt schreiben

$$\begin{array}{ccc} g(t) = & s(t) * & h(t) \\ \circ\!\!-\!\!\bullet & \circ\!\!-\!\!\bullet & \circ\!\!-\!\!\bullet \\ G(f) = & S(f) \cdot & H(f) \,. \end{array}$$

Die Berechnung dieses Faltungsproduktes soll nun auf das äquivalente Tiefpasssystem abgebildet werden. Hierzu ist es notwendig, die komplexe Signalschreibweise einzuführen, wodurch die Beziehungen oft stark vereinfacht werden. Mit (5.29) ergibt sich zunächst im Frequenzbereich als Produkt des Signalspektrums $S(f)$ mit der Übertragungsfunktion $H(f)$ des Bandpasssystems, wenn Signal und System auf die Trägerfrequenz f_0 bezogen werden,

$$\begin{aligned} G(f) &= [\frac{1}{2}S_\mathrm{T}(f-f_0) + \frac{1}{2}S_\mathrm{T}^*(-f-f_0)] \cdot [\frac{1}{2}H_\mathrm{T}(f-f_0) + \frac{1}{2}H_\mathrm{T}^*(-f-f_0)] \\ &= \frac{1}{4}S_\mathrm{T}(f-f_0)H_\mathrm{T}(f-f_0) + \frac{1}{4}S_\mathrm{T}(f-f_0)H_\mathrm{T}^*(-f-f_0) \\ &\quad + \frac{1}{4}S_\mathrm{T}^*(-f-f_0)H_\mathrm{T}(f-f_0) + \frac{1}{4}S_\mathrm{T}^*(-f-f_0)H_\mathrm{T}^*(-f-f_0) \,. \end{aligned} \tag{5.44}$$

Erfüllen sowohl $S_\mathrm{T}(f)$ als auch $H_\mathrm{T}(f)$ die Bedingung (5.30), dann überlappen sich die Teilübertragungsfunktionen $H_\mathrm{T}(f-f_0)$ und $H_\mathrm{T}^*(-f-f_0)$ nicht mit den Teilspektren $S_\mathrm{T}^*(-f-f_0)$ bzw. $S_\mathrm{T}(f-f_0)$. Damit verschwinden ihre Produktfunktionen, und es ergibt sich der einfachere Ausdruck

$$G(f) = \frac{1}{4}S_\mathrm{T}(f-f_0)H_\mathrm{T}(f-f_0) + \frac{1}{4}S_\mathrm{T}^*(-f-f_0)H_\mathrm{T}^*(-f-f_0) \,. \tag{5.45}$$

Schreibt man ebenfalls mit (5.29)

$$G(f) = \frac{1}{2}G_\mathrm{T}(f-f_0) + \frac{1}{2}G_\mathrm{T}^*(-f-f_0) \,,$$

so folgt als Zusammenhang der äquivalenten Tiefpassübertragungsfunktionen und entsprechend der äquivalenten Tiefpassimpulsantworten in einem Bandpasssystem

$$\begin{array}{ccc} G_\mathrm{T}(f) = \frac{1}{2} & S_\mathrm{T}(f) \cdot & H_\mathrm{T}(f) \\ \bullet\!\!-\!\!\circ & \bullet\!\!-\!\!\circ & \bullet\!\!-\!\!\circ \\ g_\mathrm{T}(t) = \frac{1}{2}[& s_\mathrm{T}(t) * & h_\mathrm{T}(t)] \,. \end{array} \tag{5.46}$$

Das Ausgangssignal kann also mit (5.46) und (5.32) auch geschrieben werden als

$$g(t) = \mathrm{Re}\left\{\frac{1}{2}[s_{\mathrm{T}}(t) * h_{\mathrm{T}}(t)]\mathrm{e}^{\mathrm{j}2\pi f_0 t}\right\} . \tag{5.47}$$

Hierzu gibt nachstehender Abschnitt ein Beispiel.

5.4.5 Übertragung des eingeschalteten cos-Signals über den idealen Bandpass

Es soll die Antwort eines idealen Bandpasssystems der Mittenfrequenz f_0 und der Bandbreite $f_\Delta \ll f_0$ (Schmalbandsystem) auf das cos-Schaltsignal nach Abb. 3.21

$$s(t) = \varepsilon(t)\cos(2\pi f_0 t)$$

berechnet werden. Der direkte Ansatz zur Lösung des Faltungsintegrals im Zeit- und auch im Frequenzbereich führt auf sehr umständliche Ausdrücke, dagegen ist mit Hilfe der komplexen Signaldarstellung eine recht einfache Lösung möglich. In Abb. 5.20a ist das bereits in Abb. 3.22 dargestellte Fourier-Spektrum $S(f)$ des betrachteten Signals $s(t)$ noch einmal eingezeichnet. Wählt man die Frequenz f_0 des eingeschalteten cos-Signals als Mittenfrequenz, dann erhält man das Spektrum der komplexen Hüllkurve $S_{\mathrm{T}}(f)$ durch Verschieben der auf der positiven Frequenzachse liegenden Anteile des Spektrums $S(f)$ um f_0 nach links und Multiplikation mit dem Faktor 2 (Abb. 5.20b). Man überzeugt sich leicht, dass dann $S_{\mathrm{T}}(f)$ die Bedingung

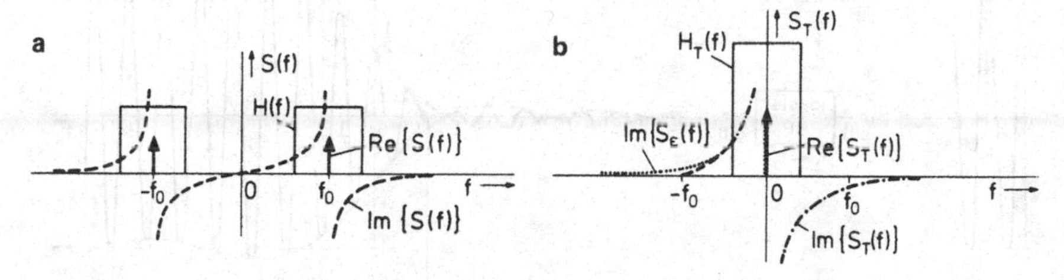

Abbildung 5.20. **a** Fourier-Transformierte $S(f)$ des eingeschalteten cos-Signals $s(t)$, sowie Übertragungsfunktion $H(f)$ des idealen Bandpasses. **b** Fourier-Transformierte $S_{\mathrm{T}}(f)$ der komplexen Hüllkurve $s_{\mathrm{T}}(t)$ und (punktiert) der Sprungfunktion $\varepsilon(t)$, sowie die Übertragungsfunktion $H_{\mathrm{T}}(f)$ des äquivalenten Tiefpasses

(5.30) erfüllt und $S(f)$ mit $S_{\mathrm{T}}(f)$ durch die Beziehung (5.29) verknüpft ist. Ein Vergleich mit Abb. 3.20 zeigt nun, dass $S_{\mathrm{T}}(f)$ im Durchlassbereich des äquivalenten Tiefpasses $H_{\mathrm{T}}(f)$ näherungsweise durch das Spektrum $S_\varepsilon(f)$

der Sprungfunktion dargestellt werden kann. Diese Näherung ist um so besser, je niedriger die Grenzfrequenz $f_\Delta/2$ des äquivalenten Tiefpasses bzgl. f_0 ist. Es gilt also

$$S_\mathrm{T}(f) \approx S_\varepsilon(f) \quad \bullet\!\!-\!\!\circ \quad s_\mathrm{T}(t) \approx \varepsilon(t)\,. \qquad \text{für } f_\Delta \ll f_0 \tag{5.48}$$

Mit (5.46) ergibt sich dann als Antwort eines idealen Bandpasses mit der äquivalenten Tiefpassimpulsantwort nach (5.31)

$$g_\mathrm{T}(t) = \frac{1}{2}[s_\mathrm{T}(t) * h_\mathrm{T}(t)] \approx \varepsilon(t) * [f_\Delta \operatorname{si}(\pi f_\Delta t)]$$

und mit (5.14)

$$g_\mathrm{T}(t) \approx \frac{1}{2} + \frac{1}{\pi}\operatorname{Si}(\pi f_\Delta t)\,. \tag{5.49}$$

Durch Einsetzen in (5.47) ist das Endergebnis

$$g(t) \approx \left[\frac{1}{2} + \frac{1}{\pi}\operatorname{Si}(\pi f_\Delta t)\right]\cos(2\pi f_0 t)\,. \tag{5.50}$$

Abb. 5.21 zeigt das Ausgangssignal $g(t)$ des Bandpasses zusammen mit seiner Hüllkurve $g_\mathrm{T}(t)$.

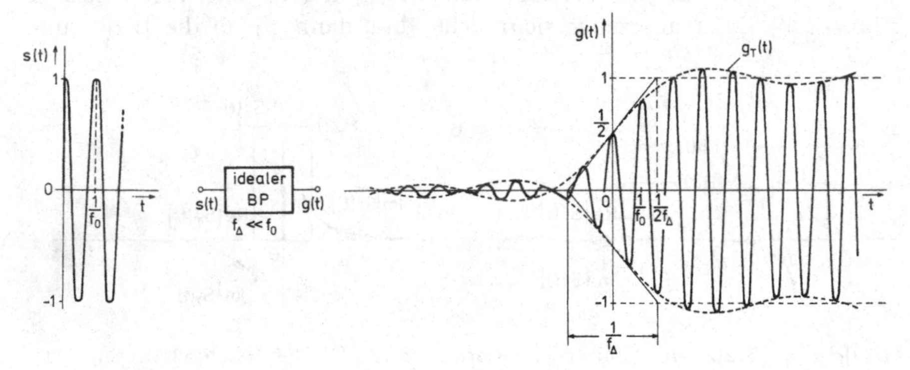

Abbildung 5.21. Reaktion $g(t)$ eines idealen Bandpasses auf das eingeschaltete cos-Signal

5.4.6 Realisierung von Bandpasssystemen durch Tiefpasssysteme

Die Darstellung eines Bandpasssystems durch äquivalente Tiefpassfunktionen vereinfacht nicht nur den rechnerischen Umgang, sondern kann, wie im

Folgenden gezeigt wird, auch schaltungstechnisch genutzt werden. Praktische Anwendungen findet dieses Verfahren beispielsweise in der Empfängertechnik und der Messtechnik, sowie bei der Realisierung von Bandpass-Übertragungssystemen mittels digitaler Signalverarbeitungsmethoden mit möglichst geringer Taktrate (Kap. 8 und 10).

Die Übertragung eines Bandpasssignals $s(t)$ ○—● $S(f)$ mit der komplexen Hüllkurve $s_{\mathrm{T}}(t)$ über ein Bandpasssystem $h(t)$ ○—● $H(f)$ mit der äquivalenten Tiefpassimpulsantwort $h_{\mathrm{T}}(t)$ wird durch (5.47) beschrieben. Zerlegt man $s_{\mathrm{T}}(t)$ und $h_{\mathrm{T}}(t)$ gemäß (5.38) in Real- und Imaginärteil

$$
\begin{aligned}
s_{\mathrm{T}}(t) &= s_{\mathrm{Tr}}(t) + \mathrm{j}s_{\mathrm{Ti}}(t) \\
h_{\mathrm{T}}(t) &= h_{\mathrm{Tr}}(t) + \mathrm{j}h_{\mathrm{Ti}}(t)\,,
\end{aligned}
$$

so erhält man durch Einsetzen in (5.47) mit der Euler'schen Beziehung

$$
\begin{aligned}
g(t) = \mathrm{Re}\{&\frac{1}{2}([s_{\mathrm{Tr}}(t) + \mathrm{j}s_{\mathrm{Ti}}(t)] * [h_{\mathrm{Tr}}(t) + \mathrm{j}h_{\mathrm{Ti}}(t)]) \\
&\cdot [\cos(2\pi f_0 t) + \mathrm{j}\sin(2\pi f_0 t)]\} \\
= &\frac{1}{2}\{[s_{\mathrm{Tr}}(t) * h_{\mathrm{Tr}}(t)] - [s_{\mathrm{Ti}}(t) * h_{\mathrm{Ti}}(t)]\}\cos(2\pi f_0 t) \\
&- \frac{1}{2}\{[s_{\mathrm{Ti}}(t) * h_{\mathrm{Tr}}(t)] + [s_{\mathrm{Tr}}(t) * h_{\mathrm{Ti}}(t)]\}\sin(2\pi f_0 t)\,. \qquad (5.51)
\end{aligned}
$$

Die vier Faltungsprodukte in (5.51) können nun in vier Tiefpässen getrennt gebildet werden, wenn es gelingt, das Eingangssignal in seine Quadraturkomponenten $s_{\mathrm{Tr}}(t)$ und $s_{\mathrm{Ti}}(t)$ zu zerlegen. Hierzu wird $s(t)$ wie in (5.37) mit cos- und sin-Funktionen der Trägerfrequenz f_0 multipliziert. Zunächst wird zur Erzeugung von $s_{\mathrm{Tr}}(t)$ nur der Signalanteil $s_1(t)$ im Frequenzbereich betrachtet:

$$
\begin{array}{cccc}
s_1(t) = & s(t) & \cdot & \cos(2\pi f_0 t) \\
\circ & \circ & \circ & \circ \\
| & | & | & | \\
\bullet & \bullet & \bullet & \bullet
\end{array} \qquad (5.52)
$$

$$
\begin{aligned}
S_1(f) &= [\tfrac{1}{2}S_{\mathrm{T}}(f - f_0) + \tfrac{1}{2}S^*_{\mathrm{T}}(-f - f_0)] * [\tfrac{1}{2}\delta(f - f_0) + \tfrac{1}{2}\delta(f + f_0)] \\
&= \frac{1}{4}S_{\mathrm{T}}(f - 2f_0) + \frac{1}{4}S_{\mathrm{T}}(f) + \frac{1}{4}S^*_{\mathrm{T}}(-f) + \frac{1}{4}S^*_{\mathrm{T}}(-f - 2f_0)\,.
\end{aligned}
$$

Es soll nun vorausgesetzt werden, dass das Bandpasssystem bandbegrenzt ist auf

$$
H(f) = 0 \quad \text{für} \quad |f| \geq 2f_0
$$

oder gleichbedeutend im Tiefpassbereich

$$
H_{\mathrm{T}}(f) = 0 \quad \text{für} \quad |f| \geq f_0\,. \qquad (5.53)
$$

Unter dieser kaum einschränkenden Voraussetzung verschwinden die Terme $S_{\mathrm{T}}(f-2f_0)$ und $S^*_{\mathrm{T}}(-f-2f_0)$ aus (5.52) am Ausgang der Tiefpässe, da sie nur in den Bereichen $|f|>f_0$ von Null verschieden sein können. Diese Zusammenhänge verdeutlicht Abb. 5.22 am Beispiel des breitbandigen eingeschalteten cos-Signals aus Abb. 5.20. Das Fourier-Spektrum des noch fehlenden

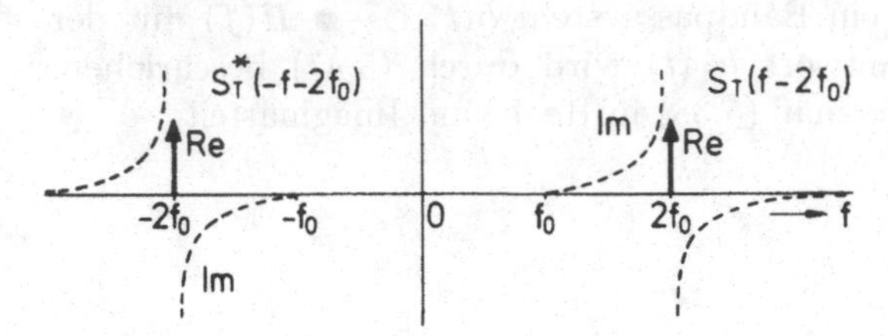

Abbildung 5.22. Die Terme $S_{\mathrm{T}}(f-2f_0)$ und $S^*_{\mathrm{T}}(-f-2f_0)$ aus (5.52) am Beispiel des eingeschalteten cos-Signals

Anteils $\hat{s}_1(t)$ aus (5.37) ergibt sich mit (3.112) wie folgt:

$$\hat{s}_1(t) = \qquad [s(t) * \tfrac{1}{\pi t}] \qquad \cdot \qquad \sin(2\pi f_0 t)$$

$$\circ\!\!-\!\!\bullet$$

$$\begin{aligned}\hat{S}_1(f) &= [-\tfrac{\mathrm{j}}{2}S_{\mathrm{T}}(f-f_0)+\tfrac{\mathrm{j}}{2}S^*_{\mathrm{T}}(-f-f_0)] * [-\tfrac{\mathrm{j}}{2}\delta(f-f_0)+\tfrac{\mathrm{j}}{2}\delta(f+f_0)] \\ &= -\frac{1}{4}S_{\mathrm{T}}(f-2f_0)+\frac{1}{4}S_{\mathrm{T}}(f)+\frac{1}{4}S^*_{\mathrm{T}}(-f)-\frac{1}{4}S^*_{\mathrm{T}}(-f-2f_0)\,.\end{aligned}$$

Man erkennt, dass die nach der Bandbegrenzung durch den Tiefpass verbleibenden Anteile von $s_1(t)$ und $\hat{s}_1(t)$ übereinstimmen, so dass die Erzeugung des zweiten Signals unter der oben genannten Voraussetzung eines bei $2f_0$ sperrenden Bandpasssystem gar nicht mehr notwendig ist. Für die Summe der in (5.52) verbleibenden Terme gilt nach Rücktransformation in den Zeitbereich mit (3.60)

$$\tfrac{1}{4}\,S_{\mathrm{T}}(f)+\tfrac{1}{4}\,S^*_{\mathrm{T}}(-f)$$

$$\bullet\!\!-\!\!\circ$$

$$\tfrac{1}{4}\,s_{\mathrm{T}}(t)+\tfrac{1}{4}\,s^*_{\mathrm{T}}(t)=\tfrac{1}{2}\,\mathrm{Re}\{s_{\mathrm{T}}(t)\}=\tfrac{1}{2}s_{\mathrm{Tr}}(t)\,.$$

In gleichartiger Rechnung liefert das Produkt $s_2(t)=-s(t)\sin(2\pi f_0 t)$ unter der genannten Voraussetzung der Bandbegrenzung die Quadraturkomponente $s_{\mathrm{Ti}}(t)/2$ (s. Aufgabe 5.15). Abb. 5.23 zeigt ein System, mit dem die besprochenen Operationen ausgeführt werden können. Zur Wirkungsweise: Zunächst werden durch Multiplikation des Eingangssignals $s(t)$ mit cos- und

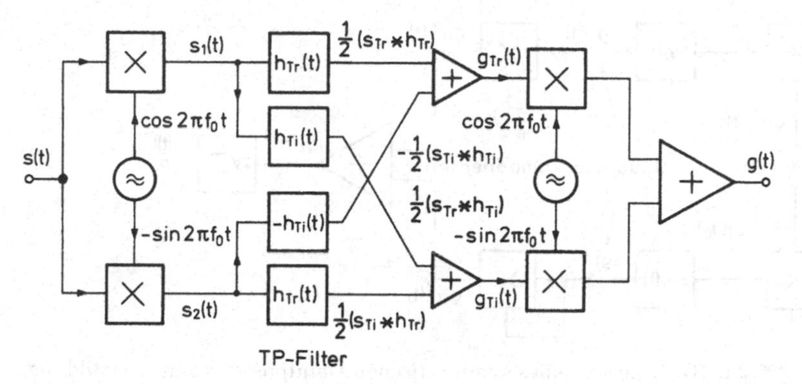

Abbildung 5.23. Realisierung eines Bandpasssystems im Tiefpassbereich (Quadraturschaltung)

sin-Signal die Produktsignale $s_1(t)$ und $s_2(t)$ erzeugt, die im Bereich $|f| \leq f_0$ die Quadraturkomponenten $s_{\text{Tr}}(t)$ und $s_{\text{Ti}}(t)$ des Eingangssignals enthalten. Die vier Tiefpassfilter mit den Impulsantworten $h_{\text{Tr}}(t)$ und $\pm h_{\text{Ti}}(t)$ bilden dann, wenn (5.53) erfüllt ist, zusammen mit den Addierern die Quadraturkomponenten $g_{\text{Tr}}(t)$ und $g_{\text{Ti}}(t)$ des Ausgangssignals. Das Ausgangssignal selbst entsteht schließlich entsprechend (5.39) durch Multiplikation mit cos- und sin-Signal als

$$g(t) = g_{\text{Tr}}(t)\cos(2\pi f_0 t) - g_{\text{Ti}}(t)\sin(2\pi f_0 t)\,.$$

Dieses Bandpasssystem ist für beliebige Eingangssignale äquivalent zu einem beispielsweise aus passiven Bauelementen aufgebauten Bandpass gleicher Übertragungsfunktion. Die komplexe Impulsantwort des äquivalenten Tiefpasssystems wird hier also gemäß (1.41) in 4 getrennten Tiefpassfiltern mit den jeweiligen Impulsantworten $h_{\text{Tr}}(t)$ und $h_{\text{Ti}}(t)$ physikalisch realisiert. Ein praktischer Vorteil dieses Bandpasssystems liegt darin, dass die Mittenfrequenz durch Ändern der Oszillatorfrequenz f_0 in weiten Bereichen verschoben werden kann.

Aus den Quadraturkomponenten $g_{\text{Tr}}(t)$ und $g_{\text{Ti}}(t)$ kann nach (5.40) mit zwei Quadrierern auch das Quadrat der Einhüllenden von $g(t)$ und durch eine nachfolgende Wurzeloperation die Einhüllende selbst gewonnen werden. Abb. 5.24 zeigt die zugehörige Schaltung. Zur Vereinfachung wurde in dieser Schaltung weiter angenommen, dass $H(f)$ ein symmetrisches Bandpasssystem ist, so dass mit $h_{\text{Ti}}(t) = 0$ die in den Kreuzzweigen liegenden Tiefpässe wegfallen. Mit Hilfe der hier vorgestellten Darstellungsweise von Bandpasssignalen und -systemen ist es auch einfach möglich, ein Abtasttheorem für Bandpasssignale aufzustellen. Es sei $s(t)$ ein Bandpasssignal der Bandbreite f_Δ. Dieses Signal kann verzerrungsfrei durch einen idealen Bandpass übertragen werden, der den gleichen Frequenzbereich überdeckt, also mindestens die Bandbreite f_Δ hat. Realisiert man diesen idealen Bandpass durch die

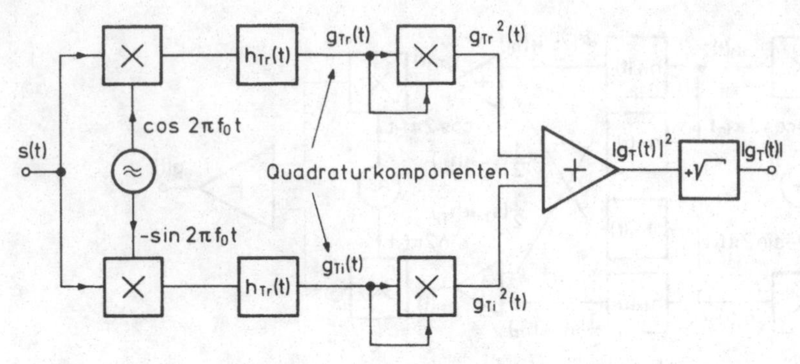

Abbildung 5.24. Realisierung eines symmetrischen Bandpasssystems mit Bildung der Einhüllenden des Ausgangssignals

Schaltung nach Abb. 5.23 und wählt als Trägerfrequenz f_0 die Mittenfrequenz, dann wird der ideale Bandpass symmetrisch und die beiden verbleibenden Filter mit der Impulsantwort $h_{\mathrm{Tr}}(t)$ sind nach (5.31) ideale Tiefpässe der Grenzfrequenz $f_\Delta/2$. Diese Tiefpässe können nach der Aussage des Abtasttheorems durch äquivalente Abtastsysteme (Abb. 4.7) ersetzt werden. Das sich ergebende Bandpass-Abtastsystem zeigt Abb. 5.25. In diesem Abtast-

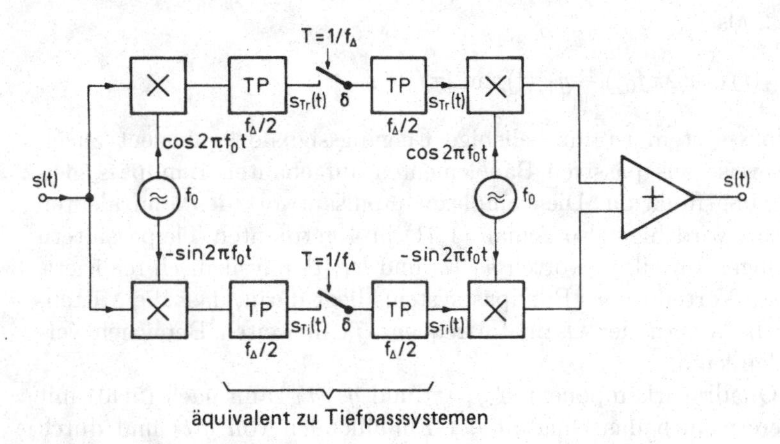

Abbildung 5.25. Darstellung eines Bandpasssignals $s(t)$ durch die Abtastwerte der zugeordneten Quadratursignale und Rückgewinnung von $s(t)$ aus den Abtastwerten (Schaltung ohne Berücksichtigung konstanter Verstärkungsfaktoren, vgl. Abb. 4.7)

theorem für Bandpasssignale werden also die beiden Quadratursignale durch je eine Folge von Abtastwerten mit der Abtastrate f_Δ dargestellt. Die Abtastfolgen werden dann wieder durch Tiefpässe zu den Quadratursignalen interpoliert, aus diesen kann das ursprüngliche Bandpasssignal $s(t)$ fehlerfrei rekonstruiert werden. Formuliert man das Abtasttheorem entsprechend (4.8) nach Zerlegung des Bandpasssignals in seine Quadraturkomponenten (5.39), so gilt

$$\begin{aligned} s(t) = & \sum_{n=-\infty}^{\infty} \left[s_{\mathrm{Tr}}(nT) \,\mathrm{si}\left(\pi \frac{t-nT}{T} \right) \right] \cos(2\pi f_0 t) \\ & - \sum_{n=-\infty}^{\infty} \left[s_{\mathrm{Ti}}(nT) \,\mathrm{si}\left(\pi \frac{t-nT}{T} \right) \right] \sin(2\pi f_0 t) \quad \text{für } T = 1/f_\Delta \,. \end{aligned} \tag{5.54}$$

Die Gesamtzahl von notwendigen Abtastwerten pro Zeiteinheit ist also mit $2f_\Delta$ genauso groß wie für ein Tiefpasssignal der Grenzfrequenz f_Δ (Aufgabe 5.17), d.h. doppelt so groß wie die Bandbreite des reellwertigen Signals.

Anmerkung: Einen Sonderfall stellen symmetrische Bandpasssignale dar, bei denen das äquivalente Tiefpasssignal rein reellwertig ist[13]. Hier braucht also nur $s_{\mathrm{Tr}}(t)$ mit der Rate f_Δ abgetastet zu werden, d.h. es entsteht eine Anzahl von Abtastwerten pro Zeiteinheit, die exakt der Bandbreite des Signals entspricht. Man beachte jedoch, dass bei diesen Signalen die gesamte Information bereits in einem der beiden *Seitenbänder* jeweils mit Breite $f_\Delta/2$, $s^{\mathrm{u}}(t)$ bei $f_0 - f_\Delta/2 \leq f \leq f_0$ oder $s^{\mathrm{o}}(t)$ bei $f_0 \leq f \leq f_0 + f_\Delta/2$ enthalten und das jeweils andere Seitenband auf Grund der Symmetrie redundant ist. Ein komplexwertiges äquivalentes Tiefpasssignal könnte z.B. für des obere Seitenband-Signal $s^{\mathrm{o}}(t)$ bezüglich der Mittenfrequenz $f_0 + f_\Delta/4$ gebildet werden, und besitzt dann Grenzfrequenzen bei $\pm f_\Delta/4$. Die gesamte Abtastrate für Real- und Imaginärteile bliebe dann immer noch $2 \cdot f_\Delta/2 = f_\Delta$. Alternativ könnte das zum oberen Seitenband-Signal äquivalente Tiefpass-Signal $s_{\mathrm{T}}^{\mathrm{o}}(t)$ bezüglich der Frequenz f_0 an der unteren Bandgrenze gebildet werden. Das Tiefpassignal besitzt dann ein Spektrum $S_{\mathrm{T}}^{\mathrm{o}}(f) = 0$ für $f < 0$ und ist mit der analytischen Komponente $s_{\mathrm{T}+}(t)$ des zum ursprünglichen symmetrischen Bandpassignal gehörenden äquivalenten Tiefpasssignals identisch. Zwar können für dieses Signal die Real- und Imaginärteile ebenfalls noch separat mit $f_\Delta/2$ abgetastet, jedoch nur gemeinsam rekonstruiert werden (Aufgabe 5.26c). Da der Realteil gemäß (3.108) dem reellwertigen äquivalenten Tiefpassignal bezüglich f_0 des ursprünglichen symmetrischen Bandpassignals entspricht, kann er auch allein aliasfrei mit f_Δ abgetastet und daraus je nach verwendetem Rekonstruktionsfilter entweder das dem Einseitenbandsignal oder das dem symmetrischen Bandpasssignal entsprechende äquivalente Tiefpasssignal rekonstruiert werden (Aufgabe 5.26d). In jedem dieser Fälle ergibt sich die Gesamtanzahl notwendiger Abtastwerte je Zeiteinheit zu f_Δ, was dem Doppelten der Bandbreite des Seitenbandes, bzw. der einfachen Bandbreite des symmetrischen Zweiseitenbandsignals entspricht. Diese

[13] Dies wird hier für kosinus-modulierte Bandpasssignale gezeigt, jedoch lässt sich dieselbe Betrachtung auf sinus-modulierte Signale mit rein imaginärwertigem äquivalentem Tiefpass-Signal $s_{\mathrm{T}}(t) = \mathrm{j}s_{\mathrm{Ti}}(t)$ anwenden.

Überlegungen zeigen, dass im Zuge der Abtastung und Rekonstruktion symmetrischer Bandpasssignale je nach Bedarf die Einseitenband- oder die symmetrische Zweiseitenband-Darstellung verarbeitet bzw. erzeugt werden kann. In Hinblick auf die Übertragung ist jedoch in der Regel die Einseitenband-Darstellung zu bevorzugen, da sie den geringeren Bandbreitebedarf besitzt (vgl. auch Abschn. 10.1.5).

Angewandt wird das Abtasttheorem für Bandpasssignale bei deren zeitdiskreter (digitaler) Verarbeitung, die sich in der Regel ökonomischer nach vorheriger Transformation in das äquivalente Tiefpasssignal durchführen lässt, da sich hierdurch die Anzahl der pro Zeiteinheit zu verarbeitenden Abtastwerte auf das notwendige Minimum reduzieren lässt.

5.4.7 Phasen- und Gruppenlaufzeit

Ein Bandpasssystem $H(f)$ mit rechteckförmiger Betragsübertragungsfunktion der Bandbreite f_Δ besitze einen schwach nichtlinearen Phasenverlauf $\varphi(f)$ (Abb. 5.26a). Diese Phase wird dann im Durchlassbereich genügend genau durch die ersten Glieder einer Taylor-Reihenentwicklung $\varphi_\mathrm{a}(f)$ um die Frequenz f_0 beschrieben

$$\varphi(f) \approx \varphi_\mathrm{a}(f) = \varphi(f_0) + (f - f_0) \cdot \left(\frac{\mathrm{d}\varphi(f)}{\mathrm{d}f}\bigg|_{f=f_0} \right) , \tag{5.55}$$

oder im äquivalenten Tiefpassbereich (Abb. 5.26b)

$$\varphi_\mathrm{aT}(f) = \varphi(f_0) + f \cdot \left(\frac{\mathrm{d}\varphi(f)}{\mathrm{d}f}\bigg|_{f=f_0} \right) . \tag{5.56}$$

Mit den Ausdrücken für Phasenlaufzeit[14] $t_\mathrm{p} = t_\mathrm{p}(f_0)$ nach (5.6) und Gruppenlaufzeit $t_\mathrm{g} = t_\mathrm{g}(f_0)$ nach (5.7) lässt sich auch schreiben

$$\varphi_\mathrm{aT}(f) = -2\pi f_0 t_\mathrm{p} - 2\pi f t_\mathrm{g} , \tag{5.57}$$

dann ergibt sich die äquivalente Tiefpassübertragungsfunktion zu (Abb. 5.26b)

$$H_\mathrm{T}(f) = 2 \,\mathrm{rect}\left(\frac{f}{f_\Delta}\right) \mathrm{e}^{-\mathrm{j}(2\pi f_0 t_\mathrm{p} + 2\pi f t_\mathrm{g})} . \tag{5.58}$$

Weiter erhält man mit (5.46) und (5.58) als Antwort auf ein Signal $s(t)$ innerhalb des Frequenzbereiches des Bandpasses ein Ausgangssignal $g(t)$ mit dem Hüllkurvenspektrum

[14] Die Phasenlaufzeit ist vieldeutig, da gemäß (1.22) zu $\varphi(f_0)$ beliebige ganzzahlige Vielfache von 2π addiert werden dürfen.

$$G_{\mathrm{T}}(f) = \frac{1}{2} S_{\mathrm{T}}(f) H_{\mathrm{T}}(f) = S_{\mathrm{T}}(f) \underbrace{\mathrm{e}^{-\mathrm{j}2\pi f_0 t_{\mathrm{p}}}}_{\text{komplexe Konstante}} \mathrm{e}^{-\mathrm{j}2\pi f t_{\mathrm{g}}} \,.$$

Damit lautet die Hüllkurve am Ausgang nach inverser Fourier-Transformation

$$g_{\mathrm{T}}(t) = s_{\mathrm{T}}(t - t_{\mathrm{g}}) \mathrm{e}^{-\mathrm{j}2\pi f_0 t_{\mathrm{p}}} \,. \tag{5.59}$$

Mit (5.33) erhält man als Ausgangssignal schließlich

$$g(t) = \mathrm{Re}\{s_{\mathrm{T}}(t - t_{\mathrm{g}}) \mathrm{e}^{\mathrm{j}2\pi f_0 (t - t_{\mathrm{p}})}\} \,. \tag{5.60}$$

Die Hüllkurve des Eingangssignals wird also um die Gruppenlaufzeit t_{g} verzögert, das Trägersignal um die Phasenlaufzeit t_{p} (Abb. 5.27). Bei stärker nichtlinearem Phasenverlauf oder bei breitbandigeren Eingangssignalen im Bandpass- oder auch Tiefpassbereich gelten die gleichen Überlegungen, wenn zuvor das Eingangssignal in hinreichend schmale Bandpasssignale („Frequenz*gruppen*") aufgeteilt wird. Phasen- und Gruppenlaufzeiten sind dann Funktionen der Frequenz. Eine verzerrungsfreie, nur das gesamte Signal

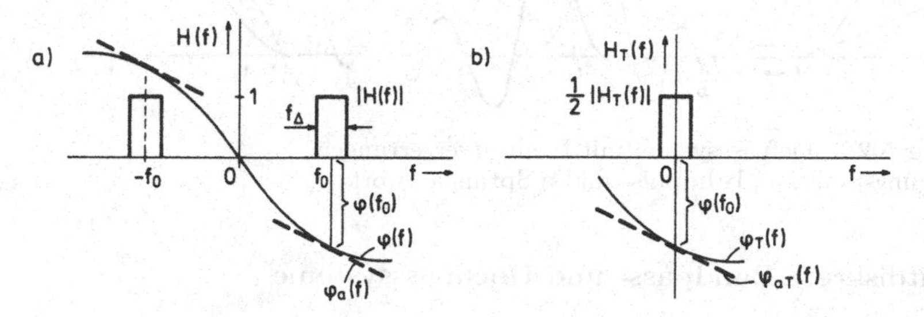

Abbildung 5.26. **a** Bandpass mit schwach nichtlinearer Phase $\varphi(f)$ und **b** äquivalenter Tiefpass bezüglich f_0

verzögernde Übertragung setzt folglich gleiche, frequenzunabhängige Werte für Phasen- *und* Gruppenlaufzeit voraus. Mit (5.6) und (5.7) folgt dann

$$t_{\mathrm{p}} = t_{\mathrm{g}} \rightarrow \frac{\varphi(f_0)}{f_0} = \left.\frac{\mathrm{d}\varphi(f)}{\mathrm{d}f}\right|_{f=f_0} \,. \tag{5.61}$$

Diese Bedingung ist erfüllt, wenn in Abb. 5.26a die approximierende Phasengerade $\varphi_{\mathrm{a}}(f)$ in ihrer Verlängerung die Ordinate $f = 0$ bei Null oder, wegen der Vieldeutigkeit der Phasenlaufzeit, bei ganzzahligen Vielfachen von 2π schneidet.

Den Einfluss von Gruppenlaufzeitverzerrungen auf das Einschwingverhalten von Tiefpässen zeigt Abb. 5.28. Das Überschwingen wird stark unsymmetrisch, wenn die Veränderung der Gruppenlaufzeit etwa die Größe der Einschwingzeit erreicht. Steigt die Laufzeit mit der Frequenz, so verstärkt sich das Überschwingen am Ende des Einschwingvorganges und wird höherfrequent, bei fallendem Laufzeitverhalten zeigt sich die umgekehrte Tendenz. Entsprechende Aussagen gelten für Bandpasssysteme (Aufgabe 5.20).

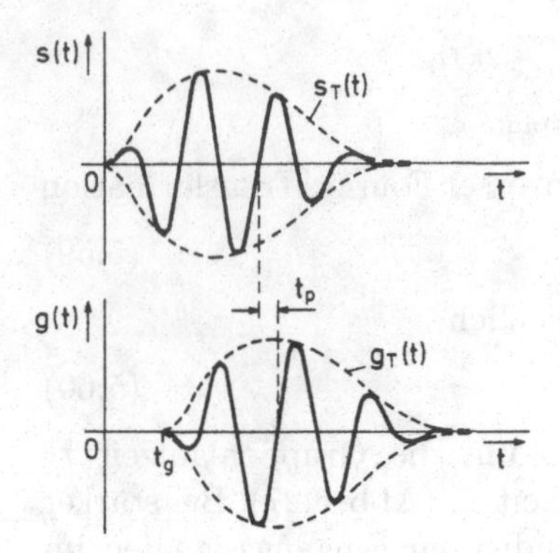

Abbildung 5.27. Phasen- und Gruppenlaufzeit

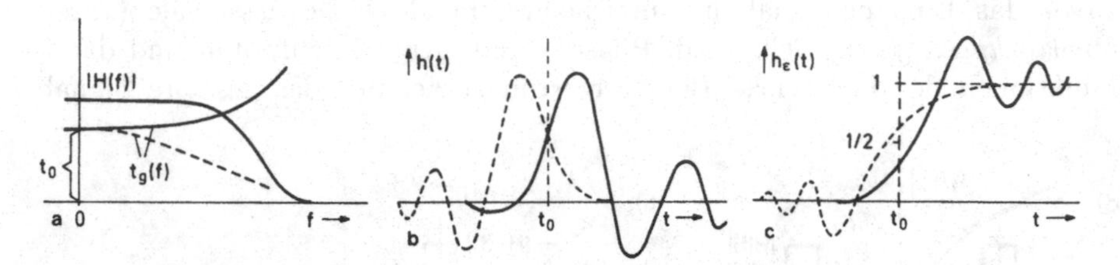

Abbildung 5.28. Tiefpasssystem mit Laufzeitverzerrungen.
a Übertragungsfunktion, **b** Impuls- und **c** Sprungantwort

5.4.8 Zeitdiskrete Bandpass- und Hochpasssysteme

Aus der Übertragungsfunktion eines zeitdiskreten Tiefpasses erhält man durch Frequenzverschiebungen zeitdiskrete Bandpass- oder Hochpasssysteme. Abb. 5.29 zeigt dies für die idealen Systeme. Diese Tiefpass-Bandpass-

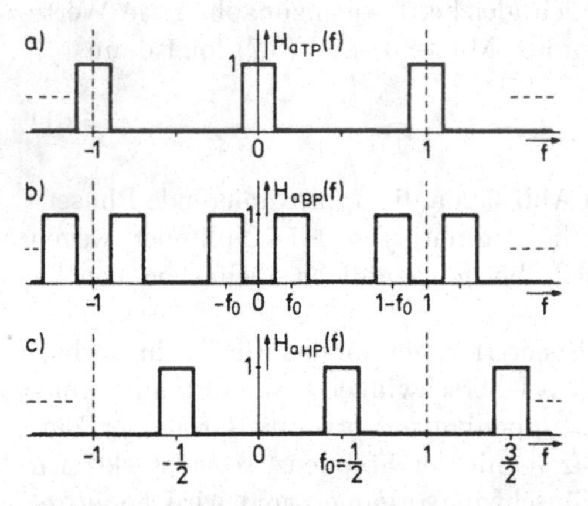

Abbildung 5.29. Ideale zeitdiskrete Systeme. **a** Tiefpass, **b** Bandpass und **c** Hochpass

Transformation lässt sich als Faltung der Tiefpass-Übertragungsfunktion mit Grenzfrequenz f_g mittels eines Dirac-Impulspaares beschreiben:

$$\begin{aligned} H_{\mathrm{aBP}}(f) &= H_{\mathrm{aTP}}(f) * [\delta(f+f_0)+\delta(f-f_0)] \\ &\quad \bullet\!\!-\!\!\circ \\ h_{\mathrm{aBP}}(n) &= h_{\mathrm{aTP}}(n)\cdot 2\cos(2\pi f_0 n) \qquad (\text{für } f_{\mathrm{g,TP}} < f_0 < \frac{1}{2} - f_{\mathrm{g,TP}}) \,. \end{aligned} \tag{5.62}$$

Diese anschauliche Beziehung ist allerdings nur gültig für Systeme, bei denen die äquivalente Tiefpass-Impulsantwort reellwertig ist. Für die allgemeine Definition gilt analog zu (5.29), jedoch im Unterschied zu (5.30) mit einer zusätzlichen Bedingung zur Vermeidung von Frequenzüberlappungen jenseits der halben Abtastfrequenz $f = \frac{1}{2}$

$$\begin{aligned} H_{\mathrm{aBP}}(f) &= \frac{1}{2}H_{\mathrm{aTP}}(f-f_0) + \frac{1}{2}H^*_{\mathrm{aTP}}(-f-f_0) \\ &\quad \bullet\!\!-\!\!\circ \\ h_{\mathrm{aBP}}(n) &= \mathrm{Re}\{h_{\mathrm{aTP}}(n)\mathrm{e}^{\mathrm{j}2\pi f_0 n}\} \\ &\quad \text{mit } H_{\mathrm{aTP}}(f) = 0 \text{ für } f < -f_0 \text{ und } f > \frac{1}{2} - f_0 \,. \end{aligned} \tag{5.63}$$

Der Hochpass mit reellwertiger Impulsantwort entspricht einem Tiefpass mit einer zu $f_0 = 1/2$ verschobenen Übertragungsfunktion. Mit $\cos(2\pi f_0 n) = \cos(\pi n) = (-1)^n$ folgt dann $h_{\mathrm{aHP}}(n) = (-1)^n h_{\mathrm{aTP}}(n)$. Damit erhält man also sowohl die Bandpass-, als auch die Hochpass-Impulsantworten unmittelbar aus den zugehörigen Tiefpass-Impulsantworten. Für die zeitdiskrete bzw. digitale Realisierung besonders schmalbandiger analoger Bandpässe bietet sich alternativ die Schaltung nach Abb. 5.25 an. Hier sind dann die beiden Tiefpässe rechts von den Abtastern als zeitdiskrete Tiefpässe auszuführen.

5.5 Zusammenfassung

Die in diesem Kapitel angestellten Betrachtungen über Tiefpass- und Bandpasssysteme gingen jeweils von einem idealen System im Sinn der Systemtheorie aus. Der Zusammenhang zwischen den diskutierten Impuls- und Sprungantworten dieser idealen Systeme soll in Abb. 5.30 noch einmal verdeutlicht werden. Es zeigte sich weiter, dass Bandpasssysteme vorteilhaft durch äquivalente Tiefpasssysteme beschrieben werden können und dass diese Schreibweise allgemein zur komplexen Signaldarstellung führt. Ein Bandpasssignal $s(t)$ und seine Fourier-Transformierte $S(f)$ stehen dabei mit der komplexen Hüllkurve $s_{\mathrm{T}}(t)$ des äquivalenten Tiefpasssignals und ihrem Spektrum $S_{\mathrm{T}}(f)$ in dem Zusammenhang

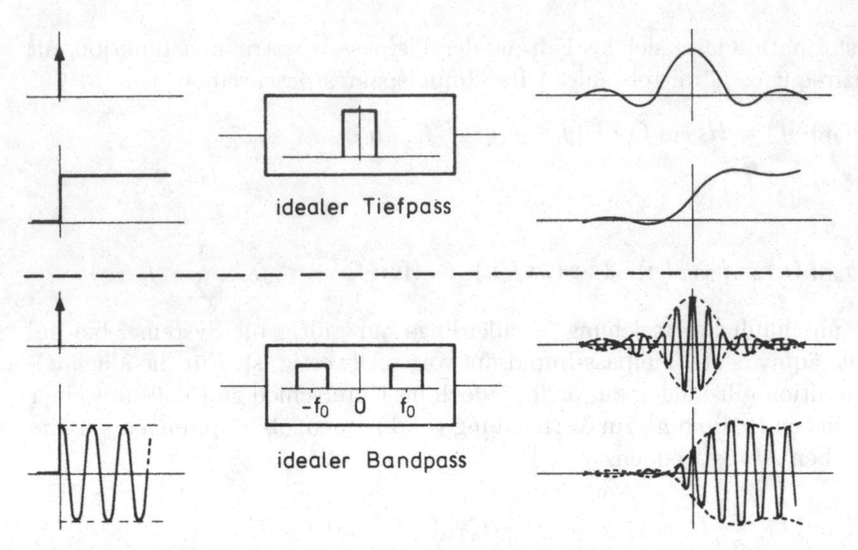

Abbildung 5.30. Vergleich von Tiefpass- und Bandpasssystem, wobei der Tiefpass mit dem äquivalenten Tiefpass des Bandpasssystems identisch ist

$$s(t) = \mathrm{Re}\{s_\mathrm{T}(t)\mathrm{e}^{\mathrm{j}2\pi f_0 t}\} \circ\!\!-\!\!\bullet\ S(f) = \frac{1}{2}S_\mathrm{T}(f - f_0) + \frac{1}{2}S^*_\mathrm{T}(-f - f_0)\,.$$

Für diese komplexe Signaldarstellung konnte eine schaltungstechnisch anschauliche Deutung als zweikanalige Bildung der Quadraturkomponenten des Signals gegeben werden, die später auch die Grundlage wichtiger Bandpass-Übertragungsverfahren bilden wird.

Mit diesem Kapitel schließt die Betrachtung ausschließlich determinierter Signale ab und wendet sich den Methoden zur Beschreibung und Verarbeitung von Zufallssignalen zu.

5.6 Anhang: Integration von $\mathrm{si}(\pi x)$

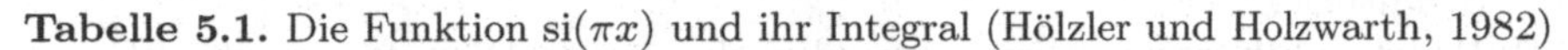

Tabelle 5.1. Die Funktion $\mathrm{si}(\pi x)$ und ihr Integral (Hölzler und Holzwarth, 1982)

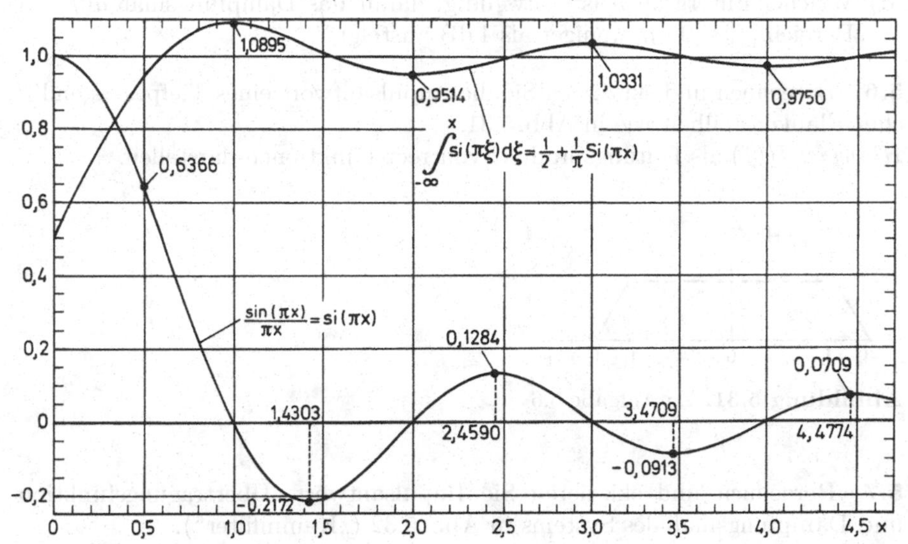

5.7 Aufgaben

5.1 Berechnen Sie die Antwort $g(t)$ eines idealen Tiefpassfilters der Grenzfrequenz f_g auf das Signal $s(t) = \mathrm{rect}(t)$. Skizzieren Sie $g(t)$ für $f_g = 1, 2, 10$.

5.2 In Aufgabe 5.1 werde als Signal die periodische Rechteckfunktion aus Aufgabe 4.7 mit $T_1 = 1/2$ und $T_2 = 3$ angenommen. Skizzieren Sie ebenfalls $g(t)$.

5.3 Berechnen und skizzieren Sie die Impuls- und Sprungantwort eines idealen Hochpassfilters mit der Übertragungsfunktion $H(f) = 1 - \mathrm{rect}[f/(2f_g)]$. Skizzieren Sie eine Schaltung, mit der aus einem Tiefpass ein Hochpass gebildet werden kann.

5.4 Ein Rechteckimpuls der Breite t_0 wird zur Messung der Impulsantwort eines Tiefpasses der Grenzfrequenz $f_g = 4\,\mathrm{kHz}$ benutzt. Wie groß darf t_0 höchstens sein, damit im Übertragungsbereich des Tiefpasses das Betragsspektrum des Impulses um weniger als 1% abfällt? Wie groß darf unter gleichen Bedingungen die Fußbreite eines Dreieckimpulses höchstens werden?

5.5 Ein Butterworth-Tiefpass mit n energiespeichernden Elementen (Induktivitäten und Kapazitäten) hat die Übertragungsfunktion

$$|H(f)| = 1/\sqrt{1 + (f/f_0)^{2n}}\,.$$

a) Wie groß ist das Dämpfungsmaß bei der „Grenzfrequenz“ f_0?
b) Skizzieren Sie $|H(f)|$ für die Filtergrade $n = 1, 2$ und für $n \to \infty$.
c) Für welches n und f_0 ergibt sich die Betragsübertragungsfunktion der *RC*-Schaltung?
d) Welcher Filtergrad n ist notwendig, damit das Dämpfungsmaß $a(f)$ im Bereich $|f| \leq 0{,}8 f_0$ weniger als 1 dB ansteigt?

5.6 Berechnen und skizzieren Sie die Impulsantwort eines Tiefpasses endlicher Flankensteilheit wie in Abb. 5.31.
Hinweis: $H(f)$ als Faltungsprodukt von rect-Funktionen darstellen.

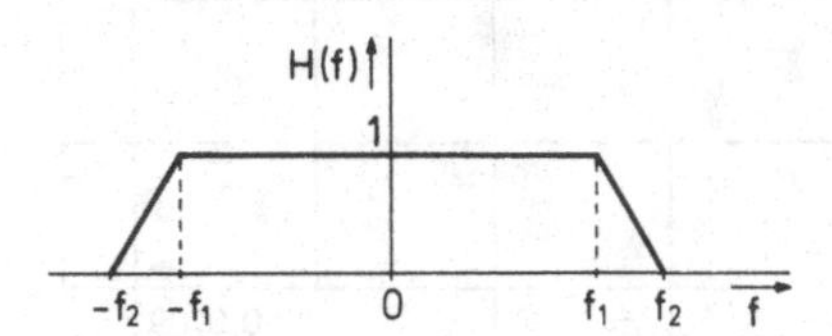

Abbildung 5.31. Zu Aufgabe 5.6

5.7 Berechnen und skizzieren Sie Impulsantwort, Übertragungsfunktion und Dämpfungsmaß des Systems in Abb. 5.32 („Kammfilter“).

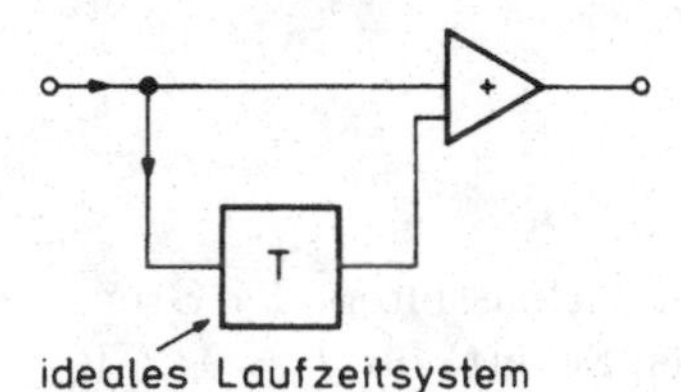

Abbildung 5.32. Zu Aufgabe 5.7

5.8 Berechnen Sie die Echoamplituden $h(nT)$ der Übertragungsfunktion

$$H(f) = \left(1 + m\frac{|f|}{f_g}\right) \operatorname{rect}\left(\frac{f}{2f_g}\right)$$

Skizzieren Sie $H(f)$.

5.9 Ein Übertragungssystem ist durch die Echoamplituden $h(-T) = -0{,}5$; $h(0) = 1$; $h(T) = +0{,}5$ gekennzeichnet. Berechnen und skizzieren Sie $h(t)$ sowie $H(f)$ nach Betrag und Phase.

5.10 Betrachtet wird ein Pulsformfilter.

a) Berechnen Sie die Echoamplitude a in Abb. 5.10 so, dass die Steigungen von $h_0(t)$ und $h_1(t)$ zur Zeit $t = 2T$ entgegengesetzt gleich sind.

b) Mit welcher Zeitfunktion $s(t)$ muss ein idealer Tiefpass angeregt werden, damit an seinem Ausgang ein Formimpuls nach Abb. 5.11 erscheint?

5.11 Berechnen und skizzieren Sie Impulsantwort und Übertragungsfunktion eines Bandpasssystems mit der äquivalenten Tiefpassimpulsantwort $h_{\mathrm{T}}(t) = \mathrm{j}\,\mathrm{si}(\pi t)$ für $f_0 = 10$.

5.12 Berechnen und skizzieren Sie $h_{\mathrm{T}}(t)$ und $H_{\mathrm{T}}(f)$ eines idealen Bandpasssystems, wenn die Trägerfrequenz f_0 gleich der oberen Grenzfrequenz des Systems gesetzt wird. Berechnen Sie $h(t)$ aus $h_{\mathrm{T}}(t)$.

5.13 Berechnen und skizzieren Sie ein Bandpasssignal und seine Fourier-Transformierte mit

$$s_{\mathrm{T}}(t) = \mathrm{rect}\left(\frac{t}{T}\right) \quad \text{und} \quad f_0 = 100/T\ .$$

5.14 Zeigen Sie, dass die Fourier-Transformierte der analytischen Komponente des Bandpasssignals $s_+(t) = s_{\mathrm{T}}(t)\exp(\mathrm{j}2\pi f_0 t)$ auf den positiven Frequenzbereich beschränkt ist. Zeigen Sie weiter, dass Real- und Imaginärteil der analytischen Komponente durch die Hilbert-Transformation (vgl. Abschn. 3.9) verknüpft sind.

5.15 Zeigen Sie, dass im unteren Zweig von Abb. 5.23 die Quadraturkomponente $s_{\mathrm{Ti}}(t)/2$ gebildet wird.

5.16 Zeichnen Sie eine Schaltung nach Abb. 5.23, die ein ideales Bandpasssystem darstellt.

5.17 Zeigen Sie, dass das Bandpassabtasttheorem (5.54) für $f_0 = 0$ in das Tiefpassabtasttheorem übergeht.

5.18 Berechnen Sie den Betrag der komplexen Hüllkurve der Summe zweier Bandpasssignale gleicher Trägerfrequenz als Funktion von Betrag und Phase der einzelnen komplexen Hüllkurven.

5.19 Zeigen Sie, dass die Schaltung eines symmetrischen Bandpasssystems mit Bildung der Einhüllenden (Abb. 5.33) äquivalent zur Schaltung Abb. 5.24 ist. Die Äquivalenz gilt nicht im Inneren der Schaltung, da $g_{1,2}(t)$ Bandpassig-

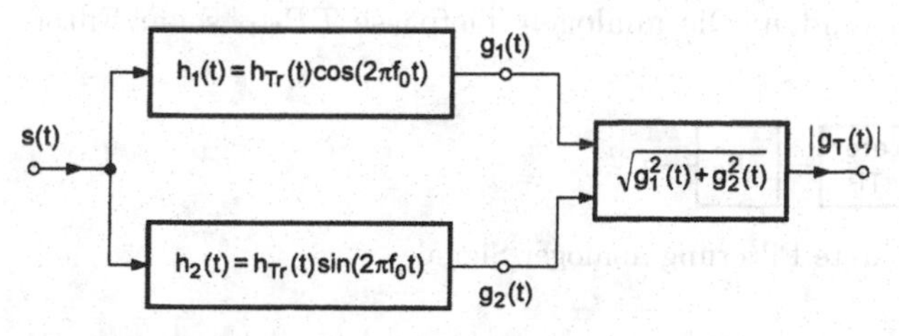

Abbildung 5.33. Zu Aufgabe 5.19

nale, dagegen in Abb. 5.24 $g_{\mathrm{Tr,i}}(t)$ Tiefpasssignale sind. Zeigen Sie, dass aber zur Zeit $t = 0$ gilt $g_1(0) = g_{\mathrm{Tr}}(0)$ und $g_2(0) = g_{\mathrm{Ti}}(0)$.

5.20 Berechnen und skizzieren Sie die Impulsantwort und den Betrag der Übertragungsfunktion eines kausalen, linearphasigen Bandpasssystems, welches einen idealen BP annähert. Verwenden Sie das Verfahren nach 5.2.1c. Es sei $f_0 \gg f_\Delta$.

5.21 Ein Tiefpasssignal $s(t)$ der Grenzfrequenz f_g wird quadriert. Wie verändert sich die Grenzfrequenz? Wie ist das Ergebnis für $s^n(t)$? Skizzieren Sie das Spektrum eines quadrierten idealen Bandpasssignals.

5.22 Skizzieren Sie die Impulsantwort eines zeitdiskreten, idealen Hochpassfilters.

5.23 Der ideale Differentiator hat nach (3.66) die Übertragungsfunktion $H(f) = \mathrm{j}2\pi f$. Ein zeitdiskretes System soll diese Übertragungsfunktion im Bereich $|f| < 1/2$ möglichst gut annähern.

a) Skizzieren Sie die Übertragungsfunktion $H_\mathrm{a}(f)$ des idealen zeitdiskreten Differentiators.
b) Zeigen Sie, dass die Impulsantwort des Filters lautet

$$h(n) = (-1)^n/n \qquad \text{für} \qquad n \neq 0\,.$$

Welchen Wert muss $h(0)$ annehmen?
c) Eine einfache Näherung an die Impulsantwort $h(n)$ lautet

$$h_0(n) = \frac{1}{2}\delta(n+1) - \frac{1}{2}\delta(n-1)\,.$$

Skizzieren Sie die zugehörige Übertragungsfunktion.

5.24 Als Maß für den Realisierungsaufwand eines diskreten Tiefpasses diene die Anzahl der diskreten Werte zwischen Hauptmaximum und dem ersten benachbarten Nulldurchgang der Impulsantwort. Wie groß ist diese Anzahl für einen idealen Tiefpass mit der Abtastrate $r = 10\,\mathrm{kHz}$ und den Grenzfrequenzen a) $f_\mathrm{g} = 1\,\mathrm{kHz}$; b) $f_\mathrm{g} = 50\,\mathrm{Hz}$?

5.25 Ein zeitdiskreter Tiefpass der Grenzfrequenz f_g lässt sich in folgender Schaltung (Abb. 5.34, sog. Oversampling-System) zur Filterung zeitkontinuierlicher Signale $s(t)$ verwenden: Die analogen Tiefpässe $TP_{\mathrm{A,B}}$ seien Filter

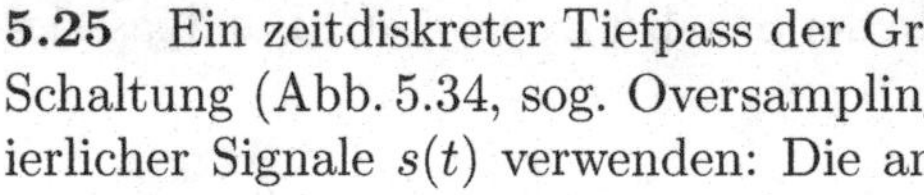

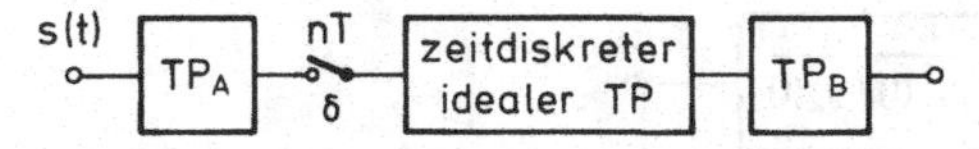

Abbildung 5.34. Zeitdiskrete Filterung analoger Signale

endlicher Flankensteilheit wie in Abb. 5.31. In welchen Bereichen dürfen sich

ihre Grenzfrequenzen f_1 und f_2 bewegen, damit keine Aliasstörungen innerhalb der durch den zeitdiskreten Tiefpass belassenen Signalbandbreite entstehen?
Skizzieren Sie die Spektren und Übertragungsfunktionen an allen Stellen der Schaltung für ein breitbandiges Eingangssignal der Grenzfrequenz > 100 Hz, wobei $f_g = 10\,\text{Hz}$ und $r = 1/T = 100\,\text{Hz}$ gewählt werden.

5.26 Aus einem Bandpasssignal $s(t)$ mit $S(f) = \Lambda(f) * [\delta(f - f_0) + \delta(f + f_0)]$ wird das obere Seitenbandsignal $s^o(t)$ gebildet, dessen Spektrum $S^o(f)$ nur im Frequenzbereich $f_0 \leq f \leq f_0 + \frac{1}{2}$ ungleich Null ist.

a) Bestimmen Sie für das obere Seitenband das äquivalente Tiefpasssignal $s^o_T(t)$ bezüglich f_0.
b) Skizzieren Sie die Fourier-Spektren von $s^o_T(t)$, $s^o_{Tr}(t)$ und $s^o_{Ti}(t)$.
c) Skizzieren Sie die Fourier-Spektren von $s^o_{T,a}(t)$, $s^o_{Tr,a}(t)$ und $s^o_{Ti,a}(t)$ nach Abtastung mit einer Rate $r = \frac{1}{2}$. Zeigen Sie, dass eine separate Rekonstruktion von $s^o_{Tr}(t)$ und $s^o_{Ti}(t)$ nicht möglich ist. Geben Sie die Übertragungsfunktion eines komplexwertigen Filters an, mit dem jedoch $s^o_T(t)$ rekonstruiert werden kann. Skizzieren Sie eine Schaltung zur Rekonstruktion von $s^o(t)$.
d) Können bei Abtastung nur von $s^o_{Tr}(t)$ mit $r = 1$ sowohl das Einseitenband-Signal $s^o(t)$ als auch das ursprüngliche Signal $s(t)$ wiedergewonnen werden?

6. Korrelationsfunktionen determinierter Signale

Das Konzept der Korrelation ist von grundlegender Bedeutung für die Nachrichtentechnik. In allen Korrelationsverfahren wird ein *Maß für die Ähnlichkeit* zweier Signale berechnet. Auf diesem Ähnlichkeitsvergleich lassen sich sowohl wichtige Empfangsverfahren als auch Methoden zur mathematischen Signalanalyse und Synthese aufbauen.

In diesem Kapitel wird die Korrelationsfunktion determinierter, reeller Signale behandelt und zur Faltung und Fourier-Transformation in Bezug gesetzt. Späteren Kapiteln ist die Erweiterung des Korrelationsbegriffs auf zufällige Signale und die Anwendung von Korrelationsverfahren in der Empfangstechnik vorbehalten. Die Definition der Korrelation ist sehr eng mit der Definition der Energie oder Leistung von Signalen und ihrer Berechnung bei gefilterten Signalen verknüpft. Daher werden zunächst diese Begriffe erläutert.

6.1 Energie und Leistung von Signalen

Liegt an einem Ohm'schen Widerstand R die Spannung $u(t)$, so beträgt die elektrische Energie, die innerhalb des Zeitabschnittes $(t_1;t_2)$ im Widerstand in Wärmeenergie umgewandelt wird,

$$E_{\mathrm{el}} = \frac{1}{R}\int_{t_1}^{t_2} u^2(t)\mathrm{d}t\,. \tag{6.1}$$

Entsprechend wird in der Systemtheorie verallgemeinernd der Ausdruck

$$E_s = \int_{t_1}^{t_2} s^2(t)\mathrm{d}t \tag{6.2}$$

als *Signalenergie* des reellwertigen Signals $s(t)$ im Zeitabschnitt $(t_1;t_2)$ bezeichnet. Beide Energiedefinitionen ergeben den gleichen Zahlenwert, wenn $s(t)$ als ein auf 1 V normierter Spannungsverlauf an einem Widerstand von $R = 1\,\Omega$ liegt.

Ein Signal $s(t)$ heißt *Energiesignal*, wenn seine Gesamtenergie endlich ist, wenn also gilt[1]

$$E_s = \int_{-\infty}^{+\infty} |s(t)|^2 \mathrm{d}t < \infty \,. \tag{6.3}$$

Viele wichtige Signale haben keine endliche Gesamtenergie, z. B. alle periodischen Signale, die Sprungfunktion oder die später zu besprechenden, zeitlich nicht begrenzten Zufallssignale. Für diese Signale kann eine endliche Leistung als mittlere Energie pro Zeitintervall definiert werden

$$L_s = \lim_{T \to \infty} \frac{1}{2T} \int_{-T}^{T} |s(t)|^2 \mathrm{d}t \,. \tag{6.4}$$

Signale mit $0 < L_s < \infty$ werden *Leistungssignale* genannt. Für Signale mit Dirac-Impulsen sind Energie oder Leistung nicht definiert.

6.2 Impulskorrelationsfunktion für Energiesignale

Ausgangspunkt für die Definition eines Ähnlichkeitsmaßes zwischen zwei Signalen $s(t)$ und $g(t)$ ist ihre Differenz $\Delta(t) = s(t) - g(t)$. Sind $s(t)$ und $g(t)$ Energiesignale, dann ist auch $\Delta(t)$ ein Energiesignal und seine Energie kann als Maß für die Abweichung benutzt werden[2]

$$\begin{aligned} E_\Delta &= \int_{-\infty}^{\infty} |s(t) - g(t)|^2 \mathrm{d}t \\ &= \int_{-\infty}^{\infty} |s(t)|^2 \mathrm{d}t + \int_{-\infty}^{\infty} |g(t)|^2 \mathrm{d}t - \int_{-\infty}^{\infty} s^*(t) g(t) \mathrm{d}t - \int_{-\infty}^{\infty} g^*(t) s(t) \mathrm{d}t \,. \end{aligned} \tag{6.5}$$

Um dieses Maß von der absoluten Amplitude oder Energie der verglichenen Signale unabhängig zu machen, werden die Signale in einem weiteren Schritt

[1] Die folgenden Definitionen gelten allgemein sowohl für reellwertige Signale ($|s(t)|^2 = s^2(t)$), als auch für komplexwertige Signale ($|s(t)|^2 = s^*(t)s(t)$). Auch komplexwertige Signale besitzen also eine reellwertige Energie bzw. Leistung.

[2] Die so als Maßzahl definierte mittlere quadratische Abweichung ist mathematisch gut zu handhaben, insbesondere weil sich bei Differentiation hieraus lineare Beziehungen ergeben. Sie berücksichtigt größere Abweichungen überproportional stark. Andere Maße, wie z. B. der Mittelwert über dem Betrag der Differenz werden wegen ihrer mathematischen Unhandlichkeit bei analytischen Optimierungen seltener benutzt.

so normiert, dass ihre Energien E_s und E_g den Wert 1 annehmen; dann wird aus (6.5) mit $s_{\mathrm{b}}(t) = s(t)/\sqrt{E_s}$ und $g_{\mathrm{b}}(t) = g(t)/\sqrt{E_g}$

$$E_{\Delta\mathrm{b}} = \int\limits_{-\infty}^{\infty} |s_{\mathrm{b}}(t) - g_{\mathrm{b}}(t)|^2 \mathrm{d}t = 2 - 2\,\mathrm{Re}\left\{ \frac{\int\limits_{-\infty}^{\infty} s^*(t) g(t) \mathrm{d}t}{\sqrt{E_s E_g}} \right\} . \tag{6.6}$$

Mit diesem normierten Abweichungsmaß wird dann als Ähnlichkeitsmaß der normierte Korrelationskoeffizient für Energiesignale[3] definiert als der in (6.6) rechts in der Klammer stehende Ausdruck

$$p_{sg}^{\mathrm{E}} = \frac{\int\limits_{-\infty}^{\infty} s^*(t) g(t) \mathrm{d}t}{\sqrt{E_s E_g}} = \left[p_{gs}^{\mathrm{E}}\right]^* . \tag{6.7}$$

Anmerkung: Dieser normierte Korrelationskoeffizient bemisst die Ähnlichkeit zwischen zwei Energiesignalen $s(t)$ und $g(t)$ mit einer Zahl, die vom Betrag her kleiner als 1 ist. Der Wert +1 für größte Ähnlichkeit ergibt sich einmal bei gleichen Signalen

$$p_{sg}^{\mathrm{E}} = 1 \quad \text{für} \quad s(t) = g(t) ,$$

aber auf Grund der Normierung auch bei ähnlichen Signalen, die durch Multiplikation mit einem positiven, reellen Faktor auseinander hervorgehen (Aufgabe 6.1)

$$p_{sg}^{\mathrm{E}} = 1 \quad \text{für} \quad s(t) = a g(t) , \quad a \text{ positiv, reell} . \tag{6.8}$$

Der Wert −1 für größte „Unähnlichkeit“ in dem hier definierten Sinn gilt für $s(t) = -g(t)$ oder allgemeiner

$$p_{sg}^{\mathrm{E}} = -1 \quad \text{für} \quad s(t) = -a g(t) , \quad a \text{ positiv, reell} . \tag{6.9}$$

Schließlich erhält man nach (6.7)

$$p_{sg}^{\mathrm{E}} = p_{gs}^{\mathrm{E}} = 0 \quad \text{für} \quad \int\limits_{-\infty}^{\infty} s^*(t) g(t) \mathrm{d}t = \int\limits_{-\infty}^{\infty} g^*(t) s(t) \mathrm{d}t = 0 . \tag{6.10}$$

Signale mit dieser Eigenschaft werden *orthogonal* genannt. Bei Orthogonalität besteht keine lineare Abhängigkeit zwischen den Amplitudenwerten der

[3] Der Begriff der Korrelation ist in seiner eigentlichen Bedeutung ein Maß der Statistik (Kap. 7). Um zu kennzeichnen, dass der Korrelationskoeffizient in diesem Kapitel in einem eingeschränkten Sinn für determinierte Energiesignale definiert ist, wird der Hochindex E in p_{sg}^{E} gesetzt. Im weiteren werden diese Größen in Zweifelsfällen *Impulskorrelation* bzw. *Impulskorrelationsfunktion* genannt.

beiden unverschobenen Signalfunktionen, insofern ist dies der eigentliche Fall der größten Unähnlichkeit.

In der Definition des Korrelationskoeffizienten wird eine feste zeitliche Lage der verglichenen Signale zueinander angenommen. Werden die Signale gegeneinander auf der Zeitachse verschoben, so wird sich auch ihr Korrelationskoeffizient verändern. Diese Abhängigkeit des Korrelationskoeffizienten von einer Signalverschiebung wird durch die normierte *Korrelationsfunktion* beschrieben. Es gilt also für die Ähnlichkeit zwischen dem Signal $s(t)$ und dem verschobenen Signal $g(t+\tau)$ die normierte Korrelationsfunktion (für Energiesignale ist auch die Bezeichnung normierte Impulskorrelationsfunktion gebräuchlich)

$$p_{sg}^{\mathrm{E}}(\tau) = \frac{\int\limits_{-\infty}^{\infty} s^*(t)g(t+\tau)\mathrm{d}t}{\sqrt{E_s E_g}} \,. \tag{6.11}$$

Ist $s(t) = g(t)$, so wird dieser Ausdruck auch *normierte Autokorrelationsfunktion* $p_{ss}^{\mathrm{E}}(\tau)$ genannt und zur Unterscheidung im allgemeinen Fall verschiedener Funktionen *normierte Kreuzkorrelationsfunktion.*

6.3 Korrelationsprodukt und Faltungsprodukt

Die in (6.11) im Zähler stehende unnormierte Korrelationsfunktion reellwertiger Signale heißt im Folgenden kurz Korrelationsfunktion oder Impulskorrelationsfunktion (s. Fußnote 3)

$$\varphi_{sg}^{\mathrm{E}}(\tau) = \int\limits_{-\infty}^{\infty} s^*(t)g(t+\tau)\mathrm{d}t \,. \tag{6.12}$$

Dieser Integralausdruck ist sehr ähnlich zum Faltungsintegral (1.34) aufgebaut. In Anlehnung an die im Kap. 1 eingeführte Bezeichnung Faltungsprodukt bezeichnet man daher die Korrelationsfunktion auch als *Korrelationsprodukt* und schreibt symbolisch für (6.12)[4]

$$\varphi_{sg}^{\mathrm{E}}(\tau) = s(\tau) \star g(\tau) \,. \tag{6.13}$$

Zwischen Korrelationsprodukt und Faltungsprodukt besteht ein einfacher Zusammenhang, der den Umgang mit Korrelationsfunktionen häufig vereinfachen kann: Die Substitution $t = -\theta$ in (6.12) ergibt

$$\varphi_{sg}^{\mathrm{E}}(\tau) = \int\limits_{+\infty}^{-\infty} s^*(-\theta)g(\tau-\theta)(-\mathrm{d}\theta) = \int\limits_{-\infty}^{+\infty} s^*(-\theta)g(\tau-\theta)\mathrm{d}\theta \,.$$

[4] Ein Korrelationszeichen ist in der Literatur nicht einheitlich eingeführt.

Da das rechts stehende Integral ein Faltungsintegral darstellt, gilt

$$s(\tau) \star g(\tau) = s^*(-\tau) * g(\tau) \,. \tag{6.14}$$

Die Umkehrung ergibt entsprechend (Aufgabe 6.4)

$$s(\tau) * g(\tau) = s^*(-\tau) \star g(\tau) \,. \tag{6.15}$$

Als Anwendungsbeispiel werde der Zusammenhang zwischen $\varphi_{sg}^{\mathrm{E}}(\tau)$ und $\varphi_{gs}^{\mathrm{E}}(\tau)$ berechnet

$$\varphi_{sg}^{\mathrm{E}}(\tau) = s(\tau) \star g(\tau) = s^*(-\tau) * g(\tau) \,,$$

so dass mit dem kommutativen Gesetz der Faltungsalgebra gilt

$$\varphi_{sg}^{\mathrm{E}}(\tau) = g(\tau) * s^*(-\tau) = [\, g^*(\tau) * s(-\tau)]^* \,.$$

Mit (6.14) gilt dann weiter

$$\varphi_{gs}^{\mathrm{E}}(\tau) = g^*(-\tau) * s(\tau) = \left[\, \varphi_{sg}^{\mathrm{E}}(-\tau)\right]^* . \tag{6.16}$$

Die Kreuzkorrelationsfunktionen $\varphi_{sg}^{\mathrm{E}}(\tau)$ und $\varphi_{gs}^{\mathrm{E}}(\tau)$ sind also zueinander zeitgespiegelt und konjugiert-komplex. Weiter zeigt (6.16), dass das Korrelationsprodukt nicht kommutativ ist. Eine entsprechende Rechnung (Aufgabe 6.5) zeigt, dass es ebenfalls nicht assoziativ, aber distributiv zur Addition ist. Bei der Berechnung von Korrelationsprodukten ist daher eine Umwandlung in ein Faltungsprodukt in der Regel vorteilhaft. Die enge Verwandtschaft zwischen Korrelationsprodukt und Faltungsprodukt zeigt, dass die Definition (6.12) nicht ausschließlich auf Energiesignale beschränkt zu sein braucht. Voraussetzung für die Anwendung der Korrelationsfunktion $\varphi_{sg}^{\mathrm{E}}(\tau)$ ist nur, dass das Integral (6.12) gebildet werden kann. Damit werden u.a. Impulskorrelationsfunktionen von Dirac-Impulshaltigen Signalen möglich, ebenso in vielen Fällen Kreuzkorrelationsfunktionen zwischen einem Energie- und einem Leistungssignal (Aufgabe 6.11). Dagegen konvergiert das Korrelationsintegral (6.12) i. Allg. nicht für alle τ, wenn *beide* Funktionen $s(t)$ und $g(t)$ Leistungssignale sind. Die Korrelationsfunktion von Leistungssignalen wird in Kap. 7 vorgestellt (s. auch Aufgabe 6.3).

Als einfaches Anwendungsbeispiel für das Korrelationsprodukt wird nun die Autokorrelationsfunktion der rect-Funktion berechnet, es gilt hier

$$\varphi_{ss}^{\mathrm{E}}(\tau) = \mathrm{rect}(\tau) \star \mathrm{rect}(\tau) = \mathrm{rect}(-\tau) * \mathrm{rect}(\tau) \,.$$

Da $\mathrm{rect}(-\tau) = \mathrm{rect}(\tau)$, wird mit (3.81)

$$\varphi_{ss}^{\mathrm{E}}(\tau) = \mathrm{rect}(\tau) * \mathrm{rect}(\tau) = \Lambda(\tau) \,. \tag{6.17}$$

In Abb. 6.1 ist der sich als Impulsautokorrelationsfunktion des Rechteckimpulses ergebende Dreieckimpuls dargestellt. Die Impulsautokorrelationsfunk-

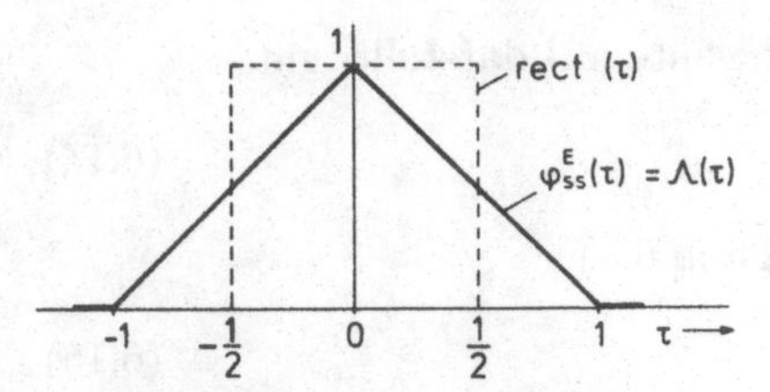

Abbildung 6.1. Autokorrelationsfunktion der Funktion $s(t) = \mathrm{rect}(t)$

tion $\varphi^{\mathrm{E}}_{ss}(\tau)$ besitzt folgende allgemein gültige Eigenschaften:

a) Die Autokorrelationsfunktion $\varphi^{\mathrm{E}}_{ss}(\tau)$ ist wegen (6.16) immer eine *gerade* Funktion [5]

$$\varphi^{\mathrm{E}}_{ss}(\tau) = \left[\, \varphi^{\mathrm{E}}_{ss}(-\tau)\right]^* . \tag{6.18}$$

b) Den maximalen Wert nimmt eine Autokorrelationsfunktion für $\tau = 0$ an, da in diesem Fall größte Ähnlichkeit vorliegt. Nach (6.12) gilt dann für $s(t) = g(t)$ bei Energiesignalen

$$\varphi^{\mathrm{E}}_{ss}(0) = \int\limits_{-\infty}^{+\infty} |s(t)|^2 \mathrm{d}t = E_s . \tag{6.19}$$

Das Maximum der Autokorrelationsfunktion eines Energiesignals ist also gleich seiner Energie. Für die *normierte* Autokorrelationsfunktion nach (6.11) ist natürlich $p^{\mathrm{E}}_{ss}(0) = 1$.

c) Bei zeitlich begrenzten Signalen hat die Autokorrelationsfunktion die doppelte Breite des Signals (Aufgabe 6.6).

Als letztes Beispiel zeigt Abb. 6.2 die Kreuzkorrelationsfunktionen $\varphi^{\mathrm{E}}_{sg}(\tau)$ und $\varphi^{\mathrm{E}}_{gs}(\tau)$ zwischen einem Rechteckimpuls und einem Doppelrechteckimpuls (Aufgabe 6.7). Da $\varphi^{\mathrm{E}}_{sg}(0) = 0$ ist, sind diese Signale nach (6.10) zueinander orthogonal. Komplexwertige Korrelationsfunktionen sind beispielsweise für die Beschreibung des Verhaltens von Bandpasssignalen mittels komplexwertiger, äquivalenter Tiefpasssignale nützlich und werden u.a. in Abschn. 6.6 weiter behandelt.

6.4 Fourier-Transformation der Impulsautokorrelationsfunktion

Durch das Fourier-Integral lassen sich den Korrelationsfunktionen Spektralfunktionen zuordnen; dabei nimmt die Verschiebungsvariable τ die Stelle der sonst üblichen Zeitvariablen t ein.

[5] bezogen auf die allgemeine Definition komplexwertiger gerader Signale in (3.48)

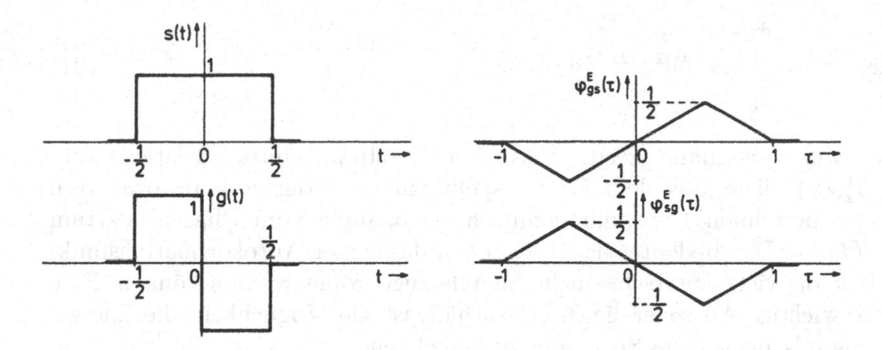

Abbildung 6.2. Kreuzkorrelationsfunktionen der zwei orthogonalen Signale $s(t)$ und $g(t)$

Mit den Theoremen für Faltung (3.44), Konjugation (3.60) und Zeitumkehr (3.63) ergibt sich aus der Darstellung der Autokorrelationsfunktion als Faltungsprodukt für reell- oder komplexwertige Signale sowie mit der Beziehung $z \cdot z^* = |z|^2$

$$\begin{gathered}\varphi^{\mathrm{E}}_{ss}(\tau) = s^*(-\tau) * s(\tau) \\ \circ\!\!-\!\!\bullet \quad \circ\!\!-\!\!\bullet \\ S^*(f) \cdot S(f) = |S(f)|^2 \,.\end{gathered} \tag{6.20}$$

Dieser Zusammenhang sagt also aus, dass die Fourier-Transformierte der Autokorrelationsfunktion eines Energiesignals dem Betragsquadrat der Fourier-Transformierten dieses Energiesignals gleich ist.[6] $|S(f)|^2$ ist auch für komplexwertige Signale reellwertig, was sich sofort aus der Tatsache erklären lässt, dass die Autokorrelationsfunktion stets eine gerade Funktion ist.

Da die Impulsautokorrelationsfunktion $\varphi^{\mathrm{E}}_{ss}(\tau)$ die Dimension einer Signalenergie aufweist und damit ihre Fourier-Transformierte die Dimension eines Produktes „Signalenergie mal Zeit" oder „Signalenergie pro Frequenz" hat, stellt $|S(f)|^2$ eine auf die Frequenzeinheit bezogene Signalenergie dar.[7] Man bezeichnet daher $|S(f)|^2$ als *Energiedichtespektrum.* Dieses ist wegen (6.20) stets reell und nicht negativwertig; für reellwertige Signale (die auch eine reellwertige und um $\tau = 0$ symmetrische Autokorrelationsfunktion besitzen) ist es außerdem eine um $f = 0$ symmetrische Funktion.

Die inverse Fourier-Transformation (3.39) von $|S(f)|^2$ ergibt

---

[6] Formal entspricht diese Aussage dem Wiener-Khintchine-Theorem für zufällige Leistungssignale (Kap. 7). Diese Bezeichnung ist daher auch für (6.20) gebräuchlich.

[7] Als physikalische Einheit $[V^2 s^2]$ oder $[V^2 s/Hz]$

$$\varphi_{ss}^{\mathrm{E}}(\tau) = \int_{-\infty}^{+\infty} |S(f)|^2 \mathrm{e}^{\mathrm{j}2\pi f\tau} \mathrm{d}f \,. \tag{6.21}$$

Dieser Zusammenhang zeigt, dass sich die Impulsautokorrelationsfunktion $\varphi_{ss}^{\mathrm{E}}(\tau)$ allein aus dem Betragsspektrum der Fourier-Transformierten von $s(t)$ berechnen lässt und demnach unabhängig vom Phasenspektrum von $S(f)$ ist. Das bedeutet natürlich auch, dass einer Autokorrelationsfunktion beliebig viele unterschiedliche Signale zugeordnet werden können. Eine weitere wichtige Aussage, die (6.21) enthält, ist die Möglichkeit, die Energie eines Signals aus seinem Spektrum zu berechnen.

Nach (6.19) gilt mit (6.21) für $\tau = 0$

$$E_s = \varphi_{ss}^{\mathrm{E}}(0) = \int_{-\infty}^{\infty} |S(f)|^2 \mathrm{d}f$$

oder mit dem Ausdruck für die Signalenergie (6.3)

$$E_s = \int_{-\infty}^{\infty} |s(t)|^2 \mathrm{d}t = \int_{-\infty}^{\infty} |S(f)|^2 \mathrm{d}f \,. \tag{6.22}$$

Dies ist das *Parseval'sche Theorem*[8], nach dem die Signalenergie auch im Frequenzbereich aus dem Betragsspektrum berechnet werden kann (Aufgabe 3.20).

Anmerkung: An einem Beispiel sollen diese Zusammenhänge demonstriert werden: Gegeben ist der bereits mehrfach verwendete Exponentialimpuls $s(t) = (1/T)\varepsilon(t)\exp(-t/T)$. Gesucht ist sein Energiedichtespektrum sowie seine Autokorrelationsfunktion. Nach (1.21) gilt für den Betrag der Fourier-Transformierten von $s(t)$:

$$|S(f)| = \frac{1}{\sqrt{1 + (2\pi T f)^2}} \,.$$

Mit (6.20) folgt hieraus für das Energiedichtespektrum

$$|S(f)|^2 = \frac{1}{1 + (2\pi T f)^2} \,.$$

In Abb. 6.3 sind beide Frequenzfunktionen dargestellt.
Die Rücktransformation von $|S(f)|^2$ in den Zeitbereich ist im Falle des Exponentialimpulses besonders einfach. Aus (1.18) und (1.21) folgt nämlich speziell

[8] Marc-Antoine Parseval des Chenes (1755–1836), fr. Mathematiker.

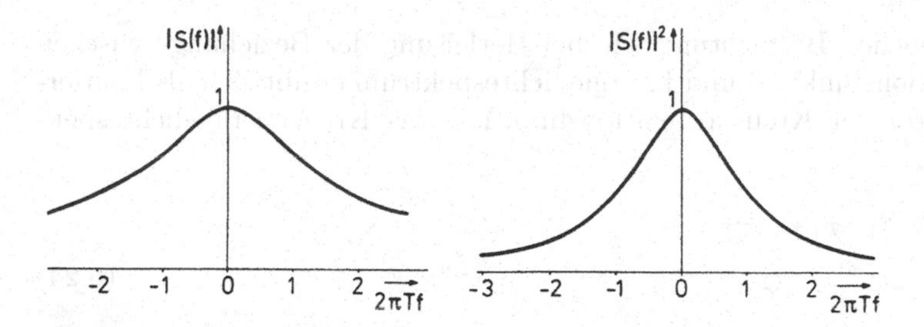

Abbildung 6.3. Betragsspektrum $|S(f)|$ und Energiedichtespektrum $|S(f)|^2$ des Exponentialimpulses

$$|S(f)|^2 = \frac{1}{1+(2\pi Tf)^2} = \mathrm{Re}\{S(f)\}\,.$$

Da nach (3.54) die Rücktransformation von $\mathrm{Re}\{S(f)\}$ die gerade Komponente $s_\mathrm{g}(t)$ von $s(t)$ ergibt, gilt hier

$$|S(f)|^2 = \mathrm{Re}\{S(f)\} \bullet\!\!-\!\!\circ\ \varphi^\mathrm{E}_{ss}(\tau) = s_\mathrm{g}(\tau) = \frac{1}{2T}\mathrm{e}^{-|\tau|/T}\,. \tag{6.23}$$

Abb. 6.4 zeigt den Verlauf von $\varphi^\mathrm{E}_{ss}(\tau)$ (vgl. Abb. 3.7). Die Energie des Exponentialimpulses ergibt sich aus seiner Autokorrelationsfunktion (6.23) zu

$$E_s = \varphi^\mathrm{E}_{ss}(0) = \frac{1}{2T}\,.$$

Dasselbe Ergebnis liefert im Zeitbereich die Definitionsgleichung

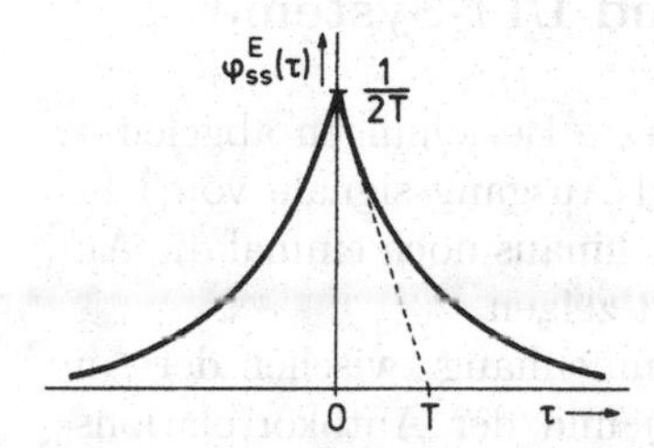

Abbildung 6.4. Autokorrelationsfunktion $\varphi^\mathrm{E}_{ss}(\tau)$ des Exponentialimpulses

$$E_s = \int_{-\infty}^{\infty} s^2(t)\mathrm{d}t = \frac{1}{T^2}\int_0^{\infty} \mathrm{e}^{-2t/T}\mathrm{d}t = \frac{1}{2T}$$

und im Frequenzbereich das Parseval'sche Theorem

$$E_s = \int_{-\infty}^{\infty} |S(f)|^2\mathrm{d}f = \int_{-\infty}^{\infty} \frac{1}{1+(2\pi Tf)^2}\mathrm{d}f = \frac{1}{2T}\,.$$

In einer ähnlichen Betrachtung wie bei Herleitung der Beziehung zwischen Autokorrelationsfunktion und Energiedichtespektrum ergibt sich als Fourier-Transformierte der Kreuzkorrelationsfunktion das Kreuzenergiedichtespektrum

$$\begin{array}{c} \varphi_{sg}^{\mathrm{E}}(\tau) = s^*(-\tau) * g(\tau) \\ \circ\!\!-\!\!\bullet \quad \circ\!\!-\!\!\bullet \\ \Phi_{sg}^{\mathrm{E}}(f) = S^*(f) \cdot G(f)\,. \end{array} \tag{6.24}$$

Entsprechend ergibt sich $\varphi_{gs}^{\mathrm{E}}(\tau) = g^*(-\tau) * s(\tau) \circ\!\!-\!\!\bullet\ \Phi_{gs}^{\mathrm{E}}(f) = G^*(f) \cdot S(f)$ und daher $\Phi_{gs}^{\mathrm{E}}(f) = \Phi_{sg}^{\mathrm{E}^*}(f)$. Man beachte, dass die Kreuzenergiedichtespektren im Gegensatz zum Energiedichtespektrum $|S(f)|^2$ normalerweise komplexwertige Funktionen sind; dies ergibt sich, weil die Kreuzkorrelationsfunktion im Gegensatz zur Autokorrelationsfunktion keine gerade Funktion ist. Sind die Signale und damit ebenfalls die Kreuzkorrelationsfunktion reellwertig, gilt weiterhin die Beziehung $\Phi_{sg}^{\mathrm{E}}(-f) = \Phi_{sg}^{\mathrm{E}^*}(f) = \Phi_{gs}^{\mathrm{E}}(f)$. Speziell für orthogonale Signale folgt mit (6.10) sowie der Flächenbedingung der Fourier-Transformation

$$\varphi_{sg}^{\mathrm{E}}(0) = \int_{-\infty}^{\infty} s^*(\tau) g(\tau) \mathrm{d}\tau = \int_{-\infty}^{\infty} S^*(f) G(f) \mathrm{d}f = 0\,. \tag{6.25}$$

6.5 Impulskorrelationsfunktionen und LTI-Systeme

In diesem Abschnitt werden einige häufig benutzte Beziehungen abgeleitet, die für die Korrelationsfunktionen der Ein- und Ausgangssignale von LTI-Systemen gelten. Die Ableitungen sollen darüber hinaus noch einmal die Anwendung von Korrelations- und Faltungsprodukt zeigen.

Zunächst wird eine Beziehung für den Zusammenhang zwischen der Autokorrelationsfunktion des Ausgangssignals $g(t)$ und der Autokorrelationsfunktion des Eingangssignals $s(t)$ eines LTI-Systems der Impulsantwort $h(t)$ hergeleitet.

Für die Autokorrelationsfunktion des Ausgangssignals gilt mit (6.14)

$$\varphi_{gg}^{\mathrm{E}}(\tau) = g^*(-\tau) * g(\tau)\,.$$

Ersetzt man in dieser Gleichung die Funktionen $g(-\tau)$ und $g(\tau)$ durch die zugeordneten Faltungsprodukte $g(\tau) = s(\tau) * h(\tau)$, so ergibt sich

$$\varphi_{gg}^{\mathrm{E}}(\tau) = s^*(-\tau) * h^*(-\tau) * s(\tau) * h(\tau)\,.$$

Nach Anwendung des Assoziativgesetzes der Faltungsalgebra und Zusammenfassung gemäß (6.14) folgt die *Wiener-Lee-Beziehung*[9] für Impulskorrelationsfunktionen

$$\varphi_{gg}^{\mathrm{E}}(\tau) = \varphi_{ss}^{\mathrm{E}}(\tau) * \varphi_{hh}^{\mathrm{E}}(\tau) . \tag{6.26}$$

Durch Anwenden des Wiener-Khintchine-Theorems (6.20) auf die Wiener-Lee-Beziehung (6.26) erhält man als Beziehung der Energiedichtespektren

$$|G(f)|^2 = |S(f)|^2 \cdot |H(f)|^2 . \tag{6.27}$$

Hiermit lässt sich weiter die Energie des Ausgangssignals $E_g = \varphi_{gg}^{\mathrm{E}}(0)$ im Zeit- oder Frequenzbereich berechnen. Abb. 6.5 fasst diese Zusammenhänge in einer schematischen Form zusammen. Auch hier ist wieder zu beachten,

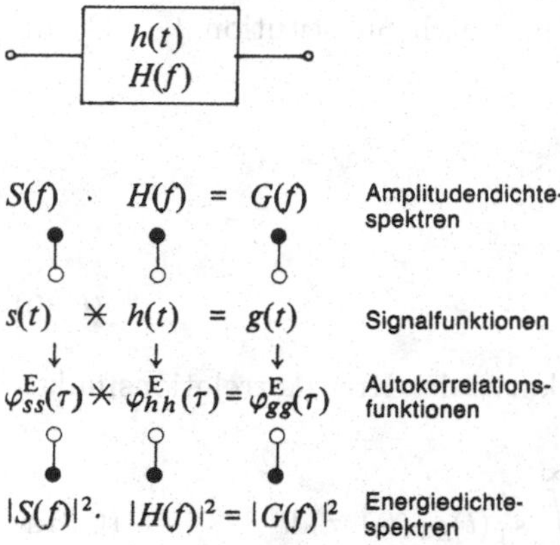

$h(t)$
$H(f)$

$S(f) \cdot H(f) = G(f)$ Amplitudendichtespektren

$s(t) * h(t) = g(t)$ Signalfunktionen

$\varphi_{ss}^{\mathrm{E}}(\tau) * \varphi_{hh}^{\mathrm{E}}(\tau) = \varphi_{gg}^{\mathrm{E}}(\tau)$ Autokorrelationsfunktionen

$|S(f)|^2 \cdot |H(f)|^2 = |G(f)|^2$ Energiedichtespektren

Abbildung 6.5. Zusammenhänge zwischen Signalen, Impulskorrelationsfunktionen und Energiedichtespektren an einem LTI-System

dass $\varphi_{hh}^{\mathrm{E}}(\tau)$ bzw. $|H(f)|^2$ nicht für beliebige LTI-Systeme existieren, beispielsweise nicht für Systeme, deren Impulsantwort nicht absolut endlich integrierbar ist.

Für die Kreuzkorrelation zwischen Eingangs- und Ausgangssignal an einem LTI-System gilt

$$\varphi_{sg}^{\mathrm{E}}(\tau) = s^*(-\tau) * g(\tau) = s^*(-\tau) * s(\tau) * h(\tau) = \varphi_{ss}^{\mathrm{E}}(\tau) * h(\tau) . \tag{6.28}$$

Transformiert man diese Beziehung in den Frequenzbereich, ergibt sich

$$\Phi_{sg}^{\mathrm{E}}(f) = |S(f)|^2 \cdot H(f) .$$

Im Gegensatz zu (6.27) lässt sich daher bei Kenntnis des Energiedichtespektrums des Eingangssignals sowie des Kreuzenergiedichtespektrums zwischen Eingangs- und Ausgangssignal die Übertragungsfunktion $H(f)$ eines Systems *einschließlich der Phasen-Übertragungsfunktion* bestimmen.

[9] Die Fußnote 6 gilt hier entsprechend.

6.6 Korrelationsfunktionen von Bandpasssignalen

Gemäß (6.14) gilt für die hier betrachteten reellwertigen Bandpasssignale $s(t)$ und $g(t)$ allgemein die Kreuzkorrelationsfunktion

$$\varphi_{sg}^{\mathrm{E}}(\tau) = s(-\tau) * g(\tau)$$

Nach Abschn. 5.4.4 kann dieses Faltungsprodukt ebenfalls als Bandpasssignal geschrieben werden

$$\varphi_{sg}^{\mathrm{E}}(\tau) = \mathrm{Re}\{\varphi_{sg\mathrm{T}}^{\mathrm{E}}(\tau)\mathrm{e}^{\mathrm{j}2\pi f_0\tau}\}\,. \tag{6.29}$$

Die komplexe Hüllkurve $\varphi_{sg\mathrm{T}}^{\mathrm{E}}(\tau)$ des Bandpasssignals lässt sich dann mit (5.46) berechnen. Dazu muss zunächst die komplexe Hüllkurve des zeitgespiegelten Signals $s(-t)$ bestimmt werden. Durch Substitution $t = -\tau$ in (5.33) erhält man

$$s(-\tau) = \mathrm{Re}\{s_{\mathrm{T}}(-\tau)\mathrm{e}^{-\mathrm{j}2\pi f_0\tau}\}$$

oder, da $\mathrm{Re}\{z\} = \mathrm{Re}\{z^*\}$ ist, gilt ebenso

$$s(-\tau) = \mathrm{Re}\{s_{\mathrm{T}}^*(-\tau)\mathrm{e}^{\mathrm{j}2\pi f_0\tau}\}\,. \tag{6.30}$$

Damit erhält man für die komplexe Hüllkurve der Kreuzkorrelationsfunktion

$$\varphi_{sg\mathrm{T}}^{\mathrm{E}}(\tau) = \frac{1}{2}[s_{\mathrm{T}}^*(-\tau) * g_{\mathrm{T}}(\tau)] = \frac{1}{2}\int_{-\infty}^{\infty} s_{\mathrm{T}}^*(t)g_{\mathrm{T}}(t+\tau)\mathrm{d}t \tag{6.31a}$$

und für $g_{\mathrm{T}}(\tau) = s_{\mathrm{T}}(\tau)$

$$\varphi_{ss\mathrm{T}}^{\mathrm{E}}(\tau) = \frac{1}{2}[s_{\mathrm{T}}^*(-\tau) * s_{\mathrm{T}}(\tau)] = \frac{1}{2}\int_{-\infty}^{\infty} s_{\mathrm{T}}^*(t)s_{\mathrm{T}}(t+\tau)\mathrm{d}t \tag{6.31b}$$

entsprechend die komplexe Hüllkurve der Autokorrelationsfunktion. Die Energie eines Bandpasssignals ist dann mit (6.19) (Aufgabe 6.23) der reelle Wert

$$E_s = \varphi_{ss}^{\mathrm{E}}(0) = \varphi_{ss\mathrm{T}}^{\mathrm{E}}(0)\,. \tag{6.32}$$

6.7 Impulskorrelationsfunktionen zeitdiskreter Signale

Das Konzept der Impulskorrelationsfunktionen lässt sich einfach auch auf zeitdiskrete Signale anwenden. Berechnet man die Kreuzkorrelationsfunktion zweier frequenzbeschränkter, reellwertiger Energiesignale aus ihren Abtastwerten, so folgt aus dem Ansatz $\varphi_{sg}^{\mathrm{E}}(\tau) = s^*(-\tau) * g(\tau)$ über den Rechengang nach Abschn. 4.3.1 für die Abtastwertfolgen reell- oder komplexwertiger Signale

$$\varphi_{sg}^{\mathrm{E}}(mT) = T \sum_{n=-\infty}^{\infty} s^*(nT)g([n+m]T) . \tag{6.33}$$

Für $s(nT) = g(nT)$ erhält man die Impulsautokorrelationsfunktion, und damit für $m = 0$ die Energie des auf $|f| < 1/(2T)$ bandbegrenzten Signals $s(t)$ aus den Abtastwerten als[10]

$$E_s = \varphi_{ss}^{\mathrm{E}}(0) = T \sum_{n=-\infty}^{\infty} |s(nT)|^2 . \tag{6.34}$$

Setzt man vereinfachend wieder $T = 1$, dann folgt als Algorithmus für die Impulskorrelationsfunktion zeitdiskreter Signale

$$\varphi_{sg}^{\mathrm{E}}(m) = \sum_{n=-\infty}^{\infty} s^*(n)g(n+m) \tag{6.35}$$

oder mit der diskreten Faltung

$$\varphi_{sg}^{\mathrm{E}}(m) = s^*(-m) * g(m) .$$

Entsprechend ist die Energie eines zeitdiskreten Signals

$$E_s = \sum_{n=-\infty}^{\infty} |s(n)|^2 . \tag{6.36}$$

Ein zeitdiskretes Energiesignal ist also gleichbedeutend mit einem quadratisch summierbaren Signal.

Durch Fourier-Transformation folgt entsprechend zu (6.20) mit (4.42) das Wiener-Khintchine-Theorem

$$\varphi_{ss}^{\mathrm{E}}(m) \circ\!\!-\!\!\bullet\ |S_{\mathrm{a}}(f)|^2 . \tag{6.37}$$

Das Energiedichtespektrum $|S_{\mathrm{a}}(f)|^2$ ist periodisch mit der Periode 1. Als Beispiel zeigt Abb. 6.6 die diskrete Autokorrelationsfunktion und das periodische Energiedichtespektrum eines zeitdiskreten Rechteckimpulses (vgl. hierzu auch Fußnote 15 im Kapitel 4). Auch hier lässt sich die Signalenergie aus dem Energiedichtespektrum berechnen. Entsprechend der Ableitung in Abschn. 6.4 folgt aus der inversen Fourier-Transformation (4.39), dass die

[10] Für Signale, die vor der Abtastung keiner perfekten Bandbegrenzung unterzogen wurden, ist (6.34) wegen $\int_{t=-\infty}^{\infty} |s(t)|^2 \mathrm{d}t \approx T \sum_{n=-\infty}^{\infty} |s(nT)|^2$ in der Regel eine hinreichend genaue Approximation, sofern Amplitudenänderungen innerhalb der Zeit T hinreichend klein sind.

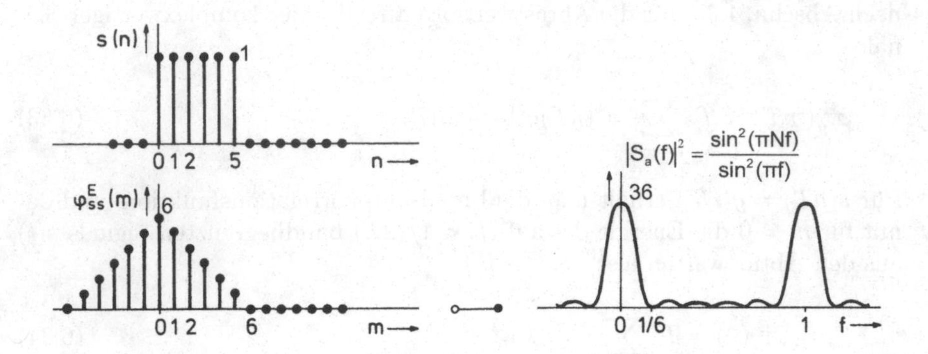

Abbildung 6.6. Zeitdiskreter Rechteckimpuls mit Autokorrelationsfunktion und Energiedichtespektrum

Energie gleich der Fläche unter einer Periode des Energiedichtespektrums ist. Das Parseval'sche Theorem lautet hier

$$E_s = \sum_{n=-\infty}^{\infty} |s(n)|^2 = \int_{-1/2}^{+1/2} |S_\mathrm{a}(f)|^2 \mathrm{d}f \tag{6.38}$$

(zum Parseval'schen Theorem der DFT s. Tabelle 4.2).

Schließlich gilt entsprechend der Herleitung von (6.26) die Wiener-Lee-Beziehung in der zeitdiskreten Form

$$\varphi^\mathrm{E}_{gg}(m) = \varphi^\mathrm{E}_{ss}(m) * \varphi^\mathrm{E}_{hh}(m) \qquad m \text{ ganzzahlig} \tag{6.39}$$

für die bei Übertragung eines zeitdiskreten Signals $s(n)$ über ein zeitdiskretes System der quadratisch summierbaren Impulsantwort $h(n)$ auftretenden Impulsautokorrelationsfunktionen.

Entsprechend zu Abschn. 4.3.6 lässt sich der Begriff der periodischen Faltung auch auf die Korrelation übertragen.

Korreliert man zwei auf die Dauer $\leq M$ zeitbegrenzte, zeitdiskrete Signale $s(n)$ und $g(n)$ miteinander und wiederholt dann das Korrelationsprodukt $\varphi^\mathrm{E}_{sg}(m)$ mit der Periode M, dann lässt sich völlig entsprechend zu (4.50) die *periodische Korrelationsfunktion*[11] $\varphi^\mathrm{E}_{sg\,\mathrm{d}}(m)$ auch direkt aus den mit der Periode M wiederholten Signalen $s_\mathrm{d}(n)$ und $g_\mathrm{d}(n)$ gewinnen (Aufgabe 6.20)

$$\varphi^\mathrm{E}_{sg\mathrm{d}}(m) = \sum_{n=0}^{M-1} s^*_\mathrm{d}(n) g_\mathrm{d}(n+m) \qquad \text{für} \quad m = 0 \ldots M-1\,. \tag{6.40}$$

[11] Diese periodische Korrelationsfunktion weicht auf Grund der zyklischen Fortsetzung von der, bei zwei endlichen Signalen der Längen M_1 und M_2 nur über einen Bereich der Länge $M_1 + M_2 - 1$ von Null verschiedenen, direkt berechneten „echten" Korrelationsfunktion $\varphi^\mathrm{E}_{sg}(m)$ ab.

Mit dem Faltungstheorem der DFT lässt sich die periodische Korrelationsfunktion ebenfalls im Frequenzbereich[12] berechnen (Tabelle 4.2)

$$\varphi^{\mathrm{E}}_{sg\mathrm{d}}(m) \circ\!\!-\!\!\bullet\ S^*_{\mathrm{d}}(k) \cdot G_{\mathrm{d}}(k)\ . \tag{6.41}$$

In der sogenannten „schnellen Korrelation" berechnet man die so gewonnene Beziehung mit der schnellen Fourier-Transformation.

6.8 Zusammenfassung

Die Methoden zur Signalbeschreibung wurden in diesem Kapitel durch die Korrelation als Maß der Ähnlichkeit zweier determinierter reeller Signale erweitert. Die Definition des Korrelationskoeffizienten geht von der mittleren quadratischen Abweichung zweier auf die Energie Eins normierter Energiesignale aus. Es zeigt sich, dass der Korrelationskoeffizient und allgemeiner die Korrelationsfunktion sehr eng mit den bisher eingeführten Signalbeschreibungen zusammenhängen. Insbesondere lässt sich die unnormierte Impulskorrelationsfunktion sehr einfach in ein Faltungsprodukt umschreiben

$$\varphi^{\mathrm{E}}_{sg}(\tau) = s^*(-\tau) * g(\tau)\ .$$

Bildet man speziell für die Autokorrelationsfunktion aus dieser Beziehung die Fourier-Transformierte, so ergibt sich das Energiedichtespektrum

$$\varphi^{\mathrm{E}}_{ss}(\tau) \circ\!\!-\!\!\bullet\ |S(f)|^2\ .$$

Setzt man in dieser Formel $\tau = 0$, so folgen Ausdrücke für die Signalenergie im Zeit- und Frequenzbereich (Parseval'sches Theorem).

Recht einfache Zusammenhänge bestehen schließlich auch zwischen den Korrelationsfunktionen des Ein- bzw. Ausgangssignals von LTI-Systemen in Form der Wiener-Lee-Beziehung.

Abschließend werden diese Begriffe auf zeitdiskrete (z. B. digitale) Signale und Systeme angewandt.

Die eigentliche Bedeutung des Korrelationsbegriffs in der Nachrichtentechnik wird allerdings erst im Zusammenhang mit der Darstellung von Zufallssignalen deutlich, wie sie beginnend mit Kap. 7 noch behandelt werden.

6.9 Aufgaben

6.1 Zeigen Sie, dass für den normierten Kreuzkorrelationskoeffizienten $|p^{\mathrm{E}}_{sg}| \leq 1$ gilt und dass die Multiplikation eines Signals mit einer positiven,

[12] d.h. durch Bestimmung des Kreuzenergiedichtespektrums und Rücktransformation; um hiermit die Korrelationsfunktion $\varphi^{\mathrm{E}}_{sg}(m)$ zu berechnen, ist wieder wie bei der Faltung die Ausführung einer DFT mit Länge $\geq M_1 + M_2 - 1$ erforderlich.

reellen Konstante p_{sg}^{E} nicht ändert.

Hinweis: Benutzen Sie die *Schwarz'sche Ungleichung*

$$\left|\int_a^b f(x)g(x)\mathrm{d}x\right|^2 \leq \int_a^b |f(x)|^2\mathrm{d}x \cdot \int_a^b |g(x)|^2\mathrm{d}x$$

für $f(x)$ und $g(x)$ reell- oder komplexwertige, in (a; b) definierte Funktionen (Papoulis, 1962). Die Gleichheit wird dabei erreicht für $f(x) = g^*(x)$.

6.2 Zeigen Sie, dass gerade und ungerade Komponenten eines beliebigen reellen Signals zueinander orthogonal sind.

6.3 Die Korrelationsfunktion von Leistungssignalen kann definiert werden als

$$\varphi_{sg}^{\mathrm{L}}(\tau) = \lim_{T\to\infty} \frac{1}{2T} \int_{-T}^{T} s(t)g(t+\tau)\mathrm{d}t \,.$$

a) Berechnen Sie die Leistung und die Autokorrelationsfunktion $\varphi_{ss}^{\mathrm{L}}(\tau)$ der Signale $s_1(t) = \mathrm{a}\cos(2\pi t)$, $s_2(t) = \mathrm{a}\sin(2\pi t)$ und $s_3(t) = \varepsilon(t)$.
b) Berechnen Sie die Kreuzkorrelationsfunktion der Signale $s_1(t)$ und $s_2(t)$.

6.4 Beweisen Sie Satz (6.15).

6.5 Zeigen Sie, dass das Korrelationsprodukt $\varphi_{sg}^{\mathrm{E}}(\tau) = s(\tau) \star g(\tau)$ nicht kommutativ und nicht assoziativ, aber distributiv zur Addition ist.

6.6 Das Signal $s(t)$ der Dauer T_1 wird mit dem Signal $g(t)$ der Dauer T_2 korreliert. Welche Dauer hat die Kreuzkorrelationsfunktion $\varphi_{sg}^{\mathrm{E}}(\tau)$?

6.7 Berechnen Sie die in Abb. 6.2 dargestellten Korrelationsfunktionen sowie die Autokorrelationsfunktion des Doppelrechteckimpulses $g(t)$.

6.8 Suchen Sie, ausgehend von den zwei orthogonalen Signalen in Abb. 6.2, eine beliebige gerade reelle Funktion, die zu $s(t)$ orthogonal ist, und eine ungerade reelle Funktion, die zu $g(t)$ orthogonal ist. Zeigen Sie dann, dass alle vier Signale zueinander paarweise orthogonal sind.

6.9 Berechnen Sie Energie, Autokorrelationsfunktion und Energiedichtespektrum des Gauß-Impulses (1.2), der Dreiecksfunktion $\Lambda(t)$ und der si-Funktion $\mathrm{si}(\pi t)$.

6.10 Es soll die Abhängigkeit der Kreuzkorrelationsfunktion $\varphi_{fg}^{\mathrm{E}}(\tau)$ von der Autokorrelationsfunktion $\varphi_{ss}^{\mathrm{E}}(\tau)$ im LTI-System nach Abb. 6.7 berechnet werden.

6.11 Wie lauten Autokorrelationsfunktion und Energiedichtespektrum des doppelten Dirac-Impulses $s(t) = \delta(t) + \delta(t - T)$?

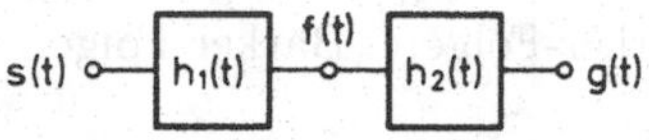

s(t) — $h_1(t)$ — f(t) — $h_2(t)$ — g(t)

Abbildung 6.7. Zu Aufgabe 6.10

6.12 Zeigen Sie, dass ein Energiesignal $s(t)$ und seine Hilbert-Transformierte $\hat{s}(t) = s(t) * [1/(\pi t)]$ (vgl. Abschn. 3.9) orthogonal sind.

6.13 Das Signal $s(t) = \text{si}(\pi t/T)$ wird über ein ideales Laufzeitsystem der Impulsantwort $h(t) = \delta(t - nT)$ übertragen. Zeigen Sie an diesem Systembeispiel mit Hilfe der Beziehung (6.28), dass die si-Funktion $s(t)$ orthogonal zu allen um ganzzahlige Vielfache von T verschobenen si-Funktionen $s(t - nT)$ ist.

6.14 Zeigen Sie mit der Beziehung aus Aufgabe 3.23, dass das Energiedichtespektrum beschränkt ist auf

$$|S(f)|^2 \leq \int_{-\infty}^{\infty} |\varphi_{ss}^{\mathrm{E}}(\tau)| \mathrm{d}\tau \, .$$

6.15 Zeigen Sie, dass die Kreuzkorrelationsfunktion beschränkt ist durch

$$|\varphi_{sg}^{\mathrm{E}}(\tau)| \leq \sqrt{\varphi_{ss}^{\mathrm{E}}(0) \cdot \varphi_{gg}^{\mathrm{E}}(0)} \, .$$

Hinweis: Benutzen Sie die Schwarz'sche Ungleichung (s. Aufgabe 6.1).

6.16 Zeigen Sie die Gültigkeit der Flächenbeziehung

$$\int_{-\infty}^{\infty} \varphi_{sg}^{\mathrm{E}}(\tau) \mathrm{d}\tau = \int_{-\infty}^{\infty} s(t) \mathrm{d}t \cdot \int_{-\infty}^{\infty} g(t) \mathrm{d}t = S(0) \cdot G(0) \, .$$

6.17 Zwei Energiesignale werden addiert (subtrahiert). Unter welcher Bedingung ist die Gesamtenergie gleich der Summe der einzelnen Energien?

6.18 Skizzieren Sie die Autokorrelationsfunktion des zeitdiskreten Signals

$$s(n) = n[\varepsilon(n) - \varepsilon(n-5)] \, .$$

(Diese Aufgabe wurde bereits in Aufgabe 4.13 mit der „Papierstreifenmethode“ gelöst.)

6.19 Barker-Folgen sind binäre, zeitdiskrete Signale der Länge M mit den Werten ± 1, sie besitzen die Eigenschaft (Lüke, 1992)

$$|\varphi_{ss}^{\mathrm{E}}(m)| \leq 1 \qquad \text{für} \quad m \neq 0 \, .$$

Skizzieren Sie $\varphi_{ss}^{\mathrm{E}}(m)$ für zwei der folgenden Barker-Folgen (Barker-Folgen sind für $M > 13$ nicht bekannt)

M	$s(n)$
2	$+-$
3	$++-$
4	$++-+$
5	$+++-+$
7	$+++--+-$
11	$+++---+--+-$
13	$+++++--++-+-+$

Wie groß ist die Energie einer Barker-Folge?

6.20 Skizzieren Sie die periodische Autokorrelationsfunktion $\varphi_{ss\mathrm{d}}^{\mathrm{E}}(m)$ nach (6.40) für eine der Barker-Folgen aus Aufgabe 6.19.

6.21 Rademacher-Folgen sind binäre zeitdiskrete Folgen der Länge $M = 2^r$, es gilt

$$s_{\mathrm{i}}(n) = (-1)^{\mathrm{int}(n/2^i)}\,, \qquad n = 0 \cdots M-1\,, \quad i = 0, \ldots, r\,,$$
$$\mathrm{int}(x):\ \text{größte ganze Zahl} \leq x\,.$$

Für ein gegebenes r bilden die $r+1$ Rademacher-Folgen $s_{\mathrm{i}}(n)$ ein System orthogonaler Folgen.

a) Berechnen Sie $s_{\mathrm{i}}(n)$ für $r = 3$.
b) Die Rademacher-Folgen ergeben zusammen mit allen ihren unterschiedlichen Produktfolgen $s_{\mathrm{i}}(n) \cdot s_{\mathrm{j}}(n)$ das orthogonale System der Walsh-Folgen. Zeichnen Sie diese Produktfolgen. Wieviele Walsh-Folgen der Länge M gibt es? Zeigen Sie die Orthogonalität der Walsh-Folgen.

6.22 Eine zeitdiskrete, mit M periodische Rechteck-Impulsfolge ist gegeben als $s_{\mathrm{d}}(n) = \sum\limits_{m=0}^{N-1} \delta(n-m)$ mit $N \leq M$.

a) Berechnen Sie den Mittelwert und die Energie des Signals über eine Periode.
b) Berechnen Sie die Autokorrelationsfunktion $\varphi_{ss,\mathrm{d}}(m)$ für $N \leq \frac{M}{2}$.
c) Berechnen Sie das DFT-Spektrum $S_{\mathrm{d}}(k)$ und geben Sie das DFT-Energiedichtespektrum $|S_{\mathrm{d}}(k)|^2$ an.

6.23 Berechnen Sie die Energie eines Bandpasssignals $s(t)$ und des zugehörigen äquivalenten Tiefpasssignals $s_{\mathrm{T}}(t)$. Zeigen Sie über die Beziehung

$$\varphi_{ss\mathrm{T}}^{\mathrm{E}}(\tau) \circ\!\!-\!\!\bullet\ 0,5|S_{\mathrm{T}}(f)|^2\,, \qquad \text{dass gilt}$$

$$E_s = 0,5 \int\limits_{-\infty}^{\infty} |S_{\mathrm{T}}(f)|^2 \mathrm{d}f\,.$$

Wie groß ist die Energie des Signals $\mathrm{rect}(t/T)\cos(2\pi f_0 t)$
a) exakt b) für $f_0 \gg 1/T$?

6.24 Zeigen Sie, dass die Quadraturkomponenten $s_{\mathrm{Tr}}(t)$ und $s_{\mathrm{Ti}}(t)$ eines komplexwertigen äquivalenten Tiefpasssignals orthogonal sind, wenn gilt

a) $\mathrm{Re}\{S_\mathrm{T}(f)\} = 0$;
b) $\mathrm{Im}\{S_\mathrm{T}(f)\} = 0$;
c) $S_\mathrm{T}(f) = \pm S_\mathrm{T}^*(-f)$.

7. Statistische Signalbeschreibung

In den vorangegangenen Kapiteln wurden Methoden vorgestellt, mit denen determinierte Signale beschrieben und die Übertragung solcher Signale über LTI-Systeme berechnet werden konnten. In diesem Kapitel sollen diese Methoden auf *nichtdeterminierte Signale* ausgedehnt werden. Nichtdeterminierte oder *Zufallssignale* können einerseits Nutzsignale sein, deren Information in ihrem dem Empfänger noch unbekannten Verlauf enthalten ist; sie können andererseits Störsignale sein, wie das nichtdeterminierte Rauschen eines Widerstandes, eines Verstärkers oder einer Antenne. Zwar erfolgt im Folgenden vielfach eine Konzentration auf nachrichtentechnische Anwendungen; es sei jedoch erwähnt, dass der Umgang mit Zufallssignalen als Nutz- und Störsignale beispielsweise auch in der Messtechnik, Sensorik und Schaltungstechnik (insbesondere mit Halbleiterbauelementen) eine wichtige Rolle spielt.

Die Eigenschaften von Zufallssignalen können nur durch bestimmte Mittelwerte beschrieben werden. Methoden für eine sinnvolle Beschreibung werden von der Wahrscheinlichkeitstheorie bereitgestellt. Die im Folgenden vorgestellte Behandlung von Zufallssignalen ist im mathematischen Sinn nicht ganz streng. Eine stärkere Bindung an die physikalische Anschauung wird aber bevorzugt, um mit nicht allzu großem Aufwand die für die weiteren Kapitel notwendigen Grundlagen legen zu können.[1]

7.1 Beschreibung von Zufallssignalen durch Mittelwerte

7.1.1 Der Zufallsprozess

Als typisches Beispiel eines kontinuierlichen, reellen Zufallssignals ist in Abb. 7.1 die Ausgangsspannung eines rauschenden Widerstandes in einem Zeitintervall $(0; T)$ dargestellt.

Diese Rauschspannung wird durch thermische Bewegung der Leitungselektronen im Widerstandsmaterial hervorgerufen, ihr Verlauf ist auf Grund der sehr großen Zahl beteiligter Elektronen nicht vorhersagbar. Man kann

[1] Weiterführende Literatur z. B. Papoulis (1991); Davenport und Root (1968); Davenport (1970); Bendat (1958); Thomas (1968); Hänsler (1997); Shanmugan und Breipohl (1988), Böhme (1998); Childers (1997).

nun an der in Abb. 7.1 dargestellten Zeitfunktion Messungen im Zeit- oder auch Frequenzbereich vornehmen. Da der dargestellte Ausschnitt aber sicher nur einen von unendlich vielen möglichen Verläufen der Spannung an rauschenden Widerständen wiedergibt, können diese Messungen keine Allgemeingültigkeit beanspruchen. Sinnvoll werden nur solche Messungen sein, die von der zufälligen Wahl eines bestimmten Verlaufs unabhängig sind. Um dies zu erreichen, wird zunächst eine sehr große Zahl von reellen Zufallssignalen gleicher Art unter gleichen physikalischen Bedingungen betrachtet. Abb. 7.2 stellt eine solche *Schar von Zufallssignalen* ${}^{k}s(t)$ dar, wie sie beispielsweise an entsprechend vielen rauschenden Widerständen mit gleichem Aufbau und gleicher Temperatur gemessen werden können. Sinnvolle, d. h. für alle

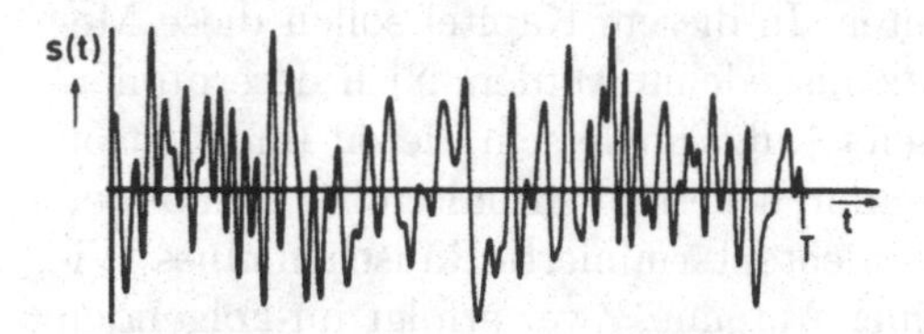

Abbildung 7.1. Zufallssignal im Bereich $(0; T)$

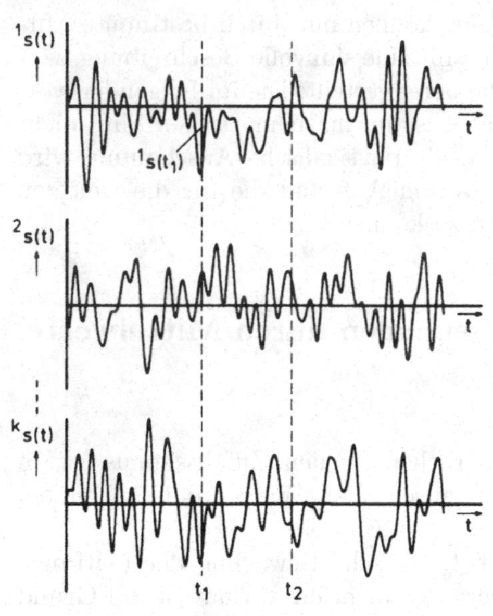

Abbildung 7.2. Schar von Zufallssignalen ${}^{k}s(t)$, $k = 1, 2, \ldots$

rauschenden Widerstände mit gleichem Widerstandswert und gleicher Temperatur gültige Messungen sind dann sicher nur Mittelwertmessungen über die gesamte, im Grenzfall unendlich große Schar von Zufallssignalen.

Einfachstes Beispiel eines solchen *Scharmittelwerts*[2] ist der lineare Mittelwert zu einem bestimmten Beobachtungs- oder Abtastzeitpunkt t_1, definiert als

$$\mathcal{E}\{s(t_1)\} = \lim_{M\to\infty} \frac{1}{M} \sum_{k=1}^{M} {}^k s(t_1) . \tag{7.1}$$

Die Existenz dieses Grenzwertes ist im klassischen mathematischen Sinn nicht gesichert. Die Erfahrung zeigt aber, dass jedem entsprechenden Experiment eine Zahl $\mathcal{E}\{s(t_1)\}$ zugeordnet werden kann, die vom Ausdruck $\frac{1}{M}\sum_{k=1}^{M} {}^k s(t_1)$ für wachsende M i. Allg. immer besser angenähert wird.

Genauer: Führt man solche Mittelungen an einer großen Zahl gleichartig erzeugter Zufallsvorgänge durch, so kommt es mit wachsendem M immer seltener vor, dass die absolute Abweichung zwischen diesen Mittelungsergebnissen und dem Wert $\mathcal{E}\{s(t_1)\}$ eine vorgebbare Fehlschranke überschreitet. Dies gilt auch für die weiteren, im Folgenden betrachteten Mittelwerte.

Andere Scharmittelwerte können über bestimmte Funktionen $F[{}^k s(t_1)]$ gebildet werden, beispielsweise der quadratische Scharmittelwert zur Zeit t_1 mit der Funktion $F[{}^k s(t_1)] = {}^k s^2(t_1)$ als[3]

$$\mathcal{E}\{s^2(t_1)\} = \lim_{M\to\infty} \frac{1}{M} \sum_{k=1}^{M} {}^k s^2(t_1) . \tag{7.2}$$

Entsprechend kann man (7.1) verallgemeinern zu

$$\mathcal{E}\{F[s(t_1)]\} = \lim_{M\to\infty} \frac{1}{M} \sum_{k=1}^{M} F[{}^k s(t_1)] . \tag{7.3}$$

Durch Bildung einer immer größeren Zahl verschiedener Scharmittelwerte nach (7.3) zu allen möglichen Beobachtungszeiten t_i kann eine Schar von Zufallssignalen in bestimmten Eigenschaften immer vollständiger beschrieben werden. Andere Aspekte, wie etwa der Unterschied zwischen tiefer- und höherfrequenten Signalen, gehen dagegen in diese Mittelwertbildung überhaupt nicht ein. Eine umfassendere Beschreibung erfordert daher auch Mittelwertbildungen über Funktionen mehrerer benachbarter Beobachtungswerte desselben Signals.

Ein einfaches Beispiel einer solchen Funktion von *zwei* Beobachtungswerten ist das Produkt der zu den Zeitpunkten t_1 und t_2 dem jeweils gleichen Zufallssignal entnommenen Werte

---

[2] Auch Erwartungswert, im Folgenden durch die Schreibweise $\mathcal{E}\{s(t_1)\}$ gekennzeichnet; in früheren Auflagen wurde ein gewellter Überstrich hierfür verwendet.

[3] Für komplexwertige Prozesse gilt entsprechend (6.3) $F[{}^k s(t_1)] = |{}^k s(t_1)|^2$.

$$F[{}^k s(t_1),\, {}^k s(t_2)] = {}^k s(t_1) \cdot {}^k s(t_2)\,. \tag{7.4}$$

Die über dieses Produkt gebildeten Scharmittelwerte für alle möglichen Kombinationen von Beobachtungszeiten $(t_1,\, t_2)$ bilden die *Autokorrelationsfunktion*[4] $\varphi_{ss}(t_1,\, t_2)$ der Schar von Zufallssignalen

$$\varphi_{ss}(t_1,\, t_2) = \mathcal{E}\left\{s(t_1) \cdot s(t_2)\right\} = \lim_{M\to\infty} \frac{1}{M} \sum_{k=1}^{M} [{}^k s(t_1) \cdot {}^k s(t_2)]\,. \tag{7.5}$$

Allgemein werden Mittelwerte dieser Art über beliebige Funktionen von zwei oder auch mehreren Beobachtungswerten *Verbundmittelwerte* oder *Mittelwerte höherer Ordnung* genannt. Bildet man in diesem Sinn alle möglichen Scharmittelwerte aller möglichen Ordnungen und für alle möglichen Beobachtungszeitpunkte t_i, dann kann dadurch die Schar der Zufallssignale im statistischen Sinn immer genauer beschrieben werden.

Verallgemeinert bezeichnet man eine Schar derartig beschriebener Zufallssignale $s(t)$ als *Zufallsprozess.* Die Schar von Beobachtungswerten $s(t_1)$ wird im gleichen Zusammenhang *Zufallsgröße* oder Zufallsvariable genannt. Das einzelne Zufallssignal ${}^k s(t)$ ist in dieser Terminologie eine *Musterfunktion* oder *Realisation* eines Zufallsprozesses und ebenso der einzelne Wert ${}^k s(t_1)$ die Realisation einer Zufallsgröße.

7.1.2 Stationarität und Ergodizität

Die vollständige Beschreibung eines Zufallsprozesses wird im allgemeinen Fall sehr umfangreich. Schon der lineare Mittelwert $\mathcal{E}\left\{s(t_1)\right\}$ muss für alle interessierenden Zeiten t_1 bekannt sein. Die Zahl der notwendigen Messungen wächst für Verbundmittelwerte, wo alle möglichen Kombinationen von zwei oder mehr Beobachtungswerten zu berücksichtigen sind, noch weiter an. Man kann aber Zufallsprozesse definieren, die durch eine geringere Zahl von Mittelwerten schon vollständig bestimmt werden. Derartige Prozesse sind in vielen Fällen bereits brauchbare Modelle zur Beschreibung praktisch auftretender Zufallssignale. Wichtigstes Beispiel hierfür sind die *stationären Prozesse* mit der Eigenschaft, dass alle möglichen Mittelwerte unabhängig von einer Verschiebung aller Beobachtungszeiten um eine beliebige Zeit t_0 sind. Es gilt also für alle möglichen Funktionen F bei einem stationären Prozess

$$\begin{aligned} &\mathcal{E}\left\{F[s(t_1)]\right\} = \mathcal{E}\left\{F[s(t_1+t_0)]\right\}\,, \\ &\mathcal{E}\left\{F[s(t_1),\, s(t_2)]\right\} = \mathcal{E}\left\{F[s(t_1+t_0),\, s(t_2+t_0)]\right\}\,, \quad t_0 \text{ beliebig,} \end{aligned} \tag{7.6}$$

[4] Eigenschaften und Bedeutung der so definierten Autokorrelationsfunktion einer Schar von Zufallssignalen werden in diesem Kapitel noch ausführlich diskutiert und auch zu der in Kap. 6 dargestellten Impulsautokorrelationsfunktion $\varphi^{\mathrm{E}}_{ss}(\tau)$ in Beziehung gesetzt. Für komplexwertige Prozesse ist $\mathcal{E}\left\{s^*(t_1) \cdot s(t_2)\right\}$ zu bestimmen.

desgleichen für alle höheren Verbundmittelwerte.

Die Beschreibung eines stationären Prozesses ist also im Vergleich zu der eines nichtstationären Prozesses bedeutend weniger aufwändig. So sind die Scharmittelwerte 1. Ordnung Konstanten, die zu jedem beliebigen Zeitpunkt bestimmt werden können. Damit darf auch die Indizierung einer bestimmten Beobachtungszeit fortgelassen werden. Beispielsweise gilt für das lineare Scharmittel

$$m_s = \mathcal{E}\{s(t_1)\} = \mathcal{E}\{s(t)\} \qquad \text{für alle } t\,. \tag{7.7}$$

Ebenso sind die Verbundmittelwerte 2. Ordnung, wie man nach Einsetzen von $t_0 = -t_1$ in (7.6) sieht, nur noch von der Zeitdifferenz $t_2 - t_1$ abhängig. Damit ist insbesondere die *Autokorrelationsfunktion stationärer Prozesse* mit (7.5) und (7.6) nur noch eine Funktion dieser Zeitdifferenz $t_2 - t_1 = \tau$; es gilt also

$$\varphi_{ss}(\tau) = \mathcal{E}\{s(0) \cdot s(\tau)\}$$

oder auch bei einer Verschiebung der Beobachtungszeit um einen beliebigen Wert t

$$\varphi_{ss}(\tau) = \mathcal{E}\{s(t) \cdot s(t+\tau)\} \qquad \text{für alle } t\,. \tag{7.8}$$

Die Autokorrelationsfunktion kann entsprechend zur Ableitung der Impulskorrelationsfunktionen in Abschn. 6.2 als Ähnlichkeitsmaß definiert werden (s. Aufgabe 7.4).

Anmerkung: Ein Prozess, der zwar im strengen Sinn der Definition nichtstationär ist, dessen Autokorrelationsfunktion aber wie in (7.8) nur von der Differenz τ der Abtastzeiten abhängt und dessen Mittelwert zeitunabhängig ist, wird auch *stationär im weiten Sinn* oder *schwach stationär* genannt.

Für die Messtechnik haben stationäre Prozesse noch einen weiteren Vorteil. Während bei nichtstationären Prozessen alle zur Bildung eines Mittelwertes notwendigen Beobachtungswerte ${}^k s(t_1)$ zur gleichen Zeit t_1 gemessen werden müssen, kann bei stationären Prozessen im allgemeinen diese Messung auch nacheinander zu beliebigen Zeitpunkten $t_1, t_2, \ldots, t_n$ an den einzelnen Musterfunktionen erfolgen. Da aber zur korrekten Mittelwertbildung diese Messungen immer noch an der gesamten Schar der Zufallssignale vorgenommen werden müssen, taucht die Frage auf, ob es für bestimmte stationäre Prozesse nicht genügt, diese Messungen an einer einzigen Musterfunktion vorzunehmen. Diese Frage ist für die Anwendung der Theorie stochastischer Prozesse sehr wichtig, da häufig überhaupt nur eine einzige Quelle für das interessierende Zufallssignal zur Verfügung steht.

Verallgemeinert definiert man zu diesem Zweck *Zeitmittelwerte* eines stationären Prozesses [für die Existenz dieser Mittelwerte gilt sinngemäß die Bemerkung unter (7.1)]:

1. *Ordnung:*

$$\overline{F[{}^k s(t)]} = \lim_{T\to\infty} \frac{1}{2T} \int_{-T}^{T} F[{}^k s(t)]\mathrm{d}t\,, \tag{7.9}$$

2. *Ordnung:*

$$\overline{F[{}^k s(t),\, {}^k s(t+\tau)]} = \lim_{T\to\infty} \frac{1}{2T} \int_{-T}^{T} F[{}^k s(t),\, {}^k s(t+\tau)]\mathrm{d}t \qquad \text{für alle } k\,, \tag{7.10}$$

(usw. für höhere Ordnungen) und verlangt, dass diese Zeitmittel jeweils für alle Musterfunktionen untereinander gleich und gleich den entsprechenden Scharmitteln sind. Für die Mittel l. Ordnung muss also gelten

$$\mathcal{E}\left\{F[s(t_1)]\right\} = \overline{F[{}^k s(t)]} \qquad t_1,\, k \text{ beliebig}\,; \tag{7.11}$$

desgleichen für alle höheren Verbundmittelwerte.

Derartige stationäre Prozesse, für die alle Zeitmittel gleich den entsprechenden Scharmitteln sind, nennt man *ergodische Prozesse.* Sinngemäß verlangt man bei einem *schwach ergodischen Prozess* diese Gleichheit nur für linearen Mittelwert und Autokorrelationsfunktion. Steht nur eine einzige Quelle für ein Zufallssignal zur Verfügung, dann kann die Übereinstimmung von Zeit- und Scharmitteln natürlich nicht überprüft werden. Kann man aber annehmen, dass der physikalische Erzeugungsmechanismus für alle Zufallssignale des hypothetischen Prozesses der gleiche ist (wie im Beispiel thermisches Rauschen gleich großer Widerstände auf gleicher Temperatur), dann ist der ergodische Prozess ein brauchbares mathematisches Modell zur Beschreibung des Zufallssignals der verfügbaren Quelle.

7.1.3 Mittelwerte 1. Ordnung

Unter den durch (7.3) definierten Mittelwerten 1. Ordnung von Zufallsgrößen oder Zufallsprozessen sind besonders der lineare und der quadratische Mittelwert von praktischer Bedeutung und sollen etwas näher betrachtet werden. Die Bildung des Scharmittelwertes l. Ordnung nach (7.3) geschieht durch eine lineare Operation, es gilt daher ein Superpositionsgesetz für den gewichteten Mittelwert erster Ordnung einer Summe von Zufallsgrößen $s_i(t_i)$ aus beliebigen Prozessen

$$a_1{}^k s_1(t_1) + a_2{}^k s_2(t_2) + \ldots \qquad \text{für alle } k$$

in der Form (Aufgabe 7.3)

$$\mathcal{E}\left\{\sum_i a_i s_i(t_i)\right\} = \sum_i a_i \mathcal{E}\left\{s_i(t_i)\right\}\,. \tag{7.12}$$

Der lineare Scharmittelwert einer gewichteten Summe von Zufallsgrößen ist also gleich der gewichteten Summe ihrer Scharmittelwerte (s. Aufgabe 7.3).

Der quadratische Scharmittelwert $\mathcal{E}\left\{s^2(t_1)\right\}$ einer Zufallsgröße wird *Augenblicksleistung* zur Zeit t_1 des zugehörigen Zufallsprozesses genannt. Bei stationären Prozessen ist die Augenblicksleistung vom Zeitpunkt t_1 unabhängig und wird als die Leistung L_s derartiger Prozesse bezeichnet. Die Differenz[5]

$$\sigma_s^2 = L_s - m_s^2 = \mathcal{E}\left\{s^2(t)\right\} - \left[\mathcal{E}\left\{s(t)\right\}\right]^2 \tag{7.13}$$

wird *Streuung* bzw. *Varianz* des stationären Prozesses $s(t)$ genannt, deren positive Quadratwurzel σ_s die *Standardabweichung*. Eine einfache physikalische Deutung erhalten diese Begriffe für Musterfunktionen ergodischer Prozesse. Hier kennzeichnet der lineare Zeitmittelwert den *Gleichanteil* des Signals, mit (7.9) ist[6]

$$m_s = \overline{s(t)} = \lim_{T\to\infty} \frac{1}{2T} \int_{-T}^{T} s(t)\mathrm{d}t\,. \tag{7.14}$$

Der quadratische Zeitmittelwert

$$L_s = \overline{s^2(t)} = \lim_{T\to\infty} \frac{1}{2T} \int_{-T}^{T} s^2(t)\mathrm{d}t\,. \tag{7.15}$$

ist nach (6.4) die normierte *Leistung* des Zufallssignals oder auch des ergodischen Prozesses. Subtrahiert man von dieser Gesamtleistung des Zufallssignals die Leistung des Gleichanteils, dann erhält man die Leistung des Wechselanteils

$$\sigma_s^2 = L_s - m_s^2 = \overline{s^2(t)} - \overline{s(t)}^2 \tag{7.16}$$

Die durch (7.13) definierte Streuung kann also als normierte Wechselleistung interpretiert werden und entsprechend die Standardabweichung σ_s als normierter Effektivwert des Wechselanteils des Zufallssignals.

7.1.4 Autokorrelationsfunktion stationärer Prozesse

Die Autokorrelationsfunktion (AKF) eines wenigstens im weiten Sinn stationären Prozesses wird durch (7.8) beschrieben. Entsprechend erhält man

[5] Für komplexwertige Prozesse entsprechend $\sigma_s^2 = \mathcal{E}\left\{|s(t)|^2\right\} - |\mathcal{E}\left\{s(t)\right\}|^2$.

[6] Der Index k zur Kennzeichnung einer bestimmten Musterfunktion kann bei ergodischen Prozessen wegen (7.11) wegfallen. Prinzipiell können die folgenden Größen aber auch bei nicht-ergodischen Prozessen für einzelne Musterfunktionen k als ${}^k m_s$, ${}^k L_s$ usw. bestimmt werden. Bei ergodischen Prozessen gilt dann außerdem ${}^k m_s = m_s$ für alle k, ebenso für alle anderen Zeitmittelwerte.

mit (7.10) für die Autokorrelationsfunktion eines ergodischen Prozesses den Zeitmittelwert

$$\varphi_{ss}(\tau) = \overline{s(t)s(t+\tau)} = \lim_{T\to\infty} \frac{1}{2T} \int_{-T}^{T} s(t)s(t+\tau)\mathrm{d}t = \varphi_{ss}^{\mathrm{L}}(\tau)\,. \tag{7.17}$$

Dieser Zeitmittelwert definiert auch die Autokorrelationsfunktion determinierter Leistungssignale (Aufgabe 6.3). Die in Kap. 6 für die Impulsautokorrelationsfunktionen $\varphi_{ss}^{\mathrm{E}}(\tau)$ determinierter Energiesignale abgeleiteten Eigenschaften finden sich in verallgemeinerter Form im Folgenden wieder.[7]

Die wichtigsten Eigenschaften der Autokorrelationsfunktion eines stationären oder wenigstens im weiten Sinn stationären Prozesses sind:

a) Der Wert der Autokorrelationsfunktion (7.8) für $\tau = 0$ ergibt

$$\varphi_{ss}(0) = \mathcal{E}\left\{s^2(t)\right\} = L_s\,, \tag{7.18}$$

also den quadratischen Mittelwert oder die Leistung L_s des Prozesses,

b) Für $t = -\tau$ in (7.8) ist

$$\varphi_{ss}(\tau) = \mathcal{E}\left\{s(-\tau)s(0)\right\} = \varphi_{ss}(-\tau)\,. \tag{7.19}$$

Die Autokorrelationsfunktion ist also eine gerade Funktion.

c) Mit der Ungleichung

$$\mathcal{E}\left\{[s(t) \pm s(t+\tau)]^2\right\} \geq 0$$

gilt nach Anwendung der Superpositionseigenschaft (7.12) auf die Summe der Produkte

$$\mathcal{E}\left\{s^2(t)\right\} + \mathcal{E}\left\{s^2(t+\tau)\right\} \pm 2\mathcal{E}\left\{s(t)s(t+\tau)\right\} \geq 0\,.$$

Mit (7.18) ist also

$$2\varphi_{ss}(0) \pm 2\varphi_{ss}(\tau) \geq 0$$

und damit

$$\varphi_{ss}(0) \geq |\varphi_{ss}(\tau)|\,. \tag{7.20}$$

Der Wert der Autokorrelationsfunktion im Nullpunkt wird also an keiner Stelle überschritten. Als typisches Beispiel ist in Abb. 7.3 die Autokorrelationsfunktion eines weiter unten besprochenen Zufallsprozesses dargestellt.

[7] Die Beziehungen für komplexwertige Korrelationsfunktionen, die in Kap. 6 hergeleitet wurden, gelten bei Leistungssignalen entsprechend. Im Folgenden werden nur in besonders begründeten Fällen weitere Hinweise gegeben.

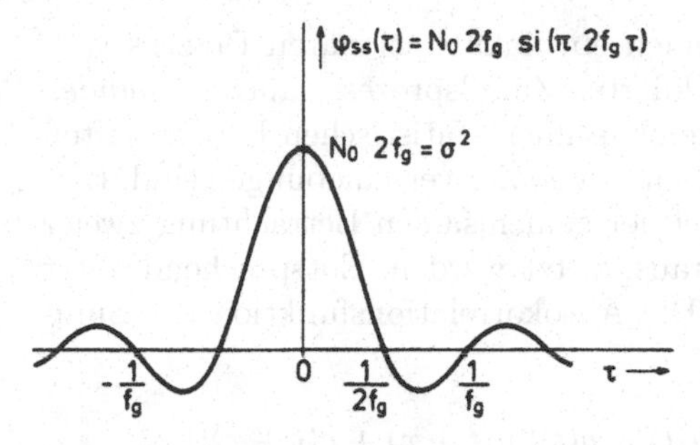

Abbildung 7.3. Autokorrelationsfunktion mittelwertfreien, tiefpassbegrenzten weißen Rauschens (Abschn. 7.2.4)

Anmerkung: Für einige spätere Anwendungsfälle ist es nützlich, die Autokorrelationsfunktion eines stationären Prozesses nach Subtraktion des linearen Mittelwertes m_s aus (7.7) zu bilden. Für diese sogenannte *Autokovarianzfunktion* $\mu_{ss}(\tau)$ gilt

$$\mu_{ss}(\tau) = \mathcal{E}\left\{[s(t) - m_s][s(t+\tau) - m_s]\right\} .$$

Mit (7.7) und der Superpositionseigenschaft (7.12) wird[8]

$$\mu_{ss}(\tau) = \mathcal{E}\left\{s(t)s(t+\tau)\right\} - m_s\mathcal{E}\left\{s(t)\right\} - m_s\mathcal{E}\left\{s(t+\tau)\right\} + m_s^2 = \varphi_{ss}(\tau) - m_s^2 . \tag{7.21}$$

Für $\tau = 0$ folgt mit (7.18) und mit der Definition der Streuung (7.13)

$$\mu_{ss}(0) = \sigma_s^2 . \tag{7.22}$$

Enthält der Prozess insbesondere keine periodischen Komponenten, dann strebt die Autokovarianzfunktion für $|\tau| \to \infty$ i. Allg. gegen Null, die Autokorrelationsfunktion mit (7.21) entsprechend gegen m_s^2.

Für mittelwertfreie Prozesse sind Autokovarianzfunktion und Autokorrelationsfunktion identisch; Abb. 7.3 ist daher auch ein Beispiel für eine Autokovarianzfunktion mit der Eigenschaft (7.22).

7.1.5 Kreuzkorrelationsfunktion stationärer Prozesse

In vielen Anwendungsfällen stellt sich die Aufgabe, zwei Zufallssignale zu addieren, beispielsweise Nutz- und Störsignal. Werden in diesem Sinn die Musterfunktionen der zwei stationären Prozesse $u(t)$ und $v(t)$ addiert

$${}^k s(t) = {}^k u(t) + {}^k v(t) \qquad \text{für alle } k,\, t\,,$$

[8] Für komplexwertige Prozesse $\mu_{ss}(\tau) = \underbrace{\mathcal{E}\left\{s^*(t)s(t+\tau)\right\}}_{\varphi_{ss}(\tau)} - |m_s|^2$.

dann bilden diese Summen i. Allg. einen ebenfalls stationären Prozess $s(t)$. Voraussetzung hierfür ist, dass die addierten Zufallsprozesse auch *verbunden stationär* sind, d. h. dass auch ihre gemeinsamen statistischen Eigenschaften unabhängig gegenüber beliebigen gemeinsamen Zeitverschiebungen sind. Diese Eigenschaft kann im Folgenden bei der gemeinsamen Betrachtung zweier stationärer Prozesse i. Allg. stets vorausgesetzt werden. Entsprechendes gilt für verbunden ergodische Prozesse. Die Autokorrelationsfunktion des Summenprozesses ist

$$\varphi_{ss}(\tau) = \mathcal{E}\{s(t)s(t+\tau)\} = \mathcal{E}\{[u(t)+v(t)][u(t+\tau)+v(t+\tau)]\} .$$

Nach Ausmultiplizieren der Klammern folgt mit der Superpositionseigenschaft (7.12)

$$\begin{aligned}\varphi_{ss}(\tau) &= \mathcal{E}\{u(t)u(t+\tau)\} + \mathcal{E}\{u(t)v(t+\tau)\} \\ &\quad + \mathcal{E}\{v(t)u(t+\tau)\} + \mathcal{E}\{v(t)v(t+\tau)\} \\ &= \varphi_{uu}(\tau) + \varphi_{uv}(\tau) + \varphi_{vu}(\tau) + \varphi_{vv}(\tau) .\end{aligned} \tag{7.23}$$

Dabei werden

$$\begin{aligned}&\varphi_{uv}(\tau) = \mathcal{E}\{u(t)v(t+\tau)\} \quad \text{und} \\ &\varphi_{vu}(\tau) = \mathcal{E}\{v(t)u(t+\tau)\} = \varphi_{uv}(-\tau)\end{aligned} \tag{7.24}$$

die *Kreuzkorrelationsfunktionen* der beiden Prozesse $u(t)$ und $v(t)$ genannt. Bildet man entsprechend (7.21) eine *Kreuzkovarianzfunktion*, dann gilt (Aufgabe 7.3)[9]

$$\mu_{uv}(\tau) = \mathcal{E}\{[u(t) - \mathcal{E}\{u(t)\}][v(t+\tau) - \mathcal{E}\{v(t)\}]\} = \varphi_{uv}(\tau) - m_u m_v . \tag{7.25}$$

Aus (7.23) lässt sich für $\tau = 0$ die Leistung eines Summenprozesses oder auch einer Summe von Zufallsgrößen berechnen. Es gilt mit (7.24) für die Leistung

$$L_s = \varphi_{ss}(0) = \varphi_{uu}(0) + \varphi_{vv}(0) + 2\varphi_{uv}(0) , \tag{7.26}$$

bzw. für die Streuung mit (7.22) entsprechend

$$\sigma_s^2 = \mu_{ss}(0) = \sigma_u^2 + \sigma_v^2 + 2\mu_{uv}(0) .$$

Unter der Bedingung $\varphi_{uv}(0) = 0$ addieren sich also in einfacher Weise die Leistungen zweier stationärer Prozesse. Entsprechend addieren sich für $\mu_{uv}(0) = 0$ die Streuungen.

[9] Für komplexwertige Prozesse:
$\varphi_{uv}(\tau) = \mathcal{E}\{u^*(t)v(t+\tau)\}$ und $\mu_{uv}(\tau) = \varphi_{uv}(\tau) - m_u^* m_v$.

7.2 Zufallssignale in LTI-Systemen

Für jede Musterfunktion ${}^ks(t)$ eines stochastischen Prozesses gilt bei Übertragung über ein LTI-System der Impulsantwort $h(t)$ das Faltungsprodukt

$$ {}^ks(t) * h(t) = {}^kg(t) \,. \tag{7.27}$$

Der Ausgangsprozess $g(t)$ kann wieder durch Mittelwerte und Verbundmittelwerte beschrieben werden. Die Berechnung der wichtigsten dieser Mittelwerte aus den Mittelwerten des Eingangsprozesses wird im Folgenden diskutiert. Ganz allgemein lässt sich zeigen, dass, wenn das Faltungsintegral existiert, bei Übertragung über beliebige LTI-Systeme ein stationärer Prozess stationär, ein schwach stationärer Prozess schwach stationär und ein ergodischer Prozess ergodisch bleibt. Weiter sind Ein- und Ausgangsprozess dann auch verbunden stationär bzw. verbunden ergodisch (Papoulis, 1991).

7.2.1 Linearer Mittelwert

Mit (7.27) gilt für den Scharmittelwert am Ausgang eines LTI-Systems $h(t) \circ\!\!-\!\!\bullet\, H(f)$

$$m_{\mathrm{g}} = \mathcal{E}\{g(t_1)\} = \mathcal{E}\left\{\int\limits_{-\infty}^{\infty} s(\tau)h(t_1-\tau)\mathrm{d}\tau\right\} .$$

Interpretiert man das Integral als Grenzwert einer Summe, dann lässt sich das Superpositionsgesetz (7.12) anwenden, und es gilt

$$m_{\mathrm{g}} = \int\limits_{-\infty}^{\infty} \mathcal{E}\{s(\tau)\}\, h(t_1-\tau)\mathrm{d}\tau \,.$$

Ist $s(\tau)$ ein stationärer Prozess, dann ist der Scharmittelwert unter dem Integral von τ unabhängig, und es gilt

$$m_{\mathrm{g}} = \mathcal{E}\{s(t)\} \int\limits_{-\infty}^{\infty} h(t-\tau)\mathrm{d}\tau = m_s \int\limits_{-\infty}^{\infty} h(\tau)\mathrm{d}\tau = m_s H(0) \,. \tag{7.28}$$

Der Mittelwert wird also wie der Gleichanteil eines determinierten Signals übertragen.

7.2.2 Quadratischer Mittelwert und Autokorrelationsfunktion

Im Gegensatz zum Verhalten des Mittelwertes lässt sich die Ausgangsleistung nicht allein aus der Eingangsleistung und den Eigenschaften des Systems bestimmen, da hier auch die dynamischen Eigenschaften (Frequenzverhalten) der Zufallssignale eingehen. Es wird daher im Folgenden allgemeiner gezeigt, wie sich die Autokorrelationsfunktion bei der Übertragung eines Prozesses über ein LTI-System verändert. Entsprechend (7.8) ist im stationären Fall die Autokorrelationsfunktion des Ausgangsprozesses $g(t)$ definiert als

$$\varphi_{gg}(\tau) = \mathcal{E}\left\{g(t)g(t+\tau)\right\} . \tag{7.29}$$

Mit (7.27) gilt nach Ausschreiben der Faltungsintegrale (wobei zwei verschiedene Integrationsvariable θ und μ verwendet werden)

$$^{k}g(t) \cdot {}^{k}g(t+\tau) = \int_{-\infty}^{\infty} h(\theta)^{k}s(t-\theta)\mathrm{d}\theta \int_{-\infty}^{\infty} h(\mu)^{k}s(t+\tau-\mu)\mathrm{d}\mu$$

sowie nach Zusammenfassen in ein Doppelintegral

$$= \int_{-\infty}^{\infty}\int_{-\infty}^{\infty} {}^{k}s(t-\theta)^{k}s(t+\tau-\mu)h(\theta)h(\mu)\mathrm{d}\theta\mathrm{d}\mu .$$

Durch Scharmittelung ist dann in gleicher Weise wie in Abschn. 7.2.1

$$\varphi_{gg}(\tau) = \int_{-\infty}^{\infty}\int_{-\infty}^{\infty} \mathcal{E}\left\{s(t-\theta)s(t+\tau-\mu)\right\} h(\theta)h(\mu)\mathrm{d}\theta\mathrm{d}\mu .$$

Mit $\mathcal{E}\left\{s(t-\theta)s(t+\tau-\mu)\right\} = \varphi_{ss}(\tau-\mu+\theta)$ und der Substitution $\nu = \mu - \theta$ wird dann

$$\varphi_{gg}(\tau) = \int_{-\infty}^{\infty}\int_{-\infty}^{\infty} \varphi_{ss}(\tau-\nu)h(\theta)h(\nu+\theta)\mathrm{d}\theta\mathrm{d}\nu$$

$$= \int_{-\infty}^{\infty} \varphi_{ss}(\tau-\nu)\left[\int_{-\infty}^{\infty} h(\theta)h(\nu+\theta)\mathrm{d}\theta\right]\mathrm{d}\nu .$$

Mit $\int_{-\infty}^{\infty} h(\theta)h(\nu+\theta)\mathrm{d}\theta = \varphi_{hh}^{\mathrm{E}}(\nu)$ als Impulsautokorrelationsfunktion der Filterimpulsantwort folgt[10]

$$\varphi_{gg}(\tau) = \int_{-\infty}^{\infty} \varphi_{ss}(\tau-\nu)\varphi_{hh}^{\mathrm{E}}(\nu)\mathrm{d}\nu \quad \text{oder}$$

$$\varphi_{gg}(\tau) = \varphi_{ss}(\tau) * \varphi_{hh}^{\mathrm{E}}(\tau) . \tag{7.30}$$

[10] $\varphi_{hh}^{\mathrm{E}}(\nu)$ ist in der Regel sinnvoll definiert bei stabilen LTI-Systemen.

Dieser Ausdruck ist die *Wiener-Lee-Beziehung*[11] zwischen den Autokorrelationsfunktionen eines stationären Prozesses vor und nach Übertragung über ein LTI-System. Formal stimmt (7.30) also völlig mit der entsprechenden Beziehung (6.26) für die Autokorrelationsfunktionen von Energiesignalen überein, doch sei noch einmal daran erinnert, dass die Autokorrelationsfunktion $\varphi_{ss}(\tau)$ eines Zufallsprozesses und die Impulsautokorrelationsfunktion $\varphi^{\mathrm{E}}_{hh}(\tau)$ eines determinierten Signals verschieden definiert sind.

Die Berechnung des Faltungsprodukts in der Wiener-Lee-Beziehung kann in vielen Fällen mit Hilfe des Faltungstheorems (3.44) der Fourier-Transformation vereinfacht werden: Mit der zunächst formal gebildeten Fourier-Transformation

$$\varphi_{ss}(\tau) \circ\!\!-\!\!\bullet\ \phi_{ss}(f) \tag{7.31}$$

und (6.20) folgt für (7.30) als Berechnungsvorschrift im Frequenzbereich

$$\phi_{gg}(f) = \phi_{ss}(f) \cdot |H(f)|^2 \,. \tag{7.32}$$

Die Beziehung (7.31) wird im Folgenden noch näher diskutiert.

7.2.3 Leistungsdichtespektrum

Zunächst wird noch einmal an die Verhältnisse bei determinierten Energiesignalen erinnert: Der Impulsautokorrelationsfunktion eines determinierten Energiesignals wurde durch (6.20) ein Energiedichtespektrum zugeordnet

$$\varphi^{\mathrm{E}}_{ss}(\tau) \circ\!\!-\!\!\bullet\ |S(f)|^2 \,.$$

Für $\tau = 0$ folgte daraus die Parseval'sche Beziehung (6.22) für die Energie des Signals

$$E_s = \int\limits_{-\infty}^{\infty} |s(t)|^2 \mathrm{d}t = \int\limits_{-\infty}^{\infty} |S(f)|^2 \mathrm{d}f \,.$$

Der Term $|S(f)|^2\mathrm{d}f$ kann in diesem Ausdruck als Teilenergie interpretiert werden, die in einem schmalen Frequenzband mit der Breite $\mathrm{d}f$ und der Mittenfrequenz f gemessen wird. Die Summe über alle Teilenergien dieser orthogonalen Teilsignale ergibt dann die Gesamtenergie des Signals. Entsprechend kann auch der zunächst formal in (7.31) definierten Fourier-Transformierten $\phi_{ss}(f)$ der Autokorrelationsfunktion eines stationären Prozesses eine physikalische Deutung gegeben werden: Für $\tau = 0$ gilt mit (7.18) und (7.31) für die Leistung eines stationären Prozesses

[11] Norbert Wiener (1894–1964), amerik. Mathematiker (s. Anhang zum Literaturverzeichnis) und Yuk Wing Lee (1904–1989), chin.-amerik. Ingenieur.

$$L_s = \varphi_{ss}(0) = \int_{-\infty}^{\infty} \phi_{ss}(f)\mathrm{d}f \,. \tag{7.33}$$

Auch hier lässt sich in entsprechender Weise $\phi_{ss}(f)\mathrm{d}f$ als Teilleistung in einem schmalen Frequenzband der Breite $\mathrm{d}f$ auffassen, wobei die Summe über alle Teilleistungen die Leistung des Prozesses ergibt. $\phi_{ss}(f)$ kann deshalb als *Leistungsdichtespektrum* des Prozesses $s(t)$ interpretiert werden. Wie das Energiedichtespektrum ist auch das Leistungsdichtespektrum reell und nicht negativwertig; für reellwertige Signale ist es weiterhin eine um $f = 0$ symmetrische Funktion.

Verallgemeinert erhält man ebenso das Kreuzleistungsdichtespektrum als Fourier-Transformierte der Kreuzkorrelationsfunktion. Wie das Kreuzenergiedichtespektrum (6.24) ist auch das Kreuzleistungsdichtespektrum eine komplexwertige Funktion.

Anmerkung: Die eigentliche Ableitung des Leistungsdichtespektrums eines stationären Prozesses geht nicht von der Fourier-Transformierten der Autokorrelationsfunktion aus, sondern definiert

$$\phi_{ss}(f) = \lim_{T\to\infty} \frac{1}{T} \mathcal{E}\left\{|S^{\mathrm{T}}(f,t)|^2\right\} \,, \tag{7.34}$$

wobei ${}^kS^{\mathrm{T}}(f,t) \bullet\!\!-\!\!\circ\; {}^ks^{\mathrm{T}}(\tau,t)$ die Kurzzeit-Fourier-Transformierten von Ausschnitten der Dauer T aus Musterfunktionen des Prozesses sind (vgl. Abschn. 3.10)[12]. Die Identität von (7.34) mit (7.31) ist dann die eigentliche Aussage des *Wiener-Khintchine-Theorems*[13]. Häufig wird jedoch auch bereits (7.31) so bezeichnet (Davenport und Root, 1958).

7.2.4 Weißes Rauschen

Störsignale, wie sie in praktischen Übertragungssystemen auftreten, können häufig als Musterfunktionen eines stationären oder schwach stationären Prozesses aufgefasst werden, dessen Leistungsdichtespektrum in einem großen Frequenzbereich näherungsweise konstant ist. Idealisierend setzt man[14]

[12] Auf Grund der Stationarität besteht Unabhängigkeit von der Zeit t, zu welcher die Ausschnitte den Musterfunktionen des Prozesses entnommen werden. Werden bei einem ergodischen Prozess die Spektren aus aneinander anschließenden Zeitfenstern eines einzelnen Zufallssignals gemäß (3.116) gebildet, ergibt sich der Grenzübergang unter Betrachtung von (3.118) in einleuchtender Weise. Gegebenenfalls ist zusätzlich ein Gewichtungsfaktor $c \neq 1$ zu berücksichtigen.

[13] Aleksander J. Khintchine (1894–1959), russ. Mathematiker.

[14] In vielen Veröffentlichungen geht man bei reellwertigen Signalen von einem einseitig, d. h. nur für $f \geq 0$ definierten Leistungsdichtespektrum aus, und berechnet dann die Leistung durch spektrale Integration im Bereich $0 \leq f \leq \infty$. Die so festgelegte Leistungsdichte N_0 des weißen Rauschens muss dann im Vergleich

$$\phi_{ss}(f) = N_0 \tag{7.35}$$

und nennt Zufallsprozesse mit einem solchen für alle Frequenzen konstanten Leistungsdichtespektrum mittelwertfreies *weißes Rauschen.*[15] Nach dem Wiener-Khintchine-Theorem (7.31) gilt für die Autokorrelationsfunktion des weißen Rauschens mit der Fourier-Transformierten des Dirac-Impulses (3.45)

$$\varphi_{ss}(\tau) = N_0\delta(\tau)\,. \tag{7.36}$$

Aus (7.35) folgt mit (7.33), dass die Leistung des weißen Rauschens unendlich groß ist. Weißes Rauschen stellt also ein physikalisch nicht realisierbares Modell eines Zufallsprozesses dar.

Liegt am Eingang eines LTI-Systems der Impulsantwort $h(t) \circ\!\!-\!\!\bullet\, H(f)$ weißes Rauschen, dann gilt mit der Wiener-Lee-Beziehung (7.30) für Autokorrelationsfunktion und Leistungsdichtespektrum des Ausgangsprozesses $g(t)$

$$\begin{array}{ccc} \varphi_{gg}(\tau) = \varphi^{\mathrm{E}}_{hh}(\tau) * [N_0\delta(\tau)] = & N_0\varphi^{\mathrm{E}}_{hh}(\tau) \\ \circ\!\!-\!\!\bullet & \circ\!\!-\!\!\bullet \\ \phi_{gg}(f) = & N_0|H(f)|^2\,. \end{array} \tag{7.37}$$

Durch das LTI-System wird weißes Rauschen in sogenanntes „farbiges" Rauschen umgewandelt, wobei das Leistungsdichtespektrum dieses farbigen Rauschens, abgesehen von dem Faktor N_0, mit dem Energiedichtespektrum von $h(t)$ übereinstimmt. Die Leistung des farbigen Rauschens ist mit (7.18), der Wiener-Lee-Beziehung (7.30) sowie dem Parseval'schen Theorem (6.22)

$$\begin{aligned} L_g &= \varphi_{gg}(0) = N_0\varphi^{\mathrm{E}}_{hh}(0) \\ &= N_0\int_{-\infty}^{\infty}|h(t)|^2\mathrm{d}t = N_0\int_{-\infty}^{\infty}|H(f)|^2\mathrm{d}f\,. \end{aligned} \tag{7.38}$$

Als einfaches Beispiel sei die Übertragung von weißem Rauschen über einen idealen Tiefpass der Grenzfrequenz f_g betrachtet. Mit (5.8) und (7.37) folgt für das Leistungsdichtespektrum und die Autokorrelationsfunktion dieses tiefpassbegrenzten Rauschens

$$\begin{array}{ccc} \phi_{gg}(f) = N_0\left|\mathrm{rect}\left(\frac{f}{2f_\mathrm{g}}\right)\right|^2 = & N_0\,\mathrm{rect}\left(\frac{f}{2f_\mathrm{g}}\right) \\ \bullet\!\!-\!\!\circ & \bullet\!\!-\!\!\circ \\ \varphi_{gg}(\tau) = & N_0 2f_\mathrm{g}\,\mathrm{si}(\pi 2f_\mathrm{g}\tau)\,. \end{array} \tag{7.39}$$

---

zu (7.35) den doppelten Zahlenwert besitzen. Dies hat u.a. Auswirkungen auf die später verwendeten Parametrierungen von Bitfehlerberechnungen auf der Basis des E_s/N_0-Verhältnisses, bei denen dann ggf. ein zusätzlicher Faktor 2 berücksichtigt werden muss.

[15] In (nicht ganz passender) Analogie zum weißen Licht, das alle sichtbaren Spektralanteile des Sonnenlichtes ungefiltert, wenn auch nicht mit konstanter Leistungsdichte, enthält.

Der Verlauf von $\varphi_{gg}(\tau)$ war als typisches Beispiel einer Autokorrelationsfunktion bereits in Abb. 7.3 dargestellt worden. Mit (7.39) erhält man für die Leistung des weißen Rauschens in einem begrenzten Frequenzbereich $|f| \leq f_\mathrm{g}$ den endlichen Wert

$$L_g = \varphi_{gg}(0) = N_0 2 f_\mathrm{g} \,. \tag{7.40}$$

Anmerkung: Ein Beispiel für eine in einem weiten Frequenzbereich (etwa 0 bis 10^{10} Hz) gültige, physikalisch realisierte Näherung an weißes Rauschen ist die an einem Widerstand R der absoluten Temperatur T_abs (in Kelvin) auftretende Rauschspannung $u(t)$, die man als thermisches Rauschen, Wärmerauschen oder Widerstandsrauschen bezeichnet. Im Frequenzbereich $|f| \leq f_\mathrm{g}$ gilt für den quadratischen Mittelwert dieses Widerstandsrauschens im Leerlauf gemessen[16]

$$\mathcal{E}\left\{u^2(t)\right\} = 4kT_\mathrm{abs}Rf_\mathrm{g} \tag{7.41}$$

mit $k = 1{,}38 \cdot 10^{-23}\,\mathrm{Ws\,K^{-1}}$ (Boltzmann-Konstante)

oder anschaulicher bei Zimmertemperatur (genauer 16, 6°C)

$kT_\mathrm{abs} = 4\,\mathrm{pW/GHz}$

Mit (7.40) ergibt sich dann für das Widerstandsrauschen eine normierte Leistungsdichte von

$$N_0 = \frac{\mathcal{E}\left\{u^2(t)\right\}}{2f_\mathrm{g}} = 2kT_\mathrm{abs}R \quad \text{für } |f| < 10^{10}\,\mathrm{Hz}\,. \tag{7.42}$$

Die einem rauschenden Widerstand in einem Frequenzbereich $|f| \leq f_\mathrm{g}$ bei Leistungsanpassung entnehmbare höchste Leistung beträgt damit (Aufgabe 7.16)

$$L_\mathrm{max} = \frac{\mathcal{E}\left\{u^2(t)\right\}}{4R} = kT_\mathrm{abs}f_\mathrm{g}\,. \tag{7.43}$$

7.2.5 Korrelationsfilter-Empfang gestörter Signale

Ausgangspunkt für viele der in den folgenden Kapiteln behandelten Themen ist die Aufgabe, ein durch weißes Rauschen additiv gestörtes Nutzsignal optimal zu empfangen, das heißt, den Einfluss des Störsignals möglichst zu verringern. Diese Aufgabe wird hier zunächst in einfacher Form gestellt und mit den abgeleiteten Kenntnissen über Zufallssignale gelöst.

Gegeben sei das in Abb. 7.4 dargestellte Übertragungssystem. Der Sender erzeugt zu einer bekannten Zeit ein impulsförmiges Trägersignal mit einer

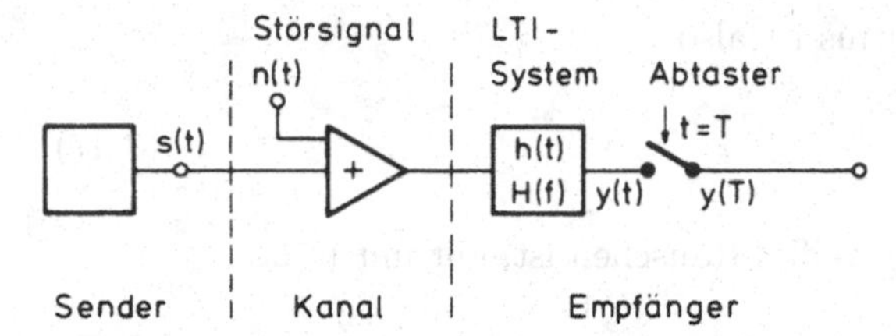

Abbildung 7.4. Übertragungssystem

dem Empfänger bekannten Form $s(t)$, das über einen gestörten, aber verzerrungsfreien Kanal übertragen wird. Am Eingang des Empfängers liegt dann die Summe $s(t) + n(t)$ aus Sendesignal und Störsignal. Der Empfänger möge zunächst nur aus einem LTI-System der Impulsantwort $h(t)$ und einem Abtaster bestehen. Das Ausgangssignal des Empfangsfilters lautet

$$\begin{aligned} y(t) = [s(t) + n(t)] * h(t) &= \underbrace{[s(t) * h(t)]} + \underbrace{[n(t) * h(t)]} \\ &= \quad g(t) \quad + \quad n_{\mathrm{e}}(t)\,, \end{aligned} \tag{7.44}$$

wobei $g(t)$ der Nutzsignalanteil und $n_{\mathrm{e}}(t)$ der Störsignalanteil am Ausgang des Empfangsfilters sind. Zur Zeit T wird dann am Filterausgang ein Wert

$$y(T) = g(T) + n_{\mathrm{e}}(T) \tag{7.45}$$

abgetastet. Das Störsignal $n(t)$ und damit auch das Filterausgangssignal $y(t)$ sind Musterfunktionen von Zufallsprozessen. Um die Signale im Empfänger durch Scharmittelwerte geeignet beschreiben zu können, wird der Fall betrachtet, dass Übertragungssysteme nach Abb. 7.4 parallel und unabhängig voneinander in hinreichender Zahl zur Verfügung stehen, und dass alle Sender gleichzeitig das identische Signal $s(t)$ aussenden. Als Kriterium für eine optimale Filterung soll jetzt verlangt werden, dass im Abtastzeitpunkt T das Verhältnis der Augenblicksleistung des Nutzsignals

$$S_{\mathrm{a}} = \mathcal{E}\left\{g^2(T)\right\}$$

zur Augenblicksleistung des Störsignals

$$N = \mathcal{E}\left\{n_{\mathrm{e}}^2(T)\right\}$$

maximal wird. Da $s(t)$ ein determiniertes Signal ist, d. h. ${}^k g(t) = g(t)$ für alle k ist, gilt

$$S_{\mathrm{a}} = g^2(T)\,. \tag{7.46}$$

[16] Nach Vorarbeiten von W. Schottky und J. B. Johnson wurde die für thermisches Rauschen gültige Beziehung (7.41) 1928 von H. Nyquist abgeleitet (Anhang zum Literaturverzeichnis).

Das Nutz-/Störleistungsverhältnis ist also

$$\frac{S_\mathrm{a}}{N} = \frac{g^2(T)}{\mathcal{E}\left\{n_\mathrm{e}^2(T)\right\}} . \tag{7.47}$$

Unter der Annahme, dass $n(t)$ weißes Rauschen ist, gilt mit (7.38)

$$N = \mathcal{E}\left\{n_\mathrm{e}^2(T)\right\} = N_0 \int_{-\infty}^{\infty} |h(t)|^2 \mathrm{d}t .$$

Mit dem Faltungsintegral

$$g(T) = \int_{-\infty}^{\infty} h(\tau) s(T-\tau) \mathrm{d}\tau$$

folgt dann für das S_a/N-Verhältnis

$$\frac{S_\mathrm{a}}{N} = \frac{\left| \int_{-\infty}^{\infty} h(\tau) s(T-\tau) \mathrm{d}\tau \right|^2}{N_0 \int_{-\infty}^{\infty} |h(t)|^2 \mathrm{d}t} .$$

Erweitern mit der Signalenergie[17]

$$E_s = \int_{-\infty}^{\infty} |s(t)|^2 \mathrm{d}t \equiv \int_{-\infty}^{\infty} |s(T-\tau)|^2 \mathrm{d}\tau$$

führt zu

$$\frac{S_\mathrm{a}}{N} = \frac{E_s}{N_0} \frac{\left| \int_{-\infty}^{\infty} h(\tau) s(T-\tau) \mathrm{d}\tau \right|^2}{\int_{-\infty}^{\infty} |h(\tau)|^2 \mathrm{d}\tau \int_{-\infty}^{\infty} |s(T-\tau)|^2 \mathrm{d}\tau} . \tag{7.48}$$

Der rechte Bruch in diesem Ausdruck kann nach (6.7) als Betragsquadrat des normierten Impulskreuzkorrelationskoeffizienten p_{sh}^E zwischen den Funktionen $h(t)$ und $s(T-t)$ aufgefasst werden, damit ist

$$\frac{S_\mathrm{a}}{N} = \frac{E_s}{N_0} |p_{sh}^\mathrm{E}|^2 . \tag{7.49}$$

---

[17] E_s bezieht sich hier wie im Folgenden auf die am Kanalausgang bzw. Empfängereingang noch verfügbare Energie des Nutzsignals. Deren Größe im Vergleich zur Sendeenergie ist insbesondere abhängig von der Dämpfung der Übertragungsstrecke.

Da weiter nach (6.8) und (6.9) das Betragsquadrat des Kreuzkorrelationskoeffizienten maximal den Wert 1 annehmen kann, ergibt sich für das bestmögliche S_a/N-Verhältnis der Ausdruck

$$\left.\frac{S_\mathrm{a}}{N}\right|_\mathrm{max} = \frac{E_s}{N_0}\,. \tag{7.50}$$

Der Maximalwert $|p_{sh}^\mathrm{E}|^2 = 1$ wird erreicht bei $p_{sh}^\mathrm{E} = \pm 1$, also nach (6.8) und (6.9) für[18]

$$h(t) = \pm a s^*(T-t) \qquad a \text{ positiv, reell}\,. \tag{7.51}$$

Durch diese zum Signal zeitgespiegelte Impulsantwort ist also ein Empfangsfilter bestimmt, welches das S_a/N-Verhältnis maximiert. Ein Filter mit dieser Optimaleigenschaft, das durch die in (7.51) gezeigte Art an das Sendesignal und das Störsignal „angepasst" ist, wird in der englischsprachigen Literatur als *matched filter*[19] bezeichnet. Die Gleichung (7.50) zeigt, dass das S_a/N-Verhältnis am Ausgang eines matched filter nur von der Energie E_s des Signals $s(t)$ und der Leistungsdichte N_0 des Störsignals $n(t)$ abhängt, nicht jedoch von der Form des Signals $s(t)$.

Aus Abb. 7.5, in der als Beispiel ein zeitbegrenztes Signal $s(t)$ und die zugeordnete Impulsantwort $h(t)$ eines matched filter dargestellt sind, ist zu entnehmen, dass ein kausales matched filter nur dann vorliegt, wenn T größer oder mindestens gleich der Gesamtdauer des Sendesignals $s(t)$ ist. Im

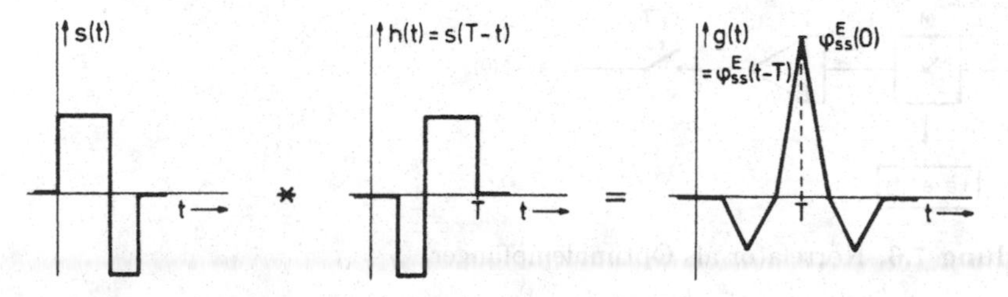

Abbildung 7.5. Beispiel für die Impulsantwort $h(t)$ eines auf $s(t)$ angepassten Filters ($a = 1$) und das Ausgangssignal $s(t) * h(t) = g(t)$

störungsfreien Fall, $n(t) = 0$, erscheint bei Übertragung des Signals $s(t)$ am Ausgang des matched filter

$$g(t) = s(t) * [\pm a s^*(T-t)] = \pm a \varphi_{ss}^\mathrm{E}(t-T)\,, \tag{7.52}$$

[18] Bei physikalischer Deutung beispielsweise in der Übertragung elektrischer zeitabhängiger Signale besitzt $h(t)$ die Dimension $[1/s]$, $s(t)$ die Dimension $[V]$ und a demgemäß die Dimension $[1/Vs]$.

[19] to match: anpassen, daher auch signalangepasstes Filter. Zuerst angegeben 1943 von dem amerik. Physiker Dwight O. North (1909–1998) für den Empfang von Radarsignalen (Anhang zum Literaturverzeichnis).

also die um T verschobene und mit $\pm a$ skalierte Impulsautokorrelationsfunktion des Signals. Daher rührt auch der im Folgenden benutzte Name *Korrelationsfilter*. Der zur Zeit $t = T$ gebildete Abtastwert hat dann die Größe

$$g(T) = \pm a\varphi^{\mathrm{E}}_{ss}(0) , \tag{7.53}$$

bzw. mit (7.46)

$$\sqrt{S_{\mathrm{a}}} = aE_s . \tag{7.54}$$

Dieser Zusammenhang zeigt, dass die am Ausgang des Korrelationsfilters gebildete verschobene Impulsautokorrelationsfunktion des Signals in ihrem Maximum abgetastet wird (Abb. 7.5). Ist das Signal $s(t)$ zeitbegrenzt, dann kann die Zusammenschaltung von Korrelationsfilter und Abtaster auch durch einen Korrelator ersetzt werden. Mit der Definition der Impulskorrelationsfunktion (6.12) gilt für (7.53) bei einem Signal $s(t)$ im Zeitabschnitt $(0; T)$

$$g(T) = \pm a\varphi^{\mathrm{E}}_{ss}(0) = \int_0^T s(t) \cdot [\pm as^*(t)]\mathrm{d}t . \tag{7.55}$$

Diese Operation wird in einem Korrelator, wie Abb. 7.6 zeigt, durch Multiplikation des Eingangssignals mit einem im Empfänger erzeugten Signalmuster, Kurzzeit-Integration über T und Abtastung realisiert. Besonders einfach wird diese Schaltung für den Fall eines rechteckförmigen $s(t) = \mathrm{rect}(t/T - 1/2)$, da dann auch noch die Multiplikation entfallen kann. Abschließend sei noch

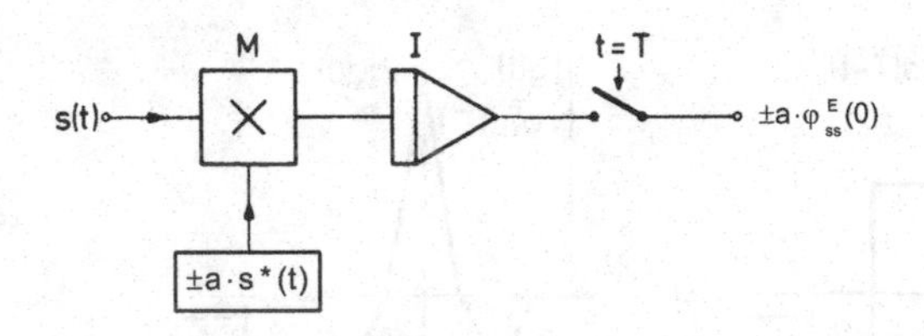

Abbildung 7.6. Korrelator als Optimalempfänger

angemerkt, dass für die Übertragungsfunktion des Korrelationsfilters mit den Fourier-Theoremen für konjugiert-komplexe Signale (3.60) Zeitumkehr (3.63) und Verschiebung (3.64) gilt

$$h(t) = \pm as^*(T - t)$$

$$\circ\!\!-\!\!\bullet \tag{7.56}$$

$$H(f) = \pm aS^*(f)\mathrm{e}^{-\mathrm{j}2\pi Tf} .$$

Daher ist auch die Bezeichnung *konjugiertes Filter* für das Korrelationsfilter gebräuchlich. In Verallgemeinerung des hier verfolgten Rechenganges lässt sich ein matched filter auch für Störung durch farbiges Rauschen angeben (s. hierzu Übungen 14.3).

7.3 Verteilungsfunktionen

In den anschließenden Kap. 8 und 10 wird gezeigt, wie mit Hilfe des Korrelationsfilters oder Korrelators Übertragungssysteme für wertdiskrete Quellensignale wie binäre Daten und für wertkontinuierliche Quellensignale wie Sprach- oder Bildsignale aufgebaut werden können.

Das mit den bisherigen Kenntnissen über Zufallssignale definierte Signal- zu Störleistungsverhältnis ist dort als Gütemaß in analogen Übertragungssystemen sehr nützlich und aussagekräftig. In digitalen Übertragungssystemen interessiert als Gütemaß dagegen an erster Stelle eine Aussage über die Häufigkeit, mit der einzelne Signale im Empfänger falsch erkannt werden. Eine solche Verfälschung wird durch einzelne hohe Spitzenwerte in der vom Korrelationsfilter übertragenen Störspannung verursacht. Zur Berechnung der Häufigkeit dieser Ereignisse reicht die Beschreibung eines Störsignals durch sein Leistungsdichtespektrum nicht aus, sie muss durch eine Beschreibung ergänzt werden, die etwas über die Verteilung der Amplituden eines Zufallssignals auf verschiedene Amplitudenbereiche aussagt.

7.3.1 Verteilungsfunktion und Wahrscheinlichkeit

In einem Experiment wird entsprechend der Definition eines Scharmittelwertes in Abschn. 7.1.1 wieder eine Schar von Zufallssignalen ${}^k s(t)$ zu einem Beobachtungszeitpunkt t_1 betrachtet, und es wird ausgezählt, dass von insgesamt M Beobachtungswerten ein Teil M_x einen Schwellenwert x nicht überschreitet. Es zeigt sich, dass mit wachsendem M das Verhältnis M_x/M einem konstanten Wert zustrebt, s. hierzu die Anmerkung unter (7.1). Dieser Grenzwert wird in Abhängigkeit vom Schwellenwert x als *Verteilungsfunktion* (auch Wahrscheinlichkeitsverteilungsfunktion) der Zufallsgröße $s(t_1)$ definiert als

$$P_s(x, t_1) = \lim_{M \to \infty} \frac{M_x}{M} \,. \tag{7.57}$$

Im Folgenden wird häufig angenommen, dass die betrachteten Zufallsgrößen $s(t_1)$ einem stationären Prozess $s(t)$ entnommen werden. In diesem Fall kann die Angabe einer bestimmten Beobachtungszeit t_1 entfallen. Die Verteilungsfunktion wird einfach $P_s(x)$ geschrieben und gilt dann für den gesamten Prozess.

Einige allgemein gültige Eigenschaften der Verteilungsfunktion folgen sofort aus der Definition (7.57). So kann bei Erhöhen der Schwelle die Zahl M_x der unter dieser Schwelle liegenden Beobachtungswerte nicht kleiner werden, also steigt die Verteilungsfunktion monoton mit x

$$P_s(x_1) \leq P_s(x_2) \quad \text{für alle} \quad x_1 < x_2 \,. \tag{7.58}$$

Liegt die Schwelle bei sehr hohen positiven bzw. negativen Amplituden, dann gilt in den Grenzfällen

$$P_s(\infty) = 1 \qquad \text{und} \qquad P_s(-\infty) = 0\,. \tag{7.59}$$

Werden die Beobachtungswerte $s(t_1)$ einem ergodischen Prozess entnommen, dann kann die Verteilungsfunktion auch über eine zeitliche Mittelung an einer einzigen Musterfunktion $^k s(t)$ gebildet werden. Das Prinzip ist in Abb. 7.7 dargestellt. In einem begrenzten Zeitabschnitt $(-T;T)$ liegt das Zufallssig-

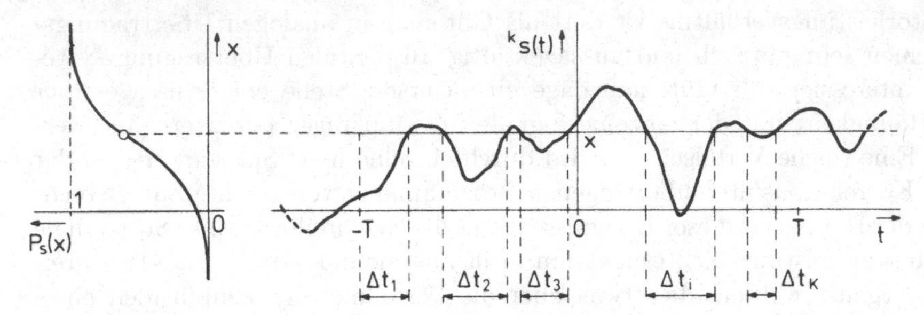

Abbildung 7.7. Bildung der Verteilungsfunktion durch zeitliche Mittelung der unterhalb der Schwelle x liegenden Zeitabschnitte des Zufallssignals $^k s(t)$ (Musterfunktion eines ergodischen Prozesses)

nal $^k s(t)$ während der Zeiten $\Delta t_1, \Delta t_2, \ldots$ unterhalb der Schwelle x. Bezieht man die Summe dieser Zeitabschnitte auf die gesamte Messzeit $2T$, dann erhält man im Grenzübergang entsprechend zu (7.57) wieder die Verteilungsfunktion als

$$P_s(x) = \lim_{T\to\infty} \frac{1}{2T} \sum_i \Delta t_i(x)\,. \tag{7.60}$$

In Abb. 7.7 ist links die zugehörige Verteilungsfunktion in ihrer typischen Form eingezeichnet. Die Definition der Verteilungsfunktion ist eng verknüpft mit dem Begriff der *Wahrscheinlichkeit* (lat. *prob*abilitas bzw. engl. *prob*ability). Der in (7.57) gebildete Grenzwert wird als Wahrscheinlichkeit des Ereignisses bezeichnet, dass die Zufallsgröße $s(t_1)$ kleiner oder gleich dem Wert x ist; in symbolischer Schreibweise[20]

$$P_s(x,t_1) = \lim_{M\to\infty} \frac{M_x}{M} = \text{Prob}[s(t_1) \le x]\,. \tag{7.61}$$

[20] Der in diesem Kapitel benutzte Wahrscheinlichkeitsbegriff als Grenzwert (gemessener) Häufigkeiten ist zwar anschaulich und der messtechnischen Praxis angemessen, aber im strengen Sinn nicht ganz befriedigend [vgl. die Bemerkung unter (7.1)]. In der Mathematik wird daher die Wahrscheinlichkeit axiomatisch definiert. Sie ist ein Maß, das einer Menge von Ereignissen zugeordnet ist. Dieses Maß kann durch einige wenige Eigenschaften festgelegt werden, die mit den idealisierten Eigenschaften der Häufigkeiten für große M übereinstimmen. Für ein tieferes Eindringen muss hier auf die eingangs dieses Kapitels zitierte Literatur verwiesen werden.

7.3.2 Verteilungsdichtefunktion

Aus der Verteilungsfunktion lässt sich durch Differenzbildung ermitteln, mit welcher Wahrscheinlichkeit die Zufallsgröße $s(t_1)$ innerhalb eines begrenzten Amplitudenbereichs $(x; x + \Delta x)$ liegt. Mit (7.61) gilt hierfür

$$\begin{aligned} P_s(x + \Delta x) - P_s(x) &= \text{Prob}[s(t) \leq x + \Delta x] - \text{Prob}[s(t) \leq x] \\ &= \text{Prob}[x < s(t) \leq x + \Delta x] \,. \end{aligned} \tag{7.62}$$

Lässt man im Grenzfall die Breite Δx dieses Amplitudenbereiches gegen Null gehen und bezieht gleichzeitig die obige Wahrscheinlichkeit auf die Breite des Bereiches, so erhält man als Grenzwert dieses Differenzenquotienten die *Verteilungsdichtefunktion* als Ableitung der Verteilungsfunktion

$$p_s(x) = \lim_{\Delta x \to 0} \frac{P_s(x + \Delta x) - P_s(x)}{\Delta x} = \frac{\mathrm{d}}{\mathrm{d}x} P_s(x) \,. \tag{7.63}$$

In Umkehrung von (7.63) und mit $P_s(-\infty) = 0$ gilt dann

$$P_s(x) = \int_{-\infty}^{x} p_s(\xi) \mathrm{d}\xi \,. \tag{7.64}$$

Da $P_s(x)$ eine monoton steigende Funktion ist, folgt aus (7.63) sofort, dass die Verteilungsdichtefunktion nicht negativwertig ist, d. h.

$$p_s(x) \geq 0 \,. \tag{7.65}$$

Weiter ergibt sich aus (7.64) für $x \to \infty$ mit (7.59)

$$\int_{\infty}^{\infty} p_s(\xi) \mathrm{d}\xi = P_s(\infty) = 1 \,, \tag{7.66}$$

die Fläche unter der Verteilungsdichtefunktion ist gleich Eins.

Eine sehr einfache Form der Verteilungsdichtefunktion ist die *Gleichverteilung* oder Rechteckverteilung

$$p_s(x) = \frac{1}{a} \operatorname{rect}\left(\frac{x - m_s}{a} \right) \,. \tag{7.67}$$

Ein Beispiel für ein gleich verteiltes, ergodisches Zufallssignal zusammen mit Verteilungsdichte- und Verteilungsfunktion ist in Abb. 7.8 dargestellt.

Anmerkung: Die in diesem Beispiel behandelte Verteilungsfunktion ist stetig, man spricht dann von einer *kontinuierlichen Verteilung.* Enthält die Verteilungsfunktion zusätzlich Sprungstellen, dann treten in der zugeordneten

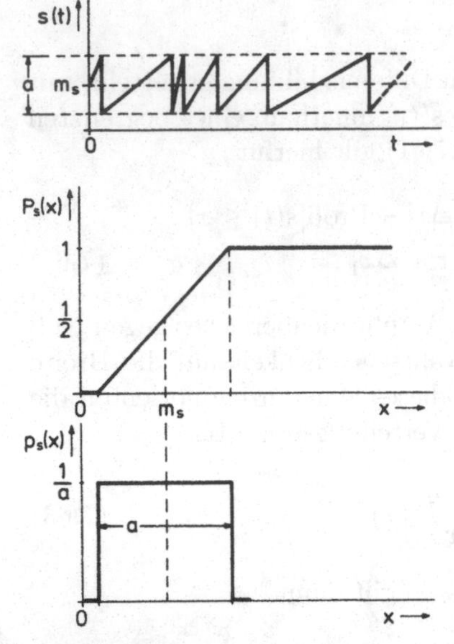

Abbildung 7.8. Gleichverteiltes Zufallssignal mit Verteilungs- und Verteilungsdichtefunktion

Verteilungsdichtefunktion Dirac-Impulse auf. Besteht die Verteilungsdichtefunktion nur aus einer Summe von Dirac-Impulsen, dann nennt man sie eine *diskrete Verteilung* (Aufgabe 7.15). Da die Fläche unter der Verteilungsdichtefunktion eins sein muss, wird sich hier die Summe der Gewichte zu den Dirac-Impulsen zu eins ergeben.

Aus der Verteilungsdichtefunktion $p_s(x)$ einer Zufallsgröße $s(t_1)$ oder eines stationären Prozesses $s(t)$ lassen sich in einfacher Weise alle Mittelwerte erster Ordnung berechnen: Für die Wahrscheinlichkeit, dass die Zufallsgröße in einem schmalen Amplitudenbereich $(x; x + \mathrm{d}x)$ liegt, gilt mit (7.62) und (7.64) und dem Mittelwertsatz der Integralrechnung

$$\mathrm{Prob}[x < s(t) \leq x + \mathrm{d}x] = \int\limits_{x}^{x+\mathrm{d}x} p_s(\xi)\mathrm{d}\xi \approx p_s(x)\mathrm{d}x\,. \tag{7.68}$$

Man kann nun bei der Mittelwertbildung gemäß (7.1) so vorgehen, dass die M einzelnen Summanden ${}^k s(t)$ unter der Summe zunächst in einzelne Teilsummen mit jeweils annähernd gleicher Amplitude x im Bereich $(x; x + \mathrm{d}x)$ zusammengefasst werden. Jede dieser Teilsummen gibt dann, auf M bezogen, einen Beitrag der Größe $x \cdot p_s(x)\mathrm{d}x$ zum Mittelwert. Der gesamte Mittelwert folgt nach Summierung über alle diese Teilsummen als Integral

$$m_s = \mathcal{E}\{s(t)\} = \int_{-\infty}^{\infty} x p_s(x) \mathrm{d}x . \tag{7.69}$$

Für den quadratischen Mittelwert ergibt sich entsprechend

$$L_s = \mathcal{E}\left\{s^2(t)\right\} = \int_{-\infty}^{\infty} x^2 p_s(x) \mathrm{d}x . \tag{7.70}$$

Auf Grund dieses Zusammenhangs werden linearer und quadratischer Mittelwert auch 1. und 2. Moment[21] der Verteilung genannt.

Allgemein gilt folgende Beziehung zwischen Erwartungswerten erster Ordnung und der Verteilungsdichtefunktion für stationäre Prozesse:

$$\mathcal{E}\{F[s(t)]\} = \int_{-\infty}^{\infty} F[x] p_s(x) \mathrm{d}x . \tag{7.71}$$

Anmerkung: Da die 1., 2. und höheren Momente sich andererseits auch als Koeffizienten einer Potenzreihenentwicklung der Verteilungsdichtefunktion ergeben, kann aus Messung genügend vieler Momente die Verteilungsdichtefunktion rekonstruiert werden (Davenport und Root, 1958).

Als Beispiel ergeben sich für eine gleichverteilte stationäre Zufallsgröße durch Einsetzen von (7.67) in (7.69) und (7.70) der Mittelwert

$$m_s = \mathcal{E}\{s(t)\} = \frac{1}{a} \int_{-\infty}^{\infty} x \operatorname{rect}\left(\frac{x - m_s}{a}\right) \mathrm{d}x$$

und die (normierte) Leistung

$$L_s = \mathcal{E}\left\{s^2(t)\right\} = \frac{1}{a} \int_{-\infty}^{\infty} x^2 \operatorname{rect}\left(\frac{x - m_s}{a}\right) \mathrm{d}x = \frac{a^2}{12} + m_s^2 . \tag{7.72}$$

Gemäß (7.13) hat dann die Streuung einer gleichverteilten Zufallsgröße den Wert

$$\sigma_s^2 = L_s - m_s^2 = a^2/12 . \tag{7.73}$$

Für die Gleichverteilung (7.67) lässt sich damit auch schreiben

[21] In Anlehnung an die entsprechend gebildeten Momente der Mechanik, z. B. Trägheitsmoment.

$$p_s(x) = \frac{1}{\sqrt{12\sigma_s^2}} \operatorname{rect}\left(\frac{x - m_s}{\sqrt{12\sigma_s^2}}\right) . \tag{7.74}$$

Die Verteilungsdichtefunktion einer gleichverteilten Zufallsgröße oder eines stationären Prozesses mit Gleichverteilung kann also bereits durch Mittelwert und Streuung vollständig beschrieben werden.

7.3.3 Verbundverteilungsfunktion

In Abschn. 7.1.1 waren die Verbundmittelwerte oder Mittelwerte höherer Ordnung eingeführt worden, um Aussagen über den statistischen Zusammenhang benachbarter Beobachtungswerte eines Prozesses oder zwischen Beobachtungswerten verschiedener Prozesse machen zu können. Aus den gleichen Gründen ist auch die Definition von Verteilungsfunktionen höherer Ordnung für viele Anwendungszwecke notwendig. Zur Definition der *Verbundverteilungsfunktion* zweier Prozesse $s(t)$ und $g(t)$ [oder mit $s(t) = g(t)$ auch *eines* Prozesses] werden zwei Zufallsgrößen $s(t_1)$ und $g(t_2)$ dieser Prozesse betrachtet, und es wird ausgezählt, dass von insgesamt M Beobachtungswertepaaren in M_{xy} Fällen sowohl ${}^k s(t_1) \leq x$ als auch ${}^k g(t_2) \leq y$ ist. Dann wird als Verbundverteilungsfunktion definiert

$$P_{sg}(x, t_1; y, t_2) = \lim_{M \to \infty} \frac{M_{xy}}{M} \quad \text{für alle} \quad x, y, t_1, t_2 \tag{7.75}$$

oder entsprechend (7.61) symbolisch mit Hilfe des Wahrscheinlichkeitsbegriffes

$$P_{sg}(x, t_1; y, t_2) = \operatorname{Prob}[s(t_1) \leq x \text{ UND } g(t_2) \leq y] , \tag{7.76}$$

wobei das Wort UND hier im logischen Sinn des „sowohl als auch“, der Konjunktion, gebraucht wird. Im Folgenden wird fast immer angenommen, dass $s(t)$ und $g(t)$ verbunden stationäre Prozesse sind, dann ist die Verbundverteilungsfunktion nur noch von der Differenz $\tau = t_2 - t_1$ der Beobachtungszeiten abhängig und kann $P_{sg}(x, y, \tau)$ geschrieben werden. Aus der Definition (7.76) folgen mit dieser Vereinfachung sofort einige Eigenschaften der Verbundverteilungsfunktion

$$\begin{aligned} &P_{sg}(\infty, \infty, \tau) = 1 \\ &P_{sg}(-\infty, y, \tau) = 0 \\ &P_{sg}(x, -\infty, \tau) = 0 . \end{aligned} \tag{7.77}$$

Wird weiter eine der beiden Schwellen zu $+\infty$ angenommen, dann geht die Verbundverteilungsfunktion in eine einfache Verteilungsfunktion über

$$\begin{aligned} &P_{sg}(x, \infty, \tau) = P_s(x) \\ &P_{sg}(\infty, y, \tau) = P_g(y) . \end{aligned} \tag{7.78}$$

$P_s(x)$ und $P_g(y)$ werden in diesem Zusammenhang *Randverteilungen* der Verbundverteilungsfunktion genannt.

Werden die Beobachtungswerte ergodischen Prozessen entnommen, dann kann auch die Verbundverteilungsfunktion aus zwei Musterfunktionen durch zeitliche Mittelung gebildet werden. Das Prinzip zeigt Abb. 7.9 für $\tau = 0$. In den Zeitabschnitten $\Delta t_1, \Delta t_2, \ldots$ liegt sowohl $s(t)$ unterhalb der Schwel-

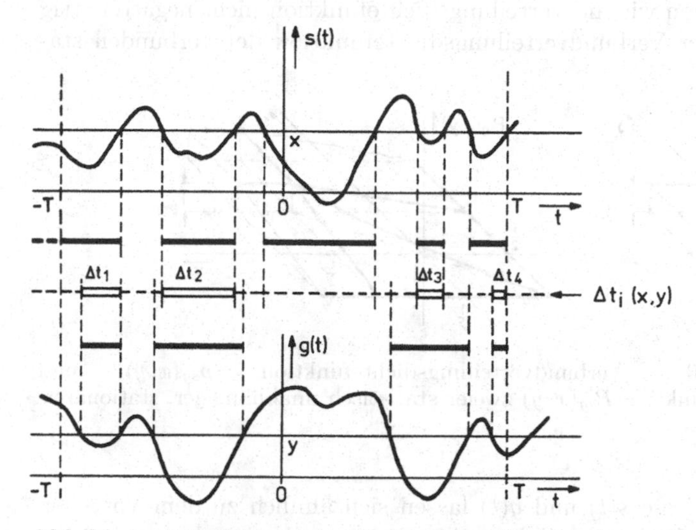

Abbildung 7.9. Bildung der Verbundverteilungsfunktion $P_{sg}(x, y, \tau = 0)$ verbunden ergodischer Prozesse durch Zeitmittelung

le x als auch $g(t)$ unterhalb y. Durch zeitliche Mittelung ergibt sich im Grenzübergang genügend langer Messzeit die Verbundverteilungsfunktion für $\tau = 0$ zu

$$P_{sg}(x, y, \tau = 0) = \lim_{T \to \infty} \frac{1}{2T} \sum_i \Delta t_i(x, y) \,. \tag{7.79}$$

Durch Verschieben der Funktion $g(t)$ um τ lässt sich in gleicher Weise die Verbundverteilungsfunktion für beliebige τ ermitteln.

In Verallgemeinerung der Definition der Verteilungsdichtefunktion in (7.63) kann die *Verbundverteilungsdichtefunktion* als partielle Ableitung der Verbundverteilungsfunktion nach den beiden Variablen x und y definiert werden

$$p_{sg}(x, y, \tau) = \frac{\partial^2}{\partial x \partial y} P_{sg}(x, y, \tau) \,. \tag{7.80}$$

Die Umkehrung von (7.80) lautet

$$P_{sg}(x,y,\tau) = \int_{-\infty}^{x} \int_{-\infty}^{y} p_{sg}(\xi,\nu,\tau)\mathrm{d}\nu\mathrm{d}\xi \; . \tag{7.81}$$

Aus (7.81) und den Eigenschaften der Verbundverteilungsfunktion (7.77) folgt für $x \to \infty$ und $y \to \infty$, dass das Volumen unter der Verbundverteilungsdichtefunktion für alle τ gleich Eins ist. Weiter ist die Verbundverteilungsdichtefunktion wie die Verteilungsdichtefunktion nicht negativwertig (Abb. 7.10). Aus der Verbundverteilungsdichtefunktion der verbunden sta-

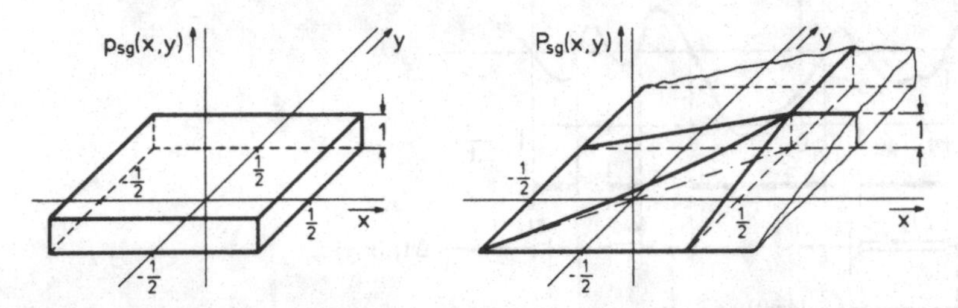

Abbildung 7.10. Verbundverteilungsdichtefunktion $p_{sg}(x,y)$ und Verbundverteilungsfunktion $P_{sg}(x,y)$ zweier statistisch unabhängiger, stationärer, gleichverteilter Prozesse

tionären Zufallsprozesse $s(t)$ und $g(t)$ lassen sich ähnlich zu dem Vorgehen in Abschn. 7.3.2 die Verbundmittelwerte 2. Ordnung (Verbundmomente) bestimmen. Entsprechend zu (7.68) kann man schreiben

$$\begin{aligned} &\mathrm{Prob}[x < s(t) \le x + \mathrm{d}x \text{ UND } y < g(t+\tau) \le y + \mathrm{d}y] \\ &= \int_{x}^{x+\mathrm{d}x} \int_{y}^{y+\mathrm{d}y} p_{sg}(\xi,\nu,\tau)\mathrm{d}\nu\mathrm{d}\xi \approx p_{sg}(x,y,\tau)\mathrm{d}y\mathrm{d}x \; . \end{aligned}$$

Damit erhält man speziell für die Kreuzkorrelationsfunktion $\varphi_{sg}(\tau)$ nach (7.24)

$$\varphi_{sg}(\tau) = \mathcal{E}\left\{s(t)g(t+\tau)\right\} = \int_{-\infty}^{\infty} \int_{-\infty}^{\infty} xy\, p_{sg}(x,y,\tau)\mathrm{d}y\mathrm{d}x \; . \tag{7.82}$$

Der Kreuzkorrelationskoeffizient ergibt sich für $\tau = 0$ dann zu

$$\varphi_{sg}(0) = \int_{-\infty}^{\infty} \int_{-\infty}^{\infty} xy\, p_{sg}(x,y,\tau = 0)\mathrm{d}y\mathrm{d}x \; . \tag{7.83}$$

7.3.4 Statistische Unabhängigkeit

Lässt sich die Verbundverteilungsfunktion zweier Prozesse $s(t)$ und $g(t)$ als Produkt ihrer Verteilungsfunktionen darstellen, dann nennt man die Prozesse *statistisch unabhängig*. Allgemein gilt damit bei nichtstationären Prozessen

$$P_{sg}(x,t_1;y,t_2) = P_s(x,t_1) \cdot P_g(y,t_2) \quad \text{für alle } t_1, t_2 \,. \tag{7.84}$$

Diese Unabhängigkeit kann i. Allg. angenommen werden, wenn die Prozesse physikalisch verschiedene Quellen besitzen, diese physikalische Unabhängigkeit ist aber keine notwendige Voraussetzung der statistischen Unabhängigkeit. Bei verbunden stationären Prozessen sind die beiden Verteilungsfunktionen zeitunabhängig, damit wird aus (7.84)

$$P_{sg}(x,y,\tau) = P_s(x) \cdot P_g(y) = P_{sg}(x,y) \,, \tag{7.85}$$

ihre Verbundverteilungsfunktion ist also bei statistischer Unabhängigkeit zeitunabhängig und gleich dem Produkt der Randverteilungen (7.78). Der gleiche Zusammenhang gilt für die Verteilungsdichtefunktionen, mit (7.80) wird aus (7.85)

$$\begin{aligned} p_{sg}(x,y) &= \frac{\partial^2}{\partial x \partial y}[P_s(x) \cdot P_g(y)] \\ &= \frac{\mathrm{d}}{\mathrm{d}x}P_s(x) \cdot \frac{\mathrm{d}}{\mathrm{d}y}P_g(y) = p_s(x) \cdot p_g(y) \end{aligned} \tag{7.86}$$

die Verbundverteilungsdichtefunktion statistisch unabhängiger, verbunden stationärer Prozesse ist also ebenfalls das zeitunabhängige Produkt der einzelnen Verteilungsdichtefunktionen.

Diese Aussagen gelten entsprechend für alle diesen Prozessen entnommenen Zufallsgrößen. Als einfaches Beispiel zeigt Abb. 7.10 Verbundverteilungsdichte- und Verbundverteilungsfunktion zweier statistisch unabhängiger, stationärer, gleichverteilter Prozesse mit

$$p_{sg}(x,y,\tau) = p_{sg}(x,y) = \mathrm{rect}(x) \cdot \mathrm{rect}(y) \,. \tag{7.87}$$

Die Kreuzkorrelationsfunktion zweier statistisch unabhängiger, verbunden stationärer Prozesse erhält man durch Einsetzen von (7.86) in (7.82)

$$\begin{aligned} \varphi_{sg}(\tau) &= \int_{-\infty}^{\infty}\int_{-\infty}^{\infty} xy p_s(x) p_g(y) \mathrm{d}y \mathrm{d}x \\ &= \int_{-\infty}^{\infty} x p_s(x) \mathrm{d}x \cdot \int_{-\infty}^{\infty} y p_g(y) \mathrm{d}y = m_s \cdot m_g \,. \end{aligned} \tag{7.88}$$

Die Kreuzkorrelationsfunktion ist in diesem Fall konstant und gleich dem Produkt der Mittelwerte. Die in (7.25) definierte Kreuzkovarianzfunktion verschwindet dann:

$$\mu_{sg}(\tau) = \varphi_{sg}(\tau) - m_s \cdot m_g = 0 . \tag{7.89}$$

Prozesse mit der Eigenschaft $\mu_{sg}(\tau) = 0$ nennt man *unkorreliert* oder gleichbedeutend *linear unabhängig* (Aufgabe 7.13).
Statistisch unabhängige, stationäre Prozesse sind also stets unkorreliert. Dieser Satz ist i. Allg. nicht umkehrbar, eine wichtige Ausnahme bilden die im nächsten Abschnitt betrachteten Gauß-verteilten Zufallsgrößen und Prozesse.[22]

Anmerkung: Im Besonderen sind auch die den unkorrelierten Prozessen $s(t)$ und $g(t)$ zu beliebigen Zeiten entnommenen Zufallsgrößen $s(t_1)$ und $g(t_2)$ unkorreliert. Ist speziell nur $\mu_{sg}(0) = 0$, dann sind auch nur die *gleichzeitig* entnommenen Zufallsgrößen $s(t_1)$ und $g(t_1)$ (t_1 beliebig) unkorreliert (Aufgabe 7.7b). Dies entspricht der Eigenschaft der Orthogonalität (6.10) bei Energiesignalen.

7.4 Gauß-Verteilungen

7.4.1 Verteilungsdichtefunktion der Summe von Zufallsgrößen

In vielen Anwendungsfällen interessieren die statistischen Eigenschaften der Summe von Signalen, Beispiele sind die Summe von Nutz- und Störsignal oder die Summe verschiedener Störsignale. Gesucht sei die Verteilungsdichtefunktion $p_s(x)$ der Summe

$$^k s(t) = {}^k f(t) + {}^k g(t)$$

zweier verbunden stationärer Prozesse $f(t)$ und $g(t)$ (optional entsprechend mit Zeitverschiebung τ). Die Summe beider Zufallsgrößen nimmt den Wert x an, wenn beispielsweise $^k f(t) = u$ UND $^k g(t) = x - u$ ist. Diese Kombination

[22] Die Kreuzkorrelation ist ein Maß für die *lineare* Abhängigkeit zwischen zwei Prozessen, d.h. für die Erwartung, dass die Zufallsvariablen der beiden Prozesse über einen linearen Faktor miteinander verbunden sind. So wird die Kreuzkorrelation vom Betrag her stets maximal, wenn für die gemeinsam beobachteten Musterfunktionen *immer* gilt $^k g(t_2) = a \cdot {}^k s(t_1)$ (a reell), und der Betrag wird um so kleiner werden, je häufiger und je stärker die Beobachtungen im Mittel von diesem Idealfall abweichen. Unkorrelierte Prozesse können aber durchaus *nichtlineare* Abhängigkeiten aufweisen und sind dann nicht statistisch unabhängig. Ein Beispiel hierfür wäre es, wenn für die Hälfte der beobachteten Fälle zufällig gilt $^k g(t_2) = +a \cdot {}^k s(t_1)$, und sonst $^k g(t_2) = -a \cdot {}^k s(t_1)$. Bei der Bildung des Erwartungswertes ergibt sich zwar eine Kreuzkorrelation von Null, tatsächlich ist aber die statistische Abhängigkeit zwischen den Absolutwerten maximal.

tritt mit einer Wahrscheinlichkeitsdichte auf, die entsprechend zur Diskussion in Abschn. 7.3.3 durch die Verbundverteilungsdichtefunktion $p_{fg}(u, x-u)$ beschrieben werden kann (hier mit $\tau = 0$, jedoch prinzipiell für beliebiges τ). Durch Berücksichtigung aller möglichen Werte u folgt als Verteilungsdichtefunktion der Summe dann der Integralausdruck

$$p_s(x) = \int_{-\infty}^{\infty} p_{fg}(u, x-u)\mathrm{d}u \,. \tag{7.90}$$

Sind $f(t_1)$ und $g(t_1)$ außerdem statistisch unabhängig, dann wird durch Einsetzen von (7.86) in (7.90)

$$p_s(x) = \int_{-\infty}^{\infty} p_f(u) \cdot p_g(x-u)\mathrm{d}u = p_f(x) * p_g(x) \,. \tag{7.91}$$

Die Verteilungsdichtefunktion der Summe statistisch unabhängiger Zufallsgrößen ist also gleich dem Faltungsprodukt der einzelnen Verteilungsdichtefunktionen.[23]

Als Beispiel zeigt Abb. 7.11 Verteilungsdichtefunktionen, wie sie für die Summen statistisch unabhängiger, gleichverteilter, ergodischer Zufallssignale gelten. Wird die Anzahl der Summanden einer solchen Summe statistisch

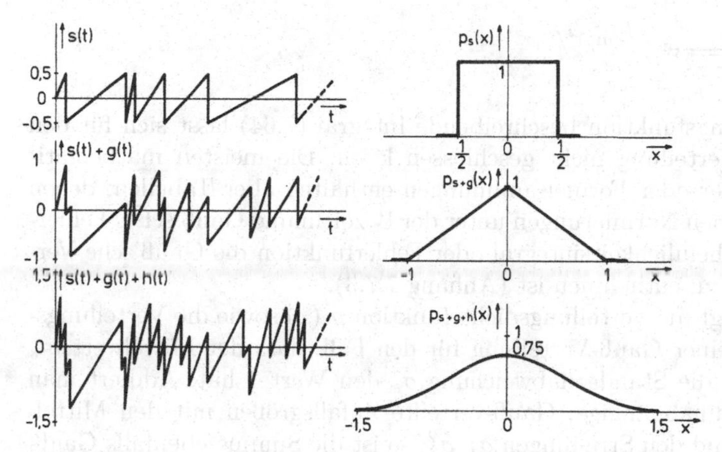

Abbildung 7.11. Summen statistisch unabhängiger, gleichverteilter Zufallssignale $s(t)$, $g(t)$, $h(t)$ (Abb. 7.8) und ihre Verteilungsdichtefunktionen

unabhängiger, gleichverteilter Zufallsgrößen ständig weiter erhöht, so nähert

[23] Zur Lösung dieses Faltungsprodukts kann die Fourier-Transformation benutzt werden (Aufgabe 7.15). Die Fourier-Transformierte einer Verteilungsdichtefunktion wird *charakteristische Funktion* genannt, sie wird als Hilfsmittel für Faltung, Integration oder Differentiation verwendet.

sich der Verlauf der resultierenden Verteilungsdichtefunktion mehr und mehr einer Gauß-Funktion (Anhang 3.13.2). Dieses Verhalten ist nun nicht auf die Gleichverteilung beschränkt, sondern gilt nach der Aussage des *zentralen Grenzwertsatzes* (Davenport und Root, 1958) der mathematischen Statistik für Summen genügend vieler unabhängiger Zufallsgrößen mit in weiten Grenzen beliebigen Verteilungsdichtefunktionen. Vorausgesetzt wird lediglich, dass die Varianzen aller einzelnen Zufallsgrößen klein gegen die Gesamtvarianz sind.

7.4.2 Gauß-Verteilung

Die *Gauß-Verteilung*[24], auch *Normalverteilung* genannt, stellt eine der wichtigsten kontinuierlichen Verteilungsdichtefunktionen dar. Sie spielt bei der statistischen Signalbeschreibung eine große Rolle, weil die praktisch auftretenden Zufallssignale in sehr vielen Fällen (z. B. Widerstandsrauschen, Antennenrauschen, Rauschsignale in Übertragungsstrecken, Summen von Ton- oder Sprachsignalen) durch Summierung der Signale einer großen Anzahl unabhängiger Quellen gebildet werden und daher normalverteilt oder zumindest angenähert normalverteilt sind.

Wie bei der Gleichverteilung wird auch bei der Gauß-Verteilung die Verteilungsdichtefunktion $p_s(x)$ durch den Mittelwert m_s und die Streuung σ_s^2 vollständig beschrieben (Aufgabe 7.18). Es gilt

$$p_s(x) = \frac{1}{\sqrt{2\pi\sigma_s^2}} \mathrm{e}^{-(x-m_s)^2/(2\sigma_s^2)} . \tag{7.92}$$

Das die Verteilungsfunktion beschreibende Integral (7.64) lässt sich für den Fall der Gauß-Verteilung nicht geschlossen lösen. Die meisten mathematischen Handbücher oder Formelsammlungen enthalten aber Tabellen, denen in unterschiedlichen Normierungen unter der Bezeichnung Gauß'sches Fehlerintegral, Wahrscheinlichkeitsintegral oder Fehlerfunktion die Gauß'sche Verteilungsfunktion zu entnehmen ist (Anhang 7.7.3).

Abb. 7.12 zeigt die Verteilungsdichtefunktion $p_s(x)$ sowie die Verteilungsfunktion $P_s(x)$ einer Gauß-Verteilung für den Fall, dass der Mittelwert m_s den Wert 0 und die Standardabweichung σ_s den Wert 1 hat. Addiert man zwei statistisch unabhängige, Gauß-verteilte Zufallsgrößen mit den Mittelwerten m_1, m_2 und den Streuungen σ_1^2, σ_2^2, so ist die Summe ebenfalls Gauß-verteilt mit Mittelwert m_s und Streuung σ_s^2 gemäß (s. Aufgabe 7.15)[25]

$$m_s = m_1 + m_2 \, ; \qquad \sigma_s^2 = \sigma_1^2 + \sigma_2^2 \, . \tag{7.93}$$

[24] Karl Friedrich Gauß (1777–1855), dt. Mathematiker und Physiker.

[25] Bei einer generelleren Formulierung des Superpositionsprinzips, $s = a_1 s_1 + a_2 s_2$, gilt aber: $m_s = a_1 m_1 + a_2 m_2$ und $\sigma_s^2 = a_1^2 \sigma_1^2 + a_2^2 \sigma_2^2$.

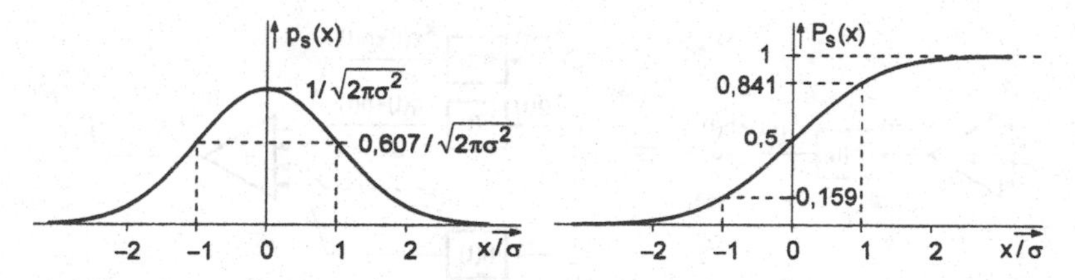

Abbildung 7.12. Verteilungsdichtefunktion $p_s(x)$ und Verteilungsfunktion $P_s(x)$ einer Gauß-Verteilung mit $m_s = 0$

7.4.3 Gauß-Prozess und LTI-Systeme

In Abschn. 7.2 war gezeigt worden, wie sich Mittelwerte und Verbundmittelwerte von Zufallsprozessen bei der Übertragung von Zufallsprozessen über ein LTI-System verhalten. Die weitergehende Frage, wie sich beispielsweise Verteilungs- und Verteilungsdichtefunktionen bei einer solchen Übertragung verändern, lässt sich dagegen schon nicht mehr allgemein beantworten. In einer Näherungsmethode kann man den linearen, quadratischen, kubischen usw. Mittelwert am Ausgang des LTI-Systems berechnen und damit die Verteilungsfunktion approximieren.

Eine exakte Lösung dieses Problems ist dagegen möglich, wenn die Eingangssignale Musterfunktionen eines stationären Zufallsprozesses mit Gauß-Verteilung sind. Als Folge des zentralen Grenzwertsatzes ist dann auch die Schar der Ausgangssignale Gauß-verteilt (Davenport und Root, 1958). Dieses Verhalten soll durch das in Abb. 7.13 dargestellte Systembeispiel plausibel gemacht werden. Im linken Teil der Abb. wird die Summe einer großen Anzahl von Zufallssignalen gebildet und über ein LTI-System übertragen. Jedes dieser Signale soll Musterfunktion eines jeweils anderen statistisch unabhängigen, stationären Prozesses mit einer jeweils beliebigen Verteilungsfunktion sein. Das Summensignal ${}^k n(t)$ ist dann laut Aussage des zentralen Grenzwertsatzes und unter seinen Voraussetzungen Mustersignal eines stationären Prozesses mit Gauß'scher Verteilungsdichtefunktion. Der rechte Teil des Bildes beschreibt ein äquivalentes System, da die Faltung distributiv zur Addition ist (Abb. 1.21). Die einzelnen Faltungsprodukte ${}^k s(t) * h(t)$ gehören jetzt i. Allg. Prozessen mit veränderten Verteilungsdichtefunktionen an. Jedoch muss die Summe als Folge des zentralen Grenzwertsatzes ebenfalls wieder Mustersignal eines Prozesses mit Gauß'scher Verteilungsdichtefunktion sein. Damit wird veranschaulicht, dass auch am Ausgang des LTI-Systems der linken Bildhälfte der Prozess $n(t) * h(t)$ Gauß-verteilt ist. In gleicher Weise, wie der bisher angesprochene zentrale Grenzwertsatz eine Aussage über die Verteilung 1. Ordnung eines wie in Abb. 7.13 gebildeten Prozesses $n(t)$ macht, existiert auch ein übergeordneter zentraler Grenzwertsatz, der alle höheren Verbundverteilungen des Summenprozesses $n(t)$ in Form mehrdimensionaler Gauß-Verteilungen beschreibt. Ein derart im statistischen Sinn vollständig definierter Prozess wird ein (hier stationärer) *Gauß-Prozess* genannt.

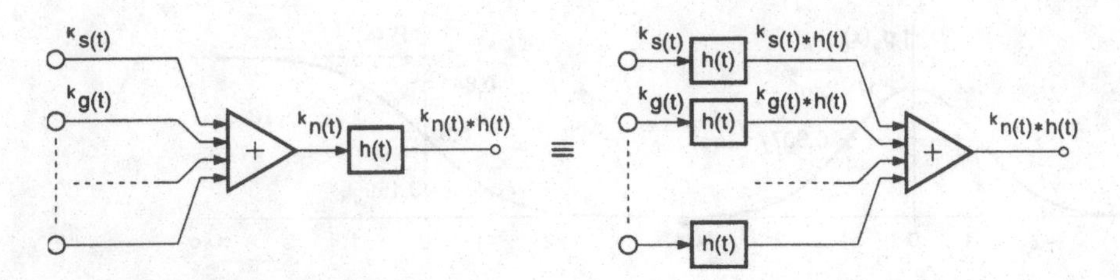

Abbildung 7.13. Systembeispiel zur Übertragung eines Gauß-verteilten Signals ${}^k n(t)$ über ein LTI-System

Überträgt man einen stationären Gauß-Prozess über ein LTI-System, dann zeigt auch hier das Systembeispiel Abb. 7.13, dass der Ausgangsprozess ebenfalls ein stationärer Gauß-Prozess ist.

Aus der Theorie der Gauß-Prozesse (Davenport und Root, 1958) sei hier nur die im Folgenden mehrfach benötigte Verbundverteilungsdichtefunktion $p_{sg}(x, y, \tau)$ zweier Gauß-Prozesse $s(t)$ und $g(t)$ vorgestellt, wie sie beispielsweise zwischen Ein- und Ausgang eines mit stationärem, thermischen Rauschen gespeisten LTI-Systems auftreten. Haben diese Prozesse die Streuungen σ_s^2 und σ_g^2 und sind sie mittelwertfrei, dann gilt (s. Anhang 7.7.2)

$$\begin{aligned} p_{sg}(x, y, \tau) = & \frac{1}{2\pi\sigma_s\sigma_g\sqrt{1-\varrho^2(\tau)}} \\ & \cdot \exp\left(-\frac{\sigma_g^2 x^2 + \sigma_s^2 y^2 - 2\sigma_s\sigma_g\varrho(\tau)xy}{2\sigma_s^2\sigma_g^2(1-\varrho^2(\tau))}\right), \end{aligned} \tag{7.94}$$

wobei $\varrho(\tau)$ die auf das Produkt der Standardabweichungen normierte Kreuzkovarianzfunktion ist:

$$\varrho(\tau) = \mu_{sg}(\tau)/(\sigma_s\sigma_g)\,. \tag{7.95}$$

Sind die beiden Prozesse unkorreliert, so ist nach Abschn. 7.3.4 $\mu_{sg}(\tau) = 0$ und damit auch $\varrho(\tau) = 0$. Damit erhält man für unkorrelierte Gauß-Prozesse nach (7.94)

$$\begin{aligned} p_{sg}(x, y, \tau) = p_{sg}(x, y) &= \frac{1}{2\pi\sigma_s\sigma_g}\exp\left(-\frac{\sigma_g^2 x^2 + \sigma_s^2 y^2}{2\sigma_s^2\sigma_g^2}\right) \\ &= \frac{1}{\sqrt{2\pi\sigma_s^2}}\exp\left(\frac{-x^2}{2\sigma_s^2}\right)\cdot\frac{1}{\sqrt{2\pi\sigma_g^2}}\exp\left(\frac{-y^2}{2\sigma_g^2}\right) \\ &= p_s(x)\cdot p_g(y)\,. \end{aligned} \tag{7.96}$$

Die Verbundverteilungsdichtefunktion lässt sich dann als Produkt der einzelnen Verteilungsdichten schreiben. Nach (7.86) bedeutet das zusätzlich die statistische Unabhängigkeit beider Zufallsprozesse. Es gilt also die wichtige Aussage, dass unkorrelierte Gauß-Prozesse auch statistisch unabhängig sind.[26]

7.4.4 Fehlerwahrscheinlichkeit bei Korrelationsfilter-Empfang gestörter Binärsignale

Die Beschreibung von Zufallsprozessen durch ihre Verteilungsfunktionen war eingangs damit begründet worden, das pauschale Gütekriterium des S_a/N-Verhältnisses bei Korrelationsfilter-Empfang durch genauere Aussagen zu ergänzen.

Hierzu wird ein Empfänger betrachtet, der zunächst nur entscheiden soll, ob der Sender zu einem bestimmten Zeitpunkt ein bestimmtes Signal $s(t)$ gesendet hat oder nicht. Diese Entscheidung soll durch eine Schwellenschaltung am Ausgang eines Korrelationsfilter-Empfängers getroffen werden. Das betrachtete Gesamtsystem ist in Abb. 7.14 dargestellt (vgl. Abb. 7.4). Zunächst

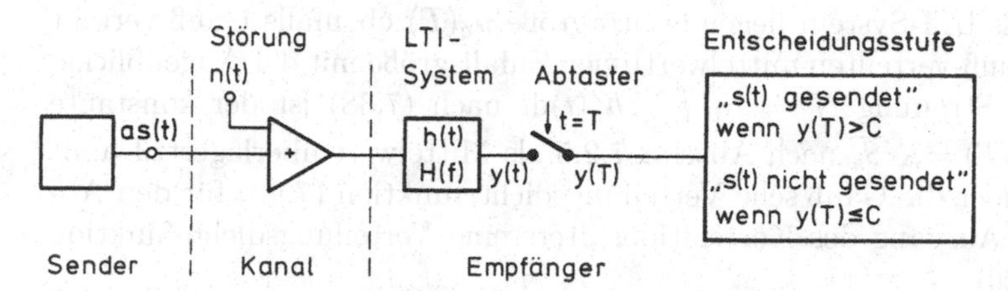

Abbildung 7.14. Übertragungssystem mit Entscheidungsstufe

wird angenommen, dass das Signal $as(t)$ am Kanalausgang mit dem Amplitudenfaktor $a = 1$ erscheint. Der Abtastwert $y_1(T)$ am Ausgang des Empfangsfilters setzt sich dann nach (7.45) aus einem Nutzanteil $g(T)$ und einem Störanteil $n_e(T)$ zusammen

$$y_1(T) = g(T) + n_e(T) .$$

Die Aufgabe der Entscheidungsstufe besteht nun darin, den Abtastwert $y_1(T)$ mit einer geeignet gewählten Schwelle C zu vergleichen und „$s(t)$ gesendet“ anzuzeigen, wenn $y_1(T) > C$ ist. Der Empfänger trifft also eine Fehlentscheidung, wenn $y_1(T) \leq C$ ist, obwohl $s(t)$ gesendet wurde. Um die Wahrscheinlichkeit einer solchen Fehlentscheidung berechnen zu können, wird

[26] Statistische Abhängigkeiten zwischen zwei Gauß-Prozessen lassen sich demnach vollständig als lineare Abhängigkeiten charakterisieren (vgl. hierzu auch Fußnote 22). Hieraus folgt auch, dass lineare Systeme genügen, um diese Abhängigkeiten auszunutzen. Daher reicht z.B. bei Gauß-verteilten Störungen als optimaler Empfänger ein lineares System, der Korrelationsfilter-Empfänger, vollständig aus.

dieser Übertragungsversuch hinreichend oft mit voneinander unabhängigen Störquellen aufgebaut. Der Abtastwert $y_1(T)$ ist dann eine Zufallsgröße mit einer Verteilungsdichtefunktion $p_{y1}(x)$. Die Fehlerwahrscheinlichkeit P_{e1} lässt sich mit (7.61) durch die Verteilungsfunktion ausdrücken

$$P_{e1} = \text{Prob}[y_1(T) \leq C] = P_{y1}(C) \,. \tag{7.97}$$

Mit (7.64) ist dann der Zusammenhang zwischen P_{e1} und $p_{y1}(x)$

$$P_{e1} = \int_{-\infty}^{C} p_{y1}(x)\mathrm{d}x \,. \tag{7.98}$$

In Abschn. 7.2.5 war vorausgesetzt worden, dass das im Übertragungskanal addierte Störsignal weißes Rauschen mit der Leistungsdichte N_0 sei. Hier wird zusätzlich noch angenommen, dass das Rauschen Gauß-verteilt ist. Diese Annahme ist nach den Ergebnissen des Abschn. 7.4 für sehr viele Kanäle zulässig und erlaubt weiter die Aussage, dass die am Ausgang des Korrelationsfilters als LTI-System liegende Störgröße $n_\mathrm{e}(T)$ ebenfalls Gauß-verteilt ist. Dieser Gauß-verteilten mittelwertfreien Zufallsgröße mit der Augenblicksleistung und Streuung $N = N_0 \int_{-\infty}^{\infty} h^2(t)\mathrm{d}t$ nach (7.38) ist der konstante Nutzanteil $g(T) = \sqrt{S_\mathrm{a}}$ nach Abschn. 7.2.5 als Mittelwert überlagert. Damit erhält man über die Gauß'sche Verteilungsdichtefunktion (7.92) für den Abtastwert am Ausgang des Korrelationsfilters eine Verteilungsdichtefunktion (Aufgabe 7.20)

$$p_{y1}(x) = \frac{1}{\sqrt{2\pi N}} \exp[-(x - \sqrt{S_\mathrm{a}})^2/(2N)] \,, \tag{7.99}$$

und als Fehlerwahrscheinlichkeit ergibt sich mit (7.98)

$$P_{e1} = \int_{-\infty}^{C} \frac{1}{\sqrt{2\pi N}} \exp[-(x - \sqrt{S_\mathrm{a}})^2/(2N)]\mathrm{d}x \,. \tag{7.100}$$

Dieses Integral kann, wie schon in 7.4.2 erwähnt, nicht geschlossen berechnet werden. Mit der komplementären Fehlerfunktion [Gl. (7.160) in Anhang 7.7.3] lässt sich für (7.100) auch schreiben

$$P_{e1} = \frac{1}{2}\mathrm{erfc}\left(\frac{\sqrt{S_\mathrm{a}} - C}{\sqrt{2N}}\right) \tag{7.101}$$

In einem zweiten Übertragungsversuch wird nun angenommen, dass der Sender kein Signal erzeugt, also $a = 0$ ist. Der Abtastwert am Ausgang des Korrelationsfilters ist dann nur vom Störsignal abhängig, mit $g(T) = 0$ gilt

$$y_0(T) = n_\mathrm{e}(T)$$

In diesem Fall trifft der Empfänger eine Fehlentscheidung, wenn $y_0(T) > C$ ist; die zugehörige Fehlerwahrscheinlichkeit P_{e0} ist damit

$$P_{e0} = \text{Prob}[y_0(T) > C] . \tag{7.102}$$

Da $y_0(T)$ eine Gauß-verteilte, aber jetzt mittelwertfreie Zufallsgröße ist, gilt

$$p_{y0}(x) = \frac{1}{\sqrt{2\pi N}} \exp[-x^2/(2N)] . \tag{7.103}$$

Damit wird mit (7.102) und in gleicher Rechnung wie oben

$$P_{e0} = \int_C^\infty p_{y0}(x)\mathrm{d}x = \frac{1}{2}\mathrm{erfc}\left(\frac{C}{\sqrt{2N}}\right) . \tag{7.104}$$

Die beiden Verteilungsdichtefunktionen $p_{y1}(x)$ und $p_{y0}(x)$ sind in Abb. 7.15 dargestellt.[27] Bei zunächst willkürlicher Annahme einer Schwelle C entsprechen die schraffierten Flächen den Fehlerwahrscheinlichkeiten P_{e1} und P_{e0} in beiden Experimenten. Bisher wurden zwei getrennte Experimente „$s(t)$ gesendet" und „$s(t)$ nicht gesendet" betrachtet. Fasst man nun beide Experimente zu einem Gesamtexperiment zusammen, in dem genau die eine Hälfte der Sender das Signal $s(t)$ aussendet, die andere dagegen nicht, dann ergibt sich die gesamte Fehlerwahrscheinlichkeit als Summe der anteiligen, hier also halben Fehlerwahrscheinlichkeit der zuerst durchgeführten Einzelexperimente, also ist

$$P_e = \frac{1}{2}P_{e1} + \frac{1}{2}P_{e0} = \frac{1}{2}(P_{e1} + P_{e0}) . \tag{7.105}$$

[27] Da die Verteilungsdichtefunktionen hier vom Zustand des Senders abhängig sind, werden sie auch „bedingte Verteilungsdichtefunktionen" genannt und geschrieben

$$p_{y1}(x) \equiv p_y(x|a = 1)$$
$$p_{y0}(x) \equiv p_y(x|a = 0)$$

Hieraus errechnet sich die Verteilungsdichte des Ausgangssignals gemäß

$$p_y(x) = \text{Prob}[a = 0] \cdot p_{y0}(x) + \text{Prob}[a = 1] \cdot p_{y1}(x).$$

Bei unipolarer Übertragung ist die Verteilungsdichte des Nutzsignals

$$p_g(x) = \text{Prob}[a = 0] \cdot \delta(x) + \text{Prob}[a = 1] \cdot \delta(x - \sqrt{S_a}) .$$

Durch Anwendung von (7.91) erhält man über

$$p_y(x) = p_g(x) * p_n(x) \quad \text{mit} \quad p_n(x) = \frac{1}{\sqrt{2\pi N}} \exp[-x^2/(2N)] .$$

dasselbe Ergebnis wie oben. Im Folgenden wird der Sonderfall $\text{Prob}[a = 0] = \text{Prob}[a = 1] = \frac{1}{2}$ betrachtet.

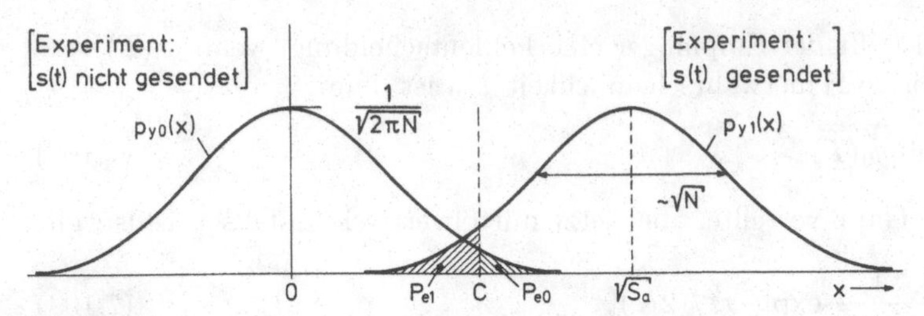

Abbildung 7.15. Verteilungsdichtefunktionen $p_{y1}(x)$ und $p_{y0}(x)$ am Eingang der Entscheidungsstufe und resultierende Fehlerwahrscheinlichkeiten P_{e1} und P_{e0}

Die so definierte Gesamtfehlerwahrscheinlichkeit entspricht jetzt der mit 1/2 multiplizierten gesamten schraffierten Fläche in Abb. 7.15. Wie an Hand von Abb. 7.15 sofort einsichtig ist, wird diese schraffierte Fläche und damit die Fehlerwahrscheinlichkeit dann minimal, wenn die Schwellenamplitude C mit dem Schnittpunkt der Verteilungsdichtefunktionen zusammenfällt. Da beide Verteilungsdichtefunktionen symmetrisch sind und $p_{y1}(x)$ durch eine Verschiebung um $\sqrt{S_a}$ aus $p_{y0}(x)$ hervorgeht, liegt ihr Schnittpunkt bei $x = \sqrt{S_a}/2$. Mit $C = \sqrt{S_a}/2$ ergibt sich dann die minimale Gesamtfehlerwahrscheinlichkeit nach (7.105) mit P_{e1} nach (7.101) und P_{e0} nach (7.104) zu

$$P_{\text{e min}} = \frac{1}{2}\left[\frac{1}{2}\text{erfc}\left(\frac{\sqrt{S_a}-\sqrt{S_a}/2}{\sqrt{2N}}\right) + \frac{1}{2}\text{erfc}\left(\frac{\sqrt{S_a}/2}{\sqrt{2N}}\right)\right]$$
$$= \frac{1}{2}\text{erfc}\left(\sqrt{\frac{S_a}{8N}}\right) .$$

Dieser Ausdruck erreicht schließlich seinen geringsten Wert bei Korrelationsfilter-Empfang. Mit der dann gültigen Beziehung $S_a/N = E_s/N_0$ aus (7.50) folgt

$$P_{\text{e min}} = \frac{1}{2}\text{erfc}\left(\sqrt{\frac{E_s}{8N_0}}\right) . \tag{7.106}$$

Dieser Zusammenhang ist in Abb. 7.16 doppelt logarithmisch aufgetragen.

Anmerkung: Zur Bestimmung der optimalen Entscheidung werden oft auch Kriterien benutzt, die auf der Maximierung der Wahrscheinlichkeit beruhen, dass eines der Symbole gesendet wurde. Am obigen Beispiel kann man zwar feststellen, dass $p_{y1}(x) > p_{y0}(x)$ für $x > C$, allerdings ergeben die Verteilungsdichtefunktionen selbst noch keine Wahrscheinlichkeitsaussagen über die Sendung von $a = 0$ bzw. $a = 1$. Dieser Zusammenhang kann aber über das Bayes-Theorem[28] der bedingten Wahrscheinlichkeiten hergestellt werden,

[28] Thomas Bayes (ca. 1702-1761), englischer Mathematiker und presbyterianischer Pfarrer.

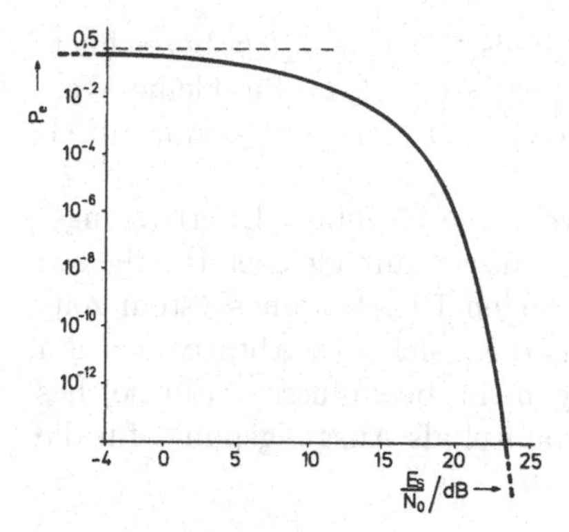

Abbildung 7.16. Die Fehlerwahrscheinlichkeit $P_{\mathrm{e\,min}} = \frac{1}{2}\,\mathrm{erfc}(\sqrt{E_s/8N_0})$ [Abszisse: $10\lg(E_s/N_0)$ dB]

mit dem gilt

$$\mathrm{Prob}[a=0|x] = \frac{p_{y0}(x)\cdot \mathrm{Prob}[a=0]}{p_y(x)}\,,$$

$$\mathrm{Prob}[a=1|x] = \frac{p_{y1}(x)\cdot \mathrm{Prob}[a=1]}{p_y(x)}\,,$$

mit $p_y(x)$ gemäß Fußnote 27. Für die *Bayes-Entscheidung* ist nun zu ermitteln, ob für einen am Entscheidereingang beobachteten Amplitudenwert x mit größerer Wahrscheinlichkeit $a = 0$ oder $a = 1$ gesendet wurde. Die Entscheidungsschwelle C liegt dann dort, wo Gleichheit der Wahrscheinlichkeiten gilt, d.h. am Schnittpunkt der beiden gewichten Verteilungsdichten $p_{y0}(x)\cdot\mathrm{Prob}[a=0]$ und $p_{y1}(x)\cdot\mathrm{Prob}[a=1]$. Für den Fall identischer Häufigkeiten der beiden Symbole und identischer, um die beiden Nutzsignalamplituden symmetrischer Verteilungsdichtefunktionen liegt die Entscheidungsgrenze der Bayes-Entscheidung wieder genau in der Mitte zwischen den beiden möglichen Amplitudenpunkten des Nutzsignals.

Kurz zusammengefasst: In einem Experiment wird von einer Schar von Sendern zu einer bestimmten Zeit ein determiniertes Signal $s(t)$ der Energie E_s und von einer zweiten gleich großen Schar kein Signal erzeugt. Nach Übertragung über Kanäle, die weißes, Gauß'sches Rauschen der Leistungsdichte N_0 addieren, werden die Signale durch Korrelationsfilter-Empfänger mit einer anschließenden Entscheidungsstufe empfangen. Bei optimaler Wahl der Entscheidungsschwelle ist dann die Wahrscheinlichkeit für einen Empfangsfehler durch (7.106) gegeben. Bemerkenswert ist, dass der Verlauf dieser Fehlerwahrscheinlichkeit nur von dem Verhältnis E_s/N_0 abhängt. Trägt man wie in Abb. 7.16 den Verlauf der Fehlerwahrscheinlichkeit über E_s/N_0 auf, dann sieht man, wie P_e im Bereich $E_s/N_0 > 20$ dB sehr rasch abnimmt, bei wenig größeren E_s/N_0-Verhältnissen ist die Übertragung für praktische

Zwecke schon fehlerfrei. Dieses Verhalten wird als *Schwelleneffekt* bezeichnet. Ist die Übertragung andererseits stark gestört, so geht P_e für kleine Werte E_s/N_0 bei gleich häufiger Übertragung von $a = 0$ und $a = 1$ asymptotisch gegen 50 %.

Man erhält nun das gleiche Ergebnis, wenn die einzelnen Übertragungsversuche „$s(t)$ gesendet" und „$s(t)$ nicht gesendet" mit gleicher Häufigkeit, aber in beliebiger Reihenfolge an einem einzigen Übertragungssystem zeitlich nacheinander so durchgeführt werden, dass sich die Abtastwerte am Ausgang des Korrelationsfilters gegenseitig nicht beeinflussen. Ein solches Übertragungsverfahren dient im nächsten Kapitel als Ausgangspunkt für die Diskussion der Datenübertragungsverfahren.

7.5 Zeitdiskrete Zufallssignale

Dieser Abschnitt soll zeigen, wie die bisher behandelten Methoden zur Beschreibung zeitkontinuierlicher Zufallsprozesse auf den Fall zeitdiskreter Zufallssignale übertragen werden können.

7.5.1 Abtastung von Zufallssignalen

Zufallssignale können von Hause aus zeitdiskret sein, wie etwa das Ausgangssignal eines digitalen Zufallszahlengenerators. Zeitdiskrete Zufallssignale können aber auch durch Abtastung zeitkontinuierlicher Zufallssignale entstehen. Insbesondere bei stationären Prozessen sind die Erwartungswerte zeitunabhängig, so dass das Verhalten des zeitkontinuierlichen Signals durch Untersuchung der abgetasteten Musterfunktionen erfasst werden kann; die Eigenschaft der Stationarität wird durch die Abtastung nicht verändert. Bei nicht stationären Prozessen können hingegen die Erwartungswerte $\mathcal{E}\{F[s(nT)]\}$ nur zu den Abtastzeitpunkten nT ermittelt werden.

Betrachtet sei ein stationärer Zufallsprozess $s(t)$, dessen Musterfunktionen durch Filterung mit einem idealen Tiefpass der Grenzfrequenz f_g aus den Musterfunktionen eines stationären zeitdiskreten Prozesses erzeugt werden. Nach der Wiener-Lee-Beziehung (7.32) hat dann auch das Leistungsdichtespektrum $\phi_{ss}(f)$ des gefilterten Prozesses höchstens die Grenzfrequenz f_g. Jede der Musterfunktionen ${}^k s(t)$ lässt sich jetzt fehlerfrei durch Abtastwerte ${}^k s(nT)$ im Abstand $T \leq 1/(2f_g)$ darstellen. Bei Abtastung mit der Nyquist-Rate gilt wieder die Interpolationsformel (4.8)[29]

$$ {}^k s(t) = {}^k s_a(t) * \mathrm{si}\left(\pi \frac{t}{T}\right) = \sum_{n=-\infty}^{\infty} {}^k s(nT)\, \mathrm{si}\left(\pi \frac{t-nT}{T}\right) . \tag{7.107} $$

[29] Bei einem beliebigen, nicht wie hier gebildeten Prozess mit frequenzbeschränktem Leistungsdichtespektrum braucht (7.107) nicht für alle Musterfunktionen erfüllt zu sein. Trotzdem geht dann der mittlere quadratische Fehler über alle Interpolationen gegen Null.

Die Abtastwertfolgen aller ${}^{k}s(t)$ bilden dann die Musterfunktionen eines zeitdiskreten Prozesses $s(nT)$, oder wenn $T = 1$ gesetzt wird, des zeitdiskreten Prozesses $s(n)$ (Aufgabe 7.14).

7.5.2 Der zeitdiskrete Zufallsprozess

Ein zeitdiskreter Zufallsprozess $s(n)$ wird von einer hinreichend großen Schar zeitdiskreter Zufallssignale gebildet und durch die Gesamtheit seiner Verbundverteilungsfunktionen beschrieben. Drei Musterfunktionen ${}^{k}s(n)$ eines zeitdiskreten Prozesses zeigt Abb. 7.17. Die Schar von Beobachtungswer-

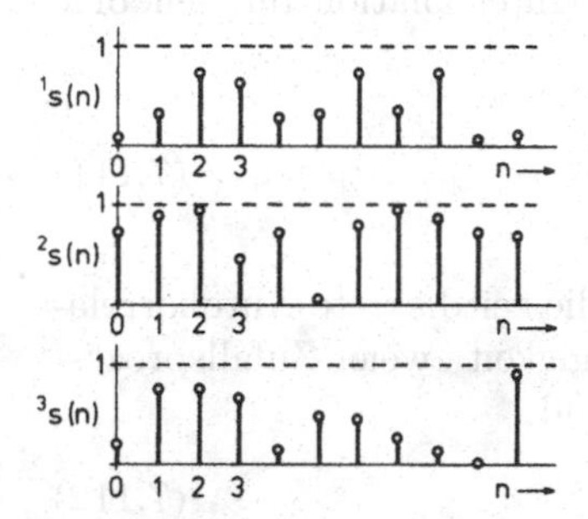

Abbildung 7.17. Musterfunktionen eines gleichverteilten, zeitdiskreten Zufallsprozesses

ten $s(n)$ zum speziellen Zeitpunkt $n = n_1$ bildet im gleichen Sinn eine Zufallsgröße. Die Verteilungsfunktion dieser Zufallsgröße $s(n)$ ist wie (7.61) definiert als

$$P_s(x, n_1) = \text{Prob}[s(n_1) \leq x] \,. \tag{7.108}$$

Ist der Prozess stationär, dann ist diese Verteilungsfunktion unabhängig von der Wahl von n_1 und kann $P_s(x)$ geschrieben werden. In Abb. 7.17 sind Musterfunktionen eines gleichverteilten, stationären Prozesses gewählt worden. Verteilungsfunktion $P_s(x)$ und Verteilungsdichtefunktion $p_s(x) = \mathrm{d}P_s(x)/\mathrm{d}x$ haben prinzipiell die Form wie in Abb. 7.8. Mittelwert und quadratischer Mittelwert lassen sich mit (7.69) und (7.70) aus $p_s(x)$ berechnen.

Die Beschreibung statistischer Zusammenhänge benachbarter Beobachtungswerte oder von Beobachtungswerten verschiedener Prozesse verlangt wieder die Definition von Verbundverteilungsfunktionen. Entsprechend (7.76) ist die Verbundverteilungsfunktion der beiden zeitdiskreten Prozesse $s(n)$ und $g(n)$ definiert durch

$$P_{sg}(x, n_1; y, n_2) = \text{Prob}[s(n_1) \leq x \quad \text{UND} \quad g(n_2) \leq y] \,. \tag{7.109}$$

Bei verbunden stationären Prozessen ist die Verbundverteilungsfunktion nur noch von der Zeitdifferenz $m = n_2 - n_1$ abhängig, also $P_{sg}(x, y, m)$. Die zeitdiskrete Kreuzkorrelationsfunktion verbunden stationärer Prozesse lässt sich über die entsprechend zu (7.80) gebildete Verbundverteilungsdichtefunktion wieder entsprechend (7.82) ableiten zu

$$\varphi_{sg}(m) = \mathcal{E}\{s(n)g(n+m)\} = \int_{-\infty}^{\infty}\int_{-\infty}^{\infty} xyp_{sg}(x,y,m)\mathrm{d}y\mathrm{d}x\,. \tag{7.110}$$

Aus (7.110) können die Werte der eigentlichen zeitkontinuierlichen Kreuzkorrelationsfunktion zweier abgetasteter Zufallssignale nur für diskrete Positionen $\tau = mT$ ermittelt werden. Waren jedoch die beiden Signale vor der Abtastung auf $f_g = 1/(2T)$ bandbegrenzt, so muss auch ihre Kreuzkorrelationsfunktion bandbegrenzt sein, und es ist eine Interpolation für beliebige Werte τ möglich:

$$\varphi_{sg}(\tau) = \sum_{m=-\infty}^{\infty} \varphi_{sg}(mT)\,\mathrm{si}\left(\pi\frac{\tau - mT}{T}\right)\,. \tag{7.111}$$

Mit $s(n) = g(n)$ erhält man aus (7.110) speziell die zeitdiskrete Autokorrelationsfunktion $\varphi_{ss}(m)$. Bei statistischer Unabhängigkeit zweier Zufallsprozesse $s(n)$ und $g(n)$ gilt auch hier (7.86) entsprechend,

$$p_{sg}(x,y,m) = p_s(x)\cdot p_g(y)\,. \tag{7.112}$$

7.5.3 Zeitmittelwerte

Bei der Definition von Zeitmittelwerten zeitdiskreter Zufallsprozesse ist in (7.9) und (7.10) die Integration durch eine Summation zu ersetzen. Also erhält man als Zeitmittelwerte:

1. *Ordnung* :

$$\overline{F[^k s(n)]} = \lim_{M\to\infty}\frac{1}{2M+1}\sum_{n=-M}^{M} F[^k s(n)]\,. \tag{7.113}$$

2. *Ordnung* :

$$\overline{F[^k s(n), {}^k s(n+m)]} = \lim_{M\to\infty}\frac{1}{2M+1}\sum_{n=-M}^{M} F[^k s(n), {}^k s(n+m)] \tag{7.114}$$

Bei einem ergodischen Prozess müssen wieder diese (und alle höheren) Zeitmittelwerte jeweils für alle Musterfunktionen untereinander gleich und gleich den entsprechenden Scharmittelwerten sein.[30] Damit lautet die zeitdiskrete Autokorrelationsfunktion eines ergodischen (reellwertigen) Prozesses

[30] Rein formal sind die Gleichungen zur Berechnung von Scharmittelwerten (7.3) und Zeitmittelwerten bei zeitdiskreten Zufallsprozessen (7.113) identisch. Oftmals wird daher hier keine Unterscheidung vorgenommen und generell vom Erwartungswert $\mathcal{E}\{\cdot\}$ gesprochen. Diese Gleichsetzung ist aber streng genommen nur bei ergodischen Prozessen korrekt.

$$\varphi_{ss}(m) = \lim_{M\to\infty} \frac{1}{2M+1} \sum_{n=-M}^{M} s(n)s(n+m)\,. \tag{7.115}$$

Seine Leistung ergibt sich aus $\varphi_{ss}(0)$. Entsprechend ist die Kreuzkorrelationsfunktion zweier verbunden ergodischer Prozesse

$$\varphi_{sg}(m) = \lim_{M\to\infty} \frac{1}{2M+1} \sum_{n=-M}^{M} s(n)g(n+m)\,. \tag{7.116}$$

Bei praktischen Messungen dieser Zeitmittelwerte lässt sich natürlich der Grenzübergang $M \to \infty$ nicht ausführen. Die für endliche M messbaren Näherungen werden als Schätzwerte bezeichnet. Mit der Abschätzung dieser Fehler und ihrer Minimierung beschäftigt sich die statistische Schätz- oder Estimationstheorie (Schwartz und Shaw, 1975).

7.5.4 Zeitdiskrete Zufallssignale in LSI-Systemen

Bei der Übertragung von zeitdiskreten Zufallssignalen über ein LSI-System der Impulsantwort $h(n)$ gilt für jede Musterfunktion das diskrete Faltungsprodukt

$${}^{k}g(n) = {}^{k}s(n) * h(n)\,. \tag{7.117}$$

Ein stationärer (ergodischer) Prozess bleibt hierbei, wenn das Faltungsprodukt existiert, stationär (ergodisch). Die Mittelwerte des Ausgangsprozesses errechnen sich wie in Abschn. 7.2.1 und 7.2.2. Für den Erwartungswert des Ausgangssignals gilt

$$\mathcal{E}\{g(n)\} = \mathcal{E}\left\{\sum_{k=-\infty}^{\infty} h(k)s(n-k)\right\} = \sum_{k=-\infty}^{\infty} h(k)\mathcal{E}\{s(n-k)\}\,.$$

Ist $s(n)$ stationär, so ist $\mathcal{E}\{s(n-k)\} = \text{const} = m_s$ und

$$m_g = m_s \sum_{k=-\infty}^{\infty} h(k)\,. \tag{7.118}$$

In einer Abschn. 7.2.2 entsprechenden Rechnung (Aufgabe 7.27) ergibt sich die Autokorrelationsfunktion des Ausgangsprozesses bei einem stationären Eingangsprozess zu

$$\varphi_{gg}(m) = \varphi_{ss}(m) * \varphi_{hh}^{\mathrm{E}}(m)\,. \tag{7.119}$$

Diese zeitdiskrete Form der Wiener-Lee-Beziehung schreibt also entsprechend zu (7.30) die diskrete Faltung der Autokorrelationsfunktion am Eingang mit der Impulsautokorrelationsfunktion der Impulsantwort des LSI-Systems (6.35) vor. Im Frequenzbereich lautet die Wiener-Lee-Beziehung nach Fourier-Transformation (4.38)

$$\phi_{gg\,\mathrm{a}}(f) = \phi_{ss\,\mathrm{a}}(f) \cdot |H_{\mathrm{a}}(f)|^2 , \tag{7.120}$$

dabei ist $\phi_{ss}(f)$ das (periodische) Leistungsdichtespektrum des Eingangsprozesses. Es gilt also

$$\varphi_{ss}(m) \circ\!\!-\!\!\bullet\ \phi_{ss\,\mathrm{a}}(f) = \sum_{m=-\infty}^{\infty} \varphi_{ss}(m)\mathrm{e}^{-\mathrm{j}2\pi fm} . \tag{7.121}$$

Aus dem Leistungsdichtespektrum lässt sich die Leistung des Prozesses bestimmen, entsprechend zu (7.33) und mit der inversen Fourier-Transformation (4.39) gilt

$$L_s = \varphi_{ss}(0) = \int_{-1/2}^{1/2} \phi_{ss\,\mathrm{a}}(f)\mathrm{d}f . \tag{7.122}$$

Ist das Leistungsdichtespektrum eine Konstante

$$\phi_{ss\,\mathrm{a}}(f) = N , \tag{7.123}$$

dann kann auch hier der diskrete Prozess „weißes Rauschen" genannt werden. Mit (7.121) hat zeitdiskretes weißes Rauschen eine Autokorrelationsfunktion

$$\varphi_{ss}(m) = N\delta(m) . \tag{7.124}$$

Hieraus folgt sofort mit (7.122), dass zeitdiskretes, weißes Rauschen die endliche Leistung N hat, im Gegensatz zum zeitkontinuierlichen Fall also realisierbar ist.[31] Hierzu ein Beispiel im folgenden Abschnitt.

7.5.5 Beispiel: Filterung von zeitdiskretem weißen Rauschen

Höhere Programmiersprachen enthalten i. Allg. eine Prozedur, mit der Folgen statistisch unabhängiger, im Bereich [0; 1] gleichverteilter Zufallszahlen erzeugt werden können.[32]

[31] Dies gilt allerdings nur, wenn bei Abtastung eines weißen Rauschens das Abtasttheorem eingehalten wird (wenn es also durch Tiefpassfilterung vor der Abtastung bandbegrenzt ist), oder wenn ein zeitdiskretes Rauschen als Folge von Zufallszahlen synthetisch erzeugt wird. Würde hingegen weißes Rauschen der Leistungsdichte N_0 ohne Tiefpassfilterung abgetastet, ergäbe sich auch nach (7.122) wegen Überlagerung unendlich vieler periodischer Spektren eine unendliche Leistung.

[32] Besser *Pseudozufallszahlen*, da die Algorithmen nur determinierte Zahlenfolgen liefern, die sich nach einer großen Zahl von Aufrufen periodisch wiederholen. Der Aufruf erfolgt z. B. in PASCAL und C mit RAND oder in BASIC mit RND. Binäre Pseudozufallszahlen [Pseudonoise (PN)-Folgen] können schaltungstechnisch besonders einfach mit rückgekoppelten binären Schieberegistern erzeugt werden (s. Abschn. 11.4d).

Nach Subtraktion des Mittelwertes $m_s = 1/2$ bilden diese Zufallszahlen dann in guter Näherung eine Musterfunktion eines ergodischen, gleichverteilten, weißen Rauschprozesses mit der Streuung und Leistung $L_s = \sigma_s^2 = 1/12$ (gemäß (7.73) für $a = 1$) (Aufgabe 7.28). Eine Musterfunktion $s(n)$ dieses Prozesses sowie seine Autokorrelationsfunktion nach (7.124) und sein Leistungsdichtespektrum nach (7.123) zeigt Abb. 7.18 links. Die Zufallszahlen

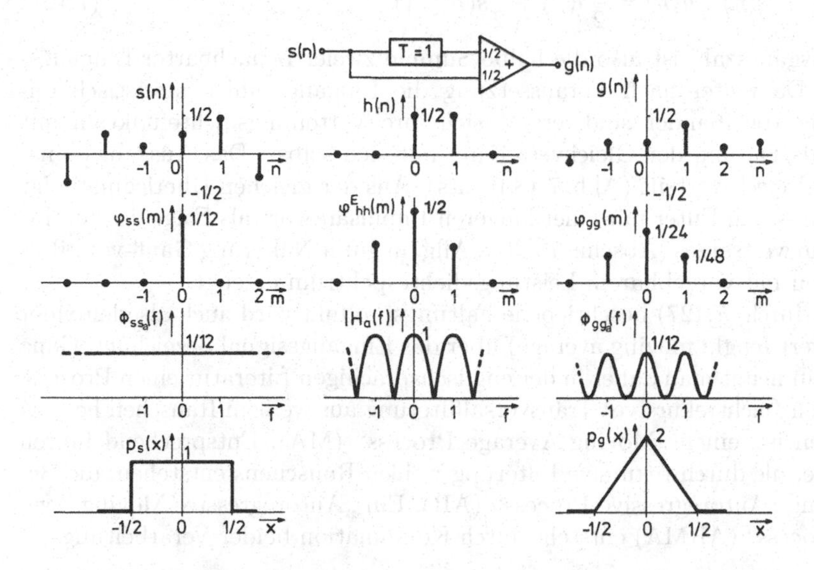

Abbildung 7.18. Musterfunktionen, Autokorrelationsfunktionen, Leistungsdichtespektren und Verteilungsdichtefunktionen bei der Filterung diskreten, gleichverteilten, weißen Rauschens

werden nun über das in Abb. 7.18 dargestellte einfache zeitdiskrete Transversalfilter mit der Impulsantwort

$$h(n) = \frac{1}{2}\delta(n) + \frac{1}{2}\delta(n-1) \tag{7.125}$$

übertragen.

Gefragt wird nach den statistischen Eigenschaften der gefilterten Zufallszahlen. Nach der diskreten Wiener-Lee-Beziehung (7.119) erhält man für die Autokorrelationsfunktion

$$\begin{aligned}\varphi_{gg}(m) &= \varphi_{ss}(m) * \varphi_{hh}^{\mathrm{E}}(m) \\ &= [\sigma_s^2\delta(m)] * \left[\frac{1}{4}\delta(m+1) + \frac{1}{2}\delta(m) + \frac{1}{4}\delta(m-1)\right] \\ &= \frac{\sigma_s^2}{4}\delta(m+1) + \frac{\sigma_s^2}{2}\delta(m) + \frac{\sigma_s^2}{4}\delta(m-1)\,.\end{aligned} \tag{7.126}$$

Diese Autokorrelationsfunktion und das mit der Fourier-Transformation (7.121) zugeordnete Leistungsdichtespektrum sind in Abb. 7.18 rechts dargestellt. Das weiße Rauschen wird also tiefpassgefiltert, die Streuung am Ausgang verringert sich auf $\varphi_{gg}(0) = \sigma_s^2/2$.

Schließlich lässt sich für dieses einfache Filter auch die Frage nach der Verteilungsdichte am Ausgang beantworten. Für das Ausgangssignal gilt

$$g(n) = s(n) * h(n) = \frac{1}{2}s(n) + \frac{1}{2}s(n-1)\,, \tag{7.127}$$

jede Ausgangszahl ist also die halbe Summe zweier benachbarter Eingangszahlen. Da weiter nach Voraussetzung die Eingangszahlen statistisch unabhängig voneinander sind, ergibt sich ihre Verteilungsdichtefunktion mit (7.91) als Faltung der Gleichverteilung mit sich selbst. Das Ausgangssignal ist also dreiecksverteilt (Abb. 7.18 rechts). Aus der gleichen Überlegung folgt weiter, dass ein Filter mit einer längeren Impulsantwort als Folge des zentralen Grenzwertsatzes (Abschn. 7.4.3) i. Allg. in guter Näherung Gauß-verteiltes Rauschen mit vorgebbarem Leistungsdichtespektrum erzeugt.

Das durch (7.127) beschriebene Faltungsprodukt wird auch als gleitender Mittelwert (engl.: moving average) über das Eingangssignal bezeichnet. Ganz allgemein nennt man daher in der englischsprachigen Literatur einen Prozess, der durch (nichtrekursive) Transversalfilterung aus weißem Rauschen hervorgegangen ist, einen „Moving Average Process“ (MA). Entsprechend führen Prozesse, die durch rekursive Filterung weißen Rauschens entstehen, die Bezeichnung „Autoregressive Process“ (AR). Ein „Autoregressive Moving Average Process“ (ARMA) entsteht durch Kombination beider Verarbeitungsarten.

Als einfaches Beispiel eines AR-Prozesses wird ein zeitdiskretes weißes Rauschen in ein rekursives Filter erster Ordnung gemäß Abb. 4.15 gespeist, so dass ein AR-Modellsignal erster Ordnung („AR(1)-Modell“) entsteht. Dieses System besitzt nach (4.33) eine Impulsantwort $h(n) = \varepsilon(n)b^n$. Die Impulskorrelationsfunktion lautet

$$\varphi^{\mathrm{E}}{}_{hh}(m) = \sum_{k=-\infty}^{\infty} b^k\varepsilon(k)b^{k+m}\varepsilon(k+m) = \sum_{k=0}^{\infty} b^k b^{m+k}\varepsilon(k+m)$$

$$\text{Es gilt für } m \geq 0: \varphi^{\mathrm{E}}{}_{hh}(m) = \sum_{k=0}^{\infty} b^k b^{m+k} = b^m \sum_{k=0}^{\infty} b^{2k} = \frac{b^m}{1-b^2}\,.$$

$$\text{Wegen } \varphi^{\mathrm{E}}{}_{hh}(m) = \varphi^{\mathrm{E}}{}_{hh}(-m) \Rightarrow \varphi^{\mathrm{E}}{}_{hh}(m) = \frac{b^{|m|}}{1-b^2} \text{ für } |b| < 1\,. \tag{7.128}$$

Aus der Wiener-Lee-Beziehung ergibt sich die Autokorrelationsfunktion des Ausgangsprozesses

$$\varphi_{gg}(m) = \varphi_{ss}(m) * \varphi^{\mathrm{E}}{}_{hh}(m) = {\sigma_s}^2 \frac{b^{|m|}}{1-b^2} = {\sigma_g}^2 b^{|m|} \tag{7.129}$$

mit der Varianz

$$\sigma_g{}^2 = \varphi_{gg}(0) = \frac{\sigma_s{}^2}{1-b^2}\,. \tag{7.130}$$

Durch Fourier-Transformation erhält man das Leistungsdichtespektrum (vgl. Abb. 7.19)

$$\begin{aligned}\phi_{gg,\mathrm{a}}(f) &= \sigma_g{}^2 \left[\sum_{m=0}^{\infty} b^m \mathrm{e}^{-\mathrm{j}2\pi m f} + \sum_{m=1}^{\infty} b^{-m} \mathrm{e}^{\mathrm{j}2\pi m f}\right] \\ &= \sigma_g{}^2 \left[\frac{1}{1-b\mathrm{e}^{-\mathrm{j}2\pi f}} + \frac{1}{1-b\mathrm{e}^{\mathrm{j}2\pi f}} - 1\right] = \frac{\sigma_g{}^2\,(1-b^2)}{1-2b\cos(2\pi f)+b^2} \\ &= \underbrace{\sigma_s{}^2}_{\phi_{ss,\mathrm{a}}(f)} \underbrace{\frac{1}{1-2b\cos(2\pi f)+b^2}}_{|H_\mathrm{a}(f)|^2}\,. \end{aligned} \tag{7.131}$$

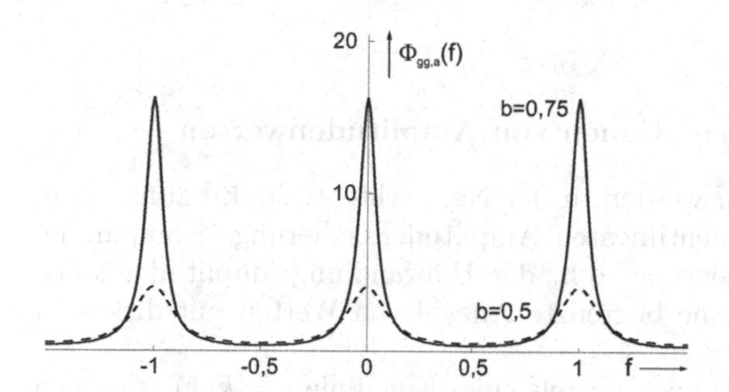

Abbildung 7.19. Leistungsdichtespektren von AR(1)-Prozessen $\phi_{gg,\mathrm{a}}(f)$ mit $\sigma_s^2 = 1, b = 0{,}75$ bzw. $b = 0{,}5$

7.6 Zusammenfassung

In diesem Kapitel wurde eine kurze Einführung in die Methoden zur Beschreibung zeitkontinuierlicher und zeitdiskreter Zufallssignale gegeben. Nach Darstellung und physikalischer Begründung des Modells eines Zufallsprozesses als Schar von Zufallssignalen wurde im ersten Teil gezeigt, wie ein solcher Prozess und die ihm als Beobachtungswerte entnommenen Zufallsgrößen durch eine Anzahl verschiedener Mittelwerte wie linearer und quadratischer Mittelwert, Streuung, Korrelationsfunktion und Kovarianzfunktion gekennzeichnet werden können. Auf dieser Grundlage ist es dann auch möglich, die Übertragung von Zufallssignalen über LTI-Systeme zu beschreiben, hierzu ist eine Erweiterung der Mittelwertbildung auf den Frequenzbereich in Form des Leistungsdichtespektrums nützlich. Nach Einführen des weißen Rauschens als Modell für typische Störsignale in Übertragungskanälen wird das Problem des optimalen Empfangs eines gestörten Signals mit bekannter Form gelöst. Die Frage nach der Fehlerwahrscheinlichkeit bei diesem Korrelationsfilter-Empfang ist dann in einem zweiten Teil Ausgangspunkt für eine genauere Beschreibung von Zufallsgrößen und -prozessen durch Verteilungs-, Verteilungsdichte- und Verbundverteilungsfunktionen. Als wichtigstes Modell ergeben sich als Folge des zentralen Grenzwertsatzes Zufallsprozesse mit Gauß'schen Verteilungs- und Verbundverteilungsdichtefunktionen. Da die Gauß-Verteilung bei einer Übertragung über ein LTI-System eine Gauß-Verteilung bleibt, kann für Gauß-verteilte Störsignale die resultierende Fehlerwahrscheinlichkeit bei Korrelationsfilter-Empfang diskreter Signale berechnet werden. Diese Ergebnisse werden Ausgangspunkt für die in den nächsten Kapiteln folgenden Betrachtungen von Datenübertragungssystemen sein.

7.7 Anhang

7.7.1 Kennlinientransformationen von Amplitudenwerten

Kennlinientransformationen werden in der Nachrichtentechnik häufig angewandt, beispielsweise zur nichtlinearen Amplitudenskalierung (Kompandierung) und bei der Quantisierung, d.h. der Umwandlung amplitudenkontinuierlicher Signalwerte in eine begrenzte Anzahl von Werten mit diskreten Amplitudenstufen.

Die Signalamplitude $s(t)$ wird mittels einer Kennlinie $y = k(x)$ auf einen Ausgangswert $g(t)$ abgebildet:

$$g(t) = k\{s(t)\}. \tag{7.132}$$

Dieses Prinzip ist ebenso auf abgetastete Signale $s(n)$ mit entsprechenden Ausgangswerten $g(n)$ anwendbar. Sofern die Kennlinienfunktion stetig und monoton steigend oder fallend ist (Abb. 7.20a), ist die Abbildung reversibel, d.h.

$$s(t) = k^{-1}\{g(t)\}. \tag{7.133}$$

Nicht reversibel sind die Funktionen in Abb. 7.20b (Quantisierungskennlinie), c (Clippingkennlinie) und d (Abbildung von y auf x mehrdeutig). Reversible (umkehrbare) Kennlinienfunktionen sind z.B. die *lineare Kennlinie* (Abb. 7.21a)

$$y = \alpha x + y_a \Rightarrow x = \frac{1}{\alpha}(y - y_a), \tag{7.134}$$

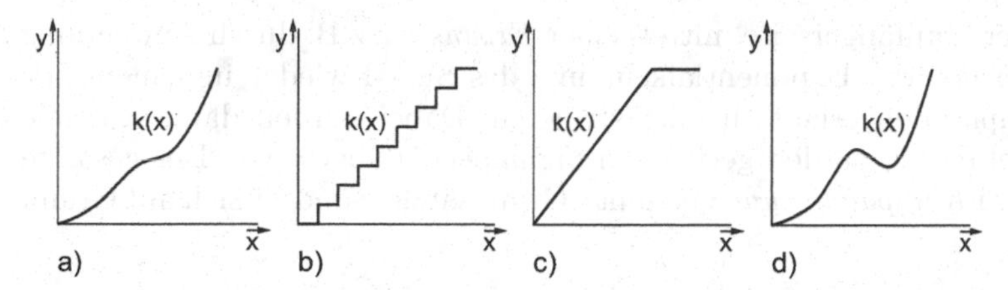

Abbildung 7.20. Beispiele von Kennlinienfunktionen (Erläuterungen im Text)

sowie die *stückweise lineare Kennlinie*, hier ausformuliert für die ersten drei Teilsegmente, die jeweils symmetrisch für den positiven und negativen Amplitudenbereich gelten (Abb. 7.21b)

$$y = \begin{cases} \alpha\,|x| \cdot \operatorname{sgn}(x) & \text{für } |x| \leq x_a \\ \beta\,[(|x| - x_a) + y_a] \cdot \operatorname{sgn}(x) & \text{für } x_a \leq |x| \leq x_b \\ \gamma\,[(|x| - x_b) + y_b] \cdot \operatorname{sgn}(x) & \text{für } x_b \leq |x| \\ \delta\,[\ldots \end{cases} \tag{7.135}$$

mit $y_a = \alpha x_a, y_b = \beta[x_b - x_a] + y_a$ usw. Weitere typische Beispiele nichtlinearer reversibler Kennlinien[33] sind *Wurzelkennlinie* (Abb. 7.21c) und *Potenzkennlinie* (Abb. 7.21d)

$$y = (\alpha|x|)^{\frac{1}{\beta}} \operatorname{sgn}(x)\,, \qquad y = \frac{x^{\beta}}{\alpha} \operatorname{sgn}(x) \qquad \text{mit } \alpha > 0 \text{ und } \beta > 1\,, \tag{7.136}$$

sowie *logarithmische Kennlinie* und *Exponentialkennlinie*

$$y = \log_{\beta}(1 + \alpha|x|) \operatorname{sgn}(x)\,, \quad y = \frac{\beta^{|x|} - 1}{\alpha} \operatorname{sgn}(x) \quad \text{mit } \alpha > 0 \text{ und } \beta > 1\,. \tag{7.137}$$

Die Funktionenpaare in (7.136) und (7.137) sind jeweils zueinander reversibel. Stückweise lineare und logarithmische Abbildungskennlinien werden beispielsweise bei der *Kompression* von Signalen angewandt, deren Ziel es ist, vor der Übertragung über einen Kanal oder auch vor einer Quantisierung

- geringe Signalpegel relativ zu verstärken (um diese gegenüber erwarteten Rauschstörungen anzuheben) und gleichzeitig
- hohe Amplituden relativ abzusenken (um Übersteuerungen vorzubeugen),

[33] Die folgenden Funktionen werden hier punktsymmetrisch zum (x, y)-Koordinatenursprung definiert.

sowie auf der Empfängerseite mittels einer *Expansion*, z.B. durch Anwendung der komplementären Exponentialkennlinie das Signal wieder in seinem originalen Amplitudenverlauf zu rekonstruieren. Dabei werden dann störende Rauschpegel relativ zu den geringeren Signalpegeln abgesenkt. Der gesamte Vorgang wird *Kompandierung* genannt. Grundsätzlich ändert sich auf Grund

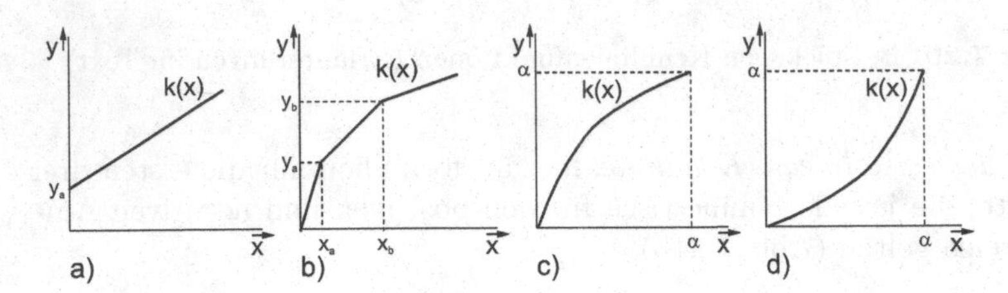

Abbildung 7.21. Numerisch charakterisierbare Kennlinienfunktionen (Erläuterungen im Text, hier nur positive Wertbereiche dargestellt)

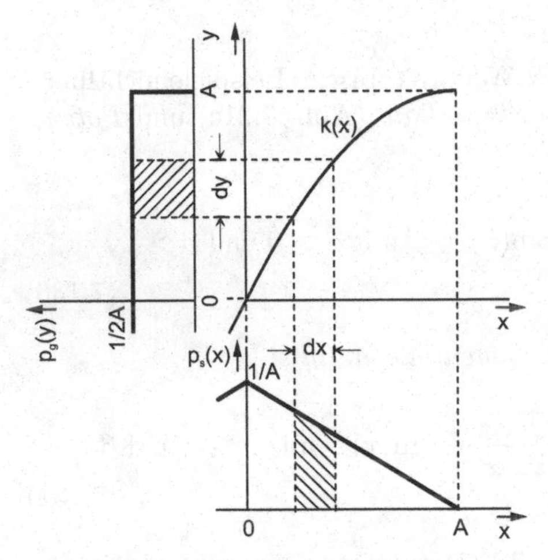

Abbildung 7.22. Abbildung der Amplitudenwerte eines Signals mit nichtgleichförmiger Verteilungsdichte zur Erzeugung einer Gleichverteilung (nur positiver Wertebereich dargestellt)

der Abbildung die Verteilungsdichtefunktion des Signals. Hierbei müssen jedoch die differentiellen Flächen unter der Verteilungsdichtefunktion innerhalb korrespondierender Amplitudenwert-Intervalle unverändert bleiben (s. Beispiel in Abb. 7.22) :

$$p_s(x)\mathrm{d}x = p_g(y)\mathrm{d}y \Rightarrow \frac{\mathrm{d}k(x)}{\mathrm{d}x} = \frac{p_s(x)}{p_g(y)} \text{ bzw. } \frac{\mathrm{d}k^{-1}(y)}{\mathrm{d}y} = \frac{p_g(y)}{p_s(x)} \qquad (7.138)$$

Generell gilt für monoton verlaufende Abbildungsfunktionen, dass die Anzahl der Amplitudenwerte, die im Intervall $[x_a, x_b]$ liegt, identisch mit denen des korrespondierenden Intervalls $[y_a = k(x_a), y_b = k(x_b)]$ ist :

$$\text{Prob}[x_a < x \leq x_b] = \int_{x_a}^{x_b} p_s(x)\text{d}x = \int_{y_a}^{y_b} p_g(y)\text{d}y = \text{Prob}[y_a < y \leq y_b] \,, \tag{7.139}$$

woraus sich auch die Abbildung der Verteilungsfunktion

$$P_s(x) = \int_{-\infty}^{x} p_s(\xi)\text{d}\xi = \int_{-\infty}^{y=k(x)} p_g(\nu)\text{d}\nu = P_g[k(x)] = P_g(y) \tag{7.140}$$

ergibt. Als Beispiel für die Anwendung dieser Beziehungen sei der in Abb. 7.22 dargestellte Fall eines im Intervall $[-A; A]$ amplitudenbegrenzten Signals mit einer Dreiecks-Verteilungsdichte $p_s(x) = \frac{1}{A}\Lambda(x/A)$ betrachtet, die in eine Gleichverteilung $p_g(y) = \frac{1}{2A}\text{rect}(\frac{y}{2A})$ transformiert werden soll. Die Abbildungsfunktion wird hier ebenso wie die beiden Verteilungsdichtefunktionen symmetrisch für positive und negative Werte x sein. Es folgt im positivwertigen Bereich $P_g(y) = \frac{1}{2} + \frac{y}{2A}$, und durch Einsetzen in (7.140) ergibt sich eine Abbildungsfunktion

$$\frac{1}{2} + \frac{k(x)}{2A} = \frac{1}{2} + \int_0^x \frac{1}{A}\left[1 - \frac{\xi}{A}\right]\text{d}\xi \Rightarrow k(x) = 2x - \frac{x^2}{A}$$

bzw. für den gesamten Wertebereich $-A \leq x \leq A$

$$k(x) = \left(2|x| - \frac{x^2}{A}\right)\text{sgn}(x) \,. \tag{7.141}$$

Auf entsprechende Weise ist es prinzipiell möglich, eine Abbildungsfunktion zwischen beliebiger Eingangs- und gewünschter Ausgangs-Verteilungsdichte zu bestimmen, jedoch wird die Lösung der Gleichung für den Fall einer nichtgleichverteilten Ausgangs-Verteilungsdichte komplizierter. Wichtige nichtreversible nichtlineare Kennlinien sind die Clippingkennlinie (Abb. 7.23a)

$$y = \begin{cases} -A & \text{für } x < -A \\ x & \text{für } -A \leq x < A \\ A & \text{für } A \leq x \,, \end{cases} \tag{7.142}$$

die Zweiweg-Gleichrichter-Kennlinie $y = |x| = x\,\text{sgn}(x)$ (Abb. 7.23b)[34] sowie die Kennlinie eines Quantisierers mit M Repräsentativwerten v_i ($i = 0, 1, ..., M-1$) und Entscheidungsschwellen u_i (Abb. 7.24)

[34] Entsprechend Einweg-Gleichrichter-Kennlinie $y = x\,\varepsilon(x)$.

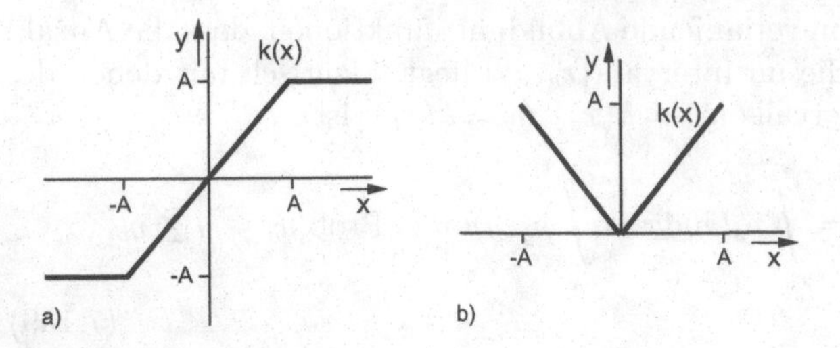

Abbildung 7.23. **a** Clipping-Kennlinie und **b** Zweiweg-Gleichrichter-Kennlinie

$$y = v_i \text{ für } u_i \leq x < u_{i+1} \text{ mit } u_0 = -\infty \,, \, u_M = +\infty \,. \tag{7.143}$$

Die Operation der Quantisierung nach (7.143) stellt die Abbildung eines wertkontinuierlichen Signals $f(t)$ der Amplitude x auf ein wertdiskretes Signal $f_{\mathrm{Q}}(t)$ der Amplitude $y = v_i$ dar. Die Verteilungsdichte des quantisierten Signals wird unter Berücksichtigung von (7.139) und (7.143)

$$p_{f_{\mathrm{Q}}}(y) = \sum_{i=0}^{M-1} P_i \delta(y - v_i) \text{ mit } P_i = \int_{u_i}^{u_{i+1}} p_f(\xi) \mathrm{d}\xi \,. \tag{7.144}$$

Bei der Quantisierung entsteht ein Quantisierungsfehler $f_{\mathrm{D}}(t) = f_{\mathrm{Q}}(t) - f(t)$ als Differenz zwischen Ausgangs- und Eingangswert $q = y - x$ der Quantisierungskennlinie. Die Abbildung von $f(t)$ auf $f_{\mathrm{D}}(t)$ lässt sich als von der Signalamplitude abhängige *Quantisierungsfehlerkennlinie* $q(x)$ beschreiben. Da die Anzahl der diskreten (quantisierten) Werte endlich ist, befinden sich unterhalb von $x = u_1$ sowie oberhalb von $x = u_{M-1}$ Bereiche, in denen die Differenz zwischen quantisiertem und nicht quantisiertem Signal immer größer wird, die sogenannten Übersteuerungsbereiche. Beispiele typischer Quantisierungs- und Quantisierungsfehlerkennlinien sind in Abb. 7.24 gezeigt. Bei einer *gleichförmigen Quantisierung* wird der Amplitudenbereich innerhalb der Aussteuerungsgrenzen in gleichförmige Intervalle der Breite Δ aufgeteilt. Bei einer *ungleichförmigen Quantisierung* sind die Stufenhöhen der Quantisierungskennlinie dagegen variabel. Über die Quantisierungsfehler-Kennlinie ist es auch möglich, die Verteilungsdichte des Quantisierungsfehlers bei beliebigen Signal-Verteilungsdichten zu ermitteln. Auf Grund der mehrdeutigen Abbildung ergibt sich die Verteilungsdichte des Quantisierungsfehlers durch Überlagerung der um die jeweiligen v_i verschobenen Signalverteilungsdichten aus *allen Quantisierungsintervallen*

$$p_{f_{\mathrm{D}}}(q) = \sum_{i=0}^{M-1} p_i(q) \tag{7.145}$$

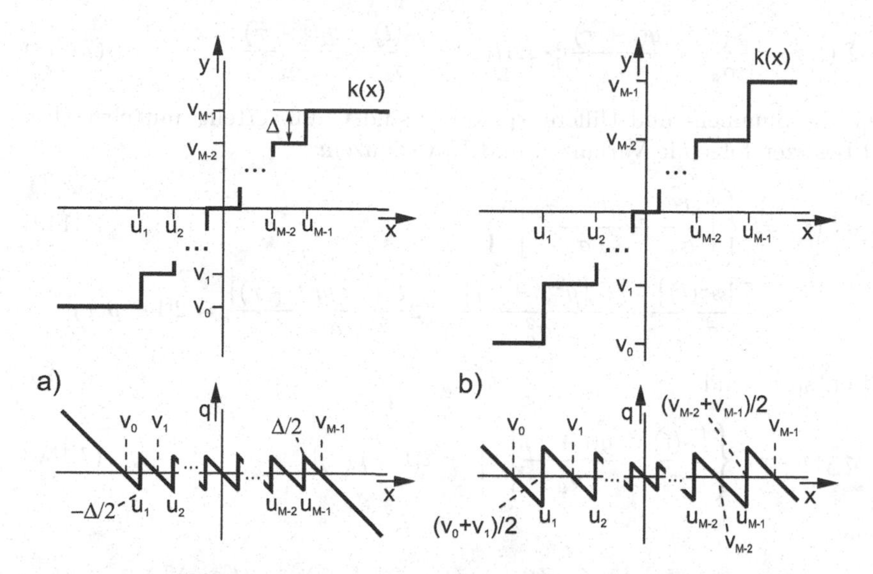

Abbildung 7.24. Quantisierungskennlinien (oben) und Quantisierungsfehlerkennlinien (unten) bei **a** gleichförmiger und **b** ungleichförmiger Quantisierung

mit[35]

$$p_i(q) = p_f(v_i - q)\left[\varepsilon(v_i - u_i - q) - \varepsilon(v_i - u_{i+1} - q)\right] \tag{7.146}$$

bei Definition für u_0 und u_M wie in (7.143). Speziell für den Fall einer gleichförmigen, übersteuerungsfreien Quantisierung der Stufenhöhe Δ ergibt sich mit $u_{i+1} - u_i = \Delta$ und $v_i = u_i + \Delta/2$:

$$p_i(q) = p_f(v_i - q)\,\mathrm{rect}\left(\frac{q}{\Delta}\right) . \tag{7.147}$$

Eine weitere Behandlung der Quantisierung erfolgt in Abschn. 12.1 sowie in Zusatzaufgabe 14.7.

7.7.2 Gauß-Verbundverteilung

Es seien $s(t)$ und $g(t)$ zwei korrelierte oder unkorrelierte, mittelwertfreie Gauß-Prozesse. Zwischen diesen wird nach Normierung auf die jeweiligen Standardabweichungen in folgender Weise einmal die Summe und einmal die Differenz gebildet:

[35] Die beiden Sprungfunktionen schneiden das jeweilige Quantisierungsintervall aus. Man beachte, dass wegen der Definition $q = y - x$ der Verlauf der Verteilungsdichte im jeweiligen Intervall bei der Abbildung von x auf q gespiegelt wird.

$$\Sigma(t,\tau) = \frac{s(t)}{\sigma_s} + \frac{g(t+\tau)}{\sigma_g} \; ; \; \Delta(t,\tau) = \frac{s(t)}{\sigma_s} - \frac{g(t+\tau)}{\sigma_g} \,. \tag{7.148}$$

Auch die Summen- und Differenzprozesse sind Gauß-verteilt, mittelwertfrei und besitzen folgende Varianzen und Kovarianzen:

$$\begin{aligned}\sigma_\Sigma^2(\tau) =& \mathcal{E}\left\{\left[\frac{s(t)}{\sigma_s} + \frac{g(t+\tau)}{\sigma_g}\right]^2\right\} \qquad (7.149)\\ =& \frac{\mathcal{E}\left\{s^2(t)\right\}}{\sigma_s^2} + \frac{\mathcal{E}\left\{g^2(t+\tau)\right\}}{\sigma_g^2} + 2\frac{\mathcal{E}\left\{s(t)g(t+\tau)\right\}}{\sigma_s\sigma_g} = 2[1+\rho(\tau)]\,,\end{aligned}$$

und entsprechend

$$\sigma_\Delta^2(\tau) = \mathcal{E}\left\{\left[\frac{s(t)}{\sigma_s} - \frac{g(t+\tau)}{\sigma_g}\right]^2\right\} = 2[1-\rho(\tau)] \tag{7.150}$$

sowie

$$\begin{aligned}\mathcal{E}\left\{\Sigma(t,\tau)\Delta(t,\tau)\right\} =& \mathcal{E}\left\{\left[\frac{s(t)}{\sigma_s} + \frac{g(t+\tau)}{\sigma_g}\right]\left[\frac{s(t)}{\sigma_s} - \frac{g(t+\tau)}{\sigma_g}\right]\right\}\\ =& \frac{\mathcal{E}\left\{s^2(t)\right\}}{\sigma_s^2} - \frac{\mathcal{E}\left\{g^2(t+\tau)\right\}}{\sigma_g^2} = 0\,. \qquad (7.151)\end{aligned}$$

Die Summen- und Differenzprozesse sind also unkorreliert und, da sie einer Gauß-Verteilung folgen, außerdem statistisch unabhängig. Sie besitzen daher eine Verbund-Verteilungsdichte

$$\begin{aligned}p_{\Sigma\Delta}(u,v,\tau) =& \underbrace{\frac{1}{\sqrt{4\pi[1+\rho(\tau)]}}\exp\left(-\frac{u^2}{4[1+\rho(\tau)]}\right)}_{p_\Sigma(u)}\\ &\cdot \underbrace{\frac{1}{\sqrt{4\pi[1-\rho(\tau)]}}\exp\left(-\frac{v^2}{4[1-\rho(\tau)]}\right)}_{p_\Delta(v)}\\ =& \frac{1}{4\pi\sqrt{1-\rho^2(\tau)}}\exp\left(-\frac{u^2[1-\rho(\tau)]+v^2[1+\rho(\tau)]}{4[1-\rho^2(\tau)]}\right)\,.\end{aligned} \tag{7.152}$$

Die Abbildung auf die Zufallsvariablen x und y der ursprünglichen Prozesse $s(t)$ und $g(t)$ ist

$$u = \frac{x}{\sigma_s} + \frac{y}{\sigma_g} = \frac{\sigma_g x + \sigma_s y}{\sigma_s\sigma_g} \; ; \; v = \frac{x}{\sigma_s} - \frac{y}{\sigma_g} = \frac{\sigma_g x - \sigma_s y}{\sigma_s\sigma_g}\,, \tag{7.153}$$

(7.153) in (7.152) eingesetzt ergibt dann (7.94). Die Verallgemeinerung für nicht-mittelwertfreie Gauß-Prozesse lautet

$$p_{sg}(x,y,\tau) = \frac{1}{2\pi\sigma_s\sigma_g\sqrt{1-\varrho^2(\tau)}} \cdot \exp\left(-\frac{\sigma_g^2(x-m_s)^2+\sigma_s^2(y-m_g)^2-2\sigma_s\sigma_g\varrho(\tau)(x-m_s)(y-m_g)}{2\sigma_s^2\sigma_g^2(1-\varrho^2(\tau))}\right). \quad (7.154)$$

Die Betrachtung mittels der Summen- und Differenzprozesse ist besonders anschaulich, weil (7.153) eine Koordinatenabbildung darstellt, nach der die Achsen u und v senkrecht aufeinander stehen. Werte konstanter Verteilungsdichte ergeben sich gemäß des Exponenten in (7.152) auf Kreisen um den Mittelpunkt $(m_s/\sigma_s, m_g/\sigma_g)$ für den Fall $\rho(\tau)=0$, bzw. auf Ellipsen mit den Hauptachsenlängen $\sqrt{1+\rho(\tau)}$ bzw. $\sqrt{1-\rho(\tau)}$ und Ausrichtungen entlang der u- bzw. v-Achsen für den Fall $\rho(\tau)\neq 0$.

7.7.3 Fehlerfunktion

Die *Fehlerfunktion* (*er*ror *f*unction) ist definiert durch das nicht geschlossen lösbare Integral

$$\mathrm{erf}(x) = \frac{2}{\sqrt{\pi}}\int_0^x \exp(-\xi^2)\mathrm{d}\xi \quad (7.155)$$

mit den Eigenschaften (Abb. 7.25)

$$\begin{aligned} \mathrm{erf}(-x) &= -\,\mathrm{erf}(x) \\ \mathrm{erf}(-\infty) &= -1 \\ \mathrm{erf}(\infty) &= 1\,. \end{aligned} \quad (7.156)$$

Weiter gilt als komplementäre Fehlerfunktion[36] (Abb. 7.25 und Tab. 7.1)

$$\mathrm{erfc}(x) = 1-\mathrm{erf}(x) = \frac{2}{\sqrt{\pi}}\int_x^\infty \exp(-\xi^2)\mathrm{d}\xi \quad (7.157)$$

mit der Ableitung

$$\frac{\mathrm{d}}{\mathrm{d}x}\,\mathrm{erfc}(x) = \frac{-2}{\sqrt{\pi}}\exp(-x^2) \quad (7.158)$$

Beschreibt man die der Gauß'schen Verteilungsdichtefunktion (7.92) zugehörige Verteilungsfunktion $P_s(x)$ durch die Fehlerfunktion, dann gilt zunächst

[36] In der einschlägigen Literatur wird auch häufig die zu $\mathrm{erfc}(x)$ äquivalente „Q-Funktion" $Q(x)$ verwendet. Es gelten die Beziehungen $Q(x)=\frac{1}{2}\,\mathrm{erfc}(x/\sqrt{2})$ bzw. $\mathrm{erfc}(x) = 2Q(x\sqrt{2})$.

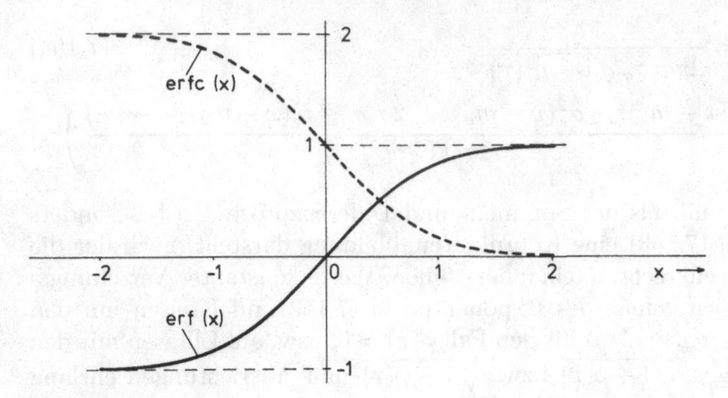

Abbildung 7.25. Fehlerfunktion erf(x) und komplementäre Fehlerfunktion erfc(x)

$$P_s(x) = \int_{-\infty}^{x} \frac{1}{\sqrt{2\pi\sigma^2}} \exp\left(-\frac{(\xi - m_s)^2}{2\sigma^2}\right) \mathrm{d}\xi \,.$$

Mit der Substitution $(\xi - m_s)/\sqrt{2\sigma^2} = u$ ergibt sich

$$P_s(x) = \frac{1}{\sqrt{\pi}} \int_{-\infty}^{(x-m_s)/\sqrt{2\sigma^2}} \exp(-u^2)\mathrm{d}u = \frac{1}{2}\,\mathrm{erf}\left(\frac{x - m_s}{\sqrt{2\sigma^2}}\right) + \frac{1}{2} \tag{7.159}$$

oder mit (7.157) und (7.156) auch

$$P_s(x) = \frac{1}{2}\,\mathrm{erfc}\left(\frac{m_s - x}{\sqrt{2\sigma^2}}\right) \,. \tag{7.160}$$

Tabelle 7.1. Komplementäre Fehlerfunktion

x	$\mathrm{erfc}(x)$	x	$\mathrm{erfc}(x)$
0	1,00	3,4	$1,52 \cdot 10^{-6}$
0,1	0,888	3,5	$7,44 \cdot 10^{-7}$
0,2	0,777	3,6	$3,56 \cdot 10^{-7}$
0,3	0,671	3,7	$1,67 \cdot 10^{-7}$
0,4	0,572	3,8	$7,70 \cdot 10^{-8}$
0,5	0,480	3,9	$3,48 \cdot 10^{-8}$
0,6	0,396	4,0	$1,54 \cdot 10^{-8}$
0,7	0,322	4,1	$6,70 \cdot 10^{-9}$
0,8	0,258	4,2	$2,86 \cdot 10^{-9}$
0,9	0,203	4,3	$1,19 \cdot 10^{-9}$
1,0	0,157	4,4	$4,89 \cdot 10^{-10}$
1,1	0,120	4,5	$1,97 \cdot 10^{-10}$
1,2	$8,97 \cdot 10^{-2}$	4,6	$7,75 \cdot 10^{-11}$
1,3	$6,60 \cdot 10^{-2}$	4,7	$3,00 \cdot 10^{-11}$
1,4	$4,77 \cdot 10^{-2}$	4,8	$1,14 \cdot 10^{-11}$
1,5	$3,39 \cdot 10^{-2}$	4,9	$4,22 \cdot 10^{-12}$
1,6	$2,37 \cdot 10^{-2}$	5,0	$1,54 \cdot 10^{-12}$
1,7	$1,62 \cdot 10^{-2}$	5,1	$5,49 \cdot 10^{-13}$
1,8	$1,09 \cdot 10^{-2}$	5,2	$1,93 \cdot 10^{-13}$
1,9	$7,21 \cdot 10^{-3}$	5,3	$6,61 \cdot 10^{-14}$
2,0	$4,68 \cdot 10^{-3}$	5,4	$2,23 \cdot 10^{-14}$
2,1	$2,98 \cdot 10^{-3}$	5,5	$7,36 \cdot 10^{-15}$
2,2	$1,86 \cdot 10^{-3}$	5,6	$2,38 \cdot 10^{-15}$
2,3	$1,14 \cdot 10^{-3}$	5,7	$7,57 \cdot 10^{-16}$
2,4	$6,89 \cdot 10^{-4}$	5,8	$2,36 \cdot 10^{-16}$
2,5	$4,07 \cdot 10^{-4}$	5,9	$7,19 \cdot 10^{-17}$
2,6	$2,36 \cdot 10^{-4}$	6,0	$2,15 \cdot 10^{-17}$
2,7	$1,34 \cdot 10^{-4}$		
2,8	$7,50 \cdot 10^{-5}$		
2,9	$4,11 \cdot 10^{-5}$		
3,0	$2,21 \cdot 10^{-5}$	$x > 6$	$\approx \frac{1}{\sqrt{\pi}x} \cdot \mathrm{e}^{-x^2}$ (mit $< 2\%$ rel. Fehler)
3,1	$1,17 \cdot 10^{-5}$		
3,2	$6,03 \cdot 10^{-6}$		
3,3	$3,06 \cdot 10^{-6}$		

7.8 Aufgaben

7.1 Gegeben ist eine Schar von Gleichspannungen ${}^k s(t) = a_k$ für $k = 1, 2, \ldots$ Die Amplitude a_k kann einen der Werte 0 V oder 2 V annehmen, die jeweils mit gleicher Wahrscheinlichkeit auftreten.

a) Wie groß sind die Scharmittelwerte $\mathcal{E}\{s(t_1)\}$, $\mathcal{E}\{s^2(t_1)\}$, $\mathcal{E}\{s^3(t_1)\}$ und $\mathcal{E}\{s(0) \cdot s(t_1)\}$ für $t_1 = 0\,\mathrm{s}$ und $15\,\mathrm{s}$? Ist der Prozess stationär?
b) Wie groß sind die entsprechenden Zeitmittelwerte für die zwei möglichen Amplituden? Ist der Prozess ergodisch?

7.2 Zur praktischen Messung („Schätzung") des Mittelwertes werden über die Musterfunktionen ${}^k s(t)$ eines ergodischen Prozesses Kurzzeitmittelwerte ${}^k m(T) = (1/T) \int\limits_0^T {}^k s(t)\mathrm{d}t$ gebildet.

a) Sind die ${}^k m(T)$ für alle k gleich oder ist $m(T)$ eine Zufallsgröße?
b) Wie groß ist $\mathcal{E}\{m(T)\}$ im Vergleich zu $\overline{s(t)}$?

7.3 Zeigen Sie die Gültigkeit von (7.12), und leiten Sie damit (7.25) ab.

7.4 Die Ähnlichkeit der um die Zeit τ auseinanderliegenden Zufallsgrößen eines stationären Prozesses $s(t)$ der Leistung P werde durch die Augenblicksleistung P_Δ ihrer Differenz gemessen. Leiten Sie die Autokorrelationsfunktion $\varphi_{ss}(\tau)$ aus P_Δ und P her.

7.5 Zur Zeit $t = 0$ wird weißes Rauschen der Leistungsdichte N_0 auf den Eingang eines idealen Integrators gegeben. Wie groß ist die Augenblicksleistung der Zufallsgröße am Ausgang zur Zeit T? Ist der Ausgangsprozess stationär?

Hinweis: Beschreiben Sie die Integration als Faltung mit einer rect-Funktion.

7.6 Am Eingang eines *RC*-Systems der Impulsantwort $h(t) = T^{-1}\varepsilon(t) \cdot \exp(-t/T)$ liegt weißes Rauschen der Leistungsdichte N_0.

a) Berechnen Sie das Leistungsdichtespektrum $\phi_{gg}(f)$ des Ausgangsprozesses und daraus die Leistung.
b) Berechnen Sie die Autokorrelationsfunktion $\varphi_{gg}(\tau)$ des Ausgangsprozesses und daraus die Leistung.

7.7 Zwei LTI-Systeme mit den Impulsantworten $h_1(t)$ und $h_2(t)$ sind eingangsseitig parallel geschaltet (Abb. 7.26). Am Eingang dieser Schaltung liegt ein stationärer Zufallsprozess mit der Autokorrelationsfunktion $\varphi_{ss}(\tau)$.

a) Zeigen Sie, dass für die Kreuzkorrelationsfunktion $\varphi_{gf}(\tau)$ der Ausgangssignale gilt

$$\varphi_{gf}(\tau) = \varphi_{ss}(\tau) * h_1(-\tau) * h_2(\tau) = \varphi_{ss}(\tau) * \varphi^{\mathrm{E}}_{h1h2}(\tau) \,.$$

Hinweis: Ableitung wie in Abschn. 7.2.2.

b) Zeigen Sie, dass bei Anregung mit weißem Rauschen und bei Orthogonalität der Impulsantworten der beiden Systeme $\varphi_{gf}(0) = 0$ gilt.
c) Welche Bedingung müssen die Filter erfüllen, damit die Ausgangsprozesse unkorreliert sind?

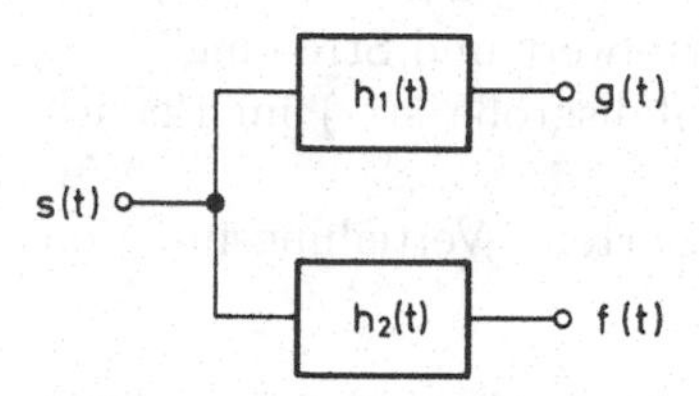

Abbildung 7.26. System zu Aufgabe 7.7

7.8 Auf den Eingang eines LTI-Systems der Impulsantwort $h(t)$ wird weißes Rauschen $s(t)$ der Leistungsdichte N_0 gegeben. Berechnen Sie die Kreuzkorrelationsfunktion und das Kreuzleistungsdichtespektrum zwischen Eingangs- und Ausgangssignal.
Hinweis: Ersetzen Sie in Aufgabe 7.7 das obere System in Abb. 7.26 durch ein verzerrungsfreies System mit der Impulsantwort $\delta(t)$.
Anmerkung: Ergebnis wird zur Messung von Impulsantworten mit ergodischen, weißen Rauschsignalen benutzt.

7.9 Weißes Rauschen $s(t)$ der Leistungsdichte N_0 wird auf einen idealen Bandpass der Bandbreite f_Δ und der Mittenfrequenz f_0 gegeben. Bestimmen Sie für den Ausgangsprozess $g(t)$

a) das Leistungsdichtespektrum,
b) Mittelwert, quadratischen Mittelwert und Streuung,
c) die Autokorrelationsfunktion,
d) die Kreuzkorrelationsfunktion zum Eingangsprozess.
e) Der Eingangsprozess wird gleichzeitig auf einen Tiefpass der Grenzfrequenz $f_g \leq f_0 - f_\Delta/2$ gegeben. Wie lautet die Kreuzkorrelationsfunktion zwischen den Ausgangsprozessen des Tief- und Bandpasses?

7.10 Die Rauschbandbreite f_R eines beliebigen Tiefpassfilters der Übertragungsfunktion $H(f)$ wird so definiert, dass bei Anregung dieses Filters mit einem ergodischen, weißen Rauschsignal am Ausgang die gleiche Rauschleistung erscheint wie am Ausgang eines idealen Tiefpasses der Übertragungsfunktion $H_R(f) = H(0)\,\mathrm{rect}[f/(2f_R)]$.

Wie groß ist demnach die Rauschbandbreite eines RC-Systems mit der Übertragungsfunktion nach (1.16)? Wie kann entsprechend die Rauschbandbreite von Bandpässen definiert werden?

7.11 Ein stationärer Prozess $s(t)$ mit der Autokorrelationsfunktion $\varphi_{ss}(\tau)$ wird differenziert: ${}^k g(t) = \mathrm{d}/\mathrm{d}t^k s(t)$. Berechnen Sie Leistungsdichtespektrum und Autokorrelationsfunktion des differenzierten Prozesses (Anwendung s. Abschn. 10.2.4).

7.12 Gegeben ist eine Verteilungsdichtefunktion $p_s(x) = a\Lambda(2x)$.

a) Wie groß ist a?
b) Berechnen Sie die zugehörige Verteilungsfunktion $P_s(x)$.
c) Wie groß sind Mittelwert, quadratischer Mittelwert und Streuung?
d) Mit welcher Wahrscheinlichkeit liegt die Zufallsgröße $s(t_1)$ im Bereich $0 < s(t_1) \leq 0,3$?
e) Skizzieren Sie den Verlauf der modifizierten Verteilungsfunktion $\text{Prob}[s(t_1) > x]$.

7.13 Zwei verbunden stationäre Prozesse $s(t)$ und $g(t)$ sind unkorreliert. Sie besitzen die Leistungsdichtespektren

$$\phi_{ss}(f) = \text{rect}(f) + 2\delta(f)$$
$$\phi_{gg}(f) = \Lambda(f)$$

a) Wie groß sind Mittelwert, Leistung und Streuung der beiden Prozesse?
b) Skizzieren Sie Autokorrelationsfunktion und Leistungsdichtespektrum des Summenprozesses.
Wie groß sind seine Leistung und Streuung?

7.14 Ein ergodisches Zufallssignal mit dem Leistungsdichtespektrum $\phi_{ss}(f) = \Lambda(f/f_{\text{g}})$ wird mit der Rate r abgetastet und mit einem idealen Tiefpass der Grenzfrequenz f_{g} wieder interpoliert. Bei Unterabtastung tritt ein Störterm auf (Abb. 4.8), dessen Leistung ein Maß für den Abtastfehler ist. Berechnen und skizzieren Sie das Verhältnis Abtastfehlerleistung zur Leistung des unverzerrten Signals im Bereich $f_{\text{g}} < r < 3f_{\text{g}}$.

7.15 Berechnen Sie Verteilungsdichtefunktion, Streuung und Mittelwert einer Summe von n statistisch unabhängigen, Gauß-verteilten Zufallsgrößen mit den Mittelwerten m_i und den Streuungen σ_i^2.

Hinweis: Benutzen Sie die Ergebnisse aus Aufgabe 3.11.

7.16 Ein rauschender Widerstand R lässt sich durch ein Spannungsersatzbild mit der Leerlaufspannung ${}^{k}u(t)$ und dem rauschfreien Innenwiderstand R beschreiben. Berechnen Sie mit (7.41) die dieser Spannungsquelle im Frequenzbereich $|f| \leq f_{\text{g}}$ maximal entnehmbare Leistung.

7.17 Gegeben ist eine binäre Pulsfolge, die Musterfunktion eines ergodischen Prozesses sein soll, durch

$$s(t) = \sum_{n=-\infty}^{\infty} d_n \,\text{rect}\left(\frac{t-nT}{T}\right) .$$

d_n kann die Werte 0 oder 1 annehmen, die jeweils mit gleicher Wahrscheinlichkeit auftreten.

a) Berechnen und skizzieren Sie Verteilungs- und Verteilungsdichtefunktion.
b) Wie groß sind Mittelwert, quadratischer Mittelwert und Streuung?
c) Berechnen Sie Autokorrelationsfunktion und Leistungsdichtespektrum.
d) Ermitteln Sie die Werte nach (b) aus Autokorrelationsfunktion und Leistungsdichtespektrum.
e) Wie sind die Ergebnisse zu (a) und (b), wenn in der Impulsfolge $\text{rect}(t/T)$ durch $\Lambda(2t/T)$ ersetzt wird?
f) Berechnen Sie Autokorrelationsfunktion und Leistungsdichtespektrum, wenn in der Impulsfolge $\text{rect}(t/T)$ durch $\text{rect}(t/T_0)$ mit $T_0 < T$ ersetzt wird.

7.18 Berechnen Sie aus der Gauß'schen Verteilungsdichtefunktion nach (7.92) Mittelwert und Streuung mit Hilfe von (7.69) und (7.70).

7.19 Berechnen Sie aus der Gauß'schen Verbundverteilungsdichtefunktion nach (7.94) (für $\sigma_s^2 = \sigma_g^2 = \sigma^2$) den Kreuzkorrelationskoeffizienten mit Hilfe von (7.83).
Hinweis: (vgl. Abschn. 7.7.2).

7.20 Aus den Zufallsgrößen $s(t_1)$ mit der Verteilungsdichtefunktion $p_s(x)$ werden neue Zufallsgrößen $g(t_1)$ durch

$$^k g(t_1) = \frac{^k s(t_1) + a}{b} \qquad \text{mit} \qquad a, b = \text{const}\,.$$

gebildet. Wie lautet deren Verteilungsdichtefunktion? Wie verändern sich die Mittelwerte und quadratischen Mittelwerte?

7.21 Von mittelwertfreiem Gauß'schem Rauschen $^k s(t)$ wird in einem Zweiweggleichrichter der Betrag $^k g(t) = |^k s(t)|$ gebildet.

a) Wie lautet die Verteilungsdichtefunktion $p_g(x)$?
b) Wie ist das Ergebnis für einen Einweggleichrichter mit $^k g(t) = \frac{1}{2}[^k s(t) + |^k s(t)|]$?

7.22 Berechnen und skizzieren Sie die Sprungantwort des „Gauß-Tiefpasses" mit der Impulsantwort

$$h(t) = \exp(-\pi t^2)\,.$$

7.23 Die Standardabweichung σ als Maß für die Breite einer Verteilungsdichtefunktion kann auch als Maß für die zeitliche Dauer eines beliebigen Energiesignals dienen. Diese sog. „*Streuungsbreite*" wird hier betrachtet.

a) Ein Signal $s(t)$ mit der Energie E_s wird zunächst umgeformt in $s_b(t) = s^2(t)/E_s$.
Zeigen Sie, dass $s_b(t)$ dann die Eigenschaften (7.65) und (7.66) einer typischen Verteilungsdichtefunktion besitzt.

b) Geben Sie einen Ausdruck für die „Streuungsbreite“ σ_t, von $s_b(t)$ an.
c) Wie groß ist die Streuungsbreite der beiden Impulse in Abb. 6.2?
d) Definieren Sie ein entsprechendes Maß für die „Streuungsbandbreite“ σ_f eines Energiesignals.

Anmerkung: Es lässt sich zeigen, dass das Zeit-Bandbreiteprodukt beliebiger Energiesignale in dieser Definition durch $\sigma_t \cdot \sigma_f \geq 1/(4\pi)$ beschränkt ist. Das Minimum wird vom Gauß-Impuls erreicht.

7.24 Ein beliebiges diskretes Zufallssignal $s(n)$ sei Musterfunktion eines ergodischen Prozesses.

a) Zeigen Sie, dass bei Multiplikation mit einem zu $s(n)$ unkorrelierten weißen Zufallssignal $g(n)$ das Produktsignal $p(n) = s(n) \cdot g(n)$ mittelwertfrei ist.
b) Dieses Verfahren wird als „Scrambling“ (engl. scramble: verrühren, durcheinandermischen) zur Beseitigung von Gleichanteilen und Verminderung starker tieffrequenter Komponenten bei der Übertragung von digitalen Signalen angewandt. Wie lässt sich das Ausgangssignal rückgewinnen, wenn als Scrambling-Signal $g(n)$ binäre (± 1) Pseudonoisefolgen benutzt werden?

7.25 Zeitdiskretes, weißes Rauschen der Leistung σ_n^2 wird auf ein zeitdiskretes Filter $h(n)$ gegeben.
Berechnen Sie die Ausgangsleistung.
Welche Bedingung muss das Filter erfüllen, damit die Ausgangsleistung endlich ist?

7.26 Mit welcher Rate r muss man tiefpassbegrenztes weißes Rauschen der Grenzfrequenz f_g abtasten, damit das entstehende zeitdiskrete Signal weiß ist?

7.27 Leiten Sie die Wiener-Lee-Beziehung (7.119) für stationäre, zeitdiskrete Prozesse ab.

7.28 Berechnen und skizzieren Sie Autokorrelationsfunktion und Leistungsdichtespektrum des als weiß angenommenen, aber nicht mittelwertfreien, zeitdiskreten, gleichverteilten Zufallsprozesses in Abb. 7.17.

7.29 Ein Zufallsgenerator erzeugt voneinander unabhängige Binärwerte $s(n) \in \{0, 1\}$ mit der Wahrscheinlichkeit $\text{Prob}[s(n) = 1] = p$. Ein aus derartigen Musterfunktionen gebildeter Prozess wird Bernoulli-Prozess oder Binomial-Prozess genannt.

a) Zeichnen Sie Verteilungs- und Verteilungsdichtefunktion für $p = 0,6$.
b) Zeichnen Sie die Verbundverteilungsfunktion $P_{ss}(x, y, m \neq 0)$ für $p = 0,6$, und damit die Verbundverteilungsdichtefunktion $p_{ss}(x, y, m \neq 0)$.

c) Berechnen Sie aus $p_{ss}(x, y, m \neq 0)$ die Autokorrelationsfunktion $\varphi_{ss}(m)$ für $m \neq 0$.
Jeweils K aufeinander folgende Werte von $s(n)$ werden addiert und bilden die Folge $g(n)$ eines allgemeineren Bernoulli-Prozesses.

d) Skizzieren Sie die Verteilungsdichtefunktion $p_g(x)$ für $p = 0,5$ und $K = 2$ sowie $K = 3$. Wie verhält sich $p_g(x)$ für große K?

Vergleichen Sie die Ergebnisse mit dem allgemeinen Ausdruck für die Binomialverteilung

$$p_g(x) = \sum_{i=0}^{K} \binom{K}{i} p^i (1-p)^{K-i} \delta(x - i) .$$

Anmerkung: Im Grenzübergang $K \to \infty$ (mit $Kp = \text{const.}$) geht die Binomial- in die Poisson-Verteilung über.

7.30 Ein bipolares, eigeninterferenzfreies Datenübertragungssystem werde durch Gauß'sches Rauschen gestört. Am Ausgang des Empfangsfilters seien N die Rauschleistung und S_a die Signalaugenblicksleistung im Abtastzeitpunkt.

a) Skizzieren Sie die Verteilungsdichtefunktionen $p_{y0}(x)$ und $p_{y1}(x)$ vor der Entscheidungsstufe.

b) Die Nachrichtenquelle erzeugt die Binärwerte $a_n = 1$ mit der Wahrscheinlichkeit P_1. Bestimmen Sie die Gesamtfehlerwahrscheinlichkeit P_e als Funktion von P_1 und der Einzelfehlerwahrscheinlichkeiten $P_{\mathrm{e}0}$ und $P_{\mathrm{e}1}$.

c) Bestimmen Sie $P_{\mathrm{e}0}$ und $P_{\mathrm{e}1}$ jeweils als Funktion von S_a, N und der Entscheidungsschwelle C.

d) Bei welcher Entscheidungsschwelle C wird die Gesamtfehlerwahrscheinlichkeit P_e minimal?

e) Wie lautet das Ergebnis bei Korrelationsfilter-Empfang und Störung durch weißes, Gauß'sches Rauschen der Leistungsdichte N_0?

Teil B

Informationsübertragung

8. Binärübertragung mit Tiefpasssignalen

In den bisherigen Kapiteln wurden Methoden zur Beschreibung determinierter und nichtdeterminierter Signale und ihrer Übertragung über einfache Systeme behandelt. Im Folgenden werden diese Kenntnisse zu einer quantitativen Betrachtung einer Anzahl grundlegender nachrichtentechnischer Übertragungsverfahren benutzt.

Zu Beginn soll dabei das Problem der Übertragung digitaler Signale über gestörte Tiefpasskanäle betrachtet werden. Einfachstes Beispiel einer digitalen Signalübertragung ist die im letzten Kapitel betrachtete Übertragung mit den zwei Möglichkeiten „$s(t)$ gesendet“ bzw. „$s(t)$ nicht gesendet“, denen z. B. die zwei Zahlen 1 bzw. 0 zugeordnet werden können. Dieser einfache Fall der Übertragung nur zweier unterscheidbarer Signale, die *Binärübertragung*, wird im folgenden Kapitel zunächst behandelt und später erweitert zu Übertragungsverfahren, die eine gleichzeitige Sendung mehrerer Binärsymbole (Bits) ermöglichen.

Ein Rückblick in die Geschichte der Nachrichtentechnik zeigt, dass im 19. Jahrhundert fast ausschließlich digitale Verfahren zur Übermittlung alphanumerischer Texte verwendet wurden. Diese Telegrafieverfahren wurden dann im Lauf des 20. Jahrhunderts durch die analogen Verfahren der Ton- und Bildübertragung in ihrem Anteil am gesamten Nachrichtenaufkommen stark zurückgedrängt. Durch den mit der digitalen Rechnertechnik seit den 60er Jahren des 20. Jahrhunderts rasch zunehmenden Bedarf an schneller, fehlerarmer Datenübertragung und die Einführung der Pulscodemodulationstechnik (PCM) in die Fernsprechweitverkehrs- und Vermittlungstechnik seit den 70er Jahren ist der Anteil der digitalen Übertragungssysteme inzwischen überwiegend. Die Flexibilität der digitalen Datenformate hat sich gegenüber den analogen Techniken als äußerst vorteilhaft erwiesen, so dass diese wiederum fast vollständig verdrängt wurden.

Seit Ende der 1980er Jahre wurde über Fernsprechleitungen der direkte digitale Zugang zum ISDN (Integrated Services Digital Network) für viele Arten digitaler Endgeräte mit der Rate 64 kbit/s angeboten. Dieses ist mittlerweile durch die verschiedenen Varianten der DSL-Technik (Digital Subscriber Loop) abgelöst worden, zudem werden auch die in den Privathaushalten vorhandenen Fernsehkabel- und Stromleitungen für verschiedenste Arten der digitalen Datenübertragung genutzt. Gleichzeitig entwickelten sich breitbandige Übertragungstechniken für die Backbone-Vernetzung im Weitverkehr, insbesondere unter Verwendung von Glasfasermedien zur Übertragung. Der Trend zu einer breiten Nutzung digitaler Übertragungstechniken wurde durch die rasche Ausbreitung des „World Wide Web“ (im Rahmen des Internet) beschleunigt. Vom Verkehrsaufkommen her stellen heute Multimedia-Anwendungen (z. B. Video Streaming) mittlerweile den größten Anteil.

Seit Beginn der 1990er Jahre ist die drahtlose und mobile Kommunikation zu einer treibenden Kraft neuer Entwicklungen in der Nachrichtenübertragung geworden. Ursprünglich mit dem Aufbau des GSM-Netzes (2. Generation, 2G) als erweiterter und für mehr Benutzer zugänglicher Ersatz für das seinerzeitige analoge mobile Sprachtelefonnetz gedacht, wurde schon bald nach Einführung der erhöhte Bedarf für eine allgemeine mobile Datenübertragung deutlich. Im ersten Jahrzehnt des 21. Jahrhunderts wurde dem durch Einführung von UMTS (3G) Rechnung getragen, welches jedoch nicht in der Lage war, flächendeckend ausreichende Übertragungskapazität für Multimedia-Anwendungen z. B. in Web-Services verfügbar zu machen. Letztere Option rückte erstmals mit den seit etwa 2010 eingeführten LTE-Netzen (4G) in greifbare Nähe, deren Kapazitätsgrenzen aber auch schon absehbar sind. Demzufolge ist bereits die 5. Generation mit einem Betriebsbeginn ab etwa 2020 in Planung, wobei auf dem Weg dorthin noch „LTE Advanced“ („$4\frac{1}{2}$G“ mit Erweiterungen der heute in LTE verwendeten Techniken ab etwa 2016 eingeführt werden soll.

Die Tendenz der gesamten Entwicklung läuft darauf hinaus, die Leistungsfähigkeit aller vorhandenen physikalischen Netze insbesondere durch Anwendung von komplexen Techniken der Digitalen Signalverarbeitung in der Übertragung weiter zu steigern und gleichzeitig neue Netze aufzubauen. Hierbei nimmt der Benutzer z. B. eines Smartphones praktisch nicht mehr war, ob die Verbindung gerade über ein eigentliches Mobilfunknetz oder per WLAN-Anbindung über ein Festnetz erfolgt. Letzten Endes erlauben die Internet-Protokolle eine flexible Versorgung mit allen digitalen Datentypen, einschließlich der klassischen Telefonie, des traditionellen Fernseh- und Hörrundfunks. Inwieweit dabei letztere, die eigentlich aus Gründen der Knappheit an Übertragungskapazität zur gleichzeitigen Versorgung vieler Empfänger eingerichtet wurden, vollkommen oder teilweise durch interaktive Abrufdienste ersetzt werden, ist noch nicht endgültig abzusehen. Dies ist jedoch sehr wahrscheinlich, und spiegelt sich bereits darin nieder, dass bereits viele Sendefrequenzen, die ursprünglich für die analoge Fernsehübertragung reserviert waren, mittlerweile für den LTE-Mobilfunk genutzt werden.

8.1 Allgemeine und digitale Übertragungssysteme

Das allgemeine Schema eines elementaren technischen Nachrichtenübertragungssystems zeigt Abb. 8.1. Signale einer beliebigen *Nachrichtenquelle* werden i. Allg. zunächst in einem Aufnahmewandler auf z. B. elektrische Zeitfunktionen abgebildet. Ein Sender erzeugt dann in einer zweiten Abbildung ein Sendesignal, welches durch geeignete Form und hinreichenden Energieinhalt an den durch Übertragungseigenschaften und Störungen charakterisierten Übertragungskanal angepasst ist. Am Ausgang des Kanals übernimmt ein Empfänger die Aufgabe, das Ausgangssignal des Aufnahmewandlers möglichst gut zu rekonstruieren. Der Wiedergabewandler bildet dieses Signal dann schließlich in eine für die Nachrichtensenke geeignete Form ab.

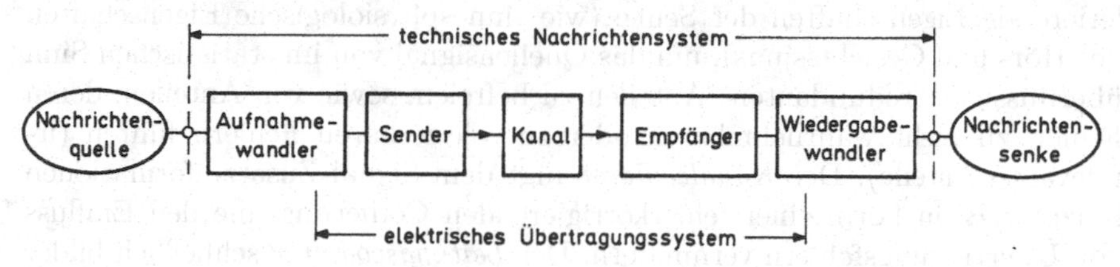

Abbildung 8.1. Schema eines technischen Nachrichtensystems

Anmerkung: In gleicher Weise gilt dieses Schema auch beispielsweise für Nachrichtenspeicher, bei denen das Speichermedium den Kanal darstellt. Es lässt sich weiter ausdehnen auf Mess- oder Radarsysteme, bei denen Sender und Empfänger häufig am gleichen Ort lokalisiert sind und Informationen über Eigenschaften des Kanals gesucht werden.

Bei digitalen Übertragungssystemen wird die Abbildung in das Sendesignal allgemein in Quellen-, Kanal- und Leitungscodierung aufgeteilt (Abb. 8.2). Die diskrete Nachrichtenquelle, die z. B. mit dem Aufnahmewandler von

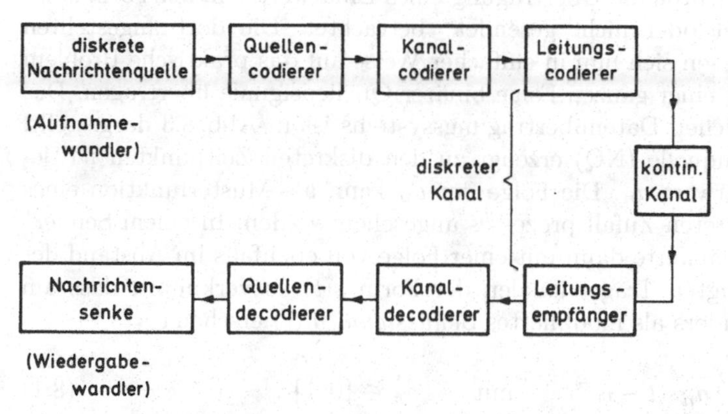

Abbildung 8.2. Schema eines digitalen Übertragungssystems

Abb. 8.1 identisch sein kann, erzeugt hier digitale, also zeit- und wertdiskrete

Signale, und zwar i. Allg. in Form einer Binärimpulsfolge. Bei analogen Quellensignalen geschieht dies durch eine Digitalisierung, welche die Vorgänge der Abtastung und Quantisierung umfasst (Abb. 4.1).

Die folgenden Codierungsstufen haben die Aufgabe, dieses digitale Signal so aufzubereiten, dass es über einen gegebenen nichtidealen Kanal bei möglichst hoher Geschwindigkeit mit möglichst geringen Fehlern übertragen und an die Nachrichtensenke abgegeben werden kann. Der *Quellencodierer* nutzt beispielsweise statistische Bindungen im Quellensignal und fehlertolerierende Eigenschaften der Senke (wie sinnesphysiologische Eigenschaften des Hör- und Gesichtssinns), um das Quellensignal von im statistischen Sinn überflüssigen (redundanten) Anteilen zu befreien, sowie von Anteilen, deren Fehlen zu nicht wahrnehmbaren oder zu tolerierbaren Fehlern führen (irrelevante Anteile). Der *Kanalcodierer* fügt dem Signal Zusatzinformationen hinzu, z. B. in Form einer fehlerkorrigierenden Codierung, die den Einfluss von Übertragungsfehlern vermindern. Der *Leitungscodierer* schließlich bildet das digitale Signal in eine Form ab, die für die Übertragung gut geeignet ist und z. B. eine einfache Taktrückgewinnung ermöglicht. Im Empfänger wird in entsprechenden Decodierungsstufen das ursprüngliche Signal möglichst gut rekonstruiert. Bei einfachen digitalen Übertragungssystemen wird auf eine Quellen- und/oder Kanalcodierung oft verzichtet. Dementsprechend wird in den folgenden Abschnitten die Leitungscodierung den breitesten Raum einnehmen. Der gesamte Zusammenhang zwischen Quellencodierung, Kanalcodierung und Leitungscodierung wird jedoch noch in Kapitel 12 ausführlicher behandelt.

8.2 Übertragung von Binärsignalfolgen

In Abschn. 7.4.4 wurde die Übertragung eines Binärwertes in der Form „Signal $s(t)$ gesendet oder nicht gesendet" betrachtet. Die dort angestellten Überlegungen lassen sich nun in einfacher Weise auf das praktische Problem der Übertragung einer ganzen Folge binärer Quellensignale übertragen. Das Schema eines solchen Datenübertragungssystems ist in Abb. 8.3 dargestellt. Eine Nachrichtenquelle (NQ) erzeugt zu den diskreten Zeitpunkten nT jeweils einen Binärwert a_n. Die Folge der a_n kann als Musterfunktion eines binären, zeitdiskreten Zufallsprozesses angesehen werden. In einem Sender[1] werden diese Binärwerte dann mit einer Folge von ebenfalls im Abstand der *Taktzeit* T erzeugten Trägersignalen der Form $s(t)$ so verknüpft, dass am Ausgang des Senders als moduliertes *Sendesignal* $m(t)$ erscheint

$$m(t) = \sum_{n=-\infty}^{\infty} a_n s(t - nT) \qquad \text{mit} \qquad a_n \in \{0; 1\} . \tag{8.1}$$

[1] Die Zusammenfassung eines Senders und Empfängers wird in der digitalen Übertragungstechnik häufig als *Modem* (aus *Mod*ulator und *Dem*odulator) bezeichnet.

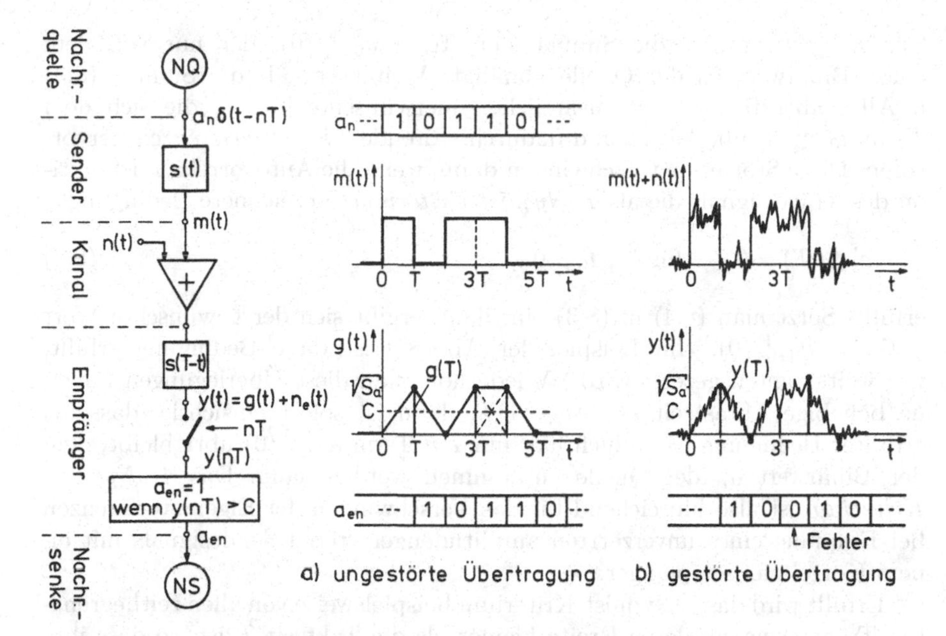

Abbildung 8.3. Signale in einem Binärübertragungssystem

Diese Modulationsart wird *Amplitudentastung*[2] genannt. In Abb. 8.3 ist dieser Vorgang am Beispiel eines rechteckimpulsförmigen Trägersignals $s(t) = \text{rect}(t/T - 1/2)$ dargestellt.

Wird nun das modulierte Sendesignal $m(t)$ über einen störungsfreien Kanal übertragen, dann erscheint am Empfängerausgang eines Korrelationsfilters der Impulsantwort $h(t) = s(T-t)$ ein Signal der Form

$$g(t) = m(t) * h(t) = \left[\sum_{n=-\infty}^{\infty} a_n s(t-nT)\right] * s(T-t)\,.$$

Mit der Distributionseigenschaft des Faltungsproduktes und mit (7.52) ergibt sich

$$g(t) = \sum_{n=-\infty}^{\infty} a_n \varphi_{ss}^{\mathrm{E}}(t-T-nT)\,. \tag{8.2}$$

Tastet man entsprechend zu Abschn. 7.2.5 dieses Ausgangssignal des Korrelationsfilters zur Zeit $t = T$ ab, dann erhält man mit (8.2) für diesen Abtastwert

$$g(T) = \sum_{n=-\infty}^{\infty} a_n \varphi_{ss}^{\mathrm{E}}(-nT)\,. \tag{8.3}$$

[2] Engl.: amplitude shift keying (ASK).

Für $n = 0$ enthält die Summe den Term $a_0\varphi_{ss}^{\mathrm{E}}(0)$, der nur von dem einen Binärwert a_0 der Quelle abhängt. Weiter enthält die Summe (8.3) i. Allg. aber für $n \neq 0$ zusätzliche, unerwünschte Terme, die sich dem Term $a_0\varphi_{ss}^{\mathrm{E}}(0)$ überlagern und dadurch störende *Eigeninterferenzen* hervorrufen. Diese Störterme verschwinden dann, wenn die Autokorrelationsfunktion des Trägersignals die als *1. Nyquist-Kriterium*[3] bezeichnete Bedingung

$$\varphi_{ss}^{\mathrm{E}}(nT) = 0 \qquad \text{für} \qquad n \neq 0 \tag{8.4}$$

erfüllt. Setzt man (8.4) in (8.3) ein, dann ergibt sich der gewünschte Wert $g(T) = a_0\varphi_{ss}^{\mathrm{E}}(0)$. (Im Beispiel der Abb. 8.3 ist diese Bedingung erfüllt, wie weiter unten gezeigt wird.) Wiederholt man diese Überlegungen für eine beliebige Abtastzeit $t = (\nu + 1)T$, dann ist sofort einsichtig, dass bei erfüllter Bedingung (8.4) auch hier nur *ein* Term $a_\nu\varphi_{ss}^{\mathrm{E}}(0)$ übrigbleibt, dem der Binärwert a_ν der Quelle entnommen werden kann. Das *1. Nyquist-Kriterium* ist also hinreichend für das Verschwinden der Eigeninterferenzen bei Empfang eines unverzerrten amplitudengetasteten Sendesignals mit einem Korrelationsempfänger.

Erfüllt wird das 1. Nyquist-Kriterium beispielsweise von allen zeitbegrenzten Trägersignalen, deren Breite kleiner als die Taktzeit T ist, so dass ihre Autokorrelationsfunktionen für $|t| \geq T$ verschwinden (Abschn. 6.3). Als Beispiel hierfür ist das in Abb. 8.3 verwendete rechteckimpulsförmige Trägersignal mit seiner Autokorrelationsfunktion nach (6.17) in Abb. 8.4 dargestellt. Zur Veranschaulichung dieser Überlegungen zeigt Abb. 8.3a in der Mitte das

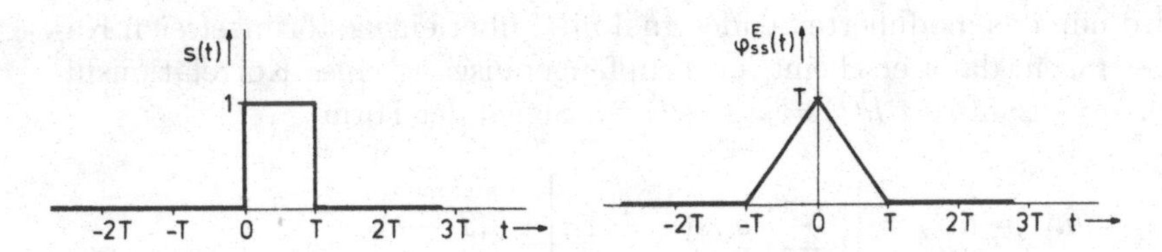

Abbildung 8.4. Beispiel für eine zeitbegrenzte Trägerfunktion, die das 1. Nyquist-Kriterium erfüllt

Ausgangssignal $g(t)$ des Korrelationsfilters im Fall der ungestörten Übertragung. Der Verlauf von $g(t)$ zeigt, wie sich die einzelnen dreieckimpulsförmigen Terme $a_n\varphi_{ss}^{\mathrm{E}}(t - T - nT)$ zwar gegenseitig zum Teil überlagern, aber zu den Abtastzeiten νT nicht mehr beeinflussen. Mit Hilfe von Abtast- und Entscheidungsstufe ergibt sich am Ausgang des gesamten Übertragungssystems eine Binärfolge a_{en}, die bis auf die Zeitverschiebung um eine Taktzeit T mit der a_n-Folge der Nachrichtenquelle übereinstimmt.

[3] Zuerst angegeben 1928 von dem schwedisch-amerik. Ingenieur Harry Nyquist (1889–1976) für das ähnliche Problem des Abtastempfangs hinter einem Tiefpass (Anhang zum Literaturverzeichnis).

Ergänzend zeigt Abb. 8.3b ein Beispiel einer gestörten Übertragung. Dem modulierten Sendesignal $m(t)$ wird auf dem Kanal weißes, Gauß'sches Rauschen additiv überlagert.

Für jeden einzelnen Abtastwert $y(nT)$ am Ausgang des Korrelationsfilters gelten dann die gleichen Überlegungen, die bei der Ableitung der Eigenschaften des Korrelationsfilters angestellt wurden. Um die Ergebnisse dieser Überlegungen noch einmal kurz zusammenzufassen: Unter der Annahme, dass die Nachrichtenquelle die Binärwerte $a_n = 1$ oder 0 mit gleicher Wahrscheinlichkeit erzeugt, also

$$\text{Prob}[a_n = 1] = \text{Prob}[a_n = 0] = 1/2 \qquad \text{für alle } n\,,$$

ist die Wahrscheinlichkeit P_e, einen Binärwert falsch zu empfangen, durch (7.106) gegeben

$$P_\text{e} = \frac{1}{2}\,\text{erfc}\left(\sqrt{\frac{E_s}{8N_0}}\right)\,. \tag{8.5}$$

Die Fehlerwahrscheinlichkeit ist hier also nur von der Energie E_s des Trägersignals und der Leistungsdichte des Störsignals $n(t)$ abhängig.[4]

Nach den bisherigen Ergebnissen müssen, um eine geringe Fehlerwahrscheinlichkeit zu erreichen, an das Trägersignal $s(t)$ die folgenden Bedingungen gestellt werden:

a) große Energie E_s, wobei praktisch immer Randbedingungen über den zulässigen Amplitudenbereich gegeben sind,
b) eine Form $s(t)$, die über einen gegebenen Kanal (z. B. Tiefpass- oder Bandpasskanal) verzerrungsfrei übertragen werden kann,
c) eine Autokorrelationsfunktion, die das 1. Nyquist-Kriterium (8.4) erfüllt; diese Forderung wird im nächsten Abschnitt noch eingehender diskutiert.

Bezüglich der unipolaren Übertragung ist allerdings zu beachten, dass nur für $a_n = 1$ tatsächlich ein Trägersignal der Energie E_s gesendet wird; für $a_n = 0$ ist hingegen $E_s = 0$. Insbesondere für die später in diesem Kapitel behandelten höherwertigen Übertragungsverfahren wird es notwendig sein, die im Mittel *pro gesendetem Bit* aufgewandte Energie E_b zu betrachten. Für die unipolare Übertragung und den Fall $\text{Prob}[a_n = 0] = \text{Prob}[a_n = 1] = 0{,}5$ ergibt sich hier bereits $E_b = E_s/2$ bzw.

$$P_\text{b} = \frac{1}{2}\,\text{erfc}\left(\sqrt{\frac{E_b}{4N_0}}\right)\,. \tag{8.6}$$

---

[4] Es muss deutlich betont werden, dass diese Aussagen exakt nur für das hier benutzte idealisierte Modell gelten. In praktischen Übertragungssystemen spielen lineare und nichtlineare Verzerrungen im Kanal, weiter Störungen, die nichtstationär und nicht Gauß-verteilt sind, Synchronisationsstörungen usw. eine oft dominierende Rolle und lassen den Verlauf der Fehlerwahrscheinlichkeit besonders im Bereich geringer Kanalstörungen stark von dem Verlauf in Abb. 7.16 abweichen (Bennett und Davey, 1965).

8.3 Das 1. Nyquist-Kriterium

Es wurde gezeigt, dass alle auf die Breite der Taktzeit T zeitbegrenzten Trägersignale das 1. Nyquist-Kriterium erfüllen. Nach den früheren Ergebnissen in Abschn. 4.2 haben derartige Signale aber theoretisch ein unbegrenztes Fourier-Spektrum. Wenn es beispielsweise darum geht, eine Binärübertragung über einen Kanal mit begrenzter Bandbreite durchzuführen, kommen solche Signale nur bedingt in Betracht, da sie verzerrt am Empfänger ankommen und Interferenzen verursachen würden. Der bisher vielfach wegen der Anschaulichkeit als Trägersignal betrachtete Rechteckimpuls ist auf Grund seines nur relativ flach zu hohen Frequenzen hin abfallenden Spektrums (si-Funktion) für bandbegrenzte Kanäle ungeeignet. Besser eignen sich Impulsformen ohne Diskontinuitäten, wie z.B. ein „raised cosine"-Impuls (vgl. Aufgabe 3.15), jedoch besitzt auch dieser noch ein unendlich ausgedehntes Spektrum und ist daher über einen bandbegrenzten Kanal nicht verzerrungsfrei übertragbar. Allerdings fallen die Verzerrungen bei einer Bandbegrenzung deutlich geringer aus als beim Rechteck-Impuls, da das Energiedichtespektrum diskontinuitätsfreier Signale zu hohen Frequenzen hin typischerweise schneller abklingt. Es stellt sich jedoch grundsätzlich die Frage, ob es frequenzbeschränkte Signale gibt, die das 1. Nyquist-Kriterium ebenfalls erfüllen. Zur Synthese solcher Signale wird zunächst das 1. Nyquist-Kriterium im Frequenzbereich formuliert.

Bildet man mit (4.2) die Abtastwerte der Autokorrelationsfunktion, dann erhält man mit der Normierung $\varphi_{ss}^{\mathrm{E}}(0) = 1$ die Bedingung (8.4) in der Form

$$\varphi_{ss}^{\mathrm{E}}(t) \cdot \sum_{n=-\infty}^{\infty} \delta(t - nT) = \delta(t) \tag{8.7}$$

und nach Fourier-Transformation

$$|S(f)|^2 * \left[\frac{1}{T} \sum_{n=-\infty}^{\infty} \delta\left(f - \frac{n}{T}\right) \right] = 1 \,,$$

sowie weiter nach Ausführen der Faltung

$$\sum_{n=-\infty}^{\infty} \left| S\left(f - \frac{n}{T}\right) \right|^2 = T \,. \tag{8.8}$$

Das 1. Nyquist-Kriterium wird also von allen Signalen erfüllt, deren Energiedichtespektrum periodisch wiederholt und aufsummiert eine Konstante ergibt (s. hierzu Abb. 8.5). Da Energiedichtespektren stets positivwertig und symmetrisch zu $f = 0$ sind, wird das 1. Nyquist-Kriterium beispielsweise von allen im Bereich $|f| < 1/T$ bandbegrenzten Signalen erfüllt, deren Energiedichtespektren einen zur Frequenz $1/(2T)$ schief symmetrischen Verlauf haben. Eine solche Flankenform wird auch *Nyquist-Flanke* genannt.

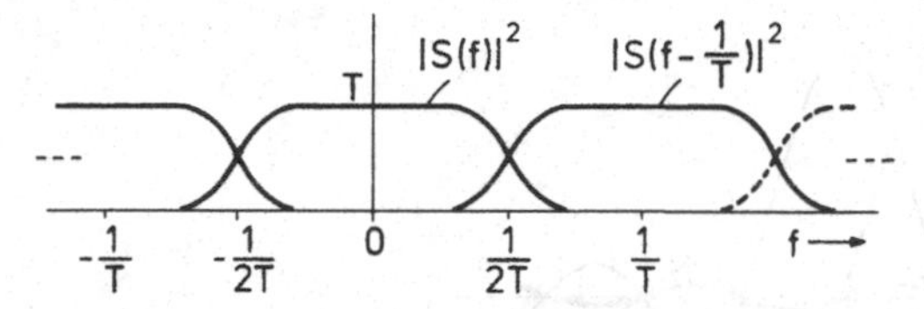

Abbildung 8.5. Das 1. Nyquist-Kriterium im Frequenzbereich

Durch Verkürzen der Nyquist-Flanke lässt sich die Grenzfrequenz f_g des Signals verringern, minimal auf $f_\mathrm{g} = 1/(2T)$. Das zugehörige Signal minimal möglicher Bandbreite hat dann also ein Energiedichtespektrum und eine Autokorrelationsfunktion der Form

$$|S(f)|^2 = T\,\mathrm{rect}(Tf)$$

$$\varphi_{ss}^{\mathrm{E}}(t) = \mathrm{si}(\pi t/T)\ . \tag{8.9}$$

Umgekehrt folgt aus dieser Überlegung, dass über einen Tiefpasskanal der Bandbreite f_g ohne Verletzung des Nyquist-Kriteriums maximal mit der Rate

$$r = 1/T = 2f_\mathrm{g}\ , \tag{8.10}$$

der sogenannten *Nyquist-Rate*, übertragen werden kann. Einfachstes und einziges Beispiel für ein reellwertiges Tiefpass-Trägersignal mit diesen Eigenschaften ist die si-Funktion (Aufgaben 6.9 und 6.13).

Anmerkung: Zur Veranschaulichung zeigt Abb. 8.6 eine Folge von amplitudengetasteten si-Funktionen, deren Summe sowohl das modulierte Sendesignal $m(t)$ als auch das Ausgangssignal $g(t)$ des Korrelationsfilters in einem Abb. 8.3 entsprechenden Übertragungssystem darstellen kann. Es ist deutlich zu sehen, dass zu den Abtastzeitpunkten nT nur jeweils *eine* si-Funktion zu dem Abtastwert beiträgt.

Für eine praktische Anwendung ist die si-Funktion ungeeignet, da sie sich mit einem kausalen System nur näherungsweise realisieren lässt, und dann auch nicht mehr bandbegrenzt ist. Auch kausale Näherungen, die die si-Funktion z. B. in der Art von Abb. 5.7 approximieren, verlangen wegen der hohen Nebenmaxima ein sehr genaues Einhalten der Abtastzeitpunkte bei den Nulldurchgängen der Filterimpulsantwort. Man wird daher eher durch Wahl einer flacher verlaufenden Nyquist-Flanke Signale auswählen, die bei einer ebenfalls vergrößerten Bandbreite zeitlich schneller abklingen und in geringerem Maße überschwingen. Hierzu gehören bespielsweise Signale, deren Spektrum eine cos-förmige Flanke aufweist (sog. „cosine rolloff"-Impulse), wie bei dem Pulsformfilter (5.25).

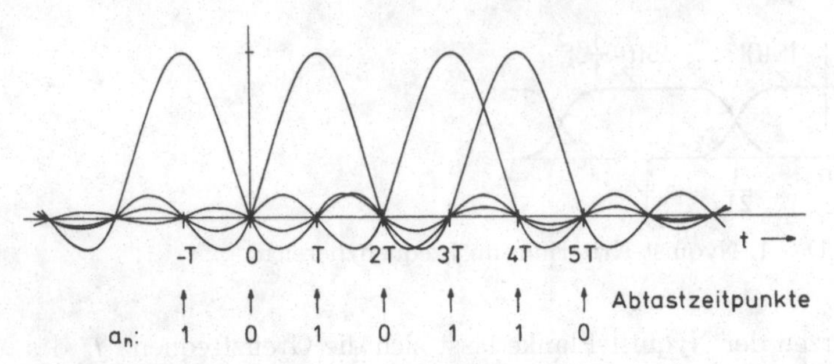

Abbildung 8.6. Folge amplitudengetasteter si-Funktionen $a_n \mathrm{si}[\pi(t - nT)/T]$

Die Nyquist-Rate stellt in der Tat eine harte Grenze dar, die angibt, wie viele Trägersignale bei Korrelationsfilter-Empfang innerhalb einer Sekunde über einen Kanal der Grenzfrequenz f_g (bei Tiefpasskanälen) oder allgemeiner einen Kanal mit Bandbreite f_Δ interferenzfrei mit einem Korrelationsfilter empfangen werden können. Durch Normierung von (8.10) auf die Kanalbandbreite kommt man auf die Aussage, dass eine interferenzfreie Übertragung prinzipiell nicht für mehr als $r/f_\Delta = 2$ Trägersignale pro Sekunde und Hz Bandbreite des Kanals möglich ist. Diese Grenze ist auch für alle im Folgenden noch zu behandelnden Übertragungsverfahren nicht überschreitbar, jedoch wird es anders als bei der unipolaren Übertragung ggf. möglich sein, mehr als ein bit pro gesendetem Trägersignal zu transportieren.

Anmerkung: Das Eigeninterferenzverhalten von Korrelationsfilter-Empfängern kann an Hand der oszillografischen Darstellung des sogenannten *Augendiagramms* qualitativ beurteilt werden. Man erhält ein derartiges Augendiagramm, indem man die am Ausgang des Korrelationsfilters auftretende Spannung $y(t)$ oszillografiert, wobei die Ablenkzeit ein Vielfaches der Taktzeit ist. Für eine längere, zufällige Binärsignalfolge ergeben sich dabei die in Abb. 8.7 unten dargestellten Augendiagramme. Während die in der Abbildung gezeigte Augenöffnung A ein Maß für den Abstand der den Binärwerten 1 und 0 zugeordneten Abtastwerte darstellt (A sollte möglichst groß sein), gibt die Augenbreite B unter anderem auch Aufschluß darüber, in welchem Maße man von den exakten Abtastzeitpunkten nT abweichen darf.[5] In der Praxis dient das Augendiagramm besonders zur Untersuchung des Einflusses von linearen und nichtlinearen Verzerrungen, wie sie durch nichtideale Geräte- und Kanaleigenschaften verursacht werden, auf das Eigeninterferenzverhalten eines Übertragungssystems. Die dadurch hervorgerufenen Veränderungen der Signalform können oft die Fehlerwahrscheinlichkeit entscheidend vergrößern.

[5] Über diesen Zusammenhang macht das sogenannte 2. Nyquist-Kriterium eine Aussage (Bennett und Davey, 1965).

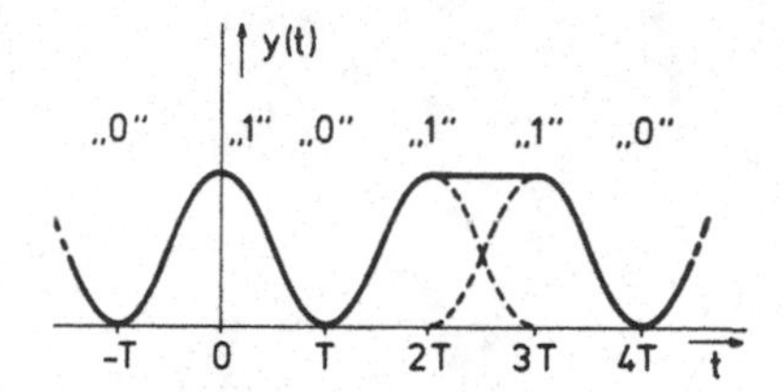

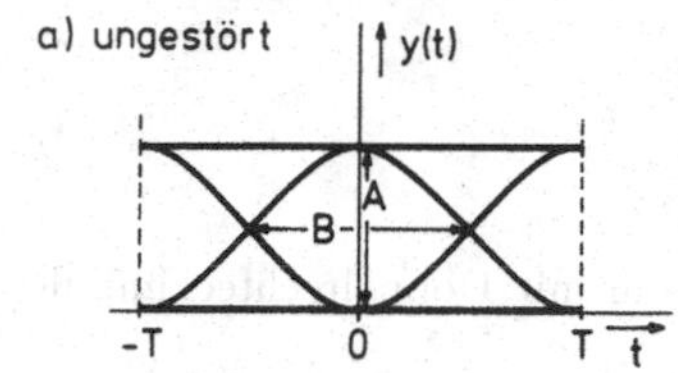

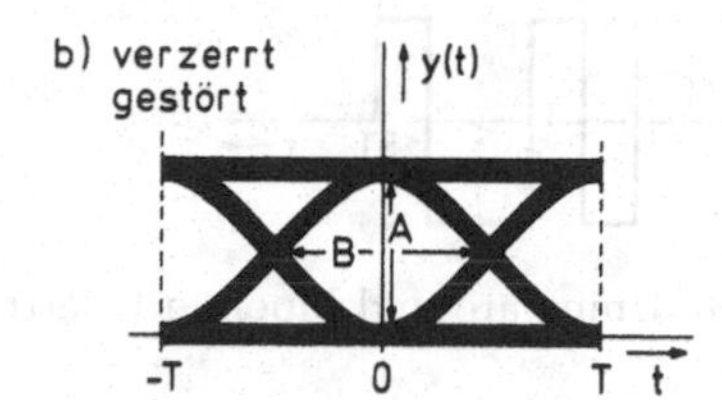

Abbildung 8.7. Darstellung eines Augendiagramms: A=Augenöffnung, B=Augenbreite; **a** ungestört, **b** gestört

8.4 Bipolare Übertragung

An Stelle der bisher betrachteten Zuordnung bei der Übertragung eines binären Zufallswertes a_n in der Form

$$\begin{aligned} a_n &= 1 \to s(t) \quad \text{gesendet} \\ a_n &= 0 \to 0 \quad\;\; \text{gesendet}\,, \end{aligned}$$

die *unipolare* Übertragung genannt wird, kann auch die *bipolare* Übertragung verwendet werden mit der Verknüpfung

$$\begin{aligned} a_n &= 1 \to +s(t) \quad \text{gesendet} \\ a_n &= 0 \to -s(t) \quad \text{gesendet}\,. \end{aligned}$$

Das modulierte Sendesignal hat dann die Form

$$m(t) = \sum_{n=-\infty}^{\infty} (2a_n - 1)s(t - nT)\,.$$

In Abb. 8.8 sind die modulierten Sendesignale beider Übertragungsverfahren gegenübergestellt. Als Trägersignal wird hier ein gleichanteilfreier Doppelrechteckimpuls verwendet.[6] Wird nach der Übertragung des modulierten Sen-

[6] S. Aufgabe 8.4. Die Bildung eines bipolaren Sendesignals nach Abb. 8.8 wird auch als Manchester- oder split-phase-Codierung bezeichnet. Dieser Leitungscode wird weiter als Richtungstaktschriftverfahren zur magnetischen Speicherung binärer Daten benutzt.

Erwähnt sei noch, dass die Bezeichnungen unipolare und bipolare Übertragung in der Literatur nicht einheitlich gehandhabt werden, so wird auch die unipolare Übertragung mit einem „bipolaren" Signal wie in Abb. 8.8 als bipolar bezeichnet.

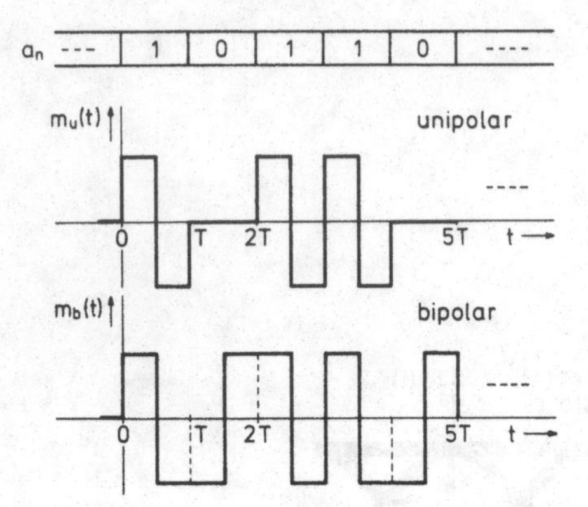

Abbildung 8.8. Unipolare und bipolare Übertragung mit Doppelrechteckimpuls als Trägersignal

designals $m(t)$ über den gestörten Kanal das Signal am Ausgang des Korrelationsfilters abgetastet, dann gelten für den Fall, dass $+s(t)$ gesendet wurde, dieselben Überlegungen wie in Abschn. 7.4.4, man erhält für diesen Abtastwert

$$y_1(T) = g(T) + n_\mathrm{e}(T) = +\sqrt{S_\mathrm{a}} + n_\mathrm{e}(T)\,.$$

Wird im anderen Fall das negative Trägersignal übertragen, dann wird auch der im ungestörten Fall auftretende Abtastwert negativ, und es gilt entsprechend

$$y_0(T) = -\sqrt{S_\mathrm{a}} + n_\mathrm{e}(T)\,.$$

Für $y_1(T)$ und $y_0(T)$ ergeben sich mit (7.99) die beiden in Abb. 8.9 dargestellten Verteilungsdichtefunktionen $p_{y1}(x)$ und $p_{y0}(x)$. Für die Schwelle gilt

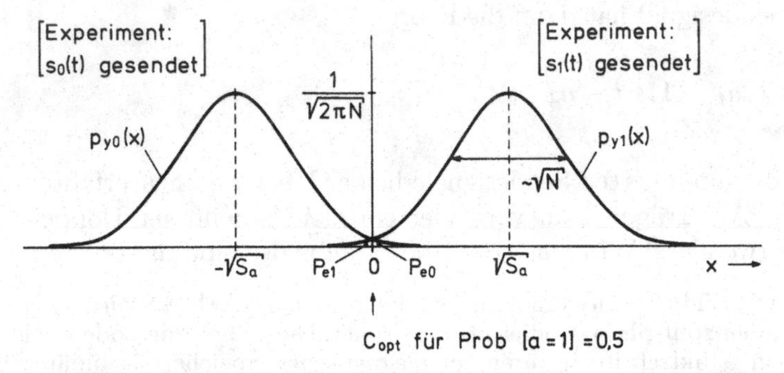

Abbildung 8.9. Verteilungsdichtefunktionen $p_{y1}(x)$ und $p_{y0}(x)$ bei bipolarer Übertragung

dann $C_{\text{opt}} = 0$, mit dem Vorteil, dass sie von der empfangenen Signalamplitude unabhängig ist.

Der Vergleich mit Abb. 7.15 und den nachfolgenden Überlegungen zeigt, dass bei sonst gleichen Übertragungsbedingungen die Mittelwerte der Verteilungsdichtefunktionen bei bipolarer Übertragung um den doppelten Nutzanteil $2\sqrt{S_a}$ an Stelle von $\sqrt{S_a}$ auseinanderliegen. Damit ergibt sich die Fehlerwahrscheinlichkeit der Übertragung sofort aus der Fehlerwahrscheinlichkeit der unipolaren Übertragung (7.106), wenn der Nutzanteil $\sqrt{S_a}$ durch $2\sqrt{S_a}$, bzw. wenn im Fall des Korrelationsfilter-Empfanges $\sqrt{E_s}$ durch $2\sqrt{E_s}$ ersetzt wird, zu

$$P_e = \frac{1}{2} \operatorname{erfc}\left(\sqrt{\frac{E_s}{2N_0}}\right) . \tag{8.11}$$

Im Vergleich zur unipolaren Übertragung kann demnach eine bestimmte Fehlerwahrscheinlichkeit schon mit einem E_s/N_0-Verhältnis erreicht werden, das um den Faktor vier geringer ist, was einem Gewinn von $10 \lg 4 \approx 6\,\text{dB}$ entspräche. Man beachte allerdings, dass die hier angestellte Betrachtungsweise sich wieder auf die Energie des Sendesignals bezieht. Bei der bipolaren Übertragung werden aber sowohl die Bits $a_n = 0$ als auch die Bits $a_n = 1$ mit der Energie E_s gesendet, so dass hier $E_b = E_s$ und im Vergleich mit (8.6) sich nur noch ein Gewinn um den Faktor 2 (bzw. $\approx$3 dB) ergibt. Der Verlauf von P_b ist in Abb. 8.10 dargestellt. Man kann der Kurve entnehmen, dass

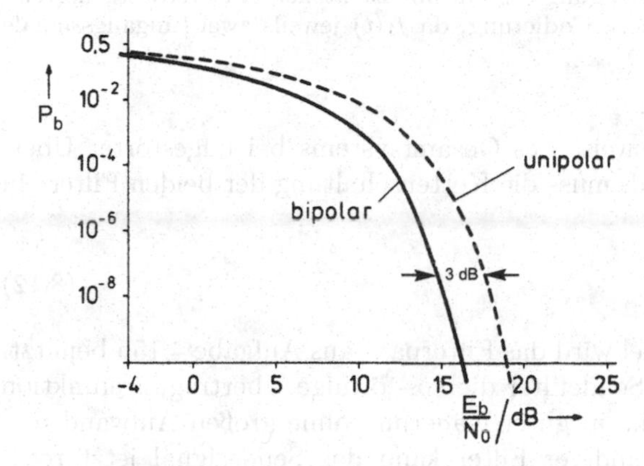

Abbildung 8.10. Fehlerwahrscheinlichkeit P_b in Abhängigkeit von E_b/N_0 bei unipolarer und bipolarer Übertragung $(\text{Prob}[a_n = 1] = 0,5)$

insbesondere im Schwellenbereich, d.h. dort wo der Verlauf stark abzufallen beginnt, bei gleichem E_b/N_0-Verhältnis die Fehlerwahrscheinlichkeit bei bipolarer Übertragung erheblich geringer wird.

8.5 Korrelative Codierung

Bei einer unipolaren oder bipolaren Binärübertragung mit Korrelationsfilter-Empfang kann nach 8.3 die Nyquist-Rate nur theoretisch, mit idealen Filtern erreicht werden. Es ist aber trotzdem möglich, mit realisierbaren Filtern an dieser Grenzrate $r = 2f_g$ interferenzfrei zu übertragen. Hierzu lässt man Eigeninterferenzen so zu, dass sie im Empfänger wieder entzerrt werden können.

Das prinzipielle Verfahren dieser *korrelativen Codierung* (auch „partial response“ – oder Polybinär-Codierung) zeigt Abb. 8.11 oben an einem einfachen Beispiel. (Die Übertragung kann hierbei wahlweise unipolar oder bipolar sein). Sender und Empfänger werden dabei durch zwei Filter $f_1(t)$ und $f_2(t)$

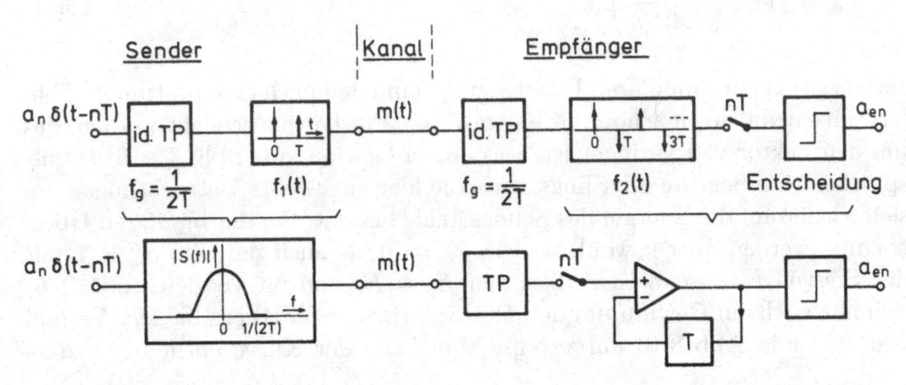

Abbildung 8.11. Binärübertragungssystem mit zusätzlichen Filtern zur korrelativen Codierung (hier *duobinäre* Codierung, da $f_1(t)$ jeweils zwei Eingangssignale kombiniert)

ergänzt. Damit die Arbeitsweise des Gesamtsystems bei ungestörter Übertragung nicht geändert wird, muss die Kettenschaltung der beiden Filter ein ideales System bilden, d. h.

$$f_1(t) * f_2(t) = \delta(t) . \tag{8.12}$$

Im hier verwendeten Beispiel wird das Filterpaar aus Aufgabe 4.15h benutzt. Damit erhält das gesamte Sendefilter die cos-förmige Übertragungsfunktion $S(f)$ in Abb. 8.11 unten, die in guter Näherung ohne großen Aufwand realisierbar ist. Durch Wahl anderer Filter kann das Sendesignal jetzt recht freizügig gewählt werden, beispielsweise lassen sich gleichanteilfreie Signale bilden (Aufgabe 8.5). Im Empfänger kann das faltungsinverse Filter $f_2(t)$ auch an den Ausgang des Abtasters gelegt werden. Wie Abb. 8.11 unten zeigt, ist dann seine Realisation als zeitdiskretes, rekursives Filter möglich. In dem rekursiven Filter können sich Übertragungsfehler fortpflanzen, dies lässt sich aber durch eine geeignete weitere Vorcodierung verhindern. Ein Nachteil dieser korrelativen Codierung ist, dass das Empfangsfilter den faltungsinversen

Anteil $f_2(t)$ enthält, also kein Korrelationsfilter mehr ist. Bei duobinärer Codierung beträgt der Verlust im E/N_0-Verhältnis ca. 2 dB. Das Verfahren ist also auf störärmere Kanäle beschränkt (Gitlin, 1992; Bocker, 1983).

8.6 Übertragung mit zwei Trägersignalformen

Zu der unipolaren und bipolaren Übertragung von Binärwerten kann als weitere Variante die Übertragung mit zwei verschiedenen Trägersignalformen treten; es gilt dann die Verknüpfung

$$\begin{aligned} a_n &= 0 \rightarrow s_0(t) \text{ gesendet} \\ a_n &= 1 \rightarrow s_1(t) \text{ gesendet}\,. \end{aligned}$$

Das modulierte Sendesignal kann folgende Form besitzen:

$$m(t) = \sum_{n=-\infty}^{\infty} [a_n s_1(t - nT) + (1 - a_n) s_0(t - nT)]\,. \tag{8.13}$$

Abbildung 8.12 zeigt ein Übertragungssystem, das dieses Verfahren benutzt. Als einfachste Empfängerstruktur werden zwei eingangsseitig parallel geschaltete Korrelationsfilter benutzt, deren Ausgangssignale abgetastet und einer Entscheidungsstufe zugeführt werden. Bei ungestörter Übertragung erscheint am Ausgang des Korrelationsfilters der Impulsantwort $s_1(T - t)$ das Signal

$$\begin{aligned} g_1(t) &= m(t) * s_1(T - t) \\ &= \sum_{n=-\infty}^{\infty} [a_n s_1(t - nT) + (1 - a_n) s_0(t - nT)] * s_1(T - t) \\ &= \sum_{n=-\infty}^{\infty} [a_n \varphi^{\mathrm{E}}_{s1s1}(t - T - nT) + (1 - a_n) \varphi^{\mathrm{E}}_{s1s0}(t - T - nT)]\,. \end{aligned}$$

Im Abtastzeitpunkt $t = T$ ist dann – vgl. (8.3) –

$$g_1(T) = \sum_{n=-\infty}^{\infty} [a_n \varphi^{\mathrm{E}}_{s1s1}(-nT) + (1 - a_n) \varphi^{\mathrm{E}}_{s1s0}(-nT)]. \tag{8.14}$$

Es wird nun wie in Abschn. 8.2 gefordert, dass $g_1(T)$ nur den Wert $a_0 \varphi^{\mathrm{E}}_{s1s1}(0)$ annimmt und alle Eigeninterferenzen verschwinden. Diese Bedingung ist erfüllt, wenn in (8.14) für die Autokorrelationsfunktion des Trägersignals $s_1(t)$ gilt

[7] Die zur Konstruktion von $g_1(t)$ und $g_0(t)$ benötigten Auto- und Kreuzkorrelationsfunktionen sind Abb. 6.1 und 6.2 sowie Aufgabe 6.7 zu entnehmen.

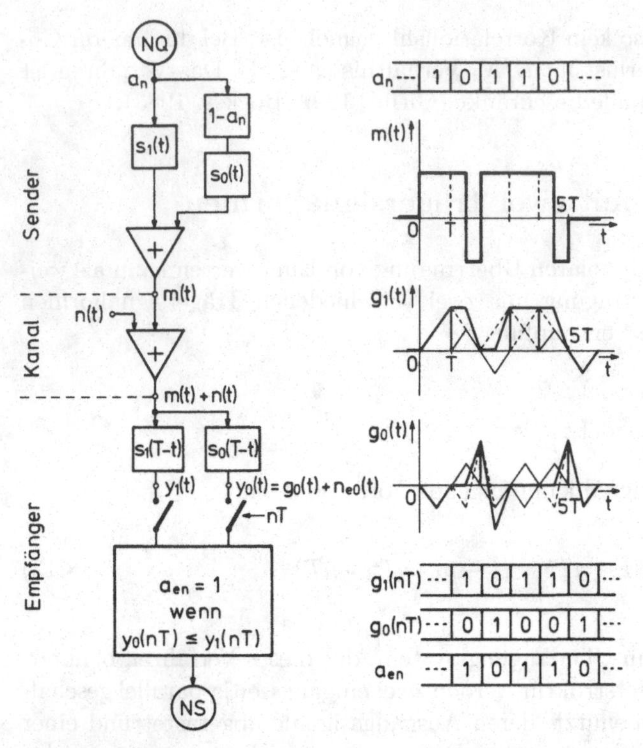

Abbildung 8.12. Signale in einem Binärübertragungssystem mit zwei Trägersignalen[7] (rechtes Beispiel bei ungestörter Übertragung)

$$\varphi^{\mathrm{E}}_{s1s1}(nT) = 0 \qquad \text{für} \qquad n \neq 0 \tag{8.15a}$$

und entsprechend für die Kreuzkorrelationsfunktion beider Trägersignale

$$\varphi^{\mathrm{E}}_{s1s0}(nT) = 0 \qquad \text{für} \qquad \text{alle } n \tag{8.15b}$$

In gleicher Weise wie in Abschn. 8.2 gilt, dass diese Bedingungen auch für beliebige andere Abtastzeitpunkte νT hinreichend sind. Weiter gelten sie auch, nach Vertauschen von s_1 und s_0, für das Ausgangssignal des zweiten Korrelationsfilters. Darüber hinaus wird im Normalfall vorausgesetzt, dass die Abtastwerte an beiden Filterausgängen einander gleich sind $\varphi^{\mathrm{E}}_{s1s1}(0) = \varphi^{\mathrm{E}}_{s0s0}(0)$. Diese Bedingung lässt sich nach (6.19) durch Trägersignale gleicher Energie erfüllen. Ein einfaches Beispiel für zwei Trägersignale, die die Kriterien (8.15a)/(8.15b) erfüllen, wird in Abb. 8.12 gezeigt. Sind, wie in diesem Beispiel, die Trägersignale auf eine Breite $\leq T$ zeitbegrenzt, so dass auch ihre Auto- und Kreuzkorrelationsfunktionen für $|t| > T$ verschwinden (Abschn. 6.3), dann vereinfachen sich die Kriterien (8.15a)/(8.15b) auf

$$\varphi^{\mathrm{E}}_{s1s0}(0) = 0 \tag{8.16a}$$

oder ausgeschrieben

$$\int\limits_{-\infty}^{\infty} s_1^*(t) s_0(t) \mathrm{d}t = 0 \tag{8.16b}$$

Nach (6.10) nennt man derartige Trägersignale orthogonal. Das allgemeine Kriterium (8.15b) ist also eine Kombination aus Nyquist-Kriterium und Orthogonalitätsbedingung. In Abb. 8.12 werden als orthogonale Trägersignale Rechteckimpuls und Doppelrechteckimpuls verwendet. Abbildung 8.13 zeigt weitere zeitbegrenzte Orthogonalsignale. In Abb. 8.13a sind die ersten Funk-

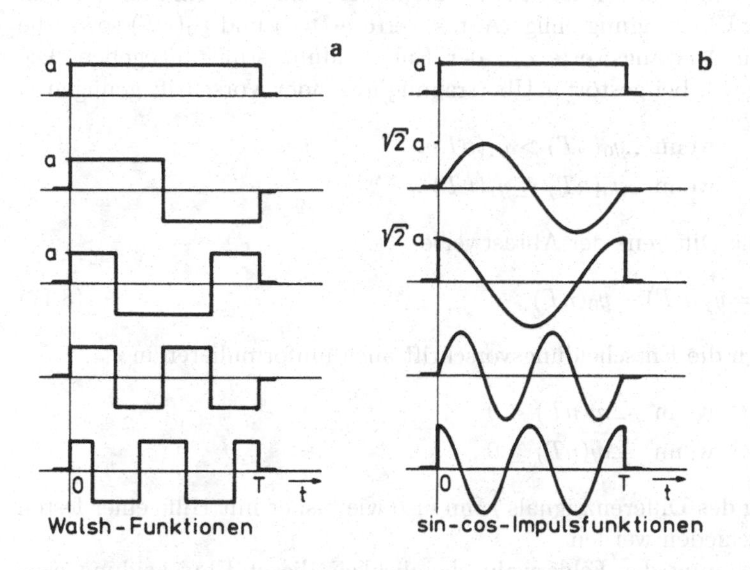

Abbildung 8.13. Zeitbegrenzte Orthogonalsysteme **a** Walsh-Funktionen, **b** Sinusoid-Funktionen

tionen des orthogonalen *Walsh-Funktionensystems* dargestellt, das mit Rechteck- und Doppelrechteckimpuls beginnt. Die Konstruktion von Walsh-Funktionen wird in Aufgabe 6.21 behandelt. Abbildung 8.13b zeigt die orthogonalen sin- und cos-Impulse, deren Anwendung und Eigenschaften in Abschn. 9.1 noch näher betrachtet werden. Jede Funktion eines derartigen, beliebig viele Funktionen umfassenden Orthogonalsystems ist zu jeder anderen Funktion des Systems orthogonal, zwei beliebige Funktionen aus einem solchen System können also im Prinzip auch als Trägersignale in einem digitalen Übertragungssystem benutzt werden. Übertragungssysteme mit vielen orthogonalen Trägersignalen werden in Abschn. 11.4 besprochen. Beide Funktionssysteme in Abb. 8.13 enthalten Signale gleicher Energie (Aufgabe 8.6).

Ist diese Energie auf 1 normiert, dann spricht man auch von *Orthonormalsystemen.*

8.7 Fehlerwahrscheinlichkeit bei Übertragung mit zwei orthogonalen Signalen

Es wird wieder angenommen, dass die Nachrichtenquelle die Binärwerte $a_n = 1$ oder 0 mit gleicher Wahrscheinlichkeit erzeugt. Nach Übertragung dieser Binärwerte mit zwei orthogonalen Trägersignalen gleicher Energie entscheidet die Entscheidungsstufe danach, welches der zwei zugeordneten Korrelationsfilter den größeren Abtastwert abgibt. In Abb. 8.12 sind für den Fall störungsfreier Übertragung einige Abtastwerte $g_1(nT)$ und $g_0(nT)$ sowie die dazugehörigen Ausgangswerte a_{en} der Entscheidungsstufe angegeben. Die Entscheidung soll bei gestörter Übertragung folgender Vorschrift genügen

$$\begin{aligned} a_{en} &= 0 \qquad \text{wenn} \quad y_0(nT) > y_1(nT) \\ a_{en} &= 1 \qquad \text{wenn} \quad y_0(nT) \leq y_1(nT) \,. \end{aligned}$$

Bildet man die Differenz der Abtastwerte

$$\Delta y(nT) = y_1(nT) - y_0(nT) \,, \tag{8.17}$$

dann lässt sich die Entscheidungsvorschrift auch umformulieren in

$$\begin{aligned} a_{en} &= 0 \qquad \text{wenn} \quad \Delta y(nT) < 0 \\ a_{en} &= 1 \qquad \text{wenn} \quad \Delta y(nT) \geq 0 \,. \end{aligned}$$

Nach Bildung des Differenzsignals kann also wie bisher mit Hilfe einer festen Schwelle entschieden werden.

Zur Berechnung der Fehlerwahrscheinlichkeit dieser Entscheidung werden die Verteilungsdichtefunktionen der Differenz $\Delta y(T)$ für die beiden Möglichkeiten „$s_0(t)$ bzw. $s_1(t)$ gesendet“ betrachtet. Ist die Übertragung durch weißes, Gauß'sches Rauschen der Leistungsdichte N_0 gestört, dann ist an den Ausgängen beider Filter dem Nutzanteil mit der Augenblicksleistung S_a ein farbiges, Gauß'sches Störsignal der jeweils gleichen Leistung $N_0\varphi^\text{E}_{s1s1}(0) = N_0\varphi^\text{E}_{s0s0}(0) = N$ überlagert. Wird jetzt das Signal $s_1(t)$ übertragen, so ergibt die Differenz der Abtastwerte

$$\Delta y_1(T) = +\sqrt{S_\text{a}} + n_{\text{e}\Delta}(T) \,.$$

wobei $n_{\text{e}\Delta}(T) = n_{\text{e}1}(T) - n_{\text{e}0}(T)$ die Differenz der beiden Zufallsgrößen der Störung an den Ausgängen der Korrelationsfilter bedeutet. Ebenso gilt bei Übertragung von $s_0(t)$

$$\Delta y_0(T) = -\sqrt{S_\text{a}} + n_{\text{e}\Delta}(T) \,.$$

Zur Bestimmung der Eigenschaften der Differenz $n_{e\Delta}(T)$ der Zufallsgrößen kann ein Ergebnis aus Aufgabe 7.7 benutzt werden: Überträgt man die Musterfunktionen eines stationären Zufallsprozesses mit der Autokorrelationsfunktion $\varphi_{nn}(\tau)$ über zwei eingangsseitig parallel geschaltete Filter mit den Impulsantworten $h_1(t)$ und $h_0(t)$, dann gilt für die Kreuzkorrelationsfunktion der Ausgangssignale

$$\varphi_{ne1,ne0}(\tau) = \varphi_{nn}(\tau) * h_1(-\tau) * h_0(\tau) . \tag{8.18}$$

Im vorliegenden Problem wird nun angenommen, dass der Eingangsprozess weiß und ein Gauß-Prozess ist und dass die beiden Filter die den orthogonalen Signalen $s_1(t)$ und $s_0(t)$ zugeordneten Korrelationsfilter sind. Damit gilt mit der Autokorrelationsfunktion des weißen Rauschens (7.36) und der Korrelationsfilterbedingung (7.51) für $k = 1$

$$\begin{aligned} \varphi_{ne1,ne0}(\tau) &= [N_0\delta(\tau)] * s_1(T+\tau) * s_0(T-\tau) \\ &= N_0\varphi^{\mathrm{E}}_{s0s1}(\tau) . \end{aligned} \tag{8.19}$$

Bei orthogonalen Filtern folgt mit (8.16a) sofort

$$\varphi_{ne1,ne0}(0) = 0 . \tag{8.20}$$

Die beiden Zufallsgrößen $n_{e1}(T)$ und $n_{e0}(T)$ sind nach Abschn. 7.3.4 also unkorreliert und, da sie zwei Gauß-Prozessen entstammen, nach (7.96) auch statistisch unabhängig. Weiter sind diese Zufallsgrößen mittelwertfrei, ihre Streuung und Leistung betrage N. Die Differenz $n_{e\Delta}(T) = n_{e1}(T) - n_{e0}(T)$ hat wegen der Symmetrie der mittelwertfreien, Gauß'schen Verteilungsdichtefunktion die gleichen Eigenschaften wie die Summe $n_{e1}(T) + n_{e0}(T)$; sie ist daher mit (7.93) ebenfalls Gauß-verteilt mit der Streuung $2N$.

Damit ergeben sich bei Empfang der gestörten Signale $s_1(t)$ bzw. $s_0(t)$ für die Differenzen der Abtastwerte die in Abb. 8.14 dargestellten Verteilungsdichtefunktionen $p_{\Delta y0}(x)$ und $p_{\Delta y1}(x)$. Ein Vergleich mit Abb. 8.9 zeigt den prinzipiell gleichen Verlauf der Verteilungsdichtefunktionen wie bei bipolarer Übertragung. Der einzige Unterschied ist die bei orthogonaler Übertragung verdoppelte Rauschleistung $2N$, da sich, wie die Rechnung zeigt, die Rauschleistungen beider Kanäle des Empfängers bei der Differenzbildung addieren. Die Größe der Fehlerwahrscheinlichkeit ergibt sich daher sofort, wenn in (8.11) N_0 durch $2N_0$ ersetzt wird, zu

$$P_{\mathrm{e}} = \frac{1}{2}\,\mathrm{erfc}\left(\sqrt{\frac{E_s}{4N_0}}\right) . \tag{8.21}$$

Der Vergleich mit den Fehlerwahrscheinlichkeiten der bisher diskutierten Übertragungsverfahren zeigt, dass die Übertragung mit zwei orthogonalen Trägersignalen in ihrem Fehlerverhalten bezogen auf E_s/N_0 zwischen unipolarer (8.5) und bipolarer Übertragung (8.11) liegt.

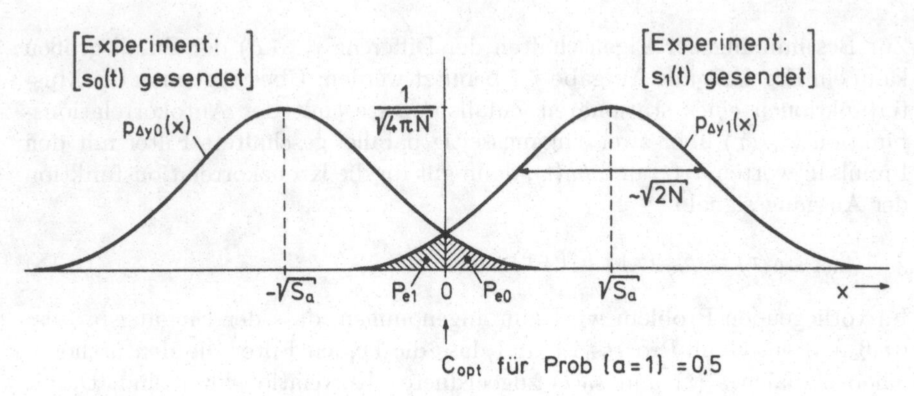

Abbildung 8.14. Verteilungsdichtefunktionen $p_{\Delta y1}(x)$ und $p_{\Delta y0}(x)$ bei orthogonaler Übertragung

Wird allerdings die Fehlerwahrscheinlichkeit wieder auf die pro gesendetem bit aufzuwendende Energie bezogen, so zeigt sich, dass bei orthogonaler Übertragung mit 2 verschiedenen Trägersignalen sowohl für $a_n = 0$ als auch für $a_n = 1$ mit der Energie E_s gesendet werden muss, so dass hier $E_b = E_s$, und bei dieser Betrachtungsweise die Bitfehlerwahrscheinlichkeit nicht kleiner wird als diejenige für die unipolare Übertragung (8.6). Tatsächlich könnte man das oben vorgestellte Verfahren auch als eine Kombination zweier unipolarer Übertragungen interpretieren, die abwechselnd mit unterschiedichen Trägersignalen erfolgen. Man beachte allerdings, dass bei einer herkömmlichen unipolaren Übertragung mit gleichem E_b für den Fall „$s(t)$ gesendet" eine um den Faktor $\sqrt{2}$ erhöhte Amplitude erforderlich ist, so dass auch die Sendeverstärker entsprechend ausgelegt werden müssten. Insofern liegt hier der Vorteil der orthogonalen Übertragung in einer geringeren Schwankung der Augenblicksleistung des Sendesignals. Darüber hinaus lässt sich jedoch zeigen, dass bei einer Verwendung einer höheren Anzahl von M Trägersignalen, die dann die gleichzeitige Übertragung von $\text{lb}\, M$ Bits[8] erlaubt, eine signifikante Verringerung der Fehlerwahrscheinlichkeit bis heran an die sogenannte Shannon-Grenze möglich wird (s. Zusatzübung 14.10).

Eine geometrische Betrachtung der besprochenen Übertragungsverfahren im „Signalraum" ist Inhalt von Zusatzübung 14.2, und wird auch in Abschn. 9.6 noch weiter behandelt.

Anmerkung: Es ist auch möglich, bereits bei Verwendung *zweier* orthogonaler Trägersignale zwei Bits gleichzeitig zu senden und diese dann mit zwei vollkommen getrennten Korrelationsfilter-Empfängern zu empfangen, wobei auf Grund der Orthogonalität zumindest bei kohärentem Empfang keinerlei Interferenz der Nutzsignale entstehen kann. Die Übertragungsqualität in

[8] $\text{lb}\, x \equiv \log_2 x = 3{,}32193 \lg x$ (binärer Logarithmus, Zweierlogarithmus, früher auch $\text{ld}\, x$).

Abhängigkeit von E_b/N_0 wäre dann immer noch dieselbe wie bei unipolarer oder bipolarer Übertragung, je nachdem, mit welchem der beiden Verfahren gesendet wird. Ein Beispiel für eine solche gleichzeitige Sendung auf der Basis orthogonaler, bipolarer Sinus- und Kosinus-Trägerfunktionen ist die in Abschn. 9.6 behandelte Quaternäre Phasentastung (QPSK). Allerdings muss berücksichtigt werden, dass durch die Konstruktion zusätzlicher orthogonaler Trägersignale und für ihre verzerrungsfreie Übertragung eine höhere Übertragungsbandbreite benötigt wird. Im Fall rechteckförmiger Funktionen (z. B. Walsh) benötigt man zur Konstruktion von M orthogonalen Trägersignalen maximal M Pegelwechsel. Da jedem Symbol jedoch nur lb/ M bit zugeordnet werden können, erhöht sich der für eine interferenzfreie Übertragung bei gleicher Bittaktrate notwendige Bandbreitebedarf um den Faktor $M/\text{lb}/M$, so dass schließlich für den Fall $M \to \infty$ ein Kanal mit unendlicher Bandbreite notwendig wäre. Möglichkeiten, dieses Problem zu lösen, sind die bei der Codemultiplex-Übertragung eingesetzten Funktionensysteme fast-orthogonaler Trägersignale (s. Abschn. 11.4) sowie die Kombination mit einem orthogonalen Frequenzmultiplex (s. Abschn. 11.5.

8.8 Mehrpegelübertragung

Aus den in Abschn. 8.3 zum 1. Nyquist-Kriterium angestellten Überlegungen folgt, dass über einen Tiefpasskanal der Bandbreite f_g voneinander unabhängige Werte höchstens mit der Nyquist-Rate $r = 2f_g$ übertragen werden können. Dabei muss ein Trägersignal mit rechteckförmigem Energiedichtespektrum nach (8.9), d.h. eine si-Funktion, benutzt werden.

Beschränkt sich die Übertragung auf Binärwerte, dann gibt die Nyquist-Rate an, wieviel Binärzeichen pro Sekunde über den Tiefpasskanal übertragen werden können. Benutzt man das *bit*[9] als Kurzform für Binärzeichen, dann kann man die Übertragungsrate für Binärsignale in der Einheit bit/s angeben. Eine höhere Übertragungsrate ist bei eigeninterferenzfreier Übertragung nur möglich, wenn man das Prinzip der Binärübertragung verlässt und mit einem Trägersignal mehrere Binärwerte überträgt. Digitale Übertragungsverfahren mit M orthogonalen Trägersignalformen werden in Übung 14.10 diskutiert. Hier wird als einfacheres Beispiel die *Mehrpegelübertragung* betrachtet, bei der nur eine Signalform, jedoch mit M unterschiedlichen Amplituden („Pegeln"), benutzt wird. Hiermit ist grundsätzlich keine Vergrößerung des Bedarfs an Frequenzbandbreite verbunden.

Man fasst hierzu K aufeinander folgende Binärwerte $a_k \ldots a_{k+K-1}$ der Quelle zusammen und bildet daraus eine neue Zahl b_n, die jetzt $M = 2^K$ unterschiedliche, diskrete Werte annehmen kann. Umgekehrt muss aus den b_n die ursprüngliche Folge der a_k eindeutig zurückgewonnen werden können.

[9] Abgekürzt aus *binary* digi*t*.

Dieses Vorgehen erfordert eine *Codierung*, deren Art bei mehrwertigen Übertragungsverfahren einen entscheidenden Einfluss auf die erzielbare Bitfehlerrate hat.
Abb. 8.15 zeigt das Beispiel eines einfachen Falles dieser Codierung, wobei $K = 2$ Binärwerte zu einem vierwertigen Code kombiniert werden. Der Code ist ein *Gray-Code*, bei dem sich die den benachbarten Werten b_n zugeordneten Bitgruppen a_k nur in jeweils einer Binärstelle unterscheiden, so dass bei kleinen Amplitudenfehlern des codierten Signals auch nur jeweils ein Bit verfälscht wird. Mit den umcodierten Werten kann jetzt entsprechend zu (8.1)

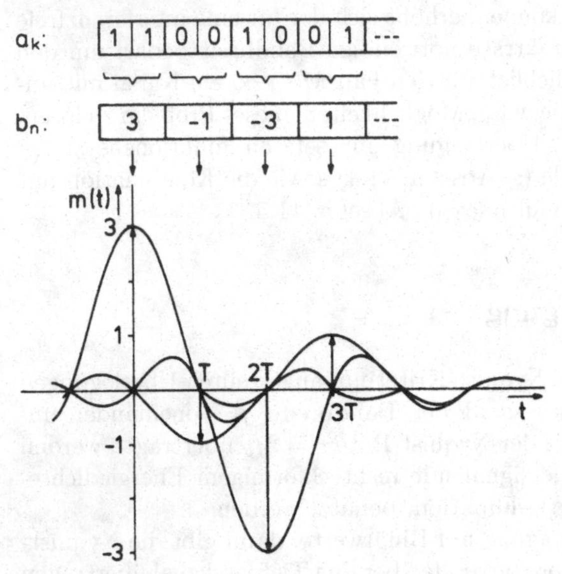

Abbildung 8.15. Mehrpegelsignal mit $M = 2^K = 4$ unterscheidbaren Amplitudenstufen und der si-Funktion als Trägersignal

ein moduliertes Sendesignal

$$m(t) = \sum_{n=-\infty}^{\infty} b_n s(t - nT) \tag{8.22}$$

übertragen werden. Durch Mehrpegelübertragung vergrößert sich die maximal mögliche Übertragungsrate also um den Faktor K auf

$$r_K = 2f_g K = 2f_g \mathrm{lb} M \,. \tag{8.23}$$

Als Maßeinheit für die Übertragungsrate der mehrwertigen Zeichen („Schrittgeschwindigkeit") ist die Einheit Bd[10] gebräuchlich. Hier gilt also die Beziehung $1\,\mathrm{Bd} = K\,bit/s$.

[10] Ausgeschrieben Baud, benannt nach Emile Baudot, franz. Telegrafentechniker (1845–1903).

Bei Übertragung über einen Kanal mit additivem Gauß-Rauschen entstehen nach Korrelationsfilter-Empfang am Eingang des Entscheiders die in Abb. 8.16 dargestellten Verteilungsdichtefunktionen. Hierbei wird die Augenblicksleistung $\sqrt{S_a}$ des Nutzsignals zum Abtastzeitpunkt der Amplitude +1 zugeordnet. Bei gleicher Häufigkeit der gesendeten Symbole ergeben sich die optimalen Entscheidungsschwellen wie bei den bisher behandelten Übertragungsverfahren jeweils genau in der Mitte zwischen zwei benachbarten möglichen Nutzsignal-Amplitudenwerten. Es wird nun vereinfacht angenommen, dass Fehler der gesendeten Symbole, die auf Abweichungen vom Nutzsignalpegel um mehr als $\pm 3\sqrt{S_a}$ beruhen, deutlich weniger wahrscheinlich sind. Unter dieser Annahme entstehen Übertragungsfehler vorrangig dadurch, dass Verfälschungen zu den unmittelbar benachbarten Symbolen auftreten. Es ist nun notwendig, eine Fallunterscheidung vorzunehmen, je nachdem wie viele Überlappungsbereiche zu benachbarten Gauß-Verteilungsdichtefunktionen hin auftreten. So entsteht für die Symbole mit Pegeln ±3 in Anlehnung an (7.100) und (7.101) eine Symbolfehlerwahrscheinlichkeit (hier berechnet für das Symbol „+3", auf Grund der Symmetrie identisch mit dem Wert für das Symbol „−3")

$$P_{\mathrm{e},\pm 3} = \int\limits_{-\infty}^{2\sqrt{S_a}} \frac{1}{\sqrt{2\pi N}} \exp\left(-\frac{(x-3\sqrt{S_a})^2}{2N}\right) \mathrm{d}x = \frac{1}{2}\mathrm{erfc}\left(\sqrt{\frac{S_a}{2N}}\right), \quad (8.24)$$

sowie auf Grund der Gray-Codierung eine Bitfehlerwahrscheinlichkeit[11]

$$P_{\mathrm{b},\pm 3} \approx \frac{1}{4}\mathrm{erfc}\left(\sqrt{\frac{S_a}{2N}}\right) . \quad (8.25)$$

Für die beiden inneren Symbole gibt es hingegen jeweils 2 Überlappungen zu den benachbarten Gauß-Hüllen, so dass

$$\begin{aligned} P_{\mathrm{e},\pm 1} = &\int\limits_{-\infty}^{0} \frac{1}{\sqrt{2\pi N}} \exp\left(-\frac{(x-\sqrt{S_a})^2}{2N}\right) \mathrm{d}x \\ &+ \int\limits_{2\sqrt{S_a}}^{\infty} \frac{1}{\sqrt{2\pi N}} \exp\left(-\frac{(x-\sqrt{S_a})^2}{2N}\right) \mathrm{d}x = \mathrm{erfc}\left(\sqrt{\frac{S_a}{2N}}\right), \end{aligned} \quad (8.26)$$

[11] Bei den bisher betrachteten Verfahren wurde immer 1 bit pro Symbol übertragen; daher war auch keine Unterscheidung zwischen Symbolfehlerwahrscheinlichkeit und Bitfehlerwahrscheinlichkeit notwendig. Im hier vorliegenden Fall ist die Bitfehlerwahrscheinlichkeit nur approximativ korrekt, da z. B. für den Sendepegel −3 bei Empfang im Bereich $0 \ldots \sqrt{S_a}$ 2 bit falsch sind. Bei der Approximation wird davon ausgegangen, dass die Gauß-Verteilung des jeweiligen Pegels bei größeren Amplitudenabweichungen bereits hinreichend klein ist, um diese zusätzlichen Bitfehler vernachlässigen zu können. Diese Annahme ist bei niedrigem S_a/N verletzt.

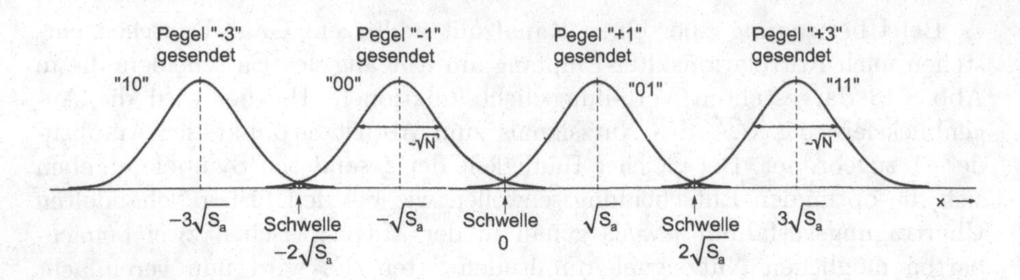

Abbildung 8.16. Verteilungsdichtefunktionen am Entscheidereingang bei Mehrpegelübertragung mit $M = 2^K = 4$ unterscheidbaren Amplitudenstufen

sowie die Bitfehlerwahrscheinlichkeit

$$P_{\mathrm{b},\pm 1} \approx \frac{1}{2}\mathrm{erfc}\left(\sqrt{\frac{S_\mathrm{a}}{2N}}\right) \tag{8.27}$$

entsteht. Die mittlere Bitfehlerwahrscheinlichkeit resultiert schließlich bei gleich häufigen Symbolen

$$P_\mathrm{b} \approx \frac{1}{2}\left(P_{\mathrm{b},\pm 3} + P_{\mathrm{b},\pm 1}\right) = \frac{3}{8}\mathrm{erfc}\left(\sqrt{\frac{S_\mathrm{a}}{2N}}\right) = \frac{3}{8}\mathrm{erfc}\left(\sqrt{\frac{\tilde{E}_s}{2N_0}}\right) . \tag{8.28}$$

Man beachte jedoch, dass sich das hier definierte $\tilde{E}_s$ mit $\sqrt{S_\mathrm{a}}$ auf die Pegel ± 1 bezieht. Bei Berücksichtigung aller Pegel ergibt sich eine mittlere Energie pro bit

$$E_b = \frac{1}{K}\frac{2}{M}\left(3^2 + 1\right)\tilde{E}_s = \frac{5}{2}\tilde{E}_s , \tag{8.29}$$

und somit für $K = 2$, $M = 4$ eine Bitfehlerrate

$$P_\mathrm{b} \approx \frac{3}{8}\mathrm{erfc}\left(\sqrt{\frac{E_b}{5N_0}}\right) . \tag{8.30}$$

Eine Verallgemeinerung auf eine beliebige Anzahl von Amplitudenstufen M (Zweierpotenz) ergibt Bitfehlerwahrscheinlichkeiten von

$$P_\mathrm{b} \approx \begin{cases} \frac{1}{K}\mathrm{erfc}\left(\sqrt{\frac{S_\mathrm{a}}{2N}}\right) & \text{für } M-2 \text{ „innere" Pegel} \\ \frac{1}{2K}\mathrm{erfc}\left(\sqrt{\frac{S_\mathrm{a}}{2N}}\right) & \text{für 2 „äußere" Pegel,} \end{cases} \tag{8.31}$$

und im Mittel bei gleich häufigen Symbolen

$$P_\mathrm{b} \approx \frac{1}{M}\left((M-2) + 2\cdot\frac{1}{2}\right)\frac{1}{K}\ \mathrm{erfc}\left(\sqrt{\frac{S_\mathrm{a}}{2N}}\right) = \frac{M-1}{M\,\mathrm{lb}\,M}\ \mathrm{erfc}\left(\sqrt{\frac{\tilde{E}_s}{2N_0}}\right) .$$

(8.32)

Die mittlere Energie pro Bit ergibt sich als

$$E_b = \frac{1}{K}\left(\frac{2}{M}\sum_{n=1}^{M/2}(2n-1)^2\right)\tilde{E}_s = \frac{M^2-1}{3\,\mathrm{lb}\,M}\tilde{E}_s\,, \tag{8.33}$$

so dass

$$P_\mathrm{b} \approx \frac{M-1}{M\,\mathrm{lb}(M)}\,\mathrm{erfc}\left(\sqrt{\frac{3\,\mathrm{lb}(M)}{2(M^2-1)}\frac{E_b}{N_0}}\right). \tag{8.34}$$

Einer beliebigen Vergrößerung der Übertragungsrate nach diesen Verfahren sind wegen des Anstiegs der mittleren Energie mit M^2 enge Grenzen gesetzt. So ist in jedem technischen Übertragungskanal entweder die maximale Amplitude oder die Leistung des Sendesignals $m(t)$ begrenzt; damit muss der Unterschied der Nutzsignalpegel am Ausgang des Korrelationsfilter-Empfängers für größere K sehr gering gehalten werden. Daher wird E_b/N_0 gering, und entsprechend groß wird die Fehlerwahrscheinlichkeit[12].

Technisch von Interesse sind Mehrpegelverfahren daher insbesondere auf sehr störarmen Kanälen, aber u. U. auch auf Kanälen, die durch nichtweißes Rauschen gestört sind, wenn das bei gleicher Übertragungsrate schmalbandigere Mehrpegelsignal in einem Bereich geringer Rauschleistungsdichte übertragen werden kann. Auch die Kombination des Mehrpegelverfahrens mit einer Orthogonalübertragung von Bandpasssignalen wird in Form der *Quadratur-Amplitudenmodulation* häufig angewandt (s. Abschn. 9.6).

8.9 Adaptive Kanalentzerrung

In den bisherigen Betrachtungen wurde der Übertragungskanal als verzerrungsfrei angenommen. Praktische Übertragungskanäle besitzen dagegen immer mehr oder weniger starke, meist lineare Verzerrungen. Bei Datenübertragungssystemen über Kanäle mit wechselnder oder veränderlicher Übertragungsfunktion (Wahlkanäle, Funkkanäle insbesondere bei mobilen Sendern und/oder Empfängern) muss der Entzerrer jeweils zu Beginn der Übertragung oder sogar im laufenden Betrieb nachgestellt werden. Hierfür sind adaptive Kanalentzerrer geeignet.

[12] Insbesondere ist auch bei im Vergleich zur Standardabweichung der Störung relativ kleinen Abständen zwischen den Augenblicksleistungen der Nutzsignalpegel die oben getroffene Annahme einer vorwiegenden Verfälschung zu benachbarten Symbole nicht mehr richtig. Da dann bei Symbolstörungen auch mit größerer Wahrscheinlichkeit mehrfache Bitfehler auftreten, erhöht sich die Bitfehlerrate nochmals gegenüber den beschriebenen Approximationen.

In dieser Sicht ließe sich das Übertragungssystem mit korrelativer Codierung in Abb. 8.11 auch so interpretieren, dass $f_1(t)$ einen stark linear verzerrenden Kanal (hier z. B. bei Zweiwegeausbreitung) beschreibt. Sofern die vom Kanal eingefügten Eigeninterferenzen bekannt sind, würde das faltungsinverse Filter $f_2(t)$ im Empfänger diese vollständig entzerren können, allerdings auf Kosten eines reduzierten Störabstandes. Eine weitere Möglichkeit besteht darin, die erwarteten Eigeninterferenzen mit der am Ausgang des Entscheiders entnommenen Folge vorheriger Symbole zu berechnen und sie vor der Entscheidung über das aktuelle Symbol zu subtrahieren. Dieses Verfahren eignet sich aber nur, wenn die Interferenzen zu den Abtastzeitpunkten präzise nachgebildet werden können. Um dieses zu erreichen, wird häufige eine vereinbarte Bitfolge (z. B. eine Pseudonoise-Folge, die möglichst alle vorkommenden Nutzdatensymbole in verschiedenen zufälligen Reihenfolgen enthält) vor der eigentlichen Datensendung als „Präambel" übertragen. Die Folge ist dem Empfänger ebenso wie die verwendeten Trägersignale bekannt, und kann daher durch Vergleich mit dem empfangenen Signal zur Messung der Kanalimpulsantwort verwendet werden.

Das Blockschaltbild eines Empfängers mit einem adaptiv einstellbaren, zeitdiskreten Transversalfilter zeigt Abb. 8.17. Zu Beginn der Übertragung

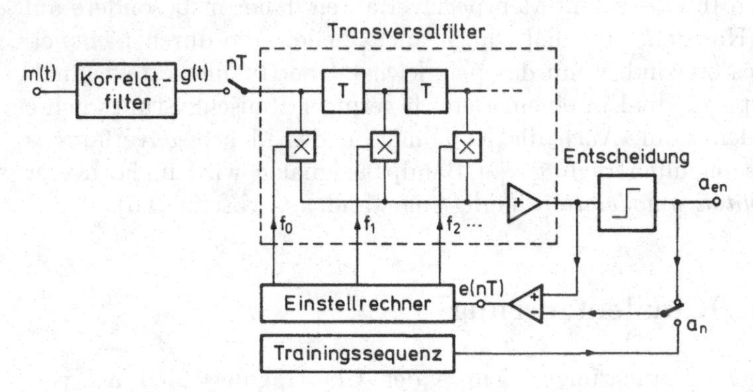

Abbildung 8.17. Binärempfänger mit adaptivem Transversalfilter zur Kanalentzerrung

wird wieder vom Sender eine Präambel (Trainingssequenz) übertragen. Diese Sequenz wird synchron auch im Empfänger erzeugt. Das Differenzsignal $e(nT)$ beschreibt bei störarmer Übertragung den durch die Kanalverzerrungen hervorgerufenen Eigeninterferenzfehler. Der Einstellrechner steuert dann die Gewichte f_i des Transversalfilters so, dass z. B. die Differenzsignalleistung minimal wird. Wenn nach Ablauf der Trainingsphase das Filter im normalen Betrieb nur noch wenig nachgestellt werden muss, können zur Bildung des Differenzsignals die jetzt nur noch mit geringer Fehlerwahrscheinlichkeit behafteten Ausgangswerte a_{en} benutzt werden (obere Schalterstellung). Geeignete Einstellalgorithmen basieren häufig auf iterativer Optimierung unter Verwendung des Gradienten der Differenzfunktion (Lucky, 1968).

Die hier genannten Verfahren basieren auf Schätzungen der Kanalimpulsantwort bzw. ihrer Kompensation im Zeitbereich. Es sei darauf hingewiesen, dass derselbe Effekt durch eine Multiplikation mit der Fourier-Übertragungsfunktion des Kanals erfolgen kann. Dieses kann insbesondere dann effizient sein, wenn die Übertragung in schmalbandigen Bandpass-Kanälen erfolgt, innerhalb derer sich Amplituden- und Phasenübertragung kaum ändern, so dass die Kanalübertragung innerhalb jedes einzelnen Frequenzbandes durch einfache Anwendung eines verzerrungsfreien Systems (vgl. Abschn. 5.1), d. h. Amplituden- und Phasenkorrektur, rückgängig gemacht werden kann. Dieses ist beispielsweise bei den in Abschn. 11.5 beschriebenen OFDM-Verfahren ohne weiteres anwendbar und wird als „equalisation" bezeichnet. Ein weiterer Vorteil von Frequenzbereichs-Entzerrung besteht darin, dass es relativ leicht möglich ist, nicht-weiße additive Störungen auf dem Kanal zu behandeln, d.h. für jede Frequenz separat das S_a/N-Verhältnis zu berücksichtigen (vgl. hierzu auch Anhang 14.3). Dieses erlaubt z. B., die Übertragung so anzupassen, dass bestimmte Frequenzbereiche stärker und andere schwächer berücksichtigt werden. Die hierzu gehörige Kanalschätzung wird auch als „spectrum sensing" bezeichnet und kann im Idealfall auch am Sender bei der Auslegung von $s(t)$ berücksichtigt werden.

8.10 Zusammenfassung

Dieses Kapitel verfolgte zwei Ziele. Einmal wurde eine erste Einführung in die zur Übertragung digitaler Signale verwendeten Prinzipien gegeben. Dabei sollten vor allem die in den vorangegangenen Kapiteln gelegten Grundlagen der Signal- und Systemtheorie auf praktische Probleme der Signalübertragung angewandt und weiter ausgebaut werden. Unter diesem Gesichtspunkt wurden die behandelten Übertragungssysteme mit einem oder mehreren Trägersignalen im Tiefpassbereich konsequent aus dem Korrelationsfilterkonzept entwickelt.

8.11 Aufgaben

8.1 Ein Signal $s(t) = 2f_{g0}\,\mathrm{si}(\pi 2f_{g0}t)$ wird additiv durch weißes Rauschen der Leistungsdichte N_0 gestört.

a) Berechnen Sie die Signalenergie E_s.
b) Berechnen Sie die Augenblicksleistung S_a und die Störleistung N am Ausgang eines Korrelationsfilters, und vergleichen Sie S_a/N mit E_s/N_0.

c) Die Grenzfrequenz f_g des als Korrelationsfilter dienenden idealen Tiefpassfilters werde verändert. Berechnen und skizzieren Sie $(S_a/N)/(E_s/N_0)$ als Funktion von f_g/f_{g0}.

8.2 Ein Signal

$$s(t) = \sum_{n=0}^{6} s(n)\,\mathrm{rect}(t-n)$$

wird mit einem Korrelationsfilter empfangen. Skizzieren Sie die Ausgangsfunktion für

a) alle $s(n) = 1$,
b) den Fall, dass $s(n)$ eine Barker-Folge der Länge $M = 7$ aus Aufgabe 6.19 ist.

Geben Sie die Schaltung eines diskreten Korrelationsfilters für den Empfang der Barker-Folge an.

8.3 Ein bipolares Übertragungssystem nach Abschn. 8.4 mit dem Trägersignal $s(t) = (t/T)\,\mathrm{rect}(t/T - 1/2)$ V wird durch weißes, Gauß'sches Rauschen der Leistungsdichte $N_0 = 10^{-6}\,\mathrm{V}^2/\mathrm{Hz}$ gestört. Berechnen Sie die minimale Trägersignaldauer T für eine Fehlerwahrscheinlichkeit $P_e = 10^{-4}$.

8.4 Skizzieren Sie die Ausgangssignale eines Korrelationsfilters sowie die Augendiagramme für die modulierten Sendesignale $m_u(t)$ und $m_b(t)$ nach Abb. 8.8.

8.5 Zur gleichanteilfreien Übertragung wird in dem Übertragungssystem mit korrelativer Übertragung Abb. 8.11 im Sendefilter gewählt:

$$f_1(t) = \delta(t) - \delta(t-T)$$

a) Berechnen und skizzieren Sie die Übertragungsfunktion $|S(f)|$ des gesamten Sendefilters.
b) Wie sehen Impulsantwort und Schaltung des faltungsinversen Filters $f_2(t)$ aus?

8.6 Zeigen Sie, dass alle Funktionen der Orthogonalsysteme in Abb. 8.13 die gleiche Energie besitzen.

8.7 Ein Trägersignal $s(t) = \mathrm{rect}(t - 1/2)$ wird mit einem Korrelationsfilter empfangen, das näherungsweise durch ein RC-Glied $h(t) = (1/t_0)\varepsilon(t)\exp(-t/t_0)$ ersetzt werden soll.

a) Berechnen Sie das Ausgangssignal $g(t) = s(t) * h(t)$ des RC-Gliedes, und skizzieren Sie $g(t)$ für verschiedene Zeitkonstanten t_0. Für welche Zeit $t = T$ erreicht das Ausgangssignal sein Maximum?

b) Auf das Trägersignal $s(t)$ wird weißes Rauschen der Leistungsdichte N_0 addiert. Wie groß ist im Abtastzeitpunkt $t = T$ das Verhältnis der Augenblicksleistung $S_a = g^2(T)$ zur Rauschleistung N am Ausgang des RC-Gliedes?

c) Für welche Zeitkonstante t_0 wird S_a/N maximal? Vergleichen Sie mit E_s/N_0 (Verhältnis in dB).

8.8 Berechnen Sie die Autokorrelationskoeffizienten $\varphi^{\mathrm{E}}_{h1h1}(0)$ und $\varphi^{\mathrm{E}}_{h2h2}(0)$ in (9.26) mit Hilfe des Ergebnisses aus Aufgabe 6.23.

8.9 Eine unipolare, binär modulierte Folge von Signalen $\mathrm{rect}(t/T)$ wird durch die in Abb. 8.18 angegebene Schaltung in einen Bipolarcode 1. Ordnung (Pseudoternärcode, AMI-Code) umgeformt. Beschreiben Sie die Eigenschaften des neuen Signals. Wie lässt sich das ursprüngliche Signal wiedergewinnen?

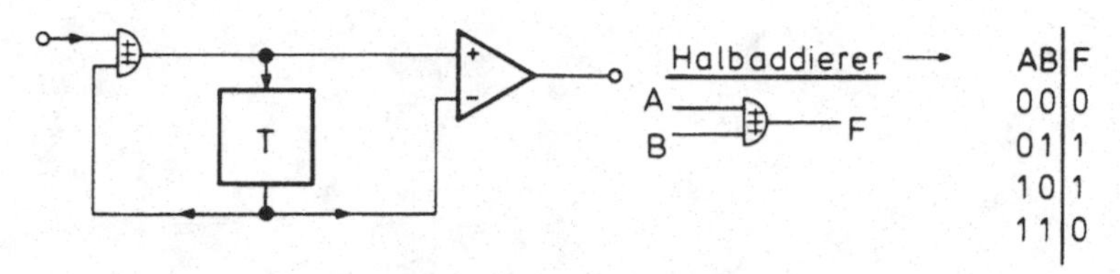

Abbildung 8.18. Bildung eines Bipolarcodes

8.10 In einem Binärübertragungssystem nach Abschn. 7.4.4 liegt die Entscheidungsschwelle bei $C = \sqrt{S_a}$. Berechnen Sie die Fehlerwahrscheinlichkeiten P_{e0} und P_{e1} für $E_s/N_0 = 14{,}6\,\mathrm{dB}$. Vergleichen Sie mit dem Normalfall. Wo könnte eine solche unsymmetrische Entscheidung Anwendung finden?

9. Binärübertragung mit Bandpasssignalen

Im vorliegenden Kapitel wird das Problem der Übertragung digitaler Signale auf Bandpasskanäle erweitert. Die Verwendung von Kanälen und Trägersignalen, die nicht von der Frequenz Null aufwärts beginnen, sondern ein bestimmtes Frequenzband mit unterer und oberer Grenzfrequenz verwenden, ist beispielsweise bei jeglicher Art von Funkkanälen notwendig, wird aber auch in Verbindung mit den in Kapitel 11 eingeführten Multiplex-Verfahren verwendet.

Eine wichtige Anwendung wurde durch den schnellen Aufbau von zellularen Mobilfunknetzen der 2. Generation[1] seit Beginn der 1990er Jahre eingeführt. Während heute mobile Sprach- und niederratige Datendienste (z.B. GPRS, Generalized Packet Radio Structure) bis maximal 100 kbit/s flächendeckend verfügbar sind, ermöglichen die inzwischen verfügbaren Systeme der 3. Generation höhere Datenraten, die sich in erster Linie durch eine immer weitere Verbesserung der Übertragungsverfahren und Empfängertechnologien realisieren ließen. Damit werden zunehmend die früher nur im Festnetz existierenden Internet-Dienste mobil nutzbar.

Auf längere Sicht wird eine weitere Integration öffentlicher und privater Netze die Verwendung mobiler, universeller Endgeräte mit allen Sprach-, Daten- und Multimedia-Diensten ermöglichen. Mit der Erschließung weiterer Frequenzbereiche, mit adaptiven Antennen und anderen schaltungstechnischen Maßnahmen werden für die vierte und folgende Generationen des Mobilfunks Raten von über 100 Mbit/s angestrebt. Die tatsächlich verfügbare Rate wird allerdings immer stark von der jeweiligen lokalen Infrastruktur, von der Anzahl gleichzeitig aktiver Nutzer und deren Verhalten abhängen. So ist generell bei mit höherer Geschwindigkeit bewegten Sende- und/oder Empfangsgeräten (d.h. bei der eigentlichen *mobilen* Anwendung) eine wesentlich kritischere Situation und insbesondere fluktuierende Übertragungsqualität zu beobachten. Bei drahtloser Übertragung mit festen Sende- und Empfangsstationen kann dagegen meist eine stabile Anpassung der Übertragungsqualität erfolgen. So sind Einzelnutzer-Raten von 100 Mbit/s bei drahtloser Da-

[1] Die so genannte erste Generation der Mobilfunknetze wurde ab den 1970er Jahren noch mit analogen Übertragungstechniken realisiert und erlaubte nur eine sehr begrenzte Teilnehmerzahl.

tenübertragung heute bereits in drahtlosen lokalen Netzen (Wireless LAN) möglich, noch höhere Raten werden hier wie auch im Mobilfunk angestrebt.

Parallel dazu erfolgte auch die Umstellung der Verteildienste für Hörrundfunk und insbesondere Fernsehrundfunk auf digitale Verfahren (DAB: Digital Audio Broadcasting, DVB: Digital Video Broadcasting). Dies betrifft die kabelgebundenen, satellitengestützten und terrestrischen Verteilungskanäle.

9.1 Übertragungsarten bei der Binärübertragung mit Bandpasssignalen

Bei den bisher diskutierten Binärübertragungsverfahren wurden zumeist, zumindest näherungsweise, Tiefpasssignale als Trägersignale verwendet, oder es wurde zumindest davon ausgegangen, dass der Frequenzbereich ab $f = 0$ zur Übertragung zur Verfügung steht. Alle bisher eingeführten Methoden lassen sich mit denselben Ergebnissen auch mit Bandpass-Trägersignalen benutzen. Der einzige Unterschied bei der Übertragung mit Bandpasssignalen besteht darin, dass die Autokorrelationsfunktionen solcher Signale einen stark oszillierenden Verlauf haben und dass darum Filter und Abtaster hohe Zeitgenauigkeiten einhalten müssen. Da viele Kanäle Bandpasscharakter haben, zumindest aber keine Übertragung sehr tiefer Frequenzanteile zulassen, werden eigene Methoden eingesetzt, mit denen die Anforderungen an ein Bandpassübertragungssystem erfüllt werden können. Ein einfaches Beispiel eines Bandpassträgersignals ist[2]

$$s(t) = \operatorname{rect}\left(\frac{t}{T} - \frac{1}{2}\right) \sin(2\pi f_0 t) \,. \tag{9.1}$$

Das Signal hat die endliche Breite T und erfüllt damit das 1. Nyquist-Kriterium. Abbildung 9.1 zeigt oben Sendesignale, die sich bei unipolarer (Amplitudentastung, ASK) und bipolarer Übertragung mit diesem Bandpassträgersignal ergeben. Das bipolare Modulationsverfahren trägt hier den Namen *Phasenumtastverfahren*[3], da die für das bipolare Verfahren typische Vorzeichenumkehr bei Bandpasssignalen als Phasendrehung des Trägerfrequenzterms um 180° beschrieben werden kann.

Abbildung 9.1 enthält als drittes Verfahren ein mit zwei orthogonalen Bandpasssignalen gebildetes Sendesignal. Diese Trägersignale entstammen dem Orthogonalsystem der sin-cos-Impulsfunktionen aus Abb. 8.13. Das Übertragungsverfahren mit zwei derartigen Trägersignalen unterschiedlicher Mittenfrequenz wird *Frequenzumtastverfahren*[4] genannt. Das vierte Verfahren in Abb. 9.1 ist ebenfalls ein Frequenzumtastverfahren, bei dem aber ortho-

[2] Unter der Bedingung $f_0 = p/T$ (p ganzzahlig), oder zumindest $f_0 \gg 1/T$, da sonst die Bedingung $S(f) = 0$ für $f = 0$ nicht erfüllt ist.

[3] Engl.: PSK (phase shift keying), bzw. BPSK (*bipolar* oder *binary* PSK).

[4] Engl.: FSK (frequency shift keying).

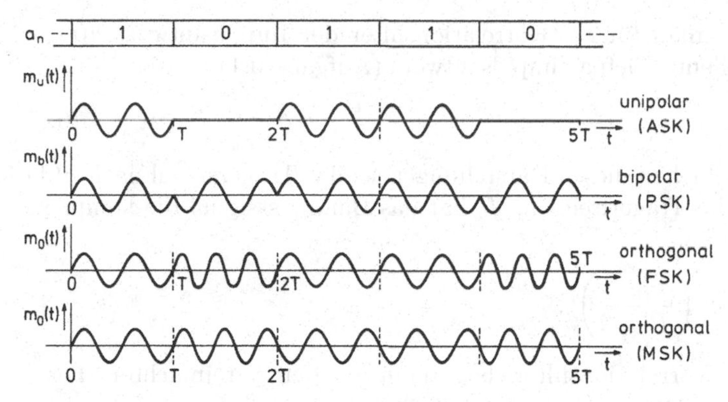

Abbildung 9.1. Unipolare, bipolare und orthogonale Modulationsverfahren für binäre Übertragung mit dem Bandpassträgersignal nach (9.1)

gonale Bandpasssignale mit verringertem Frequenzabstand verwendet werden. Der glatte, sprungstellenfreie Verlauf wird hierbei durch eine zusätzliche, nicht der Nachrichtenübertragung dienende und kontextabhängige Phasenumtastung erreicht. Dieses besonders schmalbandige Frequenzumtastverfahren wird MSK (minimum shift keying) genannt. Die in der zusätzlichen Phasenumtastung enthaltene Information kann jedoch in geeigneten Empfängern (z.B. Trellis-Decodierung, vgl. Abschn. 12.4) zur Verminderung der Fehlerwahrscheinlichkeit ausgenutzt werden (Blahut, 1990).

Eine Variation der BPSK ist die Phasendifferenztastung (DPSK). Diese entspricht im Erscheinungsbild der Phasenumtastung, mit dem Unterschied, dass die binäre Information in der Phasen*änderung* von 0° oder 180°, bezogen auf die Phase des unmittelbar vorher gesendeten Trägersignals, enthalten ist. Dadurch ist im Empfänger keine absolute Referenzphase notwendig, sondern zur Decodierung genügt der Phasenvergleich je zweier aufeinander folgender Impulse (Lucky, 1968). Weitere mehrstufige Bandpasssignal-Modulationsverfahren und ihre Darstellung im Signalraum werden in Abschn. 9.6 sowie in Zusatzübung 14.2 diskutiert.

9.2 Empfang von Bandpasssignalen im Tiefpassbereich

Das Prinzip des Korrelationsfilters gilt für beliebige Signalformen, es ist also auch für den Empfang von Bandpassträgersignalen geeignet, die durch weißes Rauschen gestört werden. Für die weiteren Überlegungen in diesem Kapitel ist es nützlich, die am Ausgang eines solchen Korrelationsfilters erscheinenden Impulskorrelationsfunktionen von Bandpasssignalen in der komplexen Signalschreibweise ausdrücken zu können.

Aus (6.30) erhält man für ein Korrelationsfilter der Impulsantwort $h(t) = s(-t)$[5] als äquivalente Tiefpassimpulsantwort (Aufgabe 9.1)

$$h_{\mathrm{T}}(t) = s_{\mathrm{T}}^*(-t)\,. \tag{9.2}$$

Als einfaches Beispiel zu diesen Darstellungen sei das Trägersignal nach (9.1) betrachtet. Für die Trägerfrequenz f_0 hat das Bandpasssignal die komplexe Hüllkurve[6]

$$s_{\mathrm{T}}(t) = -\mathrm{j}\,\mathrm{rect}\left(\frac{t}{T} - \frac{1}{2}\right).$$

Das zugehörige Korrelationsfilter hat dann in der vereinfachten Form $h(t) = s(-t)$ nach (9.2) die äquivalente Tiefpassimpulsantwort

$$h_{\mathrm{T}}(t) = \mathrm{j}\,\mathrm{rect}\left(\frac{1}{2} + \frac{t}{T}\right),$$

und am Ausgang des Korrelationsfilters erscheint als Autokorrelationsfunktion mit (6.29) und (6.31a)

$$\varphi_{ss}^{\mathrm{E}}(t) = \frac{1}{2} T \Lambda\left(\frac{t}{T}\right) \cos(2\pi f_0 t)\,. \tag{9.3}$$

In Abb. 9.2 sind das Trägersignal nach (9.1), die Impulsantwort des zugehörigen Korrelationsfilters und das Ausgangssignal in Form der Impulsautokorrelationsfunktion des Trägersignals aufgetragen.

Anmerkung: Wie eingangs schon erwähnt, hat die oszillierende Form derartiger Autokorrelationsfunktionen zur Folge, dass für praktische Zwecke ein Korrelationsfilter-Empfang dieser Art nur verwendet werden kann, wenn hochgenaue Synchronisationsmechanismen zur Verfügung stehen, da die Genauigkeitsforderungen sowohl an die Impulsantwort des Filters als auch an die Einhaltung des Abtastzeitpunktes sehr hoch sind. Geringere Anforderungen sind an Empfänger zu stellen, die das Bandpassfilter mit der in Abschn. 5.4.6 diskutierten Methode im Tiefpassbereich realisieren.

---

[5] Die Beschreibung des Korrelationsfilters als bei $t = 0$ zeitgespiegelte Form $h(t) = s(-t)$ ist von der Wirkung her vollkommen äquivalent zur bisher meist verwendeten, bei $t = T$ zeitgespiegelten Form $h(t) = s(T - t)$, die bei auf $0 \le t \le T$ zeitbegrenztem $s(t)$ auf ein kausales Empfängerfilter führt. Für die bei $t = 0$ zeitgespiegelte Form liegt der optimale Abtastzeitpunkt allerdings ebenfalls bei $t = 0$.

[6] Ähnlich wie in dem Beispiel in Abschn. 5.4.5 ist diese einfache Form nur unter der Annahme $f_0 = p/T$ exakt bzw. bei $f_0 \gg 1/T$ annähernd richtig. Sofern die Trägerfrequenz f_0 kein ganzzahliges Vielfaches der Taktperiode ist, treten insbesondere bei auf T zeitbegrenzten Hüllkurven zusätzliche Probleme auf. So entstehen z.B. Phasensprünge an den Grenzen der Taktperioden, und es lassen sich bezüglich der Spektraleigenschaften keine symmetrischen Bandpass-Trägersignale realisieren.

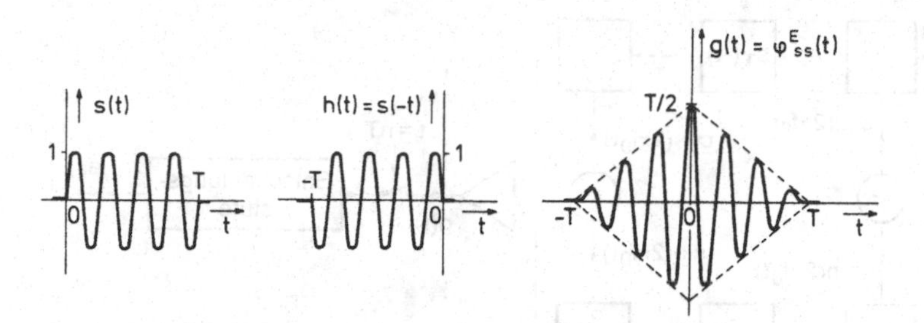

Abbildung 9.2. Korrelationsfilter-Empfang eines Bandpasssignals

Die Realisierung eines Bandpassfilters der äquivalenten Tiefpassimpulsantwort $h_{\mathrm{T}}(t) = h_{\mathrm{Tr}}(t) + \mathrm{j}h_{\mathrm{Ti}}(t)$ im Tiefpassbereich war in Abb. 5.23 vorgestellt worden. Soll diese Schaltung als Korrelationsfilter für ein Trägersignal mit der komplexen Hüllkurve $s_{\mathrm{T}}(t) = s_{\mathrm{Tr}}(t) + \mathrm{j}s_{\mathrm{Ti}}(t)$ dienen, dann muss mit (9.2) gelten

$$h_{\mathrm{T}}(t) = s^*_{\mathrm{T}}(-t) = s_{\mathrm{Tr}}(-t) - \mathrm{j}s_{\mathrm{Ti}}(-t)\,. \tag{9.4}$$

Die Schaltung nach Abb. 5.23 muss also mit Tiefpassfiltern der Impulsantworten

$$h_{\mathrm{Tr}}(t) = s_{\mathrm{Tr}}(-t) \qquad \text{und}$$
$$h_{\mathrm{Ti}}(t) = -s_{\mathrm{Ti}}(-t)$$

aufgebaut werden. Erinnert sei daran, dass diese Tiefpassfilter die Bedingung (5.53) erfüllen müssen, ihre Grenzfrequenz also $< f_0$ sein muss. Ist, wie häufig in praktischen Systemen, das Trägersignal ein symmetrisches Bandpasssignal, dann verschwindet der Imaginärteil des äquivalenten Tiefpasssignals, $s_{\mathrm{Ti}}(t) = 0$, und der Korrelationsfilter-Empfänger vereinfacht sich zu der in Abb. 9.3 gezeigten Form. (Entsprechend vereinfacht sich die Schaltung auch bei Bandpasssignalen mit rein imaginärer Hüllkurve.) Die Schaltung in Abb. 9.3 ist bis zum Abtaster gemäß der Ableitung ein echtes LTI-System. Eine zeitliche Verschiebung des Eingangssignals ruft also nur eine gleich große Verschiebung des Ausgangssignals hervor (Aufgabe 9.2). Verzichtet man auf diese Eigenschaft der Zeitinvarianz, dann kann die Schaltung noch weiter vereinfacht werden. Hierzu wird zunächst vorausgesetzt, dass die Trägerfrequenz f_0 in einem festen Verhältnis zur Taktzeit T steht, so dass gilt

$$f_0 = p/T \qquad p \text{ ganzzahlig}\,. \tag{9.5}$$

Zu den Abtastzeitpunkten $t = nT$ wird dann im unteren Zweig des Korrelationsfilters das Ausgangsignal stets mit $\sin(2\pi f_0 nT) = \sin(2\pi nk) = 0$ multipliziert, entsprechend im oberen Teil mit $\cos(2\pi f_0 nT) = \cos(2\pi nk) = 1$.

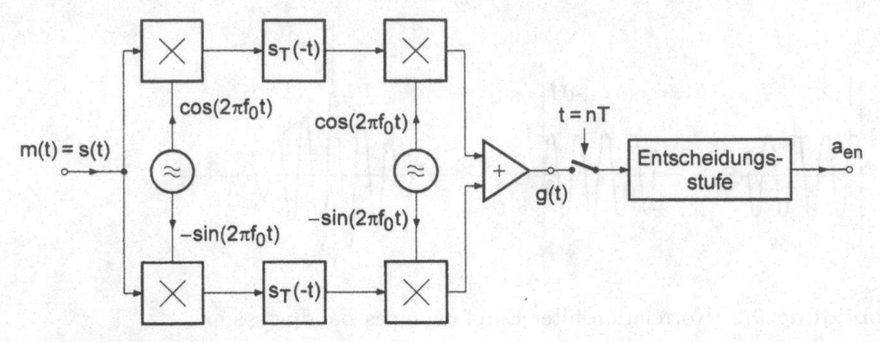

Abbildung 9.3. Korrelationsfilter-Empfänger für symmetrische Bandpassträgersignale

Damit ändern sich die Abtastwerte am Filterausgang und damit auch das Fehlerverhalten nicht, wenn der untere Filterzweig ganz wegfällt und im oberen Zweig der zweite Multiplikator fortgelassen wird. Die resultierende Schaltung zeigt Abb. 9.4. Dem einfachen Aufbau dieses Empfängers steht als Nach-

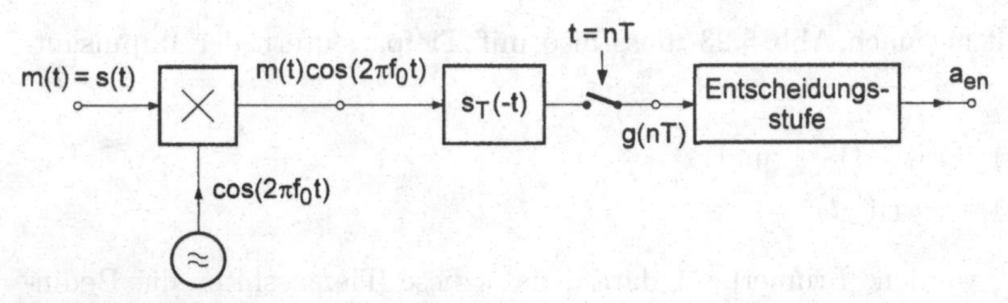

Abbildung 9.4. Vereinfachter Empfänger für symmetrische Bandpasssignale (kohärenter Empfänger)

teil gegenüber, dass die vereinfachte Schaltung zwar noch linear, aber nicht mehr zeitinvariant ist. Eine geringe Zeitverschiebung des Eingangssignals (oder äquivalent eine Phasenverschiebung des Empfängeroszillators) können das Ausgangssignal völlig verschwinden lassen, hierauf wird im nächsten Abschnitt noch näher eingegangen (Aufgabe 9.2). Wegen dieser notwendigen phasenstarren Synchronisation oder *Kohärenz* des Empfängeroszillators mit dem ankommenden Trägersignal wird der beschriebene Empfänger auch *kohärenter Empfänger* genannt.

Verfahren der Trägersynchronisation werden in Abschn. 9.7 beschrieben. Insbesondere bei Verwendung von Phasenumtastverfahren ist eine zuverlässige Trägersynchronisation unumgänglich. Sie könnte jedoch bei stark zeitabhängiger Veränderung der Laufzeit des übertragenen Signals nicht mit der notwendigen Genauigkeit durchführbar sein. In solchen Fällen kann der im nächsten Abschnitt beschriebene inkohärente Hüllkurven-Empfänger verwendet werden, der allerdings nur für Amplitudentastverfahren oder daraus ableitbare Methoden (z.B. Übertragung mit amplitudengetasteten orthogonalen Signalen) anwendbar ist.

9.3 Inkohärenter Empfang von Bandpasssignalen

Es wird angenommen, dass das empfangene symmetrische Bandpassträgersignal um eine Zeit $t_0 \ll T$ verzögert am Empfängereingang eintrifft. Diese Verzögerungszeit sei dem Empfänger nicht bekannt, sie soll außerdem von Taktzeit zu Taktzeit verschieden groß sein können. Wird als Empfänger ein Korrelationsfilter benutzt, dann ist wegen der Eigenschaft der Zeitinvarianz das Ausgangssignal ebenfalls um t_0 verzögert. Da nun die Autokorrelationsfunktion eines Bandpasssignals mit der Trägerfrequenz f_0 oszilliert (Abb. 9.2), genügt schon eine Verschiebung von einem Viertel der Periodendauer der Trägerfrequenz, um das Ausgangssignal im Abtastzeitpunkt verschwinden zu lassen.

Man verwendet daher in solchen Fällen Empfänger, welche die Einhüllende der Autokorrelationsfunktion bilden, solche *Hüllkurvenempfänger* sind gegenüber Verschiebungen $t_0 \ll T$ unempfindlich. Das Prinzip eines Bandpassfilters mit Bildung der Einhüllenden $|g_{\mathrm{Tr}}(t)|$ des Ausgangssignals wurde bereits in Abschn. 5.4.6 besprochen und in Abb. 5.24 dargestellt. Bildet man dieses System als Korrelationsfilter-Empfänger aus, dann ergibt sich die in Abb. 9.5 gezeigte Schaltung (Aufgabe 9.3). Es soll nun die Reaktion

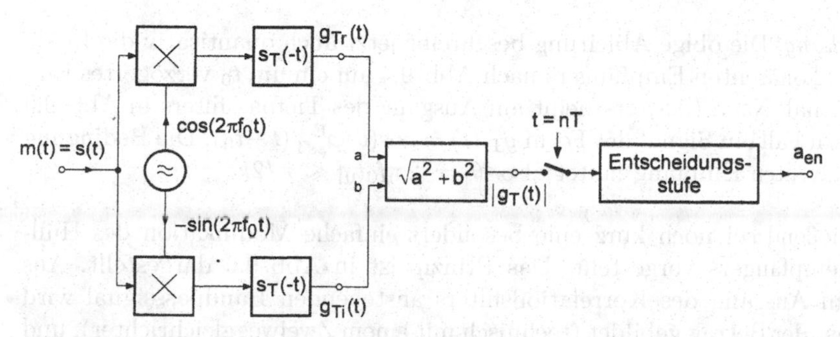

Abbildung 9.5. Hüllkurvenempfänger für symmetrische Bandpasssignale (entsprechend Abb. 5.24). Die Quadratursignale können auch vor den Korrelationsfiltern digitalisiert und z. B. in einem Digitalen Signalprozessor (DSP) weiterverarbeitet werden

dieses Systems auf ein um t_0 verzögertes symmetrisches, ungestörtes Bandpassträgersignal $s_{\mathrm{v}}(t)$ bestimmt werden. Es sei

$$\begin{aligned} m(t) = s_{\mathrm{v}}(t) = s(t-t_0) &= \mathrm{Re}\{s_{\mathrm{T}}(t-t_0)\mathrm{e}^{\mathrm{j}2\pi f_0(t-t_0)}\} \\ &= \mathrm{Re}\{s_{\mathrm{T}}(t-t_0)\mathrm{e}^{-\mathrm{j}2\pi f_0 t_0}\mathrm{e}^{\mathrm{j}2\pi f_0 t}\}\,. \end{aligned} \tag{9.6}$$

Damit gilt für die zugehörige komplexe Hüllkurve $s_{\mathrm{Tv}}(t)$ mit der Abkürzung $2\pi f_0 t_0 = \theta$

$$\begin{aligned} s_{\mathrm{Tv}}(t) &= s_{\mathrm{T}}(t-t_0)\mathrm{e}^{-\mathrm{j}\theta} \\ &= s_{\mathrm{T}}(t-t_0)\cos(\theta) - \mathrm{j}s_{\mathrm{T}}(t-t_0)\sin(\theta) \,. \end{aligned} \tag{9.7}$$

Die Signale am Ausgang der beiden äquivalenten Tiefpasskorrelationsfilter ergeben sich dann entsprechend der Ableitung in Abschn. 5.4.6 und Abb. 5.23

$$\begin{aligned} g_{\mathrm{Tr}}(t) &= \frac{1}{2}\left[s_{\mathrm{T}}(t-t_0)\cos(\theta)\right] * s_{\mathrm{T}}(-t) = \cos(\theta)\varphi^{\mathrm{E}}_{ss\mathrm{T}}(t-t_0) \,, \\ g_{\mathrm{Ti}}(t) &= -\frac{1}{2}\left[s_{\mathrm{T}}(t-t_0)\sin(\theta)\right] * s_{\mathrm{T}}(-t) = -\sin(\theta)\varphi^{\mathrm{E}}_{ss\mathrm{T}}(t-t_0) \,. \end{aligned} \tag{9.8}$$

Somit liegt am Eingang des Abtasters das Signal

$$\begin{aligned} |g_{\mathrm{T}}(t)| &= +\sqrt{g^2_{\mathrm{Tr}}(t) + g^2_{\mathrm{Ti}}(t)} = +\sqrt{[\varphi^{\mathrm{E}}_{ss\mathrm{T}}(t-t_0)]^2[\cos^2(\theta)+\sin^2(\theta)]} \\ &= |\varphi^{\mathrm{E}}_{ss\mathrm{T}}(t-t_0)| \,. \end{aligned} \tag{9.9}$$

Es wird also die entsprechend (5.40) gebildete Einhüllende der Autokorrelationsfunktion abgetastet. Dieser Abtastwert weicht unter der Bedingung $t_0 \ll T$ nur wenig von $\varphi^{\mathrm{E}}_{ss\mathrm{T}}(0)$ ab. Bei diesem Empfängertyp ist es also ebenfalls nicht notwendig, die Oszillatoren phasenstarr auf das ankommende Signal zu synchronisieren, man spricht daher von einem *inkohärenten Empfänger.*

Anmerkung: Die obige Ableitung beschreibt jetzt auch quantitativ die Reaktion des kohärenten Empfängers nach Abb. 9.4 auf ein um t_0 verzögertes Eingangssignal. Nach (9.8) erscheint am Ausgang des Tiefpassfilters in Abb. 9.4 in diesem Fall ein Signal der Form $g_{\mathrm{Tr}}(t) = \cos(\theta)\varphi^{\mathrm{E}}_{ss\mathrm{T}}(t-t_0)$. Die Bedingung für kohärenten Empfang lautet also $|\theta| = |2\pi f_0 t_0| \ll \pi/2$.

Abschließend sei noch kurz eine besonders einfache Modifikation des Hüllkurvenempfängers vorgestellt. Das Prinzip ist in Abb. 9.6 dargestellt. Aus dem am Ausgang des Korrelationsfilters anstehenden Bandpasssignal wird zunächst der Betrag gebildet (technisch mit einem Zweiweggleichrichter), und die tieffrequenten Anteile dieses Betrages werden dann mit Hilfe eines Tiefpassfilters ausgesiebt (Aufgabe 10.3). Diese Bildung der Einhüllenden der Autokorrelationsfunktion des Bandpassträgersignals ist bei gestörten Signalen nicht exakt, für schmalbandige Signale aber genau genug. Auf eine genauere Analyse dieses Verfahrens wird hier verzichtet. Pauschal kann man davon ausgehen, dass das mit diesem Empfängertyp erreichbare Signal-/Rauschleistungsverhältnis um etwa 1–2 dB geringer im Vergleich mit dem echten Hüllkurvenempfänger ist (Sakrison, 1968; Panter, 1965).

Die Vorteile des in diesem Abschnitt beschriebenen inkohärenten Empfangs muss man aber auch im Fall des echten Hüllkurvenempfängers mit

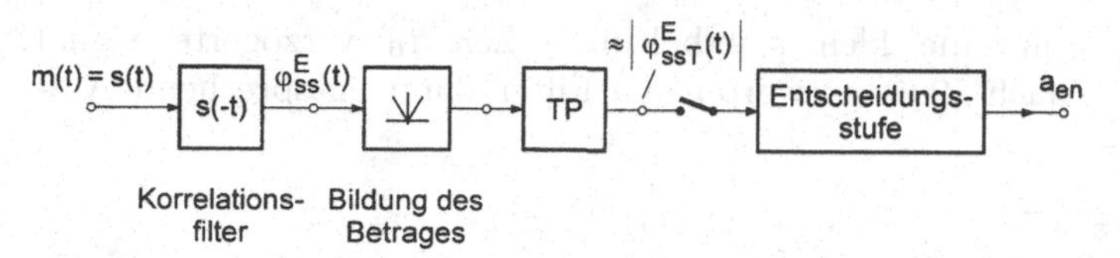

Abbildung 9.6. Vereinfachte Modifikation eines Hüllkurvenempfängers für Bandpasssignale

einer Verschlechterung des Signal-/Rauschleistungsverhältnisses erkaufen, da der Empfänger kein idealer Korrelationsfilter-Empfänger mehr ist. Als weiterer Nachteil ist auf Grund der Betragsbildung bei inkohärentem Empfang keine bipolare Übertragung mehr möglich. Die Berechnung der resultierenden Fehlerwahrscheinlichkeit wird im nächsten Abschnitt behandelt.

9.4 Fehlerwahrscheinlichkeit bei inkohärentem Empfang

Die Berechnung der Fehlerwahrscheinlichkeit des Hüllkurvenempfängers wird vereinfacht, wenn man nicht von der Schaltung nach Abb. 9.5, sondern von einer äquivalenten Form ausgeht, die in Abb. 9.7 dargestellt ist. Die Äquivalenz beider Schaltungen bzgl. der Bildung der Einhüllenden wurde allgemein in Aufgabe 5.19 bereits gezeigt[7]. Die beiden Bandpassfilter in Abb. 9.7 haben

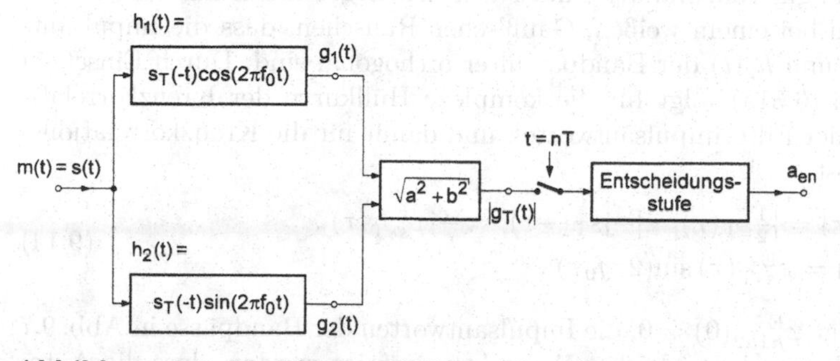

Abbildung 9.7. Modifizierter Hüllkurvenempfänger

die äquivalenten Tiefpassimpulsantworten

$$\begin{aligned} h_{1\mathrm{T}}(t) &= s_{\mathrm{T}}(-t) \\ h_{2\mathrm{T}}(t) &= -\mathrm{j}s_{\mathrm{T}}(-t)\,. \end{aligned} \tag{9.10}$$

[7] Man beachte, dass die hier verwendete vereinfachte Schaltung nur für symmetrische Bandpasssignale geeignet ist.

Auf das wieder um eine kleine, unbekannte Zeit t_0 verzögerte Signal $s_\mathrm{v}(t) = s(t - t_0)$ nach (9.6) antworten die Filter dann entsprechend Aufgabe 5.19 mit

$$\begin{aligned} g_1(t) &= \mathrm{Re}\{\tfrac{1}{2}([\mathrm{e}^{-\mathrm{j}\theta} s_\mathrm{T}(t-t_0)] * s_\mathrm{T}(-t))\mathrm{e}^{\mathrm{j}2\pi f_0 t}\} \\ &= \varphi^\mathrm{E}_{ss\mathrm{T}}(t-t_0)\cos(2\pi f_0 t - \theta)\,, \\ g_2(t) &= \mathrm{Re}\{\tfrac{1}{2}([\mathrm{e}^{-\mathrm{j}\theta} s_\mathrm{T}(t-t_0)] * [-\mathrm{j}s_\mathrm{T}(-t)])\mathrm{e}^{\mathrm{j}2\pi f_0 t}\} \\ &= \varphi^\mathrm{E}_{ss\mathrm{T}}(t-t_0)\sin(2\pi f_0 t - \theta)\,. \end{aligned} \tag{9.11}$$

Am Eingang des Abtasters liegt also wieder wie in (9.9) das Signal

$$|g_\mathrm{T}(t)| = \sqrt{g_1^2(t) + g_2^2(t)} = |\varphi^\mathrm{E}_{ss\mathrm{T}}(t-t_0)|\,. \tag{9.12}$$

Zur Berechnung der Fehlerwahrscheinlichkeit wird nun dem Eingangssignal $s(t-t_0)$ weißes Gauß'sches Rauschen der Leistungsdichte N_0 hinzuaddiert. Dann sind den Nutzsignalen $g_1(t)$ und $g_2(t)$ an den Filterausgängen nach den Ergebnissen von Abschn. 7.4.4 farbige, Gauß'sche Rauschsignale $n_\mathrm{e1}(t)$ und $n_\mathrm{e2}(t)$ überlagert. Im Abtastzeitpunkt $t = 0$ ergeben sich mit (9.11) also an den Filterausgängen die Zufallsgrößen

$$\begin{aligned} y_1(0) &= \varphi^\mathrm{E}_{ss\mathrm{T}}(-t_0)\cos(\theta) + n_\mathrm{e1}(0)\,, \\ y_2(0) &= -\varphi^\mathrm{E}_{ss\mathrm{T}}(-t_0)\sin(\theta) + n_\mathrm{e2}(0)\,. \end{aligned} \tag{9.13}$$

Man kann nun weiter zeigen, dass die Zufallsgrößen $n_\mathrm{e1}(0)$ und $n_\mathrm{e2}(0)$ statistisch unabhängig voneinander sind: Nach den Ergebnissen aus Abschn. 8.7 genügt hierzu bei einem weißen, Gauß'schen Rauschen, dass die Impulsantworten $h_1(t)$ und $h_2(t)$ der Bandpassfilter orthogonal sind. Durch Einsetzen von (9.10) in (6.31a) folgt für die komplexe Hüllkurve der Kreuzkorrelationsfunktion der Filterimpulsantworten und damit für die Kreuzkorrelationsfunktion selbst

$$\begin{aligned} \varphi^\mathrm{E}_{h1h2\mathrm{T}}(\tau) &= [\tfrac{1}{2}s_\mathrm{T}(\tau)] * [-\mathrm{j}s_\mathrm{T}(-\tau)] = -\mathrm{j}\varphi^\mathrm{E}_{ss\mathrm{T}}(\tau)\,, \\ \varphi^\mathrm{E}_{h1h2}(\tau) &= \varphi^\mathrm{E}_{ss\mathrm{T}}(\tau)\sin(2\pi f_0 \tau)\,. \end{aligned} \tag{9.14}$$

Für $\tau = 0$ folgt $\varphi^\mathrm{E}_{h1h2}(0) = 0$, die Impulsantworten der Bandpässe in Abb. 9.7 sind also orthogonal. In gleicher Weise kann gezeigt werden, dass die Autokorrelationsfunktionen der Filterimpulsantworten lauten (Aufgabe 9.6)

$$\varphi^\mathrm{E}_{h1h1}(\tau) = \varphi^\mathrm{E}_{h2h2}(\tau) = \varphi^\mathrm{E}_{ss\mathrm{T}}(\tau)\cos(2\pi f_0 \tau)\,. \tag{9.15}$$

Mit (7.38) hat das farbige Rauschsignal dann an beiden Filterausgängen die gleiche Leistung

$$N = N_0 \varphi^\mathrm{E}_{h1h1}(0) = N_0 \varphi^\mathrm{E}_{ss\mathrm{T}}(0)\,. \tag{9.16}$$

In einem weiteren Schritt muss jetzt die Verteilungsdichtefunktion der Zufallsgröße $y(0)$ am Eingang der Entscheidungsstufe bestimmt werden. Die

Augenblicksleistung S_a der ungestörten Abtastwerte am Eingang der Entscheidungsstufe hat mit (9.12) den Wert

$$S_\mathrm{a} = g_\mathrm{T}^2(0) = [\varphi_{ss\mathrm{T}}^\mathrm{E}(-t_0)]^2 \,. \tag{9.17}$$

Damit lässt sich die Zufallsgröße am Eingang der Entscheidungsstufe mit (9.13) schreiben als

$$\begin{aligned} y(0) &= \sqrt{y_1^2(0) + y_2^2(0)} \\ &= \sqrt{[\sqrt{S_\mathrm{a}}\cos(\theta) + n_\mathrm{e1}(0)]^2 + [-\sqrt{S_\mathrm{a}}\sin(\theta) + n_\mathrm{e2}(0)]^2} \,. \end{aligned} \tag{9.18}$$

Im Anhang 9.9.1 wird gezeigt, dass der so gebildete Betrag zweier statistisch unabhängiger, Gauß-verteilter Zufallsgrößen mit denselben Streuungen N und den Mittelwerten $\sqrt{S_\mathrm{a}}\cos(\theta)$ und $\sqrt{S_\mathrm{a}}\sin(\theta)$ unabhängig von θ ist und seine Verteilungsdichtefunktion die Form der *Rice-Verteilungsdichtefunktion*[8] hat. Diese Verteilungsdichtefunktion lautet

$$p_y(x) = \varepsilon(x)\frac{x}{N} I_0(\sqrt{S_\mathrm{a}}x/N)\exp[-(x^2 + S_\mathrm{a})/(2N)] \,, \tag{9.19}$$

wobei $I_0(x)$ die modifizierte Besselfunktion erster Art nullter Ordnung ist.

Die Rice-Verteilungsdichtefunktionen sind in Abb. 9.8 dargestellt. Parametriert ist mit der Quadratwurzel aus dem Verhältnis der Augenblicksleistung S_a des ungestörten Nutzsignals am Eingang der Entscheidungsstufe zur Störleistung N an den Filterausgängen. Für dieses als Hilfsgröße benutzte Verhältnis ergibt sich mit (9.16, 9.17) und dem Ausdruck (6.32) für die Energie E_s des Bandpass-Trägersignals $s(t)$

$$\frac{S_\mathrm{a}}{N} = \frac{[\varphi_{ss\mathrm{T}}^\mathrm{E}(-t_0)]^2}{N_0\varphi_{ss\mathrm{T}}^\mathrm{E}(0)} \approx \frac{\varphi_{ss\mathrm{T}}^\mathrm{E}(0)}{N_0} = \frac{E_s}{N_0} \tag{9.20}$$

Für die angenommenen kleinen Zeitverschiebungen $t_0 \ll T$ entspricht dieses Verhältnis also annähernd dem E_s/N_0-Verhältnis und ermöglicht so einen einfachen Vergleich der im Folgenden betrachteten Fehlerwahrscheinlichkeit des nichtkohärenten Hüllkurvenempfangs mit dem optimalen Korrelationsfilter-Empfang. Aus der Rice-Verteilungsdichtefunktion lässt sich nun wie gewohnt die Fehlerwahrscheinlichkeit beispielsweise für das unipolare Übertragungsverfahren mit Hüllkurvenempfang berechnen. Die beiden Verteilungsdichtefunktionen für die Fälle „$s(t)$ nicht gesendet“ (entsprechend $S_\mathrm{a} = 0$) bzw. „$s(t)$ gesendet“ zeigt Abb. 9.9. Bei gleicher Wahrscheinlichkeit dieser beiden Fälle ergibt sich die gesamte Fehlerwahrscheinlichkeit entsprechend (7.105) als halbe Summe der beidseitig der Entscheidungsschwelle C liegenden schraffierten Flächen P_e1 und P_e0. Das zur Berechnung dieser Flächen und der optimalen Schwellenlage erforderliche Integral über die Verteilungsdichtefunktion liegt auch hier nur tabelliert vor[9]. Für große E_s/N_0-Verhältnisse gilt die

[8] Stephen O. Rice (1907–1986), amerik. Mathematiker und Elektrotechniker (Anhang zum Literaturverzeichnis).

[9] Unter der Bezeichnung „Marcum'sche Q-Funktionen“ (Whalen, 1971).

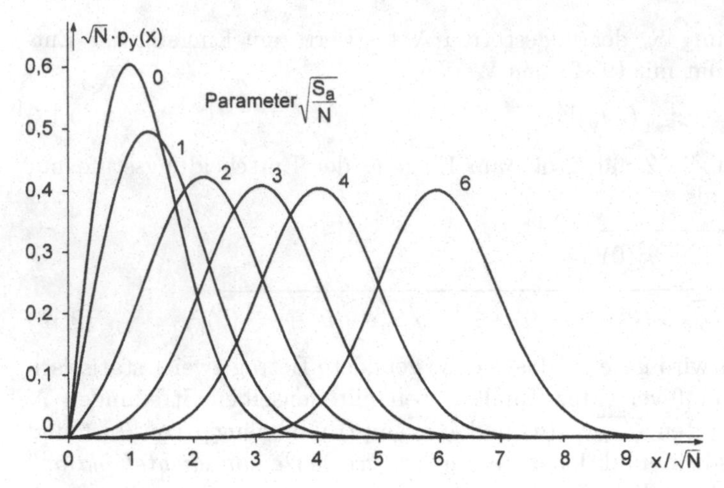

Abbildung 9.8. Rice-Verteilungsdichtefunktionen (im Sonderfall $S_\mathrm{a}/N = 0$ ergibt sich die Rayleigh-Verteilungsdichtefunktion)

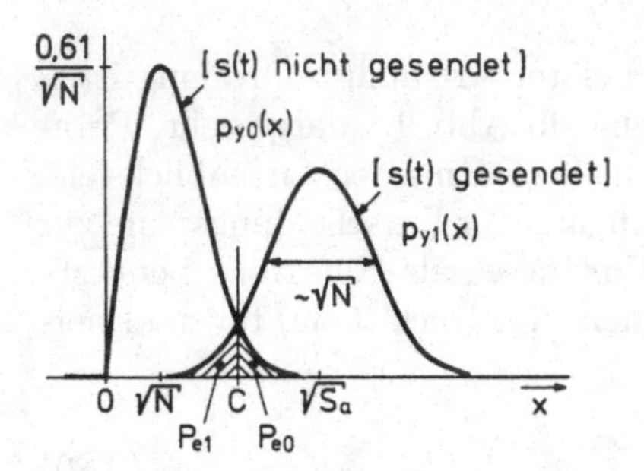

Abbildung 9.9. Verteilungsdichtefunktionen $p_{y0}(x)$ und $p_{y1}(x)$ bei unipolarer Übertragung und Hüllkurvenempfang

Näherung (Stein und Jones, 1967)

$$P_\mathrm{e} \approx \frac{1}{2}\mathrm{e}^{-E_s/(8N_0)} \,. \tag{9.21}$$

Im Vergleich mit dem optimalen Korrelationsfilter-Empfang wird im Bereich hoher E_s/N_0-Verhältnisse mit dem Hüllkurvenempfänger für dieselbe Fehlerwahrscheinlichkeit P_e eine um etwa 1 dB höhere Energie des Nutzsignals benötigt. Ähnlich verhalten sich auch die inkohärenten Empfangsverfahren bei der Übertragung mit zwei orthogonalen Trägersignalen und die einem inkohärenten Empfang bei bipolarer Übertragung entsprechende Phasendifferenztastung.

Das Fehlerverhalten des inkohärenten Empfängers für zwei orthogonale, jeweils wechselweise unipolar gesendete Trägersignale wird in Übungen 14.5, für M orthogonale Signale in Übungen 14.10 berechnet. Zur Fehlerberechnung bei der in Abschn. 9.1 kurz vorgestellten Phasendifferenztastung (DPSK) s. z. B. Stein und Jones, 1967.

9.5 Bandpassrauschen und Rayleigh-Verteilung

Die Ergebnisse des vorhergehenden Abschnitts lassen sich in einfacher Weise zu einer eingehenderen Beschreibung eines Bandpassrauschprozesses benutzen. Ein stationärer, weißer Zufallsprozess der Leistungsdichte N_0 wird über einen idealen Bandpass der Übertragungsfunktion (5.26)

$$H(f) = \mathrm{rect}\left(\frac{f - f_0}{f_\Delta}\right) + \mathrm{rect}\left(\frac{f + f_0}{f_\Delta}\right)$$

übertragen. Der erzeugte bandbegrenzte Zufallsprozess $n(t)$ hat nach der Wiener-Lee-Beziehung (7.32) ein Leistungsdichtespektrum der Form

$$\phi_{nn}(f) = N_0|H(f)|^2 = N_0\left[\mathrm{rect}\left(\frac{f + f_0}{f_\Delta}\right) + \mathrm{rect}\left(\frac{f - f_0}{f_\Delta}\right)\right]. \tag{9.22}$$

Durch inverse Fourier-Transformation ergibt sich nach dem Wiener-Khintchine-Theorem (7.31) als Autokorrelationsfunktion

$$\varphi_{nn}(\tau) = 2N_0 f_\Delta \,\mathrm{si}(\pi f_\Delta \tau)\cos(2\pi f_0 \tau)\,. \tag{9.23}$$

Damit hat der bandbegrenzte Prozess die Leistung und auch die Streuung

$$\sigma^2 = \varphi_{nn}(0) = 2N_0 f_\Delta\,. \tag{9.24}$$

Als nächstes wird der Bandpassprozess in seine Quadraturkomponenten zerlegt. Entsprechend (5.39) lässt sich für die einzelnen Musterfunktionen schreiben

$$n(t) = n_{\mathrm{Tr}}(t)\cos(2\pi f_0 t) - n_{\mathrm{Ti}}(t)\sin(2\pi f_0 t)\,. \tag{9.25}$$

Diese Zerlegung werde nach dem Verfahren in Abschn. 9.4 mit Hilfe zweier idealer Bandpassfilter vorgenommen, deren äquivalente Tiefpassimpulsantworten gemäß (5.31) und (9.10) zu

$$h_{1\mathrm{T}}(t) = 2f_\Delta \,\mathrm{si}(\pi f_\Delta t) \quad \text{und}$$
$$h_{2\mathrm{T}}(t) = -\mathrm{j}2f_\Delta \,\mathrm{si}(\pi f_\Delta t)$$

gewählt werden. Stellt man nun die gleichen Überlegungen wie in Abschn. 9.4 an, so folgt mit den Ergebnissen von Aufgabe 5.19, dass die zum Zeitpunkt $t = 0$ den Filterausgängen entnommenen Abtastwerte Realisationen der Zufallsgrößen $n_{\mathrm{Tr}}(0)$ und $n_{\mathrm{Ti}}(0)$ sind. Es folgt weiter, dass diese Zufallsgrößen unkorreliert sind und dass sie die gleiche Leistung

$$N_Q = N_0\varphi^{\mathrm{E}}_{h1h1}(0) = N_0\varphi^{\mathrm{E}}_{h2h2}(0) = 2N_0 f_\Delta \tag{9.26}$$

haben. Diese Leistungen sind nach (9.24) gleich der Leistung des bandbegrenzten Prozesses. Da ein stationärer Prozess bei Übertragung über ein LTI-System stationär bleibt, gelten diese Überlegungen auch für zu beliebigen anderen Abtastzeiten den Ausgangsprozessen entnommene Zufallsgrößen.

Weitere Aussagen über den Bandpassprozess sind möglich, wenn am Eingang ein Gauß-Prozess liegt. Dann erscheint auch am Ausgang ein Gauß-Prozess, weil der Bandpass ein LTI-System ist. In gleicher Weise sind auch die beiden Quadraturkomponenten $n_{\mathrm{Tr}}(t)$ und $n_{\mathrm{Ti}}(t)$ Gauß-verteilt, wie ihre Ableitung mit Hilfe von LTI-Systemen zeigt. Da weiter die Zufallsgrößen $n_{\mathrm{Tr}}(t_1)$ und $n_{\mathrm{Ti}}(t_1)$ zusätzlich noch unkorreliert sind, so sind sie nach (7.96) auch statistisch unabhängig. Schließlich folgt aus den Ergebnissen von Abschn. 9.4 die Verteilungsdichtefunktion der Einhüllenden des Bandpassprozesses, wenn in der Rice-Verteilungsdichtefunktion nach (9.19) als Sonderfall die Augenblicksleistung S_{a} des Nutzsignals gleich Null gesetzt wird:

Mit dem Wert der modifizierten Bessel-Funktion erster Art $I_0(0) = 1$ wird aus (9.19) mit $N = \sigma^2$ als Streuung des Bandpassprozesses

$$p_y(x) = \varepsilon(x)\frac{x}{\sigma^2}\mathrm{e}^{-x^2/(2\sigma^2)}\ . \tag{9.27}$$

Diese sogenannte *Rayleigh-Verteilungsdichtefunktion*[10] ist in Abb. 9.8 mit der linken Kurve in der Schar der Rice-Funktionen identisch (s. Aufgabe 9.7).

Zur Veranschaulichung dieser Ergebnisse sind in Abb. 9.10 eine Musterfunktion eines bandpassbegrenzten ergodischen Rauschprozesses $n(t)$ zusammen mit der Gauß-Verteilungsdichtefunktion des Prozesses und der Rayleigh-Verteilungsdichtefunktion seiner Einhüllenden $y(t)$ dargestellt.

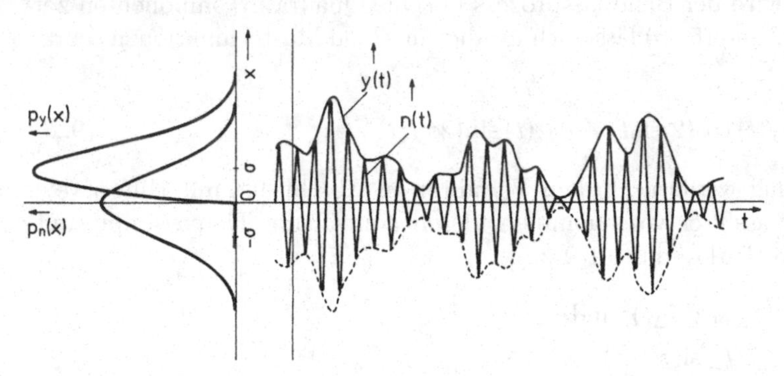

Abbildung 9.10. Bandpassbegrenztes, Gauß-verteiltes Zufallssignal mit Verteilungsdichtefunktionen des Signals und seiner Einhüllenden

[10] John William Strutt (Lord Rayleigh), engl. Physiker (1842–1919).

9.6 Phasenumtastung und Quadraturmodulation

Für das bereits in Abschn. 9.1 kurz erläuterte Phasenumtastungs-Prinzip – dort zunächst nur mit zwei um π gegeneinander verschobenen Phasenlagen betrachtet, daher auch als bipolare PSK (BPSK) bezeichnet – ist nur der kohärente Empfänger anwendbar. Bei Verwendung eines Hüllkurvenempfängers würde auf Grund der Betragsbildung die Phaseninformation des Trägersignals eliminiert, so dass eine Unterscheidung am Eingang des Entscheiders nicht mehr möglich ist. PSK-Verfahren benötigen daher unbedingt eine Synchronisation des Empfängers auf die Phasenlage des Trägers. Sofern diese möglich ist (Abschn. 9.7), kann ein Korrelationsfilter-Empfang entweder direkt am Bandpasssignal oder am äquivalenten Tiefpasssignal erfolgen, beispielsweise unter Verwendung des vereinfachten Systems in Abb. 9.4. Die dabei entstehenden Bitfehlerraten sind identisch mit dem Fall einer bipolaren Übertragung mit Tiefpass-Trägersignalen, z.B. (8.11) für den Fall der BPSK. Man beachte allerdings, dass dies nur dann exakt gilt, wenn der kohärente Empfang sowohl in Bezug auf die Synchronisation des Trägers, als auch in Hinblick auf die Synchronisation des Abtastzeitpunktes (Maximum der Korrelationsfunktion) optimal ist, so dass bei PSK-Verfahren ein zusätzlicher Faktor der Unsicherheit durch schlechte Synchronisation entstehen kann.

Der in Abb. 9.4 gezeigte Korrelationsfilter-Empfänger verwendet ein symmetrisches Bandpass-Signal mit cos-Träger. Er soll nun durch einen Empfängerzweig ergänzt werden, der ein weiteres, im selben Takt auf einem sin-Träger derselben Trägerfrequenz f_0 gesendetes bit empfängt (s. Abb. 9.11), wobei wieder $f_0 = p/T$ (ganzzahliges Verhältnis) gelte und dasselbe reellwertige Tiefpass-Hüllkurvensignal verwendet werden soll. Das Prin-

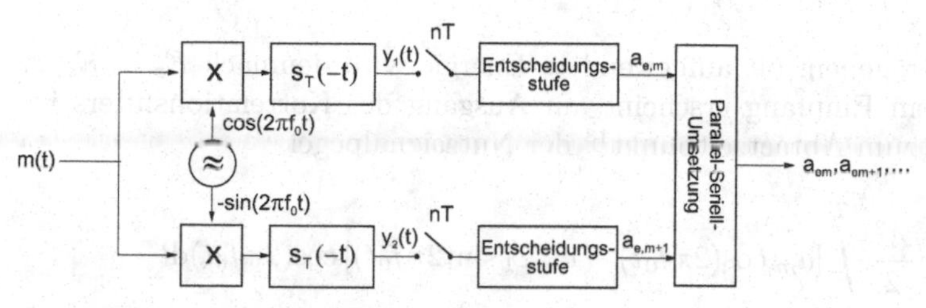

Abbildung 9.11. Kohärenter QPSK-Empfänger

zip wird als *quaternäre Phasenumtastung*[11] (QPSK) bezeichnet. Innerhalb des Sendetaktes, der bei $t = nT$ beginnt, werden nun gleichzeitig $K = 2$ Bits, $a_m = a_{2n}$ und $a_{m+1} = a_{2n+1}$, übertragen. Unter Annahme bipolarer Binärsymbole $a_m, a_{m+1} \in \{-1, 1\}$ ergibt sich für den speziellen Fall eines

[11] Auch *Quadratur-Phasentastung*.

rechteckförmigen $s_T(t)$[12] eines von $M = 2^K = 4$ möglichen Trägersignalen

$$s_i(t) = \underbrace{\frac{A}{\sqrt{2}} \operatorname{rect}\left(\frac{t}{T} - \frac{1}{2}\right)}_{s_T(t)} [a_m \cos(2\pi f_0 t) - a_{m+1} \sin(2\pi f_0 t)]. \qquad (9.28)$$

Der jeweils gewählte Index $i(n)$ ist von der Bitkonstellation im Takt n abhängig, so dass sich insgesamt ein Sendesignal

$$m(t) = \sum_{n=-\infty}^{+\infty} s_{i(n)}(t - nT) \qquad (9.29)$$

ergibt. Da unter der genannten Voraussetzung eines ganzzahligen Produktes $f_0 T$ die beiden cos- und sin-modulierten Trägersignale orthogonal sind, können Korrelationsfilter-Empfang und Entscheidung in den beiden Zweigen vollkommen unabhängig voneinander erfolgen. Dies wird im Folgenden für den Fall des rechteckförmigen Tiefpassträgers noch einmal explizit gezeigt, gilt aber prinzipiell für beliebige reellwertige $s_T(t)$ (s. hierzu auch Abschn. 8.6).

Mit $\cos x \mp \sin x = \sqrt{2} \cos(x \pm \pi/4)$ ergeben sich die $s_i(t)$ als kosinusförmige Trägersignale mit 4 möglichen Phasenverschiebungen um Vielfache von $\pi/2$. Das Nutzsignal am Empfängereingang besitzt dann die für alle i identische Energie

$$E_s = \int_0^T \underbrace{[A \cos(2\pi f_0 t + \pi/4 + i\pi/2)]}_{s_i(t)}{}^2 \mathrm{d}t = \frac{A^2 T}{2} \qquad (0 \leq i \leq 3). \qquad (9.30)$$

Die pro übertragenem bit aufgewendete Energie wird demnach $E_b = E_s/2$. Bei kohärentem Empfang erscheint am Ausgang des Korrelationsfilters im oberen Zweig zum Abtastzeitpunkt[13] der Nutzsignalpegel

$$\begin{aligned} g_1(nT) &= \frac{A^2}{2} \int_0^T [a_m \cos(2\pi f_0 t) - a_{m+1} \sin(2\pi f_0 t)] \cos(2\pi f_0 t) \mathrm{d}t \\ &= a_m \frac{A^2 T}{4} = a_m \frac{E_s}{2} = a_m E_b. \end{aligned} \qquad (9.31)$$

Im unteren Zweig ergibt sich

[12] Im Folgenden wieder mit der kausalen Definition des Empfangsfilters $h(t) = s(T - t)$.

[13] unter der Annahme, dass die Impulsantworten der Filter $s_T(T - t)$ exakt denselben Amplitudenfaktor $A = \sqrt{2E_s/T}$ wie das empfangene Nutzsignal besitzen.

$$g_2(nT) = \frac{A^2}{2} \int\limits_0^T [a_m \cos(2\pi f_0 t) - a_{m+1} \sin(2\pi f_0 t)] \, [-\sin(2\pi f_0 t)] \, \mathrm{d}t$$

$$= a_{m+1} \frac{A^2 T}{4} = a_{m+1} \frac{E_s}{2} = a_{m+1} E_b. \tag{9.32}$$

Die Ausgangswerte in den beiden Zweigen sind also auf Grund der Orthogonalität der cos- und sin-Trägerkomponenten vollkommen unabhängig voneinander. Die Abstände zwischen den möglichen Nutzsignalpegeln ergeben sich in beiden Zweigen als $2E_b$, so dass ein Vergleich mit (8.11) für die bipolare Übertragung auf die Bitfehlerwahrscheinlicheit

$$P_\mathrm{b} = \frac{1}{2} \operatorname{erfc}\left(\sqrt{\frac{E_b}{2N_0}} \right) \tag{9.33}$$

führt. Bezogen auf die Energie pro bit ergibt sich also exakt dieselbe Bitfehlerwahrscheinlichkeit wie bei einer bipolaren Übertragung (BPSK).

Anmerkung: Man beachte allerdings, dass bei BPSK ein um f_0 symmetrisches Bandpass-Nutzsignal entsteht. Auf Grund der Anwesenheit von Sinus- *und* Kosinuskomponenten in jedem der möglichen QPSK-Träger $s_i(t)$ ist das zugehörige äquivalente Tiefpasssignal $s_{i_\mathrm{T}}(t)$ komplex, und das QPSK-Nutzsignal ist kein symmetrisches Bandpasssignal. Das BPSK-Signal könnte im Prinzip durch Übertragung nur eines Seitenbandes mit der Hälfte der Frequenzbandbreite übertragen werden, die für QPSK notwendig ist. Auf der anderen Seite erfordern Einseitenbandempfänger entweder zusätzliche Filter oder ebenfalls eine komplexe Signalverarbeitung. Daher stellt das QPSK-Prinzip, bei dem die auf Grund der Symmetrie redundanten Frequenzen für die Überlagerung eines weiteren Signals genutzt werden, eine sehr elegante und ökonomische Lösung dar. Für das beschriebene QPSK-Verfahren treten allerdings ebenso wie für BPSK bei Phasenänderungen der Größe π starke Schwankungen der Einhüllenden des modulierten Signals $m(t)$ auf, die insbesondere zu unerwünschten Frequenzanteilen weit ab von f_0 führen können. Durch Verzögern des Trägersignals um $T/2$ in *einem* der beiden Unterkanäle läßt sich dieser Effekt bei QPSK deutlich vermindern, da die Phase sich dann nur noch um maximal $\pi/2$ ändert. Diese Variante wird Offset-QPSK (O-QPSK) genannt.

Verwendet man die zusammenfassende Beschreibung von $s_i(t)$ aus (9.30), so lassen sich die Konstellationen des Trägersignals auch allgemein definieren als

$$s_i(t) = \mathrm{Re}\{s_{i_\mathrm{T}}(t) \mathrm{e}^{\mathrm{j}2\pi f_0 t}\}, \quad i = 0, 1, \ldots, M-1 \,, \tag{9.34}$$

hier mit $M = 4$ und äquidistanten Phasenlagen von jeweils $\pi/2$ zwischen den Quadraturkomponenten der komplexen Tiefpass-Trägersignale:

$$s_{i_\mathrm{T}}(t) = s_\mathrm{T}(t)\mathrm{e}^{\mathrm{j}\theta_i} = A\,\mathrm{rect}\left(\frac{t}{T} - \frac{1}{2}\right)\mathrm{e}^{\mathrm{j}\pi\frac{i+1/2}{2}}, \quad i = 0, \ldots, M-1\,. \tag{9.35}$$

Die möglichen Phasenkonstellationen lassen sich nun wie in Abb. 9.12 anschaulich innerhalb eines *Signalraums* darstellen (vgl. hierzu Übung 14.2). Bezüglich der komplexwertigen $s_{i_\mathrm{T}}(t)$ ist dieser Signalraum die von den beiden Quadraturkomponenten aufgespannte komplexe Ebene, bezogen auf das reellwertige Bandpasssignal $s_i(t)$ bilden die Funktionen „$\cos(2\pi f_0 t)$" und „$-\sin(2\pi f_0 t)$" die orthogonalen Signalraumachsen. Die möglichen Nutzsignale mit ihren Amplituden- und Phasenwerten können dann als die Polarkoordinaten von Vektoren im Signalraum interpretiert werden, anschaulich erfolgt nur die Darstellung ihrer Endpunkte (im Folgenden als „Nutzsignalpunkte" bezeichnet). Bei einer Verteilung der Phasenlagen wie in (9.35) ergeben sich äquidistante Abstände zwischen den einzelnen Nutzsignalpunkten, die Phasenwinkel θ_i geben direkt ihre Winkellagen in der komplexen Ebene an. Hierbei ist es im Grunde irrelevant, ob die Betrachtung in Bezug auf die Bandpasssignale oder für die äquivalenten Tiefpasssignale durchgeführt wird. Die Abstände der Nutzsignalpunkte untereinander bzw. vom Ursprung werden im Folgenden auf die Augenblicksleistung $\sqrt{S_\mathrm{a}}$ am Entscheidereingang bei Empfang eines der Nutzsignale (bei QPSK sind deren Amplituden alle gleich) bezogen. $\sqrt{S_\mathrm{a}}$ entspricht also hier der Länge jedes der Nutzsignalvektoren im Signalraum. Unter der Annahme, dass in den

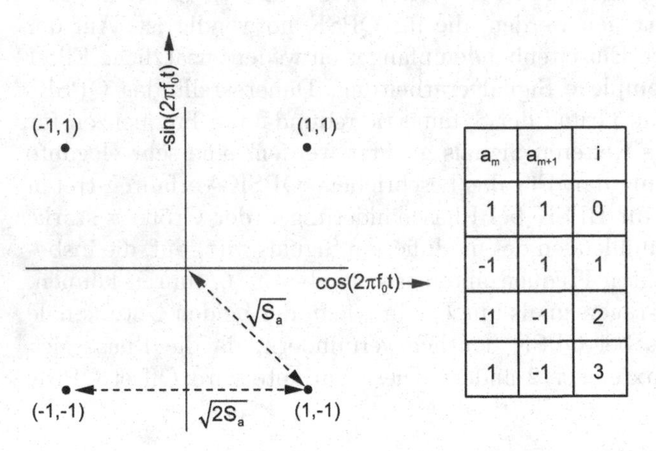

a_m	a_{m+1}	i
1	1	0
-1	1	1
-1	-1	2
1	-1	3

Abbildung 9.12. Darstellung der QPSK-Nutzsignalpunkte für (a_m, a_{m+1}) im Signalraum, sowie Zuordnungstabelle $(a_m, a_{m+1}) \rightarrow i$

beiden Quadraturkomponenten Gauß-verteilte und auf Grund der Orthogonalität unkorrelierte Rauschstörungen wirken, ergeben sich die Streuungen um die zulässigen Nutzsignalpunkte im Signalraum als rotationssymmetrische Gauß-„Glockenhüllen" (Abb. 9.13, vgl. auch Abschn. 7.7.2). Wenn alle

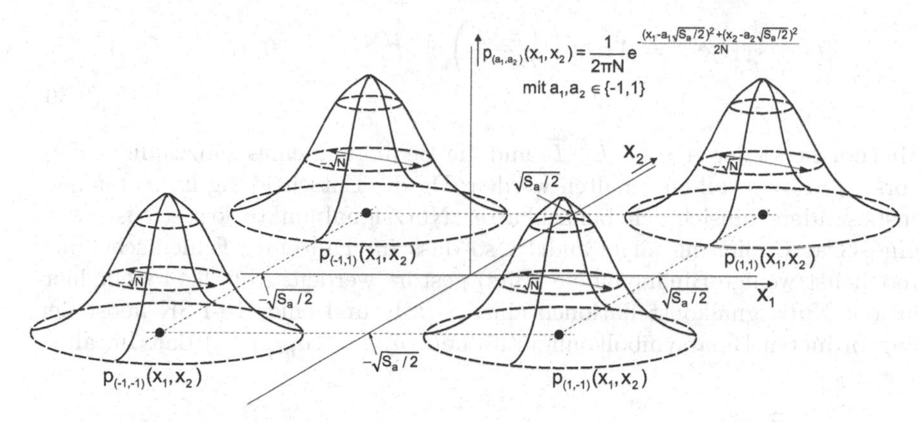

Abbildung 9.13. Darstellung der Verteilungsdichte am Entscheidereingang für den Fall gestörten Empfangs bei QPSK

Bitkonstellationen gleich häufig sind, besitzen diese in der Gesamtverteilung identische Höhen. Die optimalen Entscheidungsgrenzen sind dann die Schnitte jeweils zweier benachbarter Hüllen. Im Fall rotationssymmetrischer Gauß-Hüllen mit gleichen Eigenschaften bilden die Schnittgrenzen im Signalraum Geraden, welche senkrecht und mittig auf den Verbindungsgeraden zwischen jeweils benachbarten Nutzsignalpunkten stehen; im Fall der QPSK sind dies genau die Koordinatenachsen. Das gesendete Symbol würde also gerade dann noch fehlerfrei erkannt, wenn der empfangene Signalwert noch im gleichen Quadranten liegt wie der ungestörte Nutzsignalpunkt des gesendeten Symbols. Dies entpricht auch exakt der Entscheidungsgrenze $C = 0$, wie sie typischerweise in beiden Zweigen der aus der Bipolarübertragung abgeleiteten Empfängerstruktur in Abb. 9.11 verwendet wird.

Das PSK-Prinzip kann nun auch auf mehr als 4 Phasenlagen erweitert werden, um die Anzahl der pro Zeiteinheit übertragenen Bits weiter zu erhöhen. Sofern M unterschiedliche Phasenlagen des Trägersignals zugelassen werden, kann die Übertragungsrate einer Binärübertragung über einen Bandpasskanal gegebener Bandbreite um den Faktor K=lb(M) gegenüber BPSK-Übertragung erhöht werden. Dieser verallgemeinerte Fall wird als M-wertige oder kurz M-PSK bezeichnet. Gesendet wird in jeder Taktperiode ein moduliertes Bandpass-Trägersignal, welches Information über die Binärsymbole $(a_m, \ldots, a_{m+K-1})$ gemäß (9.34) in einem von $M = 2^K$ möglichen Nutzsignalen zusammenführt, wobei nun lediglich das äquivalente Tiefpassignal neu wie folgt definiert werden muss[14]:

[14] Die Offsetverschiebung der Phase (beim oben eingeführten QPSK-Verfahren zusätzlich um $\pi/4$) wird hier weggelassen.

$$s_{i_{\mathrm{T}}}(t) = s_{\mathrm{T}}(t)\mathrm{e}^{\mathrm{j}\theta_i} = A\,\mathrm{rect}\left(\frac{t}{T} - \frac{1}{2}\right)\mathrm{e}^{\mathrm{j}2\pi i/M}, \quad i = 0, 1, \ldots, M-1\,. \tag{9.36}$$

Hierbei ist wieder $A = \sqrt{2E_s/T}$, und die Bedingung eines ganzzahligen Faktors $f_0 \cdot T = p$ soll eingehalten werden. Da die Entscheidung im Empfänger insbesondere hinsichtlich benachbarter Nutzsignalpunkte kritisch ist, wird eine Gray-Codierung angewandt[15], so dass im Fall einer Fehlentscheidung möglichst wenige Binärsymbole (Bits) gestört werden. Abb. 9.14 stellt hierzu die Nutzsignalkonstellationen einer 8-PSK und einer 16-PSK nebst den zugeordneten Binärsymbolkonfigurationen $(a_m, \ldots, a_{m+K-1})$ dar. Im allge-

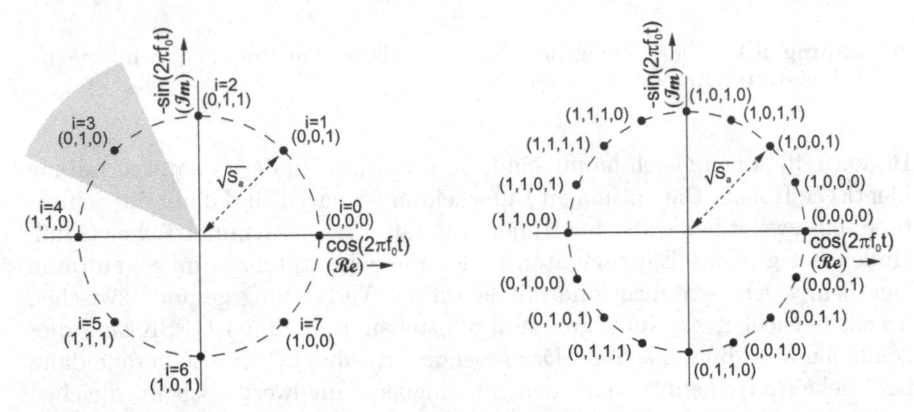

Abbildung 9.14. Konstellation einer 8-PSK und einer 16-PSK mit Gray-Codierung der Binärsymbole $(a_m, \ldots, a_{m+K-1})$

meinen Fall der M-PSK ist eine separate Entscheidung über die einzelnen mit einem Symbol gemeinsam übertragenen Bits nicht mehr möglich. Es wäre allerdings sehr aufwändig, M Korrelationsfilter-Empfänger für alle $s_i(t)$ parallel laufen zu lassen, um dann eine Entscheidung für das Symbol mit der maximalen Ausgangsamplitude zu treffen. Alternativ können so genannte *Entscheidungsbereiche* im Signalraum festgelegt werden (vgl. hierzu Zusatzübung 14.2f,g). Unter der realistischen Voraussetzung, dass die Verteilungsdichte um alle Nutzsignalpunkte mit identischen, rotationssymetrischen Gauß-förmigen Hüllen streut, ergeben sich deren Grenzen wieder jeweils als die Mittelsenkrechten auf den Verbindungslinien der jeweils benachbarten Nutzsignalpunkte. Zur Illustration ist der nach außen offene Entscheidungsbereich für das Symbol $i = 3$ im Signalraumdiagramm der 8-PSK in Abb. 9.14 eingezeichnet. Es genügt daher, wie in Abb. 9.11 zwei Korrelationsfilter für die beiden Quadraturkomponenten zu betreiben, aus deren Ausgangsamplituden zum Abtastzeitpunkt mittels einer arctan-Funktion die Winkellage zu

[15] Die Gray-Codierung ist auch bei der oben beschriebenen QPSK implizit enthalten.

bestimmen, und so die Zuordnung zum nächstgelegenen Nutzsignalpunkt zu ermitteln.

Bei Anwendung einer Gray-Codierung wie in Abb. 9.14 wird im Falle einer Fehlinterpretation zwischen den benachbarten Nutzsignalpunkten systematisch nur genau ein Bit gestört sein. Sofern das E_s/N_0-Verhältnis nicht zu klein ist, wird damit die Wahrscheinlichkeit sehr groß, dass bei Auftreten eines Symbolfehlers nur ein einzelnes bit falsch ist. Der Minimalabstand benachbarter Vektoren, welcher als *minimale Euklid'sche Distanz* d_{min} bezeichnet wird, ergibt sich für die M-PSK mit im Winkelabstand $\alpha = 2\pi/M$ äquidistant verteilten Nutzsignalpunkten als

$$d_{\mathrm{min}} = \sqrt{(2 - 2\cos\alpha)S_{\mathrm{a}}}\,. \tag{9.37}$$

Durch Normierung auf das Argument $\sqrt{\frac{E_s}{8N_0}}$ der komplementären Fehlerfunktion bei unipolarer Übertragung (diese wird gewählt, weil dort $d_{\mathrm{min}} = \sqrt{S_{\mathrm{a}}}$) erhält man dann mit N_{d} = „Anzahl der Nachbarn im Abstand d_{min}“, welche die Anzahl der Schnittbereiche bestimmt, eine Symbolfehlerwahrscheinlichkeit[16]

$$P_{\mathrm{e}} \approx \frac{N_{\mathrm{d}}}{2}\,\mathrm{erfc}\left(\sqrt{\frac{(d_{\mathrm{min}})^2}{S_a}\frac{E_s}{8N_0}}\right)\,. \tag{9.38}$$

Unter den o.g. Voraussetzungen einer hauptsächlichen Verfälschung zu benachbarten Nutzsignalpunkten und Gray-Codierung wird die Bitfehlerwahrscheinlichkeit um den Faktor $K = \mathrm{lb}(M)$ kleiner als die Symbolfehlerwahrscheinlichkeit. Damit kann für ein Übertragungsverfahren die Bitfehlerwahrscheinlichkeit in Abhängigkeit von der Energie pro übertragenem bit $E_b = E_s/K$ annähernd wie folgt bestimmt werden:

$$P_{\mathrm{b}} \approx \frac{N_{\mathrm{d}}}{2K}\,\mathrm{erfc}\left(\sqrt{\frac{(d_{\mathrm{min}})^2}{S_a}\frac{K\cdot E_b}{8N_0}}\right)\,, \tag{9.39}$$

bzw. speziell für M-PSK mit $N_{\mathrm{d}} = 2$ und $\alpha = 2\pi/M$ in (9.37)

$$P_{\mathrm{b}} \approx \frac{1}{\mathrm{lb}(M)}\,\mathrm{erfc}\left(\sqrt{\frac{[1-\cos(2\pi/M)]\mathrm{lb}(M)E_b}{4N_0}}\right)\,. \tag{9.40}$$

Anmerkung: (9.39) führt auch für die bisher behandelten Modulationsverfahren auf die bekannten Ergebnisse (8.6), (8.11), (8.21) und (9.33), die allerdings

[16] In modifizierter Form gilt(9.38) auch für Tastverfahren mit mehreren Amplitudenpegeln, allerdings ist dort N_{d} in der Regel nicht für alle Symbole gleich. Daher wird eine Mittelung der Symbolfehlerwahrscheinlichkeiten notwendig (vgl. (8.24)-(8.30)).

in diesen vier Fällen, wie bereits gezeigt wurde, nicht nur Approximationen darstellen, sondern exakt sind. Es gilt insbesondere

Für unipolare Übertragung und ASK:

$$d_{\min} = \sqrt{S_a},\ N_\mathrm{d} = 1,\ E_b = E_s/2,\ K = 1 \Rightarrow P_\mathrm{b} = \frac{1}{2}\,\mathrm{erfc}\left(\sqrt{\frac{E_b}{4N_0}}\right),$$

Für bipolare Übertragung und BPSK:

$$d_{\min} = 2\sqrt{S_a},\ N_\mathrm{d} = 1,\ E_b = E_s,\ K = 1 \Rightarrow P_\mathrm{b} = \frac{1}{2}\,\mathrm{erfc}\left(\sqrt{\frac{E_b}{2N_0}}\right),$$

Für zwei wechselweise gesendete orthogonale Träger:

$$d_{\min} = \sqrt{2S_a},\ N_\mathrm{d} = 1,\ E_b = E_s,\ K = 1 \Rightarrow P_\mathrm{b} = \frac{1}{2}\,\mathrm{erfc}\left(\sqrt{\frac{E_b}{4N_0}}\right),$$

Für QPSK:

$$d_{\min} = \sqrt{2S_a},\ N_\mathrm{d} = 2,\ E_b = E_s/2,\ K = 2 \Rightarrow P_\mathrm{b} = \frac{1}{2}\,\mathrm{erfc}\left(\sqrt{\frac{E_b}{2N_0}}\right).$$

Eine Erweiterung des QPSK-Prinzips in Hinblick auf eine noch größere Anzahl von Binärsymbolen pro Zeiteinheit ist möglich, wenn zusätzlich eine Amplitudentastung verwendet wird. So kann z.B. die in Abb. 8.15 gezeigte Vierpegel-Übertragung, die jeweils zwei Binärsymbole a_m, a_{m+1} auf ein Symbol b_k abbildet, angewandt werden. Die Quadraturkomponenten-Übertragung erfolgt dann für jeweils zwei innerhalb einer Taktperiode der Länge T gleichzeitig gesendete, amplitudengetastete Symbole wie folgt:

$$s_i(t) = A\,\mathrm{rect}\left(\frac{t}{T} - \frac{1}{2}\right)\left[b_k\cos(2\pi f_0 t) - b_{k+1}\sin(2\pi f_0 t)\right],\ i = 0, 1, \ldots, M_\mathrm{A}^2\,. \tag{9.41}$$

Es gibt z.B. bei $M_\mathrm{A} = 4$ Amplitudenpegeln insgesamt 16 mögliche Amplituden-/Phasenkombinationen, so dass eine Übertragung von 4 Binärsymbolen pro Takt erfolgen kann. Die zugehörigen Nutzsignalpunkte im Signalraum sind in Abb. 9.15a dargestellt. Eine solche Hybridlösung aus Phasen- und Amplitudentastung wird generell Quadratur-Amplitudenmodulation (QAM) genannt. Der hier gezeigte Fall einer Konstellation mit 16 verschiedenen Nutzsignalpunkten wird als 16-wertige QAM (16-QAM) bezeichnet. In Abb. 9.15b ist zusätzlich die Konstellation einer 64-QAM (jeweils 8 Pegel -7,-5,-3,...,5,7) gezeigt. Generell können bei M-QAM mit $M = M_\mathrm{A}^2$ dann $K = \mathrm{lb}(M) = 2\mathrm{lb}(M_\mathrm{A})$ Binärsymbole pro Takteinheit T übertragen werden.

Wird die bereits in Zusammenhang mit der Amplitudentastung verwendete Gray-Codierung separat auf die Symbole b_k und b_{k+1} angewandt, so werden sich die horizontalen und vertikalen Nachbar-Nutzsignalpunkte jedes Symbols nur in genau einer Bitstelle unterscheiden. Da diese auch gleichzeitig die im Abstand $d_{\min}$ liegenden nächsten Nachbarn sind, kann die Berechnung der Symbolfehlerwahrscheinlichkeiten wieder nach (9.38) erfolgen. Allerdings ist zu beachten, dass nicht alle Nutzsignalpunkte gleich viele Nachbarn im Abstand N_{d} besitzen. Am Beispiel der 16-QAM aus 9.15a sind die Anzahlen der Nachbarn für die 4 Eckpunkte jeweils $N_{\mathrm{d}} = 2$, für die übrigen 8 Punkte am Rand $N_{\mathrm{d}} = 3$ und für die 4 mittleren Punkte $N_{\mathrm{d}} = 4$. Die mittlere Symbolfehlerwahrscheinlichkeit ergibt sich mit $d_{\min} = \sqrt{2S_{\mathrm{a}}}$ entsprechend der Häufigkeiten der einzelnen Fälle,

$$P_{\mathrm{e}} \approx \frac{1}{16}\left[4 \cdot 2 + 8 \cdot 3 + 4 \cdot 4\right] \frac{1}{2} \operatorname{erfc}\left(\sqrt{\frac{\tilde{E}_s}{4N_0}}\right) = \frac{3}{2} \operatorname{erfc}\left(\sqrt{\frac{\tilde{E}_s}{4N_0}}\right) . \quad (9.42)$$

Die Symbolenergie $\tilde{E}_s$ bezieht sich hier auf die 4 inneren Symbole, da deren Augenblicksleistung $\sqrt{S_{\mathrm{a}}}$ zur Normierung verwendet wurde. Die mittlere Energie pro bit ergibt sich dann für den Fall der 16-QAM entsprechend der Augenblicksleistung $\sqrt{9S_{\mathrm{a}}}$ für die 4 Nutzsignalpunkte an den Ecken und $\sqrt{5S_{\mathrm{a}}}$ für die übrigen 8 Randpunkte, sowie Bitanzahl $K = 4$

$$E_b = \frac{1}{K} \cdot \frac{1}{16}\left[4 \cdot \left(\sqrt{S_{\mathrm{a}}}\right)^2 + 8 \cdot \left(\sqrt{5S_{\mathrm{a}}}\right)^2 + 4 \cdot \left(\sqrt{9S_{\mathrm{a}}}\right)^2\right] \frac{\tilde{E}_s}{\left(\sqrt{S_{\mathrm{a}}}\right)^2} = \frac{5}{4}\tilde{E}_s ,$$

so dass sich schließlich unter Berücksichtigung der Gray-Codierung die gegenüber (9.42) um den Faktor 4 geringere Bitfehlerrate ergibt:

$$P_{\mathrm{b}} \approx \frac{3}{8} \operatorname{erfc}\left(\sqrt{\frac{E_b}{5N_0}}\right) . \quad (9.43)$$

Ein Vergleich mit (8.34) zeigt auch, dass die Bitfehlerrate für 16-QAM vollkommen identisch ist zu der bei einer Mehrpegelübertragung mit $M = 4$ Symbolen. Diese Fehlerrate würde sich nämlich bei kohärentem Empfang auch ergeben, wenn man die BPSK-Übertragung (z.B. nur cos-Träger) mit einer 4-Pegelübertragung kombiniert. Der Übergang von dort zur 16-QAM entspricht dann genau dem weiter oben beschriebenen Prinzip des Übergangs von BPSK zu QPSK, d.h. es kommt ein orthogonaler Sinusträger hinzu, der im Prinzip vollkommen unabhängig empfangen werden kann, weil alle Grenzen der Entscheidungsbereiche im Signalraum parallel zu den Koordinatenachsen verlaufen. Die Bitfehlerrate für eine allgemeine M-QAM mit regulärer Anordnung der Nutzsignalpunkte wie in Abb. 9.15a,b und $M_{\mathrm{A}} = \sqrt{M} = 2^{\frac{K}{2}}$ (Zweierpotenz) kann daher durch Ersetzen von M durch $\sqrt{M}$ in (8.34) wie folgt angegeben werden:

$$P_{\mathrm{b}} \approx \frac{2}{\mathrm{lb}(M)}\left[1 - \frac{1}{\sqrt{M}}\right] \operatorname{erfc}\left(\sqrt{\frac{3\,\mathrm{lb}(M)}{4(M-1)}\frac{E_b}{N_0}}\right) . \quad (9.44)$$

Abb. 9.16 stellt die Bitfehlerwahrscheinlichkeiten verschiedener Übertragungsverfahren mit Symbolwertigkeiten $M = 16$ aus den Gleichungen (8.34), (9.40) und (9.43) gegenüber. Man erkennt, dass die 16-QAM deutliche Vorteile gegenüber den beiden anderen Verfahren besitzt. Darüber hinaus besitzt sie wegen der Möglichkeit der unabhängigen Demodulation und Decodierung der auf den beiden orthogonalen Trägern transportierten Bits den Vorteil einer geringeren Komplexität. Allerdings ist zu bedenken, dass die getroffenen Abschätzungen nur bei höheren E_b/N_0-Verhältnissen gelten, und dass sich bei 16-QAM weitere Nachbarn, bei denen Symbolfehler auf mehr als einen Bitfehler führen, in deutlich geringerem Abstand als bei der 16-PSK befinden. Die QAM ist daher generell für eine Übertragung über sehr schlechte Kanäle weniger gut geeignet.

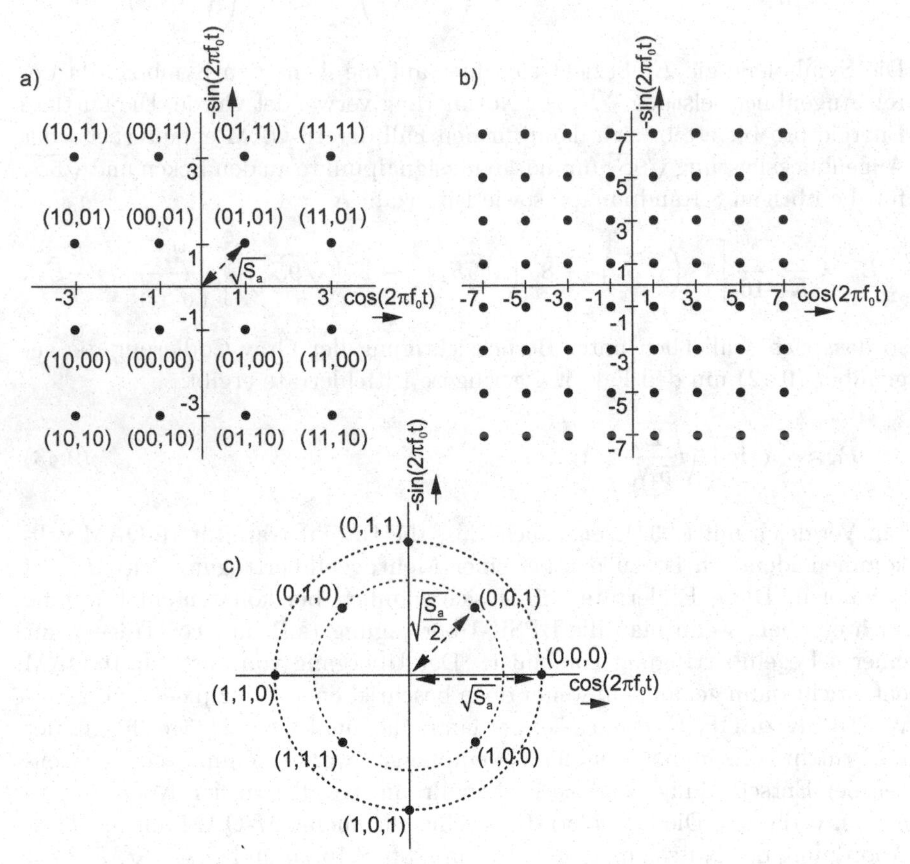

Abbildung 9.15. QAM-Konstellationen mit **a** $M = 16$, **b** $M = 64$, **c** $M = 8$; a) und c) mit Angabe einer Gray-Codierung

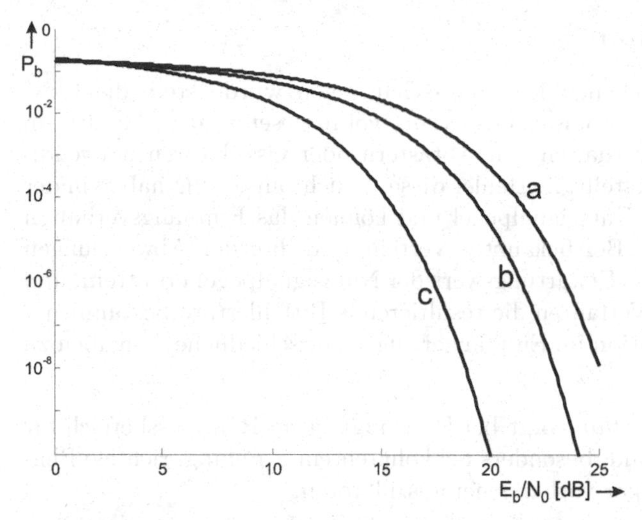

Abbildung 9.16. Bitfehlerwahrscheinlichkeiten für 3 verschiedenene Binärübertragungsverfahren mit $M = 16$: **a** 16-Pegel-Übertragung **b** 16-PSK **c** 16-QAM

Anmerkung: Bitfehlerraten bei höherwertigen Modulationsverfahren, die auch für geringe E_b/N_0-Verhältnisse gültig sind, können allerdings nicht mehr in einfacher geschlossener Form angegeben werden. Vielmehr müssen zunächst alle Entscheidungsbereiche ermittelt werden. Für jedes mögliche Symbol wären dann diejenigen Volumen unter der am eigenen Nutzsignalpunkt liegenden 2-dimensionalen Gauß-Verteilungsdichte zu berechnen, die in jedem der anderen Entscheidungsbereiche liegen. Hieraus ergeben sich zunächst die Wahrscheinlichkeiten $P_{i,j}$, $1 \leq i, j \leq M$, mit denen bestimmte Symbole i in bestimmte andere Symbole $j \neq i$ verfälscht werden. Gewichtet mit der bei einer gewählten Codierung dabei jeweils aufretenden Anzahl der Bitfehler erhält man schließlich die Bitfehlerrate. ◆

Die bisher besprochenen QPSK- und QAM-Verfahren verwenden regelmäßige Gitteranordnungen der Nutzsignalpunkte, und lassen eine separierbare Detektion der Symbole (a_m, a_{m+1}) bzw. (b_k, b_{k+1}) zu. Prinzipiell ist es jedoch auch möglich, bei QAM andere Kombinationen von Amplitude und Phase zu wählen, so dass insbesondere nicht bereits $\sqrt{M}$ eine Zweierpotenz sein muss. Abb. 9.15c stellt als Beispiel die Nutzsignalpunkte einer 8-QAM dar (vgl. auch Übungen 9.8 sowie für weitere Varianten Übung 14.2h). Gezeigt ist auch hier wieder die Gray-Codierung zur Zuordnung der Binärsymbole (a_m, a_{m+1}, a_{m+2}).

9.7 Synchronisation

In allen bisher besprochenen Empfangsschaltungen wurde stets die Existenz eines idealen Synchronisationssystems vorausgesetzt, das die für ein ordnungsgemäßes Zeitverhalten von Abtastern oder Oszillatoren notwendigen Steuersignale bereitstellt. Zeitfehler dieser Synchronisierung haben in der Regel Einfluss auf den Nutzsignalpegel und können das Empfangsverhalten beliebig verschlechtern. Bei bekannter Verteilungsdichte der Abweichungen lässt sich jedoch $\sqrt{S_\mathrm{a}}$ als Erwartungswert der Nutzsignalpegel ermitteln, und so mit den bekannten Verfahren die resultierende Bitfehlerrate bestimmen.

Bei der Synchronisation im Empfänger sind unterschiedliche Aufgaben zu erfüllen:

– Die *Trägersynchronisation* sorgt bei Übertragung im Bandpassbereich für die richtige Frequenz- und, besonders bei kohärentem Empfang, richtige Phasenlage der im Empfänger vorhandenen Oszillatoren.

– Die *Symbolsynchronisation* – oder Taktsynchronisation – bestimmt die Abtastzeitpunkte.

– Die *Wort- oder Rahmensynchronisation* dient der Rekonstruktion der Datenformate oder der einzelnen Kanäle eines Multiplexsystems.

Die effiziente Ausnutzung der verfügbaren Sendeleistung verbietet zumeist die Übertragung eigener Synchronsignale für die Träger- und Symbolsynchronisation. Diese Informationen müssen dann durch oft recht trickreiche Schaltungen dem empfangenen Datensignal entnommen werden. Für die Rahmensynchronisation werden dagegen häufig zusätzliche Datensignale mit übertragen.

Die besten Empfangsergebnisse erhält man, wenn der Empfang des Nutzsignals und der einzelnen Synchronsignale unter dem Kriterium minimaler Fehlerwahrscheinlichkeit gemeinsam optimiert wird. Die Analyse wie auch die Schaltungstechnik sind allerdings bei getrennter Behandlung erheblich einfacher. Hierzu seien im Folgenden einige Hinweise gegeben (Blahut, 1990).

Trägersynchronisation

Bei Verfahren mit unipolarer Modulation, wie ASK und FSK, enthält das Leistungsdichtespektrum des empfangenen Signals bei der Trägerfrequenz diskrete Anteile. Diese können mit einem schmalen Bandpass oder besser mit einem Phasenregelkreis herausgefiltert werden. Phasenregelkreise oder „*P*hase-*L*ocked-*L*oop“-Schaltungen (PLL) wirken wie sehr schmale Bandpässe mit selbst adaptierender Mittenfrequenz (Meyr, Ascheid, 1990).

Bei bipolarer Modulation (BPSK) kann das Modulationssignal zunächst durch eine Quadrierung entfernt werden.[17] Das sich (im störfreien Fall) erge-

[17] Die verbleibende Phasenzweideutigkeit von ±180° kann durch Anwenden der Phasendifferenztastung (Abschn. 9.1) umgangen werden. Bei M-PSK (mit $M >$

bende sin-förmige Referenzsignal doppelter Trägerfrequenz dient dann zum Ansteuern eines Phasenregelkreises. Typischerweise wird dort mit einem Phasendifferenzdetektor die Phasenabweichung zwischen dem lokalen Oszillator und dem Referenzsignal in eine Steuerspannung umgesetzt, welche dann die Oszillatorfrequenz so nachregelt, dass die Abweichung verschwindet.

Bei synchroner Übertragung mehrerer Bandpass-Signale in einem Multiplex (z. B. OFDM, Abschn. 11.5) ist es auch möglich, spezielle Synchronisationsträger als „Pilotsignale" zu senden, welche in der Regel keine hohe Bandbreite benötigen, allerdings zusätzliche Sendeleistung erfordern.

Symbolsynchronisation

Ein einfaches Schaltungsbeispiel zur Synchronisation der Abtastzeitpunkte für ein unipolares Datensignal im Tiefpassbereich zeigt Abb. 9.17. Aus der

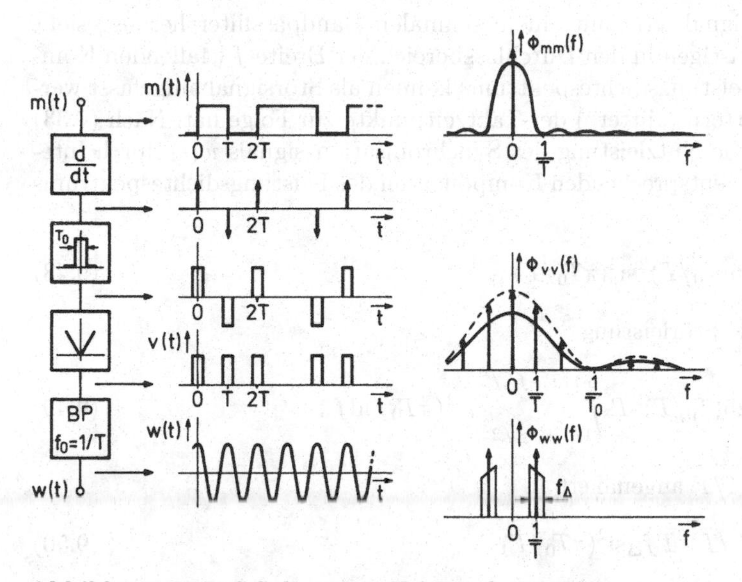

Abbildung 9.17. Schaltung zur Taktsynchronisation

ungestörten Eingangsfolge in der Form

$$m(t) = \sum_{n=-\infty}^{\infty} a_n \operatorname{rect}\left(\frac{t-nT}{T} - \frac{1}{2}\right) \quad a_n \in \{0; 1\} \tag{9.45}$$

2) wird die Beseitigung des Modulationssignals durch mehrfaches Quadrieren erzielt, auch hier kann eine Phasendifferenzcodierung das Mehrdeutigkeitsproblem lösen.

wird durch Differenzieren, Kurzzeitintegration und Betragsbildung die Folge[18]

$$v(t) = \sum_{n=-\infty}^{\infty} b_n \operatorname{rect}\left(\frac{t-nT}{T_0}\right) \qquad b_n \in \{0;1\} \tag{9.46}$$

gewonnen. Abbildung 9.17 rechts zeigt das mit den Ergebnissen von Aufgabe 7.17 berechnete Leistungsdichtespektrum der Form

$$\phi_{vv}(f) = 0,25(T_0/T)^2 \mathrm{si}^2(\pi T_0 f)\left[T + \sum_{n=-\infty}^{\infty} \delta(f - n/T)\right] . \tag{9.47}$$

Während das Leistungsdichtespektrum $\phi_{mm}(f)$ des Eingangssignals bei der Frequenz $1/T$ der Taktrate verschwindet, enthält das Leistungsdichtespektrum der Folge $v(t)$ dort einen diskreten Anteil. Dieser Anteil kann als cosförmiges Taktsignal $w(t)$ mit einem schmalen Bandpassfilter herausgesiebt werden. Die sonstigen in den Durchlassbereich der Breite f_Δ fallenden Komponenten des Leistungsdichtespektrums können als Störsignal aufgefasst werden, das ein Zittern („jitter") der Taktzeitpunkte zur Folge hat. Nach (7.33) errechnet sich die Nutzleistung des Synchronisationssignals $w(t)$ durch Integration über die entsprechenden Komponenten des Leistungsdichtespektrums (9.47) zu

$$S = 2 \cdot 0,25(T_0/T)^2 \mathrm{si}^2(\pi T_0/T) . \tag{9.48}$$

Ebenso wird die Störleistung

$$N = 2 \cdot 0,25(T_0/T)^2 T \int_{1/T-f_\Delta/2}^{1/T+f_\Delta/2} \mathrm{si}^2(\pi T_0 f) \mathrm{d}f , \tag{9.49}$$

oder für $f_\Delta \ll 1/T$ angenähert

$$N \approx 0,5(T_0/T)^2 T f_\Delta \mathrm{si}^2(\pi T_0/T) . \tag{9.50}$$

Damit wird das Signal-/Störleistungsverhältnis des Taktsignals

$$\frac{S}{N} \approx \frac{1}{T f_\Delta} . \tag{9.51}$$

Für ein S/N-Verhältnis von beispielsweise 30 dB darf also die Bandbreite f_Δ des Bandpassfilters nur 1‰ der Taktrate $1/T$ betragen. Auch hier bieten sich daher Phasenregelkreise an, mit denen diese Forderung auch bei nichtkonstanter Taktrate erfüllt werden kann.

[18] Sind die a_n voneinander unabhängig und gleich häufig 0 oder 1, dann sind auch die b_n gleich häufig 0 oder 1.

Rahmensynchronisation

Da die Wort- oder Rahmentaktsignale nur jeweils recht große Gruppen von Symbolen unterteilen müssen, können hier ohne allzu große Verluste an Übertragungskapazität eigene Synchronisationssignale verwendet werden.

Zum störarmen Empfang der Synchronsignale aus dem Kanalrauschen und besonders auch den umgebenden Datensignalen sind Korrelationsfilter-Empfänger in vielen Fällen nahezu optimal. Weiter soll das Synchronsignal am Ausgang des Korrelationsfilter-Empfängers möglichst schmal sein, um den Synchronisationszeitpunkt gut schätzen zu können. Daraus folgt, dass derartige Synchronisationssignale eine Autokorrelationsfunktion in Form eines schmalen Impulses besitzen müssen. Beispiele geeigneter Signale sind die Barker-Folgen (Aufgabe 8.2 und 6.19) (Franks, 1980; Lüke, 1992).

9.8 Zusammenfassung

In diesem Kapitel wurde gezeigt, dass sich das Korrelationsfilterkonzept ohne Weiteres auf Bandpasssignale als Trägersignale anwenden lässt. Es wurden Analogien zwischen wichtigen Übertragungsarten im Tiefpass- und Bandpassbereich aufgezeigt. Besonders interessant ist hierbei die Möglichkeit, die in Kap. 5 eingeführten Prinzipien der Abbildung von Bandpasssignalen und -systemen auf den äquivalenten Tiefpassbereich anzuwenden. Hiermit lassen sich Empfänger effizient realisieren, aber auch das Problem der inkohärenten Abtastung im Korrelationsempfänger mittels des Hüllkurvenempfangs lösen. Allerdings sind Hüllkurvenempfänger nicht für beliebige Übertragungsarten, insbesondere nicht für die Verfahren mit Phasenumtastung des Trägersignals geeignet. In Hinblick darauf wurden am Schluss des Kapitels Methoden der Synchronisation kurz beschrieben.

9.9 Anhang

9.9.1 Rice-Verteilung

Gegeben sind zwei statistisch unabhängige, Gauß-verteilte Zufallsgrößen $s(t_1)$ und $g(t_1)$ mit gleicher Streuung σ^2, aber unterschiedlichen Mittelwerten

$$m_s = c\cos(\theta)$$
$$m_g = c\sin(\theta)\,.$$

Aus beiden Zufallgrößen wird eine neue Zufallsgröße gebildet durch

$${}^{k}u(t_1) = +\sqrt{{}^{k}s^2(t_1) + {}^{k}g^2(t_1)} \qquad \text{(alle } k\text{)}$$

und nach ihrer Verteilung gefragt.

Die Verbundverteilungsfunktion $P_\mathrm{u}(r)$ ergibt sich, entsprechend dem Vorgehen in Abschn. 7.4.1 durch Integration über die Verbundverteilungsdichtefunktion $p_{sg}(x,y)$ in dem kreisförmigen Gebiet

$$r \leq +\sqrt{x^2+y^2}\,.$$

Die Auswertung dieses Gebietsintegrals gelingt am einfachsten nach Umschreiben der Verbundverteilungsdichtefunktion in Polarkoordinaten. Die Verteilungsdichtefunktion $p_{sg}(x,y)$ lautet nach (7.86) und (7.92)

$$\begin{aligned} p_{sg}(x,y) &= p_s(x)\cdot p_g(y) \\ &= \frac{1}{\sqrt{2\pi\sigma^2}}\exp[-(x-c\cos\theta)^2/(2\sigma^2)] \\ &\quad \cdot \frac{1}{\sqrt{2\pi\sigma^2}}\exp[-(y-c\sin\theta)^2/(2\sigma^2)]\,. \end{aligned}$$

Mit der Substitution

$$\begin{aligned} y &= r\sin\alpha \\ x &= r\cos\alpha \end{aligned}$$

und dem Additionstheorem $\cos\alpha\cos\theta + \sin\alpha\sin\theta = \cos(\alpha-\theta)$ wird

$$p_{sg}(r,\alpha) = \frac{1}{2\pi\sigma^2}\exp\{-[r^2+c^2-2rc\cos(\alpha-\theta)]/(2\sigma^2)\} \quad \text{für } r \geq 0\,.$$

Nach den Regeln für Gebietsintegrale gilt dann für die Fläche unter dieser Verteilungsdichtefunktion in einem kreisförmigen Gebiet mit dem Radius r um den Nullpunkt und damit für die Verteilungsfunktion $P_\mathrm{u}(r)$

$$\begin{aligned} P_\mathrm{u}(r) &= \int_0^{2\pi}\int_0^{r} p_{sg}(\varrho,\alpha)\varrho \mathrm{d}\varrho \mathrm{d}\alpha \\ &= \frac{1}{2\pi\sigma^2}\int_0^{2\pi}\int_0^{r}\exp\{-[\varrho^2+c^2-2\varrho c\cos(\alpha-\theta)]/(2\sigma^2)\}\varrho\,\mathrm{d}\varrho\,\mathrm{d}\alpha\,. \end{aligned}$$

Zur Bildung der Verteilungsdichtefunktion wird dieser Ausdruck unter dem Integral nach r differenziert

$$\begin{aligned} p_\mathrm{u}(r) &= \frac{\mathrm{d}}{\mathrm{d}r}P_\mathrm{u}(r) \\ &= \frac{1}{2\pi\sigma^2}\int_0^{2\pi} r\exp\{-[r^2+c^2-2rc\cos(\alpha-\theta)]/(2\sigma^2)\}\mathrm{d}\alpha\,. \end{aligned}$$

Mit der modifizierten Bessel-Funktion 1. Art nullter Ordnung

$$\mathrm{I}_0(x) = \frac{1}{2\pi} \int_0^{2\pi} \exp\left[x \cos(\xi)\right] \mathrm{d}\xi$$

erhält man

$$\frac{1}{2\pi} \int_0^{2\pi} \exp[2cr\cos(\alpha - \theta)/(2\sigma^2)]\mathrm{d}\alpha = \mathrm{I}_0(rc/\sigma^2) \ .$$

Damit lässt sich die Verteilungsdichtefunktion schreiben als

$$p_{\mathrm{u}}(r) = \varepsilon(r)\frac{r}{\sigma^2}\mathrm{I}_0(rc/\sigma^2)\exp[-(r^2 + c^2)/(2\sigma^2)] \ ,$$

diese Form wird Rice-Verleilungsdichtefunktion genannt (Davenport und Root, 1958).

9.9.2 Mehrwegeempfang in Mobilfunkkanälen

Bei den bisherigen Betrachtungen wurde stets ein Kanalmodell angenommen, bei dem eine Störung des Nutzsignals durch ein weißes, Gauß-verteiltes Rauschen erfolgt. Hieraus folgt prinzipiell, dass die Autokorrelationsfunktion des Störsignals einen gewichteten Dirac-Impuls darstellt, somit also auch keine statistischen Abhängigkeiten zwischen aufeinander folgenden Bitstörungen vorhanden sind. Diese Annahme ist insbesondere bei Mobilfunkkanälen im Falle bewegter Sender oder Empfänger nicht gültig. Abb. 9.18 zeigt das Phänomen der Überlagerung von Signalen mehrerer Ausbreitungswege am Empfänger bei drahtloser Übertragung. Das empfangene Signal bei insgesamt I Ausbreitungswegen wird

$$m_e(t) = \sum_{i=1}^{I} \alpha_i(t) m(t - \tau_i). \tag{9.52}$$

Hierbei stellen die Faktorefn α_i die Dämpfungsfaktoren der einzelnen Ausbreitungswege, die τ_i die zugeordneten Verzögerungszeiten dar. Der Interferenz zwischen den Signalen der einzelnen Ausbreitungswege kann normalerweise durch geeignete Entzerrung (vgl. Abschn. 8.9) entgegengewirkt werden. Sofern entweder die Sende- oder Empfangsstation sich bewegt, sind beide Parameter allerdings *zeitvariant.*
Ein Modell für einen Mobilfunkkanal mit Zweiwege-Empfang und zusätzlich überlagerter Gauß-verteilter Rauschstörung $n(t)$ ist in Abb. 9.19a dargestellt. Die Superposition der beiden Wege verursacht eine Variation in Betrag und Phase des empfangenen Signals. Dies kann ersatzweise durch Multiplikation mit einem einzigen komplexen Koeffizienten

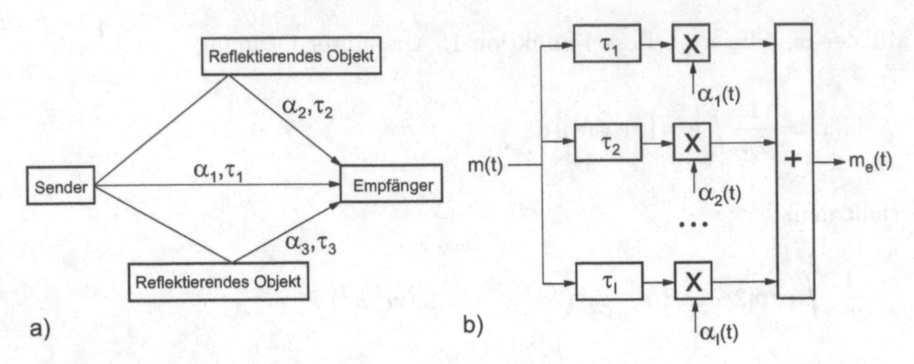

Abbildung 9.18. **a** Phänomen der Mehrwegeausbreitung und **b** Blockschema zur Modellierung

$$c(t) = c_\mathrm{r}(t) + \mathrm{j}c_\mathrm{i}(t) = v(t) \cdot \mathrm{e}^{\mathrm{j}\phi_c(t)}$$

ausgedrückt werden. Unter der Annahme, dass die durch die Verzögerung bedingte Phasenverschiebung $\phi_c(t)$ einer statistischen Gleichverteilung folgt, sind die Real- und Imaginärteile von $c(t)$ unkorreliert. Werden außerdem $c_\mathrm{r}(t)$ und $c_\mathrm{i}(t)$ als Gauß-verteilt und mittelwertfrei angenommen, so wird gemäß (9.19) der Amplitudenfaktor

$$v(t) = \sqrt{c_\mathrm{r}^2(t) + c_\mathrm{i}^2(t)} \tag{9.53}$$

einer Rayleigh-Verteilung (9.27) folgen. In Bezug auf die Empfangsqualität ist die Phasenvariation irrelevant, wenn davon ausgegangen wird, dass eine Trägersynchronisation erfolgen kann. Somit ergibt sich das in Abb. 9.19b gezeigte Modell des *Rayleigh-Fading-Kanals*

$$m_e(t) = v(t) \cdot m(t) + n(t)\ . \tag{9.54}$$

Zur Simulation eines solchen Kanals ist es also ausreichend, zwei unabhängige Gauß-Zufallssignalgeneratoren zur Erzeugung von $v(t)$ sowie einen weiteren Generator zur Erzeugung von $n(t)$ zu implementieren. Für einen Kanal mit festem Wert $v(t) = v$ und einem additiven weißen Gauß-Rauschen der Rauschleistungsdichte N_0 ergibt sich z.B. für bipolare Übertragung nach kohärentem Korrelationsfilter-Empfang gemäß (8.11) eine Bitfehlerwahrscheinlichkeit

$$P_\mathrm{b}(\xi) = \frac{1}{2}\,\mathrm{erfc}\left(\sqrt{\xi}\right) \quad \text{mit} \quad \xi = \frac{v^2 E_b}{2N_0}\ . \tag{9.55}$$

Da v^2 die Summe der Quadrate zweier statistisch unabhängiger Gauß-verteilter Zufallsprozesse darstellt, folgt ξ einer Chi-Quadrat-Verteilung mit 2 Freiheitsgraden,

$$p_\xi(x) = \frac{1}{\overline{\xi}} \exp\left(-\frac{x}{\overline{\xi}}\right) \cdot \varepsilon(x) \quad \text{mit} \quad \overline{\xi} = \mathcal{E}\left\{\xi\right\} = \frac{E_b}{2N_0}\,\mathcal{E}\left\{v^2\right\}\ . \tag{9.56}$$

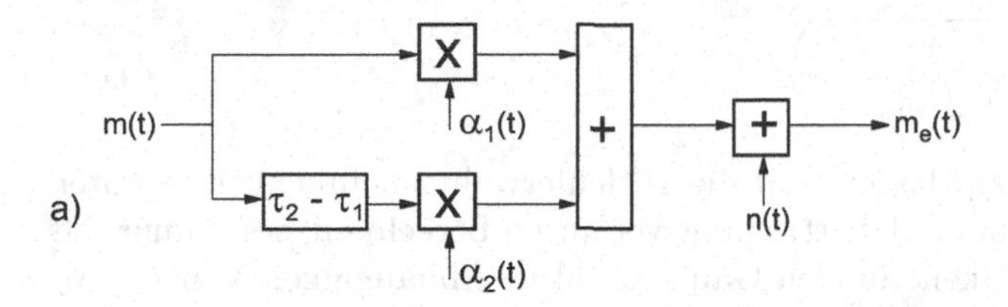

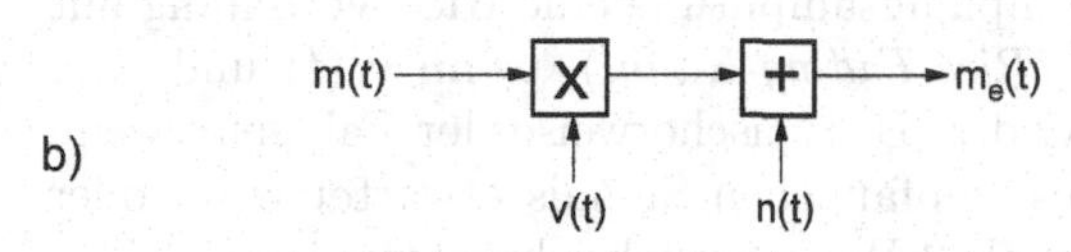

Abbildung 9.19. **a** Modell der Zweiwegeausbreitung und **b** vereinfachtes Modell für Rayleigh-Fading-Kanal

Es ergibt sich mit (9.55) und (9.56) die mittlere Bitfehlerrate des Rayleigh-Fading-Kanals für den Fall der bipolaren Übertragung

$$P_\text{b} = \mathcal{E}\left\{P_\text{b}(\xi)\right\} = \int_0^\infty P_\text{b}(x) p_\xi(x) \mathrm{d}x = \int_0^\infty \frac{1}{2} \operatorname{erfc}\left(\sqrt{x}\right) \cdot \frac{1}{\xi} \exp\left(-\frac{x}{\xi}\right) \mathrm{d}x \,. \tag{9.57}$$

Mit (7.158) und der Regel der partiellen Integration ergibt sich

$$\begin{aligned} P_\text{b} &= \left[\frac{1}{2} \operatorname{erfc}\left(\sqrt{x}\right)\left(-\mathrm{e}^{-\frac{x}{\xi}}\right)\right]_0^\infty - \int_0^\infty \left(\frac{-1}{\sqrt{\pi}} \mathrm{e}^{-x} \cdot \frac{1}{2\sqrt{x}}\right)\left(-\mathrm{e}^{-\frac{x}{\xi}}\right) \mathrm{d}x \\ &= \frac{1}{2} - \frac{1}{2\sqrt{\pi}} \int_0^\infty \frac{1}{\sqrt{x}} \cdot \mathrm{e}^{-x\left(\frac{1}{\xi}+1\right)} \mathrm{d}x \,, \end{aligned} \tag{9.58}$$

und weiter folgt mit

$$\Gamma(m) = \int_0^\infty \mathrm{e}^{-x} x^{m-1} \mathrm{d}x \Rightarrow \int_0^\infty \mathrm{e}^{-cx} x^m \mathrm{d}x = \frac{\Gamma(m+1)}{c^{m+1}} \tag{9.59}$$

sowie dem Wert der Gamma-Funktion $\Gamma(1/2) = \sqrt{\pi}$

$$P_\text{b} = \frac{1}{2} - \frac{1}{2\sqrt{\pi}} \frac{\Gamma\left(-\frac{1}{2}+1\right)}{\left(\frac{1}{\xi}+1\right)^{-\frac{1}{2}+1}} = \frac{1}{2}\left(1 - \sqrt{\frac{1}{\frac{1}{\xi}+1}}\right) . \tag{9.60}$$

Wird das Modell so normiert, dass $\mathcal{E}\left\{v^2\right\} = 1$ wird[19], ergibt sich schließlich

[19] Dies ist bei der Chi-Quadrat-Verteilungsdichte mit 2 Freiheitsgraden der Fall, wenn die Varianzen der beiden quadriert zusammengeführten Gauß-Prozesse jeweils $\sigma^2 = \frac{1}{2}$ betragen.

$$P_b = \frac{1}{2}\left(1 - \sqrt{\frac{1}{1 + 2N_0/E_b}}\right). \tag{9.61}$$

Nach demselben Prinzip lassen sich die Bitfehlerwahrscheinlichkeiten unter Rayleigh-Fading für andere Übertragungsverfahren berechnen, sofern nur die Bitfehlerwahrscheinlichkeit für den Gauß-Kanal in Abhängigkeit von E_b/N_0 bekannt ist.

In einer Erweiterung ist die Empfangsamplitude eine Rice-Verteilung mit entsprechender Parametrierung (*Rice-Fading-Kanal*), wenn $c_r(t)$ und $c_i(t)$ nicht mittelwertfrei sind. Dies wird z. B. typischerweise der Fall sein, wenn ein bestimmter Minimalpegel des empfangenen Signals erwartet wird, oder wenn bei der Superposition mehr als 2 Wege berücksichtigt werden.

Bei Bewegung des Senders oder Empfängers entsteht in Mobilfunkkanälen eine zeitliche Variation des Nutzsignalpegels, wobei der Fading-Effekt je nach geographischer Situation kürzer oder länger andauern kann. Dies führt zu einem *burstartigen* (d.h. zeitlich korrelierten) Bitfehlerverhalten. Da Burstfehler mittels Kanalcodierung schwerer zu korrigieren sind als einzelne, statistisch unabhängige Bitfehler, ist hier die mittlere Bitfehlerrate in der Regel weniger interessant als andere Parameter wie z.B. Häufigkeit und mittlere Dauer von Fehlerbursts. Derartiges Verhalten lässt sich jedoch mit den oben beschriebenen Modellen nur simulieren, wenn zusätzlicher Einfluss auf die Steuerparameter von $v(t)$ genommen wird.

In Mobilfunkkanälen muss nicht unbedingt der direkte Empfangsweg derjenige mit der höchsten Amplitude sein; vielmehr wird in vielen Fällen gar kein direkter Weg existieren, z.B. wenn ein Hindernis zwischen Sender und Empfänger steht. Hierbei ist zu beachten, dass die durch Mehrwegeempfang verursachte Amplitudenvariation frequenzselektiv wirkt: Eine bestimmte Verzögerungsdifferenz zwischen zwei Empfangswegen führt zu einer linear von der Frequenz abhängigen Phasendifferenz der beiden Signale zueinander; dies kann bei bestimmten Frequenzanteilen f zu einer Auslöschung führen (z.B. wenn mit einer beliebigen ganzzahligen Konstanten k gilt: $f \cdot [\tau_2 - \tau_1] = [2k - 1]\pi$), bei anderen Frequenzanteilen hingegen sogar zu einer Anhebung der Empfangsamplitude (z.B. wenn $f \cdot [\tau_2 - \tau_1] = 2k\pi$). Dieses *frequenzselektive Fading* wird ebenfalls mit den einfachen hier beschriebenen Modellen nicht erfasst.

9.10 Aufgaben

9.1 Berechnen Sie die äquivalente Tiefpassimpulsantwort für das Korrelationsfilter $h(t) = ks(T - t)$, wenn $s(t)$ ein Bandpasssignal ist.

9.2 Berechnen und skizzieren Sie die Zeitfunktionen am Ausgang der Tiefpassfilter in Abb. 9.3 und am Ausgang der Addierschaltung für das Eingangssignal $s(t) = \text{rect}(t/T)\cos(2\pi f_0 t)$ mit $f_0 \gg 1/T$ sowie für das um t_0 verzögerte Eingangssignal, wenn $2\pi f_0 t_0 = \pi/2$ bzw. π ist.

9.3 Entwerfen Sie einen Hüllkurvenempfänger für ein nichtsymmetrisches Bandpassträgersignal. Wie vereinfacht sich die Schaltung für ein Trägersignal mit rein imaginärer Hüllkurve?

9.4 In einem Übertragungssystem wird die Signalfunktion $s(t) = \mathrm{rect}(t/T)\ \cos(2\pi f_0 t)$ mit einem Filter der Impulsantwort $h(t) = \mathrm{rect}(t/T) \cdot \cos[2\pi(f_0 + \Delta f)t]$ empfangen. Berechnen Sie unter der Annahme $f_0 \gg 1/T$ die Antwortfunktion $g(t)$, und skizzieren Sie $g(t)$ für $\Delta f = 0,\ 1/2T,\ 1/T,\ 2/T$.

9.5 Skizzieren Sie die in der Schaltung (Abb. 9.7) auftretenden Zeitfunktionen am Beispiel des Signals aus Aufgabe 9.2 für $t_0 = 0$.

9.6 Leiten Sie (9.15) ab.

9.7 Berechnen Sie aus der Rayleigh-Verteilungsdichtefunktion $p_s(x)$ die zugehörige Verteilungsfunktion, und bestimmen Sie Mittelwert m_{R} und Streuung σ_{R}^2. Zeigen Sie, dass das Maximum der Rayleigh-Verteilungsdichtefunktion bei $x = \sigma_s$ liegt.
[Es gilt $\int x \exp(ax^2)\mathrm{d}x = \exp(ax^2)/(2a)$.]

9.8 Bestimmen Sie unter Annahme kohärenten Empfangs und Störung durch weißes Gauß'sches Rauschen die ungefähre Bitfehlerrate in Abhängigkeit von E_b/N_0 für das 8-QAM-System in Abb. 9.15c. Geben Sie weiter einen Algorithmus an, mit dem aus den mit Korrelationsfiltern empfangenen und zum optimalen Zeitpunkt abgetasteten Pegeln der Quadraturkomponenten eine optimale Entscheidung getroffen werden kann.

10. Analoge Modulationsverfahren

Die Methoden zur Übertragung digitaler Daten und digitalisierter Sprach- und Bildsignale, wie sie im vorangegangenen Kapitel behandelt wurden, werden heute bereits für den größten Teil des insgesamt übertragenen Nachrichtenaufkommens verwendet. Teilweise werden aber Sprach-, Ton- und Bildsignale, insbesondere im Rundfunkbereich, noch in Form analoger Sendesignale übertragen (vgl. Vorwort zu Kap. 8), auch wenn ein Ende dieser Anwendung bereits absehbar ist. Die wichtigsten praktisch benutzten analogen Modulationsverfahren werden in den beiden Abschnitten dieses Kapitels behandelt. Zunächst werden die *linearen Modulationsverfahren* vorgestellt und ihr Störverhalten untersucht. Als Beispiele *nichtlinearer Modulationsverfahren* werden anschließend die Winkelmodulationsverfahren diskutiert. Hierbei wird auch das Zeit- und Frequenzverhalten der analogen Verfahren untersucht, was u.a. ein weitergehendes Verständnis der bisher behandelten digitalen Übertragungsverfahren eröffnen soll. So besteht der einzige Unterschied zwischen den im vorangegangenen Kapitel behandelten Amplitudentastverfahren (zwei- oder mehrwertig) und der im vorliegenden Kapitel behandelten Verfahren der Pulsamplitudenmodulation letzten Endes darin, dass für die ersteren die übertragenen Signale wertdiskret, beim letzteren wertkontinuierlich sind. In den weiteren Betrachtungen zur Amplitudenmodulation wird dann gezeigt, dass es für die benötigte Übertragungsbandbreite im Grunde gleichgültig ist, ob es sich um ein abgetastetes oder um ein bandbegrenztes Signal handelt. In ähnlicher Weise können auch die behandelten nichtlinearen Modulationsverfahren, Frequenz- und Phasenmodulation, in einem engen Bezug mit den Frequenz- und Phasentastverfahren bei der Binärübertragung gesehen werden, und können u.a. dazu beitragen, die Auswirkungen von Frequenz- oder Phasenschaltvorgängen bei der Binärübertragung auf das Spektrum des Signals zu bestimmen und damit die Eigenschaften dieser Verfahren noch besser zu verstehen.

10.1 Lineare Modulationsverfahren

10.1.1 Pulsamplitudenmodulation

Es sei die Aufgabe gestellt, ein bandbegrenztes analoges Quellensignal $f(t)$[1] über einen verzerrungsfreien, aber durch weißes Rauschen gestörten Kanal zu übertragen. Nach dem Verfahren der *Pulsamplitudenmodulation* (PAM) wird das Quellensignal abgetastet, die Abtastwerte werden als Amplituden eines geeigneten Trägersignals $s(t)$ übertragen und mit einem Korrelationsfilter empfangen. Durch Kombination des Abtastsystems in Abb. 4.7 mit dem Übertragungssystem in Abb. 7.4 entsteht das in Abb. 10.1 dargestellte Schema eines PAM-Systems. Als Trägersignal wird in diesem Beispiel aus Gründen der Anschaulichkeit wieder der Rechteckimpuls $s(t) = \mathrm{rect}(t/t_0)$ einer Dauer $t_0 < T$ benutzt, auch wenn dieser, wie bereits diskutiert wurde, an sich keine Übertragung mit effizienter Bandbreitenbegrenzung erlaubt.

In diesem Übertragungssystem wird das Quellensignal $f(t)$ zunächst über einen idealen Tiefpass der Grenzfrequenz f_g geführt und im Zeitabstand $T \leq 1/(2f_\mathrm{g})$ mit einem idealen Abtaster abgetastet. Das abgetastete Signal hat wie in (4.3) die Form

$$f_\mathrm{a}(t) = \sum_{n=-\infty}^{\infty} f(nT)\delta(t - nT). \tag{10.1}$$

Durch Faltung mit einem zur Übertragung geeigneten Trägersignal $s(t)$ entsteht das modulierte Sendesignal

$$m(t) = f_\mathrm{a}(t) * s(t) = \sum_{n=-\infty}^{\infty} f(nT)s(t - nT). \tag{10.2}$$

Dieser Zusammenhang zwischen Quellensignal $f(t)$ und moduliertem Sendesignal $m(t)$ ist linear. Man nennt die Pulsamplitudenmodulation daher auch ein *lineares Modulationsverfahren.*

Nach der Übertragung über einen verzerrungsfreien, aber durch weißes Rauschen der Rauschleistungsdichte N_0 gestörten Kanal liegt am Empfängereingang das gestörte Signal $m(t) + n(t)$. Nach den Überlegungen in Abschn. 8.2 wird eine beliebige Komponente $f(nT)s(t - nT)$ dieses Signals optimal durch ein Korrelationsfilter empfangen, wenn der Empfang frei von Eigeninterferenzen ist, wenn also das Trägersignal das 1. Nyquist-Kriterium (8.4) erfüllt (Aufgabe 10.1).

Die durch Abtastung am Ausgang des Korrelationsfilters gewonnenen Werte $y(nT)$ werden schließlich in einem Tiefpass zu dem Ausgangssignal $f_\mathrm{e}(t)$ interpoliert. Bei verzerrungsfreier, ungestörter Übertragung wirkt also das gesamte PAM-System wie ein ideales Abtastsystem und hat daher

---
[1] Im vorliegenden Kapitel wird ausnahmsweise die Notation $f(t)$ für das eigentliche Eingangssignal verwendet, da $s(t)$ wie bisher das Trägersignal bezeichnet.

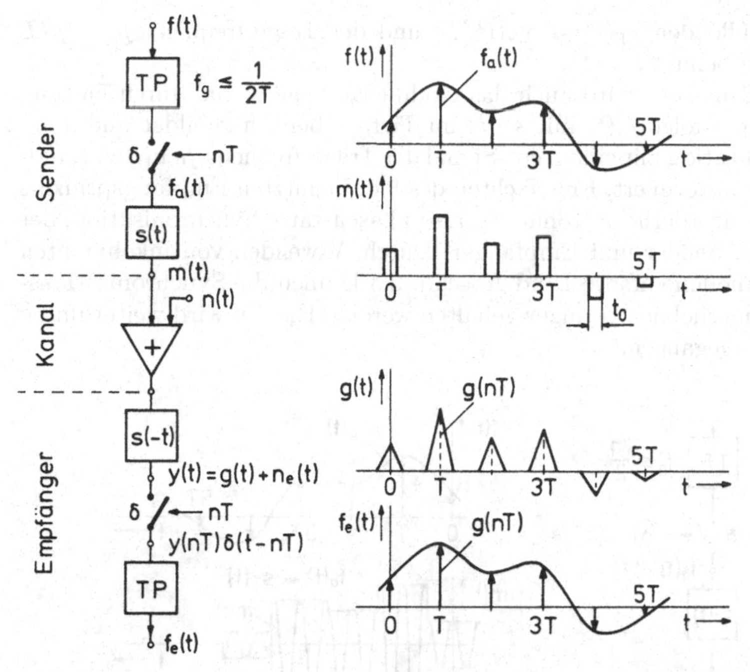

Abbildung 10.1. Schema eines PAM-Systems [rechts: störungsfreie Übertragung $n(t) = 0$]

die Übertragungseigenschaften eines idealen Tiefpasssystems der Grenzfrequenz f_g[2].

10.1.2 PAM-Übertragung mit Bandpassträgersignalen

Aus den gleichen Gründen wie bei der digitalen Übertragung mit Bandpassträgersignalen muss auch die PAM-Übertragung über die technisch wichtigen Bandpasskanäle gesondert betrachtet werden. Grund ist wieder der oszillierende Charakter einer Bandpassautokorrelationsfunktion. Die Anforderungen an die Genauigkeit des Empfangsfilters können auch hier durch Verarbeitung im Tiefpassbereich gemildert werden. Die entsprechenden Empfangsschaltungen sind bis zum Ausgang des Abtasters identisch mit den Empfängern in Abb. 9.3 oder 9.4. Ein vollständiges PAM-Übertragungssystem für symmetrische Bandpassträgersignale $s(t) = s_T(t)\cos(2\pi f_0 t)$ mit dem kohärenten Empfänger aus Abb. 9.4 wird in Abb. 10.2 gezeigt. Als Beispiel eines Trägersignals wird in diesem Bild das Bandpasssignal $\mathrm{rect}(t/T)\cos(2\pi f_0 t)$

[2] Der Verstärkungsfaktor T der idealen Abtastung nach Abb. 4.7 wurde hier und im Folgenden aus Gründen der Übersichtlichkeit fortgelassen. Ohnehin wäre die Amplitude des Ausgangssignals streng genommen noch zusätzlich von den Verstärkungsfaktoren der Sende- und Empfangsfilter und der Dämpfung des Kanals abhängig.

mit der Einhüllenden $s_T(t) \approx \mathrm{rect}(t/T)$ und der Trägerfrequenz $f_0 = p/T$ (p ganzzahlig) benutzt.

In dieser Schaltung wird auch das modulierte Sendesignal durch Faltung der Abtastimpulsfolge $f_a(t)$ mit $s_T(t)$ im Tiefpassbereich gebildet und dann durch Multiplikation mit einem cos-Signal der Trägerfrequenz f_0 in den Bandpassbereich transformiert. Ein Nachteil des hier benutzten Empfangsprinzips ist wieder die erforderliche Kohärenz, also phasenstarre Synchronisation, der Oszillatoren in Sender und Empfänger. Durch Anwenden von inkohärenten Empfangsmethoden entsprechend Abschn. 9.3 können die Synchronisationsanforderungen erheblich geringer gehalten werden. Hierauf wird weiter unten noch näher eingegangen.

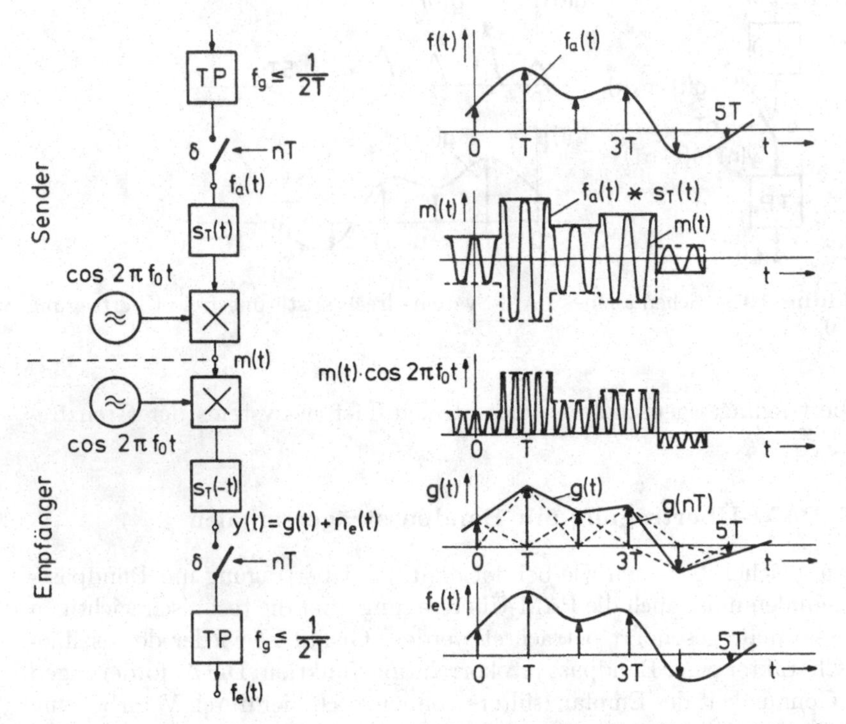

Abbildung 10.2. PAM-System mit kohärentem Empfang für symmetrische Bandpassträgersignale [rechts: störungsfreie Übertragung $n_e(t) = 0$]

10.1.3 Amplitudenmodulation

Der praktisch wichtigste Sonderfall der PAM-Übertragung verwendet als Trägersignal das ideale Bandpasssignal nach Abb. 5.17. Entsprechend (5.26) und (5.27) gilt dann für das Trägersignal und seine Autokorrelationsfunktion

$$
\begin{aligned}
S(f) &= \operatorname{rect}\left(\frac{f+f_0}{f_\Delta}\right) + \operatorname{rect}\left(\frac{f-f_0}{f_\Delta}\right) = |S(f)|^2 \\
&\quad\bullet\!\!-\!\!\circ \\
s(t) &= 2f_\Delta \operatorname{si}(\pi f_\Delta t)\cos(2\pi f_0 t) \qquad = \varphi_{ss}^{\mathrm{E}}(t) \quad \text{für } f_0 > f_\Delta/2.
\end{aligned}
\tag{10.3}
$$

Für $f_\Delta = 1/T$ erfüllt dieses Trägersignal das 1. Nyquist-Kriterium (8.4); also

$$
\varphi_{ss}^{\mathrm{E}}(nT) = \frac{2}{T}\operatorname{si}\left(\pi\frac{nT}{T}\right)\cos(2\pi f_0 nT) = 0 \quad \text{für} \quad n \neq 0 \quad \text{ganzzahlig.}
$$

Baut man mit diesem Trägersignal ein kohärentes PAM-Übertragungssystem wie in Abb. 10.2 auf, dann gilt für die Impulsantworten und Übertragungsfunktionen der Sende- und Empfangsfilter speziell hier

$$
\begin{aligned}
h_{\mathrm{T}}(t) &= s_{\mathrm{T}}^*(-t) = s_{\mathrm{T}}(t) = 2f_\Delta \operatorname{si}(\pi f_\Delta t) = \frac{2}{T}\operatorname{si}\left(\pi\frac{t}{T}\right) \\
&\quad\circ\!\!-\!\!\bullet \\
H_{\mathrm{T}}(f) &= S_T(f) = 2\operatorname{rect}\left(\frac{f}{f_\Delta}\right) = 2\operatorname{rect}(Tf).
\end{aligned}
\tag{10.4}
$$

Beide Filter sind ideale Tiefpässe der Grenzfrequenz $f_{\mathrm{g}} = f_\Delta/2 = 1/(2T)$. Das Blockschaltbild dieses Übertragungssystems ist in Abb. 10.3a dargestellt. Ein Vergleich mit Abb. 4.7 zeigt nun sofort, dass die Schaltung weiter verein-

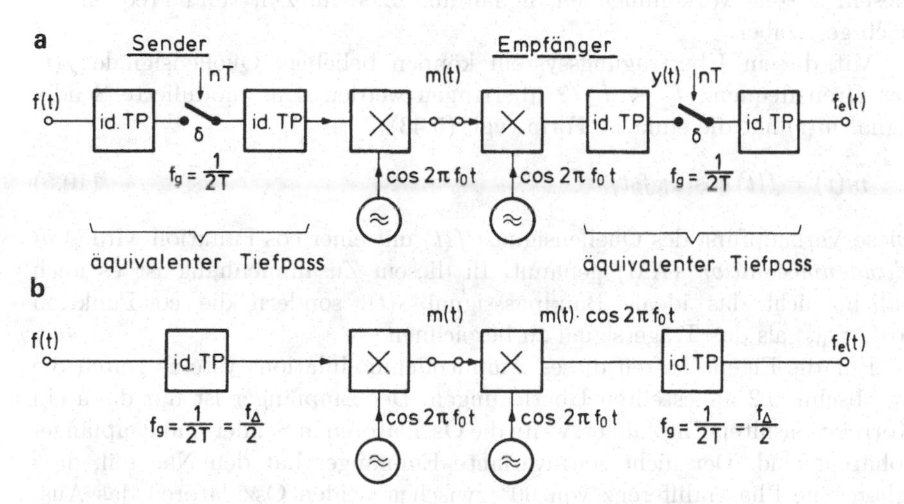

Abbildung 10.3. **a** PAM-System mit BP-Trägersignal und **b** äquivalentes System

facht werden kann. Die in Sender und Empfänger vorhandene Kettenschaltung zweier idealer Tiefpässe mit dazwischen liegendem idealen Abtaster ist

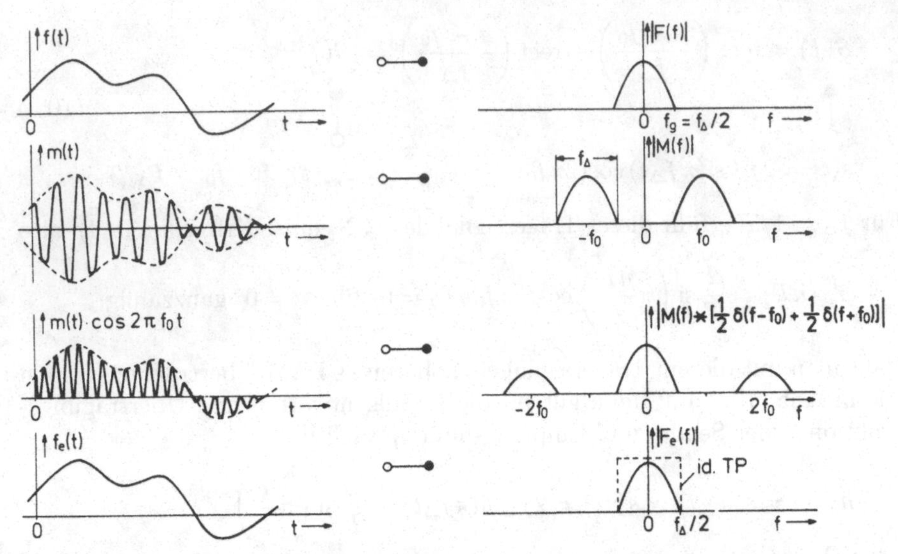

Abbildung 10.4. Signalfunktionen im Zeit- und Frequenzbereich zu dem Übertragungssystem in Abb. 10.3b (Frequenzbereich nicht maßstäblich)

bis auf den hier unerheblichen Verstärkungsfaktor T äquivalent zu einem einfachen idealen Tiefpass der Grenzfrequenz $f_g = 1/(2T) = f_\Delta/2$. Damit ergibt sich das in Abb. 10.3b gezeigte, sehr einfach aufgebaute Übertragungssystem.[3] Zur näheren Erläuterung der Wirkungsweise stellt Abb. 8.4 die in diesem System vorkommenden Signalfunktionen im Zeit- und Frequenzbereich gegenüber.

Mit diesem Übertragungssystem können beliebige Quellensignale $f(t)$ der Grenzfrequenz $f_g \leq f_\Delta/2$ übertragen werden. Das modulierte Sendesignal $m(t)$ hat die einfache Form (vgl. (5.43))

$$m(t) = f(t)\cos(2\pi f_0 t). \tag{10.5}$$

Diese Verknüpfung des Quellensignals $f(t)$ mit einer cos-Funktion wird *Amplitudenmodulation* (AM) genannt. In diesem Zusammenhang ist es auch üblich, nicht das ideale Bandpasssignal $s(t)$, sondern die cos-Funktion $\cos(2\pi f_0 t)$ als das Trägersignal zu bezeichnen.

Für die Eigenschaften dieses Amplitudenmodulationssystems gelten die in Abschn. 9.2 angestellten Überlegungen. Der Empfänger ist nur dann ein Korrelationsfilter-Empfänger, wenn die Oszillatoren in Sender und Empfänger kohärent sind. Der nicht zeitinvariante Empfänger hat den Nachteil, dass schon eine Phasendifferenz von 90° zwischen beiden Oszillatoren das Ausgangssignal verschwinden lässt (vgl. Aufgabe 10.2: Zur Synchronisation des

[3] Am Eingang des Empfängers liegt in praktischen Schaltungen gewöhnlich ein Bandpass, der eine Übersteuerung des folgenden Multiplizierers durch starke, außerhalb des Durchlassbereichs liegende Störsignale vermeiden soll.

Empfängeroszillators kann ein sin-förmiges Synchronisationssignal kleiner Leistung mit übertragen werden). Wegen dieser schwierigen Synchronisationsbedingung verwendet man auch bei AM-Übertragungsverfahren sehr häufig das in Abschn. 9.3 beschriebene Prinzip des inkohärenten Empfangs. Im Unterschied zu dem in Abschn. 10.1.2 besprochenen allgemeinen PAM-System ist bei der AM-Übertragung aber außer der Kohärenz des Empfängeroszillators keine Synchronisation von Abtastschaltern notwendig. Da die Abtastsysteme durch die äquivalenten Tiefpässe ersetzt werden konnten, ist der Empfang auch bei um ganzzahlige Vielfache von $1/f_0$ auf der Zeitachse verschobenen Eingangssignalen $m(t)$ optimal. Bei dem im Folgenden zu besprechenden inkohärenten Empfang ist schließlich überhaupt keine strenge Zeitbedingung mehr einzuhalten. Der Empfänger ist daher technisch i. Allg. einfacher zu realisieren[4].

10.1.4 Inkohärenter Empfang in AM-Systemen

Ein inkohärenter oder Hüllkurvenempfänger bildet wie in Abschn. 9.3 beschrieben die Einhüllende des Ausgangssignals eines Korrelationsfilters. In diesem Sinn stellt Abb. 5.24 bereits einen solchen Hüllkurvenempfänger dar. Für die Impulsantworten der Tiefpässe in den beiden Quadraturkanälen gilt (10.4), beide Filter sind hier also ideale Tiefpässe der Grenzfrequenz $f_g = f_\Delta/2$. Liegt am Eingang dieses sogenannten *Quadraturempfängers* das modulierte Sendesignal $m(t) = f(t)\cos(2\pi f_0 t)$ nach (10.5), dann erscheint im Fall ungestörter Übertragung am Ausgang der Betrag des Quellensignals in der Form

$$f_e(t) = |f(t)|. \tag{10.6}$$

Diese Betragsbildung stellt eine unerwünschte nichtlineare Verzerrung des empfangenen Signals dar. Man kann diese Verzerrung verhindern, indem zu dem Quellensignal $f(t)$ ein so großer konstanter Gleichwert A addiert wird, dass die Summe nicht negativ wird:

$$f(t) + A \geq 0. \tag{10.7}$$

Das modulierte Sendesignal hat dann mit (10.5) die Form

$$\begin{aligned} m_A(t) &= [f(t) + A]\cos(2\pi f_0 t) \\ &= f(t)\cos(2\pi f_0 t) + A\cos(2\pi f_0 t). \end{aligned} \tag{10.8}$$

[4] Auch wenn die phasengenaue Synchronisation des Oszillators im Empfänger z.B. mittels PLL-Schaltungen heute kein technisches Problem mehr darstellt, mussten bei der Anwendung von AM beispielsweise im Mittelwellen-Rundfunk die einmal etablierten Übertragungsverfahren beibehalten werden, um mit den älteren Empfängern kompatibel zu bleiben.

Die Addition des Gleichwertes A zu dem Quellensignal ist also äquivalent zur Addition eines Trägersignals $A\cos(2\pi f_0 t)$ zum ursprünglichen modulierten Sendesignal. Man nennt dieses Verfahren daher auch *Amplitudenmodulation mit Träger*. Am Ausgang des Empfängers kann die Gleichgröße A ohne Schwierigkeiten wieder abgetrennt werden. Wird im Sonderfall ein sinusförmiges Quellensignal

$$f(t) = a\cos(2\pi f_1 t)$$

übertragen, dann lautet das modulierte Sendesignal (10.8)

$$m_A(t) = [A + a\cos(2\pi f_1 t)]\cos(2\pi f_0 t)$$

oder umgeschrieben mit dem *Modulationsgrad* μ_{AM} der Amplitudenmodulation

$$\mu_{\mathrm{AM}} = a/A \tag{10.9}$$

auch

$$m_A(t) = A[1 + \mu_{\mathrm{AM}}\cos(2\pi f_1 t)]\cos(2\pi f_0 t). \tag{10.10}$$

Die Bedingung (10.7) lässt sich dann für sinusförmige Quellensignale mit Hilfe des Modulationsgrades schreiben als

$$|\mu_{\mathrm{AM}}| \leq 1. \tag{10.11}$$

Der Fall $|\mu_{\mathrm{AM}}| > 1$ wird Übermodulation genannt, bei inkohärentem Empfang ist das Ausgangssignal eines übermodulierten AM-Systems verzerrt[5].

Das Schema des Quadraturempfängers ist in Abb. 10.5a noch einmal dargestellt. Technisch wichtiger ist eine vereinfachte Modifikation des Hüllkurvenempfangs, die bereits in Abb. 9.6 für den Digitalempfang vorgestellt wurde. Abb. 10.5b zeigt diesen sogenannten *Geradeausempfänger*, der bis auf Abtaster und Entscheidungsstufe mit der Schaltung des entsprechenden digitalen Empfängers identisch ist. Das Korrelationsfilter ist hier ein idealer Bandpass der Mittenfrequenz f_0 und Bandbreite f_Δ. Der Geradeausempfänger bildet allerdings wie der entsprechende Digitalempfänger bei gestörtem Empfang die Einhüllende nur näherungsweise (Aufgabe 10.3b). Ein Empfänger für amplitudenmodulierte Sendesignale muss häufig so ausgelegt werden, dass er Signale unterschiedlicher Mittenfrequenz f_0 empfangen kann. Der Quadraturempfänger ist für diesen Anwendungsfall gut geeignet, da nur die Frequenz des Oszillators verändert zu werden braucht. Im Geradeausempfänger

[5] Um zufällige, bei hohen Signalpegeln plötzlich auftretende Übermodulationen zu vermeiden, ist es selbst bei Verwendung einer AM mit Träger heute durchaus üblich, hochwertige Empfänger kohärent (z.B. mit PLL-Schaltungen) zu realisieren. Das Vorhandensein des Trägersignals erhöht dabei die Präzision der Synchronisation, die bei AM ohne Träger bei kleinen Nutzsignalpegeln durch Rauscheinflüsse beeinträchtigt werden könnte.

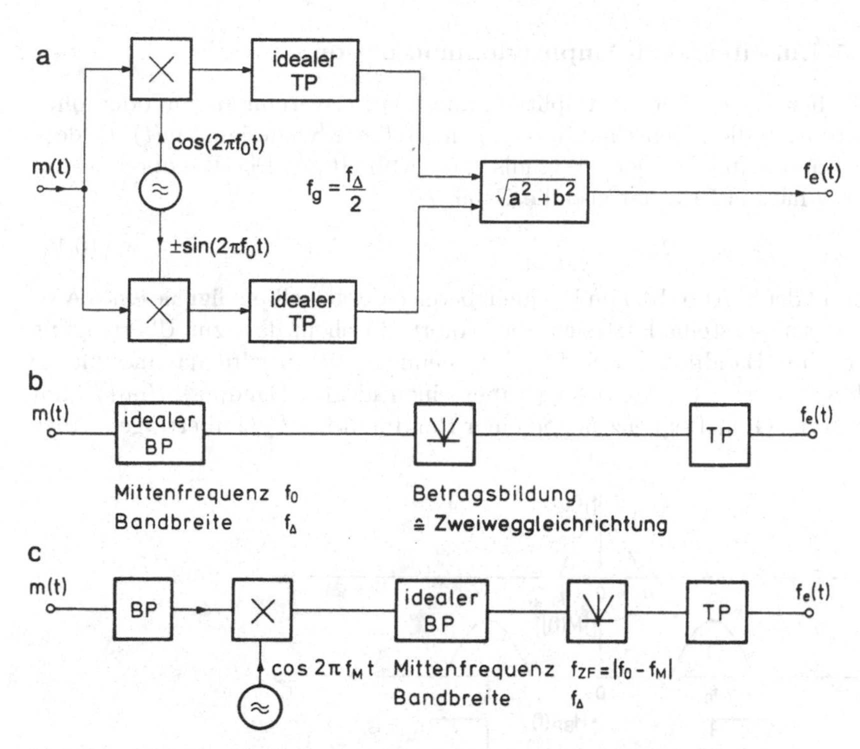

Abbildung 10.5. Hüllkurvenempfänger für amplitudenmodulierte Signale: **a** Quadraturempfänger, **b** Geradeausempfänger, **c** Überlagerungsempfänger

muss dagegen die Übertragungsfunktion des Bandpassfilters geändert werden. Um dieses technisch nicht einfach lösbare Problem zu umgehen, wird der *Überlagerungsempfänger* Abb. 10.5c benutzt. Der Überlagerungsempfänger ist eine Modifikation des Geradeausempfängers, bei der das amplitudenmodulierte Eingangssignal der Trägerfrequenz f_0 zunächst mit einem cos-Signal der einstellbaren Frequenz f_M multipliziert wird. In einem nachfolgenden nichtkohärenten Geradeausempfänger kann dieses neue Signal dann mit einem Korrelationsfilter der festen Mittenfrequenz $f_\mathrm{ZF} = |f_\mathrm{M} - f_0|$, der sogenannten *Zwischenfrequenz*, empfangen werden (Aufgabe 10.4). Ein weiterer Vorteil dieses Prinzips besteht darin, dass bei Wahl einer tieferen Zwischenfrequenz $f_\mathrm{ZF} < f_0$ das Bandpassfilter wegen seiner größeren relativen Bandbreite f_Δ / f_ZF einfacher zu realisieren ist. Schließlich wird noch die bei höherer Verstärkung kritische Schwingneigung der Verstärkerstufen durch Aufteilen der Gesamtverstärkung auf drei unterschiedliche Frequenzbereiche entschärft. Der unkritische Bandpass am Eingang des Überlagerungsempfängers soll einmal den Empfang unerwünschter Signale im „Spiegelfrequenzbereich" unterdrücken (Aufgabe 10.4), zum anderen verhindert er eine Übersteuerung des Multiplikators durch Störsignale außerhalb des Durchlassbereichs des Empfängers.

10.1.5 Einseitenband-Amplitudenmodulation

Die bisher besprochenen Amplitudenmodulationsverfahren mit oder ohne Träger haben die Eigenschaft, dass das modulierte Sendesignal $m(t)$ die doppelte Bandbreite des Quellensignals hat (Abb. 10.4). Der Bandbreitedehnfaktor β nach (12.13) hat also die Größe

$$\beta_{\text{AM}} = f_{\Delta}/f_{\text{g}} = 2. \tag{10.12}$$

An Hand der in Abb. 10.4 im Frequenzbereich dargestellten Signale eines AM-Übertragungssystems lässt sich aber sofort einsehen, dass zur Übertragung bereits eine Bandbreite von $f_{\Delta} = f_{\text{g}}$ genügt. Hierzu wird das modulierte Sendesignal, wie Abb. 10.6 zeigt, über einen idealen Bandpass $H_{\text{BP}}(f)$ mit der unteren Grenzfrequenz f_0 und einer Bandbreite $> f_{\Delta}/2$ übertragen. Auch

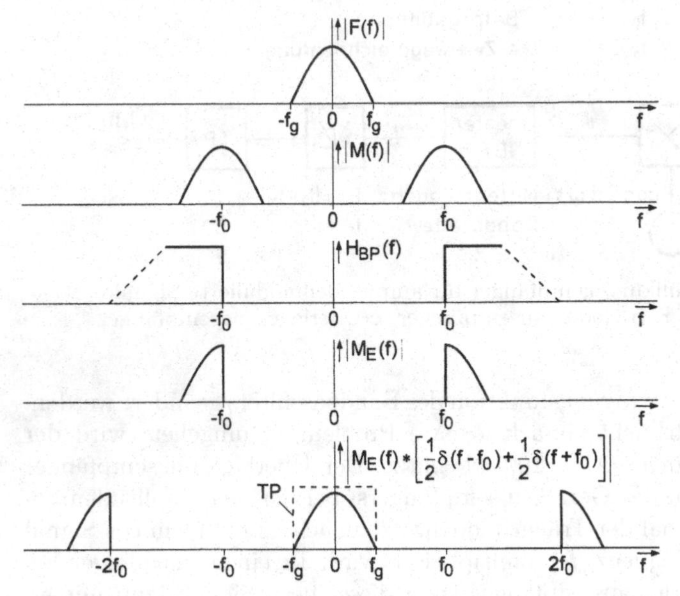

Abbildung 10.6. Einseitenband-Amplitudenmodulation

aus diesem gefilterten modulierten Sendesignal $M_{\text{E}}(f)$ kann, wie die untere Zeile von Abb. 10.6 zeigt, ein kohärenter AM-Empfänger durch Multiplikation mit einem cos-Signal der Frequenz f_0 und Tiefpassfilterung das Quellensignal mit Spektrum $F(f)$ zurückgewinnen. Da dieser Empfänger aber auch Störsignale aus dem Bereich des nicht übertragenen Seitenbandes empfängt, muss er durch einen Eingangsbandpass $H_{\text{BP}}(f)$ [wie in Abb. 10.6, s. Übungen 14.9] ergänzt werden.

Dieses Übertragungsverfahren wird *Einseitenband*-AM genannt. Entsprechend trägt das zuerst besprochene Verfahren auch den Namen *Zweiseitenband*-AM, wobei der im Bereich $|f| > f_0$ liegende Teil des Spektrums

$M(f)$ das *obere Seitenband* und der Teil im Bereich $|f| < f_0$ das *untere Seitenband* genannt wird. Als Modifikation von Abb. 10.6 kann bei einem Einseitenband-AM-Verfahren alternativ auch das untere Seitenband übertragen werden. Der Bandbreitedehnfaktor nach (10.12) hat bei der Einseitenband-AM-Übertragung mit $f_\Delta = f_g$ die Größe

$$\beta_{EM} = f_g/f_g = 1.$$

Das steilflankige Bandpassfilter, das in Abb. 10.6 bei Übertragung von Signalen mit tiefer unterer Grenzfrequenz zur Bildung des Einseitenband-AM-Signals $M_E(f)$ benötigt wird, ist nur näherungsweise realisierbar. Die Auslegung dieses steilflankigen Filters wird sehr viel einfacher, wenn das Einseitenband-Signal zunächst bei einer niedrigen Trägerfrequenz gebildet und dann in einer zweiten Modulationsstufe in den endgültigen Bereich gebracht wird.

Es ist weiter möglich, Filter niedriger Flankensteilheit zu verwenden. Das Prinzip zeigt Abb. 10.7. In diesem sogenannten *Restseitenband*-AM-

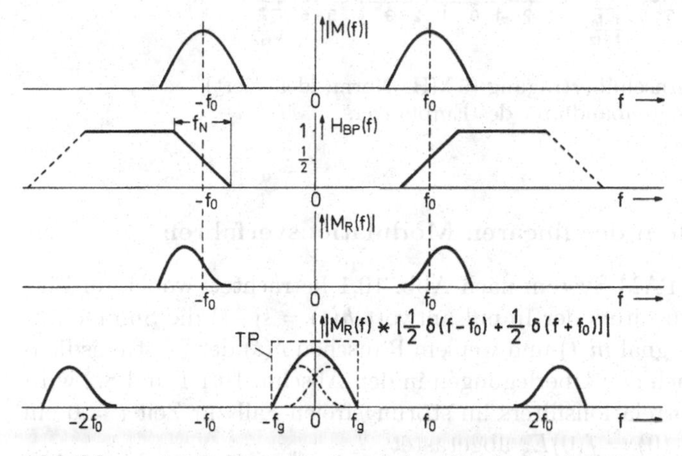

Abbildung 10.7. Restseitenband-Amplitudenmodulation

Verfahren wird der im oberen Seitenband auf Grund der Filterflanke endlicher Steilheit fehlende Anteil in einem Teil des unteren Seitenbandes übertragen. Die Übertragungsfunktion $H_{BP}(f)$ eines geeigneten Filters muss dazu im Bereich $|f - f_0| < f_g$ einen zur Trägerfrequenz f_0 schiefsymmetrischen Verlauf besitzen, man nennt diesen Verlauf auch die *Nyquist-Flanke* des Bandpassfilters[6].

Restseitenband-Übertragungsverfahren haben einen größeren Bandbreitedehnfaktor als Einseitenband-AM-Verfahren. Hat die Nyquist-Flanke eine Breite $f_N \leq 2f_g$, dann ergibt sich nach Abb. 8.7 als Bandbreitedehnfaktor

[6] Diese Benennung erfolgt wegen der Analogie mit dem Verlauf der Spektrums von Trägersignalen, die das erste Nyquist-Kriterium erfüllen (vgl. Abb.8.5).

$$\beta_{\mathrm{RM}} = \frac{f_{\mathrm{g}} + f_{\mathrm{N}}/2}{f_{\mathrm{g}}} = 1 + \frac{f_{\mathrm{N}}}{2f_{\mathrm{g}}}. \tag{10.13}$$

Anmerkung: Auch bei Ein- und Restseitenbandübertragung ist inkohärenter Empfang möglich, wenn ein hinreichend starkes Trägersignal mit übertragen wird. Geringe Verzerrungen sind dabei aber unvermeidlich (Fontolliet, 1986). Das Verfahren der Restseitenband-Übertragung mit Träger wird bei der Übertragung der Videosignale im Fernsehrundfunk angewandt (mit den Bandbreiten $f_{\mathrm{g}} \approx 5,5\,\mathrm{MHz}$ und $f_{\mathrm{N}} \approx 1,5\,\mathrm{MHz}$, s. hierzu Abb. 10.8).

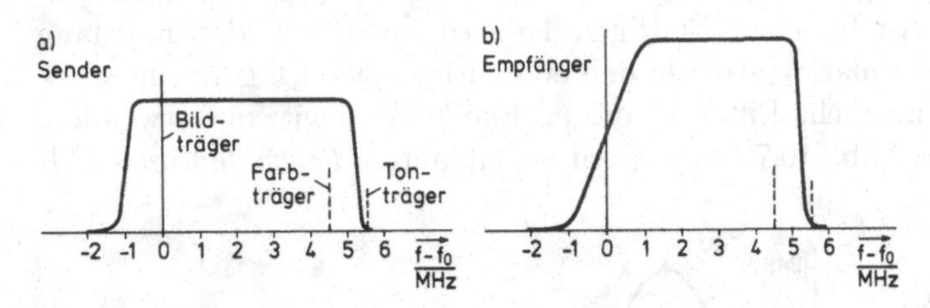

Abbildung 10.8. Fernsehübertragung (5 MHz-Norm, idealisiert)
a Sendefilter, **b** Restseitenbandfilter des Empfängers

10.1.6 Störverhalten der linearen Modulationsverfahren

Es wird wieder das PAM-System nach Abb. 10.1 betrachtet, wobei am Eingang des Korrelationsfilters der Impulsantwort $h(t) = s(-t)$ die Summe aus moduliertem Sendesignal $m(t)$ und weißem Rauschen $n(t)$ der Leistungsdichte N_0 liegen soll. Nach den Überlegungen in den Abschn. 10.1.1 und 8.2 wird am Ausgang des Korrelationsfilters im störungsfreien Fall zur Zeit $t = 0$ ein Wert $g(0) = f(0)\varphi^{\mathrm{E}}_{ss}(0) = f(0)E_s$ abgetastet.

Der Abtastwert $f(0)$ des Quellensignals kann als Zufallsgröße mit der Augenblicksleistung $\mathcal{E}\left\{f^2(0)\right\}$ aufgefasst werden. Am Ausgang des Korrelationsfilters erscheint damit die Augenblicksnutzleistung

$$S_{\mathrm{a}} = \mathcal{E}\left\{g^2(0)\right\} = \mathcal{E}\left\{f^2(0)E_s^2\right\} = \mathcal{E}\left\{f^2(0)\right\}E_s^2. \tag{10.14}$$

Im Folgenden wird das Quellensignal $f(t)$ als Musterfunktion eines stationären Prozesses mit der Leistung $\mathcal{E}\left\{f^2(0)\right\} = S_f$ angesehen. Beschreibt man weiter gemäß der Ableitung von (7.48) die Störleistung am Ausgang des Korrelationsfilters als

$$N = N_0\varphi^{\mathrm{E}}_{hh}(0) = N_0\varphi^{\mathrm{E}}_{ss}(0) = N_0E_s,$$

dann erhält man als Nutz-/Störleistungsverhältnis am Ausgang des Korrelationsfilters

$$\frac{S_\mathrm{a}}{N} = \frac{S_f E_s^2}{N_0 E_s} = S_f \frac{E_s}{N_0}. \tag{10.15}$$

Wie in Abschn. 12.1.1 schon dargelegt, wird dieses S_a/N-Verhältnis bei Interpolation der Abtastwerte durch den Ausgangstiefpass des PAM-Systems nicht verändert. Damit gilt (10.15) auch für das Ausgangssignal $f_\mathrm{e}(t)$ des PAM-Systems. Im Vergleich zu dem PCM-Übertragungssystem existiert bei PAM-Systemen also kein Schwelleneffekt. Das S_a/N-Verhältnis am Ausgang des PAM-Systems ist proportional zum E_s/N_0-Verhältnis auf dem Übertragungskanal.

Das gleiche Störverhalten gilt ebenfalls für die AM-Übertragung mit kohärentem Empfang, die in Abschn. 10.1.3 als Sonderfall einer PAM-Übertragung mit dem idealen Bandpasssignal als Trägersignal gedeutet wurde. Drückt man in (10.15) die Energie E_s der im Abstand $T = 1/f_\Delta = 1/(2f_\mathrm{g})$ ausgesendeten Bandpassträgersignale mittels der Trägerleistung S_t aus (s. Aufgabe 13.1)

$$E_s = S_\mathrm{t} T = S_\mathrm{t}/f_\Delta, \tag{10.16}$$

dann lautet (8.15) mit $f_\Delta = 2f_\mathrm{g}$ auch

$$\frac{S_\mathrm{a}}{N} = S_f \frac{S_\mathrm{t}}{f_\Delta N_0} = S_f \frac{S_\mathrm{t}}{2f_\mathrm{g} N_0}. \tag{10.17}$$

Damit ist also bei kohärenter AM-Übertragung das Nutz-/Störleistungsverhältnis am Ausgang des Empfängers gleich der am Eingang des Korrelationsfilters liegenden Nutzleistung mit dem Wert $S_\mathrm{K} = S_f \cdot S_\mathrm{t}$ (dimensionslos), bezogen auf die in einem Band der Quellensignalbandbreite gemessene Störleistung $2f_\mathrm{g}N_0$.

Das gleiche Ergebnis erhält man auch für die kohärente Einseitenband-AM-Übertragung (s. Zusatzaufgabe 14.9 in Kap. 14).

Nicht so einfach lässt sich das Problem der Zweiseitenband-AM-Übertragung mit Träger übersehen. Zur Vereinfachung wird zunächst angenommen, dass der Empfänger kohärent sei. Unter der Voraussetzung, dass die Nutzleistung mit dem Wert $S_f \cdot S_\mathrm{t}$ am Empfängereingang den gleichen Wert wie im Fall der Zweiseitenband-AM-Übertragung ohne Träger hat, wird sich das S_a/N-Verhältnis verschlechtern, da der Träger nicht zur Leistung des Ausgangsnutzsignals beiträgt. Diese Verschlechterung sei am Beispiel eines sin-förmigen Quellensignals $f(t) = a\sin(2\pi f_1 t)$ berechnet. Bei Übertragung ohne Träger beträgt die Quellenleistung (Aufgabe 6.3) $S_f = a^2/2$. Bei Übertragung mit Träger wird nach (10.8) das Signal $f_1(t) = a_1 \sin(2\pi f_1 t) + A$ benutzt, dessen nutzbare Leistung $a1^2/2$, beträgt. Die Leistung nach Addition des Gleichanteils ist jedoch $S_{1f} = a_1^2/2 + A^2$, oder mit dem Modulationsgrad (10.9) auch $S_{1f} = a_1^2/2 + a_1^2/\mu_\mathrm{AM}^2$. Für einen Vergleich wird formal $S_f = S_{1f}$ gesetzt, so dass

$$a^2/2 = a_1^2/2 + a_1^2/\mu_\mathrm{AM}^2.$$

Als Verhältnis der Leistungen des sin-förmigen Quellensignals $f(t)$ verglichen mit dem nutzbaren Anteil in $f_1(t)$ folgt damit

$$\frac{a^2}{a_1^2} = 1 + \frac{2}{\mu_{\text{AM}}^2}.$$

Einsetzen in (10.17) ergibt als Nutz-/Störleistungsverhältnis der Zweiseitenband-AM mit Träger demnach bezogen auf ein allgemeines sin-förmiges Quellensignal $f(t) = a\sin(2\pi f_1 t)$

$$\frac{S_{\text{a}}}{N} = \frac{1}{1 + 2/\mu_{\text{AM}}^2} \cdot \frac{S_f S_{\text{t}}}{2 f_{\text{g}} N_0}. \tag{10.18}$$

Da der Modulationsgrad nach (10.11) für nichtkohärenten Empfang maximal gleich Eins sein darf, wird das S_{a}/N-Verhältnis der Zweiseitenband-AM mit Träger also mindestens um den Faktor $1/(1+2) = 1/3 \mathrel{\hat{=}} -4{,}8\,\text{dB}$ verkleinert.

Das S_{a}/N-Verhältnis wird noch geringer, wenn man zusätzlich den Einfluss des nichtidealen Hüllkurvenempfängers berücksichtigt. Jedoch lässt sich dieser Einfluss bei einigermaßen großem S_{a}/N-Verhältnis, wie es bei der Übertragung analoger Signale fast immer gefordert wird, vernachlässigen.

10.2 Winkelmodulationsverfahren

Die Bezeichnung Winkelmodulation beschreibt Modulationsverfahren, bei denen das Quellensignal die Dehnung eines sinusoidalen Trägersignals steuert. Mit diesen Modulationsverfahren lassen sich ähnlich wie bei der Pulscodemodulation große Bandbreitedehnfaktoren und verbunden damit eine Verbesserung des Störverhaltens im Vergleich zu Amplitudenmodulationsverfahren erreichen.[7]

10.2.1 Phasen- und Frequenzmodulation

Bei Winkelmodulations-Verfahren ist das Argument eines cos-förmigen Trägersignals eine Funktion des Quellensignals $f(t)$. Das modulierte Sendesignal lautet also

$$m(t) = \cos[\psi(f(t))] = \cos[\psi_f(t)]. \tag{10.19}$$

Dieser Zusammenhang zwischen $f(t)$ und $m(t)$ ist nichtlinear, die Winkelmodulation gehört daher zu den nichtlinearen Modulationsverfahren. Im Fall der *Phasenmodulation* (PM) lautet die Argumentfunktion

$$\psi_{f,\text{PM}}(t) = 2\pi f_0 t + 2\pi c f(t), \quad c \text{ beliebige, reelle Konstante.} \tag{10.20}$$

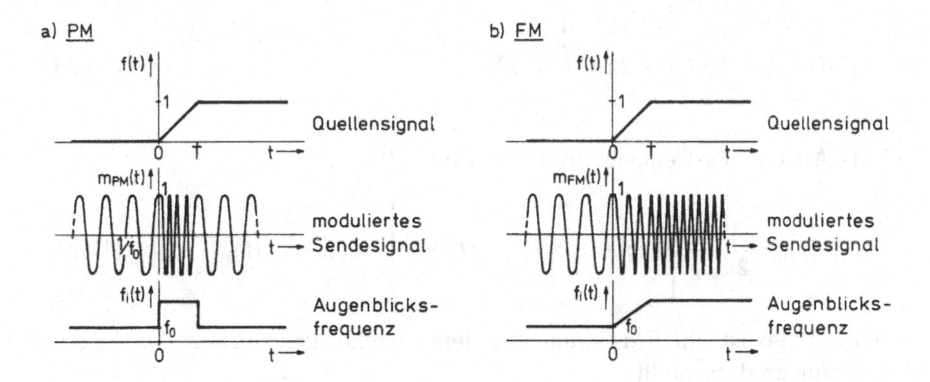

Abbildung 10.9. Beispiel zu **a** Phasen- und **b** Frequenzmodulation

Abb. 10.9a gibt ein Beispiel für diesen Zusammenhang. Ändert sich das Quellensignal nur langsam innerhalb einer Periode $1/f_0$ des Trägersignals, dann kann ein winkelmoduliertes Signal noch in guter Näherung als cos-förmige Zeitfunktion beschrieben werden, deren Periodendauer von Periode zu Periode eine etwas andere Größe hat. Eine Periode ist dabei die Zeit, in der das Argument einen Wertebereich der Breite 2π durchläuft. Betrachtet man das modulierte Signal während der Zeit t bis $t + \Delta t$, dann ist also die Zahl der auf diesen Zeitabschnitt entfallenden Perioden

$$\frac{\psi_f(t + \Delta t) - \psi_f(t)}{2\pi \Delta t}.$$

Dieser Ausdruck kann als mittlere Frequenz des Signals in dem betrachteten Zeitabschnitt interpretiert werden. Lässt man jetzt die Breite Δt des Zeitabschnitts gegen Null gehen, dann geht diese mittlere Frequenz in die sogenannte *Augenblicksfrequenz* $f_\mathrm{i}(t)$ zur Zeit t über, es wird definiert

$$f_\mathrm{i}(t) = \lim_{\Delta t \to 0} \frac{\psi_f(t + \Delta t) - \psi_f(t)}{2\pi \Delta t} = \frac{1}{2\pi} \frac{\mathrm{d}}{\mathrm{d}t} \psi_f(t). \tag{10.21}$$

Die Augenblicksfrequenz eines phasenmodulierten Signals ist dann mit (10.20) in (10.21)

$$f_\mathrm{i,PM}(t) = \frac{1}{2\pi} \frac{\mathrm{d}}{\mathrm{d}t} [2\pi f_0 t + 2\pi c f(t)] = f_0 + c f'(t). \tag{10.22}$$

Die Augenblicksfrequenz eines phasenmodulierten Signals ändert sich also proportional zur zeitlichen Ableitung des Quellensignals (Abb. 10.9a).

Wird nun dieses Modulationsverfahren so abgeändert, dass nicht mit dem Quellensignal $f(t)$ selbst, sondern mit dem laufenden Integral über das Quellensignal moduliert wird, dann erhält man die *Frequenzmodulation* (FM). Die Argumentfunktion lautet also entsprechend zu (10.20)

---

[7] Zuerst 1936 von dem amerik. Ingenieur Edwin H. Armstrong (1890–1954) demonstriert (Anhang zum Literaturverzeichnis).

$$\psi_f, \mathrm{FM}(t) = 2\pi f_0 t + 2\pi c \int_{-\infty}^{t} f(\tau)\mathrm{d}\tau, \tag{10.23}$$

und als Augenblicksfrequenz ergibt sich mit (10.21)[8]

$$f_{\mathrm{i,FM}}(t) = \frac{1}{2\pi}\frac{\mathrm{d}}{\mathrm{d}t}\left[2\pi f_0 t + 2\pi c \int_{-\infty}^{t} f(\tau)\mathrm{d}\tau\right] = f_0 + cf(t). \tag{10.24}$$

In Abb. 10.9b ist ein FM-Signal mit dem zugehörigen Verlauf der Augenblicksfrequenz dargestellt.

Der Vergleich von (10.23) und (10.20) zeigt, dass die Phasenmodulation des integrierten Quellensignals ergebnisgleich mit der Frequenzmodulation des Quellensignals ist. Entsprechend stimmt die Frequenzmodulation des differenzierten Quellensignals im Ergebnis mit der Phasenmodulation des Quellensignals überein. Beide Modulationsarten lassen sich also einfach ineinander überführen. Aus dem gleichen Grund ist es auch nicht möglich, ohne Kenntnis des Quellensignals ein FM- und PM-Signal voneinander zu unterscheiden. Dieser Zusammenhang ist in Abb. 10.10 als Blockbild dargestellt. Für die technische Ausführung eines Phasen- oder Frequenzmodulators ist

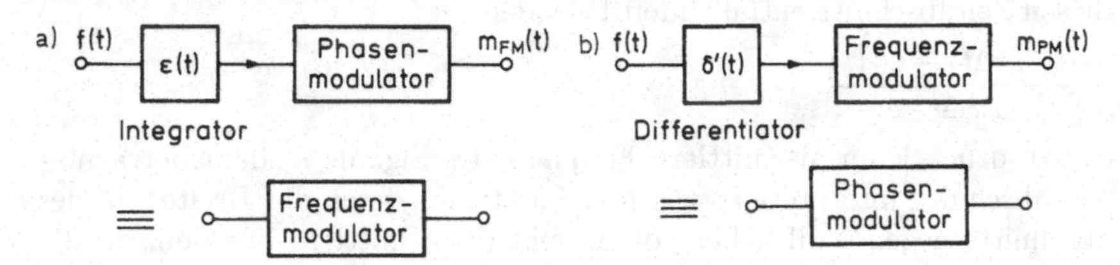

Abbildung 10.10. Zusammenhang zwischen **a** frequenzmoduliertem Signal $m_{\mathrm{FM}}(t)$ und **b** phasenmodulierten Signal $m_{\mathrm{PM}}(t)$

eine große Zahl von im einzelnen sehr unterschiedlichen Prinzipien bekannt (Aufgabe 10.3). Im einfachsten Fall wird durch das Quellensignal ein frequenzbestimmendes Bauelement eines Oszillators verändert, beispielsweise die Kapazität einer Varactordiode im Schwingkreis eines Oszillators. Vorteilhafter sind Schaltungen, in denen das Ausgangssignal eines Oszillators hoher Frequenzkonstanz in einer nachfolgenden Stufe phasenmoduliert wird. Für eine eingehendere Übersicht muss auf die Literatur verwiesen werden (Taub und Schilling, 1987).

[8] Bei Berechnung des laufenden Integrals in (10.24) können Konvergenzschwierigkeiten auftreten, für die zugelassenen Funktionen im Integranden gelten daher die Bemerkungen in der Fußnote 4 in Kap. 1.

10.2.2 Spektrum eines FM-Signals

Im allgemeinen Fall ist der Zusammenhang zwischen den Spektren des Quellensignals und des winkelmodulierten Signals recht kompliziert. Jedoch lassen sich schon einige allgemeine Ergebnisse über FM-Spektren ableiten, wenn die Betrachtung auf ein cos-förmiges Quellensignal beschränkt wird. Dabei sei aber noch einmal deutlich darauf hingewiesen, dass für den Winkelmodulator als nichtlineares System kein Superpositionsgesetz gilt, es also nicht möglich ist, aus dem FM-Spektrum bei cos-förmiger Modulation auf die Spektren bei beliebigen Quellensignalen zu schließen. Mit $f(t) = a\cos(2\pi f_1 t)$ in (10.23) ergibt sich die Argumentfunktion

$$\psi_f, \mathrm{FM}(t) = 2\pi f_0 t + 2\pi c \int_{-\infty}^{t} a\cos(2\pi f_1 \tau)\mathrm{d}\tau.$$

Da das Quellensignal $f(t)$ für $t \to -\infty$ nicht abklingt, konvergiert das Integral nicht. Bildet man im Grenzübergang

$$\int_{-\infty}^{t} \cos(2\pi f_1 \tau)\mathrm{d}\tau = \lim_{T\to\infty} \int_{-T}^{t} \cos(2\pi f_1 \tau)\mathrm{d}\tau$$

$$= \frac{1}{2\pi f_1}\sin(2\pi f_1 t) - \lim_{T\to\infty}\left[\frac{1}{2\pi f_1}\sin(2\pi f_1 T)\right],$$

dann stellt der rechte Term für jedes beliebige T einen festen Wert im Bereich zwischen $1/(2\pi f_1)$ und $-1/(2\pi f_1)$ dar. Dieser Ausdruck entspricht einem festen Winkel im Argument $\psi_f, \mathrm{FM}(t)$, der im Folgenden willkürlich zu Null angenommen wird. Damit kann jetzt geschrieben werden

$$\psi_f, \mathrm{FM}(t) = 2\pi f_0 t + c\frac{a}{f_1}\sin(2\pi f_1 t).$$

Setzt man diesen Ausdruck in (10.19) ein, dann ergibt sich mit dem *Modulationsgrad* μ_{FM}, definiert durch

$$\mu_{\mathrm{FM}} = c\frac{a}{f_1}, \tag{10.25}$$

als FM-Signal

$$m(t) = \cos[2\pi f_0 t + \mu_{\mathrm{FM}}\sin(2\pi f_1 t)]. \tag{10.26}$$

Ausdrücke dieser Form können mit Hilfe von Bessel-Funktionen 1. Art n-ter Ordnung $J_n(x)$ geschrieben werden. Es gilt

$$\cos[\alpha + x\sin(\beta)] = \sum_{n=-\infty}^{\infty} J_n(x)\cos(\alpha + n\beta). \tag{10.27}$$

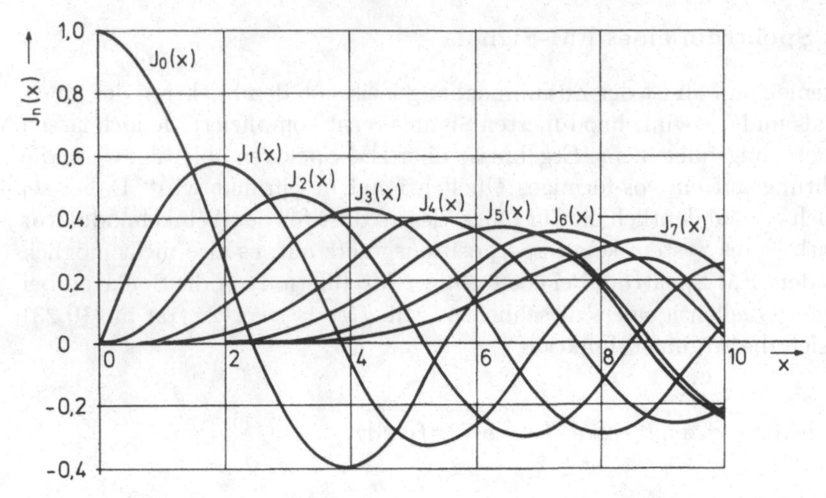

Abbildung 10.11. Bessel-Funktionen 1. Art n-ter Ordnung mit den Eigenschaften $J_{-n}(x) = (-1)^n J_n(x)$ und $J_n(-x) = (-1)^n J_n(x)$

Den Verlauf dieser Bessel-Funktionen zeigt Abb. 10.11. Mit (10.27) in (10.26) lässt sich dann ein FM-Signal bei cos-förmigem Quellensignal schreiben als

$$m(t) = \sum_{n=-\infty}^{\infty} J_n(\mu_{\mathrm{FM}}) \cos(2\pi f_0 t + n 2\pi f_1 t). \tag{10.28}$$

Durch Fourier-Transformation folgt als Spektrum des FM-Signals

$$M(f) = \sum_{n=-\infty}^{\infty} J_n(\mu_{\mathrm{FM}}) \frac{1}{2} [\delta(f - f_0 - n f_1) + \delta(f + f_0 + n f_1)]. \tag{10.29}$$

Der Betrag dieses Spektrums ist für einen Modulationsgrad von $\mu_{\mathrm{FM}} = 5$ in Abb. 10.12 dargestellt, die Gewichte der Dirac-Impulse entsprechen den halben Werten der Bessel-Funktionen für das Argument $\mu_{\mathrm{FM}} = y = 5$ in Abb. 10.11. Das FM-Spektrum ist also bei sin-förmigem Quellensignal ein Linienspektrum, dessen Dirac-Impulse symmetrisch zur Trägerfrequenz f_0 im Abstand von Vielfachen der Frequenz f_1 des Quellensignals liegen. Der Verlauf der Bessel-Funktionen zeigt, dass die Gewichte der Dirac-Impulse für etwa $n > |\mu_{\mathrm{FM}}|$ schnell kleiner werden, so dass das eigentlich unendlich ausgedehnte FM-Spektrum praktisch auf die in Abb. 10.12 eingezeichnete Breite f_Δ bandbegrenzt ist. Wird ein cos-förmiges Quellensignal mit der höchstmöglichen Frequenz $f_1 = f_{\mathrm{g}}$ übertragen, dann gilt für diese sogenannte *Carson-Bandbreite* (Aufgaben 10.7 und 10.10)

$$f_\Delta = 2(|\mu_{\mathrm{FM}}| + 1) f_{\mathrm{g}}. \tag{10.30}$$

Mit (12.13) ist also der Bandbreitedehnfaktor bei der FM-Übertragung

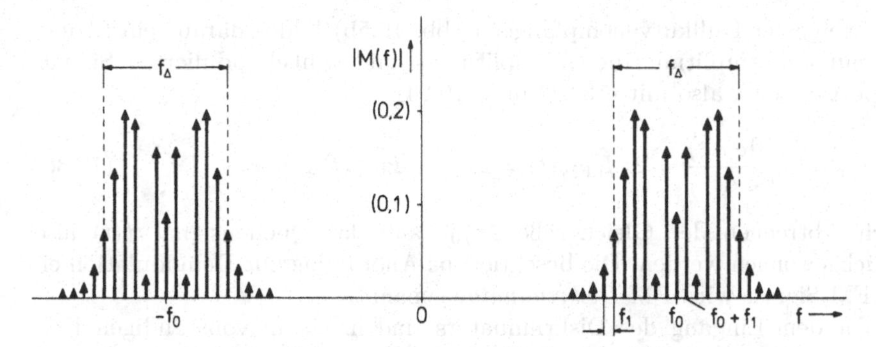

Abbildung 10.12. Betragsspektrum eines FM-Signals bei cos-förmigem Quellensignal der Frequenz f_1 und einem Modulationsgrad $\mu_{\mathrm{FM}} = 5$

$$\beta_{\mathrm{FM}} = \frac{f_\Delta}{f_\mathrm{g}} = 2(|\mu_{\mathrm{FM}}| + 1)\,. \tag{10.31}$$

Der Modulationsgrad ist damit auch ein Maß für die Bandbreitedehnung einer FM-Übertragung.

Anmerkung: Ergänzend sei noch der *Modulationshub* ΔF erwähnt, definiert als

$$\Delta F = |\mu_{\mathrm{FM}}| f_\mathrm{g}\,. \tag{10.32}$$

Mit (10.32) und (10.30) lässt sich die Carson-Bandbreite dann auch ausdrücken als

$$f_\Delta = 2(\Delta F + f_\mathrm{g})\,. \tag{10.33}$$

10.2.3 Empfang von FM-Signalen

Ein FM-Empfänger hat die Aufgabe, aus einem FM-Signal nach (10.19)

$$m(t) = \cos[\psi_f(t)] \tag{10.34}$$

das modulierte Quellensignal $f(t)$ möglichst ungestört zurückzugewinnen. Da nach (10.24) das Quellensignal bis auf eine Konstante der Augenblicksfrequenz proportional ist, muss der Empfänger nach (10.21) die zeitliche Ableitung des Arguments $\psi_f(t)$ bilden. Hierzu wird das FM-Signal z.B. zunächst differenziert; mit der Kettenregel der Differentiationsrechnung ergibt sich

$$m_\mathrm{D}(t) = \frac{\mathrm{d}}{\mathrm{d}t}\cos[\psi_f(t)] = -\frac{\mathrm{d}\psi_f(t)}{\mathrm{d}dt}\sin[\psi_f(t)]\,. \tag{10.35}$$

Ein geeigneter Hüllkurvenempfänger (Abb. 10.5b) bildet daraus ein Signal, das nur der Amplitude dieses amplituden- und winkelmodulierten Signals proportional ist, also mit (10.21) und (10.24)

$$m_{\mathrm{H}}(t) = \frac{\mathrm{d}\psi_f(t)}{\mathrm{d}t} = 2\pi f_{\mathrm{i,FM}}(t) = 2\pi f_0 + 2\pi c f(t)\,. \tag{10.36}$$

Nach Abtrennen der Gleichgröße $2\pi f_0$ kann das Quellensignal $f(t)$ also zurückgewonnen werden. Die beschriebene Anordnung zur Demodulation eines FM-Signals wird FM-*Diskriminator* genannt.

Vor dem Eingang des Diskriminators sind in einem vollständigen FM-Empfänger zusätzlich ein idealer Bandpass der Carson-Bandbreite f_Δ und ein Amplitudenbegrenzer angeordnet. Beide Systeme sollen den Einfluss additiver Störungen verringern, ihr Einfluss wird im nächsten Abschnitt noch näher betrachtet. Das vollständige Schema eines solchen FM-Empfängers ist in Abb. 10.13 dargestellt. Die diskutierte Schaltung eines FM-Empfängers

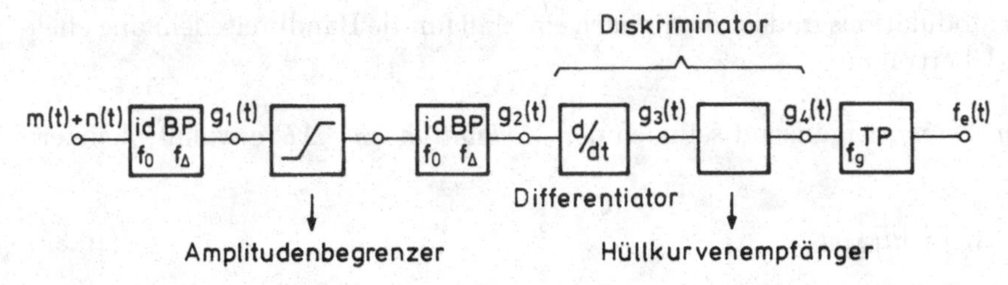

Abbildung 10.13. Schema eines FM-Geradeausempfängers

entspricht bis auf Amplitudenbegrenzer und Differentiator dem Aufbau des AM-Geradeausempfängers in Abb. 10.5b. Durch Umsetzen des Sendesignals in einen Zwischenfrequenzbereich lässt sich entsprechend zu Abb. 10.5c in gleicher Weise ein FM-Überlagerungsempfänger aufbauen.

10.2.4 Störverhalten der FM-Übertragung

Zur Berechnung des Störverhaltens der FM-Übertragung wird angenommen, dass einem FM-Signal $m(t)$ der Amplitude A weißes Rauschen $n(t)$ der Leistungsdichte N_0 zuaddiert wird. Am Ausgang des Eingangsbandpasses liegt dann das gestörte Signal

$$g_1(t) = m(t) + n_{\mathrm{BP}}(t) = A\cos[\psi_f(t)] + n_{\mathrm{BP}}(t).$$

Das Nutzsignal $m(t)$ hat die vom Argument unabhängige Leistung $S_{\mathrm{K}} = A^2/2$ (Aufgabe 10.9), während die Leistung des Bandpassrauschens $n_{\mathrm{BP}}(t)$ nach (9.24) $N_{\mathrm{K}} = 2N_0 f_\Delta$ beträgt. Das Nutz-/Störleistungsverhältnis auf dem Übertragungskanal ist also

$$\frac{S_\mathrm{K}}{N_\mathrm{K}} = \frac{S_\mathrm{K}}{2N_0 f_\Delta} = \frac{A^2}{4N_0 f_\Delta}. \tag{10.37}$$

Zur Berechnung der Störleistung am Empfängerausgang wird im Folgenden vorausgesetzt, dass für dieses Nutz-/Störleistungsverhältnis $S_\mathrm{K}/N_\mathrm{K} \gg 1$ gilt. Unter dieser Bedingung sind in guter Näherung Nutz- und Störleistung am Empfängerausgang unabhängig voneinander, und die Störleistung kann unter der Annahme eines verschwindenden Quellensignals $f(t) = 0$ berechnet werden (im Folgenden durch den zusätzlichen Index n gekennzeichnet).

Mit $f(t) = 0$ in (10.24) und der Darstellung des Bandpassrauschsignals nach (9.25) durch seine Quadraturkomponenten lautet das Signal $g_{1n}(t)$ am Ausgang des Eingangsbandpasses in Abb. 10.13

$$\begin{aligned} g_{1n}(t) &= A\cos(2\pi f_0 t) + n_\mathrm{Tr}(t)\cos(2\pi f_0 t) - n_\mathrm{Ti}(t)\sin(2\pi f_0 t) \\ &= [A + n_\mathrm{Tr}(t)]\cos(2\pi f_0 t) - n_\mathrm{Ti}(t)\sin(2\pi f_0 t). \end{aligned}$$

Mit einem Additionstheorem[9] lässt sich dafür auch schreiben

$$g_{1n}(t) = \sqrt{[A + n_\mathrm{Tr}(t)]^2 + n_\mathrm{Ti}^2(t)}\cos\left[2\pi f_0 t + \arctan\left(\frac{n_\mathrm{Ti}(t)}{A + n_\mathrm{Tr}(t)}\right)\right]. \tag{10.38}$$

Der in Abb. 10.13 auf den Eingangsbandpass folgende Amplitudenbegrenzer hat die Aufgabe, die von der additiven Störung verursachte Amplitudenmodulation dieses Signals zu beseitigen. Unter der Annahme $|A| \gg 1$ wird hier die Amplitude des gestörten Signals $g_{1n}(t)$ willkürlich auf 1 begrenzt. Am Ausgang des zweiten Bandpasses erscheint dann in guter Näherung

$$g_{2n}(t) = \cos\left[2\pi f_0 t + \arctan\left(\frac{n_\mathrm{Ti}(t)}{A + n_\mathrm{Tr}(t)}\right)\right]. \tag{10.39}$$

Unter der oben angenommenen Voraussetzung $S_\mathrm{K}/N_\mathrm{K} \gg 1$ kann $n_\mathrm{Tr}(t)$ gegenüber A vernachlässigt werden, ebenso ist dann das Argument der arctan-Funktion so klein, dass die Näherung $\arctan x \approx x$ gilt, damit wird (10.39)

$$g_{2n}(t) \approx \cos\left(2\pi f_0 t + \frac{n_\mathrm{Ti}(t)}{A}\right). \tag{10.40}$$

Der FM-Diskriminator bildet jetzt gemäß (10.36) die Ableitung des Arguments dieses Signals; mit

$$\frac{\mathrm{d}}{\mathrm{d}t}\left(2\pi f_0 t + \frac{n_\mathrm{Ti}(t)}{A}\right) = 2\pi f_0 + \frac{1}{A}\frac{\mathrm{d}}{\mathrm{d}t}n_\mathrm{Ti}(t) \tag{10.41}$$

erscheint am Ausgang des Diskriminators nach Abtrennung der Konstanten $2\pi f_0$ damit als Störterm

[9] $a\cos(x) + b\sin(x) = \sqrt{a^2 + b^2}\cos[x - \arctan(b/a)]$.

$$g_{4n}(t) = \frac{1}{A}\frac{\mathrm{d}}{\mathrm{d}t}n_{\mathrm{Ti}}(t). \tag{10.42}$$

Nach Abschn. 9.5 ist $n_{\mathrm{Ti}}(t)$ ein Tiefpassrauschsignal der Grenzfrequenz $f_\Delta/2$ und der Leistung $2N_0 f_\Delta$. Für das Leistungsdichtespektrum dieses Rauschsignals gilt also

$$\phi_{nn\mathrm{T}}(f) = 2N_0 \operatorname{rect}\left(\frac{f}{f_\Delta}\right). \tag{10.43}$$

Die Differentiation in (10.42) lässt sich mit einem LTI-System der Impulsantwort $\delta'(t)$ ausführen, welches nach dem Differentiationstheorem (3.66) eine Übertragungsfunktion folgender Form besitzt[10] (s. auch Aufgabe 7.11)

$$\delta'(t) \circ\!\!-\!\!\bullet\ \mathrm{j}2\pi f. \tag{10.44}$$

Das Wiener-Lee-Theorem ergibt damit für das differenzierte Rauschsignal in (10.42) ein Leistungsdichtespektrum

$$\phi_{nn4\mathrm{T}}(f) = \frac{(2\pi f)^2}{A^2}\phi_{nn\mathrm{T}}(f) = \frac{(2\pi f)^2}{A^2}2N_0 \operatorname{rect}\left(\frac{f}{f_\Delta}\right). \tag{10.45}$$

Setzt man wie in (10.37) $S_\mathrm{K} = A^2/2$ als Leistung des FM-Signals am Empfängereingang ein, so ergibt sich nach Übertragung über den am Ausgang des Diskriminators liegenden idealen Tiefpass der Übertragungsfunktion $\operatorname{rect}[f/(2f_\mathrm{g})]$, ebenfalls mit dem Wiener-Lee-Theorem, als Leistungsdichtespektrum des Ausgangssignals

$$\phi_{nne}(f) = \phi_{nn4\mathrm{T}}(f)\left[\operatorname{rect}\left(\frac{f}{2f_\mathrm{g}}\right)\right]^2 = (2\pi f)^2\frac{N_0}{S_\mathrm{K}} \operatorname{rect}\left(\frac{f}{2f_\mathrm{g}}\right). \tag{10.46}$$

Die Leistung des Störterms am Ausgang errechnet sich daraus mit (7.33) zu

$$N = \int_{-\infty}^{\infty} \phi_{nne}(f)\mathrm{d}f = \int_{-f_\mathrm{g}}^{f_\mathrm{g}} (2\pi f)^2\frac{N_0}{S_\mathrm{K}}\mathrm{d}f = 2(2\pi)^2\frac{N_0}{S_\mathrm{K}}\frac{f_\mathrm{g}^3}{3}. \tag{10.47}$$

Zur Veranschaulichung dieser Ableitung sind in Abb. 10.14 die verschiedenen zur Ableitung der Störleistung N am Diskriminatorausgang benötigten Leistungsdichtespektren noch einmal zusammengestellt. Zur Berechnung des Nutz-/Störleistungsverhältnisses am Ausgang des FM-Empfängers fehlt jetzt noch ein Ausdruck für die Nutzleistung. In gleicher Weise wie bei der AM-Übertragung wird ein sin-förmiges Quellensignal angenommen, das FM-Signal wird dann durch (10.26) beschrieben. Durch Differentiation des Argumentes dieses FM-Signals ergibt sich

[10] Diese linear mit der Frequenz ansteigende Übertragungsfunktion muss nur innerhalb der Bandbreite des Nutzsignals realisiert werden. Eine einfache Technik verwendet hierfür zwei versetzte Schwingkreise in Differenzschaltung.

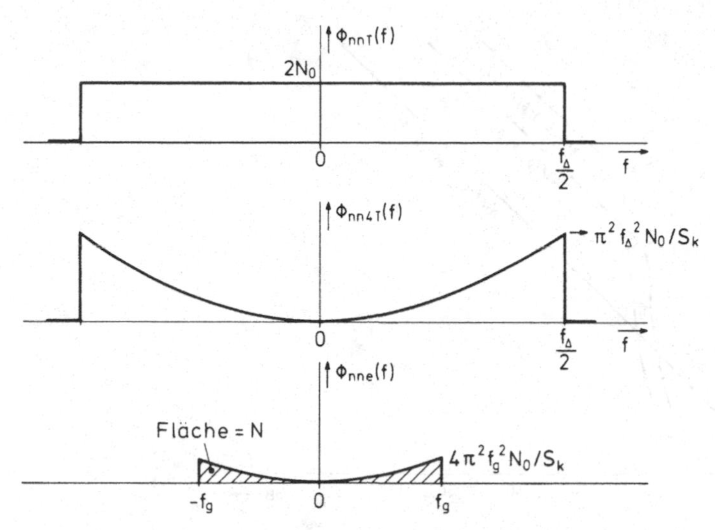

Abbildung 10.14. Leistungsdichtespektren der Störsignale in einem FM-Diskriminator

$$\frac{\mathrm{d}}{\mathrm{d}t}[2\pi f_0 t + \mu_{\mathrm{FM}} \sin(2\pi f_1 t)] = 2\pi f_0 + \mu_{\mathrm{FM}} 2\pi f_1 \cos(2\pi f_1 t).$$

Nach Abtrennen der Konstanten $2\pi f_0$ erscheint also als Ausgangssignal des Diskriminators im ungestörten Fall

$$f_{\mathrm{e}}(t) = \mu_{\mathrm{FM}} 2\pi f_1 \cos(2\pi f_1 t). \tag{10.48}$$

Die Leistung dieses Signals ist bei konstantem Modulationsgrad μ_{FM} maximal für $f_1 = f_{\mathrm{g}}$ und hat dann den Wert

$$S_{\mathrm{a}} = \frac{1}{2}(\mu_{\mathrm{FM}} 2\pi f_{\mathrm{g}})^2. \tag{10.49}$$

In Bezug auf diese Leistung ergibt sich mit (10.47) dann das gesuchte S_{a}/N-Verhältnis am Ausgang des FM-Systems (für $S_{\mathrm{K}}/N_{\mathrm{K}} \gg 1$) mit $N_{\mathrm{K}} = 2f_{\mathrm{g}}N_0$ zu

$$\frac{S_{\mathrm{a}}}{N} = \frac{\frac{1}{2}(\mu_{\mathrm{FM}} 2\pi f_{\mathrm{g}})^2}{2(2\pi)^2 \frac{N_0}{S_{\mathrm{K}}} \frac{f_{\mathrm{g}}^3}{3}} = \frac{3}{2}\mu_{\mathrm{FM}}^2 \frac{S_{\mathrm{K}}}{2f_{\mathrm{g}}N_0}. \tag{10.50}$$

Diese Beziehung ist in Abb. 10.15 als linearer Bereich dargestellt. Nach (10.17) ergab sich bei der kohärenten Übertragung mit einem AM-Signal der gleichen übertragenen (normierten) Leistung $S_f S_{\mathrm{t}} = S_{\mathrm{K}}$ über einen Kanal der ebenfalls gleichen Störleistungsdichte N_0 ein Verhältnis von

$$\frac{S_{\mathrm{a}}}{N} = \frac{S_{\mathrm{K}}}{2f_{\mathrm{g}}N_0}.$$

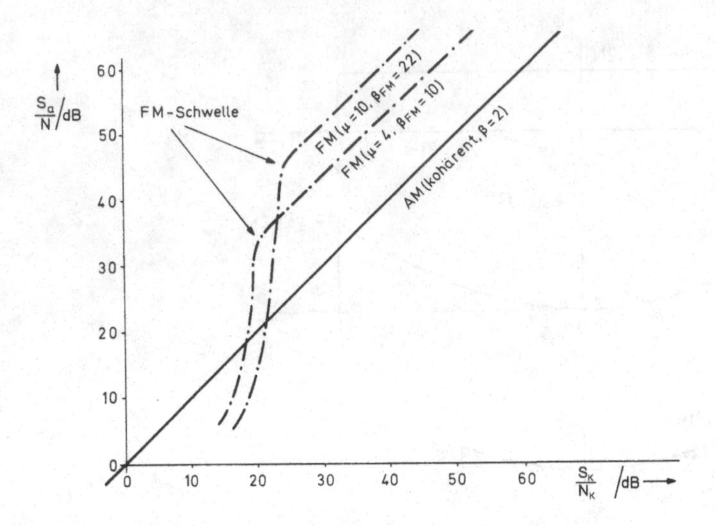

Abbildung 10.15. Störverhalten der FM-Übertragung

Dieser Zusammenhang ist ebenfalls in Abb. 10.15 eingetragen. Im Vergleich mit (10.50) ist also das Nutz-/Störleistungsverhältnis der FM-Übertragung um den Faktor $(3/2)\mu_{\mathrm{FM}}^2$ besser. Mit (10.31) lässt sich dieser Faktor auch durch den Bandbreitedehnfaktor β_{FM} ausdrücken: Mit $|\mu_{\mathrm{FM}}| \approx \beta_{\mathrm{FM}}/2$ ist die Verbesserung $\approx (3/8)\beta_{\mathrm{FM}}^2$; das Nutz-/Störleistungsverhältnis steigt also etwa quadratisch mit dem Mehraufwand an Bandbreite an. Für ein bestimmtes Nutz-/Störleistungsverhältnis $S_{\mathrm{K}}/N_{\mathrm{K}}$ auf dem Kanal kann aber das S_{a}/N-Verhältnis nicht beliebig verbessert werden. In der Näherung von (10.39) durch (10.40) war nämlich ein Verhältnis $S_{\mathrm{K}}/N_{\mathrm{K}} \gg 1$ vorausgesetzt worden. Mit $f_\Delta \approx 2|\mu_{\mathrm{FM}}|f_{\mathrm{g}}$ nach (10.30) in (10.37) lässt sich diese Bedingung umschreiben in

$$\frac{S_{\mathrm{K}}}{2f_{\mathrm{g}}N_0} \gg 2|\mu_{\mathrm{FM}}| \approx \beta_{\mathrm{FM}}.$$

Je größer der Bandbreitedehnfaktor β_{FM} wird, desto größer muss also auch das Nutz-/Störleistungsverhältnis im Übertragungskanal sein, damit die Vorteile der FM-Übertragung gewahrt bleiben. Unterhalb einer in Abb. 10.15 als sogenannte FM-*Schwelle* eingezeichneten Grenze wird das Übertragungsverhalten sehr schnell verschlechtert. Ein ähnliches Schwellenverhalten zeigte sich bereits bei der PCM-Übertragung. Es ist, wie im Abschnitt 12.2 noch gezeigt wird, allen Übertragungsverfahren mit Störabstandsverbesserung durch Bandbreitedehnung eigen.

Anmerkung: Abschließend sei noch kurz das Preemphasis-Verfahren erwähnt, mit dem das Störverhalten der FM-Übertragung weiter verbessert werden kann. Wie der Verlauf des Störleistungsdichtespektrums $\phi_{nne}(f)$ am Ausgang des Übertragungssystems zeigt (Abb. 10.14), werden die hochfrequenteren Anteile eines übertragenen Quellensignals stärker gestört. Durch Anheben dieser Anteile mit einem Preemphasis-Filter im Sender und passendes Absenken mit einem Deemphasis-Filter im Empfänger kann das gesamte Nutz-/Störverhältnis um etwa 6 dB erhöht werden (Taub und Schilling, 1987).

10.3 Zusammenfassung

In diesem Kapitel wurden die wichtigsten linearen und nichtlinearen Modulationsverfahren zur Übertragung analoger Quellensignale eingeführt. Für die linearen Modulationsverfahren bildete wieder das Korrelationsfilter-Konzept den Ausgangspunkt, von dem her sich die Pulsamplitudenmodulation und die Amplitudenmodulation nahtlos entwickeln ließen. Etwas andere Überlegungen galten für die zunächst theoretisch nicht so gut einzuordnenden Winkelmodulationsverfahren. Auf Grund der nichtlinearen Funktionsweise ergeben sich hier nach der Modulation vielfältige Kopien des Spektrums, deren Verlauf zumindest für den Fall sinusoidaler Nutzsignale analytisch bestimmt werden konnte. Es wurde gezeigt, dass sich die damit einhergehende Bandbreitedehnung prinzipiell vorteilhaft auswirkt, weil das S_a/N-Verhältnis nach Demodulation höher werden kann als das E/N_0-Verhältnis am Empfängereingang. Sowohl die linearen als auch die nichtlinearen analogen Modulationsverfahren haben darüber hinaus ihre Entsprechungen bei Verfahren der Binärübertragung: Amplituden- und Mehrpegeltastung bzw. Phasen- und Frequenztastung. Insofern tragen die in diesem Kapitel gewonnenen Erkenntnisse auch dazu bei, die Binärübertragungsverfahren, insbesondere in Hinblick auf ihre resultierenden Frequenzspektren, noch besser zu verstehen.

10.4 Aufgaben

10.1 Gegeben ist ein PAM-Übertragungssystem mit der Taktzeit T und einer Trägerfunktion $s(t) = \text{rect}(t/t_0)/\sqrt{t_0}$.

Berechnen Sie die Gesamtübertragungsfunktion des Systems bei Korrelationsfilter-Empfang, wenn mit $T < t_0 < 2T$ das l. Nyquist-Kriterium nicht erfüllt ist. Skizzieren Sie die Übertragungsfunktion für $t_0 = 1{,}25\,T$ und $T = 125\,\mu\text{s} = 1/(2f_g)$.

10.2 In dem AM-Signal $m(t) = f(t)\cos(2\pi f_0 t)$ soll das TP-Signal $f(t)$ der Grenzfrequenz $f_g \ll f_0$ durch Multiplikation mit $\cos[2\pi f_0 t - \varphi(t)]$ und Tiefpassfilterung zurückgewonnen werden.

a) Wie lautet das demodulierte Signal $f_e(t)$, wenn der Empfängeroszillator einen konstanten Phasenfehler $\varphi(t) = \varphi_0$ hat?

b) Wie ist das Ergebnis bei einem konstanten Frequenzfehler $\Delta f \ll f_0$, also $\varphi(t) = 2\pi \Delta f t$?

10.3 Ein Quellensignal der Form

$$f(t) = a\cos(2\pi f_1 t) + \frac{a}{2}\cos(4\pi f_1 t + \varphi) \quad (\varphi \text{ beliebig})$$

wird im Zweiseitenband-Modulationsverfahren *mit* einem Trägersignal der Amplitude A und der Frequenz $f_0 = 10 f_1$ übertragen.

a) Wie groß darf a/A höchstens werden, damit keine Übermodulation nach Bedingung (10.7) auftritt? Zeichnen Sie das Betragsspektrum des modulierten Sendesignals $m(t)$.
b) In einem vereinfachten Hüllkurvenempfänger nach Abb. 10.5b wird der Betrag des modulierten Sendesignals gebildet. Berechnen und skizzieren Sie das Betragsspektrum von $|m(t)|$.

Hinweis: Beschreiben Sie die Betragsbildung als Multiplikation mit einer periodischen Rechteckfunktion nach Aufgabe 4.7b.

10.4 Gegeben ist ein nichtkohärenter AM-Überlagerungsempfänger für den Mittelwellenbereich (0,5 MHz $< f_0 <$ 1,5 MHz). Die Grenzfrequenz des Quellensignals $f(t)$ betrage $f_g = 5$ kHz (Abb. 10.16).

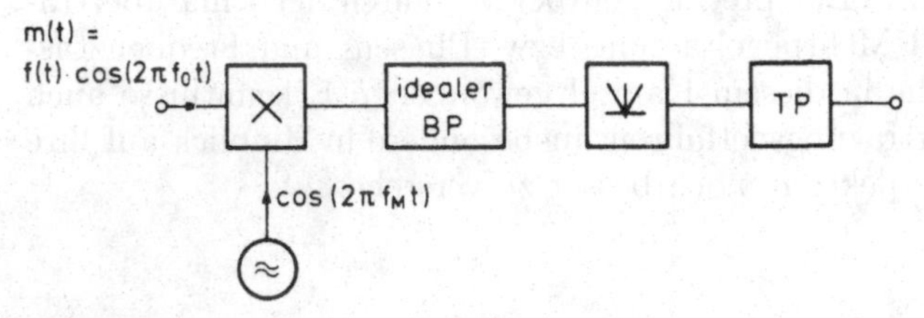

Abbildung 10.16. Überlagerungsempfänger

a) Geben Sie den Zusammenhang zwischen f_0, f_M und der Mittenfrequenz f_{ZF} des Bandpasses an.
b) Zeigen Sie, dass der Überlagerungsempfänger i. Allg. außer dem Signal $m(t)$ mit der Trägerfrequenz f_0 zusätzlich ein zweites Signal mit einer Trägerfrequenz f_{0s} (Spiegelfrequenz) empfängt.
   Wie lässt sich der Empfang der Spiegelfrequenzsignale unterdrücken (Abb. 10.5c)?
c) Wie groß muss f_{ZF} mindestens sein, wenn die Spiegelfrequenzsignale außerhalb des MW-Bereiches liegen sollen?
   Welche Zwischenfrequenz ergibt sich unter den gleichen Bedingungen für den UKW-Bereich (88 MHz $< f_0 <$ 108 MHz nach US-Norm)?

d) In welchem Bereich muss f_M variiert werden können (bei f_ZF wie unter Frage c)?
e) Wie groß sind die Bandbreiten der Filter zu wählen?
f) In modernen integrierten Schaltungen können bei Wahl einer hohen Zwischenfrequenz $f_\mathrm{ZF} > f_0$ die Spiegelfrequenzsignale durch einen festen Tiefpass unterdrückt werden.
Wie sind im MW-Bereich die Grenzfrequenzen $f_{1,2}$ eines solchen Tiefpassfilters (nach Abb. 4.31) für $f_\mathrm{ZF} = 1{,}6\,\mathrm{MHz}$ zu wählen?

10.5 Gegeben ist die in Abb. 10.17 gezeigte Modulatorschaltung mit $H(f) = -\mathrm{j}\,\mathrm{sgn}(f) = -\mathrm{j}[2\varepsilon(f) - 1]$ (Aufgabe 10.6), $f(t)$ sei gleichanteilfrei.

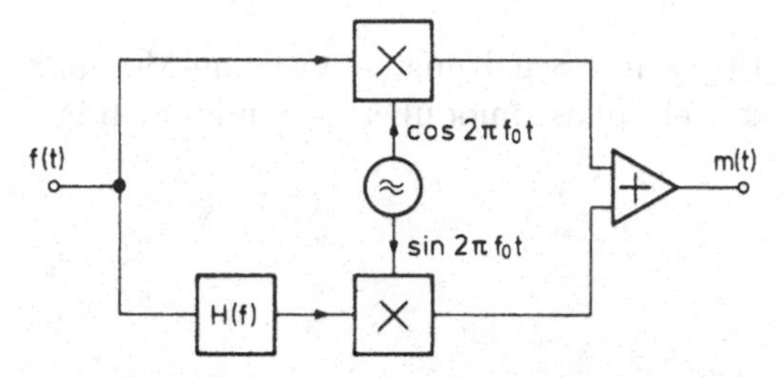

Abbildung 10.17. Einseitenbandmodulator

a) Stellen Sie $H(f)$ nach Betrag und Phase dar. Berechnen Sie $h(t)$ ○—● $H(f)$ und zeigen Sie, dass das System $H(f)$ die Hilbert-Transformation ausführt (Aufgabe 5.14).
b) Zeigen Sie am Beispiel des Quellensignals aus Aufgabe 10.3, dass die Schaltung einen Einseitenbandmodulator darstellt.
c) Welches Seitenband wird erzeugt? Verändern Sie die Schaltung so, dass das andere Seitenband erzeugt wird.

10.6 Gegeben ist folgende Schaltung (Abb. 10.18)

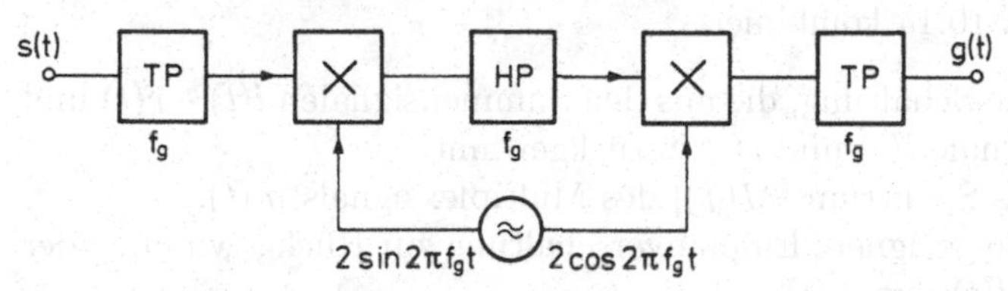

Abbildung 10.18. Hilbert-Transformator. TP: idealer Tiefpass der Grenzfrequenz f_g.
HP: idealer Hochpass der Grenzfrequenz f_g (Aufgabe 5.3)

a) Berechnen Sie die erlaubte Grenzfrequenz der Signale für eigeninterferenzfreien Empfang.
b) Zeigen Sie, dass die Schaltung im Bereich $0 < |f| < f_g$ die Übertragungsfunktion des „Hilbert-Transformators“ $H(f)$ aus Aufgabe 10.5 realisiert.

10.7 Ein UKW-Rundfunksender ($f_0 = 90\,\text{MHz}$) wird mit einem sin-förmigen Signal der Frequenz $f_1 = f_g = 15\,\text{kHz}$ frequenzmoduliert. Der Modulationshub beträgt $\Delta F = 75\,\text{kHz}$.

a) Zeichnen Sie maßstäblich das Spektrum des Ausgangssignals, und kennzeichnen Sie die Carson-Bandbreite.
b) Berechnen und skizzieren Sie den zeitlichen Verlauf der Augenblicksfrequenz.

10.8 Gegeben ist die in Abb. 10.19 gezeigte Schaltung (Armstrong-Modulator). Zeigen Sie, dass $m(t)$ für $|a| \ll 1$ ein phasenmoduliertes Sendesignal ist.

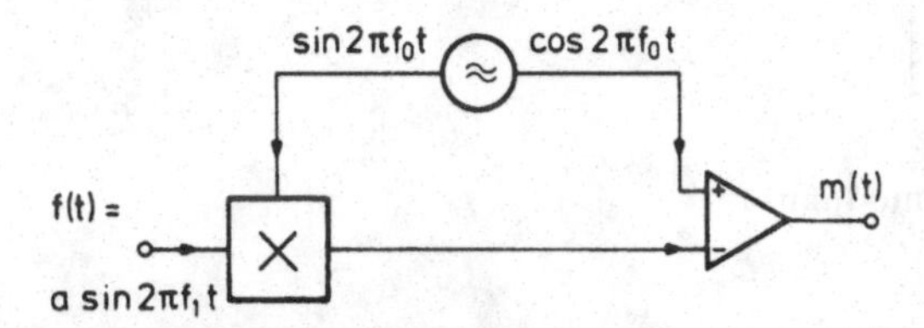

Abbildung 10.19. Armstrong-Modulator

10.9 Berechnen Sie die Leistung des FM-Signals nach (10.26).

10.10 Skizzieren Sie FM-Spektren gemäß Abb. 10.12 für die Modulationsgrade $\mu_{\text{FM}} = 1, 3$ und 7, und kennzeichnen Sie die Carson-Bandbreite und den Modulationshub.

10.11 Bei der FM-Stereofonie-Übertragung (nach FCC-Norm) werden die Quellensignale $r(t)$ und $l(t)$ (Grenzfrequenz $f_g = 15\,\text{kHz}$) in der Multiplexschaltung nach Abb. 10.14 kombiniert.

a) Entwerfen Sie eine Schaltung, die aus den Summensignalen $l(t) - r(t)$ und $l(t) + r(t)$ die Signale $l(t)$ und $r(t)$ zurückgewinnt.
b) Skizzieren Sie das Spektrum $|M(f)|$ des Multiplexsignals $m(t)$.
c) Entwerfen Sie eine geeignete Empfängerschaltung zur Rückgewinnung der Signale $r(t)$ und $l(t)$ aus $m(t)$.
d) Begründen Sie die Lage der Pilotfrequenz f_P.

10.12 Zeigen Sie, dass die in Abb.10.21 dargestellte „Quadratur“-Schaltung für die FM-Demodulation verwendet werden kann. Was ist bei der Auslegung des Differentiators zu beachten?

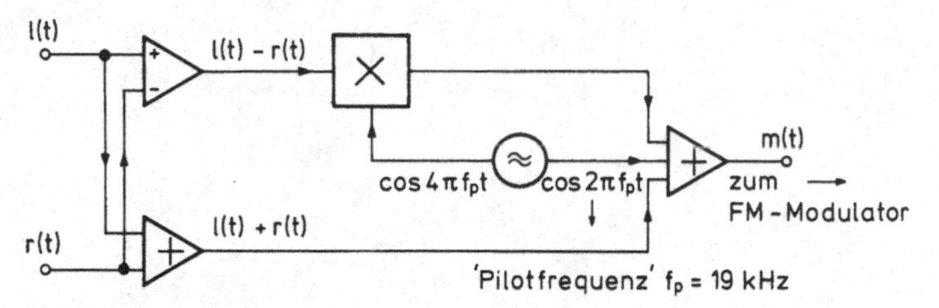

Abbildung 10.20. Stereofonie-Übertragung

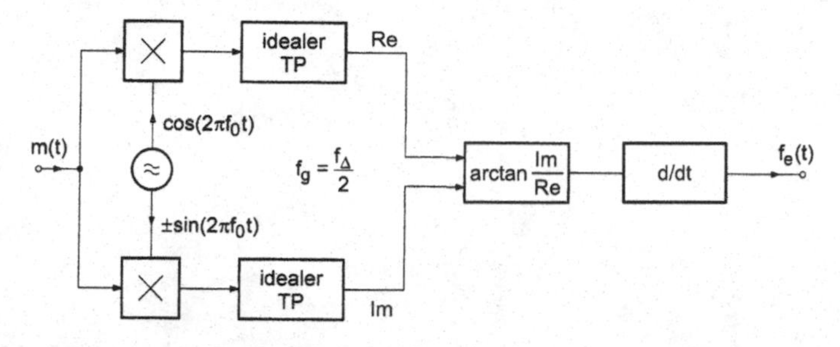

Abbildung 10.21. FM-Demodulator basierend auf Quadratur-Schaltung

11. Multiplexverfahren

Die bisherigen Betrachtungen gingen davon aus, dass ein Nachrichtenkanal von einem einzelnen Nutzer verwendet wird. Die Binärübertrangs- und Modulationsverfahren dienten dazu, jeweils ein einziges Quellensignal möglichst fehlerfrei über gestörte Tiefpass- oder Bandpasskanäle zu übertragen. Es wird nun gefordert, gleichzeitig mehr als ein Quellensignal über einen gemeinsamen Kanal übertragen zu können. Diese *Multiplex-Übertragung* oder *Vielfach-Übertragung* ist nicht umgehbar, wenn nur ein einziger Übertragungskanal verfügbar ist, beispielsweise der die Erde umgebende Raum für ungerichtete Funkverbindungen. Die Multiplex-Übertragung ist aber auch aus wirtschaftlichen Gründen sinnvoll, wenn Tausende von Zweidrahtleitungen einer Fernsprechstrecke durch ein einziges, viel billigeres Koaxial- oder Lichtleiterkabel ersetzt werden können. Einfache Multiplexverfahren lassen sich direkt aus den linearen Modulationsverfahren herleiten. Heute werden aber, beispielsweise in der DSL-Übertragung, in den Mobilfunksystemen der dritten und folgender Generationen, in drahtlosen lokalen Netzen oder im digitalen Ton- und Fernsehrundfunk, aufwändigere Multiplexverfahren eingesetzt, die sich praktisch nur noch mit Methoden der digitalen Signalverarbeitung realisieren lassen. Als typische Vertreter werden Codemultiplex-, Raummultiplex- und Mehrfachträger-Verfahren behandelt.

11.1 Lineare Multiplex-Verfahren

Verfahren der linearen Multiplex-Übertragung werden hier in einer allgemeinen Form beschrieben, die sich als Korrelationsfilter-Empfang bei PAM-Übertragung, bei binärer oder auch bei mehrwertiger digitaler Übertragung deuten lässt. Es wird wieder vorausgesetzt, dass für die Multiplex-Übertragung ein verzerrungsfreier, aber möglicherweise durch additives weißes Rauschen gestörter Kanal vorhanden ist. Die Aufgabe besteht darin, die zu Zeitpunkten nT erzeugten Nutzsignalwerte $f_{i,n}$ aus Q verschiedenen Nachrichtenquellen mit unterschiedlichen Trägersignalen $s_i(t)$ additiv überlagert über einen einzigen Kanal zu übertragen. Die Werte $f_{i,n}$ können dabei entweder Abtastwerte $f_i(nT)$ eines bei PAM üblicherweise bandbegrenzten analogen Quellensignals $f(t)$ oder Quellensymbole a_n bzw. b_n (binär oder mehrwertig) einer digitalen Quelle sein. Das Prinzip ist in Abb. 11.1 dargestellt. Setzt sich

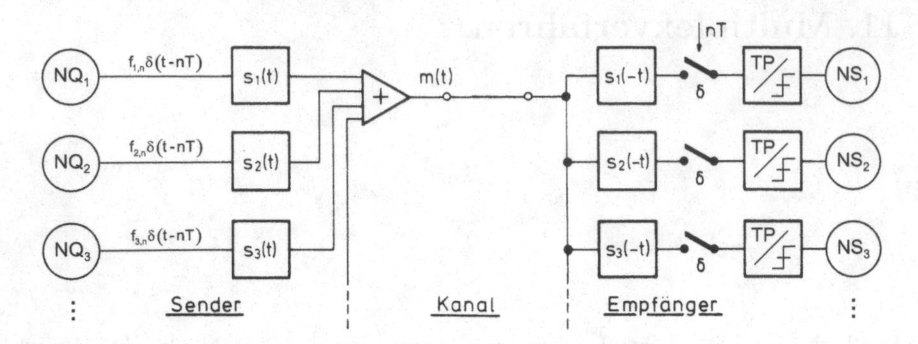

Abbildung 11.1. Schema eines linearen Multiplex-Systems

das Multiplex-Signal $m(t)$ aus Q einzelnen modulierten Sendesignalen $m_i(t)$ zusammen, dann gilt

$$m(t) = \sum_{i=1}^{Q} \underbrace{\sum_{n=-\infty}^{\infty} f_{i,n} s_i(t - nT)}_{m_i(t)} . \tag{11.1}$$

Der Empfänger besteht aus Q eingangsseitig parallel geschalteten Korrelationsfilter-Empfängern für die einzelnen Trägersignale $s_i(t)$, deren Ausgänge anschließend zum optimalen Zeitpunkt abgetastet und vor der Ausgabe an die Nachrichtensenke entweder einer Tiefpassfilterung zur Rekonstruktion des Analogsignals (bei PAM) oder einem Entscheider (bei Digitalübertragung) zugeführt werden. Das Ausgangssignal des j-ten Korrelationsfilters mit Impulsantwort $s_j(-t)$ lautet dann zum Abtastzeitpunkt $t = 0$ zur Rekonstruktion von $f_{j,n=0}$ im störungsfreien Fall

$$\begin{aligned} g_j(0) &= m(t) * s_j(-t)|_{t=0} \\ &= \sum_{i=1}^{Q} \sum_{n=-\infty}^{\infty} f_{i,n} \varphi_{ji}^{\mathrm{E}}(-nT) . \end{aligned} \tag{11.2}$$

Soll nun $g_j(0)$ nur den Wert $f_{j,0}\varphi_{jj}^{\mathrm{E}}(0)$ annehmen, so dass alle anderen Werte $f_{i,n}$ sowohl des eigenen Nutzsignals (Eigeninterferenzen) als auch der Signale der anderen Nutzer (Fremdinterferenzen, Nebensprechstörungen) keinen Beitrag liefern, dann müssen folgende Bedingungen erfüllt sein:

$$\begin{aligned} &\varphi_{jj}^{\mathrm{E}}(nT) = 0 \ \text{ für } \ n \neq 0 \ \text{ und} \\ &\varphi_{ji}^{\mathrm{E}}(nT) = 0 \ \text{ für alle } n \text{ und } i \neq j \text{ mit } 1 \leq i, j \leq Q . \end{aligned} \tag{11.3}$$

In gleicher Weise lässt sich zeigen, dass diese Bedingungen auch für beliebige andere Abtastzeitpunkte νT zum ungestörten Empfang von $f_{j,\nu}$ hinreichend sind. Gleichung (11.3) stellt eine Kombination von Orthogonalitätsbedingung und 1. Nyquist-Kriterium dar. Zu beachten ist, dass Nebensprechstörungen oftmals viel kritischer als Eigeninterferenzen sind und sich auch schwerer beseitigen lassen.

Wie in Abschn. 8.6 vereinfachen sich die Bedingungen (11.3) für zeitbegrenzte Trägersignale der Dauer $\leq T$ auf die übliche Orthogonalitätsbedingung

$$\varphi_{ji}^{\mathrm{E}}(0) = 0 \quad \text{für } i \neq j \text{ mit } 1 \leq i, j \leq Q. \tag{11.4}$$

Als zusätzliche Bedingung wird i. Allg. gefordert, dass alle Trägersignale gleiche Energie haben, also

$$\varphi_{jj}^{\mathrm{E}}(0) = E = \text{const.} \quad \text{mit} \quad 1 \leq j \leq Q. \tag{11.5}$$

Bei Einhalten dieser Bedingungen wird das S_{a}/N-Verhältnis der PAM-Multiplexsysteme bei Störung durch weißes Rauschen wieder nur durch (10.15) bestimmt, bzw. entspricht bei digitaler Übertragung vollständig demjenigen des entsprechenden Übertragungsverfahrens bei alleiniger Verwendung, wie für die verschiedenen Varianten in Kap. 8 bzw. 9 beschrieben.

Zwei Beispiele zeitbegrenzter Orthogonalfunktionssysteme, die sin-cos-Impulsfunktionen und die Walsh-Funktionen, wurden bereits in Abb. 8.13 vorgestellt. Beide Systeme von Trägersignalen erfüllen die hier abgeleiteten Bedingungen und sind daher allgemein zur Verwendung in Multiplex-Systemen geeignet (s. Abschn. 10.2.2). Im Folgenden werden Zeit- und Frequenzmultiplexverfahren in Abschn. 11.2 bzw. 11.3 beschrieben. Code-, Mehrfachträger- und Raummultiplexverfahren, die in Zusammenhang mit drahtlosen und Mobilfunksystemen der neueren Generationen größere Bedeutung erlangt haben, werden in Abschn. 11.4 bis 11.6 etwas ausführlicher dargestellt[1]. Es sei hier bereits angemerkt, dass die verschiedenen behandelten Multiplexverfahren sich teilweise in ihren Vorteilen ergänzen und daher auch häufig miteinander kombiniert werden; Hinweise darauf finden sich im vorliegenden Kapitel an vielen Stellen.

11.2 Zeitmultiplex-Übertragung

In *synchronen Zeitmultiplex-Systemen* werden als Trägersignale häufig Impulssignale der begrenzten Dauer $T_0 < T/Q$ benutzt, die nach einem regelmäßigen Schema überlappungsfrei gegeneinander versetzt sind[2]. Als Beispiel sind in Abb. 11.2 die Trägersignale

[1] Engl.: TDM, FDM, CDM, SDM (für Time, Frequency, Code, Space Division Multiplex) oder TDMA, FDMA, CDMA, SDMA (für [T|F|C|S] Division Multiple Access).

[2] Die Orthogonalität und damit Interferenzfreiheit ist in diesem Fall nahezu trivial gegeben, allerdings ist zur verzerrungsfreien Übertragung zeitbegrenzter Impulse

$$s_i(t) = \mathrm{rect}\left(\frac{t-(i-1)T/Q}{T_0}\right), \; i = 1, 2, ..., Q \tag{11.6}$$

für ein Multiplex-System mit $Q = 4$ Kanälen dargestellt. Sofern Sender bzw.

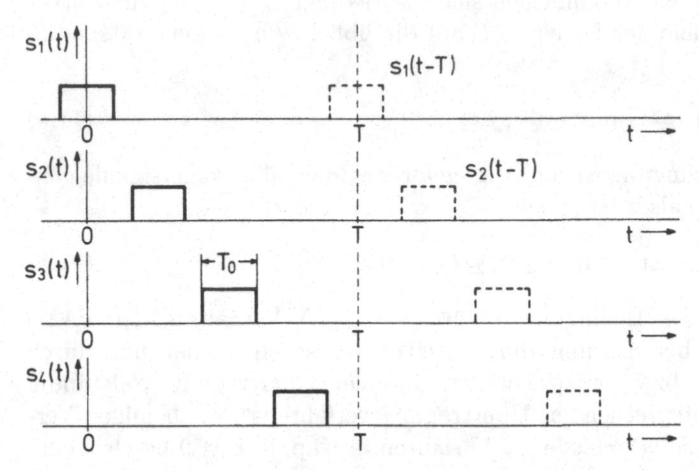

Abbildung 11.2. Trägersignale eines Zeitmultiplex-Systems

Empfänger für alle Q Nutzsignale in einem Gerät zusammengefasst werden können, kann der Aufbau eines Zeitmultiplexsystems im Vergleich mit dem allgemeinen Schema Abb. 11.1 vereinfacht werden, da alle Trägersignale die gleiche Form haben. In Abb. 11.3 ist diese Modifikation dargestellt, Sendefilter $s(t)$ und Korrelationsfilter $s(-t)$ werden hier für alle Nutzsignale gemeinsam verwendet. Die zeitliche Verschachtelung wird dadurch erreicht, dass die Abtastzeiten in den einzelnen Zweigen in der gewünschten Reihenfolge um jeweils T/Q gegeneinander verzögert sind.

Anmerkung: Synchrone Zeitmultiplex-Systeme erfordern eine präzise Synchronisierung, um im Empfänger die zeitlich sehr eng tolerierten Steuersignale für die Abtastsysteme bereitzustellen; ansonsten würden möglicherweise die Nutzsignale falsch zugeordnet empfangen. Hierfür werden teilweise spezielle Synchronisationssignale in den Multiplex eingefügt. Bei Digitalübertragung mit Zeitmultiplex ist es auch durchaus üblich, mehrere zu einer einzelnen Quelle gehörende Datensymbole direkt nacheinander als *Datenpaket* zu senden. Dies kann entweder mit einer jeweils festgelegten Anzahl synchron oder nach Bedarf, auch vollständig asynchron, erfolgen. Letztere Methode erfordert für jedes Datenpaket einen sogenannten *header* (Adresskopf), der die

prinzipiell ein Kanal sehr großer Bandbreite erforderlich. Sofern nur ein bandbegrenzter Kanal verfügbar ist, können auch Approximationen der si-Funktion oder andere Impulse eingesetzt werden, welche das 1. Nyquist-Kriterium in Hinblick auf den Zeitabstand T/Q erfüllen müssen.

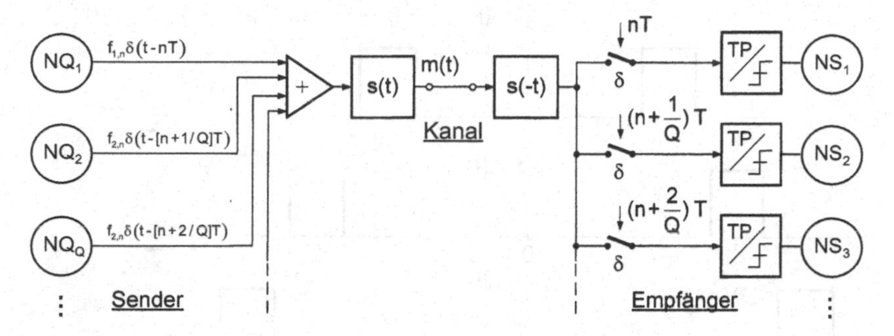

Abbildung 11.3. Schema eines Zeitmultiplex-Systems mit gemeinsam verwendeten Sendeimpulsformer- und Korrelationsfiltern

Information enthält, für welchen Empfänger das Paket bestimmt ist; alternativ kann über einen Vereinbarungsmechanismus geregelt werden, welche Benutzer zu welcher Zeit Zugriff auf den gemeinsamen Kanal haben. Asynchrone Zeitmultiplexverfahren mit variablen Datenraten für die einzelnen Übertragungen werden beispielsweise bei den Transportverfahren für das Internet angewandt.

11.3 Frequenzmultiplex-Übertragung

Die Trägersignale bei *Frequenzmultiplex-Systemen* sind im für die Betrachtung einfachsten Fall ideale Bandpasssignale (modulierte si-Funktionen) einer Bandbreite f_Δ, die im Frequenzbereich überlappungsfrei um eine Frequenz $f_\mathrm{d} = f_{0(i+1)} - f_{0i} > f_\Delta$ gegeneinander versetzt sind. Entsprechend (10.3) gilt

$$S_i(f) = \mathrm{rect}\left(\frac{f + f_{0i}}{f_\Delta}\right) + \mathrm{rect}\left(\frac{f - f_{0i}}{f_\Delta}\right). \tag{11.7}$$

Abb. 11.4 zeigt einige Trägersignale im Frequenzbereich. Da die Trägersignale im Frequenzbereich nicht überlappen, gilt für ihre Kreuzenergiedichtespektren und damit ihre Kreuzkorrelationsfunktionen nach (6.25)

$$\left.\begin{array}{l} \phi_{ij}^{\mathrm{E}}(f) = S_i^*(f)S_j(f) = 0 \\ \quad\updownarrow \\ \varphi_{ij}^{\mathrm{E}}(\tau) \qquad\qquad\quad = 0 \end{array}\right\} \quad \text{für} \quad i \neq j. \tag{11.8}$$

Die Nebensprechbedingung ist bei diesem Übertragungsverfahren bemerkenswerterweise also nicht nur zu den Abtastzeitpunkten nT erfüllt, wie in (11.3) gefordert, sondern für alle Zeiten. Damit können die einzelnen Nutzsignale auch ohne Einhalten bestimmter Synchronisationsbedingungen

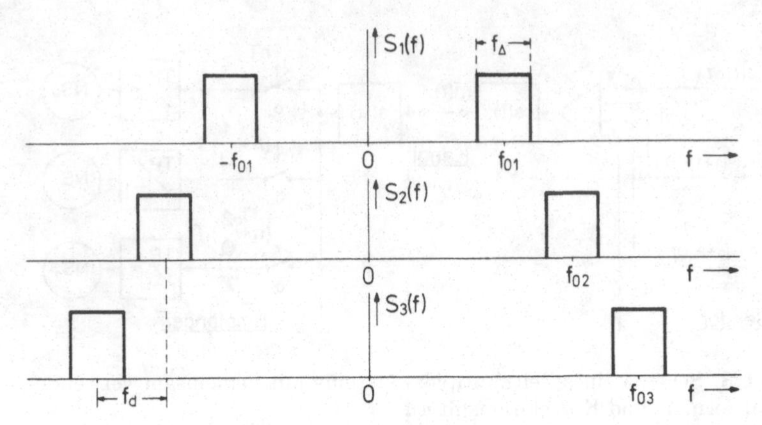

Abbildung 11.4. Spektrum der Trägersignale eines Frequenzmultiplex-Systems

durch die Empfangsfilter in den einzelnen Zweigen getrennt werden; das Frequenzmultiplex-Verfahren lässt sich daher ohne Gefahr von Nebensprech-Interferenzen vollständig *asynchron* betreiben[3].

Mit ähnlichen Überlegungen wie in Abschn. 9.2 und 10.1 lässt sich die Schaltungstechnik eines Frequenzmultiplex-Verfahrens durch kohärenten Empfang vereinfachen. Bei digitaler Übertragung wird jeder einzelne Zweig nach Abb. 9.4 bzw. entsprechenden Erweiterungem für die Quadraturmodulation, bei PAM nach dem entprechenden Prinzip in Abb. 10.2 aufgebaut. Wird letzteres nach dem Muster von Abb. 10.3b weiter vereinfacht, dann erhält man das in Abb. 11.5 gezeigte Schema eines kohärenten analogen Frequenzmultiplex-Systems in Zweiseitenband-AM-Technik. Kohärenz braucht dabei nur zwischen den beiden Oszillatoren des gleichen Einzelkanals eingehalten zu werden, die Oszillatoren der verschiedenen Einzelkanäle dürfen dagegen asynchron laufen. Auch die Kohärenzbedingung innerhalb eines Einzelkanals darf aufgegeben werden, wenn für den Empfang Hüllkurvenempfänger verwendet werden. Dieses Verfahren ist beispielsweise bei der AM-Rundfunkübertragung üblich.
In einer weiteren Modifikation ist auch die Einseitenbandmodulation nach Abschn. 10.1.5 in den Einzelkanälen möglich. Solche Einseitenband-Frequenzmultiplex-Verfahren waren als sog. *Trägerfrequenzverfahren* für lange Zeit das Standardsystem zur Übertragung von analogen Fernsprechsignalen. Große Frequenzmultiplex-Systeme sind häufig wieder in Ebenen hierarchisch aufgebaut.

In Frequenzmultiplexsystemen entstehen Nebensprechstörungen hauptsächlich durch nichtlineare Verzerrungen des Multiplexsignals, deshalb müssen Zwischenverstärker extrem linear ausgelegt werden.

[3] Aus dem genannten Grund können bei Frequenzmultiplex die einzelnen Übertragungen so interpretiert werden, als würden sie in vollständig separaten, aber bandbegrenzten „Einzelkanälen“ stattfinden.

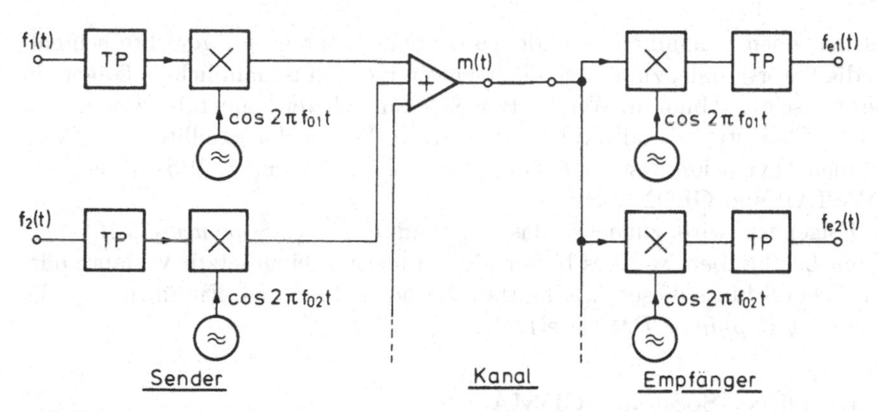

Abbildung 11.5. Schema eines kohärenten analogen AM-Frequenzmultiplex-Systems

Abschließend sei noch angemerkt, dass besonders in der Frequenzmultiplex-Technik die verschiedensten Modulationsverfahren kombiniert werden können, wenn nur die Spektren der modulierten Sendesignale der Einzelkanäle überlappungsfrei sind und daher durch entsprechende asynchrone Empfänger getrennt werden können.

11.4 Codemultiplex-Übertragung

In Mobilfunksystemen sind die Übertragungskanäle durch eine schnell wechselnde Mehrwegeausbreitung charakterisiert. Dies bedingt im Zeitbereich kurzzeitige und im Frequenzbereich schmalbandige Einbrüche der Übertragungseigenschaften, das sog. frequenzselektive Fading (vgl. Anhang 9.9.2). Daher sind hier Multiplexsysteme mit Trägersignalen in Form schmaler Impulse oder mit schmalen Spektren ungünstig. Geeigneter sind Trägersignale, die sowohl im Zeit- als auch im Frequenzbereich ausgedehnt sind, also ein hohes Zeit-Bandbreiteprodukt besitzen. Allerdings muß dann im Sinne einer ökonomischen Ausnutzung der zur Verfügung stehenden Übertragungsbandbreite gefordert werden, dass *viele Nutzer gleichzeitig auf das verfügbare Frequenzband* zugreifen. Die Trennung der einzelnen Signale kann nur erfolgen, wenn jeder der Nutzer hierzu sein eigenes spezifisches Trägersignal verwendet. Nur bei Kenntnis dieses Signals, das einen den Zugriff erlaubenden *Code* darstellt, ist dann überhaupt ein Empfang möglich. Hierher rührt die Bezeichnung derartiger Multiplex-Systeme als *Code Division Multiple Access* (CDMA). Ohne Kenntnis des Codes stellt sich das empfangene Signal, welches sich durch Überlagerung der Sendesignale aller Nutzer ergibt, als Rauschen mit innerhalb des genutzten Frequenzbandes konstantem Spektrum dar. Anzumerken ist, dass CDMA-Systeme bereits seit den 50er Jahren in der militärischen Nachrichtentechnik verwendet werden: Zum einen sind sie

aus den oben genannten Gründen unempfindlicher gegen gewollte schmalbandige Störsignale, zum anderen erschweren die rauschähnlichen Träger ein unerwünschtes Abhören. Weitere Beispiele für weltweit eingeführte asynchrone CDMA-Systeme sind die Übertragungsverfahren der satellitengestützten globalen Navigationssysteme (Global Positioning System = GPS-System, wie NAVSTAR und GLONASS).
Im Folgenden wird zunächst das sogenannte *Direct-Sequence-CDMA-Verfahren* beschrieben, welches bisher die am meisten eingesetzte Variante darstellt. Am Schluss dieses Abschnitts folgt noch eine kurze Einführung in die *Frequency-Hopping-CDMA*-Methode.

11.4.1 Direct-Sequence-CDMA

Die 'Direct Sequence-' (DS-)CDMA-Technik wird u.a. in den Mobilfunksystemen der 3. Generation (UMTS, Universal Mobile Telecommunication System) angewandt. Das Prinzip wird zunächst an Hand von Abb. 11.6 am Beispiel einer Basisband-Übertragung erläutert: Ein bipolares Nutzsignal mit Bittakt T wird mittels einer ebenfalls bipolaren *Codefolge* $c(t)$ moduliert, die sich in einzelne *Chip-Intervalle* der Dauer $T_c = T/M$ zerlegen lässt; das Verhältnis von Bittakt zu Chipdauer (M) sei ganzzahlig. Reziprok zur Verkürzung der Chipdauer erhöht sich der Bandbreitebedarf der Übertragung um den Faktor $\beta_{\mathrm{CDMA}} = M$. Dieses Prinzip der *Frequenzspreizung* ('spread spectrum') ist in Abb. 11.7 dargestellt. Es wird nun davon ausgegangen, dass möglichst viele Benutzer die zur Verfügung stehende Bandbreite gleichzeitig belegen, ohne dass die Übertragungsqualität für den einzelnen Nutzer in unakzeptabler Weise leidet. In diesem Zusammenhang ist aber eine erweiterte Betrachtungsweise der Störcharakteristik erforderlich: Bisher wurde als mögliche Störung ein weisses Rauschen mit Gauß-Verteilung angenommen. Bei CDMA-Übertragung sind hingegen die durch die anderen Benutzer verursachten Interferenzen als hauptsächliche Störquelle zu betrachten, d.h. die Übertragungsqualität wird in erster Linie davon abhängen, wie viele Benutzer gleichzeitig auf denselben Kanal zugreifen. Dies wird im Folgenden gezeigt.
Das Blockschaltbild eines kohärenten DS-CDMA-Senders und -Empfängers ist in Abb. 11.8 gezeigt[4]. Es wird eine zweistufige Modulation mit der Codefolge $c(t)$ und einem Kosinusträger der Mittenfrequenz f_0 betrachtet, insgesamt entspricht dies einer Bipolarübertragung (PSK) der Codefolge; andere Übertragungsarten sind möglich. Die für einen bei $t = nT$ beginnenden Bittakt generierte Codefolge[5] besitzt die Dauer T mit

---

[4] Das in Abb. 11.7 und 11.8 gezeigte Verfahren ist streng genommen nur bei rechteckförmigem $s_{\mathrm{T}}(t)$ gültig.

[5] Es kann entweder für jeden Bittakt dieselbe Codefolge verwendet, oder eine über die Bittaktgrenzen fortlaufende Zufallsfolge von Werten c_k generiert werden; im Beispiel von Abb. 11.6 ist die letztere Variante gezeigt.

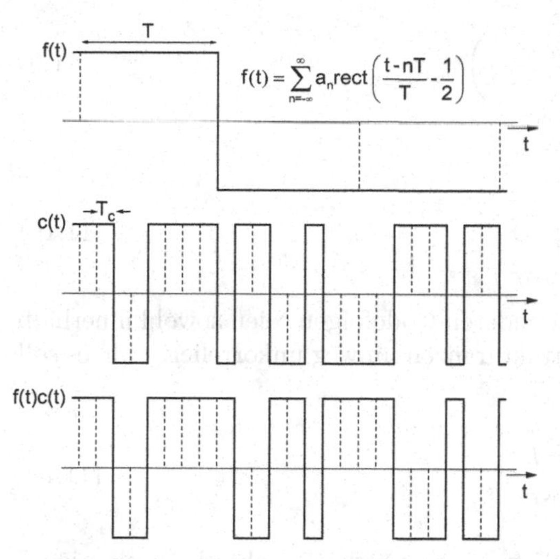

Abbildung 11.6. Nutzsignal $f(t)$, Codefolge $c(t)$ sowie moduliertes Signal bei DS-CDMA

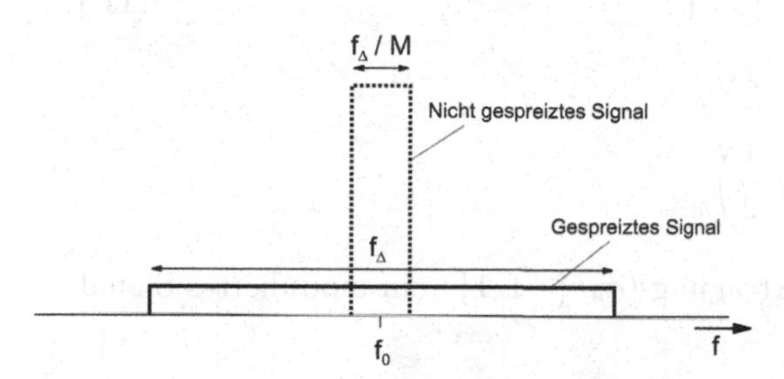

Abbildung 11.7. Spektren der ungespreizten und gespreizten Signale bei idealen Übertragungskanälen

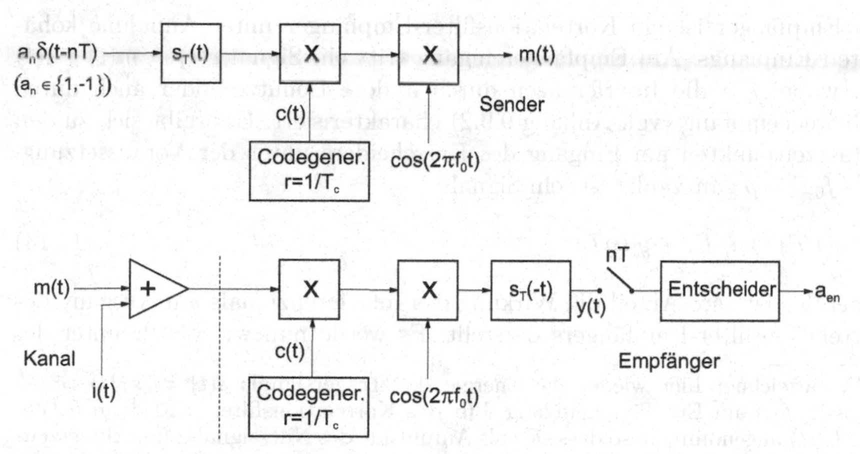

Abbildung 11.8. Blockschaltbild einer kohärenten DS-CDMA-Sender- und Empfänger-Konfiguration

$$c_n(t) = \sum_{k=0}^{M-1} c_k \cdot \mathrm{rect}\left(\frac{t - kT_c}{T_c} - \frac{1}{2}\right) , \tag{11.9}$$

so dass die fortlaufende Folge

$$c(t) = \sum_{n=-\infty}^{\infty} c_n\,(t - nT) \tag{11.10}$$

generiert wird. Die Chips der verwendeten Codefolgen seien sowohl innerhalb der Bittakte als auch über die Bittaktgrenzen hinweg unkorreliert, d.h. es soll gelten

$$\mathcal{E}\left\{c_k c_l\right\} = \begin{cases} \mathcal{E}\left\{c_k^2\right\} & \text{für} \quad k = l \\ 0 & \text{sonst,} \end{cases} \tag{11.11}$$

sowie unter der Annahme, dass Werte $c_k = \pm 1$ gleich wahrscheinlich seien,

$$\mathcal{E}\left\{c_k\right\} = 0 \qquad ; \qquad \mathcal{E}\left\{c_k^2\right\} = 1 \, . \tag{11.12}$$

Mit[6]

$$s_{\mathrm{T}}(t) = \sqrt{\frac{2E_s}{T}}\, \mathrm{rect}\left(\frac{t}{T} - \frac{1}{2}\right)$$

ergibt sich bei bipolarer Übertragung ($a_n \epsilon \{-1, 1\}$) ein moduliertes Signal

$$m(t) = \left[\sum_{n=-\infty}^{\infty} a_n \cdot s_{\mathrm{T}}(t - nT)\right] \cdot c(t) \cdot \cos(2\pi f_0 t) \, . \tag{11.13}$$

Der Empfänger ist ein Korrelationsfilter-Empfänger unter Annahme kohärenten Empfangs. Am Empfängereingang tritt ein Signal $r(t) = m(t) + i(t)$ auf, wobei $i(t)$ die Interferenzen durch andere Benutzer oder auch durch Mehrwegeempfang (vgl. Anhang 9.9.2) charakterisiert. Es ergibt sich zu den Abtastzeitpunkten am Eingang des Entscheiders unter der Voraussetzung, dass $f_0 T = p$ ganzzahlig ist, ein Signal

$$y(nT) = a_n E_s + y_{\mathrm{I}}(nT) \, , \tag{11.14}$$

wobei der letztere Anteil die Wirkung des Interferenzignals am Ausgang des Korrelationsfilter-Empfängers darstellt. Es werde nun wie bisher unter der

[6] E_s bezeichnet hier wieder die Energie des Trägersignals $s(t) = s_{\mathrm{T}}(t) \cdot c(t) \cdot \cos(2\pi f_0 t)$ am Empfängereingang. Für das Korrelationsfilter wird dann $h(t) = s(T-t)$ angenommen, so dass sich als Amplitude des Nutzsignals zum Abtastzeitpunkt am Entscheidereingang wieder E_s ergibt. Bei dimensionsloser Betrachtung gilt dann $\sqrt{S_{\mathrm{a}}} = E_s$.

Annahme, dass das Verhalten zu allen Abtastzeitpunkten identisch sei, nur der Abtastzeitpunkt T für $n = 0$ betrachtet :

$$\begin{aligned} y_{\mathrm{I}}(T) &= \sqrt{\frac{2E_s}{T}} \int_0^T c_0(t) \cdot i(t) \cdot \cos(2\pi f_0 t)\mathrm{d}t \\ &= \sqrt{\frac{2E_s}{T}} \sum_{k=0}^{M-1} c_k \int_0^T \mathrm{rect}\left(\frac{t-kT_c}{T_c} - \frac{1}{2}\right) \cdot i(t) \cdot \cos(2\pi f_0 t)\mathrm{d}t \\ &= \sqrt{\frac{2E_s}{T}} \sum_{k=0}^{M-1} c_k \cdot v_k \end{aligned} \tag{11.15}$$

mit

$$v_k = \int_{kT_c}^{(k+1)T_c} i(t) \cdot \cos(2\pi f_0 t)\mathrm{d}t \, .$$

Wegen $\mathcal{E}\{c_k\} = 0$ ist $\mathcal{E}\{y_{\mathrm{I}}(nT)\} = 0$. Weiter gilt

$$\mathcal{E}\left\{y_{\mathrm{I}}^2(nT)\right\} = \frac{2E_s}{T} \sum_{k=0}^{M-1}\sum_{l=0}^{M-1} \mathcal{E}\{c_k c_l\} \cdot \mathcal{E}\{v_k v_l\} \, , \tag{11.16}$$

und mit (11.11) fallen alle Summenanteile $k \neq l$ weg:

$$\mathcal{E}\left\{y_{\mathrm{I}}^2(nT)\right\} = \frac{2E_s}{T} \sum_{k=0}^{M-1} \mathcal{E}\left\{v_k^2\right\} = \frac{2E_s}{T} \cdot M \cdot \mathcal{E}\left\{v_k^2\right\} \, . \tag{11.17}$$

Ein einfaches Interferenzmodell, welches sowohl den Mehrwegeempfang, als auch Interferenzen anderer Benutzer im selben Band (gleiche Trägerfrequenz) charakterisieren kann, lautet

$$i(t) = \sqrt{2P_{\mathrm{I}}} \cos(2\pi f_0 t + \varphi_{\mathrm{I}}) \, , \tag{11.18}$$

d.h. ein Kosinussignal mit Leistung P_{I} und Phasenlage φ_{I}. Damit ergibt sich

$$\begin{aligned} v_k &= \int_{kT_c}^{(k+1)T_c} \sqrt{2P_{\mathrm{I}}} \cos(2\pi f_0 t + \varphi_{\mathrm{I}}) \cdot \cos(2\pi f_0 t)\mathrm{d}t \\ &= \frac{\sqrt{2P_{\mathrm{I}}}}{2} \left[\int_{kT_c}^{(k+1)T_c} \cos\varphi_{\mathrm{I}} \mathrm{d}t + \int_{kT_c}^{(k+1)T_c} \cos(4\pi f_0 t + \varphi_{\mathrm{I}})\mathrm{d}t \right] \, . \end{aligned} \tag{11.19}$$

Das letzte Integral in (11.19) braucht nicht berücksichtigt zu werden, da die Frequenz $2f_0$ außerhalb des gespreizten Bandes liegt. Somit wird

$$v_k = \frac{T_c\sqrt{2P_\mathrm{I}}}{2}\cos\varphi_\mathrm{I}\,. \tag{11.20}$$

Unter der Annahme, dass die Phasenverschiebung des interferierenden Signals zufällig, d.h. gleichverteilt sei, ergibt sich

$$\mathcal{E}\left\{v_k^2\right\} = \frac{T_c^2 P_\mathrm{I}}{2}\cdot\frac{1}{2\pi}\int\limits_0^{2\pi}\cos^2\varphi_\mathrm{I}\mathrm{d}\varphi_I = \frac{T_c^2 P_\mathrm{I}}{4} \tag{11.21}$$

sowie

$$\mathcal{E}\left\{y_\mathrm{I}^2(nT)\right\} = \frac{2E_s}{T}\cdot M\cdot\frac{T_c^2 P_\mathrm{I}}{4} = \frac{E_s P_\mathrm{I}}{2}\cdot T_c\,. \tag{11.22}$$

Mit $E_s = P_s T$ erhält man schließlich ein $S_\mathrm{a}/N_\mathrm{I}$-Verhältnis[7]

$$\frac{S_\mathrm{a}}{N_\mathrm{I}} = \frac{E_s^2}{\mathcal{E}\left\{y_\mathrm{I}^2(nT)\right\}} = \frac{2E_s^2}{E_s P_\mathrm{I} T_c} = \frac{2P_s}{P_\mathrm{I}}\cdot\frac{T}{Tc} = 2M\frac{P_s}{P_\mathrm{I}}\,. \tag{11.23}$$

Das $S_\mathrm{a}/N_\mathrm{I}$-Verhältnis steigt also proportional mit dem Spreizfaktor M; hinsichtlich der Interferenz durch andere Benutzer ist allerdings zu berücksichtigen, dass die Störleistung P_I ebenfalls linear mit der Anzahl der gleichzeitigen Benutzer ansteigen wird. Ein Vorteil von DS-CDMA ist daher vor allem gegeben, wenn der Spreizfaktor noch größer bleibt als die Anzahl der gleichzeitigen Benutzer. Allerdings existieren weitere Abhängigkeiten von der Charakteristik der gewählten Codefolgen. Eine Abschätzung für den speziellen Fall der Gold-Folgen als CDMA-Trägerfunktionen erfolgt in Unterabschnitt e).

In den folgenden Unterabschnitten 11.4.2-11.4.5 werden geeignete Trägerfunktionssysteme für DS-CDMA-Systeme diskutiert. Es sind dies die für ein synchrones Multiplexsystem anwendbaren orthogonalen Walsh-Funktionen und die für ein asynchrones Multiplexsystem geeigneten fast-orthogonalen m-Folgen und Gold-Folgen. Beide Signalarten sind binär, also mit digitalen Schaltungen einfach implementierbar. Hinsichtlich des oben erwähnten frequenzselektiven Fading sei noch bemerkt, dass zwar generell die Bandbreitedehnung dessen Einflüsse reduziert, dass jedoch starke Frequenzeinbrüche gegebenenfalls die geforderte Orthogonalitätseigenschaft vermindern, wodurch sich zusätzliche Interferenzen ergeben können.

[7] Man spricht hier von einem Nutz-zu-Interferenzleistungsverhältnis, da anders als z.B. bei additivem weißen Rauschen die Interferenz durch die gleichzeitigen Sendungen anderer Benutzer die hauptsächliche Ursache von Störungen darstellt. Es muss allerdings betont werden, dass die N_I verursachenden Interferenzen in der Regel nicht spektral weiß sind, so dass der dem hier vorgestellten Empfängerkonzept zu Grunde liegende Korrelationsfilter-Empfänger an sich noch keine Optimallösung darstellt. Zur Schätzung von N_I wäre es allerdings notwendig, die interferierenden Signale wie auch die Kanaleigenschaften zu kennen. Eine solche Strategie wird bei der in Abschn. 11.4.7 vorgestellten „multi user detection" verfolgt.

11.4.2 Walsh-Multiplexsystem

Das System verwendet als Trägersignale die orthogonalen Walsh-Funktionen (s. Abb. 8.13a und Aufgabe 6.21). Da die Kreuzkorrelationsfunktionen dieser Signale nur im Nullpunkt stets verschwinden, ist eine Anwendung nur in einem synchronen Multiplexsystem möglich. Im Mobilfunk kann dieses Verfahren daher nur im sog. „downlink", d.h. in der Richtung von der festen Basisstation zu den beweglichen Mobilstationen innerhalb einer Zelle verwendet werden. Zur Synchronisation wird sinnvollerweise eine der Walsh-Funktionen unmoduliert übertragen. Eine weitere Walsh-Funktion kann als Pilotsignal Aufgaben wie Messung und Ausgleich der Kanaldämpfung und der zeitvarianten Kanalübertragungsfunktionen übernehmen. Beispielsweise werden im amerikanischen System IS-95 im Downlink in einem Funkkanal 64 Walsh-Funktionen verwendet (Viterbi, 1995). Da bei Mehrwegeausbreitung die Orthogonalität nicht mehr ideal erhalten bleibt, wird in diesem System das Walsh-Multiplexsignal zusätzlich mit einer – der Basis-Station zugeordneten – langen Pseudonoisefolge (s. Abschn. 11.4.5) moduliert. Dadurch erscheint das durch die Orthogonalitätsfehler entstehende Nebensprechen als rauschähnliche Störung.

Anzumerken ist, dass das System IS-95 auch innerhalb eines Einzelkanals Walsh-Funktionen der Länge M zur höherstufigen orthogonalen Digitalübertragung benutzt. Hierzu werden lb M Binärwerte der Quelle zusammengefasst und jeweils einer von M Walsh-Funktionen zugeordnet. Es lässt sich zeigen, dass die Fehlerwahrscheinlichkeit bei Übertragung mit mehreren orthogonalen Trägersignalen deutlich geringer ist als bei Verwendung von nur zwei Signalen. (Ein solches System wird in Übungen 14.10 berechnet.)

11.4.3 Asynchrone Multiplexsysteme

Lässt sich die Synchronität der Trägersignale untereinander nicht erreichen, wie es z. B. bei Mobilfunksystemen für die Richtung von den Mobilstationen zur Basisstation (im sog. „uplink") der Fall ist, so kommt vorzugsweise ein asynchrones Multiplexverfahren in Betracht.

Die asynchrone Codemultiplextechnik verwendet im Gegensatz zur asynchronen Frequenzmultiplextechnik breitbandige, zeitbegrenzte Trägersignale $s_i(t)$, deren Kreuzkorrelationsfunktionen $\varphi_{ij}^{\mathrm{E}}(\tau)$ zwar nicht für alle τ exakt verschwinden können, aber überall nur geringe Werte annehmen sollen. Geeignete, sog. fast-orthogonale Trägerfunktionen dieser Art wären z. B. zeitbegrenzte Ausschnitte aus tiefpassbegrenztem weißen Rauschen („Rauschmodulation"). Technisch erheblich einfacher, da in Sender und Empfänger in gleicher Form und mit digitalen Schaltungen erzeugbar, sind binäre Pseudonoise-Signale. Ihre Konstruktion wird im nächsten Abschnitt näher beschrieben. Ein weiterer Vorteil fast-orthogonaler Trägerfunktionssysteme liegt darin, dass die Anzahl Q unterschiedlicher Funktionen gleicher Längen M im Vergleich zu Walsh-Funktionen größer als die Länge sein kann. Die Kanalzahl eines solchen Systems kann auf Kosten der Nebensprechstörungen damit weiter erhöht werden. Mit steigender Teilnehmerzahl nimmt die Übertragungsgüte allerdings allmählich ab („graceful degradation"). Sofern aber bestimmte Benutzer nichts übertragen (z.B. während Gesprächspausen bei Sprachübertragung, oder weil keine Daten angefordert werden), steht die Kapazität unmittelbar den übrigen Benutzern zur Verfügung. Kritisch ist bei asynchronen CDMA-Systemen allerdings die Abhängigkeit der Nebensprechstörungen von Nachbarsignalen hoher Leistung, die bei einem räumlich verteilten Multiplexsystem im Uplink unvermeidbar sind („near-far-Effekt"). Zur Abhilfe muss hier eine zentrale Regelung der Sendeleistungen erfolgen.

11.4.4 Pseudonoise-Folgen

Eine *Pseudonoise-Folge* (PN-Folge) ist eine konstruierte periodische, zeitdiskrete Binärfolge $s_\mathrm{d}(n)$, die in ihren Eigenschaften einer z.B. gewürfelten Zufallsfolge nahekommt. Die wichtigsten PN-Folgen sind die binären *Maximum-length-Folgen* (m-Folgen) mit den Längen

$$M = 2^r - 1, \quad r = 2, 3, 4 \ldots . \tag{11.24}$$

m-Folgen können bis zu beliebig großen Längen sehr einfach in rückgekoppelten Schieberegistergeneratoren mit r Speicherzellen erzeugt werden. Ein solcher Generator ist in Abb. 11.9 dargestellt. In jeder Zeiteinheit wird der Inhalt der Speicherzellen $1 \ldots r-1$ in die jeweils nächste Zelle verschoben. Die 1. Zelle wird gleichzeitig über die Rückkopplungswege neu geladen. Aus der r-ten Zelle kann die Ausgangsfolge entnommen werden. Die Schaltung

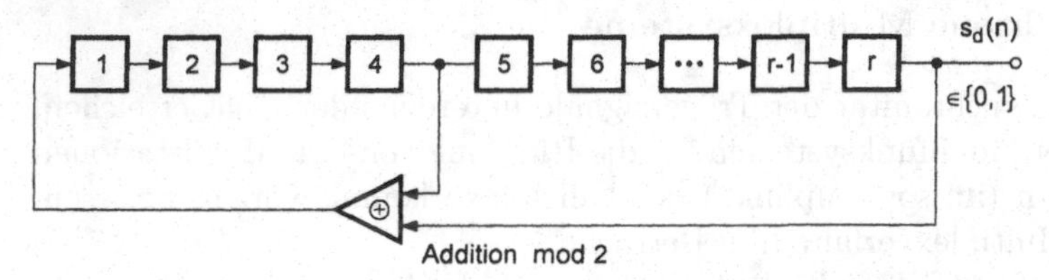

Abbildung 11.9. Rückgekoppelter, binärer Schieberegistergenerator

kann in ihren r binären Speicherzellen 2^r Zustände annehmen. Durch geeignete Rückkopplungsabgriffe ist es immer zu erreichen, dass der Generator nach Start mit einem Anfangsimpuls alle diese Zustände mit Ausnahme des „energielosen" Zustands $(000 \ldots 0)$ je einmal durchläuft. Die dann erzeugte periodische Folge hat die maximal mögliche, durch (11.24) gegebene Länge = Periode, im Beispiel der Abb. 11.9 also $M = 511$. Tabellen mit geeigneten Rückkopplungsabgriffen finden sich in (Simon, 1994; Finger, 1997; Lüke, 1992). Die m-Folgen werden in Übertragungssystemen immer in ihrer bipolaren Form $s_{\mathrm{bd}}(n)$ mit Elementen $\in \{+1, -1\}$ angewandt[8]. Sie haben dann folgende, für die weiteren Überlegungen wichtige Eigenschaften:

a) Periodische Autokorrelationsfunktionen. Die periodische Autokorrelationsfunktion nach (6.40) ist impulsförmig und zweiwertig. Innerhalb einer Periode gilt

$$\varphi_{ssd}^{\mathrm{E}}(m) = \sum_{n=0}^{M-1} s_{\mathrm{bd}}(n) s_{\mathrm{bd}}(n+m) = \begin{cases} M & \text{für } m = 0 \\ -1 & \text{für } 0 < m < M. \end{cases} \tag{11.25}$$

Für große M sind die Nebenwerte also sehr klein im Vergleich zum Hauptwert. m-Folgen nähern sich damit Folgen mit ideal impulsförmiger, periodischer Autokorrelationsfunktion, den sog. perfekten Folgen, an. Das DFT-Spektrum lautet mit (6.41) innerhalb einer Periode

$$|S_{\mathrm{d}}(k)|^2 = \begin{cases} 1 & \text{für } k = 0 \\ M+1 & \text{für } 0 < k < M, \end{cases} \tag{11.26}$$

m-Folgen sind also breitbandige Folgen mit konstantem Spektrum in nahezu der ganzen Periode der DFT (Beispiel s. Aufgabe 11.4).

b) Unbalance. Die Anzahl von Werten mit $+1$ und -1 in m-Folgen unterscheiden sich nur um 1, die Folgen sind damit fast gleichanteilfrei. Die auf die Länge bezogene Abweichung von der Gleichanteilfreiheit, die relative „Unbalance", beträgt $1/M$ (s. Aufgabe 11.4).

c) Shift and add-Eigenschaft. m-Folgen besitzen die sog. „shift and add"-Eigenschaft. Diese für die Bildung größerer Familien gut korrelierender Folgen wichtige Beziehung besagt für periodische, bipolare m-Folgen

$$s_{\mathrm{bd}}(n) \cdot s_{\mathrm{bd}}(n+u) = s_{\mathrm{bd}}(n+v) \quad \text{für } 0 < u, v < M, \tag{11.27}$$

d. h. das Produkt einer m-Folge und ihrer periodisch Verschobenen ergibt wieder die gleiche, um einen anderen (von den Rückkopplungsbedingungen abhängigen) Wert v periodisch verschobene m-Folge (Beispiel s. Aufgabe 11.4).

d) Schranken der Kreuzkorrelation. Die Kreuzkorrelationseigenschaften unterschiedlicher m-Folgen gleicher Länge spielen für die Bildung von Trägerfunktionen für CDMA-Systeme eine wichtige Rolle. Nach Untersuchungen, die zuerst von (Golomb, 1967) durchgeführt wurden, gibt es zu jeder m-Folge $s_{1\mathrm{bd}}(n)$, deren Grad r kein Vielfaches von 4 ist, mindestens eine weitere m-Folge $s_{2\mathrm{bd}}(n)$ gleicher Länge so, dass ihre periodische Kreuzkorrelationsfunktion dreiwertig ist und die Schrankenbedingung erfüllt:

[8] Die in einigen folgenden Formeln angewandte Multiplikation bipolarer Folgen entspricht bei unipolaren Folgen einer Exklusiv-oder-Operation (Summe mod 2). Diese Äquivalenz ist korrekt, wenn das bipolare Symbol „+1" auf die logische (unipolare) „0" und die bipolare „−1" auf die logische „1" abgebildet wird.

$$|\varphi_{12\mathrm{d}}^{\mathrm{E}}(m)| \leq 2^{\mathrm{int}(r/2+1)} + 1. \tag{11.28}$$

Ein solches Folgenpaar wird „preferred pair“ genannt. Aus einer gegebenen Folge $s_{1\mathrm{bd}}(n)$ lässt sich die zweite Folge $s_{2\mathrm{bd}}(n)$ dadurch gewinnen, dass in der periodischen Folge $s_{1\mathrm{bd}}(n)$ jeder c-te Wert abgetastet wird. Für diese Abtastung oder „Dezimation“ gilt[9]

$$\begin{aligned} &s_{2\mathrm{bd}}(n) = s_{1\mathrm{bd}}(cn) \\ &\quad \text{mit} \quad c = 2^{\alpha} + 1 \quad \text{und} \quad \alpha \quad \text{so, dass} \quad r/\mathrm{ggT}(r, \alpha) \quad \text{ungerade.} \end{aligned} \tag{11.29}$$

Ein Beispiel wird in Aufgabe 11.4 betrachtet.

Bei einigen längeren m-Folgen lassen sich mehr als zwei Folgen finden, die (11.28) erfüllen. Jedoch ist der Umfang dieser Familien von m-Folgen unzureichend. Eine Möglichkeit zur Bildung größerer Familien ist die Hinzunahme von Kombinationsfolgen, wie es bei den im Folgenden besprochenen Familien der „Gold-Folgen“ mit einem Umfang von $Q = M + 2$ geschieht. Insbesondere für zellulare Mobilfunksysteme und andere Aufgaben werden „große Familien“ mit einem Umfang von $Q \gg M$ benötigt. Diese können z. B. durch Verallgemeinerung des in Abschn. 11.4.5 beschriebenen Verfahrens für praktisch alle Anwendungsfälle konstruiert werden (Fan, Darnell, 1996; Simon, 1994).

11.4.5 Familie der Gold-Folgen

Aus zwei bipolaren, periodischen m-Folgen $s_{1\mathrm{bd}}(n)$, $s_{2\mathrm{bd}}(n)$ gleicher Länge M werden alle möglichen Produktfolgen $s_{1\mathrm{bd}}(n) \cdot s_{2\mathrm{bd}}(n+u)$ gebildet und mit den Ausgangsfolgen zu einer Familie Υ von $Q = M + 2$ Folgen zusammengefasst:

$$\Upsilon := \{s_{1\mathrm{bd}}(n), s_{2\mathrm{bd}}(n), s_{1\mathrm{bd}}(n) \cdot s_{2\mathrm{bd}}(n+u)\} \quad \text{mit} \quad 0 \leq u < M. \tag{11.30}$$

Die periodischen Korrelationsfunktionen zwischen zwei Mitgliedern dieser Familie errechnen sich dann zu[10]

$$\begin{aligned} \varphi_{uv\mathrm{d}}^{\mathrm{E}}(m) &= \sum_{n=0}^{M-1} [s_{1\mathrm{bd}}(n) s_{2\mathrm{bd}}(n+u)] \cdot [s_{1\mathrm{bd}}(n+m) s_{2\mathrm{bd}}(n+v+m)] \\ &= \sum_{n=0}^{M-1} [s_{1\mathrm{bd}}(n) s_{1\mathrm{bd}}(n+m)] \cdot [s_{2\mathrm{bd}}(n+u) s_{2\mathrm{bd}}(n+v+m)] \end{aligned}$$

und mit der shift and add-Eigenschaft (11.27)

[9] ggT: größter gemeinsamer Teiler

[10] Es lässt sich in ähnlicher Weise leicht zeigen, dass dieselbe Schranke auch für die Kreuzkorrelation zwischen jeder der beiden ursprünglichen Folgen und jeder der Produktfolgen eingehalten wird.

$$\begin{aligned}\varphi_{uvd}^{\mathrm{E}}(m) &= \sum_{n=0}^{M-1} s_{1\mathrm{bd}}(n+i)s_{2\mathrm{bd}}(n+k)\\ &= \varphi_{s_1 s_2 \mathrm{d}}^{\mathrm{E}}(k-i)\,,\end{aligned} \tag{11.31}$$

wobei i, k von der Rückkopplungsstruktur der Folge abhängen.

Damit enthalten die periodischen Kreuzkorrelationsfunktionen der Produktfolgen und auch die Nebenwerte ihrer periodischen Autokorrelationsfunktionen die gleichen, aber anders angeordneten Werte, wie sie in der Kreuzkorrelationsfunktion der Ausgangsfolgen enthalten sind. Die Produktfolgen sind damit keine m-Folgen mehr, sie halten aber alle die durch die Ausgangsfolgen vorgegebene Schranke (11.28) ein. Diese Eigenschaft kann zur Konstruktion großer Familien gut korrelierender Folgen ausgenutzt werden.

Ergänzt man hierzu die zwei m-Folgen eines „preferred pair“ aus Abschn. 11.4.4 durch ihre M Produktfolgen (11.30), so entsteht eine Familie von $Q = M + 2$ *Gold-Folgen* mit der Kreuzkorrelations-Schranke nach (11.28). Nach (11.31) sind die Nebenwerte der Auto- gleich denen der Kreuzkorrelationsfunktionen, so dass (11.28) auch die Autokorrelations-Schranke bestimmt. Ein Beispiel für die Bildung einer Gold-Familie des Umfangs $Q = 9$ wird in Aufgabe 11.4 berechnet.

Aus der Schrankenbeziehung (11.28) erhält man mit $M \approx 2^r$ näherungsweise

$$|\varphi_{s_1 s_2 \mathrm{d}}^{\mathrm{E}}(m)| \leq \begin{cases} 2^{(r/2+1)} + 1 \approx 2\sqrt{M} & \text{für } r \text{ gerade} \\ 2^{((r-1)/2+1)} + 1 \approx \sqrt{2M} & \text{für } r \text{ ungerade.} \end{cases} \tag{11.32}$$

Es kann gezeigt werden, dass dieses Schrankenverhalten im Vergleich mit beliebigen anderen binären Familien des Umfangs $Q \approx M$ dem theoretisch bestmöglichen Wert nahekommt.

Die Folgen einer Gold-Familie werden i. Allg. in Form von Rechtecksignalen $s(t)$ angewandt (s. Abb. 11.10). In modulierter Form verschlechtern sich die für den periodischen Fall berechneten Auto- und Kreuzkorrelationsschranken. Beispiele der aperiodischen Korrelationsfunktionen der Signale aus Abb. 11.10a zeigt 11.10b. Eine Abschätzung der Zusammenhänge zwischen Nebensprechen, Nutzerzahl Q und notwendiger Folgenlänge M für ein asynchrones CDMA-System mit Gold-Folgen im Uplink-Betrieb[11] lässt sich wie folgt geben:

Am Eingang der Entscheidungsstufe addieren sich zum Nutzwert mit der Amplitude M die Nebensprechwerte der $Q-1$ anderen Nutzer leistungsmäßig, da sie als unabhängig angenommen werden können. Damit gilt bei Annahme einer Leistungsregelung[12] näherungsweise für das Nutz- zu Interferenzleistungsverhältnis mit der oberen Abschätzung aus (11.32) für ungerade r

[11] Gold-Folgen werden z.B. im UMTS-Mobilfunksystem eingesetzt.

[12] s. Unterabschnitt g. Die Abschätzung für den Fall fehlender Leistungsregelung wird ebenfalls dort gegeben.

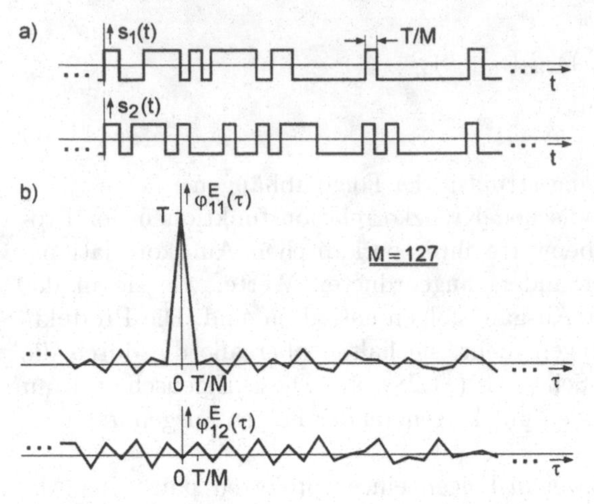

Abbildung 11.10. Zwei Trägersignale $s_i(t)$ eines CDMA-Verfahrens (**a**) mit aperiodischen Auto- und Kreuzkorrelationsfunktionen (**b**)

$$\frac{S_\mathrm{a}}{N_\mathrm{I}} = \frac{M^2}{(Q-1)(\sqrt{2M})^2} = \frac{M}{2(Q-1)}. \tag{11.33}$$

Bei bipolarer Übertragung ist für PCM-Systeme im Schwellenbereich ein $S_\mathrm{a}/N \approx 20 \equiv 13\,\mathrm{dB}$ zu verlangen (s. Abb. 12.3 mit $S_\mathrm{a}/N = E/N_0$). Hiermit ließen sich beispielsweise für Gold-Folgen der Länge $M = 511$ zunächst nur $Q = 511/(2 \cdot 20) + 1 = 14$ Nutzer gleichzeitig empfangen.

Für eine genauere Bestimmung der Nutzerzahl müssen weitere Einflussgrößen betrachtet werden. Einmal stellt (11.32) eine obere Schranke dar. Auch unter Berücksichtigung des ungünstigeren Schrankenverhaltens modulierter Folgen (vgl. Abb. 11.10b) kann S_a/N daher um einen Faktor von 2 erniedrigt werden. Weiter sprechen in der *einen* Richtung des Uplinks im Mittel nur etwa 3/8 der Nutzer gleichzeitig („voice activity factor"). Schließlich bringen geeignete Kanal- und Leitungscodierungsverfahren einen weiteren Gewinn von ca. 4. Damit erhöht sich die Nutzerzahl im Beispiel auf etwa $Q \approx 14 \cdot 2 \cdot 4 \cdot 8/3 \approx 298$.

Auf der anderen Seite vermindern Einflussgrößen wie Mehrwegeausbreitung, ungenügende Leistungsregelung und Nebensprechstörungen aus benachbarten Zellen die Nutzerzahl wieder. Insgesamt erhält man im Vergleich von CDMA mit TDMA grob etwa gleiche Nutzerzahlen, wobei jedoch der Vorteil der größeren Flexibilität von CDMA (graceful degradation und einfachere Signalisierung bei Zellenwechsel) bleibt - allerdings ist dies durch eine aufwändigere Realisierung zu erkaufen.

Anmerkung: In der Wideband-CDMA-Übertragung des Mobilfunks der dritten Generation (UMTS) werden Codes eingesetzt, die aus einer Kombination von orthogonalen Walsh-Codes mit variablem Spreizverhältnis T/T_c (4-

256 Chiptakte pro Bit-/Symboltakt) mit Gold-Codes sehr großer Länge (> 35000 chips) bestehen. Die Generierung der letzteren erfolgt über die Bit-/Symboltakte hinweg mit noch höherer, konstanter Chiprate. Auf Grund der Anwendung der Gold-Codes auf die Walsh-Codes (auch als „scrambling" bezeichnet) werden letztere ebenfalls quasi-orthogonal, so dass auch eine asynchrone Sendung nahezu interferenzfrei erfolgen kann. Die Motivation für diese Kombination ist allerdings im Uplink und im Downlink in folgender Weise unterschiedlich:

– Im Downlink erfolgt die Übertragung der Walsh-Codes von der Basisstation zu den einzelnen in der Mobilfunkzelle anwesenden Teilnehmern synchron, d.h. sie bleiben für sich gesehen orthogonal; jeder einzelne Benutzer kann hiermit die für ihn bestimmte Information aus dem Multiplex identifizieren. Die Gold-Codes sind dagegen jeweils bestimmten Basisstationen zugewiesen und können im mobilen Gerät verwendet werden, um deren Signale zu unterscheiden. Dies hat u. a. den Vorteil, dass benachbarte Basisstationen dieselben Walsh-Codes verwenden können, ohne dass es auf der Seite des mobilen Empfängers zu Interferenzen kommt; auch das Roaming wir erleichtert, da das mobile Gerät leicht feststellen kann, ob die Verbindung mit einer anderen Basisstation ein besseres Signal liefern könnte.
– Im Uplink werden dagegen die Gold-Codes eingesetzt, um an der Basisstation die von den unterschiedlichen Mobilteilnehmern asynchron eintreffenden Signale zu identifizieren. Hier verwenden prinzipiell alle Mobilteilnehmer dieselben Walsh-Codes, jedoch wird das T/T_c-Verhältnis variiert, um auch bei schlechten Kanalverhältnissen die Zuverlässigkeit der Übertragung zu gewährleisten. Dieses erfolgt durch Variation des Bit-/Symboltaktes T, d.h. die tatsächliche Bit-Übertragungsrate wird ggf. niedriger, während die für die Übertragung notwendige Bandbreite proportional zu $1/T_c$ für alle Benutzer unverändert bleibt und immer das gesamte verfügbare Spektrum umfasst.

Während im Uplink die Anzahl der unterschiedlichen Gold-Codes (abhängig von der Anzahl der Benutzer in der Mobilfunkzelle) relativ hoch sein kann (prinzipiell sind bei der genannten Länge mehrere Millionen verschiedene Codes möglich, von denen aber nicht alle gute Spreizeigenschaften besitzen), wird sie im Downlink in den UMTS-Spezifikationen auf 256 beschränkt, da es hier nur um die Identifizierung relativ weniger Basisstationen geht.

11.4.6 Frequenzsprungverfahren

Im Vergleich zu den bisher besprochenen asynchronen DS-CDMA-Verfahren verwenden *Frequenzsprungverfahren* (FH, Frequency Hopping) Bandpass-Trägersignale, deren Augenblicksfrequenzen in einer geeigneten, pseudozufälligen Weise mehrfach pro Taktperiode verändert werden. Neben diesen „schnellen" Frequenzsprungverfahren existieren auch „langsame" Verfahren, bei denen die Augenblicksfrequenz nur einmal pro Taktperiode umgeschaltet wird (Simon, 1994). Die Konstruktion einer einfachen Familie von Folgen für das schnelle Frequenzspringen wird in Aufgabe 11.5 betrachtet. Das Prinzip wird durch das Blockschaltbild in Abb. 11.11 beschrieben; hierbei werden die Trägersignale mit Frequenzen f_c durch Ansteuern von Frequenzsynthesizern aus den FH-Codefolgen erzeugt. Langsame Frequenzsprung-Verfahren

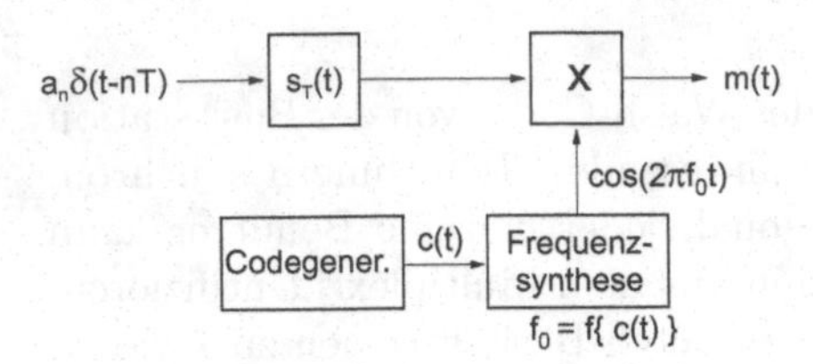

Abbildung 11.11. Blockschaltbild des Senders bei einem Frequenzsprung-Codemultiplex-Verfahren

wurden bereits im 2. Weltkrieg verwendet, um sowohl das Abhören zu erschweren, als auch schmalbandigen Störern auszuweichen. Schnelle Frequenzsprung-Verfahren besitzen gegenüber den Direct Sequence-Verfahren einen Vorteil, wenn in Mobilfunknetzen die Stationen räumlich weit gestreut liegen und die Leistungsregelung nur unvollkommen gelingt. Nah benachbarte Sender können hier so stark nebensprechen, dass die nicht ideal verschwindende Kreuzkorrelationsfunktion eines Direct Sequence-Systems ein zu hohes Nebensprechen erzeugt („far-near problem“). Bei Frequenzsprungverfahren kann insbesondere das Nebensprechen besser beherrscht werden.

Frequency-Hopping-Verfahren werden auch bei der drahtlosen Bluetooth-Übertragung eingesetzt, um frequenzselektive Störungen z.B. durch Mikrowellenherde oder andere Geräte, die in der häuslichen Umgebung häufig anzutreffen sind, zu umgehen.

11.4.7 Optimierung von DS-CDMA-Empfängern

Die CDMA-Technik bietet eine Reihe von Möglichkeiten, um durch adäquate Auslegung des Empfängers eine bessere Übertragungsqualität zu erreichen. Ein Konzept, um das Phänomen des Mehrwegeempfangs (vgl. Anhang 9.9.2) nicht nur zu kompensieren, sondern sogar zu einer *Verbesserung der Empfangsqualität* auszunutzen, stellt der „Rake“-Empfänger (engl. für „Gartenrechen“) dar, der in Abb. 11.12 dargestellt ist. Auf Grund einer Kanalschätzung seien die Verzögerungszeiten τ_i und Dämpfungsparameter c_i von I Empfangswegen bekannt. Das optimale Ergebnis wird erzielt, wenn das Ergebnis aus I Korrelationsfilter-Empfängern, die auf Grund der bekannten τ_i jeweils bzgl. eines Pfades kohärent arbeiten, überlagert werden. Als optimale Gewichte der einzelnen Beiträge ergeben sich die Werte α_i aus (9.52) (sh. auch Zusatzaufgabe 14.4). In (11.33) war eine Bedingung für das $S_\mathrm{a}/N_\mathrm{I}$-Verhältnis bei

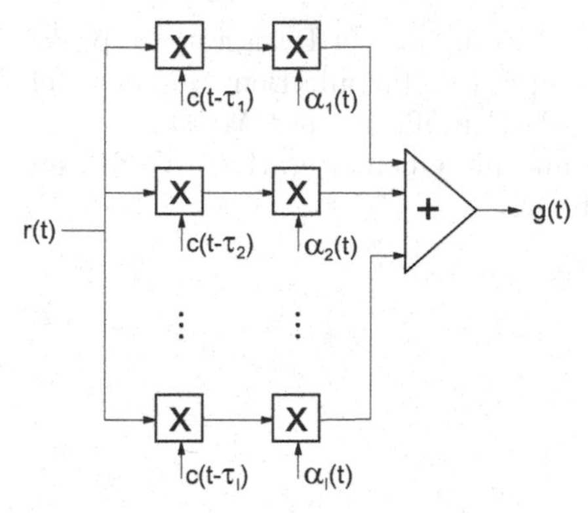

Abbildung 11.12. „Rake"-Empfängerstruktur

CDMA zunächst unter der Vorausssetzung hergeleitet worden, dass die Pegel der empfangenen Signale alle gleich seien. Dies ist bei einer Mobilfunk-Übertragung auch tatsächlich im „Downlink" (d.h. bei der Übertragung von der Basisstation zu den einzelnen Teilnehmern) der Fall, sofern die Basisstation die für die einzelnen Teilnehmer bestimmten Signale mit identischen Leistungspegeln überlagert. Im „Uplink" ergibt sich aber, dass die empfangenen Pegel von Teilnehmern, die sich näher an der Basisstation befinden, größer wären als diejenigen von weiter entfernten Teilnehmern („far-near problem"). Unter Berücksichtigung individueller Dämpfungsparameter α_i der den einzelnen Teilnehmern zuzuordnenden Pfade ergäbe sich z.B. für Teilnehmer 1 in Modifikation von (11.33) ein $S_\mathrm{a}/N_\mathrm{I}$-Verhältnis

$$\frac{S_\mathrm{a}}{N_\mathrm{I}} = \frac{\alpha_1^2 M}{2\sum\limits_{i=2}^{Q} \alpha_i^2}. \tag{11.34}$$

Unter Berücksichtigung aller Teilnehmer ergibt sich das optimale Ergebnis für (11.34), wenn die Werte α_i, d.h. die empfangenen Leistungspegel, alle gleich sind. Mobilfunk-CDMA-Systeme müssen daher mit einer *Leistungsregelung* arbeiten, mit der nahe bei der Basisstation befindliche Teilnehmer ihre Sendeleistung entsprechend reduzieren.

Einen weiteren Ansatz zur Verbesserung der Empfangsqualität stellen die Verfahren der „Multi User Detection" (MUD) dar. Da bei CDMA davon auszugehen ist, dass die anderen Benutzer die wesentliche Quelle von Übertragungsstörungen darstellen, wird versucht, das von ihnen ausgehende Signal aus dem empfangenen Signal zu entfernen. Dies kann beispielsweise durch die in Abb. 11.13 dargestellte Empfängerstruktur erfolgen, die allerdings in der Realisierung aufwändig ist. Hier werden die Entscheidungen aus Empfängern aller Benutzer verwendet, um den vermutlichen Störanteil nochmals zu generieren und am Empfängereingang des gewünschten Signals zu subtrahieren. Eine derartige Methode ist bei einem typischen Mobilfunkszenario vor allem im „Uplink“ (für den Empfang an der Basisstation) praktikabel, denn hier müssen ohnehin die Empfänger für alle Benutzer parallel realisiert werden. Sofern allerdings jeder der Empfänger mit MUD arbeiten soll, lässt sich ein optimales Ergebnis nur mit einem iterativen Verfahren erzielen, was den Aufwand nochmals erhöht.

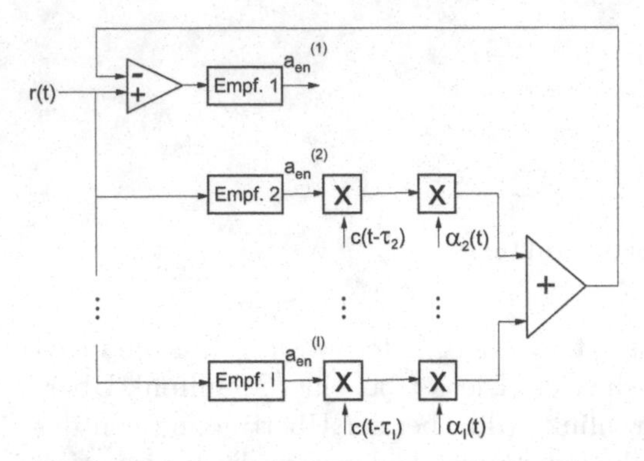

Abbildung 11.13. Empfängerstruktur bei „Multi User Detection“, hier für Empfang des ersten Signals

11.5 Vielfachträger-Modulationsverfahren und OFDM

Bei Vielfachträger-Modulationsverfahren werden innerhalb einer Taktperiode die von einem einzigen Sender zu übertragenden Bits auf N verschiedene Trägerfrequenzen verteilt gesendet, d.h. im Sinne der früher gegebenen Definition handelt es sich zunächst eigentlich nicht um ein Vielfachzugriffs-Verfahren. Das Verfahren wird daher zunächst als *Orthogonal Frequency Division Multiplex* (OFDM) bezeichnet, eine echter (Mehrbenutzer-)Multiplex wird mit dem in Abschn. 11.5.2 beschriebenen OFDMA-Verfahren („OFD Multiple Access“) realisiert. Das Grundprinzip besteht in der Verwendung sehr vieler, eher schmalbandiger Träger, die gleichzeitig innerhalb einer relativ langen Sendetaktdauer (reziprok zur Bandbreite der Einzelträger) übertragen werden; dieses impliziert eine Zusammenfassung einer mehr oder weniger großen Folge von Informationssymbolen zwecks ihrer gleichzeitigen Sendung bzw. des synchronen Empfangs. Auf Grund der langen Sendetakte finden keine häufigen Phasenwechsel statt, was sich u. a. günstig auf die spektralen Eigenschaften auswirkt

11.5.1 OFDM-Grundprinzip

Im Folgenden wird das OFDM-Verfahren am Beispiel modulierter Träger mit rechteckförmigen (aber ggf. komplexen) äquivalenten Tiefpass-Hüllkurven dargestellt. Auf Grund des si-förmigen Spektrums der einzelnen Träger entstehen dabei zwar signifikante spektrale Überlappungen; jedoch ist auf Grund der Verwendung perfekt synchronisierter orthogonaler Signale eine interferenzfreie Trennung am Empfänger möglich, wie weiter unten gezeigt wird. Wegen der Schmalbandigkeit der einzelnen Träger ($1/T \ll f_0$) erhält man darüber hinaus noch den Vorteil, dass ihre spektralen Amplituden außerhalb des für OFDM genutzten Frequenzbandes relativ schnell abklingen (vgl. Abb. 11.16).

Sofern pro Träger und Taktperiode nur ein Bit übertragen wird, findet eine Bipolarübertragung (BPSK) Anwendung. Meist werden jedoch Gruppen von K Bits a_m zunächst auf komplexe Symbole $b_{n,k}$ abgebildet. Dies entspricht typischerweise für $K = 2$ dem QPSK- und für $K > 2$ dem M-PSK- oder M-QAM-Prinzip (vgl. Abschn. 9.6). Die Anzahl der innerhalb einer Taktperiode übertragenen Symbole ist N (eines pro Träger), es werden also NK Bits übertragenen. Die N während einer Sendetaktperiode $nT_\mathrm{S} \leq t < (n+1)T_\mathrm{S}$ zu übertragenden Symbole $b_{n,k}$ werden mit einer rechteckförmigen Hüllkurve auf Frequenzen f_k moduliert und überlagert (vgl. Abb. 11.14). Damit ergibt sich ein komplexes Sendesignal, wie es in ähnlicher Form bereits von den Quadratur-Modulationsverfahren her bekannt ist[13]:

$$s_n(t) = \left[\sum_{k=0}^{N-1} b_{n,k} \mathrm{e}^{\mathrm{j}2\pi f_k t}\right] \mathrm{rect}\left(\frac{t}{T} - \frac{1}{2}\right) . \qquad (11.35)$$

Die enthaltenen Trägersignale sind über die Symboldauer $T \leq T_\mathrm{S}$[14] orthogonal, sofern die einzelnen Modulationsfrequenzen f_k ganzzahlige Vielfache von $1/T$ sind. Es wird nun angenommen, dass das OFDM-Signal ein Bandpasssignal mit einer Mittenfrequenz f_0 sei, so dass unterhalb und oberhalb von f_0 jeweils die Hälfte der Träger symmetrisch und äquidistant angeordnet ist; N sei also geradzahlig. Ein äquivalentes Tiefpasssignal, auf die Mittenfrequenz f_0 des Bandpasssignals bezogen, besitzt dann prinzipiell seine Grenzen bei $f = \pm\frac{N}{2T}$ und lautet

$$s_{n\mathrm{T}}(t) = \left[\sum_{k=0}^{N-1} b_{n,k} \mathrm{e}^{\mathrm{j}2\pi \frac{k+[1-N]/2}{T} t}\right] \mathrm{rect}\left(\frac{t}{T} - \frac{1}{2}\right) . \qquad (11.36)$$

[13] Insgesamt gibt es $M = 2^{NK}$ mögliche Trägersignale, welche jeweils einer bestimmten Bit-Konstellation zugeordnet sind. Bei Aneinanderfügung aller Sendetakte ergibt sich das modulierte Signal $m(t) = \sum_{n=-\infty}^{\infty} s_n(t - nT_\mathrm{S})$. Sofern das an sich komplexe $s_n(t)$ bei entsprechender Wahl der Trägerfrequenzen keine Spektralanteile bei $f < 0$ enthält, braucht auch nur der Realteil übertragen zu werden, welcher dann implizit wieder die konjugiert-komplexen Anteile bei negativen Frequenzen besitzt.

[14] Im Folgenden wird zunächst $T = T_\mathrm{S}$ angenommen, weiter unten wird der allgemeine Fall diskutiert, der zur Unterdrückung von Interferenzen bei Mehrwegeempfang durch Einführung eines „Guard-Intervalls" dient.

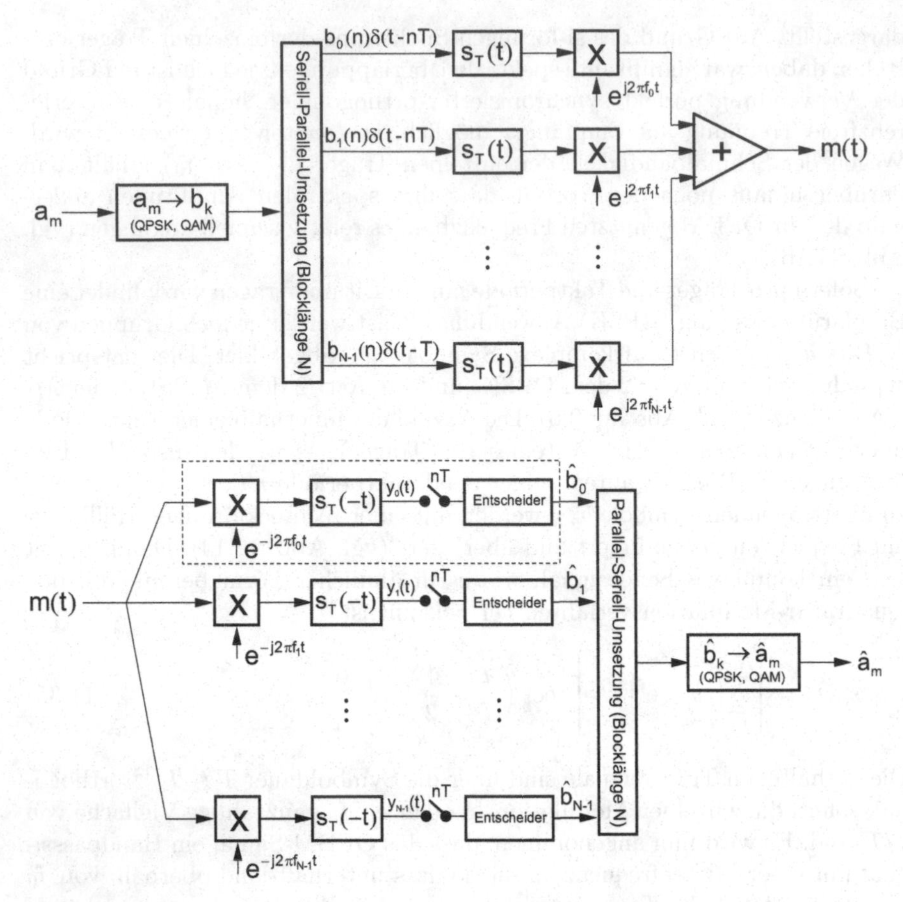

Abbildung 11.14. Sender und Empfänger (kohärent) bei OFDM; der gestrichelte Teil entspricht dem vereinfachten kohärenten QPSK- oder QAM-Empfänger

Damit jede der OFDM-Trägerfrequenzen ein ganzzahliges Vielfaches des Reziprokwertes von T ist, muss die Mittenfrequenz als $f_0 = \frac{p+1/2}{T}$ (p ganzzahlig) gewählt werden. Dann ergibt sich aus dem komplexen $s_{i_\mathrm{T}}(t)$ in (11.36) nach (5.33) das reellwertige Bandpassignal der Bandbreite N/T mit ebenfalls N orthogonalen Teilträgern

$$s_n(t) = \mathrm{Re}\left\{\sum_{k=0}^{N-1} b_{n,k} \mathrm{e}^{\mathrm{j}2\pi\left(f_0 + \frac{k+[1-N]/2}{T}\right)t}\right\} \mathrm{rect}\left(\frac{t}{T} - \frac{1}{2}\right). \tag{11.37}$$

Abb. 11.15a zeigt den Zeitverlauf von $N = 4$ OFDM-Trägern über eine Taktperiode der Dauer T; diese sind hier als Sinusfunktionen wie bei BPSK dargestellt, werden jedoch bei höherwertigen Modulationsverfahren abhängig vom jeweiligen Symbol $b_{n,k}$ auch verschiedene Amplituden und Phasenlagen annehmen können. Abb. 11.15b zeigt das Spektrum des zugehörigen Frequenzmultiplex. Dieselbe Anzahl an Symbolen ließe sich auch mit einem einzel-

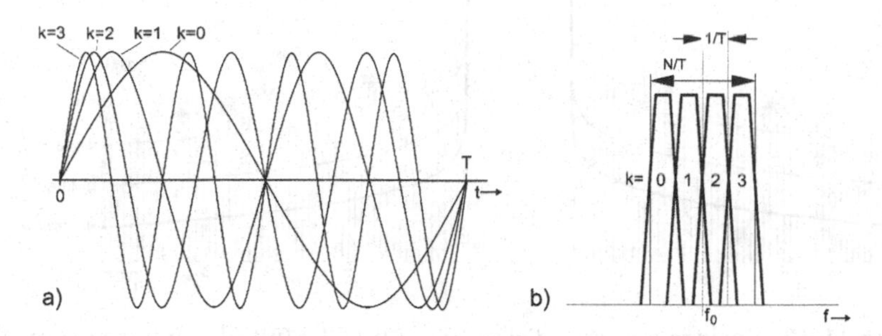

Abbildung 11.15. $N = 4$ reellwertige Teilträger innerhalb eines OFDM-Intervalls der Zeitdauer T: **a** Zeitverlauf und **b** Spektrum. [Mittenfrequenz $f_0 = 2,5/T$]

nen idealen Trägersignal der Bandbreite N/T übertragen. Jedoch würden bei Verwendung des entsprechend im Zeitbereich auf eine Taktdauer T/N gestauchten, äquivalenten nicht-idealen Tiefpass-Rechtecksignals die zugehörige si-Funktion in f ebenfalls um den Faktor N/T verbreitert und somit stärkeres Nebensprechen in benachbarte Frequenzbänder erzeugt. Hierin liegt einer der Vorteile des OFDM-Verfahrens: Die Verwendung vieler, aber entsprechend längerer Trägersignale bewirkt ein schnelles Abklingen der Spektralenergie ausserhalb des für den Multiplex verwendeten Frequenzbandes der Breite N/T; da aber alle Trägersignale innerhalb dieses Frequenzbandes synchron gesendet werden, kann wegen der Orthogonalität trotz starker spektraler Überlappung der gegenseitig interferenzfreie Empfang ermöglicht werden, wie im Folgenden gezeigt wird. Letzten Endes wird damit auch die Verwendung von Trägersignalen beispielsweise auf Basis von Rechteckfunktionen auch in bandbegrenzten Kanälen sinnvoll. Dieses Verhalten ist in Abb. 11.16 für Anzahlen von $N = 1, 16, 256, 4096, 65536$ Trägersignalen mit rechteckförmiger Hüllkurve der Dauer T (mit $1/N$ wachsend) dargestellt[15]. Je größer die Anzahl der Träger, desto schneller nimmt die spektrale Leistungsdichte außerhalb des OFDM-Bandes ab, so dass selbst bei Verwendung von Trägersignalen mit Rechteck-Hüllkurven ein weiterer OFDM-Multiplex mit einem relativ kleinen spektralen Abstand („guard band") bereits in einem nahe liegenden Frequenzband betrieben werden kann.

Bei kohärentem Empfang, der auf Grund der Verwendung von PSK-, QPSK- oder QAM-Symbolen ohnehin notwendig ist, kann die Korrelations-

[15] Die Berechnung erfolgt gemäß $|S(f)|^2 = \sum_{k=0}^{N-1} |S_k(f)|^2$ unter Annahme der statistischen Unabhängigkeit der auf den einzelnen Trägern übertragenen komplexen Datensymbole. Bei Annahme einer Gleichverteilung der möglichen Datensymbole ergeben sich weiterhin gleiche Leistungen für die einzelnen OFDM-Träger; das Leistungsdichtespektrum einer OFDM-Übertragung ist dann vom Verlauf her identisch mit dem jeweiligen in Abb. 11.16 dargestellten Energiedichtespektrum.

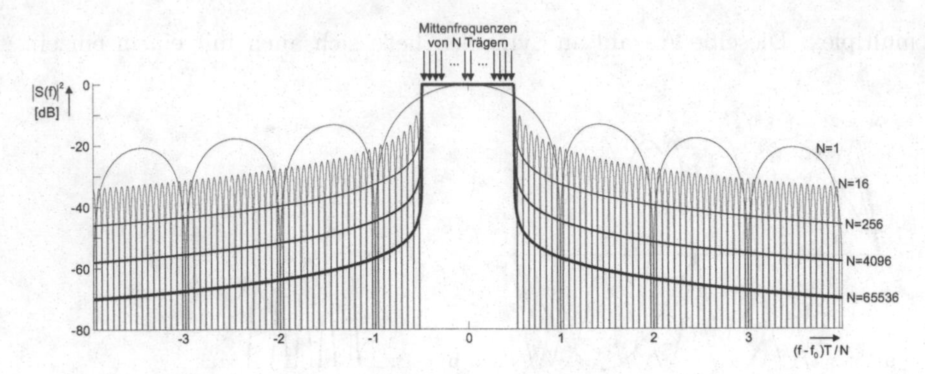

Abbildung 11.16. Spektrale Energiedichte eines OFDM-Multiplex mit Anzahlen von $N = 1$, 16, 256, 4096, 65536 Modulationsträgern (Frequenzachse normalisiert auf die Breite N/T des verwendeten Übertragungsbandes).

filterung und Entscheidung sinnvollerweise wieder in den Quadraturkomponenten des äquivalenten Tiefpasssignals (11.36) erfolgen. Der im Empfänger in Abb. 11.14 gestrichelt umrandete Teil entspricht dabei dem kohärenten QPSK/QAM-Empfänger aus Abb. 9.11, hier allerdings in der Darstellung komplexer Signalverarbeitung an Stelle der separaten Verarbeitung der beiden Quadraturkomponenten. Auf Grund der Orthogonalität zwischen den einzelnen Trägersignalen kann das auf dem Träger l übertragene Symbol $b_{0,l}$ (für $n = 0$) zum Abtastzeitpunkt $t = T$ mit folgendem Nutzsignalpegel perfekt aus dem OFDM-Signal separiert werden[16]:

$$y_l(T) = \int_0^T \left[\mathrm{e}^{-\mathrm{j}2\pi \frac{l+[1-N]/2}{T}t} \cdot \sum_{k=0}^{N-1} b_{0,k} \mathrm{e}^{\mathrm{j}2\pi \frac{k+[1-N]/2}{T}t} \right] \mathrm{d}t$$

$$= \sum_{k=0}^{N-1} b_{0,k} \cdot \underbrace{\int_0^T \mathrm{e}^{\mathrm{j}2\pi \frac{k-l}{T}t} \mathrm{d}t}_{=T \text{ für } k=l, \ =0 \text{ sonst}} = b_{0,l}T. \qquad (11.38)$$

OFDM-Systeme können besonders effizient durch Methoden der digitalen Signalverarbeitung realisiert werden. Hierfür wird das äquivalente Tiefpasssignal innerhalb einer Taktperiode der Länge T auf N Abtastwerte abgebildet, wodurch das Abtasttheorem für ein Bandpasssignal der Bandbreite N/T, prinzipiell wie in Abb. 5.25, exakt eingehalten wird. Die im Sender durchzuführenden N komplexen Multiplikationen mit $\exp(\mathrm{j}2\pi f_k n/N)$[17] einschließ-

[16] Angenommen wird hier wieder ein äquivalentes Tiefpass-Hüllkurvensignal $s_\mathrm{T}(t) = \mathrm{rect}[t/T - 1/2]$, das kausale Korrelationsfilter besitzt die Impulsantwort $h_\mathrm{T}(t) = s_\mathrm{T}(T - t)$. Die Integration über die Zeit T entspricht der Korrelationsfilterung.

[17] $f_k = k + \frac{1-N}{2}$.

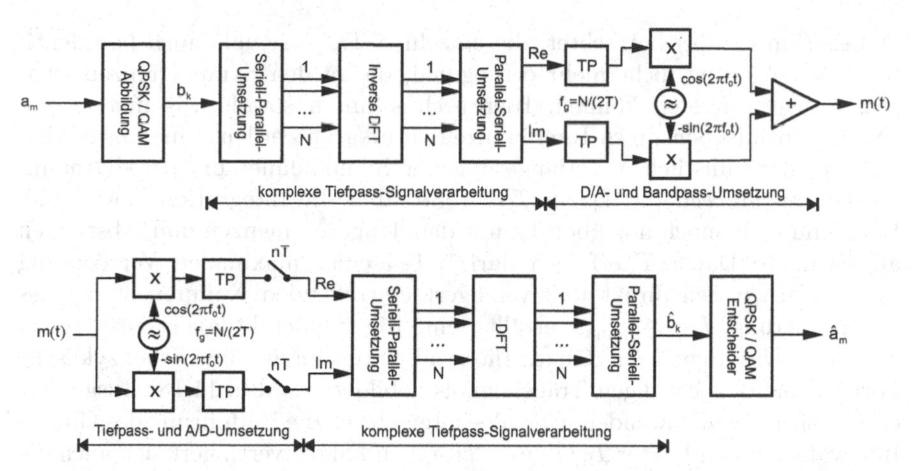

Abbildung 11.17. OFDM-Sender und -Empfänger mit Realisierung der digitalen Signalverarbeitung im äquivalenten Tiefpassbereich mittels einer IDFT bzw. DFT

lich der Summenbildung entsprechen dann einer IDFT (4.45) mit Blocklänge N. Im allgemeinen Fall der Modulation von Quadraturkomponenten liegen sowohl am Eingang als auch am Ausgang komplexe Signale an. Ebenso entsprechen die im Empfänger notwendigen N komplexen Multiplikationen mit $\exp(-j2\pi f_l n/N)$ einschließlich der folgenden Summationen einer DFT (4.44). Die DFT-Ausgangswerte gleichen also den Ausgängen von N parallelen Korrelationsfiltern mit komplexen Signalamplituden zum Abtastzeitpunkt, die anschließend einer Entscheidung zugeführt werden. Nur für die Übertragung über den physikalischen Kanal findet eine Umsetzung in ein zeitkontinuierliches und reellwertiges Signal statt. Die Darstellung in Abb. 11.17 zeigt die übliche Realisierung der OFDM für reellwertige Bandpass-Übertragung, bei der die Berechnung der DFT/IDFT im äquivalenten Tiefpasssignal mittels des FFT-Algorithmus (s. Abschn. 4.3.7) erfolgt. Die in Verbindung mit der D/A- bzw. A/D-Umsetzung gezeigten Tiefpassfilter konnten zunächst als ideale Tiefpassfilter (si-förmige Impulsantwort) interpretiert werden und würden dann mit dem Prinzip der Abtastung von Bandpasssignalen im äquivalenten Tiefpassbereich (Abb. 5.25) korrespondieren. In diesem Fall wären dann allerdings die einzelnen Subträgersignale ebenfalls ideale Bandpassignale, d.h. nicht überlappend, was gar nicht erforderlich ist. Unter den Voraussetzungen des kohärenten Binärempfangs mit Bandpass-Trägersignalen (Abb. 9.4), d.h. $f_0 = kN/T$, synchrone Oszillatoren und Abtaster, lassen sich ebenfalls Tiefpassfilter mit rechteckförmiger Impulsantwort der Dauer T/N einsetzen, ohne dass zusätzliche Interferenzen entstehen. Dieses entspricht der üblicherweise verwendeten OFDM-Implementierung.

Wird die OFDM-Übertragung in drahtlosen Netzen angewandt, besteht das Problem des Mehrwegeempfangs (s. Anhang 9.9.2). Unter Berücksichtigung der verzögerten Komponenten wären, über die Integrationszeit der

Dauer T in (11.38) betrachtet, die einzelnen Trägersignale auch bei identischer Verzögerung nicht mehr orthogonal, da an den Symbolgrenzen Phasensprünge auftreten können. Hierdurch könnten sowohl Eigeninterferenzen, als auch Nebensprech-Interferenzen verursacht werden. Eine Lösung besteht in der künstlichen Verlängerung der Symboldauer um ein sogenanntes *Guard-Intervall* der Dauer T_G, wobei aber die Integration bzw. DFT-Berechnung dennoch nur über die mit den Trägerfrequenzen und -abständen abgestimmte Dauer T erfolgen darf[18]. Bei einer maximalen Verzögerung t_{max} zwischen den direkt und verzögert eintreffenden Komponenten muss die Forderung $T_G \geq t_{max}$ erfüllt sein, die Sendetaktdauer wird $T_S = T + T_G$. Das Signal im Guard-Intervall wird durch künstliche zyklische Fortsetzung des jeweiligen Trägersignals gebildet (s. Abb. 11.18). Insgesamt erhöht sich die aufzuwendende Sendeenergie durch die Einführung des Guard-Intervalls um den Faktor T_S/T, um denselben Faktor verringert sich auch die Übertragungsrate. Dieser Nachteil wird um so geringer, je größer T gegenüber t_{max} ist, d.h. er lässt sich durch Erhöhung der Anzahl der Subträger weitergehend vermindern. Abb. 11.19 stellt direkte und verzögerte OFDM-Signale

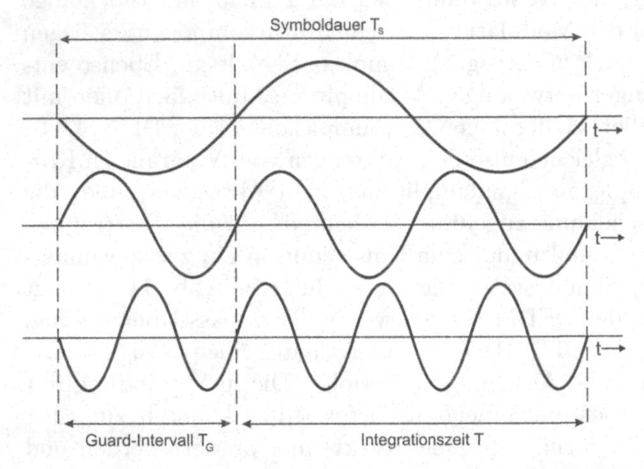

Abbildung 11.18. Zyklische Erweiterung dreier OFDM-Trägersymbole in einem Guard-Intervall [nach v. Nee/Prasad]

am Empfängereingang dar. Durch Einführung der Guard-Intervalle werden die Phasensprünge aus den verzögerten Signalen von der Integration über die Länge T nicht mehr erfasst, so dass die Orthogonalität der Träger erhalten bleibt. Auf Grund von Eigeninterferenzen können sich die direkten

[18] Abb. 11.17 wäre entsprechend zu ergänzen, indem nach jedem Symboltakt der Dauer T ein zyklisch fortgesetztes Signal der Dauer T_G eingefügt wird. Dieses lässt sich ebenfalls besonders einfach realisieren, wenn zeitbegrenzte (z. B. rechteckförmige) Impulsantworten in der Tiefpassfilterung verwendet werden.

und verzögerten Signalkomponenten bei einzelnen Trägern allerdings teilweise oder vollständig auslöschen. Auf Grund der Linearphasigkeit der Laufzeitwirkung kann dies aber niemals bei allen Trägern gleichzeitig der Fall sein.

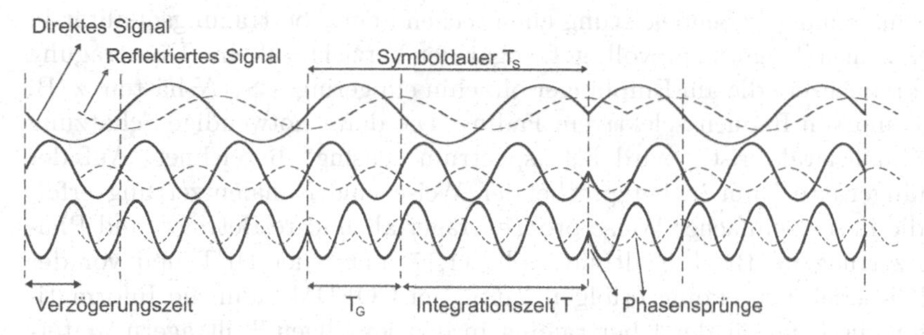

Abbildung 11.19. Komponenten eines OFDM-Signals im Falle des Mehrwege-Empfangs (durchgezogene Linien - direkte Signale ; gestrichelte Linien - verzögerte Signale) [nach v. Nee/Prasad]

Ein wesentlicher Nachteil des OFDM-Verfahrens besteht allerdings in der Möglichkeit, dass an einzelnen Zeitpositionen relativ hohe Amplituden auftreten können. Dieses ist beispielsweise der Fall, wenn die komplexen Datensymbole vieler Träger zu einem linearphasigen Zusammenhang der rekonstruierten Zeitsignale führen, so dass sich die sinusoidalen Schwingungen an bestimmten Zeitpunkten tendenziell zu einem impulsartigen Verlauf der Hüllkurve und damit zu Übersteuerungsverzerrungen in Verstärkern führen. Mögliche Abhilfen bestehen in einer harten oder weichen Amplitudenbegrenzung des Signals (Clipping, Kompandierung) nach Ausführung der inversen DFT am Sender, oder in einer Umcodierung zur Vermeidung derartiger Zustände vor der IDFT, wobei letzteres allerdings zusätzliche Abhängigkeiten der Symbole auf den verschiedenen Trägern verursacht.

11.5.2 Erweiterungen des OFDM-Prinzips

Das OFDM-Prinzip stellt eine effiziente Implementierung der Übertragung mit mehreren orthogonalen Trägersignalen, ggf. kombiniert mit Amplituden- und Phasenmodulation zur Übertragung mehrwertiger Symbole, dar. Speziell bei mobilem Mehrwegeempfang wirkt sich das frequenzselektive Fading nur auf einzelne Teilträger aus. Hierdurch besteht nun die Möglichkeit, mittels einer Kanalcodierung eine Fehlerkorrektur mit Redundanzbeziehungen quer über unterschiedliche Teilträger (mit einem sog. „interleaving", d.h. einer Verschachtelung der Bits aus den einzelnen Teilträgern) auszuführen. Derartige Erweiterungen werden als *Coded OFDM* (COFDM) bezeichnet. Sofern eine gute Kanalschätzung auch auf der Senderseite verfügbar ist, kann dies auch adaptiv oder kombiniert mit einer Anpassung des Modulationsverfahrens (z.B. 16-QAM in zuverlässig übertragenen Teilträgern, QPSK in weniger zuverlässigen Fällen) erfolgen. Da es letzten Endes darauf ankommt, die durchschnittliche Energie pro bit in einer Übertragung so gering wie möglich zu halten, ist bei Kenntnis der Kanaleigenschaften auch eine Anpassung der Sendeleistung entsprechend der Übertragungsqualität in den einzelnen Trägern sinnvoll, ggf. sogar der Verzicht auf eine Übertragung über Frequenzen, die am Empfänger ohnehin ein geringes S_a/N hätten, z. B. auf Grund von frequenzselektivem Fading. Die dafür notwendige Schätzung der Kanalcharakteristik wird als „spectrum sensing" bezeichnet. Auf der Empfängerseite kann in entsprechender Weise eine Kanalentzerrung erfolgen, die in sehr einfacher Weise pro Teilträger als lineare Betrags- und Phasenentzerrung im Blockschaltbild Abb. 11.17 hinter der DFT und vor der Parallel-Seriell-Umsetzung erfolgen kann. Bei COFDM kann die Information über die Qualität der Übertragung in den jeweiligen Teilträgern weiterhin ausgenutzt werden, um die statistische Zuverlässigkeit der nachfolgenden Entscheidungshypothese zu bewerten und somit die Wahrscheinlichkeit einer richtigen Korrektur zu erhöhen.

OFDM in der bisher eingeführten Form ist noch kein eigentliches Multiplex-Verfahren, mittels dessen mehrere Benutzer denselben Kanal zur Übertragung verwenden können. Mehrbenutzer-Erweiterungen werden allgemein als *Orthogonal Frequency Division Multiple Access* (OFDMA) bezeichnet. So lässt sich OFDM z. B. mit einem Zeitmultiplex kombinieren (Abb. 11.20a). Hierbei bleiben alle wesentlichen Vorteile erhalten, wobei die Verwendung eines ausreichend langen Guard-Intervalls auch Interferenzen bei asynchroner Sendung ausgleichen kann, so dass sich ein solches Verfahren auch im Uplink einer Mobilfunk-Übertragung einsetzen ließe. Andererseits werden die zeitlichen Multiplex-Intervalle bei Verwendung vieler Trägersignale relativ lang, so dass die Flexibilität der Ressourcenzuordnung für Übertragungen mit variablen Benutzer-Datenraten möglicherweise nicht mehr ausreichend groß ist. Als Alternative bietet sich daher ein Multiplex an, der die Ressourcen sowohl in der Zeit-, als auch in der Frequenzdimension zuordnet (Abb. 11.20b). Hierbei ist allerdings darauf zu achten, dass die Orthogonalität der Träger auch zwischen den einzelnen Benutzerkanälen erhalten bleiben muss, was bei unterschiedlichen Verzögerungen verschiedener Frequenzträger trotz Verwendung eines Guard-Intervalls nicht mehr der Fall wäre; daher ist ein solches OFDMA-Verfahren im Uplink einer Mobilfunkübertragung kaum einsetzbar. Allerdings wird es bei LTE für den Multiplex im Downlink eingesetzt, wobei die Zuweisung der einzelnen Frequenzbänder weiterhin das frequenzselektive Fading berücksichtigen kann [19].

---

[19] In Abb. 11.20 stellen die Rechtecke sog. „Zeit-/Frequenzressourcenblöcke" dar. Umfasst die Frequenzressource L OFDM-Träger mit jeweiliger Bandbreite 1/T, und enthält die Zeitressource einschließlich der Guardintervalle J Symbole der Dauer T_S, so können pro Ressourcenblock maximal JL/T Symbole pro Sekunde bzw. JKL/T bit pro Sekunde interferenzfrei übertragen werden. Die Zuweisung

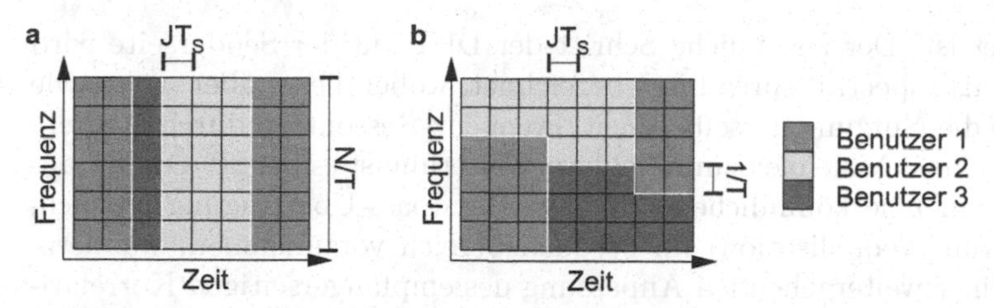

Abbildung 11.20. Zuweisung von Zeit-/Frequenzressourcen-Blöcken an verschiedene Benutzer bei OFDMA. **a** OFDM-Zeitmultiplex **b** kombinierter Zeit-/Frequenzmultiplex

Das sogenannte *Single Carrier OFDM*-Verfahren (SC-OFDM) [Myung et al., 2006] ist hingegen eine Erweiterung des OFDM-Prinzips durch die in Abb. 11.21 gestrichelt umrandeten Schaltungsblöcke. Es werden N Datensymbole zunächst auf der Senderseite einer DFT zugeführt, um $M-N$ Nullwerte ergänzt und schließlich mittels einer DFT in $M \geq N$ komplexen Trägern moduliert. Anschließend folgt die übliche Tiefpass-Bandpass-Abbildung und Modulation des gesamten OFDM-Multiplex mit der Trägerfrequenz f_0. Auf der Empfängerseite folgt zunächst die übliche OFDM-Schaltung bis hin zur DFT, nun jedoch ebenfalls mit M detektierten Trägern. Hieraus werden die nicht genutzten Träger mittels Eliminierung von Nullen entfernt und schließlich erfolgen nach einer DFT über N Werte die Entscheidungen über die N Informationssymbole.

Anmerkung: Es ist offensichtlich, dass das Verfahren für den Fall $M = N$ identisch mit einer herkömmlichen synchronen Bandpass-Übertragung, z. B. BPSK, QPSK, QAM, etc., wäre. In diesem Fall würden sich im Sender wie im Empfänger DFT/IDFT sowie auch die anfängliche Seriell-Parallel-Wandlung mit der abschließenden Parallel-Seriell-Wandlung gegenseitig kompensieren, so dass die komplexen Informationssymbole direkt auf der Bandpass-Trägerfrequenz f_0 moduliert übertragen werden.

Der Vorteil von SC-OFDM liegt letzten Endes in der sehr effizienten Möglichkeit, eine Übertragung in einem Kanal mit mehreren Durchlass- bzw. Sperrbändern („Multiband-Übertragung“) zu realisieren. Dieses kann sinnvoll sein, wenn bekannt ist, dass einige Bereiche des verfügbaren Frequenzbandes z. B. durch frequenzselektives Fading ohnehin nicht benutzt werden sollten. Im Gegensatz zur herkömmlichen OFDM, bei der jedes Frequenzband klar identifizierbare Informationssymbole überträgt, werden bei SC-OFDM aber die Informationssymbole über alle tatsächlich verwendeten OFDM-Träger gestreut, so dass selbst bei einem gegenüber der Erwartung geänderten frequenzselektiven Fading noch eine gewisse Robustheit der Übertragung

der Ressourcen erfolgt dann gemäß der für den einzelnen Benutzer benötigten Übertragungsrate

gewährleistet ist. Der zusätzliche Schritt der DFT auf der Senderseite wird daher auch als „spectral spreading“ bezeichnet, wobei dieses aber nicht (wie bei CDMA) die Nutzung derselben Zeit/Frequenz-Ressourcen durch mehrere Benutzer in einem Multiplex zum Ziel hat. Weiterhin ist es bei SC-OFDM anders als bei einer herkömmlichen Einträger-Bandpass-Übertragung möglich, eine Entzerrung (equalisation) im Frequenzbereich vorzunehmen, was letzten Endes einer weitergehenden Anpassung des empfängerseitigen Korrelationsfilters an die Übertragungseigenschaften des jeweiligen Kanals entspricht. Hierbei werden zusätzlich zur Entfernung der Nullträger die Amplituden und ggf. Phasen der übrigen Träger entsprechend den als bekannt angenommenen Kanalverzerrungen modifiziert. Da die nachfolgende IDFT im Sinne des „despreading“ wirkt, werden Rauscheinflüsse aus denjenigen Frequenzbereichen, in denen nur ein schwaches Nutzsignal am Empfänger ankommt, reduziert. Die Entzerrung erfolgt durch Gewichtung mit der im jeweiligen Frequenzband am Empfängereingang anliegenden Nutzsignalamplitude, ggf. kann auch eine frequenzabhängige Verzögerung durch Modifikation der Phase berücksichtigt werden (vgl. hierzu Zusatzaufgabe 14.4). Sofern die Frequenzbänder der Teilträger sehr schmal sind, ist die Annahme eines Kanalverhaltens, das in jedem einzelnen Frequenzband nahezu verzerrungsfrei ist (Amplitudendämpfung und Zeitverzögerung bzw. Phasenänderung als diskrete Approximaton der Kanalübertragungsfunktion $K(f)$), durchaus gerechtfertigt.

Sollen bei SC-OFDMA („multiple access“) mehrere Benutzer in einem Multiplex bedient werden, so dürfen die OFDM-Frequenzbänder nicht mehrfach zugewiesen werden. Es handelt sich dann im Grunde wieder um einen Frequenz- oder kombinierten Zeit-/Frequenz-Multiplex mit dem Vorteil, dass nicht unbedingt pro Benutzer ein einziges geschlossenes Band, sondern je nachdem, wo die Nullen eingefügt werden, die genannte Multiband-Übertragung erfolgen kann, wodurch sich ggf. die vorhandenen Frequenzressourcen besser ausnutzen lassen. Bei synchroner Übertragung der einzelnen Benutzeranteile entstehen hierbei auf Grund des OFDM-Prinzips keine Nebensprechinterferenzen, bei asynchroner Übertragung wären bestimmte OFDM Teilträger als „guard bands“ vorzusehen, die nicht benutzt werden dürfen.

Anmerkung: Es ist zu beachten, dass alle SC-OFDM(A)-Verfahren durch die zusätzliche DFT-„Frequenzspreizung“ im übertragenen Bandpasssignal in der Regel schnellere Phasenwechsel auch innerhalb der OFDM-Taktperiode T aufweisen als dies bei den originalen OFDM-Verfahren der Fall ist. Auf Grund dieser Tatsache geht einer der OFDM-Vorteile, die in Abb. 11.16 dargestellte steile Abnahme der spektralen Leistungsdichte außerhalb des für die Übertragung genutzten Bandes, teilweise verloren. Andererseits wird ein Nachteil des originalen OFDM-Verfahrens, die am Ende von Abschn. 11.5.2 genannte Möglichkeit des Auftretens von plötzlichen Spitzen in der Amplitudenhüllkurve des Bandpasssignals, deutlich verringert. Letzten Endes hängt es von den Anforderungen des Anwendungsfalls ab, welches der verschiedenen Verfahren sich für die gegebene Situation besser eignet.

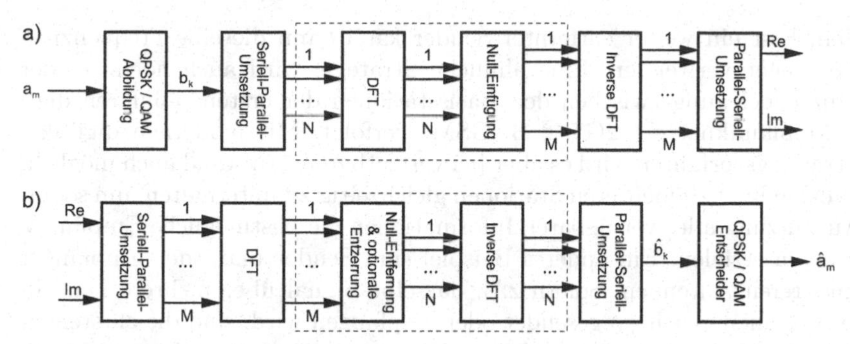

Abbildung 11.21. SC-OFDM (ohne Modulator/Demodulator dargestellt; Änderung der Signalverarbeitungskette verglichen mit Abb. 11.17 gestrichelt umrandet). **a** Sender **b** Empfänger

Anwendungen findet die OFDM-Technik heute in den Übertragungsverfahren für Digital Audio Broadcast (DAB), Digital Video Broadcast (DVB), in drahtlosen lokalen Netzen (WLAN) sowie im Mobilfunk der vierten Generation (LTE), in welcher OFDMA im Downlink und SC-OFDM im Uplink Verwendung finden. Auf Grund der vielfältigen Vorteile und einfachen Implementierung ist OFDM auch für zukünftige Generationen dieser Systeme bereits als wichtige Komponente der Übertragungs- und Modulationsverfahren eingeplant. Ein nahezu identisches Verfahren (mit Ausnahme einer Auslegung ohne Guardintervalle und Übertragung im Basisband, d.h. reellwertiger Tiefpass-Kanal) wird unter der Bezeichnung *Discrete Multi Tone* (DMT) bei verschiedenen Varianten der leitungsgebundenen DSL-Übertragung angewandt. Auch in der Powerline-Kommunikation (PLC), d.h. für die digitale Datenübertragung über Stromkabel, wird OFDM-Basisbandübertragung mit vielen schmalbandigen Trägern verwendet und ist dort insbesondere geeignet, durch Auswahl der Träger Interferenzen durch die Netzfrequenz zu vermeiden, sowie eine Datenübertragung auch über Transformatoren hinweg sicherzustellen. Derartige Systeme sind beispielsweise in den Standardreihen ITU-T G.992.x (ADSL) und ITU-T G.9901ff. (PLC) spezifiziert.

11.6 Diversitätsübertragung und MIMO-Systeme

Typischerweise sind Sender und Empfänger von Nachrichtensignalen räumlich verteilt, insbesondere bei Funkübertragung ist auch die Reichweite des Senders begrenzt. Bei einem Raummultiplex ist es generell das Ziel, dieselben Ressourcen (z.B. Sendezeitschlitze, Frequenzbänder) für unterschiedliche Empfangspositionen oder unterschiedliche Übertragungswege mehrfach zu nutzen. Bei der analogen Rundfunk- und Fernsehübertragung wurden typischerweise unmittelbar benachbarte Sender so ausgelegt, dass sie auf unterschiedlichen Frequenzen senden, da ansonsten Interferenzen entstehen würden. Erst ein weiter entfernter Sender kann dann dieselbe Frequenzressource erneut verwenden. Eine ähnliche Strategie wird auch noch bei der Ressourcenbelegung zwischen den Basisstationen der ersten zellularen digitalen Mobilfunknetze („2G“, z. B. GSM) verfolgt. Mit modernen digitalen Übertragungsverfahren wird es aber bei vertretbarem Aufwand auch möglich, eine Verbindung zu mehreren Stationen gleichzeitig zu unterhalten, um so unter Ausnutzung aller verfügbaren Informationen die bestmögliche Empfangsqualität zu erzielen. Ein anderes Beispiel sind Sender und/oder Empfänger mit mehreren Antennen. Sofern z.B. dasselbe Signal über mehrere benachbarte Antennen synchron gesendet oder empfangen wird, sind die entstehenden Überlagerungsphänomen auf Grund der Laufzeiteffekte nahezu identisch mit dem Mehrwegempfang. Am Beispiel des Rake-Empfängers (Abb. 11.12) wurde bereits gezeigt, dass sich solche Überlagerungen, sofern ihre Natur bekannt ist, in produktiver Weise ausnutzen lassen. Darüber hinaus bestehen aber noch weitere Möglichkeiten, verschiedene gleichzeitig gesendete (Nutz-)Signale gezielt aufeinander abzustimmen, z.B. durch Ausnutzung von räumlichen Richtcharakteristiken bei Sende- und Empfangsantennen oder durch eine systematische Codierung für die einzelnen Übertragungswege.

Anmerkung: Generell werden Übertragungsmethoden, bei denen der Empfänger eine Auswahl zwischen mehreren Sendungen desselben Signals hat, als *Diversitätsverfahren* (engl. „diversity“) bezeichnet. Man unterscheidet hier zwischen Frequenzdiversität, Zeitdiversität, Ortsdiversität, Antennendiversität, Codediversität usw. Auch in der analogen Funkübertragung wurden Antennendiversitätsverfahren (Umschaltung zwischen mehreren Empfangsantennen je nach Signalstärke) sowie Richtfunk als eine Form des Raum-Multiplex schon verbreitet eingesetzt.

Es werden nun zur Charakterisierung der Übertragung unter dieser generalisierten Sichtweise verschiedene Arten von Kanälen unterschieden:

a) Der bisher als Kanalmodell meist betrachtete, einfache Fall besitzt lediglich einen Eingang, in den der Sender einspeist, und einen Ausgang, aus dem der Empfänger die Information entnimmt, außerdem ist eine additive Rauschstörung überlagert. Dieser Kanal wird als *SISO-Kanal* (**S**ingle **I**nput, **S**ingle **O**utput) bezeichnet. Ein Raummultiplex wird hierbei allenfalls bei Verwendung mehrerer unabhängiger Parallelkanäle unterstützt.
b) Bei Ausnutzung des Mehrwegeempfang wie im Rake-Empfänger oder bei synchroner Sendung desselben Signals von unterschiedlichen Orten trifft diese Annahme bereits nicht mehr zu. Im Kanal werden hier unterschiedliche Kopien des Nutzsignals sowie *eine* additive Rauschstörung überlagert und über einen einzigen Ausgang an einen Empfänger mit nur einem Eingang übergeben. Diesen Kanaltyp bezeichnet man als *MISO-Kanal* (**M**ultiple **I**nput, **S**ingle **O**utput).

c) Eine weitere Variante besteht darin, einen Empfänger mit *mehreren Eingängen* zu implementieren, z.B. durch Verwendung mehrerer Antennen, auch in Kombination mit gerichtetem Empfang. Diese Technik wird beispielsweise in Mobilfunk- oder WLAN-Empfängern eingesetzt. Der zugehörige *SIMO-Kanal* besitzt zwar nur einen Eingang, aber mehrere Ausgänge (**S**ingle **I**nput, **M**ultiple **O**utput). An *jedem* der Ausgänge ist nun eine additive Störung überlagert; die einzelnen Störungen können unkorreliert oder korreliert sein.
d) Die letzte Variante ist eine Kombination, bei der sowohl mehrere Senderausgänge (bzw. Kanaleingänge) verwendet werden, als auch mehrere Kanalausgänge die jeweiligen Eingänge des Empfängers speisen. Auch hier ist an jedem der Kanalausgänge eine additive Störung überlagert. Dieser Kanal wird als *MIMO-Kanal* (**M**ultiple **I**nput, **M**ultiple **O**utput) bezeichnet. Diese universellste Variante wird in allen neueren drahtlosen und Mobilfunknetzen (z. B. 4G/LTE und folgender Ausbau, WLAN IEEE 802.11n ff. und WiMax IEEE 802.16) verwendet, um durch die systematische Ausnutzung mehrerer Sende- und Empfangswege die Übertragungskapazität zu erhöhen[20].

Das Modell eines MIMO-Übertragungssystems mit Sender, Kanal und Empfänger ist in Abb. 11.22 dargestellt. Das Übertragungsverhalten kann in folgender Vektor-Matrix-Form beschrieben werden[21]:

$$\mathbf{r} = \begin{bmatrix} r_1 \\ r_2 \\ \vdots \\ r_M \end{bmatrix} = \begin{bmatrix} k_{11} & k_{12} & \cdots & k_{1L} \\ k_{21} & \ddots & & k_{2L} \\ \vdots & & \ddots & \vdots \\ k_{M1} & k_{M2} & \cdots & k_{ML} \end{bmatrix} \begin{bmatrix} s_1 \\ s_2 \\ \vdots \\ s_L \end{bmatrix} + \begin{bmatrix} n_1 \\ n_2 \\ \vdots \\ n_M \end{bmatrix} = \mathbf{Ks} + \mathbf{n} \,. \quad (11.39)$$

Da der Sender L Ausgänge und der Empfänger M Eingänge[22] besitzt, hat der Sendevektor $\mathbf{s}$ die Dimension L, der Empfangsvektor $\mathbf{r}$ besitzt ebenso wie der additive Rauschvektor $\mathbf{n}$ die Dimension M, und die Kanalmatrix $\mathbf{K}$ ist mit Dimension $L \times M$ (Spalten $\times$ Zeilen) anzugeben. $\mathbf{K}$ stellt dar, in welcher Form jeder Eingang in $\mathbf{s}$ mit jedem Ausgang in $\mathbf{r}$ linear verknüpft ist. Generell können alle Einträge komplex sein, um z.B. eine Bandpass-Übertragung mittels der Quadraturkomponenten der äquivalenten Tiefpassignale in den ein-

[20] Das MIMO-Prinzip wird im Folgenden als einziges betrachtet, da es implizit bei Reduktion auf einen Ein- bzw. Ausgang die anderen Fälle einschließt.

[21] Aus Einfachheitsgründen erfolgt hier ein Verzicht auf die Darstellung der Zeitabhängigkeit, welche insbesondere die Sende- und Empfangssignale sowie die Rauschsignale besitzen; auch der Kanal wäre ggf. als zeitabhängig anzunehmen. Da es sich um ein diskretes Modell handelt, sind die Werte in $\mathbf{r}$ am Kanalausgang so zu interpretieren, dass die enthaltene Nutzsignalenergien der gesendeten Symbole in den nachfolgenden Empfängeroperationen zu gegebenen Abtastzeitpunkten möglichst optimal ausgenutzt und Entscheidern zugeführt werden.

[22] Entsprechend besitzt der Kanal L Eingänge und M Ausgänge, sowie LM Übertragungswege.

zelnen Übertragungswegen zu charakterisieren. Im einfachsten Fall ist dann **K**, wie oben dargestellt, eine Matrix aus komplexen skalaren Werten, welche die Dämpfungsfaktoren und Phasen (d.h. Zeitverzögerungen) in den einzelnen Übertragungswegen darstellen, entsprechend der Annahme, dass jeder einzelne Übertragungsweg ein verzerrungsfreies System darstellt (vgl. Abschn. 5.1). Eine Beschreibung im Frequenzbereich ist ebenfalls möglich und vor allem dann vorteilhaft, wenn die Übertragungswege eine weitergehende frequenzabhängige Dämpfung aufweisen. Dieses kann entweder durch eine Kanalmatrix $\mathbf{K}(f)$ beschrieben werden, deren Einträge dann aus den Fourier-Übertragungsfunktionen $K_{ml}(f)$ der einzelnen Wege bestehen, oder **K** wird zu einem dreidimensionalen Tensor, der 2D-Kanalmatrizen für bestimmte diskrete Frequenzbänder enthält (letzteres ist z. B. bei der Kombination von MIMO und OFDM sinnvoll).

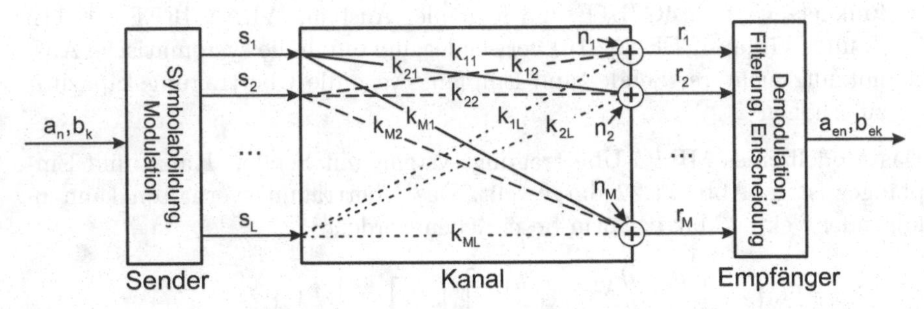

Abbildung 11.22. MIMO-System mit L Kanaleingängen und M Kanalausgängen

11.6.1 Raum-Zeit-Diversität

Die Optimierung der Übertragung erfordert die Modifikation der zu sendenden Informationssymbole durch eine geeignete Codierung, welche für den speziellen Fall der gleichzeitigen Ausnutzung von Raum- und Zeitmultiplex als Raum-Zeit-Codierung (engl. *space-time coding*) bezeichnet wird (Gesbert et. al. 2003). Als mögliche Methode, die Diversität verschiedener Übertragungswege auszunutzen, kann z. B. dieselbe Information zu unterschiedlichen Zeitpunkten auf unterschiedliche Kanaleingänge gegeben werden. Beim *Alamouti-Code* (Alamouti 1998), einem der einfachsten Raum-Zeit-Blockcodes, werden während zweier aufeinander folgender Zeittakte die Symbole a_n und a_{n+1} wie folgt über die Eingänge 1 und 2 gesendet[23]:

[23] a_n und a_{n+1} können einzelne bits sein oder komplexwertige (z.B. QPSK, QAM) Symbole. Der Blockcode fasst jeweils zwei Symbole zusammen, d.h. die Summen in (Formel 1) laufen nur über gerade Zahlen n. Da die Übertragung zwei Zeittakte T umfasst, ändert sich die Übertragungsrate nicht. Prinzipiell ist es auch möglich, zwei weiter entfernte Zeittakte zu verwenden, was beispielsweise bei Auftreten von Kurzzeit-Fading sinnvoll sein kann.

$$m_1(t) = \sum a_n s(t-nT) + a_{n+1}s(t-nT-T)$$
$$m_2(t) = \sum -a^*_{n+1}s(t-nT) + a^*_n s(t-nT-T)\,. \tag{11.40}$$

Dieses Verfahren kann angewandt werden, ohne dass auf der Senderseite etwas über den Kanalzustand bekannt sein muss. Alternativ kann es in folgender Schreibweise der Alamouti-Matrix repräsentiert werden, deren Spalten die Signale der Kanaleingänge, und deren Zeilen die Sendungen zu den Zeitpunkten nT bzw. $nT+T$ repräsentieren:

$$\mathbf{A}_n^{(2)} = \begin{bmatrix} a_n & -a^*_{n+1} \\ a_{n+1} & a^*_n \end{bmatrix} = \begin{bmatrix} \mathbf{a}_1 \, \mathbf{a}_2 \end{bmatrix}\,. \tag{11.41}$$

Man erkennt, dass die Spalten wie auch die Zeilen der Matrix orthogonal zueinander sind ($\mathbf{a}_1^{\mathrm{T}}\mathbf{a}_2^* = \mathbf{0}$), dadurch können die Sendungen aus den beiden Kanaleingängen auf der Empfängerseite separiert werden, bzw. es entstehen bei Korrelationsempfang keine Interferenzen zwischen den beiden Zeittakten. Der Kanal wird hier zunächst als MISO-Typ interpretiert, wobei am Empfänger einkanaliger Korrelationsempfang und Abtastung in bekannter Form angewandt wird. Dies ergibt zu den Zeitpunkten nT bzw. $nT+T$, unter Annahme individueller komplexer Übertragungsfaktoren k_1 bzw. k_2 zur Repräsentation der Amplitudendämpfungen und Laufzeiten auf den beiden Übertragungswegen,

$$y(nT) = \left[k_1 a_n - k_2 a^*_{n+1}\right] \varphi^{\mathrm{E}}_{ss}(0) + n_{\mathrm{e}}(nT)$$
$$y(nT+T) = \left[k_1 a_{n+1} + k_2 a^*_n\right] \varphi^{\mathrm{E}}_{ss}(0) + n_{\mathrm{e}}(nT+T)\,. \tag{11.42}$$

Bevor eine Entscheidung erfolgen kann, müssen die empfangenen Symbole noch separiert werden. Hierzu kann die zeitliche Diversität zwischen den Abtastzeitpunkten nT und $nT+T$ wie zwei separate Empfängereingänge bei einer MIMO-Konfiguration mittels einer „Kanalmatrix" $\mathbf{K}$ interpretiert werden, wobei allerdings der Abtastwert $y(nT+T)$ noch auf den konjugiert-komplexen Wert abzubilden ist, um der im Sinne der Orthogonalität erfolgten konjugiert-komplexen Abbildung in (11.40) formal Rechnung zu tragen. Eine zu (11.42)vollkommen äquivalente Vektor/Matrixschreibweise lautet

$$\underbrace{\begin{bmatrix} y_n \\ y^*_{n+1} \end{bmatrix}}_{\mathbf{y}} = \underbrace{\begin{bmatrix} k_1 & -k_2 \\ k_2^* & k_1^* \end{bmatrix}}_{\mathbf{K}} \underbrace{\begin{bmatrix} a_n \\ a^*_{n+1} \end{bmatrix}}_{\mathbf{a}} \varphi^{\mathrm{E}}_{ss}(0) + \underbrace{\begin{bmatrix} n_{\mathrm{e},n} \\ n^*_{\mathrm{e},n+1} \end{bmatrix}}_{\mathbf{n_e}}\,. \tag{11.43}$$

Die Separation kann nun erfolgen, indem der Abtastwertvektor $\mathbf{y}$ mit der hermiteschen Matrix von $\mathbf{K}$ multipliziert wird,

$$\underbrace{\begin{bmatrix} \tilde{y}_n \\ \tilde{y}^*_{n+1} \end{bmatrix}}_{\tilde{\mathbf{y}}} = \mathbf{K}^{\mathrm{H}}\mathbf{y} = \varphi^{\mathrm{E}}_{\mathbf{ss}}(\mathbf{0}) \underbrace{\begin{bmatrix} k_1^* & k_2 \\ -k_2^* & k_1 \end{bmatrix}}_{\mathbf{K}^{\mathrm{K}}} \underbrace{\begin{bmatrix} k_1 & -k_2 \\ k_2^* & k_1^* \end{bmatrix}}_{\mathbf{K}} \mathbf{a} + \mathbf{K}^{\mathrm{H}}\mathbf{n_e}$$
$$= \varphi^{\mathrm{E}}_{ss}(0) \begin{bmatrix} |k_1|^2 + |k_2|^2 & 0 \\ 0 & |k_1|^2 + |k_2|^2 \end{bmatrix} \mathbf{a} + \mathbf{K}^{\mathrm{H}}\mathbf{n_e}\,. \tag{11.44}$$

Dem Entscheider werden also folgende Signale zugeführt:

$$\tilde{y}(nT) = a_n \left[|k_1|^2 + |k_2|^2\right] \varphi_{ss}^{\mathrm{E}}(0) + k_1^* n_{\mathrm{e}}(nT) + k_2 n_{\mathrm{e}}^*(nT+T)$$
$$\tilde{y}(nT+T) = a_{n+1} \left[|k_1|^2 + |k_2|^2\right] \varphi_{ss}^{\mathrm{E}}(0) - k_2 n_{\mathrm{e}}^*(nT) + k_1^* n_{\mathrm{e}}(nT+T)\,. \tag{11.45}$$

Die Amplitude des Nutzsignals skaliert sich also quadratisch-additiv mit den Übertragungsfaktoren der beiden Wege, diejenige des Rauschsignals lediglich linear. Hierdurch ergibt sich ein Diversitätsgewinn, der im Vergleich zur SISO-Übertragung maximal einen Faktor von 2 im E_{b}/N_0-Verhältnis erreicht, allerdings unter folgenden Voraussetzungen:

– Die Kanalmatrix $\mathbf{K}$ sei auf Empfängerseite exakt bekannt.

– Die gefilterten Rauschprozesse zu den Abtastzeitpunkten nT und $nT+T$ seien unkorreliert.

– Es treten keine unterschiedlichen frequenzabhängigen Dämpfungen in den Übertragungswegen auf.

Generell ist beim Vergleich des hier verwendeten „MI"-Verfahrens mit „SI" zu berücksichtigen, dass für die gesamte Übertragung in den M Kanaleingängen keine größere Sendeenergie pro bit aufgewendet werden soll als bei dem einzelnen Eingang der SI-Übertragung. Im vorliegenden Beispiel müssen daher die Trägersignale $s(t)$ in (11.40) gegenüber dem SI-Fall mit dem Faktor $\sqrt{2}/2$ skaliert werden; dieses ist beim erwähnten Diversitätsgewinn bereits berücksichtigt.

Insgesamt hat die Codierung nach dem Alamouti-Verfahren eine sehr geringe Erhöhung der Empfängerkomplexität zur Folge, da abgesehen von der notwendigen Kanalschätzung lediglich zwischen Abtastung und Entscheidung moderate zusätzliche Rechenoperationen erforderlich sind. In (Alamouti 1998) wird gezeigt, dass von der Diversitätswirkung her nahezu eine Äquivalenz zu einem SIMO-Verfahren mit einem Kanaleingang und zwei Kanalausgängen besteht, wenn bei letzterem ebenfalls die beiden Übertragungswege geschätzt und deren Empfangssignale optimal kombiniert werden (ähnlich wie bei dem in Abschn. 11.4.7 beschriebenen Rake-Empfänger). Ein solches SIMO-Verfahren ist aber auf der Empfängerseite deutlich komplexer, da auch die gesamte Signalverarbeitung *vor* der Abtastung doppelt erfolgen muss.

Darüber hinaus ist der Empfänger beim Alamouti-Prinzip voll kompatibel mit einer SISO-Übertragung (Sender mit nur einem Kanaleingang), da das auf den ersten Eingang gegebene s_1 ohnehin dem SISO-Fall entspricht, welcher bei Verzicht auf den zweiten Eingang sofort als Rückfallmodus existiert, ohne dass der Empfänger hiervon Kenntnis haben muss. Auch die empfängerseitige Erweiterung zu einem MIMO-System mit 2 separaten Kanalausgängen (z.B. zwei Empfangsantennen) ist möglich, wobei dann die Matrix $\mathbf{H}$ in (11.43) auf Grund der Kombination von jeweils zweifacher Zeit- und Empfangsdiversität die Dimension 2x4 erhält und die Rückabbildung in (11.44) unter Verwendung der Pseudoinversen $(\mathbf{K}^{\mathrm{H}}\mathbf{K})^{-1}\mathbf{K}^{\mathrm{H}}$ erfolgt.

Zur Verallgemeinerung des Alamouti-Verfahrens auf eine Raum-Zeit-Diversität mit mehr als 2 Kanaleingängen kann die Matrix aus (11.41) auch in folgender Weise rekursiv auf die nächsthöheren Zweierpotenzen erweitert werden [für eine genauere Darstellung s. (Höher 2013)]. Hierbei werden dann $2i$ aufeinanderfolgende Symbole $a_n \cdots a_{n+2i-1}$ in unterschiedlicher Weise überlagert auf $2i$ verschiedene Kanaleingänge gegeben[24]:

$$\mathbf{A}_n^{(2i)} = \begin{bmatrix} \mathbf{A}_n^{(i)} & \mathbf{A}_{n+i}^{(i)} \\ -\left[\mathbf{A}_{n+i}^{(i)}\right]^* & \left[\mathbf{A}_n^{(i)}\right]^* \end{bmatrix} \quad \text{für } i = 2,4,8,\ldots . \tag{11.46}$$

Abschließend sei noch erwähnt, dass in ähnlicher Weise wie beim Raum-Zeit-Multiplex auch ein *Raum-Frequenz-Multiplex* möglich ist, indem die Nutzsignale über die einzelnen Senderausgänge bzw. Kanaleingänge nicht wiederholt zu verschiedenen Zeitpunkten, sondern gleichzeitig auf verschiedenen Frequenzen gesendet werden. Dies lässt sich insbesondere in Kombination mit den Abschn. 11.5 beschriebenen Mehrträger-Modulationsverfahren durch Realisierung von coded OFDM mit Raum-(Diversitäts-)Codierung sehr einfach realisieren. Hierdurch wird es prinzipiell möglich, den Diversitätsgewinn auszunutzen, auch ohne dass auf der Senderseite eine präzise Kanalschätzung vorhanden ist, und dennoch die Effekte des frequenzselektiven Fading auszugleichen (Borgmann, Bölkscei 2005). Auch Kombinationen in einem Raum-Zeit-Frequenzmultiplex sind möglich und können durch größere Flexibilität in der Ausnutzung der Diversität weitere Vorteile bringen.

11.6.2 Optimale MIMO-Übertragung

Ideal wäre ein MIMO-Kanal, bei dem mehrere Übertragungswege möglichst unabhängig voneinander sind, ohne dass zusätzliche Sendeenergie für doppelt übertragene Information aufgewendet werden muss. Die Kanalmatrix $\mathbf{K}$ kann in der Regel nur in bestimmten Grenzen, z.B. durch andere Anordnung der Antennen, verändert werden, wird aber im wesentlichen auch durch die vorhandene örtliche Umgebungssituation der drahtlosen Übertragung bestimmt. Es soll nun aber im Gegensatz zu den in Abschn. 11.6.1 beschriebenen Verfahren angenommen werden, dass $\mathbf{K}$ dem Sender bekannt sei, so dass dieser die Sendesignale vor dem Kanaleingang möglichst optimal an die Übertragungssituation anpassen kann. Hierfür wird eine Singulärwertzerlegung (engl. *Singular Value Decomposition*, SVD) von $\mathbf{K}$ vorgenommen, mittels derer eine äquivalente Repräsentation durch die linearen Transformationsmatrizen

[24] Allerdings ist hier im Fall komplexwertiger Symbole a_n die Matrix $\mathbf{A}$ nicht mehr perfekt orthogonal – bei Anwendung in Verbindung mit QPSK, QAM können daher zusätzliche Intersymbol-Interferenzen auftreten, auch sind die o. g. Anforderungen schwerer zu erfüllen

$\mathbf{U}$ und $\mathbf{V}$ sowie die mit den Singulärwerten besetzte Diagonalmatrix $\Lambda^{(1/2)}$ verfügbar wird. Es gilt (vgl. Anhang 13.6) $\mathbf{K} = \mathbf{U}\Lambda^{(1/2)}\mathbf{V}^{\mathrm{H}}$, so dass

$$\mathbf{r} = \mathbf{U}\Lambda^{(1/2)}\mathbf{V}^{\mathrm{H}}\mathbf{s} + \mathbf{n}\,, \tag{11.47}$$

und nach Multiplikation beider Seiten mit $\mathbf{U}^{\mathrm{H}}$ wegen $\mathbf{U}^{\mathrm{H}}\mathbf{U} = \mathbf{I}^{(L)}$

$$\tilde{\mathbf{r}} = \mathbf{U}^{\mathrm{H}}\mathbf{r} = \Lambda^{(1/2)}\mathbf{V}^{\mathrm{H}}\mathbf{s} + \mathbf{U}^{\mathrm{H}}\mathbf{n} = \Lambda^{(1/2)}\tilde{\mathbf{s}} + \tilde{\mathbf{n}}\,. \tag{11.48}$$

Ziel wäre es nun, eine „virtuelle“ Übertragung mit den Vektoren $\tilde{\mathbf{s}}$ durchzuführen, während auf die Kanaleingänge tatsächlich die Vektoren $\mathbf{s}$ gegeben werden. Bei einer Vorcodierung des Sendevektors zu $\mathbf{s} = \mathbf{V}\tilde{\mathbf{s}}$ entsteht dann das in Abb. 11.23 gezeigte Ersatzbild des MIMO-Systems, welches quasi eine Übertragung in $R \leq \min(M, L)$ vollkommen unabhängigen Parallelkanälen mit entsprechenden Amplituden-Übertragungsfaktoren $\sqrt{\lambda_r}$ besteht. R ist der Rang der Kanalmatrix, der sich im Fall des Auftretens vollständig linear abhängiger Zeilen bzw. Spalten gegenüber dem möglichen Maximalwert verringert. Die Rekonstruktion des eigentlichen Empfangsvektors erfolgt dann durch die Transformation $\tilde{\mathbf{r}} = \mathbf{U}^{\mathrm{H}}\mathbf{r}$. Im diskreten Ersatzbild wurde wieder aus Übersichtlichkeitsgründen auf die weiteren Komponenten des Senders (Pulsformung mit Trägersignal $s(t)$, Modulator) sowie des Empfängers (Demodulator, Korrelationsfilter, ggf. Entzerrer, Abtaster) verzichtet. Die entsprechenden Komponenten des Senders würden hinter der Vorcodierung $\mathbf{V}$, die des Empfängers einschließlich der Abtastung am Korrelationsfilterausgang vor der Rückabbildung $\mathbf{U}^{\mathrm{H}}$ liegen.

Man beachte, dass die Werte $\sqrt{\lambda_r}$ bei der Eigenwertzerlegung üblicherweise in absteigenden Amplituden auftreten, d.h. $\sqrt{\lambda_1} \geq \sqrt{\lambda_2} \geq \ldots \geq \sqrt{\lambda_R}$. Wäre z.B. lediglich $\sqrt{\lambda_1} \neq 0$, so hätten mit der ursprünglichen Kanalmatrix $\mathbf{K}$ alle Unterkanäle dieselbe Information übertragen (die Kanalmatrix hätte den Rang 1), so dass die Verwendung des MIMO-Prinzips keinen Vorteil brächte. Darüber hinaus werden nun unter der Annahme, dass die Rauschprozesse $\tilde{\mathbf{n}}$ alle derselben Statistik folgen (wenn z.B. $\mathbf{n}$ Zufallswerte aus einem stationären weißen Gauß-Prozess enthält, ist dies der Fall) die S/N-Verhältnisse in den einzelnen Unterkanälen wegen der verschieden großen Singulärwerte typischerweise unterschiedlich sein. Dies muss bei der Wahl des Übertragungsverfahrens für die jeweiligen Werte in $\tilde{\mathbf{s}}$ berücksichtigt werden. Das MIMO-Prinzip kann eingesetzt werden, um die Übertragungskapazität zu erhöhen, indem z.B. auf den zusätzlichen Kanaleingängen weitere Symbole übertragen werden, oder um die Übertragungsqualität insgesamt zu verbessern, indem dieselben Symbole mit besserem Fehlerschutz übertragen werden. Sofern die Kanalmatrix überhaupt geeignet ist, zusätzliche Übertragungskapazität zur Verfügung zu stellen, wird sich eine Verbesserung gegenüber dem SISO-Kanal wie auch gegenüber den anderen o.g. Kanaltypen erreichen lassen. Eine weitere Betrachtung der informationstheoretischen Grenzen bei optimaler MIMO-Übertragung erfolgt in Anhang 13.6.

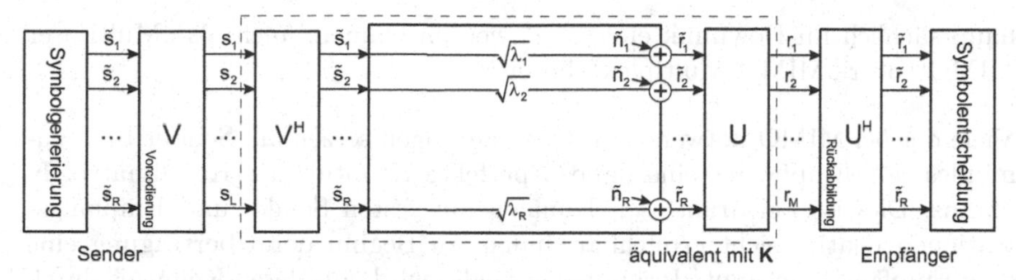

Abbildung 11.23. Ersatzbild des MIMO-Systems mit $R \leq \min(M, L)$ unabhängigen Parallelkanälen

11.6.3 Weiteres Entwicklungspotential der MIMO-Übertragung

Das MIMO-Prinzip lässt sich mit den meisten anderen Übertragungsverfahren kombinieren, so dass die hierdurch erzielten Gewinne additiv sind. So wird beispielsweise in der vierten Mobilfunkgeneration (LTE) eine Kombination von MIMO mit dem in Abschn. 11.5 besprochenen OFDM-Verfahren verwendet. Hierbei wird je nach Empfangssituation zwischen SISO oder verschiedenen Diversitätsarten (beispielsweise Raum-/Zeit-Codierung nach dem Alamouti-Verfahren, Antennendiversität oder dem als „closed loop spatial multiplexing" bezeichneten, in Abschn. 11.6.2 beschriebenen Prinzip der Vorcodierung) umgeschaltet. Allerdings werden bei LTE nur relativ moderate Formen mit Anzahlen von Ein- und Ausgängen $M, L \leq 4$ verwendet; die Vorcodierung wird nicht explizit über die SVD berechnet, sondern die verwendete $\mathbf{V}$-Matrix aus einem Satz von 16 möglichen ausgewählt und an den Empfänger signalisiert[25]. Darüber hinaus wird MIMO lediglich im Downlink (von der Basisstation zum Mobilgerät) verwendet. Für die nachfolgenden Mobilfunkgenerationen („LTE Advanced" und „5G") ist zu erwarten, dass das MIMO-Prinzip noch wesentlich intensiver genutzt wird, bis hin zu „massive MIMO" mit einer sehr großen Anzahl von Sende- und Empfangsantennen. Generell ist allerdings anzumerken, dass die sinnvoll verwendbare Anzahl von Antennen bei bestimmten Mobilgeräten auf Grund der geringen Größe relativ eingeschränkt ist.

Anmerkung: Bei einer größeren Anzahl von Antennen lassen sich gleichzeitig gerichtete Übertragungen mittels „beamforming" noch wesentlich besser realisieren. Dieses erlaubt z. B., dieselben Zeit/Frequenz-Ressourcen in einem Raummultiplex mehrfach zu verwenden, indem für die einzelnen Benutzer die Signale nur in bestimmte Richtungen abgestrahlt oder aus bestimmten Richtungen empfangen werden. Die notwendigen Signalverarbeitungsschritte lassen sich dann ohne weiteres als Teil der Vorcodierung bzw. der Rückabbildung im MIMO-System realisieren. Daher werden solche Verfahren, die ebenfalls

[25] Der Empfänger kann aber, sofern er über eine bessere Kanalschätzung verfügt, die Rekonstruktionsmatrix $\mathbf{U}^H$ beliebig weiter optimieren.

hauptsächlich im Downlink eingesetzt werden können, auch als „Multi-user MIMO" oder „MIMO-Multiplex" bezeichnet.

Viele der bei MIMO notwendigen Optimierungen setzen am Sender bzw. zumindest am Empfänger eine nahezu perfekte Kenntnis der Kanalmatrix **K** voraus. Dies ist bei drahtlosen Kanälen mit festen Sende- und Empfangsstationen relativ leicht erreichbar, indem zu Beginn der Übertragung eine dem Empfänger bekannte Präambel gesendet wird, aus deren Kenntnis durch Vergleich mit den empfangenen Daten die Kanaleigenschaften ermittelt werden. Bei zeitvarianten Kanälen, insbesondere bei mobilen (bewegten) Sendern und/oder Empfängern, ist das Problem der Kanalschätzung für MIMO signifikant komplexer als es ohnehin bereits für SISO der Fall ist. Um dieses Problem zu lösen, werden beispielsweise bei LTE bestimmte Trägersignale aus dem in Verbindung mit MIMO verwendeten OFDM-Frequenzmultiplex ausschließlich dafür verwendet, um ständig bekannte Synchronisationssignale zu senden[26]

11.7 Zusammenfassung

In diesem Kapitel wurden die Verfahren der Zeit-, Frequenz-, Code- und Raummultiplex-Übertragung behandelt. Diese werden einerseits genutzt, um Informationen mehrerer Benutzer über ein und denselben Kanal übertragen zu können; andererseits kann es aber auch vorteilhaft sein, die Information eines einzelnen Benutzers auf mehrere Teilkanäle aufzuteilen, insbesondere wenn es um eine Erhöhung der Zuverlässigkeit der Übertragung beispielsweise bei frequenzselektiven Störungen, um eine Erhöhung der Übertragungsrate durch Verwendung ungenutzter Ressourcen oder um Verminderung von Interferenzeffekten geht. Die Implementierung solcher Übertragungsverfahren erfolgt in der Regel mittels digitaler Signalverarbeitung, weil sich nur so die Präzision sicherstellen lässt, die für eine Vermeidung von Interferenzeffekten notwendig ist.

11.8 Aufgaben

11.1 Zwei Tiefpasssignale werden abgetastet und im Zeitmultiplexverfahren über das PAM-System aus Aufgabe 10.1 übertragen, wobei das 1. Nyquist-Kriterium mit $t_0 = 1{,}25\,T$ nicht erfüllt ist (T: Taktzeit auf dem Kanal).

[26] Hierfür werden periodische *Zadoff-Chu-Sequenzen* (Chu 1972) eingesetzt, die ähnliche Autokorrelationseigenschaften besitzen wie die in Abschn. 11.4.4 eingeführten PN-Folgen, jedoch ansonsten eher die Eigenschaften eines Schmalbandrauschens, dargestellt als komplexes äquivalentes Tiefpasssignal, aufweisen.

a) Berechnen Sie die erlaubte Grenzfrequenz der Signale so, dass keine Eigeninterferenzen auftreten.
b) Berechnen Sie die Gesamtübertragungsfunktion eines einzelnen Kanals.
c) Berechnen Sie die Übertragungsfunktion für die Nebensprechsignale, und geben Sie die minimale Nebensprechdämpfung an.

11.2 $Q = 100$ Fernsprechsignale der Grenzfrequenz $f_\mathrm{g} = 4\,\mathrm{kHz}$ werden mit einem Multiplexverfahren übertragen. Berechnen Sie die minimale Übertragungsbandbreite für

a) PAM-Zeitmultiplex-Übertragung
b) Frequenzmultiplex-Übertragung mit Einseitenband-Amplitudenmodulation.

11.3 Zu dem amplitudenmodulierten Signal $m_1(t) = f_1(t)\cos(2\pi f_0 t)$ wird ein zweites Signal $m_2(t) = f_2(t)\sin(2\pi f_0 t)$ gleicher Trägerfrequenz f_0 addiert. Skizzieren Sie Sende- und Empfangsschaltung dieses sog. Quadratur-Duplexverfahrens, und zeigen Sie, dass bei kohärentem Empfang kein Nebensprechen auftritt.
Wie groß ist die Übertragungsbandbreite im Vergleich zu einem zweikanaligen Multiplexverfahren nach Abb. 11.5?

11.4 Ein Schieberegistergenerator mit $r = 3$ Stufen erzeugt eine m-Folge der Länge = Periode $M = 2^3 - 1 = 7$

$$s_\mathrm{d}(n) = \{1, 1, 1, 0, 1, 0, 0\}$$

oder in bipolarer Form

$$s_\mathrm{bd}(n) = \{- - - + - + +\}.$$

a) Berechnen Sie für $s_\mathrm{bd}(n)$ die periodische Autokorrelationsfunktion $\varphi^\mathrm{E}_{ssd}(m)$ und ihr DFT-Spektrum $|S_\mathrm{d}(k)|^2$
b) Wie groß ist die relative „unbalance“?
c) Zeigen Sie an einem Beispiel die „shift and add“-Eigenschaft von $s_{bd}(n)$.
d) Bilden Sie aus $s_\mathrm{bd}(n) = s_\mathrm{1bd}(n)$ die 2. Folge $s_\mathrm{2bd}(n)$ eines „preferred pair“ (z. B. für $a = 1$) und zeigen Sie die Gültigkeit der Schrankenbedingung (11.28).
e) Bilden Sie aus dem „preferred pair“ nach (d) die $Q = 9$ Folgen der zugehörigen Gold-Familie und je eine ihrer periodischen Auto- und Kreuzkorrelationsfunktionen.

11.5 In einem einfachen FH-System durchläuft der 1. Sender in jeder Taktzeit periodisch die M Frequenzen $f_1, f_2, \ldots, f_n, \ldots f_M$. Diese Frequenzfolge werde in Form der periodischen Folge $s_\mathrm{1d}(n)$ dargestellt

$$s_\mathrm{1d}(n) = n, \quad n = 1 \ldots M\,.$$

Ist die Zahl der Trägerfrequenzen M eine Primzahl, dann lassen sich $M-2$ weitere Folgen durch Abtastung (Dezimation) der Folge $s_{1\mathrm{d}}(n)$ bilden mit

$$s_{k\mathrm{d}}(n) = s_{1\mathrm{d}}(kn), \quad k = 2 \ldots M-1\,.$$

Zeigen Sie, dass die Sender eines asynchronen FH-Multiplexsystems des Umfangs $Q = 4$ bzw. 6 nur genau einmal pro Taktperiode die gleiche Trägerfrequenz verwenden.

12. Codierung

In den vorhergehenden Kapiteln wurden im Wesentlichen Methoden vorgestellt, mit denen zweiwertige (binäre) Quellensignale über gestörte Kanäle übertragen werden können. Erzeugt eine Quelle mehrwertige Digitalsignale, dann können diese durch Umcodieren stets in die binäre Form gebracht und dann übertragen werden. Einleitend wird hierzu die *Pulscodemodulation* behandelt, die nach Abtastung mittels einer Quantisierung ein wertkontinuierliches in ein wertdiskretes Signal und anschließend in ein Binärformat umwandelt. Es wird untersucht, wie sich die Quantisierung und gestörte Übertragung der Binärrepräsentation auf den Rekonstruktionsfehler des Signals auswirken. Als weitergehende Verfahren der der *Quellencodierung* mit dem Ziel, eine Repräsentation des Signals in möglichst kompakter Form zu ermöglichen, werden anschließend Verfahren der Prädiktionscodierung, der Transformationscodierung und der Entropiecodierung behandelt. Hierbei geht es im Wesentlichen darum, redundante Anteile aus der zu übertragenden Information zu entfernen. Andererseits können wiederum systematisch redundante Anteile zwecks des Schutzes vor Übertragungsfehlern der Binärrepräsentation hinzugefügt werden. Dieses ist Aufgabe der *Kanalcodierung*, deren wichtigste Implementierungen in Form von Block- und Faltungscodierung kurz vorgestellt werden. Anschließend wird gezeigt, dass sich mittels einer Kombination von Codier- und Modulationsverfahren bei der *codierten Modulation* die Fehlercharakteristik von Binärübertragungsverfahren ggf. sogar bei erhöhter Übertragungskapazität verbessern lässt.

12.1 Verfahren der Pulscodemodulation (PCM)

Die binäre Übertragung beliebiger analoger, also wert- und zeitkontinuierlicher Quellensignale ist nicht fehlerfrei möglich. Bei der aliasfreien Abtastung ist eine Bandbegrenzung notwendig. Bei der Umwandlung der wertkontinuierlichen in wertdiskrete Signale wird eine *Quantisierung*[1] notwendig. In einem letzten Schritt wird die Information in eine Folge von Binärzahlen umgesetzt. Diese Binärzahlen können dann mit den beschriebenen Methoden der Digitaltechnik übertragen werden. Die für diese Umwandlung erforderlichen

[1] S. Abb. 4.1.

Schritte sind in Abb. 12.1 dargestellt, das gesamte Übertragungsverfahren wird als *Pulscodemodulation* (PCM) bezeichnet.[2]

Im Vergleich mit den im vorletzten Kapitel zu besprechenden analogen Modulationsverfahren weisen die PCM-Verfahren eine Reihe von Vorteilen auf. So kann der Einfluss von Übertragungsfehlern wegen des Schwelleneffektes der Fehlerfunktion (Abschn. 7.4.4) bei diskreten Übertragungsmethoden sehr gering gehalten werden. Dies gilt sogar für praktisch beliebig lange Übertragungsstrecken, wenn in geeigneten Abständen die Trägersignale durch Optimalempfänger empfangen und neu ausgesendet werden (Repeatertechnik, Aufgabe 12.5). Weiter können die Binärsignale in einfacher Weise durch fehlerkorrigierende oder kryptografische Codes geschützt werden. Die Bedeutung der PCM in einem digitalen Netz für die gemeinsame Übertragung diskreter und analoger Quellensignale wurde zu Anfang des Kap. 8 schon erwähnt. Darüber hinaus bieten aber noch Verfahren der Datenkompression (Quellencodierung) die Möglichkeit zu einer weitergehenden Reduktion der Datenrate (vgl. Abschn. 12.2). In einem ersten Schritt wird das als bandbegrenzt an-

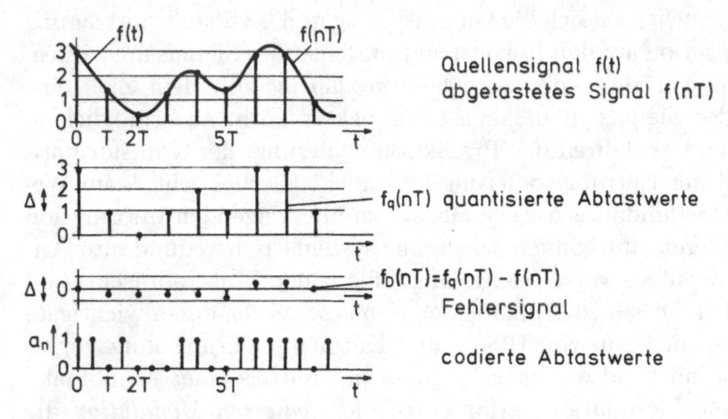

Abbildung 12.1. Bildung des pulscodemodulierten Signals

genommene Quellensignal $f(t)$ unter Berücksichtigung des Abtasttheorems abgetastet. Im zweiten Schritt werden die Abtastwerte $f(nT)$ gerundet, im Bildbeispiel auf den nächstliegenden ganzzahligen Amplitudenwert $f_Q(nT)$. Dieser Rundungsvorgang wird auch als Quantisierung bezeichnet. Es ist sofort einsichtig, dass diese Rundung nicht mehr rückgängig gemacht werden kann[3], es entsteht für jeden Abtastwert ein Rundungs- oder Quantisierungsfehler der absoluten Größe

[2] Zuerst angewandt um 1914 von dem dt. Physiker Arthur Korn (1870–1945) zur Halbtonbildübertragung mit 5 stelligem Binärcode, dann 1938 zur Sprachübertragung von dem engl. Ingenieur Alec H. Reeves vorgeschlagen (Anhang zum Literaturverzeichnis).

[3] Die Quantisierungskennlinie ist keine reversible Abbildungsfunktion (vgl. Abschn.7.7.1).

$$f_{\mathrm{D}}(nT) = f_{\mathrm{Q}}(nT) - f(nT) \; , \tag{12.1}$$

der ebenfalls in Abb. 12.1 dargestellt ist. In einem dritten Schritt können die gerundeten Abtastwerte in eine endliche Binärzahl umcodiert werden. Im Beispiel Abb. 12.1 genügt zur Darstellung der vier *Quantisierungsstufen* eine zweistellige Binärzahl, wobei beispielsweise zur Konstruktion der in der unteren Zeile von Abb. 12.1 dargestellten Folge von Binärzahlen die in der folgenden Tabelle dargestellte Zuordnung eines natürlichen Binärcodes gewählt wird.

Quantisierungsstufe	Binärzahl
0	00
1	01
2	10
3	11

Das so gewonnene digitale Signal kann mit einer der in Kap. 8 oder 9 beschriebenen Methoden übertragen werden. Ein PCM-Übertragungssystem ist also prinzipiell nach dem Schema in Abb. 12.2 aufgebaut. Im Sender wird

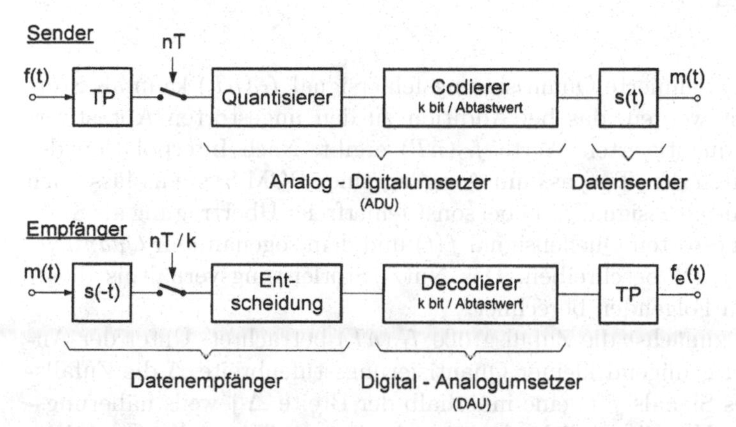

Abbildung 12.2. Schema eines PCM-Übertragungssystems

das PCM-Signal in den beschriebenen drei Schritten Abtasten, Quantisieren und Codieren gebildet; die Kombination von Quantisierer und Codierer wird auch *Analog-Digitalumsetzer* genannt. Das PCM-Signal wird dann mit digitalen Methoden übertragen und beispielsweise von einem Korrelationsfilter-Empfänger empfangen. Die am Ausgang dieses Empfängers abgegebene Binärsignalfolge wird in einem Decodierer, auch *Digital-Analogumsetzer* genannt, in die quantisierten Abtastwerte zurückverwandelt und diese in einem Tiefpass zu dem Ausgangssignal $f_{\mathrm{e}}(t)$ interpoliert. Dieses Ausgangssignal ist gegenüber dem Quellensignal $f(t)$ durch den Einfluss der Quantisierungsfehler und der Übertragungsfehler verfälscht. Das Fehlerverhalten der PCM-Übertragung soll nun genauer betrachtet werden.

12.1.1 Quantisierungsrauschen

Der Rundungsvorgang der Abtastwerte, den die Quantisierung darstellt, kann durch die *Quantisierungskennlinie* beschrieben werden, wie sie in Abschn. 7.7.1 eingeführt wurde. Sie gibt die Amplitude der quantisierten Abtastwerte $f_{\mathrm{Q}}(nT)$ in Abhängigkeit von der Abtastwertamplitude $f(nT)$ am Eingang des Quantisierers wieder.

Der nutzbare Teil der Quantisierungskennlinie (vgl. Abb. 7.24) sei auf einen Amplitudenbereich der Breite $A_{\max}$ begrenzt, jenseits dieses Bereiches beginnen die Bereiche der Übersteuerung, die aber hier vernachlässigt werden sollen. Ein Eingangssignal im Amplitudenbereich des Quantisierers wird in $A_{\max}/\Delta$ gleichförmige Amplitudenstufen quantisiert. Zur codierten Darstellung dieser Amplitudenstufen ist dann eine Binärzahl mit der Anzahl von Stellen

$$K \geq \mathrm{lb}\left(\frac{A_{\max}}{\Delta}\right) \text{ bit} \tag{12.2}$$

erforderlich.[4]

Das in (12.1) definierte Quantisierungsfehlersignal $f_{\mathrm{D}}(nT)$ kann als Störsignal aufgefasst werden, das bei Addition zu den ungestörten Abtastwerten $f(nT)$ die quantisierten Werte $f_{\mathrm{Q}}(nT)$ ergibt. Nach Interpolation der Abtastwerte durch den Tiefpass am Ausgang eines PCM-Systems lässt sich jetzt also das Ausgangssignal $f_{\mathrm{e}}(t)$ bei sonst fehlerfreier Übertragung als Summe aus dem ungestörten Quellensignal $f(t)$ und dem sogenannten *Quantisierungsrauschen* $f_{\mathrm{D}}(t)$ beschreiben. Das Nutz-/Störleistungsverhältnis dieser Störung wird im Folgenden berechnet.

Hierzu wird zunächst die Zufallsgröße $f_{\mathrm{D}}(nT)$ betrachtet. Unter der Annahme, dass bei genügend kleiner Quantisierungsstufenbreite Δ die Zufallsgröße $f(nT)$ des Signals $f(t)$ eine innerhalb der Breite Δ jeweils näherungsweise konstante Verteilungsdichtefunktion besitzt und dass die Quantisierungskennlinie nicht übersteuert wird, kann $f_{\mathrm{D}}(nT)$ als gleichverteilt angesehen werden (Abb. 12.1) mit der Verteilungsdichtefunktion[5]

$$p_{f_{\mathrm{D}}}(q) = \frac{1}{\Delta}\,\mathrm{rect}\left(\frac{q}{\Delta}\right) . \tag{12.3}$$

Mit der Leistung einer gleichverteilten Zufallsgröße nach (7.72) hat der Quantisierungsfehler dann die Augenblicksleistung

---

[4] Vgl. Fußnote 8, Abschn. 8.8.

[5] Zur allgemeinen Bestimmung der Verteilungsdichte ohne die hier genannten Einschränkungen s. Abschn. 7.7.1.

$$N_{\mathrm{q}} = \mathcal{E}\left\{f_{\mathrm{D}}^2(nT)\right\} = \frac{1}{\Delta}\int_{-\Delta/2}^{\Delta/2} q^2 \mathrm{d}q = \frac{\Delta^2}{12}\,. \tag{12.4}$$

Die Störleistung wächst also quadratisch mit der Quantisierungsstufenhöhe.

Das Nutzsignal sei Musterfunktion eines gleich verteilten, ergodischen Prozesses mit Mittelwert 0. Der verfügbare Amplitudenbereich werde voll ausgenutzt. Als Leistung und damit auch Augenblicksleistung S_{a} dieses Prozesses ergibt sich dann

$$S_{\mathrm{a}} = A_{\max}^2/12\,. \tag{12.5}$$

Setzt man nach (12.2) $A_{\max} = \Delta \cdot 2^K$ in (12.5) ein, dann ist das Verhältnis der Nutz-/Störaugenblicksleistung also

$$\frac{S_{\mathrm{a}}}{N_{\mathrm{q}}} = \frac{(\Delta 2^K)^2/12}{\Delta^2/12} = 2^{2K} \tag{12.6}$$

oder im logarithmischen Maß

$$10\,\mathrm{lg}(S_{\mathrm{a}}/N_{\mathrm{q}}) \approx K \cdot 6\,\mathrm{dB}\,. \tag{12.7}$$

Jede Verdoppelung der Stufenzahl des Quantisierers erfordert ein Bit mehr zur Codierung und verbessert damit das $S_{\mathrm{a}}/N_{\mathrm{q}}$-Verhältnis um etwa 6 dB. Es ist auch möglich, die für ein gefordertes $S_{\mathrm{a}}/N_{\mathrm{q}}$-Verhältnis minimal notwendige Bitanzahl anzugeben[6]

$$K \geq \frac{1}{2}\,\mathrm{lb}(S_{\mathrm{a}}/N_{\mathrm{q}})\,. \tag{12.8}$$

Die Abtastwerte mit dem erzielten $S_{\mathrm{a}}/N_{\mathrm{q}}$-Verhältnis werden am Ausgang des PCM-Empfängers in einem Tiefpass der Grenzfrequenz $f_{\mathrm{g}} = 1/(2T)$ zu dem Ausgangssignal $f_{\mathrm{e}}(t)$ interpoliert. Man kann nun zeigen, dass die Leistung eines aus Abtastwerten interpolierten Signals proportional zur Leistung der Abtastwerte ist (entsprechend zu Abschn. 6.7). Damit gilt das Augenblicksleistungsverhältnis (12.7) auch für das Verhältnis der Leistungen von Nutzsignal $f(t)$ und Quantisierungsrauschen $f_{\mathrm{D}}(t)$ im Ausgangssignal $f_{\mathrm{e}}(t)$.

Die in Abb. 7.24a dargestellte, gleichförmig gestufte Quantisierungs-Kennlinie ergibt nur für gleichverteilte Eingangssignale, deren Amplitudenbereich mit dem des Quantisierers übereinstimmt, einen minimalen Quantisierungsfehler. Reale Signale verhalten sich in dieser Beziehung ungünstiger. Besonders Sprachsignale haben eine Verteilungsdichtefunktion, die in der Umgebung des Nullpunktes ein hohes Maximum aufweist. Zur Anpassung stuft man in diesen Fällen die Quantisierungskennlinie derartig, dass Signalanteile

[6] Im Prinzip sind rationale, positive Werte für K wählbar, wenn mehrere Abtastwerte zusammengefasst codiert werden.

mit geringen Amplitudenwerten feiner quantisiert werden. Ein Verfahren zur Berechnung eines optimalen Quantisierers, der bei beliebig verteilten Eingangssignalen jeweils die minimale Quantisierungsfehlerleistung liefert, wird in Übungen 14.7 behandelt.

Zur Quantisierung von Sprachsignalen großer Dynamik werden zumeist logarithmisch gestufte Quantisierer verwendet. Hiermit erfolgt eine Kompandierung (vgl. Abschn. 7.7.1) mit dem Ziel einer Unterdrückung des Quantisierungsrauschens bei geringen Signalamplituden. Bei hohen Signalamplituden entstehen dabei zwar größere Quantisierungsfehler, was sich aber auf Grund hörphysiologischer Verdeckungseffekte nicht nachteilig auswirkt.

12.1.2 Übertragungsfehler in PCM-Systemen

Neben dem Quantisierungsrauschen sind als zweite Störursache Fehler bei der Übertragung des PCM-Signals über gestörte Kanäle zu betrachten. Es wird zunächst vorausgesetzt, dass der durch Rauschstörungen im Kanal verursachte falsche Empfang eines Binärsignals eine so geringe Wahrscheinlichkeit P_e hat, dass ein solcher Fehler fast immer nur eine einzige Stelle in einer der übertragenen K-stelligen Binärzahlen betrifft. Die empfangenen Binärzahlen werden also mit einer Wahrscheinlichkeit $K \cdot P_\mathrm{e}$ falsch sein und vom Decodierer in einen falschen Abtastwert übersetzt werden. Die relative Leistung dieser Abtastwertfehler soll nun berechnet werden. Dazu wird angenommen, dass eine Codierungszuordnung mittels eines natürlichen Binärcodes wie in der Tabelle zu Abb. 12.1 verwendet wird. In dieser Zuordnung verursacht ein Fehler in der letzten Stelle des Binärwortes nach der Decodierung einen Amplitudenfehler der Größe Δ, ein Fehler in der vorletzten Stelle einen Amplitudenfehler von 2Δ, dann 4Δ usw.[7] Der mittlere quadratische Amplitudenfehler eines Abtastwertes ergibt sich also bei *einer* beliebig liegenden falschen Ziffer in der decodierten Binärzahl aus der Summe der geometrischen Reihe (vgl. Kap. 4 Fußnote 14)

$$\frac{1}{K}[\Delta^2 + (2\Delta)^2 + (4\Delta)^2 + \ldots + (2^{K-1}\Delta)^2] = \frac{1}{K}\frac{\Delta^2}{3}(2^{2K} - 1)\,.$$

Da dieser Fehler nur jeden $1/(K \cdot P_\mathrm{e})$-ten Abtastwert betrifft, liegt am Ausgang des PCM-Systems eine Augenblicksstörleistung von

$$N_{P_\mathrm{e}} = \mathcal{E}\left\{f_{P_\mathrm{e}}^2(nT)\right\} = K \cdot P_\mathrm{e}\frac{1}{K}\frac{\Delta^2}{3}(2^{2K} - 1) \approx P_\mathrm{e}\frac{\Delta^2}{3}2^{2K}\,. \tag{12.9}$$

Bezieht man wieder die Störung wie in (12.7) auf ein gleichverteiltes Nutzsignal der Leistung S_a, dann ergibt sich am Ausgang des PCM-Übertragungssystems ein Nutz-/Störleistungsverhältnis von

---

[7] Das hier angenommene Auftreten von Einzelfehlern stellt tatsächlich den ungünstigsten möglichen Fall dar, da bei mehreren Fehlern innerhalb eines PCM-Symbols unterschiedliche Vorzeichen der Fehler, und damit zumindest teilweise gegenseitige Auslöschungen möglich sind.

$$\frac{S_\mathrm{a}}{N_{P_\mathrm{e}}} = \frac{\frac{1}{12}(\Delta 2^K)^2}{P_\mathrm{e}\frac{\Delta^2}{3}2^{2K}} = \frac{1}{4P_\mathrm{e}} \qquad (P_\mathrm{e} \ll 0,5)\,. \tag{12.10}$$

Da die durch Quantisierung und durch Übertragungsfehler verursachten Störsignale näherungsweise unabhängig voneinander sind, können ihre Leistungen addiert werden. Damit gilt für das resultierende Nutz-/Störleistungsverhältnis einer PCM-Übertragung

$$\frac{S_\mathrm{a}}{N} = \frac{S_\mathrm{a}}{N_\mathrm{q} + N_{P_\mathrm{e}}} = \frac{1}{2^{-2K} + 4P_\mathrm{e}}\,. \tag{12.11}$$

In Abb. 12.3 ist dieses S_a/N-Verhältnis am Ausgang des PCM-Systems über dem die Fehlerwahrscheinlichkeit P_e bestimmenden E_s/N_0-Verhältnis am Eingang des PCM-Empfängers dargestellt. Parametriert ist mit der Stellenzahl K der für jeden Abtastwert übertragenen Binärzahl. Weiter werden zur Berechnung der Fehlerwahrscheinlichkeit P_e als Funktion von E_s/N_0 die beiden Beziehungen (7.106) für unipolare und (8.11) für bipolare Übertragung benutzt[8]. Das S_a/N-Verhältnis am Ausgang eines PCM-Übertragungssystems

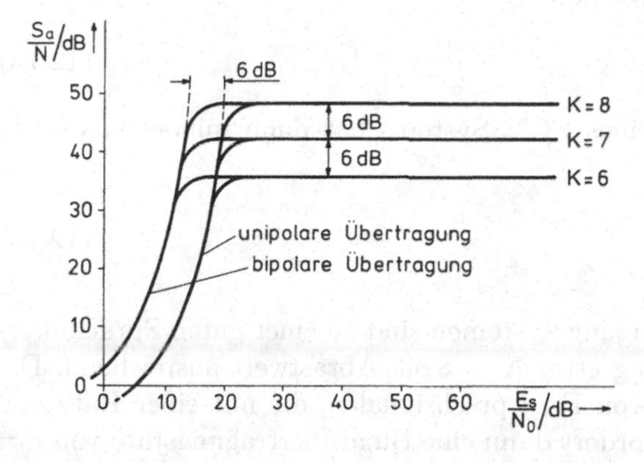

Abbildung 12.3. Störverhalten einer PCM-Übertragung

ist also durch ein sehr deutliches Schwellenverhalten gekennzeichnet. Verringert man das E_s/N_0-Verhältnis im Übertragungskanal, dann verschlechtert sich unterhalb einer Schwelle, die je nach Übertragungsverfahren im Bereich um 15–20 dB liegt, das Störverhalten sehr schnell. Praktisch macht sich diese

[8] Hierbei bleibt wegen des Auftrags über E_s/N_0 zunächst unberücksichtigt, dass die unipolare Übertragung weniger Energie pro bit benötigt, und dass bei Erhöhung von K mehr Energie pro Zeiteinheit aufzuwenden ist. Eine weitere Diskussion, die diese Effekte ebenfalls berücksichtigt, erfolgt in Abschn. 13.4.

Verschlechterung bei Sprachübertragung durch ein fast plötzliches Auftreten krachender Geräusche bemerkbar, die durch die einzelnen Übertragungsfehler verursacht werden. PCM-Systeme werden daher immer oberhalb dieser Schwelle betrieben. In diesem Bereich sind praktisch nur noch die von der Übertragungsstrecke unabhängigen Quantisierungsstörungen vorhanden. Bei Erhöhen der Stufenzahl des Quantisierers und entsprechender Erhöhung der Stellenzahl K der übertragenen Binärzahlen verbessert sich dieser Störabstand um jeweils 6 dB pro Stelle, er kann also bei entsprechendem Aufwand beliebig groß werden. Diese Verbesserung muss aber mit einer Erhöhung der Übertragungsbandbreite erkauft werden:

Tastet man ein Quellensignal der Grenzfrequenz f_g mit der Rate $2f_\mathrm{g}$ ab und codiert jeden Abtastwert in ein K-stelliges Binärsignal um, dann müssen diese Binärsignale mit einer Rate von

$$r = K \cdot 2f_\mathrm{g} \tag{12.12}$$

übertragen werden. Da man nach Abschn. 8.3 über einen Kanal der Grenzfrequenz $f_\mathrm{g,K}$ höchstens mit der Nyquist-Rate $r = 2f_\mathrm{g,K}$ übertragen kann, ergibt die Gleichsetzung mit (12.12) einen Mindestwert von $f_\mathrm{g,K} = K \cdot f_\mathrm{g}$.

Das Verhältnis der Bandbreite des modulierten Sendesignals f_Δ zur Grenzfrequenz des Quellensignals f_g wird auch *Bandbreitedehnfaktor* β eines Modulationsverfahrens genannt:

$$\beta = f_\Delta / f_\mathrm{g} \,. \tag{12.13}$$

Der Bandbreitedehnfaktor eines PCM-Systems hat dann mindestens einen Wert von

$$\beta_\mathrm{PCM} = \frac{K f_\mathrm{g}}{f_\mathrm{g}} = K \,. \tag{12.14}$$

In praktischen PCM-Übertragungssystemen sind zu einer guten Sprachübertragung oder Bildübertragung etwa $K = 8\,\mathrm{bit/Abtastwert}$ ausreichend. Die Übertragung beispielsweise von Fernsprechsignalen, die mit einer Rate von 8 kHz abgetastet werden, erfordert dann eine Binärübertragungsrate von $r = 8\,\mathrm{kHz} \cdot 8\,\mathrm{bit} = 64\,\mathrm{kbit/s}$.

12.2 Quellencodierung

Shannon[9] hat in seiner 1948 veröffentlichten Informationstheorie den Begriff der Information als statistisch definiertes Maß in die Nachrichtentechnik eingeführt. Die Elemente eines Nachrichtenübertragungssystems – Quelle, Kanal

[9] Claude Elwood Shannon (1916–2001), amerik. Mathematiker und Ingenieur.

und Senke – werden in der Informationstheorie abstrahiert von ihrer technischen Realisierung durch informationstheoretische Modelle beschrieben (Abschn. 8.1). Aus dieser Betrachtungsweise lassen sich insbesondere Grenzen für Nachrichtenübertragungs- und Speichersysteme ableiten, die auch bei beliebigem technischen Aufwand nicht überschreitbar sind. In diesem Sinn stellt die Informationstheorie eine übergeordnete Theorie dar, mit der Übertragungssysteme unabhängig von technischen Verfahrensvarianten dargestellt und verglichen werden können. In diesem Abschnitt wird nur ein Ausschnitt der Informationstheorie so weit vorgestellt, dass Grenzaussagen über die in beiden vorangegangenen Kapiteln behandelten Übertragungsverfahren möglich werden. Für ein tieferes Eindringen in die Informationstheorie muss hier auf die Literatur verwiesen werden (Shannon, 1949; Reza, 1961; Wozencraft und Jacobs, 1965; Gallager, 1968; Hamming, 1980; Heise und Quattrocchi, 1983; Mansuripur, 1987; Blahut, 1987; Cover und Thomas, 1991).

12.2.1 Diskrete Nachrichtenquellen

Eine diskrete Quelle (Abb. 8.2) erzeugt eine Folge diskreter Zeichen $a(n)$, d. h. ein wert- und zeitdiskretes Signal. Die Menge möglicher Werte $\{a_i\}$ mit dem endlichen Umfang M wird Quellenalphabet genannt. Beispiele sind Binärsignale mit $M = 2$, Dezimalzahlen mit $M = 10$, Schrifttexte mit $M = 27$ oder ASCII-Zeichen mit $M = 256$. Durch Codieren, wie in den Abschn. 8.8 oder 12.1 geschildert, lassen sich Quellenalphabete ineinander umwandeln. Wenn der Umfang M eine Zweierpotenz ist, dann kann jedes Zeichen verlustlos in eine Binärdarstellung mit $\mathrm{lb}(M)$ Stellen umcodiert werden. Der Ausdruck

$$H_0 = \mathrm{lb}(M) \quad \text{bit/Zeichen} \tag{12.15}$$

wird, auch für beliebige M, als *Entscheidungsgehalt* definiert. Das „bit" hat dabei die Bedeutung einer Pseudoeinheit, die auf die Verwendung des binären Logarithmus hinweist.

Eine Umcodierung der Zeichen einer Quelle in untereinander gleich lange Binärfolgen ist allerdings bzgl. der Gesamtzahl der Binärwerte dann nicht optimal, wenn diese Zeichen mit unterschiedlichen Wahrscheinlichkeiten auftreten. Deshalb wurden schon von S. Morse in dem von ihm definierten Codealphabet[10] häufig vorkommende Buchstaben durch kurze Zeichenfolgen, seltene durch lange Folgen dargestellt. C. Shannon verallgemeinerte diese Überlegungen wie folgt:

Unter Berücksichtigung der Wahrscheinlichkeit p_i, mit der die Quelle das i-te Zeichen a_i eines Alphabets erzeugt, wird als *Informationsgehalt* I_i dieses Zeichens definiert

[10] Das Morse-Alphabet besteht eigentlich aus 4 Codezeichen: Ton kurz, Ton lang, Pause kurz (Trennung von Tönen), Pause lang (Trennung von Buchstaben); es ist also ein quaternäres Alphabet.

$$I_i = \text{lb}(1/p_i) = -\text{lb}(p_i) \quad \text{bit/Zeichen.} \tag{12.16}$$

Der Informationsgehalt ist also umso höher, je seltener ein Zeichen auftritt, es gilt $0 \leq I_i < \infty$. Sind alle Zeichen gleich wahrscheinlich, dann ist $p_i = 1/M$, in diesem Fall sind Informations- und Entscheidungsgehalt also gleich: $I_i = H_0, \forall i$. Ansonsten berechnet sich der *mittlere Informationsgehalt*, auch als *Entropie* bezeichnet, wie ein üblicher linearer Mittelwert durch mit den p_i gewichtete Summierung der einzelnen Informationsgehalte[11]

$$H = \sum_{i=1}^{M} p_i I_i = -\sum_{i=1}^{M} p_i \text{lb}(p_i) \leq H_0 \quad \text{bit/Zeichen.} \tag{12.17}$$

Im nächsten Schritt wird angenommen, dass zwischen den einzelnen Zeichen statistische Bindungen bestehen, die sich jeweils über L aufeinander folgende Zeichen erstrecken. Weiter sei bekannt, dass die i-te Zeichenfolge aus den M^L möglichen Folgen der Länge L mit der Wahrscheinlichkeit p_i erzeugt wird. Auch dieser Folge von Zeichen lässt sich jetzt ein Informationsgehalt von $I_i = -\text{lb}(p_i)$ zuordnen. Sind die Zeichen der i-ten Folge statistisch unabhängig, so ergibt sich p_i als Produkt der einzelnen Zeichenwahrscheinlichkeiten. Der Informationsgehalt der Folge ist dann auf Grund der Eigenschaften des logarithmischen Informationsmaßes gleich der Summe der Informationsgehalte der Einzelzeichen. Im allgemeineren Fall der Erfassung beliebiger statistischer Bindungen über L Zeichen ergibt sich die Entropie pro Zeichen des Alphabets als

[11] Die mathematische Herleitung der Begriffe Informationsgehalt und Entropie kann hier nicht umfassend erfolgen, soll aber zumindest angedeutet werden: Ein aus einem diskreten Alphabet gesendetes Zeichen kann einen von M Zuständen i annehmen, deren jeder eine bestimmte Wahrscheinlichkeit p_i besitze. Jedem der Zeichen sei zunächst ein beliebig zu definierender Informationsgehalt I_i zugeordnet, so dass sich die Entropie als Mittelwert plausibel wie in der linken Summe von (12.17) ergibt. Verfügbarkeit vollständiger Information (bei einer Bitanzahl gleich der Entropie) bedeutet Beseitigung jeder Unsicherheit darüber, welches Zeichen gesendet wurde. Die Entropie muss aber auch dann eine konsistente Funktion bleiben, wenn die Information unvollständig ist, wenn z. B. Unsicherheit darüber verbleiben kann, ob Zeichen 1 oder 2 gesendet wurde, während für alle übrigen Zeichen 3...M eine vollständige Sicherheit besteht. Dies kann so formuliert werden, dass die von $p_1...p_M$ abhängige Entropiefunktion H separierbar sein muss in die mittleren Informationsgehalte aus den Zeichen 1-2 und aus den übrigen Zeichen. Demnach muss gelten

$$H\{p_1, p_2, ..., p_M\} = H\{p_1 + p_2, p_3, ..., p_M\} + (p_1 + p_2) H \left\{ \frac{p_1}{p_1 + p_2}, \frac{p_2}{p_1 + p_2} \right\}.$$

In derselben Weise ist eine beliebige Separierung der Entropie in Einzelsummen von Informationsgehalten möglich. In der Tat ist (12.16) die einzige Funktion für I_i ist (bei beliebiger Basis des Logarithmus), welche diese Bedingung erfüllt.

$$H_L = \frac{1}{L} \sum_{i=1}^{M^L} p_i I_i = -\frac{1}{L} \sum_{i=1}^{M^L} p_i \mathrm{lb}(p_i) \leq H \quad \text{bit/Zeichen}, \tag{12.18}$$

mit Gleichheit für den Fall statistisch unabhängiger Zeichen oder $L = 1$. Es gilt stets $H \geq 0$. Die Entropie erreicht ihr Maximum $H_0 = \mathrm{lb}(M)$, wenn die einzelnen Zeichen der Quelle gleich wahrscheinlich ($p_i = 1/M$) sind. Dieses Maximum ist der *Entscheidungsgehalt* der Quelle. Multipliziert man die Entropie H einer Quelle mit der Rate r, mit der die Quelle die Zeichen erzeugt, dann ergibt sich der *Informationsfluss* der Quelle

$$H^* = rH \quad \text{bit/Zeiteinheit}. \tag{12.19}$$

Die Bedeutung des mittleren Informationsgehalts wird als untere Schranke einer fehlerfreien Quellencodierung durch Shannons *Satz von der Entropie* verdeutlicht (Shannon, 1949):

> „Es ist möglich, alle Folgen von n Zeichen einer Quelle fehlerfrei so in Binärzeichenfolgen zu codieren, dass die mittlere Zahl an Binärstellen pro Zeichen die Entropie approximiert. Die Approximation nähert sich mit wachsendem n der Gleichheit."

Als einfaches Beispiel wird die *gedächtnislose Binärquelle* betrachtet, die statistisch unabhängig die Zeichen „1" mit der Wahrscheinlichkeit p und „0" mit $1-p$ erzeugt. Mit $L = 1$ und $M = 2$ in (12.18) ergibt sich die hier nur von p abhängige Entropie zu

$$H(p) = -\sum_{i=1}^{2} p_i \mathrm{lb}(p_i) = -p\mathrm{lb}(p) - (1-p)\mathrm{lb}(1-p) \quad \frac{\text{bit}}{\text{Zeichen}}. \tag{12.20}$$

Den Verlauf dieser Entropie über p zeigt Abb. 12.4. Das Maximum der Entropie von $H_0 = 1$ bit/Zeichen wird bei gleichen Wahrscheinlichkeiten der beiden Zeichen ($p = 0{,}5$) erreicht. Die Abweichung $R = H_0 - H$ ist die absolute *Redundanz* der Quelle; sie gibt den Gewinn (in bit/Zeichen) an, der mit einer fehlerfreien Quellencodierung durch Beseitigung dieser Redundanz höchstens erzielt werden kann (Abschn. 8.1). Ein weiteres Beispiel ist die Codierung alphabetischer Texte. In Abb. 12.5 ist die Häufigkeit aufgetragen, mit der Buchstaben in deutschsprachigen Texten auftreten. Hiermit ergibt sich unter der zunächst betrachteten vereinfachten Annahme, dass ein Schrifttext eine gedächtnislose Quelle mit statistisch unabhängigen Zeichen ist, mit $L = 1$ und $M = 27$ eine Entropie von

$$H = -\sum_{i=1}^{27} p_i \mathrm{lb}(p_i) = 4{,}04 \frac{\text{bit}}{\text{Buchstabe}}. \tag{12.21}$$

In Abb. 12.5 sind weiter drei Binärcodierungen für die Buchstaben des Alphabets und die mit ihnen erreichbaren mittleren Werte H_c an Binärzeichen

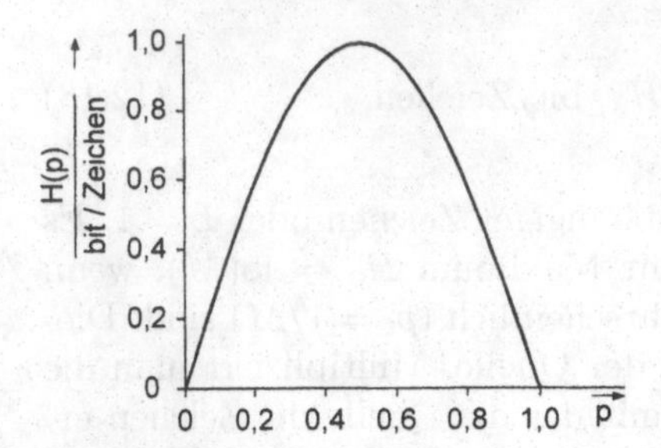

Abbildung 12.4. Entropie der gedächtnislosen Binärquelle (Shannon-Funktion)

Buchstabe	Häufigkeit p_i / %	Bacon 1623 Baudot 1874	Morse 1844	Huffman 1952
␣	14,42	00100	00	000
E	14,40	10000	100	001
N	8,65	00110	01100	010
S	6,46	10100	11100	0110
I	6,28	01100	1100	0111
R	6,22	01010	101100	1000
⋮				
M	1,72	00111	010100	111010
⋮				
X	0,08	10111	0110100	111111110
Q	0,05	11101	010110100	1111111110
H_c / bit/Buchstabe:		5	4,79	4,13

Abbildung 12.5. Binärcodes für alphabetischen Text (zu Bacon s. Aschoff, 1984, im Anhang zum Literaturverzeichnis; der Morsecode ist durch Abbildung auf einen kommafreien Binärcode dargestellt)

pro Buchstabe (Coderate) angegeben. Mit B_i bit, die zur Codierung des Buchstaben mit Index i aufgewendet werden, berechnet sich die Coderate als

$$H_c = \sum_{i=1}^{M} p_i \cdot B_i .$$

Der auf minimalen Wert H_c optimierte Huffman-Code (Huffman, 1952) unterscheidet sich hier in der mittleren Binärzeichenzahl nur noch um 2,3% von einem optimalen Quellencode.

Der Huffman-Code ist „kommafrei“, d. h. kein kürzeres Codewort tritt als Anfang eines längeren Wortes auf. Damit ist auch ohne Trennzeichen eine eindeutige Decodierung möglich. Die Entwurfsprozedur verläuft wie folgt:

1. Es wird eine Liste $\mathbf{L} = \{L_1, \ldots, L_M\}$ für die Symbole des Quellenalphabets gebildet, welche zunächst die Häufigkeiten der Quellensymbole $p_1 \ldots p_M$ (optional in größensortierter Reihenfolge) enthält. Die Liste

enthält weiterhin eine Indextabelle aller Quellensymbole, die den jeweiligen Listenplätzen zugeordnet sind (dies ist zunächst ein Symbol pro Listenplatz). Die zu den Quellensymbolen gehörigen Codesymbolfolgen werden in einer Codeworttabelle $\mathbf{C} = \{c_1, c_2, ..., c_M\}$ gespeichert, diese bestehen bei der Initialisierung aus jeweils 0 bit.

2. Es werden die beiden Listenplätze mit den kleinsten Häufigkeitswerten in **L** aufgesucht, und den Codesymbolfolgen aller mit den beiden Listenplätzen über die Indextabelle zugeordneten Quellensymbole eine „0" bzw. eine „1" hinzugefügt[12].
3. Die beiden in 2. behandelten Plätze werden in einem Listenplatz zusammengeführt, in dem die Summe der beiden Häufigkeiten eingetragen wird. Diesem Listenplatz werden nun in der Indextabelle auch alle Quellensymbole zugeordnet, die bisher separat mit den beiden Listenplätzen assoziiert waren.
4. Wenn **L** nur noch einen Listenplatz enthält (welcher dann den Häufigkeitswert 1 besitzt, bzw. dem in der Indextabelle nunmehr alle Quellensymbole zugeordnet sind), ist der Huffman-Code fertig entworfen. Ansonsten wird mit Schritt 2 fortgefahren.

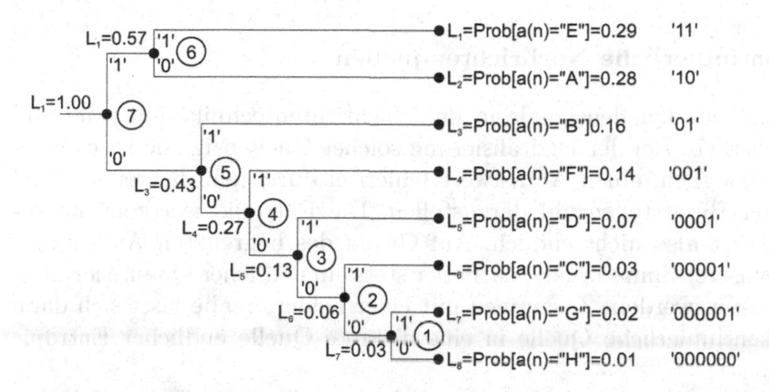

Abbildung 12.6. Entwurf eines Huffman-Codes mit zugehörigem Codebaum (die eingekreisten Ziffern 1..7 stellen die Iterationen über die Schritte 2 und 3 der Entwurfsprozedur dar)

Abb. 12.6 zeigt den Entwurf des Huffman-Codes für das Beispiel von acht unterschiedlich häufigen Quellensymbolen anschaulich an Hand eines Codebaumes[13]. Jedem Zweig des Baumes sind seine Auftretenswahrscheinlichkeit und die Codesymbolfolge zugeordnet. Die beschriebene Entwurfsprozedur besteht hier aus 7 Durchläufen, in Abb. 12.6 wird rechts mit dem Entwurf begonnen,

[12] Der Code wächst dabei von „hinten nach vorn", d.h. das zuletzt zugefügte bit wird das erste im Codewort.

[13] Die Wahrscheinlichkeiten in diesem Beispiel sind rein willkürlich gewählt.

während der Code später durch Verfolgen des Baumes von links nach rechts decodiert werden muss.

Anmerkung: Berücksichtigt man zusätzlich die statistischen Bindungen in normalen Schrifttexten, dann lässt sich deren Entropie etwa auf 1,3 bit/Buchstabe schätzen (Küpfmüller, 1954). Werden bei der Codierung mehrere aufeinander folgende Buchstaben des Alphabets als Vektor gemeinsam codiert, lassen sich gemäß (12.18) die statistischen Verbundeigenschaften implizit ausnutzen. Das Erreichen der Entropierate mit einem praktischen Codierverfahren würde darüber hinaus voraussetzen, dass die Längen der den Zeichen bzw. Zeichenfolgen zugeordneten Codeworte exakt deren Informationsgehalten (12.16) entsprechen. Da häufig – wie z.B. beim Huffman-Code – die Codewortlängen einer ganzzahligen Anzahl an bits entsprechen müssen, ist eine Erhöhung der Coderate gegenüber der Entropie oft unvermeidbar. Prozentual wird dieser Unterschied allerdings um so weniger ins Gewicht fallen, je länger die Codeworte im Mittel sind. Auch in Hinblick darauf ist die Zusammenfassung mehrerer Zeichen zu Vektoren vorteilhaft, da deren Wahrscheinlichkeiten geringer sind als die Wahrscheinlichkeiten von Einzelzeichen, so dass sich implizit größere Codewortlängen ergeben und tendenziell die Rate der Entropie besser angenähert wird.

12.2.2 Kontinuierliche Nachrichtenquellen

Die Mehrzahl der Quellensignale in der Nachrichtentechnik sind zeit- und wertkontinuierlich. Bei der Digitalisierung solcher Quellensignale ist es prinzipiell nicht möglich, einen Abtastwert fehlerfrei durch ein diskretes Signal mit endlicher Binärstellenzahl darzustellen. Die Entropie wertkontinuierlicher Quellen ist also nicht endlich. Auf Grund des begrenzten Auflösungsvermögens unserer Sinnesorgane darf aber stets ein endlicher Quantisierungsfehler zugelassen werden. Zusammen mit einer Fehlerangabe lässt sich dann auch eine kontinuierliche Quelle in eine diskrete Quelle endlicher Entropie überführen.

Ein einfaches Beispiel hierfür ist ein gleichverteiltes, weißes, tiefpassbegrenztes Quellensignal der Grenzfrequenz f_g und der Ausgangsleistung S_a. Wenn das Verhältnis Signalleistung zu Quantisierungsfehlerleistung $S_\mathrm{a}/N_\mathrm{q}$ betragen soll, dann muss nach (12.7) jeder Abtastwert mit $K = \frac{1}{2}\mathrm{lb}(S_\mathrm{a}/N_\mathrm{q})$ bit codiert werden. Tastet man mit der Nyquist-Rate $r = 2f_\mathrm{g}$ ab, dann ist der Informationsfluss dieser realen Quelle also

$$H^* = rK = f_\mathrm{g}\mathrm{lb}(S_\mathrm{a}/N_\mathrm{q}) \quad \text{bit/Zeiteinheit.} \tag{12.22}$$

Ein ebenfalls auf Shannon zurückgehendes Teilgebiet der Informationstheorie, die „rate distortion"-Theorie, beschäftigt sich allgemein mit Grenzwertaussagen zur Quellencodierung unter Annahme eines Rekonstruktionsfehlermaßes.

Hierbei wird auch über die bereits in (12.18) berücksichtigte Verbundentropie hinaus berücksichtigt, ob die Quelle selbst systematische *Redundanzen* besitzt, z.B. in Form statistischer Abhängigkeiten aufeinander folgender Abtastwerte. In einem solchen Fall kann beispielsweise an Stelle der originalen Abtastwerte ein Prädiktionsfehlersignal (vgl. Abschn. 12.2.4) oder eine transformierte Repräsentation (vgl. Abschn. 12.2.5) codiert werden. In Hinblick auf die Entropiebetrachtungen ist dann nur noch die Verteilungsdichte des Prädiktionsfehlersignals oder der Transformationskoeffizienten zu berücksichtigen, welche vielfach bezüglich der Codierung günstiger ist als diejenige des Originalsignals.

Das von Shannon formulierte Quellencodierungstheorem lautet[14]:

> „Für die Codierung einer diskreten, gedächtnisfreien Quelle existiert, wenn eine Verzerrung kleiner oder gleich D zugelassen wird, ein Blockcode der Rate $R = R(D) + \varepsilon$ mit $\varepsilon > 0$, wenn die Blocklänge des Codes groß genug gewählt wird."

Dieses Theorem besagt

- dass bei der Codierung eines abgetasteten, amplitudendiskreten Signals, welches keine statistischen Abhängigkeiten zwischen seinen Abtastwerten besitzt, ein Zusammenhang zwischen einer vorgegebenen maximal zulässigen Verzerrung und der dafür minimal notwendigen Bitrate existiert;
- dass diese minimal notwendige Bitrate $R(D)$ beliebig nahe approximiert werden kann, wenn eine genügend hohe Anzahl von Abtastwerten nicht separat, sondern mittels eines die Abtastwerte zu Vektoren zusammenfassenden Blockcodes codiert wird. Dieses Prinzip wurde bereits in Zusammenhang mit den Entropiecodierverfahren am Ende des vorangegangenen Abschnitts dargelegt.

Die Bestimmung der Rate-Distortion-Funktion $R(D)$ für Signale mit beliebiger Verteilungsdichte ist nur durch iterative Approximation möglich. Analytische Lösungen sind bekannt für einige wichtige Fälle stationärer Prozesse, z.B. für den unkorrelierten (spektral weißen) Zufallsprozess $z(n)$ mit Varianz σ_z^2 und Gauß-Verteilungsdichte:

$$R(D) = \frac{1}{2}\mathrm{lb}\frac{{\sigma_z}^2}{D}. \tag{12.23}$$

Hierbei stellt D die zugelassene Verzerrung nach dem Kriterium des mittleren quadratischen Fehlers dar, also z.B. die Quantisierungsfehlervarianz nach (12.4). Dieses Modell der Gauß-Quelle ist insofern wichtig, als es für alle statistisch unabhängigen Zufallsprozesse derselben Varianz σ^2 eine obere Schranke darstellt, d.h. kein anderes Signal würde zur Codierung mit Verzerrung D eine höhere Rate benötigen. (12.23) gilt aber nur für den Fall $D \leq \sigma_z^2$, da sich

[14] Der Wert R bezeichnet hier und im Folgenden die Anzahl der bits pro Abtastwert.

sonst wegen der logarithmischen Funktion eine negative Rate ergeben würde. $D = \sigma_z^2$ entspräche einem vollständigen Verlust der Information. Die daraus folgende Verallgemeinerung lautet

$$R(D) = \max\left(0, \frac{1}{2}\text{lb}\frac{{\sigma_z}^2}{D}\right). \tag{12.24}$$

Da $R(D)$ stets eine konvexe Funktion ist, ist auch die inverse Funktion $D(R)$ definiert, und das Quellencodierungstheorem ist umkehrbar:

> „Steht zur Codierung einer diskreten, gedächtnisfreien Quelle eine Bitrate R zur Verfügung, so kann eine Verzerrung $D(R)$ nicht unterschritten werden."

12.2.3 Rate-Distortion-Funktion für korrelierte Prozesse

Für einen korrelierten, zeitdiskreten Gauß-Prozess $s(n)$ gilt die Rate-Distortion-Funktion

$$R(D_\Theta) = \frac{1}{2}\int\limits_{-1/2}^{1/2} \max\left(0, \text{lb}\frac{\Phi_{ss,\text{a}}(f)}{\Theta}\right)\text{d}f\,. \tag{12.25}$$

Dieses ist so zu interpretieren, dass der korrelierte Prozess in unendlich viele unkorrelierte (Spektral-)Komponenten zerlegt wird, die auf Grund des zentralen Grenzwertsatzes jede für sich ebenfalls Gauß-verteilt sind. Als Argument wird (12.24) verwendet, wobei allerdings an Stelle der Varianz des Signals der jeweilige Erwartungswert im Frequenzbereich (das Leistungsdichtespektrum) eingesetzt wird. Liegt dieser oberhalb des Schwellwertes Θ, so ist die Rate gemäß (12.23) aufzuwenden, ansonsten die Rate Null; die Verzerrungsbeiträge werden im letzteren Fall gleich den Leistungsbeiträgen der entsprechenden Frequenzabschnitte. Da nicht notwendigerweise über den gesamten Bereich des Spektrums die Koeffizienten oberhalb des Schwellwertes liegen, ist das Integral in (12.25) allgemein nur stückweise lösbar. Lägen alle Koeffizienten oberhalb des Schwellwertes, so wäre die entstehende Verzerrung D identisch mit Θ. Für den allgemeinen Fall muss aber die Verzerrung D_Θ ebenfalls durch stückweises Lösen eines Integrals berechnet werden:

$$D_\Theta = \int\limits_{-1/2}^{1/2} \min\left(\Theta, \Phi_{ss,\text{a}}(f)\right)\text{d}f\,. \tag{12.26}$$

Abb. 12.7 macht deutlich, wie sich die Gesamtverzerrung aus einzelnen spektralen Anteilen zusammensetzt, was der Lösung von (12.26) entspricht. Die Verzerrung darf nirgends größer werden als der entsprechende spektrale Leistungsanteil des Prozesses (die schraffierten Signalbereiche werden daher direkt auf Null gesetzt).

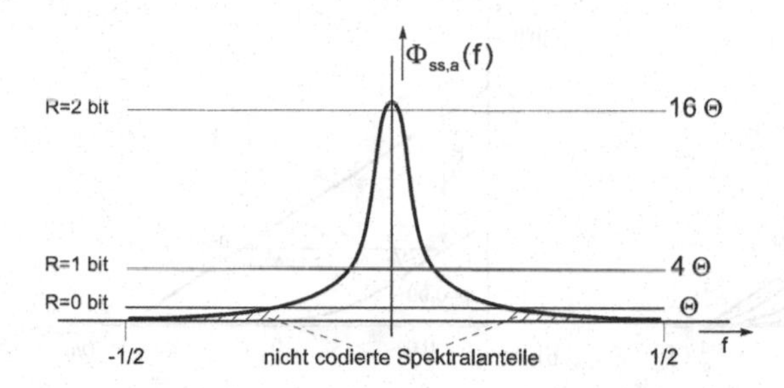

Abbildung 12.7. Zur Interpretation der Funktion $D(R)$ eines korrelierten Gauß-Prozesses)

Beispiel: $R(D)$ für einen AR(1)-Prozess. Der AR(1)-Prozess mit einem Korrelationskoeffizienten ρ besitzt das Leistungsdichtespektrum $\Phi_{ss,\mathrm{a}}(f)$ nach (7.131). Hieraus ergibt sich, sofern $\Phi_{ss,\mathrm{a}}(f)$ im Bereich $(-\frac{1}{2}, \frac{1}{2})$ nirgends kleiner als der Verzerrungsparameter Θ wird, eine Rate-Distortion-Funktion

$$R(D) = \frac{1}{2} \int_{-1/2}^{1/2} \mathrm{lb} \frac{{\sigma_s}^2(1-\rho^2)}{D \cdot (1 - 2\rho\cos(2\pi f) + \rho^2)} \mathrm{d}f$$

$$= \frac{1}{2} \int_{-1/2}^{1/2} \mathrm{lb} \frac{{\sigma_s}^2(1-\rho^2)}{D \cdot (1+\rho^2)} \mathrm{d}f - \frac{1}{2} \int_{-1/2}^{1/2} \mathrm{lb} \left(1 - \frac{2\rho\cos(2\pi f)}{1+\rho^2}\right) \mathrm{d}f$$

$$= \frac{1}{2} \mathrm{lb} \frac{{\sigma_s}^2 \left(1-\rho^2\right)}{D} = \frac{1}{2} \mathrm{lb} \frac{{\sigma_z}^2}{D}. \qquad (12.27)$$

Das $R(D)$ des AR(1)-Prozesses mit Varianz σ_s^2 lässt sich in diesem Fall also direkt aus dem $R(D)$ des unkorrelierten Anregungsprozesses mit Varianz σ_z^2 angeben. Dies ist aber nur für den Fall geringer Verzerrungen, $\Phi_{ss}(f) \geq \Theta$, gültig. Durch Einsetzen von $f = \frac{1}{2}$ (Minimalwert des Leistungsdichtespektrums eines AR(1)-Prozesses mit positivem ρ) in (7.131) ergibt sich die Grenze

$$D \leq \frac{1-\rho}{1+\rho} \sigma_s^2 \qquad (12.28)$$

Es gilt dann auch gerade noch, wie oben erwähnt, $D = \Theta$. Für größere D muss das Integral in (12.26) wegen der durch die max( )-Funktion verursachten Unstetigkeit in 2 Teile aufgeteilt werden, wobei die Lösung nur durch parametrische Variation von Θ in (12.25) und (12.26) möglich ist. Abb. 12.8 stellt $R(D)$ für AR(1)-Prozesse mit verschiedenen ρ-Werten dar. Oberhalb der gestrichelten Linie, welche die vom Korrelationsparameter ρ abhängige

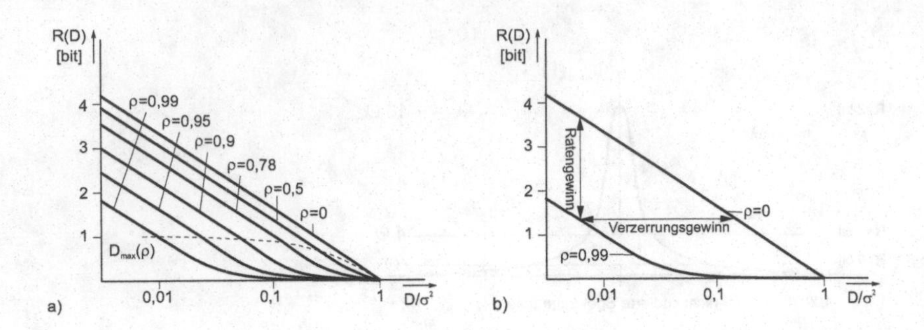

Abbildung 12.8. **a** $R(D)$ für AR(1)-Prozesse mit verschiedenen Parametern ρ **b** Gewinn an Rate und Verzerrung

Grenze (12.28) andeutet, ergeben sich Geraden parallel zu $R(D)$ eines unkorrelierten Prozesses (mit $\rho = 0$).

Aus (12.27) folgt, dass sich bei Einsatz eines Codierverfahrens, welches die Korrelation aufeinander folgender Abtastwerte ausnutzt, ein maximaler Codiergewinn, d.h. eine Verringerung des quadratischen Codierungsfehlers um den Faktor

$$G = \frac{1}{{\gamma_s}^2} = \frac{1}{1-\rho^2} = \frac{{\sigma_s}^2}{{\sigma_z}^2} \tag{12.29}$$

erwarten lässt. Alternativ lässt sich für den AR(1)-Prozess aus der Rate-Distortion-Funktion für Gauß-Prozesse (12.23) auch eine Verminderung der Bitrate

$$R_{\mathrm{G}} = -\frac{1}{2}\,\mathrm{lb}\left(1-\rho^2\right) \tag{12.30}$$

bei gleich bleibender Verzerrung bestimmen. Durch Einsetzen von (12.28) in (12.27) folgt, dass dieser maximal mögliche Gewinn nur für den Fall $R \geq \mathrm{lb}(1+\rho)$ erreichbar ist. Der *Codiergewinn* ist der Faktor, um den sich die Verzerrung bei Einsatz eines dekorrelierenden Codierverfahrens gegenüber einem PCM-Verfahren mit gleicher Bitrate vermindern lässt. Er ist reziprok zum Maß der spektralen Konstanz (MSK)

$${\gamma_s}^2 = \frac{2^{\left[\int\limits_{-1/2}^{1/2} \mathrm{lb}\,\Phi_{ss,\mathrm{a}}(f)\mathrm{d}f\right]}}{{\sigma_s}^2}, \tag{12.31}$$

welches sich aus dem Verhältnis des geometrischen Mittelwerts von $\Phi_{ss,\mathrm{a}}(f)$ zur Varianz, dem arithmetischen Mittelwert von $\Phi_{ss,\mathrm{a}}(f)$ ergibt. Beide Werte sind gleich, wenn alle Spektralanteile dieselbe Leistung besitzen, wenn das Spektrum also das eines *weißen Rauschens* ist. In jedem anderen Fall ist der geometrische Mittelwert geringer als der arithmetische, d.h. es ist ein Gewinn zu erzielen. Man beachte, das das MSK nur definiert ist, wenn im Bereich $(-\frac{1}{2}, \frac{1}{2})$ alle Spektralanteile größer als null sind.

12.2.4 Prädiktionscodierung

Die zur Übertragung oder Speicherung eines digitalisierten Signals bei vorgegebenem Quantisierungsfehler notwendige Datenmenge lässt sich in vielen Fällen deutlich verringern, wenn die statistischen Bindungen zwischen benachbarten Abtastwerten berücksichtigt werden.

Als Beispiel einer solchen Quellencodierung wird hier die *Differenz-Pulscodemodulation* (DPCM) betrachtet. Sender und Empfänger dieses Verfahrens zeigt Abb. 12.9. Im Sender wird von dem abgetasteten Eingangswert $s(n)$ ein aus den vorhergehenden Abtastwerten bestimmter Wert $\hat{s}(n)$ subtrahiert, so dass die Differenz (Prädiktionsfehler)

$$d(n) = s(n) - \hat{s}(n) \tag{12.32}$$

eine möglichst geringe Streuung (Augenblicksleistung) besitzt; $\hat{s}(n)$ wird daher als der Vorhersagewert (Prädiktionswert) bezeichnet. Ein nachfolgender Quantisierer mit PCM-Codierer erzeugt dann das DPCM-Signal $m(t)$. Mit

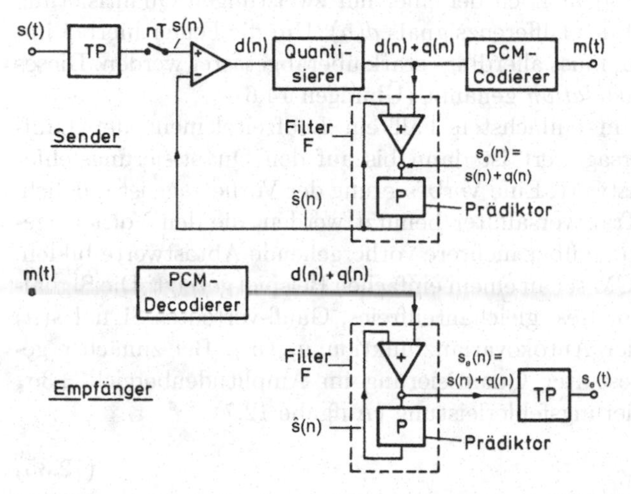

Abbildung 12.9. Sender und Empfänger eines DPCM-Systems

Berücksichtigung des Quantisierungsfehlers $q(n)$ liegt am Eingang des Filters F im Sender das Signal $d(n) + q(n)$. Hierzu wird im Filter F der Vorhersagewert $\hat{s}(n)$ addiert, so dass am Eingang des Prädiktors (Vorhersagefilters) P folgende Summe erscheint:

$$s_e(n) = [d(n) + q(n)] + \hat{s}(n) \tag{12.33}$$

oder mit (12.32)

$$s_e(n) = [s(n) - \hat{s}(n) + q(n)] + \hat{s}(n) = s(n) + q(n) ,$$

also das Eingangssignal, welches aber mit den bei gegebener Quantisierungsstufenzahl i. Allg. deutlich geringeren Quantisierungsfehlern des leistungsärmeren Differenzsignals behaftet ist. Der Prädiktor P bildet schließlich aus diesem Signal den Vorhersagewert $\hat{s}(n)$.

Der Empfänger enthält zur Rekonstruktion des Ausgangssignals das mit dem Filter des Senders identische Filter F. Der Prädiktor darf dabei ausschließlich vorangegangene Abtastwerte zur Prädiktion verwenden, denn nur diese liegen dem Empfänger bereits vor. Bei fehlerfreier Binärdatenübertragung erscheint schließlich am Ausgang des Addierers im Filter F das Signal nach (12.33)

$$s_e(n) = s(n) + q(n) , \tag{12.34}$$

das dann im Ausgangstiefpass zu dem Empfangssignal $s_e(t)$ interpoliert werden kann. Dadurch, dass im Sender das quantisierte Signal zur Bildung des Vorhersagewertes benutzt wird, kann trotz der rekursiven Struktur des Empfangsfilters eine Fortpflanzung von Quantisierungsfehlern vermieden werden, d. h. der Mittelwert des Quantisierungsfehlers strebt gegen Null. Im Grenzfall arbeitet die DPCM sogar noch bei einer nur zweistufigen Quantisierung ($\triangleq$ harten Begrenzung) des Differenzsignals $d(n)$. Um die Fehler hierbei immer noch klein zu halten, muss allerdings stark überabgetastet werden. Dieses Verfahren wird *Deltamodulation* genannt (Übungen 14.6).

Der Prädiktor ist im einfachsten Fall ein Laufzeitelement der Laufzeit $T = 1$, der Vorhersagewert ist dann bis auf den Quantisierungsfehler gleich dem letzten Abtastwert. Eine Verbesserung der Vorhersage ist möglich, wenn als Prädiktoren Transversalfilter benutzt werden, die den Vorhersagewert als gewichtete Summe über mehrere vorhergehende Abtastwerte bilden.

Der Gewinn der DPCM sei an einem einfachen Beispiel gezeigt: Die Signalquelle erzeuge ein stationäres, gleichanteilfreies, Gauß-verteiltes Signal $s(n)$ der Leistung σ_s^2 und der Autokovarianzfunktion $\mu_{ss}(m)$. Bei zunächst gedächtnisfreier, linear gestufter Quantisierung im Amplitudenbereich $\pm 3\sigma_s$ erhält man als Quantisierungsfehlerleistung (Aufgabe 12.7)

$$N_q = 3\sigma_s^2 2^{-2K} . \tag{12.35}$$

Benutzt man nun in einem DPCM-Verfahren als einfachsten Voraussagewert den mit einem Koeffizienten h multiplizierten Vorwert, dann ist die Differenz (bei Vernachlässigen des Quantisierungsfehlers in $\hat{s}(n)$ gegen den Vorhersagefehler)

$$d(n) = s(n) - \hat{s}(n) = s(n) - h \cdot s(n-1). \tag{12.36}$$

Diese Differenz ist ebenfalls Gauß-verteilt mit der Leistung

$$\sigma_d^2 = \mathcal{E}\left\{d^2(n)\right\} = \mathcal{E}\left\{s^2(n)\right\} - 2h\mathcal{E}\left\{s(n)s(n-1)\right\} + h^2\mathcal{E}\left\{f^2(n-1)\right\}$$
$$= \sigma_s^2 - 2h\mu_{ss}(1) + h^2\sigma_s^2 \,. \tag{12.37}$$

Durch Ableiten ergibt sich die Bedingung für den optimalen Koeffizienten h, welcher die Leistung des Prädiktionsfehlers minimiert,

$$\frac{\mathrm{d}\sigma_d^2}{\mathrm{d}h} = -2\mu_{ss}(1) + 2h\sigma_s^2 = 0 \,. \tag{12.38}$$

Es folgt der optimale Prädiktorkoeffizient

$$h_{\mathrm{opt}} = \frac{\mu_{ss}(1)}{\sigma_s^2} \,, \tag{12.39}$$

woraus sich durch Einsetzen in (12.37) schließlich die minimal mögliche Leistung des Prädiktionsfehlers ergibt :

$$\sigma_d^2 = \sigma_s^2 \left[1 - \left(\frac{\mu_{ss}(1)}{\sigma_s^2}\right)^2\right] \tag{12.40}$$

Die zugehörige Quantisierungsfehlerleistung nach (12.35) wird also um den Faktor $1-(\mu_{ss}(1)/\sigma_s^2)^2$ verringert. Der hierzu reziproke Faktor, das Verhältnis σ_s^2/σ_d^2, wird auch als *Prädiktionsgewinn* bezeichnet.

Die Luminanzkomponente von Bildsignalen wird bei einer normalen PCM-Übertragung mit einer Abtastrate $r = 10\,\mathrm{MHz}$ abgetastet und mit 8 bit/Abtastwert codiert. Bei dieser Abtastrate besitzen horizontal benachbarte Bildpunkte typischerweise eine normierte Autokovarianz von $\mu_{ss}(1)/\sigma_s^2 \approx 0,97$. Damit wird durch diese einfachste Form der Differenzcodierung die Quantisierungsfehlerleistung um $(1 - 0,97^2) \mathrel{\hat{=}} -12,3\,\mathrm{dB}$ vermindert. Da die Nutzsignalleistung nach (12.34) die gleiche wie bei gedächtnisfreier Codierung ist, wird auch das Verhältnis $S_\mathrm{a}/N_\mathrm{q}$ um mehr als 12 dB verbessert. Alternativ könnte bei gleichem Störabstand die Anzahl von Binärwerten/Abtastwert gemäß (12.7) um ca. 12 dB/(6 dB/bit) $\approx$ 2 bit, also auf ca. 6 bit/Abtastwert vermindert werden. Wird zusätzlich eine Prädiktion in vertikaler Richtung ausgeführt, so lässt sich ein weiterer Gewinn realisieren, der sich aus der Autokovarianz zwischen den Bildpunkten in untereinander liegenden Zeilen ergibt. Ein derartiges Prädiktionsverfahren wird beispielsweise im verlustlosen Modus der JPEG-Codierung verwendet und führt dort in der Tat typischerweise zu einer Einsparung an Datenrate um ca. 50 Prozent.

Ähnliche Prädiktionsverfahren werden auch in der Sprachcodierung, dort meist unter Verwendung von Prädiktorfiltern mit längerer Impulsantwort und signaladaptiv, verwendet. Zur Optimierung wird der Ansatz gewählt, dass das Prädiktionsfehlersignal $d(n)$ die geringst mögliche Varianz aufweisen soll[15]:

[15] Im Folgenden wird die Prädiktion eines mittelwertfreien stationären Prozesses $s(n)$ angenommen

$$\sigma_d{}^2 = \mathcal{E}\left\{d^2(n)\right\} = \mathcal{E}\left\{\left[s(n) - \sum_{p=1}^{P} h(p)\cdot s(n-p)\right]^2\right\}$$

$$= \mathcal{E}\left\{s^2(n)\right\} - 2\cdot\mathcal{E}\left\{\left[s(n)\cdot\sum_{p=1}^{P} h(p)\cdot s(n-p)\right]\right\}$$

$$+\mathcal{E}\left\{\left[\sum_{p=1}^{P} h(p)\cdot s(n-p)\right]^2\right\} \overset{!}{=} \min . \qquad (12.41)$$

Das Minimum bestimmt man durch partielle Ableitung nach den einzelnen Koeffizienten:

$$\frac{\partial\, d^2(n)}{\partial\, h(k)} \overset{!}{=} 0 \Rightarrow \mathcal{E}\left\{s(n)\cdot s(n-k)\right\}$$

$$= \sum_{p=1}^{P} h(p)\cdot\mathcal{E}\left\{s(n-p)\cdot s(n-k)\right\} \text{ für } 1 \le k \le P . \qquad (12.42)$$

Dieses aus P Gleichungen bestehende Gleichungssystem wird als *Wiener-Hopf-Gleichung* bezeichnet. Durch deren Lösung können die Prädiktorkoeffizienten gewonnen werden :

$$\mu_{ss}(k) = \sum_{p=1}^{P} h(p)\cdot\mu_{ss}(k-p) \text{ für } 1 \le k \le P . \qquad (12.43)$$

Die Wiener-Hopf-Gleichung kann wegen $\varphi_{ss}(k-p) = \varphi_{ss}(p-k)$ auch in folgender Matrixschreibweise $\mathbf{c}_{ss} = \mathbf{C}_{ss}\cdot\mathbf{h}$ formuliert werden, wobei $\mathbf{C}_{ss}$ die sog. Autokovarianzmatrix des stationären Prozesses ist :

$$\begin{bmatrix} \mu_{ss}(1) \\ \mu_{ss}(2) \\ \vdots \\ \vdots \\ \mu_{ss}(P) \end{bmatrix} = \begin{bmatrix} \mu_{ss}(0) & \mu_{ss}(1) & \cdots\cdots & \mu_{ss}(P-1) \\ \mu_{ss}(1) & \mu_{ss}(0) & \cdots\cdots & \mu_{ss}(P-2) \\ \vdots & \vdots & \ddots & \vdots \\ \vdots & \vdots & \ddots & \vdots \\ \mu_{ss}(P-1) & \mu_{ss}(P-2) & \cdots\cdots & \mu_{ss}(0) \end{bmatrix} \cdot \begin{bmatrix} h(1) \\ h(2) \\ \vdots \\ \vdots \\ h(P) \end{bmatrix} . \qquad (12.44)$$

Die Lösung erfolgt durch Inversion von $\mathbf{C}_{ss}$:

$$\mathbf{h} = \mathbf{C}_{ss}{}^{-1}\cdot\mathbf{c}_{ss} . \qquad (12.45)$$

$\mathbf{C}_{ss}$ ist eine zur Hauptdiagonalen symmetrische Matrix (sog. *Töplitzmatrix*), bei der außerdem alle übrigen Diagonalen mit jeweils identischen Werten besetzt sind. Eine solche Matrix ist wegen der teilweise identischen Untermatrizen mit besonders wenig Aufwand invertierbar. Die Varianz des Anregungssignals ergibt sich aus (12.42) mit $k = 0$

$$\sigma_d^2 = \sigma_s^2 - \sum_{p=1}^{P} h(p) \cdot \mu_{ss}(p) . \tag{12.46}$$

Bei der Kompression von Videosignalen wird eine *bewegungskompensierte* Prädiktion beispielsweise in den MPEG-Standards eingesetzt, bei der das Prädiktorfilter jeweils so adaptiert wird, dass der ähnlichste Bereich des zeitlichen Vorgängerbildes zur Vorhersage verwendet wird. Da die Prädiktion nur entlang der Zeitachse vorgenommen wird, zu jedem Zeitpunkt aber komplette Bilder auftreten, entstehen hier also keine einzelnen Prädiktionsfehler-Abtastwerte, sondern zweidimensionale Prädiktionsfehlerbilder. Diese werden mittels einer Transformationscodierung (s. folgender Abschnitt) codiert (Ohm, 2004).

12.2.5 Transformationscodierung

Bei der in Abschn. 4.3.6 eingeführten Diskreten Fourier-Transformation (DFT) erfolgt die Spektralanalyse mittels komplexer harmonischer Eigenfunktionen. Auch andere orthogonale Transformationen sind möglich, darunter auch solche mit reellwertigen Basisfunktionen $t_k(n)$. Für einen Signalausschnitt mit M Abtastwerten ergeben sich typischerweise wie bei der DFT M Koeffizienten[16]

$$S(k) = \sum_{n=0}^{M-1} s(n) t_k(n) \text{ für } 0 \leq k < M . \tag{12.47}$$

Es soll nun das ursprüngliche Signal wieder rekonstruiert werden, indem eine inverse Transformation

$$s(n) = \frac{1}{c} \sum_{k=0}^{M-1} S(k) r_k(n) \text{ für } 0 \leq n < M \tag{12.48}$$

durchgeführt wird. Einsetzen von (12.48) in (12.47) ergibt

$$\sum_{n=0}^{M-1} t_k(n) \sum_{p=0}^{M-1} \frac{S(p)}{S(k)} r_p(n) = c \text{ für } 0 \leq k < M . \tag{12.49}$$

Diese Bedingung lässt sich für alle k nur erfüllen, wenn gilt

$$\sum_{n=0}^{M-1} t_k(n) r_p(n) = \begin{cases} c \text{ für } k = p \\ 0 \text{ für } k \neq p \end{cases} \quad ; \quad 0 \leq (p,k) < M \tag{12.50}$$

[16] Prinzipiell möglich sind auch überbestimmte Transformationen mit $> M$ Koeffizienten und unterbestimmte Transfomationen mit $< M$ Koeffizienten. Im letzteren Fall ist keine eindeutige Rekonstruktion eines beliebigen Signals aus den Koeffizienten möglich.

Da c reellwertig sein muss, gilt für die Analyse- und Synthese-Basisfunktionen $r_k(n) = t_k^*(n)$. Dies schließt den Spezialfall der DFT (4.44) ein, und bedeutet gleichzeitig, dass bei reellwertigen Basisfunktionen Analyse und Synthese bis auf den Skalierungsfaktor c identisch sind. Die Operation einer diskreten Transformation von M Signalwerten lässt sich als Multiplikation $\mathbf{S} = \mathbf{T} \cdot \mathbf{s}$ eines M-dimensionalen Signalvektors $\mathbf{s}$ mit einer Matrix $\mathbf{T}$ der Dimension $M \times M$ beschreiben, wobei sich wieder ein M-dimensionaler Vektor $\mathbf{S}$ mit M Transformationskoeffizienten $S(k)$ ergibt:

$$\begin{bmatrix} S(0) \\ S(1) \\ \vdots \\ \vdots \\ S(U-1) \end{bmatrix} = \begin{bmatrix} t_0(0) & t_0(1) & \cdots\cdots & t_0(M-1) \\ t_1(0) & t_1(1) & \cdots\cdots & t_1(M-1) \\ \vdots & & \ddots & \vdots \\ \vdots & & \ddots & \vdots \\ t_{U-1}(0) & t_{U-1}(1) & \cdots\cdots & t_{U-1}(M-1) \end{bmatrix} \cdot \begin{bmatrix} s(0) \\ s(1) \\ \vdots \\ \vdots \\ s(M-1) \end{bmatrix}. \tag{12.51}$$

Durch Inversion der quadratischen Matrix $\mathbf{T}$ lassen sich die Werte $s(n)$ eindeutig wieder aus den $S(k)$ ermitteln, allerdings nur, wenn die Determinante $\neq 0$ ist. Die Transformation ist *orthogonal*, wenn für die Zeilen von $\mathbf{T}$ gilt (vgl. hierzu das entsprechende Prinzip in (3.19)) :

$$\sum_{n=0}^{M-1} t_k(n) t_p^*(n) = \begin{cases} c \text{ für } p = k \\ 0 \text{ für } p \neq k \end{cases} \quad ; \quad 0 \leq (p,k) < M \tag{12.52}$$

Zusätzlich ist eine Transformation *orthonormal*, wenn $c = 1$. Allgemein gilt für eine beliebige komplexe, orthogonale Transformationsmatrix wegen $\mathbf{T}\mathbf{T}^{-1} = \mathbf{I}$:

$$\mathbf{T}^{-1} = \frac{1}{c}[\mathbf{T}^*]^T . \tag{12.53}$$

Bei orthogonalen linearen Transformationen lässt sich daher die quadratische Norm (Energie) des Signalvektors $\mathbf{s}$ folgendermaßen aus dem Koeffizientenvektor $\mathbf{S}$ berechnen[17]:

$$\|\mathbf{s}\|^2 = [\mathbf{s}^*]^T \mathbf{s} = [\mathbf{s}^*]^T \underbrace{\frac{1}{c}[\mathbf{T}^*]^T \mathbf{T}}_{=\mathbf{I}} \mathbf{s} = \frac{1}{c} [\mathbf{S}^*]^T \mathbf{S} = \frac{1}{c} \|\mathbf{S}\|^2 . \tag{12.54}$$

Beispiele: DFT und Diskrete Kosinustransformation (DCT): Die DFT-Spektralkoeffizienten repräsentieren harmonische sinusoidale Komponenten. Die Transformationsmatrix der DFT lautet

[17] Hiermit wird das Parseval-Theorem der DFT (Tabelle 4.2) auf beliebige orthogonale zeitdiskrete Transformationen über endliche Signalvektoren erweitert.

$$
\mathbf{T}_\mathrm{d} = \begin{bmatrix}
1 & 1 & 1 & 1 & 1 \cdots & 1 \\
1 & \mathrm{e}^{-\mathrm{j}\frac{2\pi}{M}} & \mathrm{e}^{-\mathrm{j}\frac{4\pi}{M}} & \mathrm{e}^{-\mathrm{j}\frac{6\pi}{M}} & \cdots & \mathrm{e}^{-\mathrm{j}\frac{2\pi(M-1)}{M}} \\
1 & \mathrm{e}^{-\mathrm{j}\frac{4\pi}{M}} & \mathrm{e}^{-\mathrm{j}\frac{8\pi}{M}} & & \ddots & \mathrm{e}^{-\mathrm{j}\frac{4\pi(M-1)}{M}} \\
1 & \mathrm{e}^{-\mathrm{j}\frac{6\pi}{M}} & & & & \\
1 & \vdots & \ddots & & \ddots & \vdots \\
\vdots & & & & & \\
1 & \mathrm{e}^{-\mathrm{j}\frac{2\pi(M-1)}{M}} & \mathrm{e}^{-\mathrm{j}\frac{4\pi(M-1)}{M}} & & \cdots & \mathrm{e}^{-\mathrm{j}\frac{2\pi(M-1)(M-1)}{M}}
\end{bmatrix} . \tag{12.55}
$$

Man beachte, dass die DFT keine orthonormale Transformation ist, denn in (12.52) ergibt sich $c = M$. Darüber hinaus besitzt die DFT aber noch eine Eigenschaft, die für die Analyse über begrenzte Ausschnitte aus einem Signal ungünstig ist: Da vom Prinzip her eine periodische Funktion analysiert wird, werden ggf. Amplitudendifferenzen zwischen dem linken und dem rechten Rand des Analyseblocks als hochfrequente Anteile interpretiert, die eigentlich gar nicht im Signal vorhanden sind (sh. Abb. 12.10a). Eine mögliche Abhilfe besteht darin, dass man das Signal des Analyseblocks an den Rändern spiegelsymmetrisch fortsetzt, um dann eine Fourier-Transformation über die Länge $2M$ durchzuführen (sh. Abb. 12.10b). Wenn der Analyseblock allerdings mit der Koordinate $n = 0$ beginnt, muss der Symmetriepunkt bei $n = -\frac{1}{2}$ liegen, um ein gerades reellwertiges Signal zu erhalten. Dies kann durch eine geringfügige Modifikation der DFT-Basisfunktionen erfolgen, indem eine Zeitverschiebung um einen halben Abtastwert berücksichtigt wird. Es ergeben sich die Koeffizienten

$$
S(k) = \sum_{n=-M}^{M-1} s(n)\,\mathrm{e}^{-\mathrm{j}2\pi\frac{k}{2M}\left(n+\frac{1}{2}\right)} \text{ mit } s(n) = s(-n-1) \text{ für } n < 0 . \tag{12.56}
$$

Durch Umformung erhält man

$$
\begin{aligned}
S(k) &= \sum_{n=0}^{M-1} s(n)\left[\mathrm{e}^{-\mathrm{j}2\pi\frac{k}{2M}\left(-n-1+\frac{1}{2}\right)} + \mathrm{e}^{-\mathrm{j}2\pi\frac{k}{2M}\left(n+\frac{1}{2}\right)}\right] \\
&= 2\sum_{n=0}^{M-1} s(n)\cos\left[k\left(n+\frac{1}{2}\right)\frac{\pi}{M}\right] .
\end{aligned} \tag{12.57}
$$

Da es sich um ein gerades Signal handelt, resultieren als Ergebnis dieser Transformation M reelle Koeffizienten. Allerdings ist die Transformation nicht orthonormal, auf Grund der eingangs eingeführten Verschiebung um einen halben Abtastwert besitzt die Basisfunktion t_0 zur Bestimmung des Koeffizienten $S(0)$ eine andere quadratische Norm als die übrigen Basisfunktionen. Die orthonormale Modifikation von (12.57) wird als Diskrete

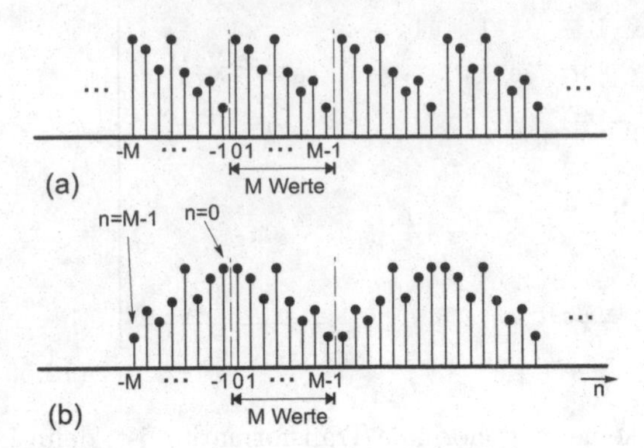

Abbildung 12.10. Fortsetzung des Signals außerhalb des begrenzten Analyseausschnittes **a** periodisch bei DFT **b** spiegelsymmetrisch bei DCT

Kosinustransformation (engl. discrete cosine transform, DCT) bezeichnet. Sie besitzt die Basisfunktionen

$$t_k(n) = \sqrt{\frac{2}{M}} \cdot c_0 \cos\left[k\left(n+\frac{1}{2}\right)\frac{\pi}{M}\right]$$
$$\text{mit } c_0 = \frac{1}{\sqrt{2}} \text{ für } k=0 \text{ und } c_0 = 1 \text{ für } k \neq 0\,. \tag{12.58}$$

Die DCT wird als zweidimensionale Transformation in der Bilddatenkompression (z.B. in den weit verbreiteten internationalen Standards MPEG-1/-2/-4, JPEG, H.261/2/3/4 etc.) verwendet.

Zur Durchführung einer Transformationscodierung soll nun eine Quantisierung erfolgen, und die nachfolgende Entropiecodierung sich auf das entsprechende diskrete Alphabet im transformierten Bereich beziehen. Für den Koeffizienten $S(k)$ ist bei Einhaltung einer Verzerrung D_{TC} nach (12.23) eine Rate

$$R_k = \max\left[0, \frac{1}{2}\mathrm{lb}\frac{\mathcal{E}\left\{S^2(k)\right\}}{D_{\mathrm{TC}}}\right] \tag{12.59}$$

aufzuwenden. Wird zur Vereinfachung die max()-Funktion weggelassen (d.h. bei hohen Bitraten, im analytisch beschreibbaren Bereich der Rate-Distortion-Funktion mit $\mathcal{E}\left\{S^2(k)\right\} \geq D_{\mathrm{TC}} \forall k$), so ergibt sich die mittlere Rate über alle M Koeffizienten

$$R_{TC} = \frac{1}{2M}\sum_{k=0}^{M-1}\mathrm{lb}\frac{\mathcal{E}\left\{S^2(k)\right\}}{D_{\mathrm{TC}}} = \frac{1}{2M}\mathrm{lb}\left[\prod_{k=0}^{M-1}\frac{\mathcal{E}\left\{S^2(k)\right\}}{D_{\mathrm{TC}}}\right]. \tag{12.60}$$

Bei einer nicht dekorrelierenden Codierung (z. B. PCM ggf. plus Entropiecodierung) des Prozesses $s(n)$ würde sich folgendes Verhältnis zwischen Rate und Verzerrung einstellen:

$$R_{\mathrm{PCM}} = \frac{1}{2}\mathrm{lb}\frac{{\sigma_s}^2}{D_{\mathrm{PCM}}} \quad \Rightarrow \quad D_{\mathrm{PCM}} = \frac{{\sigma_s}^2}{2^{2 \cdot R_{\mathrm{PCM}}}} . \tag{12.61}$$

Um wie viel verringert sich nun die Verzerrung D_{TC} gegenüber D_{PCM}, wenn mit der gleichen Rate $R_{\mathrm{TC}} = R_{\mathrm{PCM}}$ codiert werden soll? Hierfür wird (12.60) in (12.61) eingesetzt, und es ergibt sich

$$D_{\mathrm{PCM}} = \frac{\sigma_s^2}{2^{2\frac{1}{2M}\mathrm{lb}\prod\limits_{k=0}^{M-1}\frac{\mathcal{E}\{S^2(k)\}}{D_{\mathrm{TC}}}}} . \tag{12.62}$$

Das Verhältnis D_{PCM} zu D_{TC} kann als *Codiergewinn* der diskreten Transformation interpretiert werden, der sich durch Umrechnen von (12.62) als das Verhältnis von arithmetischem zu geometrischem Mittelwert der quadratischen Erwartungswerte definiert,

$$G_{\mathrm{TC}} = \frac{D_{\mathrm{PCM}}}{D_{\mathrm{TC}}} = \frac{\frac{1}{M}\sum\limits_{k=0}^{M-1}\mathcal{E}\left\{S^2(k)\right\}}{\left[\prod\limits_{k=0}^{M-1}\mathcal{E}\left\{S^2(k)\right\}\right]^{\frac{1}{M}}} . \tag{12.63}$$

Der Codiergewinn der diskreten Transformation (12.63) kann auch als diskretes Gegenstück zu (12.30) und dem damit zusammenhängenden Maß spektraler Konstanz (12.31) interpretiert werden.

12.3 Kanalcodierung

Das Prinzip der Quellencodierung ist die *Beseitigung der Quellenredundanz* zur Reduktion der Übertragungsrate. Das Grundprinzip der Kanalcodierung besteht im Gegensatz dazu in einer Übertragung zusätzlicher Bits mit dem Ziel, bei einer voraussichtlich gestörten Übertragung einen Fehlerschutz zu ermöglichen. Hier wird also *Redundanz hinzugefügt*, womit die Kanalcodierung in gewisser Weise antipodisch zur Quellencodierung wirkt. Es kann aber durchaus sinnvoll sein, einige der bei der Quellencodierung eingesparten Bits in eine Kanalcodierung zu investieren, sofern dadurch insgesamt ein geringerer Fehler im empfangenen Signal erreicht wird.

Der *Kanalcodierer* führt eine eindeutig festgelegte Abbildung einer Nutzbitfolge auf eine codierte Bitfolge aus. Dabei werden bestimmte Konstellationen der codierten Bitfolge ausgeschlossen. Wird eine solche unmögliche Konstellation dennoch empfangen, kann der *Kanaldecodierer* auf einen Fehler schließen, und diesen gegebenenfalls korrigieren. Das Verhältnis von Nutzbits zu codierten Bits wird als *Coderate* r der Kanalcodierung bezeichnet.

Die Arbeitsweise des Kanaldecodierers besteht im Vergleich der empfangenen Bitfolge mit gültigen codierten Bitfolgen. Als *Hamming-Distanz* wird die Anzahl d_H der gegenüber einer gültigen Bitfolge abweichenden Bits bezeichnet. Die sinnvolle Maßnahme bei der Kanaldecodierung ist dann die Abbildung auf diejenige Nutzbitfolge, für welche der Kanalcodierer eine codierte Bitfolge mit der geringsten Hamming-Distanz zur empfangenen Bitfolge generieren würde. Die wichtigsten Methoden der Kanalcodierung sind die *Blockcodierung* und die *Faltungscodierung*.

Bei einer Blockcodierung wird die Nutzbitfolge in separate Blöcke der Länge von jeweils M bit unterteilt. Hieraus wird eine codierte Bitfolge der Länge $M + K$ bit erzeugt, d.h. es werden K redundante Bits hinzugefügt bzw. ein um K bit verlängerter, codierter Block gebildet. Die Coderate ist nach obiger Definition $r = \frac{M}{M+K}$. Sofern - was bei systematischer Konstruktion des Codes erreicht werden kann - die minimale Hamming-Distanz zwischen gültigen codierten Bitfolgen (Codeworten) $d_H = K+1$ beträgt, können empfangene Bitfolgen mit bis zu K gestörten Bits noch sicher als fehlerhaft identifiziert werden. Eine Korrektur ist möglich, wenn innerhalb des codierten Blockes nicht mehr als $\frac{K}{2}$ bit (bei geradzahligem K) bzw. $\frac{K-1}{2}$ bit (bei ungeradzahligem K) gestört waren[18]. Die Anzahl der gültigen Bitfolgen eines codierten Blockes ist 2^M, die der möglichen empfangenen Bitfolgen (nach Störungen) jedoch 2^{M+K}.

Das einfachste Beispiel eines systematischen Blockcodes wird bei der sog. *Paritätsprüfung* verwendet. Hierbei wird z.B. die Anzahl Einsen in einer Nutzbitfolge der Länge M gezählt, und je nachdem, ob diese Anzahl gerade oder ungerade ist, ein „Paritätsbit" 0 bzw. 1 hinzugefügt. Hier ist also $K = 1$ bzw. $d_H = 2$, so dass das Vorhandensein eines einzelnen Fehlers innerhalb des codierten Blocks der Länge $M + 1$ erkannt werden kann. Allerdings ist keine Korrektur möglich, da wegen der zu kleinen Hamming-Distanz die Position des Fehlers nicht ermittelt werden kann.

Bei einer Faltungscodierung (auch als *gleitende Blockcodierung* bezeichnet) werden $L - 1$ zurückliegende Bits der Nutzbitfolge in einem Zustandsspeicher gespeichert und zusammen mit dem aktuellen Bit in geeigneter Weise zur Erzeugung der codierten Bitfolge verknüpft. Die *Abhängigkeitslänge* (constraint length) L bestimmt die Anzahl der gültigen codierten Bitfolgen 2^L, auf die der Wert eines Nutzbits Einfluß ausübt. Ein einfacher Faltungscodierer mit der Rate $r = 1/2$ und $L = 3$ ist in Abb. 12.11 dargestellt. Hier werden pro einlaufendem Nutzbit a_n zwei codierte Bits $(b_{n,1}, b_{n,2})$ erzeugt. Bei den Additionen handelt es sich um einfache Binäradditionen ohne Erzeugung von Überlaufbits. Die Werte der Bits a_{n-1} und a_{n-2} bestimmen den Zustandsspeicher des Codierers. Tab. 12.1 gibt an, welche codierten Bits $b_{n,i}$ sich bei den jeweils möglichen Zuständen in Kombination mit dem neu einlaufenden Bit a_n ergeben. Der fortlaufende Codierprozess, charakterisiert durch die

[18] Die hier genannten Zahlen gelten für den Fall, dass die Bitfehler an beliebiger unbekannter Stelle aufgetreten sind. Sofern auf Grund äußerer Umstände (z.B. offensichtlicher Paketverlust, Verlust einzelner Träger bei einer Vielfachträger-Übertragung) die Positionen der fehlenden Bits exakt bekannt sind, ist es auch möglich, bis zu K verlorene Bits zu rekonstruieren.

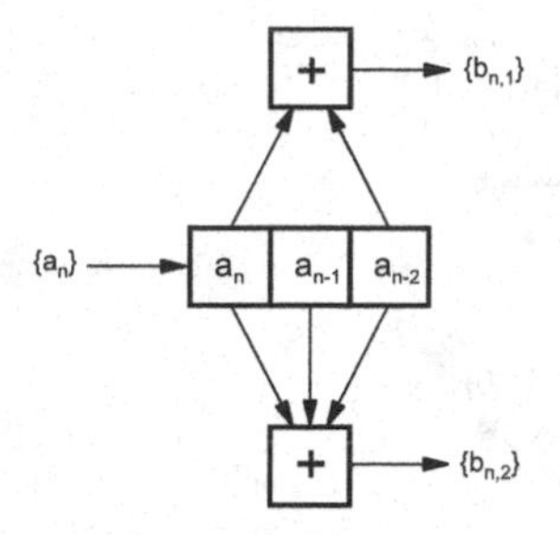

Abbildung 12.11. Codegenerator eines Faltungscodes mit $r = 1/2$

Tabelle 12.1. Bit- und Zustandsspeicherkonstellationen des Codegenerators in Abb. 12.11

a_n	a_{n-1}	a_{n-2}	$b_{n,1}$	$b_{n,2}$
0	0	0	0	0
1	0	0	1	1
0	1	0	0	1
1	1	0	1	0
0	0	1	1	1
1	0	1	0	0
0	1	1	1	0
1	1	1	0	1

möglichen Änderungen im Zustandsspeicher, kann in einem Zustandsgraphen dargestellt werden. Im Falle eines Codegenerators mit endlichem Speicher und damit endlicher Zustandsanzahl ist hierfür die Verwendung eines sogenannten *Trellisdiagramms* üblich. Dieses ist für das Beispiel des in Abb. 12.11 gezeigten Codegenerators in Abb. 12.12 dargestellt. Hier markieren die Knoten die möglichen $2^{L-1} = 4$ Zustände, die sich aus den Konfigurationen a_{n-1}, a_{n-2} ergeben, die Zweige (Verbindungen zwischen den Knoten) charakterisieren die im jeweiligen Zustand möglichen Werte von a_n bzw. der hieraus erzeugten codierten Bits $[b_1, b_2]$. Man beachte, dass im Folgezustand - von links nach rechts zu interpretieren - jeweils das gerade neu eingelaufene Bit eine Rolle im Zustandsspeicher übernimmt, während das älteste Bit seine Wirksamkeit verliert. Zur Veranschaulichung der Fehlerkorrekturfähigkeit der Trellis-Decodierung werde nun in einem Beispiel angenommen, dass eine Störung der beiden zum Zeitpunkt von a_n generierten codierten Bits $\mathbf{b}_n = [b_1, b_2]$ erfolge, vorher und nachher jedoch kein Bit gestört werde. Die Nutzbitfolge der Quelle sei $\{a_n, a_{n+1}, a_{n+2}\} = \{0, 0, 0\}$, der korrekte Anfangs- und Endzustand jeweils $[0, 0]$ (durchgezogener Pfad in Abb. 12.12), die codierte Bitfolge ist dann $\mathbf{b}^{(1)} = \{\mathbf{b}_n, \mathbf{b}_{n+1}, \mathbf{b}_{n+2}\} = \{[00], [00], [00]\}$. Es werde ferner angenommen, dass dem Decodierer die korrekten Anfangs- und Endzustände bekannt seien. Es gibt dann genau einen weiteren Pfad, welcher die beiden korrekten Zustände miteinander verbinden würde (gepunktet), dieser repräsentiert die

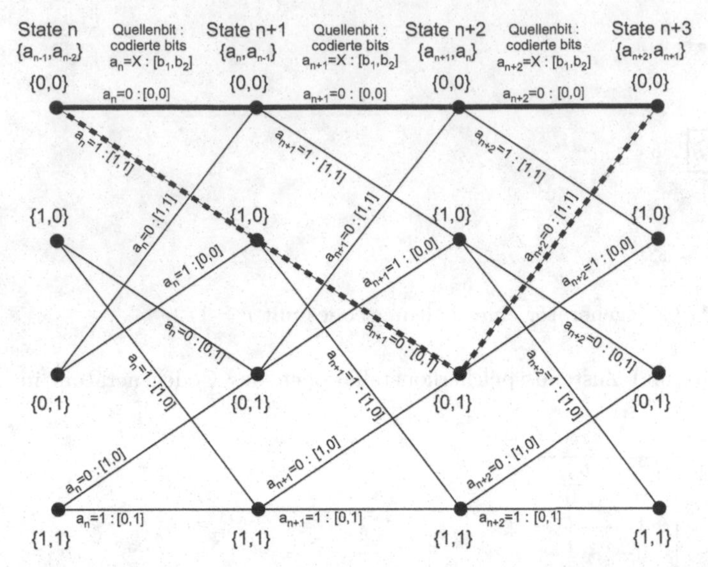

Abbildung 12.12. Trellisdiagramm für den in Abb. 12.11 dargestellten Codegenerator

gültige codierte Bitfolge $\mathbf{b}^{(2)} = \{[11], [01], [11]\}$. Empfangen wird bei der angenommenen Störung die Folge $\mathbf{b}^{(e)} = \{[11], [00], [00]\}$, welche nicht gültig ist. Jedoch zeigt eine Analyse der Hamming-Distanzen $d_{\mathrm{H}}(\mathbf{b}^{(e)}, \mathbf{b}^{(1)}) = 2$ und $d_{\mathrm{H}}(\mathbf{b}^{(e)}, \mathbf{b}^{(2)}) = 3$, dass eine Korrektur auf diejenige gültige Bitfolge, die eine minimale Hamming-Distanz zur empfangenen Folge aufweist, auf das korrekte $a_n = 0$ führt.

Dieses Beispiel zeigt zunächst rein formal das Korrekturprinzip des Faltungsdecodierers durch Analyse des Trellisdiagramms, ist jedoch insofern noch unvollständig, weil dem Decodierer noch nicht bekannt ist, ob und wann er sich jeweils im korrekten Zustand befindet. Weiterhin können die codierten Bits $[b_{n,1}, b_{n,2}]$ nicht eindeutig a_n zugeordnet werden, denn sie repräsentieren nur *gemeinsam mit anderen Bits* der codierten Bitfolge einen Pfad im Trellisdiagramm, unterstützen somit die Korrekturfähigkeit für alle Bits a_k entlang dieses Pfades. Der *Viterbi-Algorithmus* (Viterbi, 1967) stellt die gebräuchliche Lösung dieses Problems für trellisbasierte Faltungsdecodierung dar. Am Anfang wird typischerweise der Zustand $\{a_{n-1}, a_{n-2}\} = \{0, 0\}$ vereinbart, so dass beim obersten Knoten begonnen wird. Dann werden fortlaufend die Hamming-Distanzen zwischen der empfangenen Bitfolge und allen (gültigen) Pfaden verglichen, die auf die jeweils aktuellen 2^{L-1} Zustandsknoten des Trellisdiagramms führen. An jedem Knoten braucht dann aber nur der Pfad mit der geringsten Hamming-Distanz zur empfangenen codierten Bitfolge weiter untersucht zu werden. Gehen nun die Pfade an *allen aktuellen Zustandsknoten* von einem gemeinsamen Ursprungsknoten aus (der im Prinzip beliebig weit zurückliegen kann), so können alle Bits bis hin zu diesem Ursprungsknoten als Teil der höchstwahrscheinlich gesendeten Bitfolge decodiert werden. Zu speichern sind fortlaufend lediglich die Parameter (Pfadverläufe und Hamming-Distanzen) von 2^{L-1} Pfaden entsprechend der Anzahl der Zustände.

Alternativ zu der hier diskutierten „harten“ Entscheidung auf Grund der Hamming-Distanz, die im Grunde auf dem Binärausgang der Entscheiderstufe im Empfänger basiert, kann dem Kanaldecodierer Information über den tatsächlichen Abstand zwischen dem jeweils empfangenen Symbol und zulässigen Nutzsignalpunkten im Signalraum zugeführt werden. Es werden dann nicht mehr die Hamming-Distanzen, sondern beispielsweise die Euklid'schen Distanzen entlang der Pfade verglichen, oder auf der Basis der jeweiligen Abstände von den Nutzsignalpunkten eine Wahrscheinlichkeit („likelihood“) dafür bestimmt, ob das eine oder andere Symbol gesendet wurde. Mit einer solchen *soft decision* werden dann die relativ unsicher empfangenen Symbole bei der Entscheidung für den geeignetsten Pfad im Trellisdiagramm mit geringerem Gewicht berücksichtigt.

Eine wichtige Klasse von Kanalcodierungsverfahren, meist als Erweiterung von Faltungscodes eingesetzt, stellen die sogenannten *Turbocodes* (s. z.B. Hagenauer, 1998) dar. Hierbei wird ein Code mit Redundanzbits für die fortlaufende Nutzbitfolge, und ein weiterer Code durch Verknüpfung weiter auseinander liegender Nutzbits (sog. *interleaving*) erzeugt, d.h. die Nutzbits werden durch zwei unabhängige Codes doppelt geschützt. Es werden nun ebenfalls zwei Decodierer eingesetzt, die sich gegenseitig ihre Ergebnisse mitteilen, so dass als Referenz nicht nur die empfangene Bitfolge, sondern zusätzlich ein von dem anderen Decodierer erzeugtes Muster zur Verfügung steht. Damit sind Rückschlüsse auf die Wahrscheinlichkeiten von Störungen der empfangenen Bits möglich, die zusätzlich bei den Decodierungsentscheidungen berücksichtigt werden. Allerdings müssen die Decodiervorgänge iterativ ausgeführt werden, da sie sich gegenseitig beeinflussen (daher die Bezeichnung „Turbo“-Prinzip). In diesem Verlauf wird eine „Einigung“ der beiden Decodierer erzielt und die richtige Nutzbitfolge typischerweise stabil decodiert, sofern dies nicht auf Grund zu starker Störungen ohnehin unmöglich ist. Die höchste Leistungsfähigkeit erreicht die Turbo-Decodierung ebenfalls, wenn sie in Kombination mit *soft decision* betrieben wird.

12.4 Codierte Modulation

Bei den Darlegungen zu den mehrwertigen Modulationsverfahren (PSK, Mehrpegelübertragung, QAM) wurde bereits deutlich, dass der Aspekt der *Codierung*, d.h. zunächst die Zuordnung von zu übertragenden Binärsymbolen zu den Modulationssymbolen, einen wesentlichen Einfluss auf die sich ergebende Bitfehlerwahrscheinlichkeit besitzt. Als *codierte Modulation* wird allgemein eine Kombination von Kanalcodierungs- und Modulationsverfahren bezeichnet, bei der die im Signalraum nahe beieinander liegenden Modulationssymbole zusätzlich und systematisch durch eine Kanalcodierung abgesichert werden. Als Beispiel wird hier eine Kombination von 8-PSK und Trellis-Faltungscodierung beschrieben, die unter der Bezeichnung *Trellis Coded Modulation* (TCM) weite Anwendung findet (Ungerboeck, 1974). Als Codegenerator wird eine Struktur verwendet, die aus dem oben beschriebenen Faltungscodierer mit $r = 1/2$ abgeleitet ist, aber ein weiteres Bit uncodiert hinzufügt (Abb. 12.13a); es entstehen also mit einer Coderate $r = 2/3$ aus zwei Quellen-Binärsymbolen $[a_{n,1}, a_{n,2}]$ drei codierte Symbole $[b_{n,1}, b_{n,2}, b_{n,3}]$, die dann mittels einer 8-PSK moduliert werden (Abb. 12.13b). Die Binärsymbolzuordnung unterliegt wiederum einer

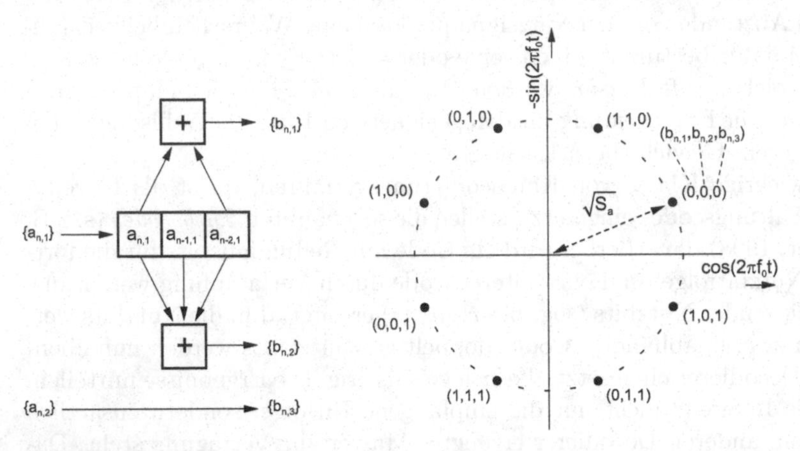

Abbildung 12.13. Codegenerator und Phasenkonstellationen mit Codezuordnung bei trelliscodierter 8-PSK-Modulation

ähnlichen Systematik wie bei einem Gray-Code.[19] Zunächst wird der Wert des uncodierten Bits $a_{n,2}$ durch genau um 180° phasenverschobene Trägersignale repräsentiert, der Abstand im Signalraum ist entsprechend einer BPSK (Bipolarübertragung) $d_0 = 2\sqrt{S_\mathrm{a}}$. Zur Ermittlung der Fehlerrate für das codierte Bit $a_{n,1}$ soll wieder das Trellisdiagramm in Abb. 12.12 herangezogen werden, wobei beispielhaft die beiden markierten Pfade mit identischen Anfangs- und Endzuständen betrachtet werden. Durch die Codierung wird ein Bezug zwischen aufeinander folgenden modulierten Symbolen hergestellt. Daher muss eine Summierung der Euklid'schen Abstände im Signalraum zwischen den empfangenen Vektoren und den erlaubten Nutzsignalpunkten entlang der einzelnen Pfade im Trellisdiagramm erfolgen, und es muss für denjenigen Pfad entschieden werden, bei dem diese Summe minimal wird. Von

[19] Bei der Konstruktion solcher Zuordnungen wird eine regelmäßige Einteilung der Binärcodes in Untergruppen („subsets") vorgenommen, die sich in einem, zwei, drei Bits usw. unterscheiden. Es erfolgt dann eine ebenso möglichst regelmäßige Zuordnung zu den Modulationssymbolen auf Grund ihrer Abstände im Signalraum (Proakis und Salehi, 1994).

Bedeutung für das Auftreten eines Fehlers ist dabei die maximal erlaubte Verfälschung, d.h. letzten Endes die Zugrundelegung einer Entscheidungsgrenze bei der Hälfte des akkumulierten Euklid'schen Abstandes zwischen den unverfälschten Nutzsignalpunkten zweier Pfade. Ein Vergleich des Trellisdiagramms in Abb. 12.12 mit der Signalkonstellation in Abb. 12.13b ergibt als akkumulierte Euklid'sche Distanz zwischen den beiden Pfaden (auch als *codierte Distanz* bezeichnet) für den Beispielfall

$$d_{\text{cod}} = d(00,11) + d(00,01) + d(00,11) = d_2 + d_1 + d_2 \approx \sqrt{4,58 S_{\text{a}}}$$

$$\text{mit } d_2 = \sqrt{(2-\sqrt{2})S_{\text{a}}} \text{ (wie bei 8-PSK)}$$

$$\text{und } d_1 = \sqrt{2S_{\text{a}}} \text{ (wie bei QPSK).}$$

Es zeigt sich, dass $d_{\text{cod}} > d_0 = 2\sqrt{S_{\text{a}}}$, und somit das codierte Bit $a_{n,1}$ effektiv sogar etwas weniger störungsanfälig ist als das uncodierte Bit $a_{n,2}$. Es gibt jeweils nur zwei Pfade, die denselben Anfangs- und Endknoten besitzen, so dass sich hier die Bitfehlerwahrscheinlichkeit für das codierte Bit $a_{n,1}$ durch Einsetzen in (9.38) mit $N_{\text{d}} = 1$ wie folgt ergibt:

$$P_{\text{e},a_{n,1}} = \frac{1}{2}\,\text{erfc}\left(\sqrt{\frac{(d_{\text{cod}})^2}{S_a}\frac{E_s}{8N_0}}\right) \approx \frac{1}{2}\,\text{erfc}\left(\sqrt{\frac{E_s}{2N_0}}\right).$$

Der Code ist systematisch so konstruiert, dass für zwei Pfade mit gleichen Anfangs- und Endpunkten entweder $d_{\text{cod}} = d_1 + 2d_2$ oder $d_{\text{cod}} = 2d_1 + d_2$ gilt; der letztere Fall ist also bezüglich d_{cod} sogar noch etwas günstiger als der oben betrachtete. Die gesamte Bitfehlerwahrscheinlichkeit unter Berücksichtigung des codierten und des uncodierten Bits sowie mit der Energie pro bit $E_b = E_s/2$ wird daher näherungsweise

$$P_{\text{b}} \approx \frac{1}{2}\left[\underbrace{\frac{1}{2}\,\text{erfc}\left(\sqrt{\frac{E_s}{2N_0}}\right)}_{\approx P_{\text{e},a_{n,1}}} + \underbrace{\frac{1}{2}\,\text{erfc}\left(\sqrt{\frac{E_s}{2N_0}}\right)}_{=P_{\text{e},a_{n,2}}}\right] = \frac{1}{2}\,\text{erfc}\left(\sqrt{\frac{E_b}{N_0}}\right).$$

Im Vergleich zur QPSK mit (9.33), welche dieselbe Übertragungsrate von 2 bit/Takteinheit wie die hier beschriebene TCM erlaubt und auch denselben Bandbreitebedarf besitzt, ist nun eine identische Bitfehlerwahrscheinlichkeit bereits mit einem um 3 dB geringeren E_b/N_0-Verhältnis erreichbar. Bei Erhöhung des Aufwandes für die Modulation und Codierung, beispielsweise bei Verwendung einer Trellisstruktur mit $L = 8$ (256 Zustände und 256-PSK), läßt sich die Verbesserung gegenüber QPSK bereits auf ca. 5,75 dB steigern (Ungerboeck, 1982); es wird dann nur wenig mehr als 1/4 der Sendeleistung eines Verfahrens ohne codierte Modulation benötigt, um auf demselben Kanal dieselbe Übertragungsqualität zu erzielen. Allerdings wird sich bei ggf. fehlender perfekter Trägersynchronisation die Leistungsfähigkeit stärker verschlechtern als bei dem Verfahren mit 8-PSK; darüber hinaus wird die Komplexität ebenfalls deutlich erhöht.

12.5 Zusammenfassung

Das Verfahren der Pulscodemodulation ist das Grundprinzip, um analoge (wertkontinuierliche) Quellensignale nach Abtastung und Quantisierung mit den Verfahren der digitalen Übertragungstechnik übermitteln zu können. Es wurde gezeigt, dass das Störverhalten einer solchen Übertragung aus den Quantisierungsverzerrungen sowie den Auswirkungen von Kanalstörungen auf die Fehlinterpretation der PCM-Codeworte berechnet werden kann. Ein anschließender Exkurs in die Informationstheorie führte die grundlegenden Konzepte der Quellen- und Kanalcodierung ein. Am Beispiel der trelliscodierten Modulation wurde schließlich gezeigt, dass sich durch geschickte Kombination von Kanalcodierung und Binärübertragung eine Verbesserung der Übertragungsqualität erzielen lässt. Das richtige Zusammenspiel von Quellencodierungs-, Kanalcodierungs- und Modulationsverfahren ist letzten Endes entscheidend, wenn es darum geht, mit einem praktischen Verfahren die informationstheoretischen Grenzen zu erreichen, die im nächsten Kapitel aufgezeigt werden.

12.6 Aufgaben

12.1 Es sei definiert $y = \mathrm{int}(x)$ als die größte ganze Zahl, die kleiner oder gleich x ist. Zeichnen Sie die Funktionen

$$y = \mathrm{int}(x)$$
$$y = \mathrm{int}(x + 0,5)$$
$$y = 0,5 + \mathrm{int}(x).$$

Welche Funktion beschreibt die gebräuchliche Rundung? Skizzieren Sie $y(t)$ für $x(t) = 2\sin(t)$ in allen drei Fällen.

12.2 Stellen Sie π als 6stellige Binärzahl dar. Wie groß ist der relative Quantisierungsfehler?

12.3 Ein (gleichanteilfreies) Sprachsignal der Grenzfrequenz 4 kHz wird über ein PCM-System übertragen. Kanalstörung und Quantisierungsrauschen sollen einen Abstand zur Nutzsignalleistung von jeweils mindestens 40 dB haben. Bestimmen Sie E_s/N_0, Übertragungsrate und Mindestübertragungsbandbreite bei einer kohärenten unipolaren Übertragung. Nehmen Sie das Sprachsignal als gleichverteilt an. Wie ist das Ergebnis für ein Fernsehsignal der Grenzfrequenz 5 MHz?

12.4 In Abschn. 12.1.2 wird näherungsweise angenommen, dass die Fehlerwahrscheinlichkeit für ein PCM-Wort mit K bit den Wert $K \cdot P_\mathrm{e}$ hat (P_e als Bitfehlerwahrscheinlichkeit). Der exakte Ausdruck für die Wortfehlerwahrscheinlichkeit P_w lautet

$$P_\mathrm{w} = 1 - (1 - P_\mathrm{e})^K \,.$$

a) Berechnen Sie genauen und genäherten Wert der Wortfehlerwahrscheinlichkeit P_w für $K = 8$ und $P_\mathrm{e} = 10^{-2}$.
b) Welchen Wert nimmt P_w für $P_\mathrm{e} = 1/2$ an?

12.5 PCM-Signale werden über M Übertragungsstrecken mit jeweiliger Regenerierung durch Repeater geschickt. Die gesamte Bitfehlerwahrscheinlichkeit beträgt dann

$$P_\mathrm{e,ges} = [1 - (1 - 2P_\mathrm{e})^M]/2,$$

wobei P_e die Fehlerwahrscheinlichkeit der Einzelstrecke ist. Wie groß ist $P_\mathrm{e,ges}$ näherungsweise für sehr kleine P_e und nicht zu große M?

12.6 Ein analoges Signal soll mit einem digitalen System gefiltert werden. Mit welcher gültigen Stellenzahl muss die Verarbeitung erfolgen, damit der Signal-/Rauschleistungsabstand mindestens 80 dB beträgt?

12.7 Ein Gauß-verteiltes, mittelwertfreies Signal der Leistung $S_\mathrm{a} = \sigma_f^2$ wird quantisiert. Berechnen Sie Quantisierungsfehlerleistung N_q und $S_\mathrm{a}/N_\mathrm{q}$-Verhältnis, wenn der nutzbare Amplitudenbereich des linear gestuften Quantisierers von $-3\sigma_f$ bis $+3\sigma_f$ reicht. Mit welcher Wahrscheinlichkeit P wird der Quantisierer übersteuert?

12.8 Ein TP-Signal der Bandbreite f_g wird mit der Nyquistrate abgetastet und in vier Stufen quantisiert. Die vier Quantisierungsstufen treten mit den Wahrscheinlichkeiten $p_1 = p_2 = 1/8$ und $p_3 = 3/8$ auf, sie seien unabhängig voneinander. Berechnen Sie Informationsfluss und Redundanz.

13. Grenzen der Informationsübertragung

Die Konzepte der Informationstheorie erlauben es, systematische Vergleiche der Modulationsverfahren durchzuführen und deren Grenzen zu erkennen; insbesondere aber wird deutlich, dass sich nur durch *Kombination von Verfahren der Modulation und Codierung* eine Übertragungsqualität nahe an der informationstheoretischen Grenze erreichen lässt. Hierbei wird weiter herausgearbeitet, warum digitale Übertragungsverfahren den analogen Verfahren überlegen sind und es insbesondere erlauben, gegebene Übertragungskanäle effizienter auszunutzen.

13.1 Kanalkapazität

Die nachrichtentechnische Bedeutung der Begriffe Entropie und Informationsfluss in der Informationstheorie wird ebenfalls bei der Diskussion der Informationsübertragung über gestörte Kanäle deutlich.

Die Informationstheorie beschreibt einen Kanal durch das statistisch definierte Maß der zeitbezogenen Kanalkapazität C^* (Shannon, 1948). Die Bedeutung dieses Maßes wird deutlich in Shannons *Satz von der Kanalkapazität*:

> „Wenn die Signale einer Quelle mit dem Informationsfluss H^* über einen Kanal der zeitbezogenen Kapazität C^* übertragen werden, dann existiert ein geeignetes Codierungsverfahren so, dass für
>
> $$H^* < C^* \tag{13.1}$$
>
> die Fehlerwahrscheinlichkeit beliebig klein ist."
> In Umkehrung gilt, dass für $H^* > C^*$ keine fehlerfreie Übertragung möglich ist.

Die zeitbezogene Kanalkapazität hat also die Bedeutung eines höchsten noch fehlerfrei übertragbaren Informationsflusses. Die Aussage des Satzes von der Kanalkapazität ist in ihrer Allgemeinheit zunächst sehr überraschend. Sie postuliert, wie im nächsten Abschnitt gezeigt wird, sogar bei Störung durch Gauß'sches Rauschen mit seiner unbegrenzt ausgedehnten Verteilungsdichtefunktion die prinzipielle Möglichkeit einer fehlerfreien Übertragung, lässt aber andererseits noch keine Aussage über den dafür notwendigen technischen Aufwand zu.

Anmerkung: Die bisher betrachtete und im Folgenden als wichtiger Faktor wieder auftretende Energie E_b pro gesendetem Bit kann lediglich mit der reinen Sendeenergie in Bezug gesetzt werden. Darüber hinaus werden aber die Maßnahmen der Codierung und Signalverarbeitung, die zum Erreichen einer hohen Übertragungsgüte im Sender und Empfänger notwendig sind, zusätzliche Energie pro gesendetem Bit benötigen. Dieser Anteil am gesamten Energieverbrauch ist teilweise höher als die eigentliche Sendeenergie, und sollte damit z.B. in Hinblick auf die Batterielebensdauer mobiler Geräte keinesfalls vernachlässigt werden.

13.2 Die Kanalkapazität des Gauß-Kanals

In praktisch jedem Nachrichtenübertragungssystem sind die Signale im eigentlichen Übertragungsmedium zeitkontinuierlich. Die Übertragung digitaler Signale erfordert dann ein geeignetes Leitungscodierverfahren. Wichtigstes Beispiel für einen solchen kontinuierlichen Kanal ist der *Gauß-Kanal*, definiert durch folgende Eigenschaften:

a) idealer Tiefpass der Grenzfrequenz $f_\mathrm{g} = f_\mathrm{B}$ oder idealer Bandpass[1] der Bandbreite $f_\Delta = f_\mathrm{B}$;
b) additive Störung durch weißes, Gauß'sches Rauschen der Leistungsdichte N_0 am Kanaleingang und damit der Leistung $N = 2f_\mathrm{B}N_0$ am Kanalausgang;
c) eine auf den Wert S begrenzte mittlere Signalleistung am Kanalausgang.

Die zeitbezogene Kanalkapazität dieses Gauß-Kanals hat nach Aussage der Informationstheorie den Wert

$$C^* = f_\mathrm{B}\mathrm{lb}(1 + S/N) \quad \text{bit/Zeiteinheit.} \tag{13.2}$$

Dieser Ausdruck für die Kapazität des Gauß-Kanals ist von fundamentaler Bedeutung, da einmal viele physikalische Kanäle in guter Näherung Gauß-Kanäle sind, zum anderen (13.2) häufig eine gute Grenzabschätzung für Kanäle mit nicht-Gauß'scher Störung darstellt. Die Annäherung der Übertragungsrate an die Kanalkapazität (13.2) setzt allerdings die Anwendung von Kanalcodierverfahren voraus.

Die Ableitung der Kapazität des Gauß-Kanals wird hier nicht durchgeführt, sondern auf die Literatur am Eingang dieses Abschnitts verwiesen.

[1] Beim Bandpasskanal wird zum Erreichen der minimalen Bandbreite entweder Einseitenbandübertragung oder Verwendung eines Verfahrens mit nichtsymmetrischen Trägersignalen (z.B. QPSK oder QAM) angenommen.

Prinzipiell ähnliche Zusammenhänge, wie sie bei der Ableitung der Kapazität des Gauß-Kanals auftreten, sollen aber an folgendem einfachen Beispiel betrachtet werden.

Nach den Aussagen in Abschn. 8.8 kann über einen idealen Tiefpasskanal der Grenzfrequenz f_g mit einem Binärübertragungsverfahren mit einer Rate von maximal $r = 2f_g$ übertragen werden. Durch Anwendung eines Mehrpegelverfahrens, bei dem i Binärzeichen zu einem neuen, 2^i-wertigen Zeichen zusammengefasst werden, lässt sich diese Rate gemäß (8.23) erhöhen auf[2]

$$r_i = 2f_g \mathrm{lb} M \quad \text{bit/Zeiteinheit.} \tag{13.3}$$

Hiermit ließe sich theoretisch also bei störungsfreier Übertragung für $M \to \infty$ die Übertragungsrate beliebig steigern. Dieser Erhöhung sind aber Grenzen gesetzt, wenn die übertragenen Signale durch additives Rauschen gestört werden.

Diese Grenzen sollen an einem einfachen Beispiel ermittelt werden. Hierzu wird angenommen, dass ein si-förmiges Mehrpegelsignal der Grenzfrequenz f_g mit M verschiedenen Amplituden (wie Abb. 8.15 für $M = 4$) und der Leistung S additiv durch weißes Rauschen der Leistungsdichte N_0 gestört wird. Das zugehörige Korrelationsfilter ist ein idealer Tiefpass der gleichen Grenzfrequenz f_g. Signal- und Störleistung haben also im Abtastzeitpunkt die Werte S bzw. $N = 2f_g N_0$. Vereinfachend wird weiter angenommen, dass das Störsignal am *Ausgang* des Korrelationsfilters gleichverteilt ist (also Kanal mit nicht-Gauß'scher Störung). In diesem Fall ist ein fehlerfreier Empfang möglich, wenn die Amplitudenstufen des empfangenen Mehrpegelsignals um mehr als die Breite a der Verteilungsdichtefunktion des Rauschsignals auseinanderliegen, Abb. 13.1 soll diesen Zusammenhang veranschaulichen. Für den

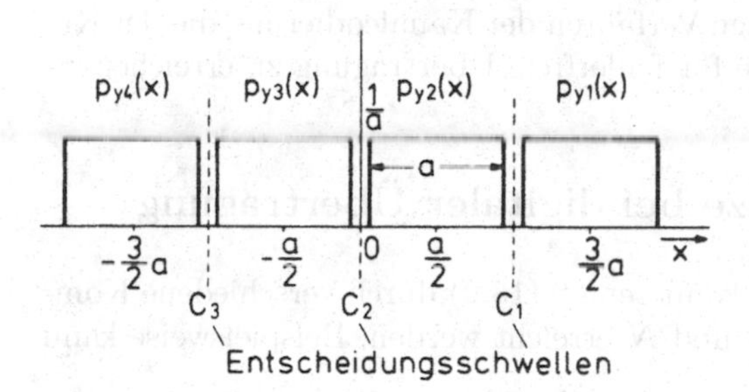

Abbildung 13.1. Verteilungsdichtefunktionen $p_{y1}(x)$ bis $p_{y4}(x)$ bei Mehrpegelübertragung ($M = 4$) für gerade noch fehlerfreien Empfang

in Abb. 13.1 gezeigten Fall des gerade noch fehlerfreien Empfangs beträgt die Augenblicksleistung des Nutzsignals unter der Annahme, dass alle Amplitudenstufen gleich häufig sind, als quadratisches Mittel

[2] „Gesetz von Hartley" (Hartley, 1928) (Anhang zum Literaturverzeichnis).

$$S = \frac{1}{4}\left[\left(-\frac{3}{2}a\right)^2 + \left(-\frac{a}{2}\right)^2 + \left(\frac{a}{2}\right)^2 + \left(\frac{3}{2}a\right)^2\right]$$

oder allgemein für M Amplitudenstufen (M gerade)

$$S = \frac{2}{M}\sum_{n=1}^{M/2}\left(\frac{2n-1}{2}a\right)^2 = \frac{M^2-1}{12}a^2. \tag{13.4}$$

Nach (7.73) hat die Streuung eines gleichverteilten Rauschsignals die Größe $\sigma^2 = N = a^2/12$. Das für eben noch störungsfreien Empfang der Mehrpegelsignale notwendige Nutz-/Störleistungsverhältnis beträgt also mit (13.4)

$$\frac{S}{N} = \frac{(M^2-1)a^2/12}{a^2/12} = M^2 - 1.$$

Durch Auflösen nach M ergibt sich als maximale Zahl unterscheidbarer Amplitudenstufen bei fehlerfreiem Empfang

$$M = \sqrt{1 + \frac{S}{N}}. \tag{13.5}$$

Mit (13.3) ist die zugehörige Übertragungsrate

$$r_{i\,\max} = 2f_{\mathrm{g}}\mathrm{lb}\left(\sqrt{1+\frac{S}{N}}\right) = f_{\mathrm{g}}\mathrm{lb}\left(1+\frac{S}{N}\right)\frac{\mathrm{bit}}{\mathrm{Zeiteinheit}}. \tag{13.6}$$

(13.6) stimmt zufälligerweise mit der Kapazität des Gauß-Kanals (13.2) überein. Die Störcharakteristik eines gleichverteilten Rauschens ermöglicht es demnach, bereits ohne aufwändige Verfahren der Kanalcodierung die der Kanalkapazität entsprechende Rate für fehlerfreie Übertragung zu erreichen.[3]

13.3 Die Shannon-Grenze bei digitaler Übertragung

Eine bestimmte Kanalkapazität kann gemäß (13.2) durch verschiedene Kombinationen der Parameter f_{B}, S und N erreicht werden. Beispielsweise kann

[3] Dies hat eine Analogie auf dem Gebiet der Quellencodierung: Shannon zeigte ebenfalls, dass die Coderate, die minimal notwendig ist, um ein unkorreliertes, zeitdiskretes Signal mit Gauß-Verteilungsdichte und Varianz σ^2 zu codieren, welches bei einer Quantisierungsfehlerleistung N_q quantisiert wurde, $K = \frac{1}{2}\mathrm{lb}(\sigma^2/N_q)$ bit/Abtastwert beträgt (sog. „Rate Distortion"-Funktion eines Gauß-Signals). Jedoch ist eine mehr oder weniger aufwändige Entropie-Codierung erforderlich, um dies auch zu realisieren. Bei gleichverteilten Signalen wird diese Coderate jedoch bereits durch eine gleichförmige Quantisierung ohne weitere aufwändige Quellencodierverfahren erreicht, wie ein Vergleich mit (12.8) zeigt.

bei Erhöhung der Bandbreite eine Verringerung des S/N-Verhältnisses auf dem Kanal zugelassen werden; vorausgesetzt ist hierbei eine jeweils optimale Anpassung des Übertragungsverfahrens. Dieser Austausch führt im Grenzübergang $f_\mathrm{B} \to \infty$ nicht auf ein beliebig kleines S/N-Verhältnis, da die Rauschleistung am Ausgang des Kanals ebenfalls mit der Bandbreite ansteigt. Im Grenzfall ergibt sich als Kanalkapazität eines nicht bandbegrenzten Gauß-Kanals (Aufgabe 13.2)

$$\begin{aligned} C^*_\infty &= \lim_{f_\mathrm{B}\to\infty} C^* = \lim_{f_\mathrm{B}\to\infty} f_\mathrm{B}\mathrm{lb}\left(1+\frac{S}{2f_\mathrm{B}N_0}\right) = \frac{\mathrm{lb}(e)}{2}\frac{S}{N_0} \\ &= 0{,}72\, S/N_0 \quad \text{bit/Zeiteinheit.} \end{aligned} \tag{13.7}$$

Diese Beziehung soll nun am Beispiel einer idealen Übertragung binärer Quellensignale über einen nicht bandbegrenzten Kanal bei optimaler Kanal- und Leitungscodierung betrachtet werden. Aus (13.7) folgt, dass zur Übertragung mit der Rate C^*_∞ eine Mindestleistung von $S = C^*_\infty N_0/0{,}72$ erforderlich ist. Da weiter für die Übertragung eines Binärwertes der Quelle im Mittel eine Zeit von $T = 1/C^*_\infty$ zur Verfügung steht, errechnet sich die pro Binärwert zu übertragende Mindestenergie also bei eigeninterferenzfreier Übertragung zu

$$E_b, \min = S \cdot T = S/C^*_\infty = N_0/0{,}72 \tag{13.8}$$

oder ausgedrückt als mindestens erforderliches E_b/N_0-Verhältnis[4]

$$\left.\frac{E_b}{N_0}\right|_{\min} = \frac{2}{\mathrm{lb}(e)} = 1{,}39 \mathrel{\widehat{=}} 1{,}42\,\mathrm{dB}. \tag{13.9}$$

Diese sogenannte *Shannon-Grenze* bewirkt ein extremes Schwellwertverhalten. Für größere E_b/N_0-Verhältnisse kann die Übertragung im Prinzip fehlerfrei erfolgen. Verringert man das E_b/N_0-Verhältnis unter 1,42 dB, dann steigt die Fehlerwahrscheinlichkeit auch bei Betrachtung des jeweils theoretisch optimierten Verfahrens stark an und erreicht schnell den Maximalwert $P_\mathrm{b} = 0{,}5$ (Berauer, 1980). Einfache Modulationsverfahren besitzen dabei erheblich schlechtere Eigenschaften als das ideale System.

Eine Möglichkeit zur Annäherung an die Shannon-Grenze ist die Übertragung mit mehreren orthogonalen Trägersignalen. Quantitativ wird dieses Verfahren und seine asymptotische Annäherung an die Shannon-Grenze in Übungen 14.10 diskutiert. Allerdings ist eine beliebige Annäherung wegen der mit M über alle Grenzen wachsenden Komplexität praktisch nicht realisierbar. Eine bessere Möglichkeit zur Annäherung an die Shannon-Grenze stellt daher die Anwendung fehlersichernder Kanalcodierungsverfahren dar. Insbesondere in Verbindung mit der in Abschn. 12.3 kurz beschriebenen Turbo-Codierung ist es möglich, die Shannon-Grenze für den Gauß-Kanal auch bei

---

[4] Bei „einseitiger" Definition von N_0 (vgl. Fußnote 14, Kap.6) verdoppelt sich der Zahlenwert von N_0, die auf dieser Basis bestimmte, in der englischsprachigen Literatur häufig anzutreffende Shannon-Grenze liegt dann bei $\frac{1}{\mathrm{lb}(e)} \approx -1{,}6$ dB.

technisch sinnvollem Aufwand bis auf einen Abstand von ca. 0,1 dB nahezu zu erreichen.

Die für den Gauß-Kanal erreichbare (und damit durch kein Modulations- oder Codierverfahren überschreitbare) Grenze soll nun noch für bandbegrenzte Kanäle betrachtet werden. Die dabei interessante Größe ist die *Bandbreiteeffizienz* η eines Übertragungsverfahrens, welches das Verhältnis von (fehlerfreier) Binärübertragungsrate zur Kanalbandbreite in der Dimension [bit/s/Hz] ausdrückt. Diese ist ebenfalls von S/N bzw. E_b/N_0 abhängig. Es folgt mit (13.2) für den bandbegrenzten Gauß-Kanal mit möglicher Maximalrate $r_{\max} = C^*$

$$\eta_G = \frac{r_{\max}}{f_B} = \text{lb}(1 + S/N) = \text{lb}\left(1 + \frac{E_b r_{\max}}{2 f_B N_0}\right) \quad \frac{\text{bit}}{\text{s} \cdot \text{Hz}}, \tag{13.10}$$

bzw.

$$\left.\frac{E_b}{N_0}\right|_{\min} = \frac{2^{\eta_G + 1} - 2}{\eta_G}. \tag{13.11}$$

Um mit einem praktischen Übertragungsverfahren (Modulation und Codierung) über einen Gauß-Kanal eine Bandbreiteeffizienz $\eta = \eta_G$ zu erreichen, ist also mindestens das in (13.11) beschriebene E_b/N_0-Verhältnis erforderlich. Andererseits ist bezüglich der Wahl des Übertragungsverfahrens die Aussage zu treffen, dass das Erreichen eines bestimmten Wertes η_G, der sich bei einer Übertragung mit einem gegebenen E_b/N_0-Verhältnis maximal ergeben kann, die Verwendung eines M-wertigen Modulationsverfahrens voraussetzt, welches mindestens $\text{lb}(M) = K \geq \eta_G$ bit in einem Trägersymbol zusammenfasst und die Symbole nahe der Nyquistrate überträgt. Die Wahl eines höherwertigen Modulationsverfahrens ist unschädlich und sogar erforderlich, da sinnvollerweise ein Teil der übertragenen Bits ohnehin zur Kanalcodierung aufgewendet werden sollte, um die fehlerfreie Übertragung nahe der Shannon-Grenze zu realisieren. Andererseits leuchtet es ein, dass die Verwendung von minderwertigen Verfahren wie z.B. BPSK ($K = 1$) bei höheren E_b/N_0-Verhältnissen von vornherein eine Verschwendung von Kanalkapazität darstellt, da das in diesem Bereich gültige η_G prinzipiell die Verwendung eines Verfahrens erfordert, das mehrere Bits mit jedem gesendeten Symbol überträgt.

In ähnlicher Weise können Kapazitätsgrenzen auch für andere Kanaltypen, beispielsweise für den Rayleigh-Fading-Kanal, angegeben werden. Bei MIMO-Kanälen (vgl. Abschn. 11.6 und Anhang 13.6) erhält man durch die Verwendung mehrfacher Übertragungswege eine Erhöhung der theoretisch erreichbaren Kapazität gegenüber dem einfachen Gauß-Kanal, allerdings immer unter Annahme einer perfekten Kenntnis des Kanals. Hierzu ist zu beachten, dass das Erreichen der Shannon-Grenze bereits beim Gauß-Kanal je nach Arbeitspunkt auf der E_b/N_0-Achse eine spezielle Anpassung des Modulations- und Kanalcodierungsverfahrens erfordert. Bei zeitvarianten Kanälen müssen daher die entsprechenden Übertragungsverfahren an die jeweilige Kanalsituation adaptiert werden, was vor allem eine zuverlässige Kanalschätzung voraussetzt, deren Realisierbarkeit (u.a. aus Komplexitätsgründen) möglicherweise nicht gesichert ist.

13.4 Ideale Übertragungssysteme mit Bandbreitedehnung

Die durch den Shannon'schen Ausdruck für die Kapazität des Gauß-Kanals (13.2) beschriebene Austauschmöglichkeit von Übertragungsbandbreite gegen das im Übertragungskanal notwendige S/N-Verhältnis war in der Praxis bereits vor der Veröffentlichung der Informationstheorie am Beispiel der PCM- und der FM-Übertragung bekannt. In gleicher Weise wie die Shannon-Grenze im letzten Abschnitt einen Vergleich praktisch ausgeführter Datenübertragungssysteme mit dem idealen System ermöglichte, soll abschließend jetzt auch für die analogen Modulationsverfahren eine entsprechende Grenzaussage über das Störverhalten idealer Systeme mit Bandbreitedehnung gemacht werden. Zu diesem Zweck wird ein ideales Übertragungsverfahren angenommen, welches einen Übertragungskanal der Kapazität C_1^* voll ausnutzt. Die Kanalkapazität C_1^* ist gegeben durch die Übertragungsbandbreite f_Δ, die Nutzleistung S_K und die Störleistung $N_\mathrm{K} = 2f_\Delta N_0$.

Das übertragene modulierte Sendesignal wird von einem Empfänger demoduliert, also in ein Empfangssignal mit der Bandbreite f_g und dem Nutz-/Störleistungsverhältnis S_a/N umgewandelt. Dieser Empfänger, und damit das zugeordnete Modulationsverfahren, kann als ideal bezeichnet werden, wenn die Übertragungskapazität C_2^* des Kanals *mit* nachgeschaltetem Empfänger sich gegenüber der ursprünglichen Kapazität C_1^* nicht verringert. Aus der Gleichsetzung $C_1^* = C_2^*$ folgt dann mit (13.2)[5]

$$f_\Delta \mathrm{lb}\left(1 + \frac{S_\mathrm{K}}{2f_\Delta N_0}\right) = f_\mathrm{g}\mathrm{lb}\left(1 + \frac{S_\mathrm{a}}{N}\right) \tag{13.12}$$

oder entlogarithmiert

$$\left(1 + \frac{S_\mathrm{K}}{2f_\Delta N_0}\right)^{f_\Delta} = \left(1 + \frac{S_\mathrm{a}}{N}\right)^{f_\mathrm{g}} .$$

[5] Die Möglichkeit der Gleichsetzung eines analogen und eines digitalen Übertragungsverfahrens in Hinblick auf das S_a/N-Verhältnis lässt sich anschaulich verstehen, wenn man überlegt, wie das in Abb. 13.1 verwendete Fehlermodell der Mehrpegelübertragung bei einer analogen (aber zeitdiskreten) PAM-Übertragung wirken würde. Hierbei würde sich auf Grund der Kanalstörungen exakt dieselbe Fehlercharakteristik ergeben wie in dem Fall, wenn eine M-pegelige Übertragung für PCM-Codeworte mit $K = M$ sowie Quantisierung mit Stufenhöhe a verwendet wird. Die darüber hinausgehende Analogie von PAM und AM (letzteres ein sowohl zeit- als auch wertkontinuierliches Übertragungsverfahren, bei dem die S/N-Werte von Kanal und Rekonstruktion identisch sind) wurde bereits in Kap. 10.1 gezeigt.

Auflösen nach dem Nutz-/Störleistungsverhältnis am Ausgang der Übertragungsstrecke und Einführen des Bandbreitedehnfaktors $\beta = f_\Delta / f_g$ nach (12.13) ergibt

$$\frac{S_a}{N} = \left(1 + \frac{1}{\beta}\frac{S_K}{2 f_g N_0}\right)^\beta - 1. \tag{13.13}$$

Diese Beziehung der Nutz-/Störleistungsverhältnisse zwischen Eingang und Ausgang des idealen Empfängers ist in Abb. 13.2 aufgetragen. Parameter ist der Bandbreitedehnfaktor β. Der theoretisch nutzbare Bereich ist hier durch die Schranke für $\beta \to \infty$ begrenzt. Im Grenzfall $f_\Delta \to \infty$ lautet (13.13)

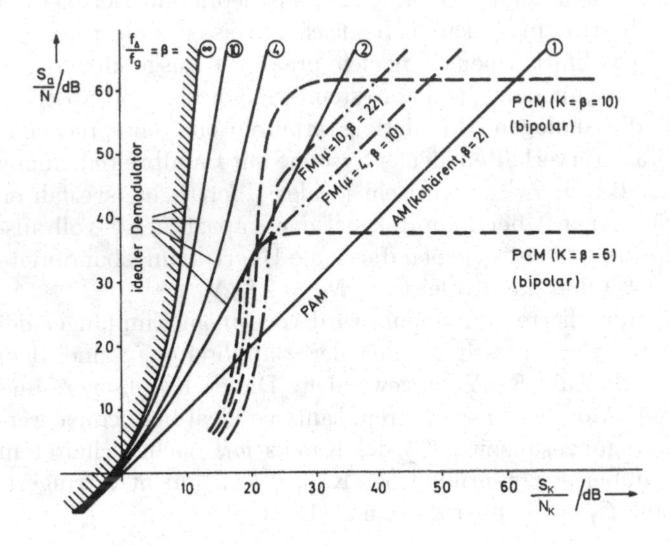

Abbildung 13.2. Störverhalten idealer und realer (gestrichelt) Übertragungssysteme

(Aufgabe 13.3)

$$\left.\frac{S_a}{N}\right|_\infty = \lim_{f_\Delta \to \infty} \left(1 + \frac{f_g}{f_\Delta}\frac{S_K}{2 f_g N_0}\right)^{f_\Delta / f_g} - 1 = e^{S_K/(2 f_g N_0)} - 1. \tag{13.14}$$

Dieses Nutz-/Störleistungsverhältnis ist in Abb. 13.2 links als Schranke eingezeichnet. Für $S_K/N_K \gg \beta > 1$ lässt sich (13.13) auch vereinfacht schreiben

$$\frac{S_a}{N} \approx \left(\frac{1}{\beta}\frac{S_K}{2 f_g N_0}\right)^\beta = \left(\frac{S_K}{2 f_\Delta N_0}\right)^\beta = \left(\frac{S_K}{N_K}\right)^\beta. \tag{13.15}$$

Bei einem idealen Übertragungsverfahren verbessert sich also das Störverhalten annähernd exponentiell mit der Bandbreitedehnung des modulierten Sendesignals (Hancock, 1962).

Dieses Störverhalten des idealen Übertragungsverfahrens wird nun mit dem in früheren Abschnitten berechneten Störverhalten der AM-, FM- und PCM-Systeme verglichen.

13.4.1 Amplitudenmodulationsverfahren

Das Störverhalten der kohärenten AM-Verfahren ist durch (10.17) gegeben, mit der Eingangsnutzleistung $S_{\mathrm{K}} = S_f S_{\mathrm{t}}$ gilt

$$\frac{S_a}{N} = \frac{S_{\mathrm{K}}}{2f_{\mathrm{g}}N_0}. \tag{13.16}$$

Dieser Ausdruck entspricht dem Störverhalten des idealen Übertragungssystems bei einem Bandbreitedehnfaktor $\beta = 1$. Damit ist also die Einseitenbandübertragung mit $\beta_{\mathrm{EM}} = 1$ nach Abschn. 10.1.5 ein ideales Übertragungsverfahren, allerdings ohne die Vorteile eines Systems mit Bandbreitedehnung. Bei kohärenter Zweiseitenband-AM ist nach (10.12) $\beta_{\mathrm{AM}} = 2$. Der Unterschied zwischen realem und idealem Verhalten bei $\beta = 2$ steigt, wie Abb. 13.2 zeigt, mit wachsendem Nutz-/Störleistungsverhältnis auf dem Kanal immer stärker an, das Zweiseitenband-AM-Verfahren nutzt also die Bandbreitedehnung nicht aus.

13.4.2 Frequenzmodulationsverfahren

Einsetzen von $\mu_{\mathrm{FM}} \approx \beta_{\mathrm{FM}}/2$ nach (10.31) in (10.50) ergibt als Störverhalten der FM-Übertragung oberhalb der FM-Schwelle

$$\frac{S_{\mathrm{a}}}{N} = \frac{3}{8}\beta_{\mathrm{FM}}^2 \frac{S_{\mathrm{K}}}{2f_{\mathrm{g}}N_0}. \tag{13.17}$$

Das S_{a}/N-Verhältnis steigt also bei FM-Übertragung nur quadratisch mit dem Bandbreitedehnfaktor an, während das ideale System sein Störverhalten nach (13.15) exponentiell mit β verbessert. In Abb. 13.2 sind (strichpunktiert) zwei Verläufe für die Dehnfaktoren $\beta_{\mathrm{FM}} = 10$ und 22 unter Berücksichtigung der FM-Schwelle eingetragen. Ohne Berücksichtigung der FM-Schwelle ergeben sich nach (13.17) im Gebiet $S_{\mathrm{K}}/(2f_{\mathrm{g}}/N_0) < 10\,\mathrm{dB}$ S_{a}/N-Verhältnisse, die besser als die der idealen Übertragungssysteme gleicher Bandbreite sind. Das Auftreten eines Schwelleneffektes bei der FM-Übertragung ist also prinzipiell begründet.

13.4.3 Pulscodemodulation

Das Störverhalten eines PCM-Systems wird durch (12.11) beschrieben und ist in Abb. 12.3 als Funktion des E_s/N_0-Verhältnisses auf dem Kanal dargestellt (bei bipolarer Übertragung auch identisch mit E_b/N_0). Die einzelnen binären

Trägerimpulse der Energie E_s werden nach (12.12) mit einer Rate $r = K2f_{\mathrm{g}}$ übertragen. Bei bipolarer Übertragung ist dann die Leistung S_{K} des PCM-Signals auf dem Kanal mit (12.14)

$$S_{\mathrm{K}} = rE_s = K2f_{\mathrm{g}}E_s = \beta_{\mathrm{PCM}}2f_{\mathrm{g}}E_s,$$

und es gilt die Beziehung

$$\frac{E_s}{N_0} = \frac{1}{\beta_{\mathrm{PCM}}}\frac{S_k}{2f_{\mathrm{g}}N_0}. \tag{13.18}$$

Hiermit können die Kurven für das Störverhalten eines bipolaren PCM-Systems in Abb. 13.2 übertragen werden. Im Bereich oberhalb der PCM-Schwelle gilt mit (12.14) und (12.7), modifiziert für ein sin-förmiges Nutzsignal,

$$\frac{S_{\mathrm{a}}}{N} = \frac{S_{\mathrm{a}}}{N_{\mathrm{q}}} = \frac{3}{2}2^{2\beta_{\mathrm{PCM}}}. \tag{13.19}$$

Bei der Pulscodemodulation steigt also die Verbesserung des Störverhaltens in gleicher Weise wie bei einem idealen Verfahren exponentiell mit dem Bandbreitedehnfaktor an. Im Vergleich mit der FM-Übertragung kann demnach eine Bandbreitevergrößerung durch ein PCM-Verfahren erheblich besser ausgenutzt werden. Wie ein Vergleich von FM- und PCM-Verhalten bei gleicher Bandbreitedehnung (z. B. für $\beta = 10$ in Abb. 13.2) zeigt, besteht dieser Vorteil der PCM-Übertragung aber nur in der Umgebung der PCM-Schwelle. Vergrößert man bei konstant gehaltener Bandbreitedehnung das S/N-Verhältnis auf dem Kanal über den Schwellenbereich hinaus, dann bleibt der Gewinn der FM-Verfahren gegenüber den Verfahren ohne Bandbreitedehnung erhalten. Bei den PCM-Verfahren hingegen hat eine solche Verbesserung keinerlei Einfluss auf die Leistung des Quantisierungsrauschens; das hat zur Folge, dass auf störarmen Kanälen schließlich das Störverhalten der PCM schlechter als das der Übertragungsverfahren ohne Bandbreitedehnung wird. Jedoch kann im Prinzip durch Erhöhung oder Erniedrigung der Anzahl von Quantisierungsstufen der optimale Arbeitspunkt gewählt werden. Insofern sind digitale Übertragungsverfahren an die jeweilige Kanalsituation wesentlich besser adaptierbar.

Weiterhin ist zu bemerken, dass die PCM zunächst nur das einfachst mögliche digitale Quellencodierungsverfahren darstellt. Durch andere Methoden der Quellencodierung lassen sich Signal-/Rauschverhältnisse wie in (13.19) bereits mit deutlich weniger bit/Abtastwert bzw. deutlich geringeren Bandbreitedehnfaktoren erreichen. So sind z.B. für Sprach- und Audiosignale zusätzliche Gewinne um den Faktor 5-10, für Bildsignale um den Faktor 10-20 und für Videosignale um den Faktor 20-50 gegenüber PCM ohne signifikante Qualitätseinbußen realisierbar. Allein hierdurch rücken die digitalen Übertragungsverfahren auch für ursprünglich kontinuierliche Signale deutlich näher an die idealen Grenzen. Weiter ist zu berücksichtigen, dass die

Bandbreiteeffizienz der hier verwendeten bipolaren Übertragung insbesondere bei hohen E_b/N_0-Verhältnissen weit von der Shannon-Grenze abweicht, was durch die Verwendung höherwertiger Modulationsverfahren sofort vermieden werden kann. Darüber hinaus stecken Ansätze, die unter dem Aspekt einer möglichst hohen Rekonstruktionsqualität eine gemeinsame Optimierung von Quellencodierung, Kanalcodierung und Modulation vornehmen (sog. „joint source and channel coding", JSCC), eher noch in den Anfängen. Als Beispiele hierfür sind Methoden zu nennen, die höherwertige Quellenbits bei der Übertragung besser schützen, oder auch Methoden, die den decodierten Quellenzustand ausnutzen, um die Entscheidung des Kanaldecodierers zu verbessern.

13.5 Zusammenfassung

Im abschließenden Exkurs in die Informationstheorie zeigte sich nach einer Analyse der informationstheoretischen Grenzen, dass typischerweise durch eine Erhöhung der Übertragungsbandbreite immer auch eine Verbesserung des Signal-/Störleistungsverhältnisses erreicht werden kann. Allerdings ist selbst für Kanäle mit unendlicher Bandbreite keine beliebig große Übertragungskapazität zu erwarten. Weitergehende Überlegungen zeigten, dass sich durch geeignete Kombination von Quellencodierungs-, Kanalcodierungs- und Modulationsverfahren eine Verbesserung der Übertragungsqualität erzielen lässt, die sich in Richtung der aufgezeigten Grenzen bewegt. Mittels fortgeschrittener Verfahren der digitalen Signalverarbeitung werden diese Methoden heute auch praktisch realisiert. Nur auf dieser Grundlage konnten in den letzten etwa 20 Jahren signifikante Fortschritte in der leitungsgebundenen und drahtlosen Übertragung digitalisierter Signale erzielt werden, deren weitere Entwicklung die Kommunikationstechnik als eines der interessantesten Zukunftsthemen erscheinen lässt.

13.6 Anhang: Übertragungsgrenzen von MIMO-Kanälen

Die Matrix $\mathbf{K}$ aus 11.39, welche die Signalübertragung über einen MIMO-Kanal beschreibt, ist im generellen Fall als nicht-quadratische Matrix der Größe $L \times M$ nicht invertierbar, es lässt sich auch keine Determinante berechnen. Jedoch lassen sich quadratische Teilmatrizen (Ausschnitte) der Größe $P \times P, 1 \leq P \leq \min(M, L)$ definieren. Der Rang R der nicht-quadratischen Matrix $\mathbf{K}$ ist die Seitenlänge P ihrer größten quadratischen Teilmatrix, welche noch eine Determinante ungleich Null besitzt. Typischerweise wird also für das MIMO-Problem $R \leq \min(M, L)$ sein. Es werden nun eine $M \times M$-Matrix $\mathbf{U}$ sowie eine $L \times L$-Matrix $\mathbf{V}$ definiert, die mit $\mathbf{K}$ in folgendem Zusammenhang stehen[6]:

$$\mathbf{U}^{\mathrm{H}}\mathbf{K}\mathbf{V} = \Lambda^{(1/2)} = \begin{bmatrix} \sqrt{\lambda(1)} & 0 & \cdots & 0 & 0 \\ 0 & \sqrt{\lambda(2)} & \cdots & 0 & \vdots \\ \vdots & 0 & \ddots & 0 & 0 \\ 0 & 0 & \cdots & \sqrt{\lambda(R)} & \vdots \\ 0 & 0 & \cdots & 0 & 0 \end{bmatrix} \tag{13.20}$$

Die Einträge der Matrix $\Lambda^{(1/2)}$ werden als die R Singulärwerte $\sqrt{\lambda(r)}$ von $\mathbf{K}$ bezeichnet. Die Matrix besitzt ebenfalls L Spalten und M Zeilen, die Nullspalten bzw. Nullzeilen am rechten und unteren Rand tauchen dort auf, wo $R < L$ bzw. $R < M$. Die Quadrate der Singulärwerte sind identisch mit den von Null verschiedenen Eigenwerten der $M \times M$-Matrix $\mathbf{K}\mathbf{K}^{\mathrm{H}}$ und der $L \times L$-Matrix $\mathbf{K}^{\mathrm{H}}\mathbf{K}$. Die Spalten der Matrix $\mathbf{U}$ sind die Eigenvektoren $\mathbf{u}_r$ von $\mathbf{K}\mathbf{K}^{\mathrm{H}}$, die Spalten von $\mathbf{V}$ die Eigenvektoren $\mathbf{v}_r$ von $\mathbf{K}^{\mathrm{H}}\mathbf{K}$. Es gelten also die folgenden Beziehungen:

$$\mathbf{U}^{\mathrm{H}}\left[\mathbf{K}\mathbf{K}^{\mathrm{H}}\right]\mathbf{U} = \Lambda^{(M)} \quad ; \quad \mathbf{V}^{\mathrm{H}}\left[\mathbf{K}^{\mathrm{H}}\mathbf{K}\right]\mathbf{V} = \Lambda^{(L)}, \tag{13.21}$$

wobei $\Lambda^{(M)}$ und $\Lambda^{(L)}$ jeweils quadratische $M \times M$- bzw. $L \times L$-Matrizen sind, auf denen die ersten R Positionen der Hauptdiagonale mit den Eigenwerten $\lambda(r)$ besetzt sind. Durch Umkehrung von (13.20) ist es möglich, $\mathbf{K}$ wie folgt auszudrücken[7]:

$$\mathbf{K} = \mathbf{U}\Lambda^{(1/2)}\mathbf{V}^{\mathrm{H}} = \sum_{r=1}^{R} \sqrt{\lambda(r)}\mathbf{u}_r\mathbf{v}_r^{\mathrm{H}} \,. \tag{13.22}$$

Die Matrix $\mathbf{K}$ lässt sich also als Linearkombination von R Matrizen $\mathbf{u}_r\mathbf{v}_r^{\mathrm{H}}$, jeweils gewichtet mit den Singulärwerten $\sqrt{\lambda(r)}$, ausdrücken.

Gemäß (11.48) lässt sich der MIMO-Kanal nun vollkommen äquivalent als eine Reihe von R parallelen Kanälen mit Amplituden-Übertragungsfaktoren $\sqrt{\lambda_r}$ darstellen (s. Abb. 11.23). Unter der Annahme, dass die einzelnen Parallelkanäle Gauß-Kanäle darstellen, sowie unter der Annahme, dass die Kanalmatrix $\mathbf{K}$ so normalisiert wurde, dass das S/N-Verhältnis an den Kanalausgängen dem eines SISO-Kanals in der gleichen Übertragungsumgebung entspricht, ergibt sich als Kanalkapazität des MIMO-Kanals mit (13.2)[8]

---

[6] Der Hochindex „H" beschreibt die sogenannte Hermite'sche Matrix, d.h. die konjugiert-komplex Transponierte

[7] Die vereinfachte Summenform folgt auf Grund der Tatsache, dass die in $\mathbf{U}$ und $\mathbf{V}$ enthaltenen Basisvektoren orthonormal sind.

[8] Der Sender muss im Optimalfall die über die R Unterkanäle übertragenen Bits so zuordnen, dass die jeweilige Kapazität der Kanäle nicht überschritten wird (vgl. hierzu Abschn. 13.3). Gegebenenfalls kann es dabei sogar notwendig werden, bestimmte Unterkanäle gar nicht zu verwenden, sofern ihre Kanalkapazität wegen des Unterschreitens der Shannon-Grenze Null ist.

$$C^* = f_{\mathrm{B}} \sum_{r=1}^{R} \mathrm{lb}\left(1 + \frac{S}{N}\frac{\left(\sqrt{\lambda_r}\right)^2}{L}\right) = f_{\mathrm{B}} \mathrm{lb}\left(\prod_{r=1}^{R}\left(1 + \frac{S}{N}\frac{\lambda_r}{L}\right)\right) \quad \mathrm{bit/s}. \tag{13.23}$$

Die Normierung der Eigenwerte auf die Anzahl der tatsächlichen Kanaleingänge L ist notwendig, weil die gesamte Nutzsignalleistung über alle L Eingänge nicht größer werden darf als bei dem zum Vergleich herangezogenen SISO-Kanal.

Da das Produkt der Eigenwerte den Determinanten der Matrizen $\Lambda^{(M)}$ bzw. $\Lambda^{(L)}$ aus (13.21) entspricht, und weiterhin auf Grund der Orthonormalität der Eigenvektorzerlegung mit den Determinanten von $\mathbf{KK}^{\mathrm{H}}$ bzw. $\mathbf{K}^{\mathrm{H}}\mathbf{K}$ identisch sein muss, kann (13.23) noch wie folgt umformuliert und gemäß (13.10) in die Bandbreiteeffizienz η umgerechnet werden:

$$\eta_{\mathrm{MIMO}} = \frac{C^*}{f_{\mathrm{B}}} = \mathrm{lb}\left[\det\left(\mathbf{I}^{(M)} + \frac{S}{N}\frac{\mathbf{KK}^{\mathrm{H}}}{L}\right)\right] \quad \mathrm{bit/s/Hz}. \tag{13.24}$$

Als Sonderfälle ergeben sich hieraus auch die Bandbreiteeffizienzen des SIMO-Kanals ($L = 1$)

$$\eta_{\mathrm{SIMO}} = \mathrm{lb}\left(1 + \frac{S}{N}\sum_{m=1}^{M}|k_m|^2\right) \quad \mathrm{bit/s/Hz}, \tag{13.25}$$

bzw. des MISO-Kanals ($M = 1$)

$$\eta_{\mathrm{MISO}} = \mathrm{lb}\left(1 + \frac{S}{N}\frac{1}{L}\sum_{l=1}^{L}|k_l|^2\right) \quad \mathrm{bit/s/Hz}. \tag{13.26}$$

Hierbei stellen die Werte $k_{m|l}$ die (ggf. komplexwertigen) Amplituden-Übertragungsfaktoren beispielsweise bei einer Mehrwege-Übertragung dar. So entspricht (13.26) z. B. der Kanalkapazität, die mit einem Rake-Empfänger (Abb. 11.12) realisiert werden kann.

13.7 Aufgaben

13.1 Gegeben ist ein Trägersignal $s(t)$ der Energie E, welches das 1. Nyquist-Kriterium $\varphi^{\mathrm{E}}_{ss}(nT) = 0$ für $n \neq 0$ erfüllt. Zeigen Sie, dass die Summe

$$\sum_{n=-\infty}^{\infty} s(t - nT)$$

die Leistung $S_{\mathrm{t}} = E/T$ hat.

Hinweis: Benutzen Sie die Umformung $(\sum_n a_n)^2 = \sum_n \sum_m (a_n a_m)$ und die Orthogonalitätseigenschaft der um nT gegeneinander verschobenen Signale $s(t)$.

13.2 Führen Sie den Grenzübergang in (13.7) durch, und skizzieren Sie S/N_0 als Funktion von f_B mit C^* als Parameter.

13.3 Führen Sie den Grenzübergang in (13.14) durch.

13.4 Zeigen Sie, dass mit $S/N \gg 1$ für die zeitbezogene Kanalkapazität des Gaußkanals mit guter Genauigkeit die zugeschnittene Größengleichung gilt

$$\frac{C^*}{\mathrm{kbit/s}} = \frac{1}{3} \frac{f_\mathrm{B}}{\mathrm{kHz}} \frac{S/N}{\mathrm{dB}}.$$

Wie groß ist dann C^* für einen Fernsprechkanal der Bandbreite $f_\mathrm{B} = 4$ kHz bei $S/N = 40\,\mathrm{dB}$?

14. Zusatzübungen

Die folgenden Zusatzaufgaben wurden so ausgewählt, dass sie den Stoff dieses Buches in einer Reihe wichtiger Anwendungsfälle ergänzen. Diese Ergänzung in der Form etwas anspruchsvollerer Aufgaben mit Lösungen soll darüber hinaus zur eigenen Weiterarbeit anregen.

14.1 Orthogonalentwicklung

Ein im Intervall $[0; T]$ zeitbegrenztes Energiesignal $f(t)$ wird bei der Orthogonalentwicklung als gewichtete Summe von M in diesem Intervall definierten (hier reellwertigen) orthogonalen Funktionen $s_i(t)$ dargestellt (Franks, 1969)

$$f(t) = \sum_{i=0}^{M-1} b_i s_i(t) + r(t)$$

mit der Orthogonalitätseigenschaft (Abschn. 8.6)

$$\int_0^T s_i(t) s_j(t) \mathrm{d}t = \begin{cases} 1 & \text{für} \quad i = j \\ 0 & \phantom{\text{für}} \quad i \neq j \,. \end{cases}$$

Die Approximationskoeffizienten b_i sollen dabei so gewählt werden, dass die Energie E_r der Restfunktion $r(t)$ minimal wird.

a) Zeigen Sie, dass für die b_i dann gilt

$$b_i = \int_0^T f(t) s_i(t) \mathrm{d}t \equiv \varphi^{\mathrm{E}}_{fs_i}(0)$$

Ansatz: $\mathrm{d}E_\mathrm{r}/\mathrm{d}b_i \stackrel{!}{=} 0$ für alle b_i.

b) Geben Sie eine Filterschaltung zur Bildung der b_i für zwei orthogonale Grundfunktionen $s_0(t)$ und $s_1(t)$ an.
Vergleichen Sie mit dem Empfänger in Abb. 8.12.

c) Vergleichen Sie die Entwicklung nach den orthogonalen, zeitbegrenzten sin-cos-Funktionen in Abb. 8.13 mit der Fourier-Reihenentwicklung (3.20).
d) Wie lässt sich die Energie E_f des Signals $f(t)$ aus den Approximationskoeffizienten berechnen (bei vernachlässigbarer Energie der Restfunktion)?

Lösung

a) $$E_\mathrm{r} = \int_0^T r^2(t)\mathrm{d}t = \int_0^T \left[f(t) - \sum_{i=0}^{M-1} b_i s_i(t)\right]^2 \mathrm{d}t,$$

mit Differentiation unter dem Integral folgt

$$\frac{\mathrm{d}E_r}{\mathrm{d}b_j} = \int_0^T -2\left[f(t) - \sum_{i=0}^{M-1} b_i s_i(t)\right] s_j(t)\mathrm{d}t \stackrel{!}{=} 0 \text{ und}$$

$$\int_0^T f(t)s_j(t)\mathrm{d}t = \sum_{i=0}^{M-1} b_i \underbrace{\int_0^T s_i(t)s_j(t)\mathrm{d}t}_{=0 \text{ für } i \neq j} = b_j$$

b)

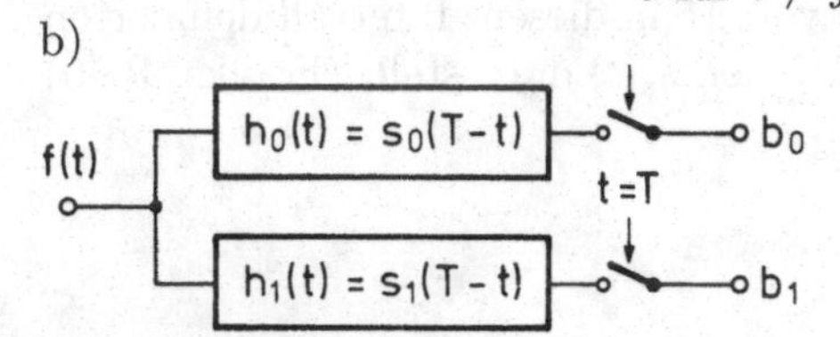

Abbildung 14.1. Lösung zu Übung 14.1b

c) Die sin-cos-Funktionen stellen Imaginär- bzw. Realteile der ersten beiden harmonischen Basisfunktionen ($k = 1$ und $k = 2$) einer Fourier-Reihenentwicklung dar, die oberste Rechteckfunktion repräsentiert den Gleichanteil $k = 0$.

d) $$E_f = \int_0^T f^2(t)\mathrm{d}t \approx \int_0^T \left[\sum_{i=0}^{M-1} b_i s_i(t)\right]^2 \mathrm{d}t$$

$$= \sum_{i=0}^{M-1}\sum_{j=0}^{M-1} b_i b_j \underbrace{\int_0^T s_i(t)s_j(t)\mathrm{d}t}_{=0 \text{ für } i \neq j} = \sum_{i=0}^{M-1} b_i^2$$

(s. Hinweis zu Aufgabe 13.1).
Bei „vollständigen“ Orthogonalsystemen verschwindet die Restfehlerenergie für $M \to \infty$. Es gilt dann die verallgemeinerte Parseval'sche Beziehung $E_f = \sum_{i=0}^{\infty} b_i^2$.

14.2 Signalraum

Die Approximationskoeffizienten b_i eines nach M orthogonalen Grundfunktionen $s_i(t)$ entwickelten Signals $f(t)$ können als die Komponenten eines Vektors in einem M-dimensionalen Vektorraum geometrisch interpretiert werden (Übung 14.1).

a) Zeichnen Sie in einem zweidimensionalen, durch die Grundfunktionen $s_0(t)$ und $s_1(t)$ aufgespannten „Signalraum" die Vektoren folgender Signale $f_i(t)$:
   $f_1(t) = 2s_0(t)$
   $f_2(t) = s_1(t) + s_0(t)$
   $f_3(t) = -s_0(t) - 0{,}5s_1(t)$
   $f_4(t)$ sei orthogonal zu $s_0(t)$ und $s_1(t)$

b) Wie groß sind die Energien dieser Signale $f_i(t)$? (Übung 14.1d).
   Wo liegen alle Signalvektoren $f(t) = b_0 s_0(t) + b_1 s_1(t)$ mit konstanter Energie E_f?

c) Zeichnen Sie den Vektor des „Störsignals" $n(t)$, das zu dem Signal $s_0(t)$ addiert werden muss, um es in das Signal $s_1(t)$ zu verfälschen. Welche Bedeutung hat der geometrische Abstand $d_{\min}$ der Endpunkte der Signalvektoren?

d) Wie sind zwei Trägersignale $f_0(t)$ und $f_1(t)$ der maximalen Energie $E_f = 1$ so in dem zweidimensionalen Vektorraum anzuordnen, dass die notwendige Störsignalenergie nach (c) möglichst hoch wird?
   Vergleichen Sie mit den Trägersignalvektoren bei unipolarer, bipolarer und orthogonaler Übertragung.

e) Ordnen Sie $M = 3, 4$ und 5 Signalvektoren der jeweils gleichen Energie E_f so in den Signalraum ein, dass der minimale Abstand $d_{\min}$ der Vektoren maximal wird. Wie groß ist E_f für $d_{\min} = 1$ als Funktion von M?
   Anmerkung: Lässt man Vektoren unterschiedlicher Länge zu, dann lassen sich bei gegebenem Minimalabstand $d_{\min}$ für $M > 5$ bessere Anordnungen, d. h. Signalkonfigurationen mit geringerer mittlerer Energie finden. Ein Beispiel für $M = 8$ wird in (h) diskutiert (zum entsprechenden Problem in höherdimensionalen Signalräumen in populärwissenschaftlicher Form s. Sloane, 1984).

f) In dem orthogonalen Übertragungssystem nach Abschn. 8.7 können die beiden ungestörten Trägersignale durch die zugeordneten Signalvektoren $s_0(t)$ und $s_1(t)$ geometrisch interpretiert werden. Bei Störung durch weißes, Gauß'sches Rauschen werden Störvektoren ${}^k n(t) = {}^k b_{n0} s_0(t) + {}^k b_{n1} s_1(t)$ addiert, deren Koeffizienten b_{n0}, b_{n1} nach den Ergebnissen von Abschn. 8.7 zwei unkorrelierte, Gauß-verteilte Zufallsgrößen sind.
   Skizzieren Sie die Nutz- und einige Störvektoren.

Teilen Sie den Signalraum in zwei Bereiche, die den Entscheidungen „$s_0(t)$ gesendet“ und „$s_1(t)$ gesendet“ entsprechen.
Wie lässt sich die Lage der Signalvektoren im Signalraum oszillografieren?

g) Skizzieren Sie ein entsprechendes Bild für ein Übertragungssystem mit vier Signalvektoren [nach (e)]. (Dieses Verfahren kann z.B. als quaternäre Phasenumtastung realisiert werden, Abschn. 9.6).

h) Diskutieren Sie folgende Übertragungssysteme mit je 8 Trägersignalen in kombinierter 8-PSK/ASK-Modulation (auch 8-QAM-Quadratur-Amplitudenmodulation). Dargestellt sind die Endpunkte der Signalvektoren (Abb. 14.2a). Berechnen Sie für den Mindestabstand $d_{\min} = 1$ jeweils die mittlere Energie E_α, E_β der beiden modulierten Sendesignale unter der Voraussetzung, dass alle Signalvektoren gleich häufig sind. Vergleichen Sie mit (e). Welcher Schaltungsaufbau ist einfacher?

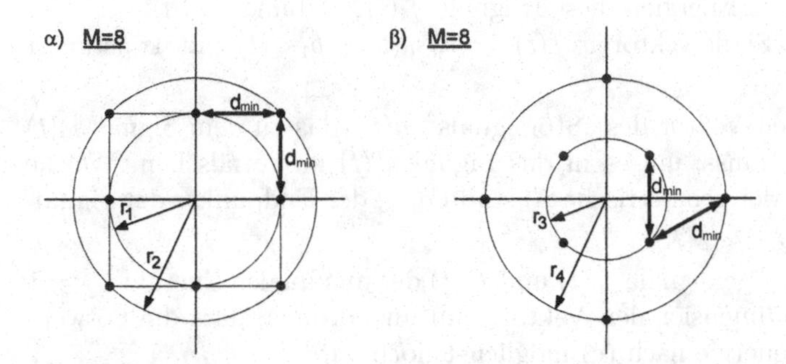

Abbildung 14.2a. Signalvektoren für 8-QAM

i) Erweitern Sie beide Anordnungen entsprechend auf 16 Trägersignale.

Lösung

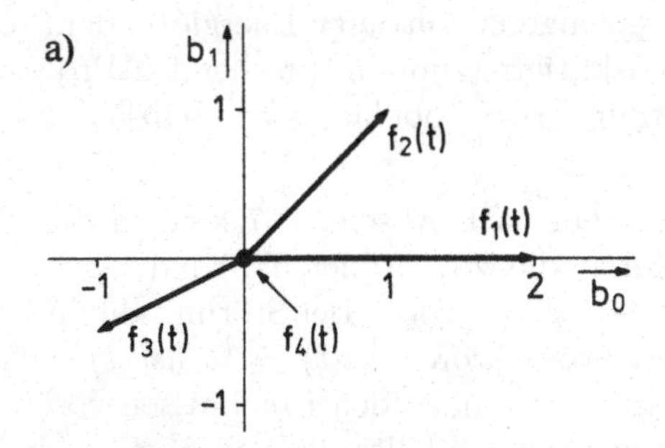

Abbildung 14.2b. Lösung zu Übung 14.2a ($f_4(t)$: Vektor der Länge Null)

b) $E_f = b_0^2 + b_1^2$
(für $f_4(t)$ Energie beliebig).

Die Endpunkte aller Signalvektoren $f(t)$ liegen auf dem Kreis mit Radius $\sqrt{E_f}$ um den Ursprung.

c)

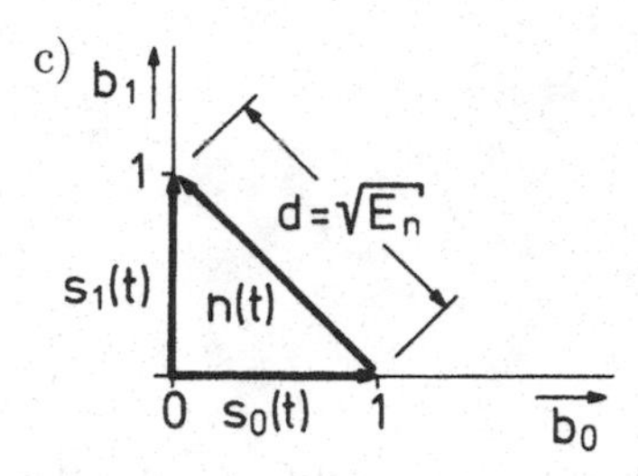

Abbildung 14.3. Lösung zu Übung 14.2c

d)

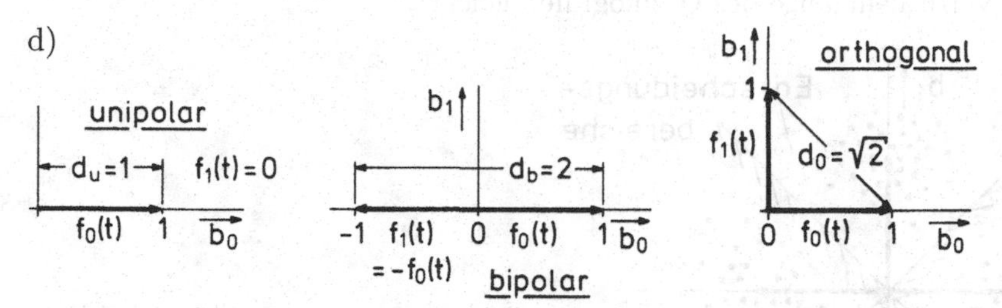

Abbildung 14.4. Lösung zu Übung 14.2d

Die notwendige Störsignalenergie ist bei bipolarer Übertragung am höchsten.

e)

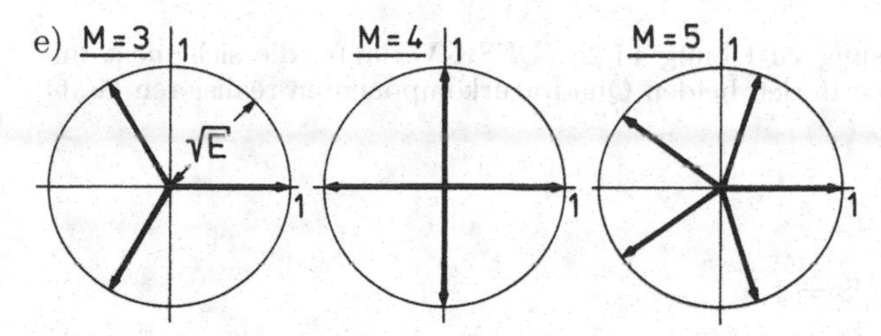

Abbildung 14.5. Lösung zu Übung 14.2e

$E_f(M) = 1/[2\sin(\pi/M)]^2$.

f)

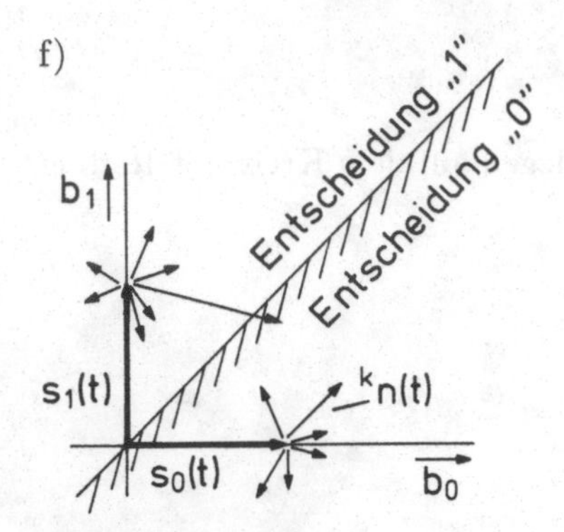

Abbildung 14.6a. Lösung zu Übung 14.2f

Zur oszillografischen Darstellung werden die Ausgänge b_1 und b_0 der Schaltung in Abb. 14.1 (bzw. eines entsprechenden Empfängers) an Horizontal- und Vertikaleingänge des Oszillografen gelegt.

g)

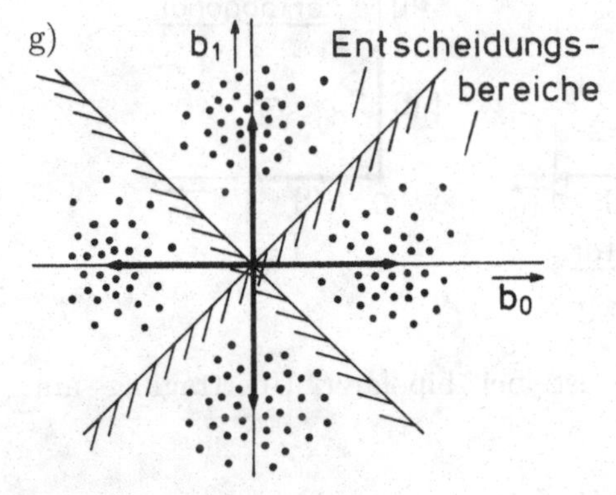

Abbildung 14.6b. Lösung zu Übung 14.2g (QPSK-Variante, die sich nicht mit separaten Entscheidungen in den beiden Quadraturkomponenten realisieren lässt)

h) α) $r_1 = 1, r_2 = \sqrt{2}$

$E_\alpha = (4r_1^2 + 4r_2^2)/8 = 1{,}5$

β) $r_3 = \sqrt{2}/2, r_4 = (1 + \sqrt{3})/2$

$E_\beta = (4r_3^2 + 4r_4^2)/8 = 1{,}18$

das zweite Verfahren benötigt also eine um etwa 1 dB geringere Sendeenergie. Allerdings ist zu berücksichtigen, dass die inneren 4 Signalvektoren jeweils $N_\mathrm{d} = 4$ Nachbarn im Abstand d_min besitzen, so dass die Symbol- und Bitfehlerwahrscheinlichkeiten größer werden. Modems zu α) können etwas einfacher aufgebaut sein. Die Signalkonfiguration β ist die in diesem Sinn bestmögliche Anordnung für $M = 8$. Für die einfachste Signalkonfiguration nach e) ergibt sich die größere Energie $E_8 = 1{,}707$.

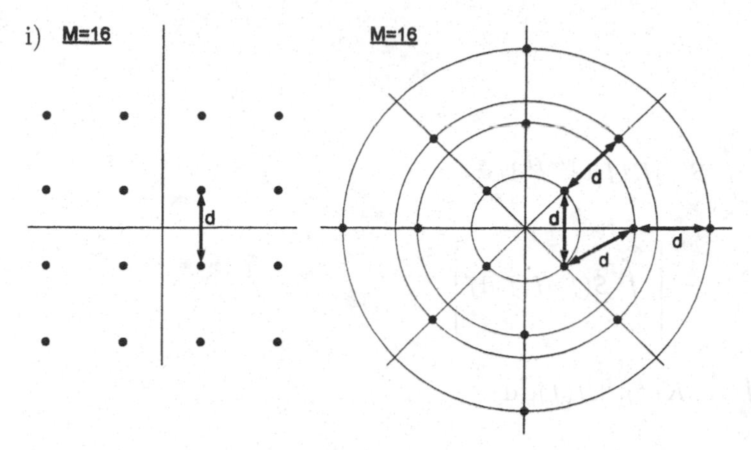

Abbildung 14.7. Mögliche Lösungen zu Übung 14.2i

14.3 Matched-Filter bei farbigem Rauschen

Ein Energiesignal mit dem Spektrum $S(f)$ wird durch farbiges Rauschen mit dem Leistungsdichtespektrum $\phi_{nn}(f) = N_0|K(f)|^2$ additiv gestört.

a) Berechnen Sie das Nutz-/Störleistungsverhältnis S_a/N am Ausgang eines Empfangsfilters mit der Übertragungsfunktion $H(f)$ zur Zeit $t = 0$.

b) Welche Übertragungsfunktion $H(f)$ ergibt ein maximales S_a/N-Verhältnis? Wie groß ist dieses Verhältnis?

Hinweis: Benutzen Sie die Schwarz'sche Ungleichung in der für komplexwertige Funktionen gültigen Form

$$\left|\int_a^b f(x)g(x)\mathrm{d}x\right|^2 \leq \int_a^b |f(x)|^2\mathrm{d}x \cdot \int_a^b |g(x)|^2\mathrm{d}x,$$

wobei das Gleichheitszeichen gilt für

$$f(x) = cg^*(x) \qquad (c \text{ beliebige reelle Konstante}).$$

Setzen Sie dabei $f(x) = H(f)|K(f)|$ und $g(x) = S(f)/|K(f)|$.

c) Wie lautet das Ergebnis für $|K(f)|^2 = 1$?

d) Das farbige Rauschen werde durch Filtern von weißem Rauschen mittels eines RC-Tiefpasses erzeugt. Das Spektrum des Sendesignals sei $S(f) = \mathrm{rect}[f/(2f_\mathrm{g})]$. Berechnen und skizzieren Sie die Übertragungsfunktion des matched-filter. Wie groß ist das S_a/N-Verhältnis?

Lösung

a) Es wird

$$g(t) = \int_{-\infty}^{\infty} S(f)H(f)\mathrm{e}^{\mathrm{j}2\pi ft}\mathrm{d}f$$

$$S_{\mathrm{a}} = g^2(0) = \left[\int_{-\infty}^{\infty} S(f)H(f)\mathrm{d}f\right]^2$$

$$N = \int_{-\infty}^{\infty} N_0|K(f)|^2|H(f)|^2\mathrm{d}f.$$

b) S_{a}/N kann umgeformt werden in

$$\frac{S_{\mathrm{a}}}{N} = \frac{\int_{-\infty}^{\infty} |S(f)/|K(f)||^2\mathrm{d}f}{N_0} \frac{\left|\int_{-\infty}^{\infty} H(f)|K(f)| \cdot S(f)/|K(f)|\mathrm{d}f\right|^2}{\int_{-\infty}^{\infty} |H(f)|K(f)||^2\mathrm{d}f \cdot \int_{-\infty}^{\infty} |S(f)/|K(f)||^2\mathrm{d}f},$$

da $|K(f)|^2$ eine reelle, nicht negativwertige Funktion ist. Der untere Bruch wird maximal 1 und zwar für

$$H(f)|K(f)| = cS^*(f)/|K(f)|,$$

Das „matched-filter" für farbiges Rauschen hat demnach die Übertragungsfunktion

$$H(f) = cS^*(f)/|K(f)|^2,$$

damit ist

$$\left.\frac{S_{\mathrm{a}}}{N}\right|_{\max} = \frac{1}{N_0}\int_{-\infty}^{\infty} |S(f)|^2/|K(f)|^2\mathrm{d}f.$$

Das Ergebnis kann interpretiert werden als Kettenschaltung eines ersten Filters $1/|K(f)|$ mit einem zweiten Filter $cS^*(f)/|K(f)|$. Das erste Filter erzeugt aus dem farbigen Rauschen wieder weißes Rauschen („prewhitening"-Filter).

Das zweite Filter ist dann ein Korrelationsfilter für das im prewhitening-Filter verzerrte Nutzsignal mit dem Spektrum $S(f)/|K(f)|$.

c) Korrelationsfilter – s. (7.56), hier über die Formulierung im Frequenzbereich berechnet.

d) $|K(f)|^2 = 1/[1+(2\pi Tf)^2]$ (Aufgabe 7.6)

$$H(f) = c \operatorname{rect}\left(\frac{f}{2f_g}\right) \cdot [1+(2\pi Tf)^2]$$

$$\left.\frac{S_a}{N}\right|_{\max} = \frac{1}{N_0}\int_{-f_g}^{f_g} 1+(2\pi Tf)^2 \mathrm{d}f = \frac{E_s}{N_0}\left[1+\frac{1}{3}(2\pi Tf_g)^2\right].$$

14.4 Matched-Filter bei linearer Kanalverzerrung

Ein Energiesignal mit dem Spektrum $S(f)$ wird über einen Kanal mit Fourier-Übertragungsfunktion $K(f)$ gesendet und durch weißes Rauschen mit Leistungsdichte N_0 additiv gestört.

a) Berechnen Sie das Nutz-/Störleistungsverhältnis S_a/N am Ausgang eines Empfangsfilters mit der Übertragungsfunktion $H(f)$ zur Zeit $t=0$.

b) Welche Übertragungsfunktion $H(f)$ ergibt ein maximales S_a/N-Verhältnis? Wie groß ist dieses Verhältnis?
Hinweis: Benutzen Sie die Schwarz'sche Ungleichung wie in Zusatzübung 14.3

Lösung

a) Es wird

$$g(t) = \int_{-\infty}^{\infty} S(f)K(f)H(f)\mathrm{e}^{\mathrm{j}2\pi ft}\mathrm{d}f$$

$$S_a = g^2(0) = \left[\int_{-\infty}^{\infty} S(f)K(f)H(f)\mathrm{d}f\right]^2$$

$$N = \int_{-\infty}^{\infty} N_0|H(f)|^2\mathrm{d}f.$$

b) S_a/N kann umgeformt werden in

$$\frac{S_a}{N} = \frac{\int_{-\infty}^{\infty}|S(f)K(f)|^2\mathrm{d}f}{N_0} \cdot \frac{\left|\int_{-\infty}^{\infty} S(f)K(f)H(f)\mathrm{d}f\right|^2}{\int_{-\infty}^{\infty}|H(f)|^2\mathrm{d}f \cdot \int_{-\infty}^{\infty}|S(f)K(f)|^2\mathrm{d}f}.$$

Der rechte Bruch wird maximal 1 für

$$H(f) = c\,[S(f)K(f)]^* .$$

Damit ist

$$\left.\frac{S_\mathrm{a}}{N}\right|_{\max} = \frac{1}{N_0}\int_{-\infty}^{\infty} |S(f)K(f)|^2 \mathrm{d}f.$$

Das „matched-filter“ für verzerrte Nutzsignale hat demnach die Aufgabe, spektrale Energieanteile des Nutzsignals, die der Kanal sicher überträgt, stärker zu gewichten. Insgesamt ergibt sich dann das S_a/N-Verhältnis gemäß dem Verhältnis der am Kanalausgang noch erhaltenen Energie des Nutzsignals zur Rauschleistungsdichte N_0 des weißen Rauschens. Allerdings ist an dieser Stelle zu beachten, dass die Kanalverzerrung dazu führen kann, dass das 1. Nyquist-Kriterium verletzt wird, so dass zusätzliche Eigeninterferenzen auftreten. Sofern der Kanal ein verzerrungsfreies System darstellt, ist dieses unkritisch und es wird lediglich der in $K(f)$ enthaltene zusätzliche Phasenterm in $H(f)$ korrigiert, so dass die Abtastung wieder am Maximum der Nutzsignalamplitude erfolgt. Bei Mehrwegeempfang erfolgt zusätzlich eine Gewichtung der eintreffenden Nutzsignalkopien mit den über den jeweiligen Weg erwarteten Amplitudendämpfungen; dieses Prinzip wird z. B. im Rake-Empfänger angewandt.

14.5 Frequenzumtastung mit nichtkohärentem Empfang

Ein digital moduliertes Sendesignal $m(t)$ mit den zwei orthogonalen Trägersignalen

$$s_i(t) = \mathrm{rect}(t/T)\cos[2\pi(f_0 + i/T)t] \quad \text{mit} \quad i \in \{0; 1\}$$

wird mit einem nichtkohärenten Empfänger der in Abb. 14.8 dargestellten Struktur empfangen.

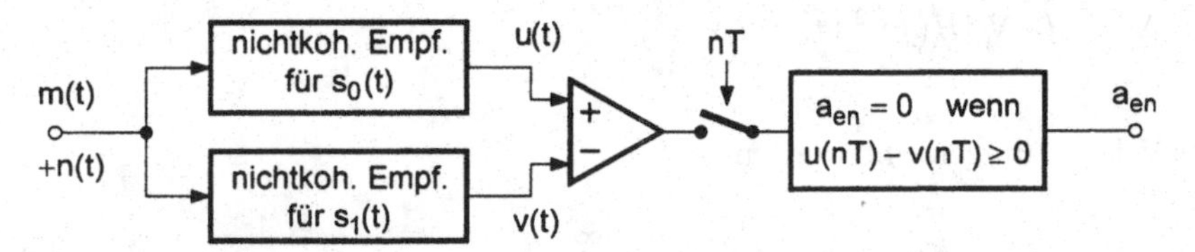

Abbildung 14.8. Nichtkohärenter Empfänger

a) Geben Sie ein mögliches Blockschaltbild der nichtkohärenten Empfänger für $s_i(t)$ an.

b) Skizzieren Sie bei Störung des übertragenen Signals $m(t)$ nach (8.13) durch weißes, Gauß'sches Rauschen $n(t)$ die Verteilungsdichtefunktionen der Zufallsgröße $u(nT)$ für $a_n = 0$ und $a_n = 1$.

c) Zwei statistisch unabhängige Zufallsgrößen $u(t_1)$ und $v(t_1)$ haben die Verteilungsdichtefunktionen $p_u(x)$ und $p_v(x)$. Berechnen Sie aus ihrer Verbundverteilungsdichtefunktion die Wahrscheinlichkeit

$$P = \text{Prob}[u(t_1) > v(t_1)].$$

d) Berechnen Sie mit dem Ergebnis aus (c) die Fehlerwahrscheinlichkeit des oben beschriebenen Datenübertragungssystems. Es gilt

$$\int_0^\infty x\text{I}_0(ax)\exp[-(a^2+x^2)/2]\text{d}x = 1.$$

Lösung

a) Siehe die Hüllkurvenempfänger in den Abb. 9.5–9.7 bis zum Abtaster.

b) Siehe Abb. 9.9.

c) Für die Verbundverteilungsdichtefunktion gilt nach (7.86)

$$p_{uv}(x,y) = p_u(x) \cdot p_v(y).$$

Unter der Bedingung, dass $v(t_1)$ in einem schmalen Amplitudenbereich $(y_0; y_0 + dy)$ liegt, ergibt sich die Wahrscheinlichkeit P_{y0} dafür, dass $u(t_1) > y_0$ (y_0 = konst) ist, zu

$$P_{y0} = \int_{y_0}^\infty p_{uv}(x, y_0)\text{d}x = p_v(y_0)\int_{y_0}^\infty p_u(x)\text{d}x.$$

Die Wahrscheinlichkeit P dafür, dass $u(t_1) > v(t_1)$ ist, folgt dann durch Integration über alle y zu

$$P = \int_{-\infty}^\infty p_v(y)\left[\int_y^\infty p_u(x)\text{d}x\right]\text{d}y.$$

d) Wird $a_n = 1$ gesendet, dann hat $u(nT)$ eine Rayleigh- und $v(nT)$ eine Rice-Verteilung. Die Wahrscheinlichkeit P_{e1} für falschen Empfang unter dieser Bedingung lautet damit

$$P_{e1} = \text{Prob}[u(nT) > v(nT)].$$

Mit dem Ergebnis aus (c) und mit (9.20) folgt

$$P_{\mathrm{e1}} = \int_0^\infty \frac{y}{N_0} I_0\left(\frac{\sqrt{S_\mathrm{a}}}{N}y\right) \exp[-(y^2+S_\mathrm{a})/(2N)] \cdot \\ \cdot \left(\int_y^\infty \frac{x}{N}\exp[-x^2/(2N)]\mathrm{d}x\right)\mathrm{d}y \\ = \int_0^\infty \frac{y}{N_0} I_0\left(\frac{\sqrt{S_\mathrm{a}}}{N}y\right) \exp[-(y^2+S_\mathrm{a}/2)/N]\mathrm{d}y,$$

mit der Substitution $y = x\sqrt{N/2}$ und Einsetzen des bestimmten Integrals aus (d) [wobei $a = \sqrt{S_\mathrm{a}/(2N)}$ sei], folgt

$$P_{\mathrm{e1}} = \frac{1}{2}\mathrm{e}^{-S_\mathrm{a}/(4N)}.$$

Für $a_n \in \{0;1\}$ gleich wahrscheinlich ergibt sich derselbe Ausdruck entsprechend (7.105) auch für die Gesamtfehlerwahrscheinlichkeit. Mit $S_\mathrm{a}/N = E_s/N_0$ (Abschn. 9.4) folgt also

$$P_\mathrm{e} = \frac{1}{2}\mathrm{e}^{-E_s/(4N_0)}.$$

Der Vergleich mit (9.21) ergibt, dass die nichtkohärente Orthogonalübertragung um 3 dB besser als die entsprechende unipolare Übertragung ist. Man beachte allerdings, dass dieser Vorteil sich bei Bezug auf die pro bit gesendete Energie $E_b = E_s/2$ bei unipolarer und $E_b = E_s$ bei orthogonaler Übertragung relativiert.

14.6 Deltamodulation und Differenz-Pulscodemodulation

Beim Verfahren der Deltamodulation (DM), einer modifizierten DPCM, wird die Verwendung eines zweistufigen Quantisierers (harter Begrenzer) durch die Rückkopplung eines Referenzsignals $f_\mathrm{R}(t)$ ermöglicht, wodurch die Schaltungstechnik besonders einfach wird. Gegeben sei die Prinzipschaltung eines Deltamodulators in Abb. 14.9.

a) Zeichnen Sie für ein Eingangssignal $f(t) = \varepsilon(t)[a\sin(2\pi t)]$ das Referenzsignal $f_\mathrm{R}(f)$ für $A = 1, a = 5$ und $T_0 = 0{,}025$ sowie 0,1.
b) Wie kann $f(t)$ näherungsweise aus $m(t)$ demoduliert werden?

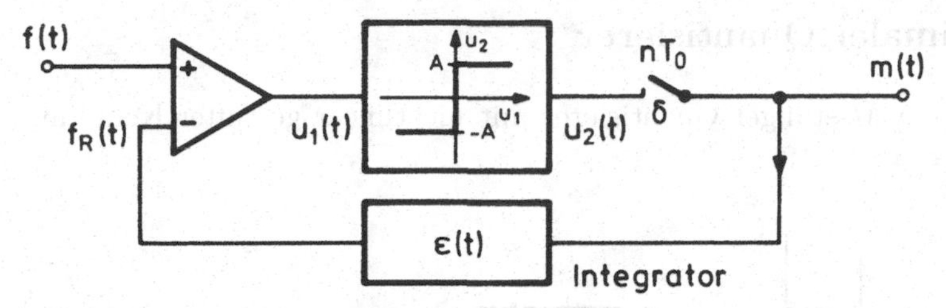

Abbildung 14.9. Deltamodulator

c) Wie groß darf die Amplitude a eines sinusförmigen Signals mit der Frequenz f_s bei gegebenem T_0 maximal werden, damit das Referenzsignal $f_\mathrm{R}(t)$ dem Signal $f(t)$ auch im Bereich seiner maximalen Steilheit noch folgen kann? (Vermeidung von „slope overload")

d) In welchem Verhältnis steht die Abtastrate r_D eines Deltamodulators zur Nyquist-Rate r_N des Eingangssignals, wenn für beliebige Werte von a „slope overload" vermieden werden soll?

Lösung

a)

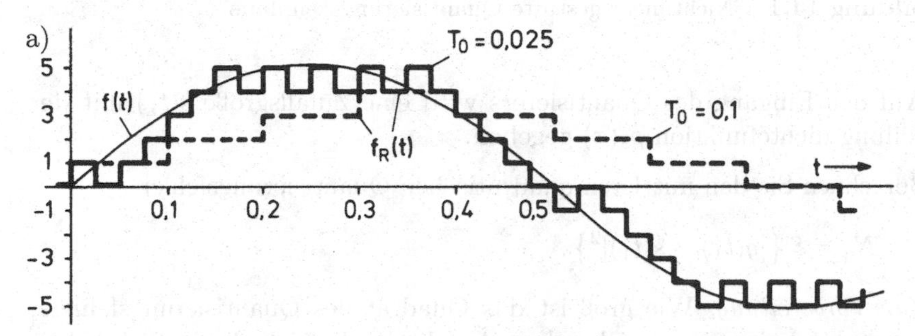

Abbildung 14.10. Lösung zu Übung 14.6a. [$f_\mathrm{R}(t)$ gezeichnet für einen Startwert $f_\mathrm{R}(t) = 0$ für $t < 0$]

b) Mit einem Integrator lässt sich $f(t)$ näherungsweise demodulieren.

c) Die Treppenkurve $f_\mathrm{R}(t)$ kann einem Signal $f(t)$ nur folgen, wenn dessen Steigung dem Betrage nach $\leq A/T_0$ ist.
Für $f(t) = a\sin(2\pi f_\mathrm{s}t)$ gilt also

$$2\pi f_\mathrm{s} a \leq A/T_0, \quad \text{damit}$$

$$a \leq \frac{A}{2\pi f_\mathrm{s} T_0}.$$

d) Mit $r_\mathrm{D} = 1/T_0$ und $r_\mathrm{N} = 2f_\mathrm{s}$ sowie dem Wert für T_0 aus (c) ergibt sich

$$\frac{r_\mathrm{D}}{r_\mathrm{N}} = \frac{1/T_0}{2f_\mathrm{s}} \geq \pi\frac{a}{A}.$$

14.7 Optimaler Quantisierer

Gegeben ist ein M-stufiger Quantisierer mit nichtlinear gestufter Kennlinie nach Abb. 14.11.

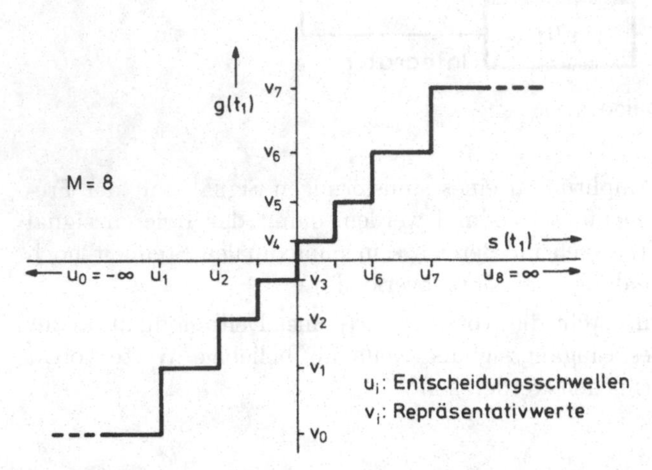

Abbildung 14.11. Nichtlinear gestufte Quantisierungskennlinie

Auf den Eingang des Quantisierers wird eine Zufallsgröße $s(t_1)$ mit der Verteilungsdichtefunktion $p_s(x)$ gegeben.

a) Berechnen Sie den mittleren quadratischen Quantisierungsfehler

$$N_\mathrm{q} = \mathcal{E}\left\{[g(t_1) - s(t_1)]^2\right\}.$$

Zur Vorbereitung: Wie groß ist das Quadrat des Quantisierungsfehlers, wenn $s(t_1)$ in einem schmalen Amplitudenbereich $(x; x + \mathrm{d}x)$ mit $u_i < x \leq u_{i+1}$ liegt? Mit welcher Wahrscheinlichkeit tritt dieser Fall auf? (Vgl. das Vorgehen in Abschn. 7.3.2.)

b) Welche notwendige Bedingung muss der Repräsentativwert v_i der Quantisierungskennlinie erfüllen, damit bei vorgegebenen Entscheidungsschwellen u_i der Quantisierungsfehler N_q minimal wird?

c) Welche notwendige Bedingung muss die Entscheidungsschwelle u_i der Quantisierungskennlinie erfüllen, damit bei vorgegebenen Repräsentativwerten v_j der Quantisierungsfehler N_q minimal wird?

d) Aus den in (b) und (c) gefundenen Regeln lässt sich (wenn auch nicht in jedem Fall eindeutig) iterativ die optimale Quantisierungskennlinie für eine gegebene Verteilungsdichtefunktion und Stufenzahl M bestimmen. Der so gefundene Quantisierer wird Lloyd-Max-Quantisierer genannt. Zeigen Sie, dass für eine gleichverteilte, mittelwertfreie Zufallsgröße der linear gestufte Quantisierer nach Abb. 9.9 die notwendigen Bedingungen erfüllt. Wie ist in diesem Fall die Quantisierungsstufenbreite Δ zu wählen? (Jayant und Noll, 1984).

Lösung

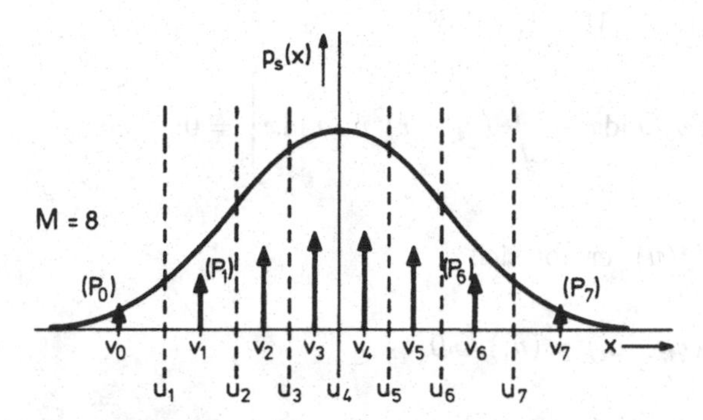

Abbildung 14.12. Lösung zu Übung 14.7b

a) Mit

$$\text{Prob}[x < s(t_1) \leq x + \mathrm{d}x] = p_s(x)\mathrm{d}x$$

folgt für das Quadrat des Quantisierungsfehlers, wenn $s(t_1)$ einen Wert im infinitesimalen Bereich $(x; x + \mathrm{d}x)$ annimmt,

$$(v_i - x)^2 p_s(x)\mathrm{d}x$$

und damit für den mittleren quadratischen Quantisierungsfehler durch Integrieren zwischen den Grenzen der einzelnen Entscheidungsschwellen und Aufsummieren über alle Quantisierungsstufen

$$N_\mathrm{q} = \sum_{i=0}^{M-1} \int_{u_i}^{u_{i+1}} (v_i - x)^2 p_s(x)\mathrm{d}x .$$

b) Bedingung für minimalen Quantisierungsfehler

$$\frac{\mathrm{d}N_\mathrm{q}}{\mathrm{d}v_i} \stackrel{!}{=} 0 \quad \text{für} \quad i = 0, 1, \ldots, M-1,$$

nach Differentiation unter dem Integral wird

$$\int_{u_i}^{u_{i+1}} 2(v_i - x)p_s(x)\mathrm{d}x = 0, \quad \text{also}$$

$$v_i = \int_{u_i}^{u_{i+1}} x p_s(x)\mathrm{d}x \Bigg/ \int_{u_i}^{u_{i+1}} p_s(x)\mathrm{d}x .$$

Die Repräsentativwerte v_i der Quantisierungskennlinie müssen also mit den Flächenschwerpunkten der durch die Entscheidungsschwellen u_i geteilten Verteilungsdichtefunktion übereinstimmen.

c) Bedingung für minimalen Quantisierungsfehler

$$\frac{\mathrm{d}N_\mathrm{q}}{\mathrm{d}u_i} \stackrel{!}{=} 0 \quad \text{für} \quad i = 0, 1, \ldots, M-1, \quad \text{also}$$

$$\frac{\mathrm{d}}{\mathrm{d}u_i}\left[\int\limits_{u_{i-1}}^{u_i} (v_{i-1} - x)^2 p_s(x)\mathrm{d}x + \int\limits_{u_i}^{u_{i+1}} (v_i - x)^2 p_s(x)\mathrm{d}x\right] = 0;$$

$$\text{mit} \quad \frac{\mathrm{d}}{\mathrm{d}u}\int\limits_a^u f(x)\mathrm{d}x = f(u) \quad \text{ergibt sich}$$

$$(v_{i-1} - u_i)^2 p_s(u_i) - (v_i - u_i)^2 p_s(u_i) = 0$$

und schließlich

$$u_i = \frac{1}{2}(v_{i-1} + v_i).$$

Die Entscheidungsschwellen u_i der Quantisierungskennlinie müssen also den arithmetischen Mittelwert der jeweils benachbarten Repräsentativwerte annehmen.

d) Für $p_s(x) = a^{-1}\,\mathrm{rect}(x/a)$ sind mit einer linear gestuften Quantisierungskennlinie der Stufenbreite $\Delta = a/M$ die Bedingungen (b) und (c) erfüllt.

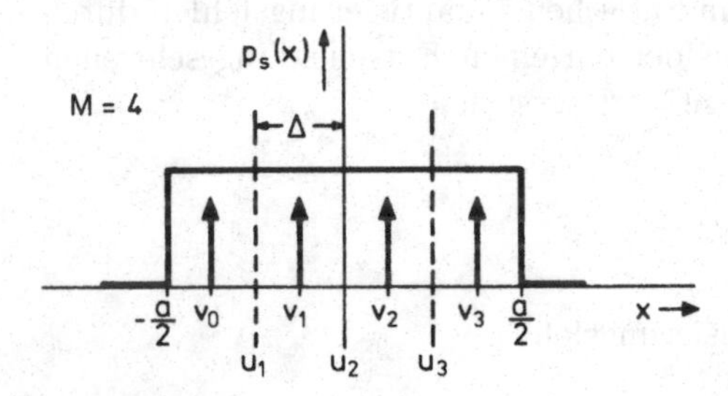

Abbildung 14.13. Lösung zu Übung 14.7d

14.8 Leitungstheorie

Ein allgemeines Ersatzschaltbild einer Leitung besteht aus Längsinduktivität L, Längswiderstand R, Querkapazität C und Querleitwert G. Sofern die Leitung physikalisch homogen ist, sind diese Größen linear von der Länge der

Leitung abhängig. Besitzt eine Leitung mit Länge l die Werte L_l, R_l, C_l und G_l für die vier genannten Größen, ergeben sich der *Induktivitätsbelag* $L' = \frac{L_l}{l}$ als Längsinduktivität pro Längeneinheit, und entsprechend *Widerstandsbelag* $R' = \frac{R_l}{l}$, *Kapazitätsbelag* $C' = \frac{C_l}{l}$ sowie *Leitwertsbelag* $G' = \frac{G_l}{l}$. Damit las-

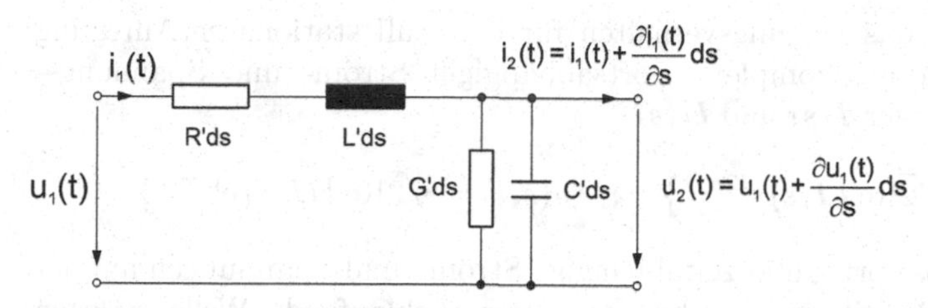

Abbildung 14.14. Allgemeines Ersatzbild eines infinitesimalen Leitungsabschnitts der Länge ds

sen sich Eigenschaften einer bestimmten Leitung unabhängig von ihrer Länge beschreiben. Es werde nun eine Streckenkoordinate s definiert, die es erlaubt, die Verhältnisse an einem Ort auf der Leitung zu beschreiben. Für einen infinitesimalen Abschnitt der Länge ds gilt dann das in Abb. 14.14 gezeigte Ersatzbild, und auf Grund der Kirchhoff'schen Maschenregel die Beziehung

$$u_1(t) = R'\mathrm{d}s \cdot i_1(t) + L'\mathrm{d}s \cdot \frac{\partial i_1(t)}{\partial t} + u_2(t)\,,$$

weiter folgt mit der Approximation (lineares Glied einer Taylor-Reihenentwicklung) $u_2(t) = u_1(t) + \frac{\partial u_1(t)}{\partial s}\mathrm{d}s$

$$R'\mathrm{d}s \cdot i_1(t) + L'\mathrm{d}s \cdot \frac{\partial i_1(t)}{\partial t} + \frac{\partial u_1(t)}{\partial s} \cdot \mathrm{d}s = 0\,.$$

In entsprechender Weise ergibt sich für den Strom durch die Leitung nach Anwendung der Kirchhoff'schen Knotenregel

$$i_1(t) = G'\mathrm{d}s \cdot u_1(t) + C'\mathrm{d}s \cdot \frac{\partial u_1(t)}{\partial t} + i_2(t)$$

und analog mit $i_2(t) = i_1(t) + \frac{\partial i_1(t)}{\partial s}\mathrm{d}s$

$$G'\mathrm{d}s \cdot u_1(t) + C'\mathrm{d}s \cdot \frac{\partial u_1(t)}{\partial t} + \frac{\partial i_1(t)}{\partial s} \cdot \mathrm{d}s = 0\,.$$

Werden die Gleichungen durch ds dividiert, so ergeben sich die von der Leitungslänge vollkommen unabhängigen Beziehungen

$$\frac{\partial u_1(t)}{\partial s} = -\left(R' + L'\frac{\partial}{\partial t}\right) i_1(t) \quad \text{und} \quad \frac{\partial i_1(t)}{\partial s} = -\left(G' + C'\frac{\partial}{\partial t}\right) u_1(t)\,.$$

Diese beiden *Leitungsgleichungen* beschreiben die grundsätzlichen Eigenschaften einer elektrischen Leitung, bzw. die Art und Weise, wie Spannungen und Ströme auf Leitungen verknüpft sind. Auf Grund der Homogenität beschreibt das Paar $(u_1; i_1)$ die Spannung $u(s,t)$ und den Strom $i(s,t)$ an einem beliebigen Ort der Leitung.

a) Ermitteln Sie das Leitungsverhalten für den Fall stationärer Anregung unter Verwendung komplexer, ortsabhängiger Strom- und Spannungs-Effektivwertzeiger $\boldsymbol{I}(s)$ und $\boldsymbol{U}(s)$

$$i(s,t) = \sqrt{2}\mathrm{Re}\left\{\boldsymbol{I}(s)\,\mathrm{e}^{\mathrm{j}2\pi ft}\right\} \quad ; \quad u(s,t) = \sqrt{2}\mathrm{Re}\left\{\boldsymbol{U}(s)\,\mathrm{e}^{\mathrm{j}2\pi ft}\right\}.$$

b) Zeigen Sie, dass orts- und zeitabhängige Ströme und Spannungen auf der Leitung sich jeweils in eine hin- und eine rücklaufende Welle zerlegen lassen. Ermitteln Sie Bedingungen, unter denen die rücklaufende Welle verschwindet.

c) Verallgemeinern Sie das Leitungsverhalten für den Fall instationärer Anregung unter der vereinfachenden Annahme der verlustlosen Leitung, $R' = G' = 0$.

Lösung

a) Mit $\sqrt{2}\mathrm{Re}\left\{\frac{\mathrm{d}\boldsymbol{U}(s)}{\mathrm{d}s}\mathrm{e}^{\mathrm{j}2\pi ft}\right\} = -\sqrt{2}\mathrm{Re}\left\{(R' + \mathrm{j}2\pi fL')\,\boldsymbol{I}(s)\,\mathrm{e}^{\mathrm{j}2\pi ft}\right\}$
und $\sqrt{2}\mathrm{Re}\left\{\frac{\mathrm{d}\boldsymbol{I}(s)}{\mathrm{d}s}\mathrm{e}^{\mathrm{j}2\pi ft}\right\} = -\sqrt{2}\mathrm{Re}\left\{(G' + \mathrm{j}\omega C')\,\boldsymbol{U}(s)\,\mathrm{e}^{\mathrm{j}2\pi ft}\right\}$ folgt

$$\frac{\mathrm{d}\boldsymbol{U}(s)}{\mathrm{d}s} = -\,(R' + \mathrm{j}2\pi fL')\,\boldsymbol{I}(s) \quad ; \quad \frac{\mathrm{d}\boldsymbol{I}(s)}{\mathrm{d}s} = -\,(G' + \mathrm{j}2\pi fC')\,\boldsymbol{U}(s).$$

Differentiation der ersten Gleichung nach s und Einsetzen der zweiten Gleichung ergibt

$$\frac{\mathrm{d}^2\boldsymbol{U}(s)}{\mathrm{d}s^2} = \underbrace{(R' + \mathrm{j}2\pi fL')\,(G' + \mathrm{j}2\pi fC')}_{\gamma^2}\,\boldsymbol{U}(s) = \gamma^2\boldsymbol{U}(s).$$

Diese *Wellengleichung* beschreibt die Ausbreitung sinusoidaler Wellen auf Leitungen. Der komplexe Wert γ ist von den Leitungsbelägen und von f abhängig und wird *Ausbreitungskonstante* genannt; diese besitzt die Dimension $\langle\text{Längeneinheit}\rangle^{-1}$. Die allgemeine Lösung der Wellengleichung ergibt sich mit zwei komplexen Konstanten $\boldsymbol{U}_1$ und $\boldsymbol{U}_2$

$$\boldsymbol{U}(s) = \boldsymbol{U}_1\mathrm{e}^{-\gamma s} + \boldsymbol{U}_2\mathrm{e}^{\gamma s},$$

was durch Einsetzen in die erste Leitungsgleichung auf folgende Lösung für den Strom führt:

$$\begin{aligned}\boldsymbol{I}(s) &= -\frac{1}{R' + \mathrm{j}2\pi f L'} \frac{\mathrm{d}\boldsymbol{U}(s)}{\mathrm{d}s} = \frac{\gamma}{R' + \mathrm{j}2\pi f L'} \left(\boldsymbol{U}_1 \mathrm{e}^{-\gamma s} - \boldsymbol{U}_2 \mathrm{e}^{\gamma s}\right) \\ &= \frac{\boldsymbol{U}_1 \mathrm{e}^{-\gamma s} - \boldsymbol{U}_2 \mathrm{e}^{\gamma s}}{\boldsymbol{Z}},\end{aligned}$$

mit dem frequenzabhängigen *Wellenwiderstand*

$$\boldsymbol{Z} = \frac{R' + \mathrm{j}2\pi f L'}{\gamma} = \sqrt{\frac{R' + \mathrm{j}2\pi f L'}{G' + \mathrm{j}2\pi f C'}}\,.$$

Unter Verwendung von Randbedingungen müssen jetzt noch die (ebenfalls frequenzabhängigen) Konstanten $\boldsymbol{U}_1$ und $\boldsymbol{U}_2$ bestimmt werden. Werden hierfür Spannung und Strom am Anfang der Leitung ($s = 0$) berücksichtigt, so ergeben sich die Bedingungen $\boldsymbol{U}(s = 0) \equiv \boldsymbol{U}_a = \boldsymbol{U}_1 + \boldsymbol{U}_2$ und $\boldsymbol{I}(s = 0) \equiv \boldsymbol{I}_a = \frac{\boldsymbol{U}_1 - \boldsymbol{U}_2}{\boldsymbol{Z}}$, woraus folgt

$$\boldsymbol{U}_1 = \frac{\boldsymbol{U}_a + \boldsymbol{Z}\boldsymbol{I}_a}{2} \quad ; \quad \boldsymbol{U}_2 = \frac{\boldsymbol{U}_a - \boldsymbol{Z}\boldsymbol{I}_a}{2}\,.$$

Somit gilt für Ströme und Spannungen an beliebiger Position auf der Leitung

$$\begin{aligned}\boldsymbol{U}(s) &= \frac{1}{2}\left(\boldsymbol{U}_a + \boldsymbol{Z}\boldsymbol{I}_a\right) \mathrm{e}^{-\gamma s} + \frac{1}{2}\left(\boldsymbol{U}_a - \boldsymbol{Z}\boldsymbol{I}_a\right) \mathrm{e}^{\gamma s}, \\ \boldsymbol{I}(s) &= \frac{1}{2}\left(\frac{\boldsymbol{U}_a}{\boldsymbol{Z}} + \boldsymbol{I}_a\right) \mathrm{e}^{-\gamma s} - \frac{1}{2}\left(\frac{\boldsymbol{U}_a}{\boldsymbol{Z}} - \boldsymbol{I}_a\right) \mathrm{e}^{\gamma s}.\end{aligned}$$

In vollkommen analoger Weise erhält man bei einer Leitung der Länge l und Vorgabe der Randbedingungen durch Spannungen und Ströme am Leitungsende, $\boldsymbol{U}(s = l) \equiv \boldsymbol{U}_\mathrm{e} = \boldsymbol{U}_1 \mathrm{e}^{-\gamma l} + \boldsymbol{U}_2 \mathrm{e}^{\gamma l}$ und $\boldsymbol{I}(s = l) \equiv \boldsymbol{I}_\mathrm{e} = \frac{\boldsymbol{U}_1 \mathrm{e}^{-\gamma l} - \boldsymbol{U}_2 \mathrm{e}^{\gamma l}}{\boldsymbol{Z}}$

$$\begin{aligned}\boldsymbol{U}(s) &= \frac{1}{2}\left(\boldsymbol{U}_\mathrm{e} + \boldsymbol{Z}\boldsymbol{I}_\mathrm{e}\right) \mathrm{e}^{\gamma(l-s)} + \frac{1}{2}\left(\boldsymbol{U}_\mathrm{e} - \boldsymbol{Z}\boldsymbol{I}_\mathrm{e}\right) \mathrm{e}^{-\gamma(l-s)}, \\ \boldsymbol{I}(s) &= \frac{1}{2}\left(\frac{\boldsymbol{U}_\mathrm{e}}{\boldsymbol{Z}} + \boldsymbol{I}_\mathrm{e}\right) \mathrm{e}^{\gamma(l-s)} - \frac{1}{2}\left(\frac{\boldsymbol{U}_\mathrm{e}}{\boldsymbol{Z}} - \boldsymbol{I}_\mathrm{e}\right) \mathrm{e}^{-\gamma(l-s)}.\end{aligned}$$

b) Aufspaltung der Ausbreitungskonstanten in Real- und Imaginärteil ergibt

$$\gamma = \sqrt{(R' + \mathrm{j}2\pi f L')(G' + \mathrm{j}2\pi f C')} = \alpha + \mathrm{j}\beta\,.$$

Mit den ebenfalls von der Frequenz und von den Leitungsbelägen abhängigen Werten der *Dämpfungskonstanten* α und *Phasenkonstanten* $\beta = 2\pi g$ ergibt sich die Spannung auf der Leitung gemäß der oben beschriebenen Leitungsgleichung

$$u(s,t) = \sqrt{2}\mathrm{Re}\left\{\frac{1}{2}\boldsymbol{U}_1\mathrm{e}^{-\alpha s}\mathrm{e}^{-\mathrm{j}2\pi gs}\mathrm{e}^{\mathrm{j}2\pi ft} + \frac{1}{2}\boldsymbol{U}_2\mathrm{e}^{\alpha s}\mathrm{e}^{\mathrm{j}2\pi gs}\mathrm{e}^{\mathrm{j}2\pi ft}\right\}.$$

Mit den Konstanten $\boldsymbol{U}_1$ und $\boldsymbol{U}_2$ in einer Betrags- und Phasendarstellung

$$\hat{u}_1\mathrm{e}^{\mathrm{j}\phi_1} = \sqrt{2}\boldsymbol{U}_1 = \frac{\sqrt{2}}{2}(\boldsymbol{U}_\mathrm{a} + \boldsymbol{Z}\boldsymbol{I}_\mathrm{a})$$

$$\hat{u}_2\mathrm{e}^{\mathrm{j}\phi_2} = \sqrt{2}\boldsymbol{U}_2 = \frac{\sqrt{2}}{2}(\boldsymbol{U}_\mathrm{a} - \boldsymbol{Z}\boldsymbol{I}_\mathrm{a})$$

ergibt sich

$$u(s,t) = \hat{u}_1\mathrm{e}^{-\alpha s}\cos\left[2\pi\left(ft - gs\right) + \phi_1\right] + \hat{u}_2\mathrm{e}^{\alpha s}\cos\left[2\pi\left(ft + gs\right) + \phi_2\right].$$

Die Spannung auf der Leitung besteht aus zwei überlagerten orts- und zeitabhängigen sinusoidalen Schwingungen, von denen die eine exponentiell mit αs gedämpft wird, die andere wächst. Im zeitlich-örtlichen Zusammenhang stellt sich ein Bild ein, bei dem Wellen über die Leitung wandern. Die örtliche Wellenlänge ist $\lambda = \frac{1}{g}$. Die Wanderung der beiden Wellen findet aber in entgegengesetzten Richtungen statt. Hierzu betrachte man beispielhaft zum Zeitpunkt $t = 0$ den Ort eines Nulldurchgangs s_0. Mit der Bedingung, dass das Argument der Kosinusfunktion dort $\frac{\pi}{2}$ werden muss, folgt für die erste Welle

$$-2\pi g s_0 + \phi_1 = \frac{\pi}{2} \quad \Rightarrow s_0 = \frac{\phi_1}{2\pi g} - \frac{1}{4g}.$$

Zu einem Zeitpunkt $t = t_1 > t_0$ habe sich dieser Nulldurchgang zu einem Ort s_1 bewegt:

$$2\pi f t_1 - 2\pi g s_1 + \phi_1 = \frac{\pi}{2} \quad \Rightarrow s_1 = \frac{\phi_1}{2\pi g} + \frac{f}{g}t_1 - \frac{1}{4g}.$$

Die Verschiebung in positiver s-Richtung (d.h. hin zum Ende der Leitung) ist also $\frac{f}{g}t_1$, womit sich die Geschwindigkeit der *hinlaufenden Welle* $v_+ = \frac{f}{g}$ ergibt. In vollkommen identischer Betrachtung ergibt sich für die *rücklaufende Welle* wegen des umgekehrten Vorzeichens von g eine Ausbreitung mit der Geschwindigkeit $v_- = -v_+$, also in entgegengesetzter Richtung. Die rücklaufende Welle lässt sich als Reflektion vom Leitungsende her deuten, die entlang der Leitung zurückläuft. Wird die Leitung am Ende mit einem (komplexen) Widerstand $\boldsymbol{R} = \frac{\boldsymbol{U}_\mathrm{e}}{\boldsymbol{I}_\mathrm{e}}$ abgeschlossen, so lässt sich die unter a) hergeleitete Gleichung wie folgt umschreiben:

$$\boldsymbol{U}(s) = \underbrace{\frac{1}{2}(\boldsymbol{R} + \boldsymbol{Z})\boldsymbol{I}_\mathrm{e}\mathrm{e}^{\gamma(l-s)}}_{\boldsymbol{U}_\mathrm{hin}(s)} + \underbrace{\frac{1}{2}(\boldsymbol{R} - \boldsymbol{Z})\boldsymbol{I}_\mathrm{e}\mathrm{e}^{-\gamma(l-s)}}_{\boldsymbol{U}_\mathrm{rück}(s)}.$$

Es wird deutlich, dass für $\boldsymbol{R} = \boldsymbol{Z}$, also bei Leitungsabschluss mit dem Wellenwiderstand, die rücklaufende Welle vollständig verschwindet.

c) Für den Fall, dass auf der Leitung keine Ohm'schen Längs- und Querverluste auftreten, ergibt sich

$$\gamma = \sqrt{-(2\pi f)^2 L'C'} = \mathrm{j}2\pi f\sqrt{L'C'} \Rightarrow \alpha = 0;\ \beta = 2\pi g = 2\pi f\sqrt{L'C'}\,.$$

Wellenwiderstand und Wandergeschwindigkeit werden für diesen Fall frequenzunabhängig, $\boldsymbol{Z} = \sqrt{\frac{L'}{C'}}$ und $v_+ = \frac{1}{\sqrt{L'C'}}$. Mit den beiden ursprünglichen Leitungsgleichungen ergibt sich für diesen Fall

$$\frac{\partial u(s,t)}{\partial s} = -L'\frac{\partial i(s,t)}{\partial t} \Rightarrow \frac{\partial^2 u(s,t)}{\partial s^2} = -L'\frac{\partial^2 i(s,t)}{\partial s \partial t}\frac{\partial i(s,t)}{\partial s} = -C'\frac{\partial u(s,t)}{\partial t} \Rightarrow \frac{\partial^2 i(s,t)}{\partial s \partial t} = -C'\frac{\partial^2 u(s,t)}{\partial t^2}\,.$$

und weiter die allgemeine (nicht nur für stationäre Anregung gültige) Wellengleichung für den verlustlosen Fall

$$\frac{\partial^2 u(s,t)}{\partial s^2} = L'C'\frac{\partial^2 u(s,t)}{\partial t^2}\,.$$

Da nun alle Frequenzkomponenten identisches Verhalten bezüglich Wanderausbreitung und wellenwiderstandsabhängiger Dämpfung zeigen, werden sich ihre hin- und rücklaufenden Wellen an jeder Position identisch überlagern. Daher kann hier direkt ein Lösungsansatz gewählt werden, der auf hin- und rücklaufenden (ungedämpften) Komponenten beruht. Die Verknüpfung der Orts- und Zeitabhängigkeit erfolgt dann ausschließlich über die frequenzunabhängige Geschwindigkeit v (entspricht dem vorherigen v_+ der hinlaufenden Welle).

$$u(s,t) = u_{\text{hin}}(s - vt) + u_{\text{rück}}(s + vt)$$

Ableitung des Lösungsansatzes nach t ergibt zunächst

$$\begin{aligned}\frac{\partial u(s,t)}{\partial t} &= \frac{\partial u_{\text{hin}}(s-vt)}{\partial s}\cdot\frac{\partial}{\partial t}(s-vt) + \frac{\partial u_{\text{rück}}(s+vt)}{\partial s}\cdot\frac{\partial}{\partial t}(s+vt)\\ &= \frac{\partial u_{\text{hin}}(s-vt)}{\partial s}\cdot(-v) + \frac{\partial u_{\text{rück}}(s+vt)}{\partial s}\cdot v\\ \Rightarrow \frac{\partial^2 u(s,t)}{\partial t^2} &= \frac{\partial^2 u_{\text{hin}}(s-vt)}{\partial s^2}\cdot(-v)^2 + \frac{\partial^2 u_{\text{rück}}(s+vt)}{\partial s^2}\cdot v^2\,.\end{aligned}$$

Entsprechend folgt bei Ableitung nach s

$$\frac{\partial^2 u(s,t)}{\partial s^2} = \frac{\partial^2 u_{\text{hin}}(s-vt)}{\partial s^2} + \frac{\partial^2 u_{\text{rück}}(s+vt)}{\partial s^2}\,,$$

und weiter in Kombination mit der Zeitableitung das bereits bekannte Ergebnis

$$\frac{\partial^2 u(s,t)}{\partial s^2} = \frac{1}{v^2}\frac{\partial^2 u(s,t)}{\partial t^2} \quad \Rightarrow v = \frac{1}{\sqrt{L'C'}}\left[\frac{cm}{s}\right].$$

Einsetzen in die Leitungsgleichung für den Strom ergibt schließlich

$$\frac{\partial i(s,t)}{\partial s} = -C'\frac{\partial u(s,t)}{\partial t} = vC'\left[\frac{\partial u_{\text{hin}}(s-vt)}{\partial s} - \frac{\partial u_{\text{rück}}(s+vt)}{\partial s}\right]$$

$$\text{und } vC' = \sqrt{\frac{C'}{L'}} = \frac{1}{\boldsymbol{Z}} \Rightarrow i(s,t) = \frac{1}{\boldsymbol{Z}}\left[u_{\text{hin}}(s-vt) - u_{\text{rück}}(s+vt)\right].$$

Die Spannungen und Ströme lassen sich also wiederum als Überlagerung einer hinlaufenden und einer rücklaufenden Welle interpretieren, die optimale Leitungsanpassung für Übertragung bei geringstmöglichem Verlust ergibt sich wie vorher bei Abschluss am Leitungsende $s = l$ mit einem Widerstand $\boldsymbol{R} = \boldsymbol{Z}$ (hier reellwertig).

14.9 Störverhalten von AM-Systemen

Teil 1

Gegeben ist ein stationärer Zufallsprozess $f(t)$, dessen Realisationen ${}^kf(t)$ jeweils mit dem Trägersignal ${}^ks(t) = \cos(2\pi f_0 t + \varphi_k)$ multipliziert werden. Die Phasen φ_k sind gleichverteilt im Bereich $[0, 2\pi]$.

a) Berechnen Sie die Autokorrelationsfunktion des Produktprozesses $g(t) = f(t) \cdot s(t)$.
Ist $g(t)$ stationär?

b) Berechnen Sie das Leistungsdichtespektrum des Produktprozesses.

c) Die Realisationen des Produktprozesses ${}^kg(t)$ werden zur Demodulation mit dem kohärenten Träger ${}^ks(t)$ multipliziert.
Wie lauten jetzt die Autokorrelationsfunktion und das Leistungsdichtespektrum des zweiten Produktprozesses $h(t) = f(t) \cdot s^2(t)$?

Teil 2

Ein Nutzsignal $f(t)$ mit weißem, auf die Grenzfrequenz f_g tiefpassbegrenzten Leistungsdichtespektrum wird amplitudenmoduliert übertragen.

Die Nutzleistung am Empfängereingang ist S_K. Der Empfang wird durch weißes Rauschen (N_0) gestört.
Skizzieren Sie mit Hilfe der Ergebnisse aus Teil 1 die Leistungsdichtespektren von Nutz- und Störsignal am Eingang und Ausgang eines kohärenten Empfängers und ermitteln Sie daraus das S_a/N-Verhältnis am Ausgang für

d) Zweiseitenband-Amplitudenmodulation ohne Träger

e) Einseitenband-AM ohne Träger, wenn am Empfängereingang ein Bandpass der Bandbreite f_g liegt.

Lösung

a) Da $f(t)$ und $s(t)$ unabhängig sind:

$$\varphi_{gg}(t_1,t_2) = \mathcal{E}\left\{g(t_1)g(t_2)\right\}$$
$$= \underbrace{\mathcal{E}\left\{f(t_1)f(t_2)\right\}}_{\varphi_{ff}(t_1-t_2)=\varphi_{ff}(\tau)} \cdot \mathcal{E}\left\{\cos(2\pi f_0 t_1 + \varphi_k)\cos(2\pi f_0 t_2 + \varphi_k)\right\}$$

mit

$$\cos\alpha\cos\beta = \frac{1}{2}\cos(\alpha-\beta) + \frac{1}{2}\cos(\alpha+\beta),$$

wird

$$\mathcal{E}\left\{\cos(\cdot)\cos(\cdot)\right\} = \frac{1}{2}\mathcal{E}\left\{\cos[2\pi f_0(t_1-t_2)]\right\}$$
$$+\frac{1}{2}\mathcal{E}\left\{\cos[2\pi f_0(t_1+t_2)+2\varphi_k]\right\}.$$

Der letzte Scharmittelwert verschwindet, da die φ_k gleichverteilt sind, also ist

$$\varphi_{\mathrm{gg}}(t_1,t_2) = \varphi_{ff}(\tau)\cdot\frac{1}{2}\cos(2\pi f_0\tau) = \varphi_{\mathrm{gg}}(\tau);$$

$g(t)$ ist damit (zumindest schwach) stationär.

b) $\varphi_{\mathrm{gg}}(\tau) \circ\!\!-\!\!\bullet\ \phi_{\mathrm{gg}}(f) = \phi_{ff}(f) * \left[\frac{1}{4}\delta(f-f_0) + \frac{1}{4}\delta(f+f_0)\right].$

c) $\varphi_{hh}(\tau) = \mathcal{E}\left\{f(t)f(t+\tau)\right\}\cdot\mathcal{E}\left\{\cos^2(2\pi f_0 t+\varphi_k)\cos^2[2\pi f_0(t+\tau)+\varphi_k]\right\},$
weiter mit

$$\cos^2\alpha\cdot\cos^2\beta = \frac{1}{4} + \frac{1}{4}\cos(2\alpha) + \frac{1}{4}\cos(2\beta)$$
$$+\frac{1}{8}\cos(2\alpha-2\beta) + \frac{1}{8}\cos(2\alpha+2\beta)$$

wird

$$\mathcal{E}\left\{\cos^2(\cdot)\cos^2(\cdot)\right\} = \frac{1}{4} + \frac{1}{4}\mathcal{E}\left\{\cos(4\pi f_0 t+2\varphi_k)\right\}$$
$$+\frac{1}{4}\mathcal{E}\left\{\cos[4\pi f_0(t+\tau)+2\varphi_k]\right\}$$
$$+\frac{1}{8}\mathcal{E}\left\{\cos(2\pi f_0\cdot 2\tau)\right\}$$
$$+\frac{1}{8}\mathcal{E}\left\{\cos[4\pi f_0(2t+\tau)+4\varphi_k]\right\}.$$

Wieder verschwinden die Scharmittelwerte der Ausdrücke mit φ_k, und es ergibt sich

$$\varphi_{hh}(\tau) = \varphi_{ff}(\tau)\left[\frac{1}{4} + \frac{1}{8}\cos(4\pi f_0 \tau)\right]$$

$$\circ\!\!-\!\!\bullet$$

$$\phi_{hh}(f) = \phi_{ff}(f) * \left[\frac{1}{4}\delta(f) + \frac{1}{16}\delta(f-2f_0) + \frac{1}{16}\delta(f+2f_0)\right].$$

d) Das Nutzleistungsdichtespektrum $\phi_{mm}(f)$ am Empfängereingang erhält man mit der Lösung zu b). Bei einer Nutzleistung S_{K} beträgt die Nutzleistungsdichte $S_0 = S_{\mathrm{K}}/(4f_{\mathrm{g}})$ (s. Abb. 14.15a).
Am Empfängerausgang erhält man mit der Lösung zu c) im TP-Bereich ein Nutzleistungsdichtespektrum $\phi_{ee}(f)$ der gleichen Leistungsdichte S_0. Die Störleistungsdichte ergibt sich mit den Ergebnissen zu b). Durch Falten des weißen Rauschens mit $0{,}25[\delta(f-f_0)+\delta(f+f_0)]$ und Leistungsaddition der beiden unkorrelierten Anteile (vgl. Aufgabe 7.7) erhält man am Empfängerausgang das Störleistungsdichtespektrum in Abb. 14.15b.

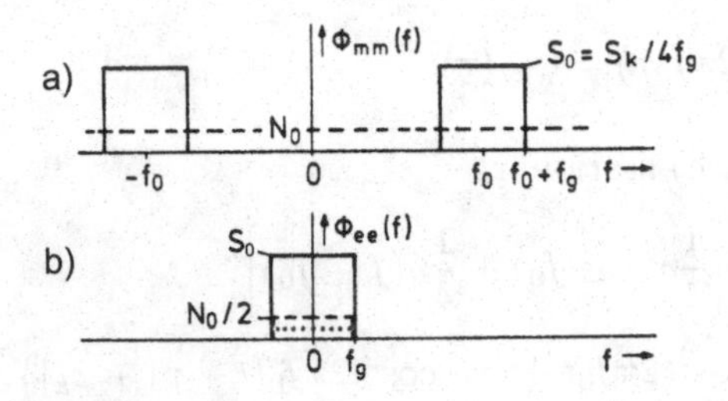

Abbildung 14.15. Nutz- und Störleistungsdichtespektren am Eingang (**a**) und Ausgang (**b**) eines kohärenten Zweiseitenband-AM-Empfängers

Damit folgt für das Leistungsverhältnis am Empfängerausgang [vgl. (10.17), (13.2)]

$$\frac{S_{\mathrm{a}}}{N} = \frac{S_0 \cdot 2f_{\mathrm{g}}}{0{,}5N_0 \cdot 2f_{\mathrm{g}}} = \frac{S_{\mathrm{K}}}{2f_{\mathrm{g}}N_0}.$$

e) Es gelten prinzipiell die gleichen Überlegungen wie zu d). Die Ergebnisse zeigt Abb. 14.16. Das Leistungsverhältnis am Empfängerausgang ist damit

$$\frac{S_{\mathrm{a}}}{N} = \frac{0{,}25S_0 \cdot 2f_{\mathrm{g}}}{0{,}25N_0 \cdot 2f_{\mathrm{g}}} = \frac{S_{\mathrm{K}}}{2f_{\mathrm{g}}N_0}.$$

Bei gleicher Nutzeingangsleistung besitzt die Einseitenbandübertragung also denselben Störabstand wie die Zweiseitenbandübertragung.

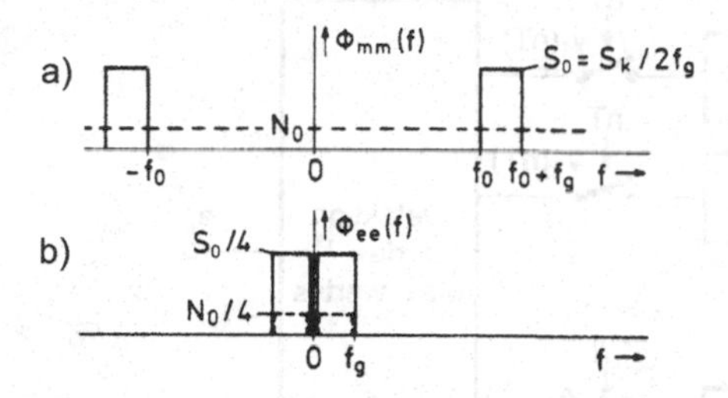

Abbildung 14.16. Nutz- und Störleistungsdichtespektren am Eingang (**a**) und Ausgang (**b**) eines kohärenten Einseitenband-AM-Empfängers

14.10 Digitale Übertragung mit M orthogonalen Trägersignalen und die Shannon-Grenze

In Abschn. 9.1 und in Übungen 14.5 wurde die digitale Übertragung mit zwei orthogonalen Trägersignalen über Bandpasskanäle diskutiert. Zunehmend werden auch Übertragungsverfahren mit sehr vielen orthogonalen Trägersignalen eingesetzt. Ein Beispiel ist das Verfahren aus Abschn. 11.4c mit z.B. 64 Walsh-Funktionen. Das Fehlerverhalten solcher orthogonaler Übertragungsverfahren bei kohärentem und nichtkohärentem Empfang wird in Verallgemeinerung von Übungen 14.5 hier näher betrachtet.
Mit M orthogonalen Trägersignalen $s_i(t)$, $i = 1 \ldots M$, der Länge T lassen sich $K = \text{lb}(M)$ bit pro Taktzeit T übertragen. Das Sendesignal am Empfängereingang lautet

$$m(t) = \sum_{n=-\infty}^{\infty} s_{a_n}(t - nT)\cos(2\pi f_0 t), \quad \text{mit} \quad f_0 T \gg 1, \quad \text{ganz},$$

wobei $a_n \in \{1; 2; \ldots; M\}$ das zum Zeitpunkt $t = nT$ gesendete Datensymbol ist.

Alle Trägersignale sind reell und besitzen die Energie E_s. Weiter sei die auf ein einzelnes Bit entfallende Energie $E = E_\text{s}/k$. Die Empfängerstruktur ist in Abb. 14.17 dargestellt. Das Störsignal $n(t)$ sei weißes, Gauß-verteiltes Rauschen der Leistungsdichte N_0.

a) Geben Sie für kohärenten und inkohärenten Empfang jeweils eine mögliche Empfängerschaltung für $s_i(t)$ an.

Die folgenden Untersuchungen sollen für kohärenten und für inkohärenten Empfang durchgeführt werden. Zunächst wird angenommen, dass nur $s_1(t)$ gesendet wird). (*Hinweis:* Bearbeiten Sie zuerst Übungen 14.5).

b) Bestimmen Sie die Verteilungsdichtefunktionen $p_{y_i}(x)$ von $y_i(nT)$ für $i = 1 \ldots M$. Welche statistischen Abhängigkeiten bestehen zwischen den Zufallsgrößen $y_i(nT)$?

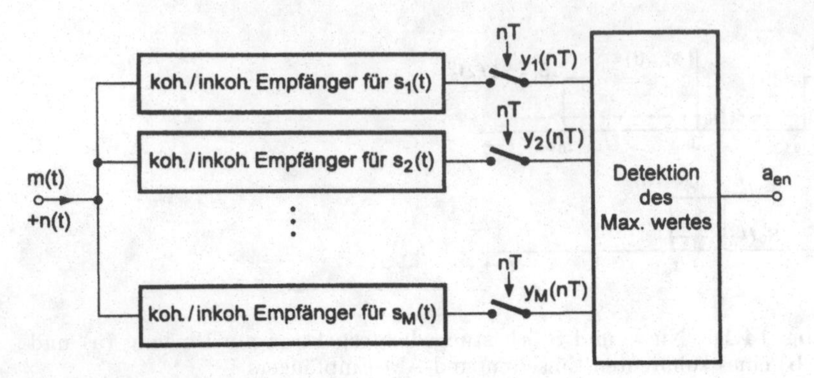

Abbildung 14.17. Empfänger für ein Bandpassübertragungssystem mit M orthogonalen Trägersignalen

c) Ein Übertragungsfehler tritt auf, wenn $y_i(nT) \geq y_1(nT)$ für mindestens ein $i = 2 \dots M$ ist. Bestimmen Sie für $i = 2 \dots M$ die Wahrscheinlichkeit $P_i(z) = \text{Prob}[y_i(nT) < z]$. Wie groß ist die Wahrscheinlichkeit $P_a(z)$, dass $y_i(nT) < z$ für alle $i = 2 \dots M$ ist? Wie groß ist die Wahrscheinlichkeit $P_c(z)$, dass $y_i(nT) \geq z$ für mindestens ein $i = 2 \dots M$ ist?

Die Datensymbole a_n seien statistisch unabhängig und gleich häufig.

d) Stellen Sie die Symbolfehlerwahrscheinlichkeit P_s des hier beschriebenen Systems in Abhängigkeit von den in Unterpunkt (b) und (c) bestimmten Größen dar. Wie groß ist die Bitfehlerwahrscheinlichkeit P_e für diese Systeme?

e) Bestimmen Sie mit Hilfe der Abschätzung

$$P_c(z) \leq (M-1)(1 - P_i(z))$$

eine obere Grenze für P_s. Welche Fehlerwahrscheinlichkeiten P_s ergeben sich für $M \to \infty$, wenn $E/N_0 > 4/\text{lb}(e) = 4\ln(2)$ ist?

f) Die Abschätzung aus (e) wird modifiziert. Für kohärenten Empfang gilt:

$$P_c(z) \leq \begin{cases} 1 & \text{für} \quad z \leq z_0 = \sqrt{2\ln(2)kN} \\ M\exp(-z^2/2N) & \text{für} \quad z \geq z_0. \end{cases}$$

Begründen Sie die Gültigkeit dieser Abschätzung und bestimmen Sie mit diesem Ergebnis für kohärenten Empfang die Bitfehlerwahrscheinlichkeit für $M \to \infty$. Vergleichen Sie das Ergebnis mit der Shannon-Grenze in Abschn. 13.3.

Hinweis: Es gilt $\text{erfc}(v) \leq \exp(-v^2)$ für $v \geq 0$ und damit insbesondere

$$\frac{1}{\sqrt{2\pi}} \int_{-\infty}^{w} \exp[-(u-v)^2/2]du$$
$$= \frac{1}{2}\mathrm{erfc}\left(\frac{v-w}{\sqrt{2}}\right) \leq \frac{1}{2}\exp[-(v-w)/2] \quad \text{für} \quad v \geq w$$

und

$$\frac{1}{\sqrt{2\pi}} \int_{w}^{\infty} \exp(-u^2/2)\exp[-(u-v)^2/2]du$$
$$= \frac{1}{\sqrt{2}}\exp(-v^2/4)\frac{1}{2}\mathrm{erfc}\left(w-\frac{v}{2}\right)$$
$$\leq \frac{\sqrt{2}}{4}\exp(-v^2/4)\exp[-(w-v/2)^2/2] \quad \text{für} \quad w \geq v/2.$$

Lösung

a) Siehe die Empfänger in den Abb. 9.4 und 9.5 bis zum Abtaster mit $s_{\mathrm{T}}(-t) = s_i(-t)$ (bei komplizierten Trägersignalen werden die Korrelationsfilter i. Allg. durch Korrelatoren ersetzt).

b) Die Überlegungen in Abschn. 8.7 und Übungen 14.5 zur Übertragung mit zwei orthogonalen Trägersignalen können übernommen werden. Für beide Empfangsarten sind die Signale $y_i(nT)$ an den Ausgängen der orthogonalen Filter also statistisch unabhängig. Bei kohärentem Empfang sind die Ausgangsgrößen Gauß-verteilt. Mit $\sqrt{S_{\mathrm{a}}} = E_{\mathrm{s}}$ und $N = E_{\mathrm{s}}N_0$ ist also

$$p_{y_1}(x) = \frac{1}{\sqrt{2\pi N}}\exp[-(x-E_{\mathrm{s}})^2/2N] \quad \text{bzw.}$$
$$p_{y_i}(x) = \frac{1}{\sqrt{2\pi N}}\exp(-x^2/2N) \quad \text{für} \quad i = 2\ldots M.$$

Bei inkohärentem Empfang ergibt sich für $y_1(nT)$ eine Rice- und für die übrigen Ausgänge eine Rayleigh-Verteilung:

$$p_{y_1}(x) = \varepsilon(x)\frac{x}{N}I_0(E_{\mathrm{s}}x/N)\exp[-(x^2+E_{\mathrm{s}}^2)/2N] \quad \text{bzw.}$$
$$p_{y_i}(x) = \varepsilon(x)\frac{x}{N}\exp(-x^2/2N) \quad \text{für} \quad i = 2\ldots M.$$

c) Bei kohärentem Empfang ist für $i \neq 1$

$$P_i(z) = \int_{-\infty}^{z} p_{y_i}(x)\mathrm{d}x = \frac{1}{2}\mathrm{erfc}\left(\frac{-z}{\sqrt{2N}}\right) = 1 - \frac{1}{2}\mathrm{erfc}\left(\frac{z}{\sqrt{2N}}\right).$$

Für inkohärenten Empfang erhält man

$$P_i(z) = \int_0^z p_{y_i}(x)\mathrm{d}x = \varepsilon(z)[1 - \exp(-z^2/2N)].$$

Da die Filterausgangssignale statistisch unabhängig sind, gilt für beide Empfangsarten

$$P_a(z) = [P_i(z)]^{M-1} \quad \text{und} \quad P_c(z) = 1 - P_a(z) = 1 - [P_i(z)]^{M-1}.$$

d) Wegen der Symmetrie des betrachteten Problems (die Trägersignale sind paarweise orthogonal und werden gleich häufig und statistisch unabhängig gesendet), kann die Betrachtung auf den Fall, dass $s_1(t)$ gesendet wird, beschränkt werden.
Zur Bestimmung der Symbolfehlerwahrscheinlichkeit muss in Verallgemeinerung von Übungen 14.5 für alle Schwellenwerte z die Wahrscheinlichkeit $P_c(z)$, dass mindestens ein $y_i(nT)$ mit $i = 2 \ldots M$ größer als z ist, mit der Wahrscheinlichkeit $p_{y_1}(z)\mathrm{d}z$, dass $y_1(nT) = z$ ist, gewichtet und über die möglichen Schwellenwerte integriert werden:

$$P_\mathrm{s} = \int_{-\infty}^{\infty} P_c(z)p_{y_1}(z)\mathrm{d}z = \int_{-\infty}^{\infty} [1 - [P_i(z)]^{M-1}]p_{y_1}(z)\mathrm{d}z.$$

Für kohärenten Empfang ergibt sich nach Einsetzen der Ergebnisse aus (b) und (c) und mit der Substitution $z = u\sqrt{N}$, sowie $N = E_s N_0 = K E_b N_0$ und der Abkürzung $\gamma = E_b/N_0$:

$$P_\mathrm{s} = \int_{-\infty}^{\infty} \left[1 - \left(1 - \frac{1}{2}\mathrm{erfc}(z/\sqrt{2N})\right)^{M-1}\right] p_{y_1}(z)\mathrm{d}z$$

$$= 1 - \frac{1}{\sqrt{2\pi}} \int_{-\infty}^{\infty} \left(1 - \frac{1}{2}\mathrm{erfc}\left(\frac{u}{\sqrt{2}}\right)\right)^{M-1} \exp[-(u - \sqrt{K\gamma})^2/2]\mathrm{d}u.$$

Für inkohärenten Empfang ergibt sich entsprechend:

$$P_\mathrm{s} = \int_0^{\infty} [1 - (1 - \exp(-z/\sqrt{2N}))^{M-1}]p_{y_1}(z)\mathrm{d}z$$

$$= 1 - \int_0^{\infty} (1 - \exp(-u^2/2))^{M-1} u I_0(u\sqrt{K\gamma}) \exp[-(u^2 + K\gamma)/2]\mathrm{d}u.$$

Anmerkung: Im Gegensatz zum kohärenten Fall, bei dem die Lösung wegen der erfc-Funktion unter dem Integral nur numerisch erfolgen kann, lassen sich die Fehlerraten für inkohärenten Empfang explizit bestimmen. Man erhält

$$P_s = \frac{1}{M}\sum_{m=2}^{M}\binom{M}{m}(-1)^m \exp[-K\gamma(m-1)/2m].$$

Für $M = 2$ ergibt sich damit das in Übungen 14.5 bestimmte Ergebnis

$$P_s = P_e = \frac{1}{2}\exp(-E_b/4N_0).$$

Die M übertragenen Symbole lassen sich durch binäre Codewörter der Länge $\mathrm{lb}(M)$ beschreiben. In jeder Position dieser Codewörter unterscheiden sich genau $M/2$ Codewörter von dem übertragenen Codewort. Da die Auftrittswahrscheinlichkeit jedes der $M-1$ möglichen falsch empfangenen Symbole wegen der Symmetrie der Übertragung aber gleich ist, ist die Bitfehlerwahrscheinlichkeit nur $(1/(M-1))M/2$-mal so groß wie die Symbolfehlerwahrscheinlichkeit. Unabhängig von der Empfangsart gilt also für die Bitfehlerwahrscheinlichkeit (s. Abb. 14.18)

$$P_e = \frac{M}{2(M-1)}P_s.$$

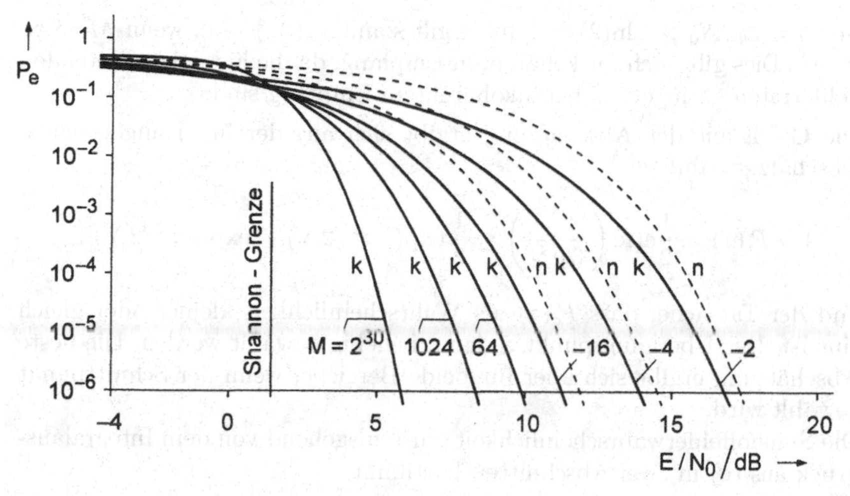

Abbildung 14.18. Bitfehlerwahrscheinlichkeit bei kohärentem (**k**) und nichtkohärentem (**n**: *gestrichelt*) Empfang für M orthogonale Trägersignale

e) Die angegebene Abschätzung für $P_c(z)$ ergibt sich aus

$$\frac{1-a^{M-1}}{1-a} = \sum_{n=0}^{M-2} a^n \leq M-1 \quad \text{für} \quad 0 \leq a \leq 1.$$

Nach Einsetzen dieser Abschätzung und Vergleich des Ergebnisses mit der Lösung von (d) folgt, dass die obere Grenze für P_s genau $M-1$-mal die Bitfehlerwahrscheinlichkeit für $M=2$ mit der Signalenergie $E_s = KE_b$ ist. Aus Abschn. 8.7 und Übungen 14.5 ergibt sich somit für kohärenten Empfang

$$P_\mathrm{s}(M) \leq \frac{M-1}{2}\mathrm{erfc}(\sqrt{K\gamma/4})$$

und für inkohärenten Empfang

$$P_\mathrm{s}(M) \leq \frac{M-1}{2}\exp(-K\gamma/4).$$

Für $M=2$ gilt für beide Abschätzungen die Gleichheit, und man erhält die in Abschn. 8.7 und Übungen 14.5 bestimmten Bitfehlerwahrscheinlichkeiten. Für inkohärenten Empfang ist

$$\begin{aligned} P_\mathrm{s}(M) &\leq \frac{M-1}{2}\exp(-K\gamma/4) \leq \frac{M}{2}\exp\left(-\frac{\ln(M)}{\ln(2)}\frac{\gamma}{4}\right) \\ &= \frac{1}{2}M^{(1-(1/\ln(2))\cdot(\gamma/4))}. \end{aligned}$$

Für $\gamma = E_b/N_0 > 4\ln(2) = 4/\mathrm{lb}(e)$ gilt somit $P_\mathrm{s}(M) \to 0$, wenn $M \to \infty$ strebt. Dies gilt auch für kohärenten Empfang, da die hierbei auftretenden Fehlerraten geringer als bei inkohärentem Empfang sind.

f) Die Gültigkeit der Abschätzung ergibt sich aus der in e) angegebenen Abschätzung mit

$$1 - P_i(z) = \frac{1}{2}\mathrm{erfc}\left(\frac{z}{\sqrt{2N}}\right) \leq \frac{1}{2}\exp(-z^2/2N) < \exp(-z^2/2N)$$

und der Tatsache, dass $P_c(z)$ als Wahrscheinlichkeit kleiner oder gleich eins ist. Der Übergangspunkt z_0 kann beliebig gewählt werden. Die beste Abschätzung ergibt sich aber für beide Bereiche, wenn der Schnittpunkt gewählt wird.
Die Symbolfehlerwahrscheinlichkeit wird ausgehend von dem Integralausdruck aus (c) in zwei Abschnitten bestimmt.
Man erhält:

$$P_\mathrm{s}(M) \leq \int_{-\infty}^{z_0} p_{y_1}(z)\mathrm{d}z + \int_{z_0}^{\infty} M\exp(-z^2/2N)p_{y_1}(z)\mathrm{d}z.$$

Mit der Substitution $z = u\sqrt{N}$ und $u_0 = z_0/\sqrt{N} = \sqrt{2\ln(2)K}$ ergibt sich:

$$P_s(M) \leq \underbrace{\frac{1}{\sqrt{2\pi}} \int_{-\infty}^{u_0} \exp[-(u - \sqrt{K\gamma})^2/2] \mathrm{d}u}_{\leq (1/2)\exp[-(\sqrt{K\gamma}-u_0)^2/2]}$$

$$+ \underbrace{\frac{M}{\sqrt{2\pi}} \int_{u_0}^{\infty} \exp(-u^2/2) \exp[-(u - \sqrt{K\gamma})^2/2] \mathrm{d}u}_{\leq (\sqrt{2}/4) M \exp(-K\gamma/4) \exp[-(u_0 - 0{,}5\sqrt{K\gamma})^2/2]}$$

Diese Abschätzungen sind gültig, sofern $\sqrt{K\gamma} \geq u_0$, folglich also $\gamma = E_b/N_0 \geq 2\ln(2)$, oder wenn $\sqrt{K\gamma}/2 \leq u_0$, also $\gamma = E_b/N_0 \leq 8\ln(2)$ gilt. Für $M \to \infty$ erhält man $P_s(M) \to 0$. Mit dem Ergebnis aus (e) folgt somit, dass die Symbolfehlerwahrscheinlichkeit und damit auch die Bitfehlerwahrscheinlichkeit für $\gamma = E_b/N_0 \geq 2\ln(2)$ mit wachsendem M beliebig klein wird. Somit wird die Shannon-Grenze für nicht bandbegrenzte Übertragung erreicht! Es lässt sich zeigen, dass diese Aussage auch für inkohärenten Empfang gilt.

Literaturverzeichnis*

Achilles, D. (1985): *Die Fourier-Transformation in der Signalverarbeitung* (Springer, Berlin, Heidelberg)
Alamouti, S. M. (1998): *A simple transmit diversity scheme for wireless communications*, IEEE J. Sel. Areas Commun. **16(8)**:1451-1458
Arthurs, E., Dym, H. (1962): On the optimum detection of digital signals. IRE Trans. CS- **10**, 336–372

Babovsky, H. e. a. (1987): *Mathematische Methoden in der Systemtheorie: Fourieranalysis* (Teubner, Stuttgart)
Bendat, J. S. (1958): *Principles and Applications of Random Noise Theory* (Wiley, New York)
Berger, T. (1971): *Rate Distortion Theory* (Prentice-Hall, Englewood Cliffs, NJ)
Bhargava, V. K., Haccoun, D., Matyas, R., Nuspl, P. P. (1981): *Digital Communications by Satellite* (Wiley, New York; 1991 Krieger, Melbourne)
Biglieri, E., Calderbank, R., Constantinides, A., Goldsmith, A., Paulraj, A., Poor, H. V. (2007): *MIMO Wireless Communications*(Cambridge UP, Cambridge, MA)
Blahut, R. E. (1987): *Principles and Practice of Information Theory* (Addison-Wesley, Reading, MA)
Blahut, R. E. (1990): *Digital Transmission of Information* (Addison-Wesley, Reading, MA)
Bocker, P. (1983, 1979): *Datenübertragung*, Bd. I, II (Springer, Berlin, Heidelberg)
Bocker, P. (1997): *ISDN* (Springer, Berlin, Heidelberg)
Böhme, J. R. (1998, 2013): *Stochastische Signale* (Teubner, Stuttgart)
Borgmann, M., Bölkscei, H. (2005): *Noncoherent space-frequency coded MIMO-OFDM* IEEE J. Sel. Areas Commun. **23(9)**, 1799–1810
Bossert, M. (1998): *Kanalcodierung* (Teubner, Stuttgart)
Bossert, M. (2012): *Einführung in die Nachrichtentechnik* (Oldenbourg, München)
Bracewell, R. M. (1986, 1999): *The Fourier-Transform and Its Applications* (McGraw-Hill, New York)
Brigham, E. O. (1988): *The Fast Fourier Transform and Its Applications* (Prentice Hall, Englewood Cliffs, NJ) [deutsch: *FFT, Schnelle Fourier-Transformation* (Oldenbourg, München 1995)]
Burdic, W. S. (1968): *Radar Signal Analysis* (Prentice-Hall, Englewood Cliffs, NJ)

Chu, D. (1972): *Polyphase codes with good periodic correlation properties* IEEE Trans. Inf. Theor. **18(4)**, 531532

* Neben der im Text zitierten Literatur enthält diese Zusammenstellung eine Auswahl weiterer Beiträge zu den behandelten Themen, die zur Ergänzung des behandelten Stoffes dienen sollen. Einige weitere klassische Arbeiten sind im Anhang zum Literaturverzeichnis zusammengestellt.

Coulon de, F. (1986): *Signal Theory and Processing* (Artech House, Dedham, MA)
Cover, T. M., Thomas, J. A. (1991, 2006): *Elements of Information Theory* (Wiley, New York)

Dahlmann, G., Parkvall, S., Skold, J. (2013): *4G: LTE/LTE-Advanced for Mobile Broadband, 2nd Ed.* (Academic Press, New York)
Davenport, W. B., Root, W. L. (1968): *An Introduction to the Theory of Random Signals and Noise* (McGraw-Hill, New York) (Neuauflage 1987: IEEE Press, Piscataway, New Jersey)
Davenport, W. B. (1970): *Probability and Random Processes* (McGraw-Hill, New York)
David, K., Benkner, T. (2002): *Digitale Mobilfunksysteme, 2. Aufl.* (Teubner, Stuttgart)
Doetsch, G. (1989): *Anleitung zum praktischen Gebrauch der Laplace-Transformation und der z-Transformation* (Oldenbourg, München)

Fan, R, Darnell, M. (1996): *Sequence Design for Communications Applications* (Wiley, New York)
Fano, R. M. (1966): *Informationsübertragung* (Oldenbourg, München)
Fante, R. L. (1988): *Signal Analysis and Estimation* (Wiley, New York)
Fettweis, A. (1990): *Elemente nachrichtentechnischer Systeme* (Teubner, Stuttgart)
Finger, A. (1997, 2013): *Pseudorandom-Signalverarbeitung* (Teubner, Stuttgart)
Fliege, N. (1991): *Systemtheorie* (Teubner, Stuttgart)
Fontolliet, P.-G. (1986): *Telecommunication Systems* (Artech House, Dedham, MA)
Franks, L. E. (1969): *Signal Theory* (Prentice-Hall, Englewood Cliffs, NJ)
Franks, L. E. (1980): Carrier and bit synchronization in data communication. IEEE Trans. Comm. **28**, 1107–1120
Frey, T., Bossert, M. (2004): *Signal- und Systemtheorie* (Teubner, Stuttgart)
Fritzsche, G. (1972, 1987): *Theoretische Grundlagen der Nachrichtentechnik* (Vlg. Technik, Berlin)

Gallager, R. (1968): *Information Theory and Reliable Communication* (Wiley, New York)
Gerke, P. R. (1991): *Digitale Kommunikationsnetze* (Springer, Berlin, Heidelberg)
Gesbert, D., Shafi, M., Shiu, D.-S., Smith, P. J., Naguib, A. (2003): From theory to practice: An overview of MIMO space-time coded wireless systems. IEEE J. Sel. Areas Commun. **21**, 281–301
Girod, B., Rabenstein, R., Stenger, A. (2005): *Einführung in die Systemtheorie, 3. Auflage* (Teubner, Stuttgart)
Gitlin, R. D., Hayes, J. F., Weinstein, S. B. (1992): *Data Communication Principles* (Plenum, New York)
Gnedenko, B. W. (1957): *Lehrbuch der Wahrscheinlichkeitsrechnung* (Akademie Verlag, Berlin)
Gold, B., Rader, C. (1969): *Digital Processing of Signals* (McGraw-Hill, New York)
Golomb, S. W. (1967): *Shift Register Sequences* (Holden-Day, San Francisco)

Hagenauer, J. (1998): Das Turbo-Prinzip in Detektion und Decodierung. ITG-Fachbericht **146**, 131–136
Hamming, R. W. (1989): *Coding and Information Theory* (Prentice-Hall, Englewood Cliffs, NJ)
Hamming, R. W. (1988): *Digital Filters* (Prentice-Hall, Englewood Cliffs, NJ) [deutsch: *Digitale Filter* (VCH, Weinheim 1987)]

Hancock, J. C. (1962): On comparing the modulation systems. Proc. Nat. Electronics Conf. **18**, 45–50
Hänsler, E. (2001): *Statistische Signale: Grundlagen und Anwendungen* (Springer, Berlin, Heidelberg)
Haykin, S., Mohrer, M. (2009): *Communication Systems, 5th Ed.* (Wiley, New York)
Heise, W., Quattrocchi, P. (1995): *Informations- und Codierungstheorie* (Springer, Berlin, Heidelberg)
Höher, P. A. (2013): *Grundlagen der digitalen Informationsübertragung: Von der Theorie zu Mobilfunkanwendungen, 2. Aufl.* (Springer Vieweg, Wiesbaden)
Holma, H., Toskala, A. (2010): *WCDMA for UMTS: HSPA Evolution and LTE, 5th Edition* (Wiley, New York)
Huber, J. (1992): *Trelliscodierung* (Springer, Berlin, Heidelberg)
Huffman, D. A. (1952): A method for the construction of minimum redundancy codes. Proc. IRE **40**, 1098–1101

Jayant, N. S., Noll, P. (1984): *Digital coding of waveforms* (Prentice-Hall, Englewood Cliffs, NJ)
Jeruchim, M. C., Balaban, P. S., Shanmugan, K. S. (2014): *Simulation of Communication Systems, 2nd Ed.* (Kluwer Academic/Plenum, New York, Dordrecht)
Jung, P. (1997, 2012): *Analyse und Entwurf digitaler Mobilfunksysteme* (Teubner, Stuttgart)

Kammeyer, K. D., Kroschel, K. (1998, 2002): *Digitale Signalverarbeitung* (Teubner, Stuttgart)
Kammeyer, K. D. (1996, 2011): *Nachrichtenübertragung* (Teubner, Stuttgart)
Kreß, D., Irmer, R. (1990): *Angewandte Systemtheorie* (Oldenbourg, München)
Kroschel, K. (1996): *Statistische Nachrichtentheorie* (Springer, Berlin, Heidelberg)
Kroschel, K., Rigoll, G., Schuller, B. W. (2011): *Statistische Informationstechnik* (Springer, Berlin, Heidelberg)
Kühne, F. (1970, 1971): Modulationssysteme mit Sinusträger. AEÜ **24**, 139–150; **25**, 117–128
Küpfmüller, K. (1974): *Systemtheorie der elektrischen Nachrichtenübertragung* (Hirzel, Stuttgart; 1. Auflage 1949)
Küpfmüller, K. (1954): Die Entropie der deutschen Sprache. FTZ **7**, 265–272

Lacroix, A. (1996): *Digitale Filter* (Oldenbourg, München)
Lafrance, P. (1990): *Fundamental Concepts in Communication* (Prentice-Hall, Englewood Cliffs, NJ)
Lange, F. H. (1971): *Signale und Systeme*, Bd. I, III (Vlg. Technik, Berlin)
Lee, Y. W. (1960): *Statistical Theory of Communication* (Wiley, New York)
Lindner, J. (2005): *Informationsübertragung* (Springer, Berlin, Heidelberg)
Lochmann, D. (1995): *Digitale Nachrichtentechnik* (Vlg. Technik, Berlin)
Lucky, R. W., Salz, J., Weldon, E. J. (1968): *Principles of Data Communication* (McGraw-Hill, New York)
Lüke, H. D. (1968): Multiplexsysteme mit orthogonalen Trägerfunktionen. Nachrichtentech. Z. **21**, 672–680
Lüke, H. D. (1977): Zeitinvariante Abtast- und PAM-Systeme. AEÜ **31**, 441–445
Lüke, H. D. (1992): *Korrelationssignale* (Springer, Berlin, Heidelberg)

Mansuripur, M. (1987): *Introduction to Information Theory* (Prentice-Hall, Englewood Cliffs, NJ)
Marko, H. (1995): *Systemtheorie* (Springer, Berlin, Heidelberg)

Meinke, H., Gundlach, F. W. (1992, 2 Bde. 2009): *Taschenbuch der Hochfrequenztechnik* (Springer, Berlin, Heidelberg)
Meyr, H., Ascheid, G. (1990): *Synchronization in Digital Communications*, (Wiley, New York)
Meyr, H., Moeneclaey, M., Fechtel, S. A. (1997): *Digital Communication Receivers, Vol. 2: Synchronization, Channel Estimation, and Signal Processing* (Wiley, New York)
Middleton, D. (1960): *The Introduction to Statistical Communication Theory* (McGraw-Hill, New York) (Neuauflage 1996: IEEE Press, Piscataway, New Jersey)
Miller, S., Childers, D. G. (2012): *Probability and Random Processes, Second Edition: With Applications to Signal Processing and Communications* (Academic Press, New York)
Mitra, S. K. (1997, 2010): *Digital Signal Processing: A Computer Based Approach* (McGraw-Hill, New York)
Myung, H. G., Lim, J., Goodman, D. J. (2006): *Single carrier FDMA for uplink wireless transmission* IEEE Vehic. Tech. Mag. **1(3)**, 3038

Nee, R. van, Prasad, R. (2000): *OFDM for Wireless Multimedia Communications* (Artech House, Boston, London)

Ohm, J.-R. (2004): *Multimedia Communication Systems* (Springer, Berlin, Heidelberg, New York)
Oppenheim, A. V., Schafer, R. W. (1989): *Discrete Time Signal Processing* (Prentice-Hall, Englewood Cliffs, NJ) [deutsch: *Zeitdiskrete Signalverarbeitung* (Oldenbourg, München 1995)]
Oppenheim, A. V. (ed.) (1978): *Applications for Digital Signal Processing* (Prentice-Hall, Englewood Cliffs, NJ)
Oppenheim, A. V., Willsky, A. S. (1996): *Signals and Systems* (Prentice-Hall, Englewood Cliffs, NJ) [deutsch: *Signale und Systeme* (VCH, Weinheim 1991)]

Panter, P. F. (1965): *Modulation, Noise and Spectral Analysis* (McGraw-Hill, New York)
Papoulis, A. (1962): *The Fourier Integral* (McGraw-Hill, New York)
Papoulis, A., Pillai, S. U. (2002): *Probability, Random Variables and Stochastic Processes, 4th Ed.* (McGraw-Hill, New York)
Papoulis, A. (1977): *Signal Analysis* (McGraw-Hill, New York)
Papoulis, A. (1990): *Probability & Statistics* (Prentice-Hall, Englewood Cliffs, NJ)
Prasad, R. (2004): *OFDM for Wireless Communication Systems* (Artech House, Boston, London)
Proakis, J. G. (2000): *Digital Communications, 4th Ed.* (McGraw-Hill, New York)
Proakis, J. G., Salehi, M. (2001):*Communication System Engineering, 2nd Ed.* (Prentice-Hall, Englewood Cliffs, NJ)

Rabiner, L., Gold, B. (1975): *Theory and Application of Digitial Signal Processing* (Prentice-Hall, Englewood Cliffs, NJ)
Reimers, U. (2007): *DVB – Digitale Fernsehtechnik* (Springer, Berlin, Heidelberg)
Reza, F. M. (1961): *An Introduction to Information Theory* (McGraw-Hill, New York)
Rohling, H. (1995): *Einführung in die Informations- und Codierungstheorie* (Teubner, Stuttgart)
Rupprecht, W. (1993): *Signale und Übertragungssysteme* (Springer, Berlin, Heidelberg)

Sakrison, D. J. (1968): *Communication Theory* (Wiley, New York)
Schüßler, W. (1963): Der Echoentzerrer als Modell eines Übertragungskanals. Nachrichtentechn. Z. **16**, 155–163
Schüßler, W. (1964): Über den Entwurf optimaler Suchfilter. Nachrichtentechn. Z. **17**, 605–613
Schüßler, H. W. (1990): *Netzwerke, Signale und Systeme*, Bd. 1, 2 (Springer, Berlin, Heidelberg)
Schüßler, H. W. (1994): *Digitale Signalverarbeitung*, Bd. 1 (Springer, Berlin, Heidelberg)
Schwartz, M. (1990): *Information Transmission, Modulation and Noise* (McGraw-Hill, New York)
Schwartz, M., Shaw, L. (1975): *Signal Processing* (McGraw-Hill, New York)
Shanmugan, K. S. (1979): *Digital and Analog Communication Systems* (Wiley, New York)
Shanmugan, K. S., Breipohl, A. M. (1988): *Random Signals* (Wiley, New York)
Shannon, C. E., Weaver, W. (1949): *The Mathematical Theory of Communication* (Univ. Illinois Press, Urbana, IL)
Simon, M. K., Omura, J. K., Scholtz, R. A., Levitt, B. K. (1994): *Spread Spectrum Communications Handbook* (McGraw-Hill, New York)
Skolnik, M. I. (1981, 2003): *Introduction to Radar Systems* (McGraw-Hill, New York)
Sloane, N. J. A. (1984) Kugelpackungen im Raum. Spektrum der Wissenschaft, März, 120–131
Stearns, S., Hush, D. R. (1990): *Digital Signal Analysis* (Hayden, Rochelle Park) [deutsch: *Digitale Verarbeitung analoger Signale* (Oldenbourg, München 1994)]

Taub, H., Schilling, D. L. (1987): *Principles of Communication Systems* (McGraw-Hill, New York)
Thomas, J. B. (1969): *Statistical Communication Theory* (Wiley, New York)
Torrieri, D. J. (2011): *Principles of Spread Spectrum Communication Systems, 2nd Ed.* (Springer, New York)
Trees, H. L. van (1968, 1971): *Detection, Estimation and Modulation Theory*, Vols. I–III (Wiley, New York)

Unbehauen, R. (1998): *Systemtheorie*, Bd. 1 u. 2 (Oldenbourg, München)
Ungerboeck, G. (1974): Adaptive maximum likelihood receiver for carrier modulated data transmission systems. IEEE Trans. Comm. **22**, 624-636
Ungerboeck, G. (1982): Channel coding with multilevel/phase signals. IEEE Trans. Inform. Theor. **28**, 55-67

Vary, P., Heute, U., Hess, W. (1998): *Digitale Sprachsignalverarbeitung* (Teubner, Stuttgart)
Vary, P., Martin, R. (2006): *Digital Speech Transmission* (Wiley, New York)
Verdu, S. (1998): *Multiuser Detection* (Cambridge University Press, Cambridge)
Viterbi, A. J. (1966): *Principles of Coherent Communication* (McGraw-Hill, New York)
Viterbi, A. J. (1967): Error bounds for convolutional codes and an asymptotically optimum decoding algorithm. IEEE Trans. Inform. Theor. **13**, 260-269
Viterbi, A. J., Omura, J. K. (1979): *Principles of Digital Communications and Coding* (McGraw-Hill, New York)
Viterbi, A. J. (1995): *CDMA. Principles of Spread Spectrum Communication* (Addison-Wesley, Reading, MA)

Walke, B. (2001): *Mobile Radio Networks, 2nd edition* (Wiley, New York) [deutsch: *Mobilfunknetze und ihre Protokolle, 3. Auflage* (Teubner, Stuttgart 2001)]
Whalen, A. D. (1971): *Detection of Signals in Noise* (Academic Press, New York)
Winkler, G. (1977): *Stochastische Systeme* (Akadem. Verlagsgesellschaft, Wiesbaden)
Wolf, D. (1999): *Signaltheorie* (Springer, Berlin)
Woodward, P. N. (1964): *Probability and Information Theory* (Pergamon, Oxford; 1. Auflage 1953)
Wozencraft, J. M., Jakobs, I. W. (1965): *Principles of Communication Engineering* (Wiley, New York)

Anhang zum Literaturverzeichnis

1. Klassische Aufsätze zur Nachrichtenübertragung

Aschoff, V. (1984, 1987): *Geschichte der Nachrichtentechnik*, Bd. 1 u. 2 (Springer, Berlin, Heidelberg)
Armstrong, E. H. (1936): A method of reducing disturbances in radio signaling by a system of frequency modulation. Proc. IRE **24**, 689–740; Nachdruck in Proc. IEEE **72** (1984), 1041
Bayes, T. (1763): An essay towards solving a problem in the doctrine of chances, in: Philosophical Transactions of the Royal Society of London **53**, 370-418. Deutsche Übersetzung von H.E. Timerding (1908) in Ostwald's Klassiker der exakten Naturwissenschaften **169**, Leipzig 1908, 12-20. Neu abgedruckt in: Schneider, Ivo (1988, Hrsg.), S. 135-144.
Carson, I. R. (1922): Notes on the theory of modulation. Proc. IRE **10**, 57
Gabor, D. (1946) Theory of communication. J. IEE **93**, (III)429–457
Hartley, R. V. L. (1928): Transmission of information. Bell Syst. Techn. J. **7**, 535–563
Korn, A. (1923): *Bildtelegraphie* (de Gruyter, Berlin)
Kotelnikov, V. A. (1933): Die Übertragungskapazität des "Äthers" und des Drahts bei der elektrischen Nachrichtentechnik. I. Allunionskonferenz, UdSSR [vgl. Lüke, H. D. (1999): The origins of the sampling theorem. IEEE Comm. Mag. **37**, 106–108]
Küpfmüller, K. (1924): Über Einschwingvorgänge in Wellenfiltern. Elektr. Nachr. Techn. **1**, 141–152
North, D. O. (1963): An analysis of the factors which determine signal/noise discrimination in pulsed-carrier systems. Proc. IRE **51**, 1016–1027; Nachdruck aus: RCA-Laboratories, Princeton, NJ, Techn. Rpt. No. PTR-6C, June 25, 1943
Nyquist, H. (1928): Certain topics in telegraph transmission theory. AIEE Trans. **47**, 617–644; Nachdruck in Proc. IEEE **90** (2002), 280
Nyquist, H. (1928): Thermal agitation of electric charge in conductors. Phys. Rev. **32**, 110–113
Oliver, B. M., Pierce, J. R., Shannon, C. E. (1948): The philosophy of PCM. Proc. IRE **36**, 1324–1332
Raabe, H. (1939): Untersuchungen an der wechselzeitigen Mehrfachübertragung. Elektr. Nachr. Techn. **16**, 213–228
Reeves, A. H. (1938): Systèmes de signalisation électriques. Franz. Patent 852183
Reeves, A. H. (1965): The past, present and future of PCM. IEEE Spectrum **2**, 58–63
Rice, S. O. (1944, 1945): Mathematical analysis of random noise. Bell Syst. Techn. J. **23**, 282–332; **24**, 46–156

Shannon, C. E. (1948): A mathematical theory of communication. Bell Syst. Techn. J. **27**, 379–423, 623–656
Shannon, C. E. (1949): Communication in the presence of noise. Proc. IRE **37**, 10–21; Nachdruck in Proc. IEEE **86** (1998), 447
Thomson, W. (1855): On the theory of the electric telegraph. Proc. Royal Soc. **7**, 382–399
Whittaker, E. T. (1915): On the functions which are represented by the expansions of the interpolation theory. Proc. R. Soc. Edinburgh **35**, 181–194
Wiener, N. (1930): Generalized harmonic analysis. Acta Math. **55**, 117–258
Wiener, N. (1949): *Extrapolation, Interpolation and Smoothing of Stationary Time Series* (Wiley, New York; Nachdruck eines Reports von 1942)

2. Normen und Begriffe

Im folgenden ist eine Auswahl von Veröffentlichungen zusammengestellt, die sich mit Normen und Begriffen aus dem Gebiet der Nachrichtenübertragung befassen.

Internationale Telekommunikationsstandards

Im Text des Buches werden an diversen Stellen Standards (normative Spezifikationen) erwähnt, in denen einige der besprochenen Techniken eingesetzt werden. Auf Grund der Vielfalt und des schnellen technischen Wandels auf diesem Gebiet erscheint es hier wenig sinnvoll, auch nur eine Auswahl derselben als Teil der Bibliographie zu listen. Stattdessen seien an dieser Stelle einige Webseiten genannt, von denen aus die erwähnten Spezifikationen in der Regel kostenfrei heruntergeladen werden können.

http://www.itu.int/pub/R-REC: International Telecommunication Union – Radiocommunication Sector (ITU-R, früher CCIR). Spezifikationen u. a. betreffend die generelle Organisation drahtloser Übertragung und damit verbundener Dienste, einschließlich Multiplexverfahren und Qualitätsbewertungen.

http://www.itu.int/en/ITU-T/publications/Pages/recs.aspx: International Telecommunication Union – Telecommunication Sector (ITU-T, früher CCITT). Spezifikationen u. a. betreffend kabelgebundene Übertragungsverfahren, Multiplexverfahren, Protokolle, Dienste und Endgeräte.

http://www.etsi.org/standards: European Telecommunications Standards Institute (ETSI). Anwendungsorientierte Definitionen der gesamten Übertragungskette, beispielsweise für GSM-Mobilfunk und DAB/DVB – digitaler Hör- und Fernsehrundfunk, in der Regel unter entsprechender Verwendung und Anpassung vorhandener Spezifikationen.

http://www.3gpp.org/specifications/67-releases: 3rd Generation Partnership Project (3GPP). Anwendungsorientierte Definitionen der gesamten Übertragungskette speziell für die dritte (3G) und darauf aufbauende (4G, LTE, LTE Advanced) Mobilfunkgenerationen.

http://standards.ieee.org/downloads/: Institute of Electrical and Electronics Engineers (IEEE). Neben vielen anderen Definitionen aus diversen Bereichen der Elektrotechnik haben Gremien des IEEE u. a. Übertragungsverfahren für drahtlose und drahtgebundene lokale Netze (LAN, WLAN) spezifiziert.

https://www.ietf.org/rfc.html: Internet Engineering Task Force (IETF). Definition von Übertragungsprotokollen und Diensten speziell für Internet-Anwendungen.

DIN-Normen

Einheiten und Begriffe für physikalische Größen. DIN-Taschenbuch 22, 7. Aufl. (Beuth, Berlin 1990)
Formelzeichen, Formelsatz, Mathematische Zeichen und Begriffe. DIN-Taschenbuch 202 (Beuth, Berlin 1994)
Internationales Elektrotechnisches Wörterbuch (IEV). Reihe 700 "Telekommunikation" (VDE-Verlag, Berlin 1998)

ITG-(NTG)-Empfehlungen

Begriffsdefinitionen – Auswahl

NTG 0101 Modulationstechnik-Begriffe. Nachrichtentechn. Z. **24**, 282–286 (1971)
NTG 0102 Informationstheorie-Begriffe. Nachrichtentechn. Z. **19**, 231–234 (1966)
NTG 0103 Impuls- und Pulsmodulations-Technik-Begriffe. Nachrichtentechn. Z. **25**, K219–K225 (1972)
NTG 0104 Codierung, Grundbegriffe. Nachrichtentechn. Z. **35**, 59–66 (1982)
NTG 1202 Begriffe der Telegrafentechnik. Nachrichtentechn. Z. **24**, 481 (1971)
NTG 1203 Daten und Textkommunikation. Nachrichtentechn. Z. **36**, 697–708 (1983)
NTG 0406 Rauschen. Nachrichtentechn. Z. **16**, 107 (1963)
ITG 1.6/01 ISDN-Begriffe. Nachrichtentechn. Z. **40**, 85–89 (1987)

Sonstiges

Terminology in digital signal processing. IEEE Trans. AU-**20**, 322 (1972)
Meschkowski, H. (1976): *Mathematisches Begriffswörterbuch* (Bibliograph. Institut, Mannheim)
Irmer, T., Kersten, R., Schweitzer, L. (1978): Begriffe der Digital-Übertragungstechnik. Frequenz **32**, 241, 269, 297
IEEE Standard Dictionary of Electrical and Electronics Terms (IEEE, Piscataway, NJ, 1997)

Symbolverzeichnis und Abkürzungen

Symbol	Bedeutung
a, A	Amplitudenfaktor, Amplitudenbereich
$a(f)$	Dämpfungsmaß
a_q	Koeffizient (z. B. FIR)
$b(f)$	Dämpfungswinkel
b	Dehnfaktor
b_p	Koeffizient (z. B. IIR)
c	Konstante
C	Kapazität, Schwellenwert
C^*	Kanalkapazität
$\mathbf{C}$	Kovarianzmatrix
d	Distanz, Differenz
d_H	Hamming-Distanz
d_min	minimale euklidische Distanz
E_b	Energie pro bit bei Binärübertragung
E_s	Energie von $s(t)$
f, F	Frequenzvariable, Frequenzparameter
$F[\cdot]$, $\varphi[\cdot]$	Funktion (allgemein)
$f(t)$	Zeitfunktion
$f_\mathrm{D}(t)$	Differenzsignal
$f_\mathrm{Q}(t)$	quantisiertes Signal
$g(t)$	Ausgangssignal
G	Codiergewinn
H	Entropie
$\mathbf{H}$	Kanalmatrix
H^*	Informationsfluss
$H(f)$	Übertragungsfunktion
$h(t)$	Impulsantwort
$h_\varepsilon(t)$	Sprungantwort
$h(nT)$, $h(n)$	zeitdiskrete Impulsantwort
i	ganzzahlige Variable
$\mathbf{I}^{(L)}$	Einheitsmatrix $L \times L$
K, k	ganzzahlige Konstanten
k	Frequenzindex
K	Bitanzahl
L_s	Leistung von $s(t)$
L	ganzzahlige Konstante
M	ganzzahlige Konstante, Länge zeitdiskreter Signale
m_s	linearer Mittelwert von $s(t)$
m	ganzzahlige Variable
$m(t)$, $M(f)$	moduliertes Sendesignal
N	Leistung eines Störsignals
N_d	Anzahl von Nachbarsymbolen
N_0	Rauschleistungsdichte
n	ganzzahlige Variable
$n(t)$	Störsignal
P_b	Bitfehlerwahrscheinlichkeit
P_e	Symbolfehlerwahrscheinlichkeit
p_i	Wahrscheinlichkeitswert
$P_s(x)$	Verteilungsfunktion von $s(t)$
$p_s(x)$	Verteilungsdichtefunktion von $s(t)$
Q	Umfang Multiplexsystem
$p^\mathrm{E}_{sg}(\tau)$	normierte Korrelationsfunktion für Energiesignale
R	Widerstand
r	Übertragungs-, Abtastrate
S, S_a	Nutzsignal-/Augenblicksleistung
$S(f)$	Spektrum des Signals $s(t)$
$S_\mathrm{a}(f)$	Spektrum zeitdiskreter Signale (periodisch)

$S_{\mathrm{c,a}}(f)$	Spektrum gedehnter zeitdiskreter Signale
$S_{\mathrm{d}}(k)$	frequenzdiskretes, periodisches Spektrum (DFT)
$S_{\mathrm{p}}(k)$	frequenzdiskretes Spektrum (Fourier-Reihe)
$S(p)$	Laplace-Transformierte
$S(z)$	z-Transformierte
$S^{\mathrm{T}}(f,t)$	Kurzzeit-Fourier-Transformierte
$s(t)$	Signalfunktion, Trägersignal
$s_i(t)$	mehrwertiges Trägersignal
$s(nT)$, $s(n)$	zeitdiskretes Signal
$s_{\mathrm{c}}(n)$	zeitdiskretes, gedehntes Signal
$s_{\mathrm{d}}(n)$	zeitdiskretes, periodisches Signal
$s_{\mathrm{p}}(t)$	periodisches Signal
$s^{\mathrm{T}}(\tau,t)$	Kurzzeit-Signalauschnitt
t, T	Zeitvariable, Zeitdauer
$t_k(n)$	Basisfunktion
$\mathbf{T}$	Transformationsmatrix
T_{abs}	absolute Temperatur
U	Spannung
$\mathbf{U}, \mathbf{V}$	Transformationsmatrizen
$u(t)$	Spannungsverlauf
$\ddot{u}$	Überschwingverhältnis
$w(t)$, $W(f)$	Bewertungsfunktionen
x, y	Variable
$y(t)$	Zeitfunktion
z	komplexe Zahl
β	Bandbreitedehnfaktor
γ	Maß spektraler Konstanz
$\theta(t)$	Winkelfunktion
$\Lambda^{(1/2)}$	Singulärwertmatrix
μ	Modulationsindex, -grad
$\mu_{sg}(\tau)$	Kovarianzfunktion
ϱ	Kreuzkovarianzkoeffizient
σ_s^2	Streuung von $s(t)$
τ	Zeitvariable
$\varphi(f)$	Winkelfunktion
$\varphi_{sg}(\tau)$	Korrelationsfunktion
$\varphi_{sg}^{\mathrm{E}}(\tau)$	Impulskorrelationsfunktion von Energiesignalen
$\varphi_{sg}^{\mathrm{L}}(\tau)$	Korrelationsfunktion von Leistungssignalen
$\varphi_{sg}(m)$	Korrelationsfunktion zeitdiskreter Signale
$\Phi_{sg}(f)$	Leistungsdichtespektrum
$\Phi_{sg}^{\mathrm{E}}(f)$	Energiedichtespektrum
$\psi(t)$	Argument winkelmodulierter Signale

Spezielle Funktionen

$\mathrm{d}(\cdot,\cdot)$	Distanzfunktion
$\mathrm{rect}(t)$	Rechteckfunktion (1.4)
$\Lambda(t)$	Dreieckfunktion (1.5)
$\varepsilon(t)$	Sprungfunktion (1.3)
$\varepsilon(n)$	zeitdiskrete Sprungfunktion (4.19)
$\delta(t)$	Dirac-Impuls (1.33)
$\delta(n)$	Einheitsimpuls (4.17)
$\delta_c(n)$	Einheitsimpulsfolge (4.53)
$\delta'(t)$	Dirac-Impuls 2. Ordnung (1.57)
$\text{Ш}(t)$	Dirac-Impulsfolge (3.91)
$\mathcal{E}\{\cdot\}$	Erwartungswert, Scharmittelwert (7.1)
$\mathrm{erf}(x)$	Fehlerfunktion (7.155)
$\mathrm{erfc}(x)$	komplementäre Fehlerfunktion (7.157)
$\mathcal{F}\{\cdot\}$	Fourier-Transformation
$k\{\cdot\}$	Kennlinien-Transformation
$\mathcal{L}\{\cdot\}$	lineare Transformation
$\mathrm{lb}(x)$	binärer Logarithmus
$\mathrm{sgn}(x)$	Signum-Funktion (3.103)
$\mathrm{si}(t)$	si-Funktion, Spaltfunktion (3.77)
$\mathrm{Si}(t)$	Integralsinusfunktion (5.13)
$\mathrm{Tr}\{\cdot\}$	Transformation, allgemein
$\mathrm{int}(x)$	Rundungsfunktion (Aufgabe 12.1)
$J_n(x)$, $I_0(x)$	Bessel-Funktionen (11.32 und Anhang 9.9.1)

Abkürzungen

AKF	Autokorrelationsfunktion
AM	Amplitudenmodulation
AR	Autoregressiv (stat. Prozess)
ASK	Amplitude Shift Keying
ATM	Asynchronous Transfer Mode
BP	Bandpass
BPSK	Bipolar (od. Binary) Phase Shift Keying
CDM	Code Division Multiplex
CDMA	Code Division Multiple Access
COFDM	Coded OFDM
DAB	Digital Audio Broadcast
DCT	Diskrete Kosinus-Transformation
DVB	Digital Video Broadcast
DFT	Discrete Fourier Transform
DM	Delta-Modulation
DPCM	Differential Pulse Code Modulation
DPSK	Differential Phase Shift Keying
dB	DeziBel (Maßeinheit)
DS	Direct Sequence (CDMA)
DSL	Digital Subscriber Loop
EM	Einseitenband-(Amplituden)modulation
FDM	Frequency Division Multiplex
FDMA	Frequency Division Multiple Access
FIR	Finite Impulse Response (Filter)
FFT	Fast Fourier Transform
FH	Frequency Hopping
FM	Frequenzmodulation
FSK	Frequency Shift Keying
GLONASS	Global Navigation Satellite System
GPS	Global Positioning System
HP	Hochpass
IDFT	Inverse Discrete Fourier Transform
IFFT	Inverse Fast Fourier Transform
IIR	Infinite Impulse Response (Filter)
ISDN	Integrated Services Digital Network
LAN	Local Area Network
LDS	Leistungsdichtespektrum
LSI	Linear Shift Invariant
LTE	Long Term Evolution
LTI	Linear Time Invariant
KKF	Kreuzkorrelationsfunktion
MA	Moving Average (stat. Prozess)
MIMO	Multiple Input Multiple Output

MISO	Multiple Input Single Output
MPEG	Moving Picture Experts Group
MSK	Minimum Shift Keying
NAVSTAR	Navigation System with Time and Ranging
Np	Neper (Maßeinheit)
OFDM	Orthogonal Frequency Division Multiplex
OFDMA	Orthogonal Frequency Division Multiple Access
PAM	Pulse Amplitude Modulation
PCM	Pulse Code Modulation
PLL	Phase Locked Loop
PM	Phasenmodulation
PN	Pseudo Noise
PSK	Phase Shift Keying
QAM	Quadrature Amplitude Modulation
QPSK	Quaternary (od. Quadrature) Phase Shift Keying
SDH	Synchronous Digital Hierarchy
SDM	Space Division Multiplex
SDMA	Space Division Multiple Access
SIMO	Single Input Multiple Output
SISO	Single Input Single Output
STFT	Short Time (od. Term) Fourier Transform
TCM	Trellis Coded Modulation
SVD	Singular Value Decomposition (Singulärwertzerlegung)
TDM	Time Division Multiplex
TDMA	Time Division Multiple Access
TP	Tiefpass
UMTS	Universal Mobile Telecommunication System
WAN	Wide Area Network
WLAN	Wireless Local Area Network

Sachverzeichnis